Eine Einführung in die Mathematik an
Beispielen aus der Informatik

Steffen Goebbels · Jochen Rethmann

Eine Einführung in die Mathematik an Beispielen aus der Informatik

Logik, Zahlen, Graphen, Analysis und Lineare Algebra

2. Auflage

Steffen Goebbels
Fachbereich Elektrotechnik und Informatik
Hochschule Niederrhein
Krefeld, Deutschland

Jochen Rethmann
Fachbereich Elektrotechnik und Informatik
Hochschule Niederrhein
Krefeld, Deutschland

ISBN 978-3-662-67674-5   ISBN 978-3-662-67675-2   (eBook)
https://doi.org/10.1007/978-3-662-67675-2

Die Deutsche Nationalbibliothek verzeichnet diese Publikation in der Deutschen Nationalbibliografie;
detaillierte bibliografische Daten sind im Internet über http://dnb.d-nb.de abrufbar.

Ursprünglich erschienen unter dem Titel: Mathematik für Informatiker

© Springer-Verlag GmbH Deutschland, ein Teil von Springer Nature 2014, 2023

Planung/Lektorat: Andreas Rüdinger
Springer Spektrum ist ein Imprint der eingetragenen Gesellschaft Springer-Verlag GmbH, DE und ist
ein Teil von Springer Nature.
Die Anschrift der Gesellschaft ist: Heidelberger Platz 3, 14197 Berlin, Germany

Vorwort

Wir wollen in diesem Buch in die Grundlagenthemen der Mathematik einführen, die in den Kernfächern der Informatik benötigt werden. Dies soll an konkreten Beispielen der Informatik geschehen. Damit unterscheidet sich das Buch von vielen anderen hervorragenden systematischen Einführungen in die Mathematik als Strukturwissenschaft, die ohne einen direkten Anwendungsbezug auskommen. Sie gehören zur Zielgruppe des Buchs, wenn Sie schon ein paar elementare Informatikkenntnisse besitzen (so dass Sie den Beispielen folgen können) und Sie für das Studium der Informatik grundlegende Mathekenntnisse für einen Bachelor-Studiengang benötigen oder für einen Master-Studiengang wiederholen wollen.

Der vorliegende Text ist eine vollständig durchgesehene und überarbeitete Neuauflage unseres Buchs „Mathematik für Informatiker – eine aus der Informatik motivierte Einführung mit zahlreichen Anwendungs- und Programmbeispielen" von 2014. Jetzt gibt es neben einigen inhaltlichen Ergänzungen einen gedruckten Anhang mit den Lösungen der Aufgaben.

Die Gesellschaft für Informatik listet in Ihren Empfehlungen von 2016 für Bachelor-Studiengänge der Informatik neben der Mathematik insbesondere folgende Themen auf, die behandelt werden sollen: Algorithmen und Datenstrukturen, Betriebssysteme, Datenbanken und Informationssysteme, Digitaltechnik und Rechnerorganisation, Formale Sprachen und Automaten, IT-Sicherheit, Modellierung, Programmiersprachen- und methodik, Rechnernetze und verteile Systeme sowie Software-Engineering. Wir haben uns diese Disziplinen angesehen und die wesentlichen Teile der dafür benötigten Mathematik hier aus der Informatik heraus motiviert zusammengefasst:

Wir beginnen mit der Bool'schen-Algebra, mit der wir ein Addierwerk bauen. Damit eng verwandt sind Aussagen- und Prädikatenlogik, die in ihrer elementaren Form beim Programmieren benötigt werden, aber auch die Grundlage für Programmiersprachen wie Prolog sind. Prolog basiert auf dem Resolutionskalkül, der hier erklärt wird. Dann sehen wir uns Abbildungen (Funktionen) an, die wir mittels Relationen einführen. Das Konzept der Relationen ist die Grundlage für die heute überwiegend eingesetzten relationalen Datenbanken. Außerdem werden Relationen in der Automatentheorie verwendet. Wie die unterschiedlichsten Probleme mittels mathematischer Modelle gelöst werden können, sehen wir dann im Kapitel Graphentheorie. Dieses und die folgenden Kapitel sind weitgehend unabhängig voneinander lesbar. Viel Platz nimmt auch die Betrachtung der Zahlen, ihrer Rechenregeln (Algebra) und ihrer Darstellung im Computer ein. Die Absicherung von WLAN, die Authentifizierung der Server beim Client sowie die Verschlüsselung der Daten bei der Übertragung vom Web-Browser zu einem Bank-Server sind Beispiele, in denen Primzahlen für die Verschlüsselung eingesetzt werden. Wir nehmen das zum Anlass, um zu zeigen, wie Primzahltests, die nur mit lang laufenden Programmen gelöst werden können, sich mittels Randomisierung oft enorm beschleunigen lassen. Dazu machen wir einen Exkurs in die beschreibende Statistik und in die Wahrscheinlichkeitsrechnung. Für weitere Laufzeitabschätzungen, die wir für einige Sortierverfahren durchführen, sehen wir uns Folgen und Reihen an. Zum Vergleich von Laufzeiten nutzen wir Grenzwerte, bei deren Berechnung uns die Differenzial- und Integralrechnung hilft. Über Codes und speziell lineare Codes motivieren wir im letzten Kapitel die wesentlichen Ergebnisse der Linearen Algebra, also der Vektorrechnung. Dazu gehören insbesondere Sätze über lineare Gleichungssysteme, die elementarer Bestandteil der meisten mathematischen Modelle sind. Für die Computer-Grafik betrachten wir schließlich, wie die Lineare Algebra zum Drehen und Verschieben von Objekten benutzt werden kann.

Die Informatik ist ein Dienstleistungsfach, es wird für andere Disziplinen Software entwickelt. Es ist nicht Ziel dieses Buches, sämtliche Mathematik für alle Wissensgebiete bereit zu stellen. Dann müsste man die Mathematik in der vollen Breite und Tiefe behandeln, da jedes dieser Wissensgebiete andere Teile der Mathematik benötigt. Die Gesellschaft für Informatik empfiehlt für Bachelor-Studiengänge insbesondere Numerik und Statistik als Teile der Mathematik-Module. Mit der Differenzial- und Integralrechnung werden die Grundlagen für die Numerik und mit der Einführung in die Wahrscheinlichkeitstheorie die Grundlagen zum Verständnis statistischer Verfahren gelegt.

Wir setzen die Mittelstufenmathematik als bekannt voraus. Falls Sie Ihre Erinnerungen (z. B. an die Bruchrechnung) auffrischen möchten, empfehlen wir das Buch: Gellrich R. und Gellrich C. (2014/2016/2011) Mathematik – Ein Lehr- und Übungsbuch Band 1–3. Harri Deutsch, Frankfurt a. M.

Fühlen Sie sich ermutigt, selbst über einige Aussagen nachzudenken, bevor Sie unsere Erklärungen lesen. Nur indem Sie selbst „Mathematik machen", lernen Sie sie richtig. Außerdem werden Sie so Erfolgserlebnisse bekommen. Dann macht Mathematik Spaß!

Steffen Goebbels
Jochen Rethmann

Danksagung

Wir möchten unseren Kollegen in Krefeld und Düsseldorf danken, die uns bei der Erstellung des Buchs unterstützt haben. Besonderer Dank gilt Prof. Dr. Christoph Dalitz, PD Dr. Frank Gurski, Prof. Dr. Regina Pohle-Fröhlich, Prof. Dr. Ulrich Tipp, Prof. Dr. Peer Ueberholz sowie der Stadt Krefeld, die uns Geobasisdaten der Kommunen und des Landes NRW (©Geobasis NRW 2014) zur Verfügung gestellt hat.

Zum Schluss möchten wir uns noch ganz besonders bei Herrn Dr. Rüdinger vom Springer-Verlag bedanken, der das Buchprojekt ermöglicht hat und uns mit professioneller Hilfe zur Seite stand.

Hier verwendete Programmiersprachen

Wir werden einige Programmbeispiele in der Programmiersprache C angeben. Um diese zu verstehen, benötigen Sie ganz elementare Kenntnisse in einer Sprache, die eine C-ähnliche Syntax wie beispielsweise Java, C# oder C++ hat. Wenn Sie noch nicht programmiert haben, dann empfehlen wir die ersten Seiten des auch im Internet kostenlos verfügbaren Buchs: Wolf J. (2009) C von A bis Z. Galileo Computing, Bonn.

Algorithmen sind Kochrezepte, die eindeutig beschreiben, wie ein Problem gelöst werden kann. Solche Algorithmen werden wir halb-formal beschreiben. Dazu benutzen wir eine Art Programmiersprache, sogenannten Pseudo-Code, deren Anweisungen in der Regel wie in C von oben nach unten abgearbeitet werden. Änderungen in dieser Reihenfolge bewirken die folgenden Schlüsselworte:

```
if Bedingung then
    Anweisungen A
else
    Anweisungen B
```

Ist die Bedingung erfüllt, dann werden die unter dem **if** eingerückten Anweisungen A ausgeführt. Ist die Bedingung nicht erfüllt, dann werden die Anweisungen B abgearbeitet. Die **else**-Anweisung zusammen mit den Anweisungen B ist optional und kann daher entfallen.

```
for Variable := Start- bis Endwert do
    Anweisungen
```

Die Anweisungen werden in der **for**-Schleife für jeden Wert der Variable vom Startwert bis zum Endwert in dieser Reihenfolge ausgeführt.

```
for all Element aus Menge do
    Anweisungen
```

Bei dieser **for**-Schleife werden die Anweisungen für alle Elemente einer Menge aufgerufen, wobei die Reihenfolge der Aufrufe nicht festgelegt ist.

```
while Bedingung do
    Anweisungen

repeat
    Anweisungen
until Bedingung
```

Die Anweisungen werden in diesen Programmfragmenten so lange immer wieder ausgeführt, wie es die Bedingung vorgibt. Bei der kopfgesteuerten **while**-Schleife wird zuerst die Bedingung geprüft. Ist sie erfüllt, werden die Anweisungen ausgeführt. Dagegen werden bei der fußgesteuerten **repeat-until**-Schleife die Anweisungen vor der Prüfung der Bedingung abgearbeitet. Diese Schleife wird im Gegensatz zur **while**-Schleife solange ausgeführt, bis die Bedingung wahr wird.

Wollen wir einen Programmteil als Prozedur (als Funktion) realisieren, die wir mit Parametern aufrufen können und die daraus einen Rückgabewert berechnet, so definieren wir die Prozedur über

```
procedure PROZEDURNAME(Variable 1, Variable 2, …)
    Anweisungen
    return Rückgabewert
```

Nach Ausführung einer (optionalen) **return**-Anweisung ist die Prozedur beendet. Die Prozedur wird im Programm anhand des Namens aufgerufen, wobei in den Klammern konkrete Werte oder Variablen des aufrufenden Programmteils stehen:

```
Ergebnis := PROZEDURNAME(Wert 1, Wert 2, …)
```

Wir haben in diesen Programmschnipseln die Zuweisung := verwendet. In der Mathematik ist $x = x + 1$ eine stets falsche Aussage, da auf der linken Seite ein anderer Wert als auf der rechten Seite steht. In Algorithmen sieht man dagegen häufig solche Ausdrücke (z. B. bei C-Programmen). Gemeint ist hier kein Vergleich, sondern die Zuweisung „ändere den Wert von x zum Wert $x + 1$", die wir in den halbformalen Algorithmen mit := vom Vergleich unterscheiden.

Inhaltsverzeichnis

Grundlagen

1

Inhaltsverzeichnis

1.1 Einleitung

Dieses Kapitel beschäftigt sich mit den Bausteinen, die zusammen die Sprache der Mathematik ausmachen. Dazu gehören die Mengen, in denen sich die zu betrachtenden Objekte befinden. Mit der Aussagen- und Prädikatenlogik können dann Aussagen über die Objekte formuliert werden. Wir nutzen die Aussagenlogik, um ein Addierwerk zu bauen. Mit der vollständigen Induktion lernen wir ein Beweisverfahren kennen, das in ähnlicher Form bei formalen Korrektheitsbeweisen von Programmen eingesetzt wird. Als weiteres Beispiel für Beweise betrachten wir das Halteproblem der Theoretischen Informatik. Der Resolutionskalkül der Prädikatenlogik ist ein Algorithmus, mit dem man die Unerfüllbarkeit prädikatenlogischer Formeln nachweisen kann. Mit ihm können wir programmieren, denn er ist die Basis der Programmiersprache Prolog und die Idee hinter der Logikprogrammierung. Ausgehend von endlichen Automaten erklären wir Relationen (die den relationalen Datenbanken ihren Namen gegeben haben) und den Spezialfall der Funktionen. Das führt zu Äquivalenzklassen und Restklassen, die wir z. B. im Rahmen der RSA-Verschlüsselung (Abschn. 3.5) anwenden.

© Springer-Verlag GmbH Deutschland, ein Teil von Springer Nature 2023
S. Goebbels und J. Rethmann, *Eine Einführung in die Mathematik an Beispielen aus der Informatik*, https://doi.org/10.1007/978-3-662-67675-2_1

1

1.2   Mengen

Beim Programmieren beschäftigen wir uns einerseits mit Datenstrukturen und andererseits mit Algorithmen, die auf diesen Datenstrukturen arbeiten. In der Mathematik
ist das ähnlich. So werden beispielsweise Arrays (zusammenhängende Speicherbe-
reiche) für Zahlen benötigt, die in der Mathematik Vektoren oder Matrizen heißen.
In einer Matrix gibt es feste Plätze, denen Zahlen zugeordnet sind. Damit kann die
gleiche Zahl an verschiedenen Plätzen stehen und so mehrfach vorkommen. Außerdem ist durch die Anordnung eine Reihenfolge der Zahlen vorgegeben. Oft sind aber
Reihenfolge und Anzahl unwichtig. Eine Struktur, mit der nur „gespeichert" wird,
ob ein Wert vorkommt oder nicht, ist die Menge.

1.2.1   Mengen und Schreibweisen

Definition 1.1 (Mengenbegriff von Cantor) Eine **Menge** M ist eine gedankliche
Zusammenfassung von unterscheidbaren Dingen. Diese Dinge sind die **Elemente**
von M.

Diese Definition ist nicht besonders genau, da wir beispielsweise von „Dingen"
sprechen und nicht erklären, was wir genau darunter verstehen. Häufig sind es Zahlen, aber es können auch ganz andere Objekte sein. Was eine „gedankliche Zusammenfassung" ist, verraten wir auch nicht, aber Mengen werden in der Regel durch
eine in geschweifte Klammern gesetzte Auflistung der Elemente beschrieben. Damit
drücken die Klammern „{" und „}" die Zusammenfassung aus. Die Menge der ganzen Zahlen von eins bis sechs wird also als $\{1, 2, 3, 4, 5, 6\}$ geschrieben. Hat eine
Menge kein einziges Element, dann nennen wir sie die **leere Menge** und schreiben
$\{\}$ oder $\emptyset$.

! Vorsicht

Die Menge $\{\emptyset\}$ ist nicht leer! Sie hat ein Element, nämlich die leere Menge. ◄

Wenn wir zweimal hintereinander Würfeln, dann können wir das Ergebnis über eine
Menge von **Paaren** darstellen:

$$\{(1, 1), (1, 2), \ldots, (1, 6), (2, 1), (2, 2), (2, 3), \ldots, (6, 6)\}.$$

Wenn wir dagegen das Ergebnis als Summe der beiden Würfe notieren, ist es Element
von $\{2, 3, \ldots, 12\}$. So werden wir Mengen zur Modellierung in der Wahrschein-
keitsrechnung einsetzen.
    Die Menge der Quadratzahlen ist

$$\{1, 4, 9, 16, 25, \ldots\} = \{n^2 : n \in \{1, 2, 3, \ldots\}\},$$

die Menge der Zweierpotenzen lautet

$$\{1, 2, 4, 8, 16, 32, \ldots\} = \{2^n : n \in \{0, 1, 2, 3, \ldots\}\}.$$

Hier haben wir eine weitere Schreibweise verwendet: Wir beschreiben die Elemente mit n^2 und 2^n, wobei wir dann n weiter spezifizieren. Der Doppelpunkt, für den häufig auch ein senkrechter Strich verwendet wird, wird als „wofür gilt" gelesen. Nun soll n null oder eine natürliche Zahl sein, also in der Menge $\mathbb{N}_0 := \{0, 1, 2, 3, \ldots\}$ enthalten sein. Das Zeichen „$\in$" bedeutet „Element von". Damit ist die Menge der Quadratzahlen die Menge all der Zahlen n^2, wofür n Element von $\mathbb{N} := \{1, 2, 3, \ldots\}$ gilt.

Die Mengen der Quadratzahlen und der Zweierpotenzen werden über die bereits bekannte Menge der natürlichen Zahlen definiert. Man bildet gerne neue Mengen mit der Hilfe von bereits definierten Mengen. So kann man auch Mengen mit unendlich vielen Elementen gut beschreiben. Außerdem gibt es mit diesen Mengen keine Existenzprobleme. Anders sieht es beispielsweise bei der Menge aus, die aus allen Mengen besteht. Es lässt sich zeigen, dass diese Allmenge nicht existieren kann, da sonst Widersprüche entstehen (siehe Aufgabe 1.8). Definition 1.1 verbietet die Allmenge aber nicht. Daher spricht man von einem naiven Mengenbegriff. Für unsere Zwecke reicht er aber völlig aus. Eine genauere Definition, die auf Axiomen beruht, können Sie aber in [Ebbinghaus (2021), Kapitel III] nachlesen.

Definition 1.2 (Mengenschreibweisen)

- So wie wir bereits $u \in V$ geschrieben haben, um auszudrücken, dass u Element der Menge V ist, schreiben wir $u \notin V$, falls u kein Element von V ist.
- Zwei Mengen U und V heißen **gleich** genau dann, wenn sie die gleichen Elemente besitzen, d. h., jedes Element der einen Menge findet sich in der anderen und umgekehrt. Wir schreiben $U = V$. Gilt dies nicht, so schreiben wir $U \neq V$. Dann besitzt eine der Mengen ein Element, das kein Element der anderen ist. Wegen dieser Definition der Gleichheit spielt die Reihenfolge, mit der wir Elemente einer Menge auflisten, keine Rolle. Auch prüft man nur, ob ein Element vorkommt – nicht wie oft es vorkommt, da die Elemente unterscheidbar sind und damit nur einmal vorkommen können. Damit eignet sich der klassische Mengenbegriff nicht, das mehrfache Enthaltensein eines Elements zu modellieren. Unter der Anzahl der Elemente einer Menge (auch **Mächtigkeit** der Menge) verstehen wir also die Anzahl der verschiedenen Elemente.
- U heißt (echte oder unechte) **Teilmenge** von V genau dann, wenn jedes Element von U auch Element von V ist. Wir schreiben $U \subseteq V$. Ist dagegen U keine echte oder unechte Teilmenge von V, so wird das über $U \nsubseteq V$ ausgedrückt. Offensichtlich ist $\emptyset \subseteq V$, aber auch $V \subseteq V$ ist richtig. Wenn man den Fall der Gleichheit ausschließen möchte, kann man das Symbol „$\subset$" oder zur Verdeutlichung „$\subsetneq$" schreiben. Damit bedeutet $U \subset V$ oder $U \subsetneq V$, dass U eine **echte Teilmenge** von V ist, d. h., U ist Teilmenge von V, aber in V gibt es mindestens ein Element, das in U nicht enthalten ist.

- Wir können nun zu einer gegebenen Menge V alle Teilmengen betrachten und diese als Elemente einer neuen Menge auffassen. Diese Menge aller Teilmengen von V heißt die **Potenzmenge** $\mathcal{P}(V)$ von V. $\mathcal{P}(V)$ ist eine Menge von Mengen. Offensichtlich ist $\emptyset \in \mathcal{P}(V)$ und $V \in \mathcal{P}(V)$.
- Das Komplement einer Menge V ist die Menge mit den Elementen, die in V nicht enthalten sind. Diese Formulierung hat ein Problem: Wir benötigen eine Grundmenge G, aus der wir diese Elemente nehmen können. Sei also $V \subseteq G$. Dann ist das **Komplement** $\mathcal{C}_G V$ der Menge V hinsichtlich der Grundmenge G definiert über

$$\mathcal{C}_G V := \{u \in G : u \notin V\}.$$

Wenn aus dem Zusammenhang die Grundmenge G bekannt ist, dann können wir sie in der Notation auch weglassen. Häufig findet man daher die Schreibweisen

$$\overline{V} := \mathcal{C} V := \mathcal{C}_G V.$$

- Mengen U und V heißen **disjunkt** oder **elementfremd** genau dann, wenn sie keine gemeinsamen Elemente besitzen.
- Möchten wir besondere Elemente aus einer Menge „auslesen", so können wir der Menge einen entsprechenden Operator voranstellen. Sind die Elemente beispielsweise der Größe nach vergleichbar und unterschiedlich groß, so liefert max V das größte Element, falls es existiert. Es existiert in jedem Fall, wenn die Menge nur endlich viele Elemente hat. Entsprechend bezeichnet min V das kleinstes Element.

! Vorsicht

Während die Zahlenvergleiche kleiner „$<$" und kleinergleich „$\leq$" in der Mathematik einheitlich benutzt werden, ist das für die Symbole „$\subset$" und „$\subseteq$" leider nicht der Fall. In vielen Büchern ist „$\subset$" gleichbedeutend mit „$\subseteq$". In diesem Text können sich dadurch aber keine Missverständnisse ergeben. ◄

Dass wir bei Potenzmengen Mengen selbst wieder als Elemente einer Menge auffassen, erscheint merkwürdig. Betrachten wir eine Firma, die n Produkte herstellt (Menge mit n Elementen) und nun Bündel aus k Produkten für eine Anzahl $0 < k \leq n$ verkaufen möchte: Jedes Bündel ist eine Teilmenge mit k Elementen (später werden wir solche Teilmengen „Kombinationen von k aus n Elementen" nennen, siehe Abschn. 3.2.4). Jedes Bündel ist also eine Teilmenge der Menge der Produkte. Die Menge aller Bündelprodukte ist eine Teilmenge der Potenzmenge. Einzig die leere Menge als Element der Potenzmenge wäre kein sinnvolles Bündelprodukt (sofern die Kunden nicht betrogen werden sollen).

Beispiel 1.1 Im Kap. 2 beschäftigen wir uns intensiv mit Graphen. Diese bestehen aus Knoten, die z. B. durch gerichtete Kanten verbunden sein können. Ist V die Menge der Knoten, so können wir eine gerichtete Kante von einem Knoten u zu

Abb. 1.1 Graph zu
Beispiel 1.1

einem Knoten v über ein Paar (u, v) darstellen. Die Menge aller möglichen Kanten werden wir über $\{(u, v) : u, v \in V, u \neq v\}$ definieren, wobei wir wegen $u \neq v$ (u ungleich v) keine Kanten von einem Knoten zu sich selbst zulassen.

Wir betrachten einen konkreten Graphen mit Knoten $V := \{a, b, c\}$ und gerichteten Kanten $E := \{(a, b), (b, a), (c, a)\}$. In Abb. 1.1 sind diese Kanten als Pfeile gezeichnet.

- Das Element (b, a) ist eine Kante, aber (b, c) ist keine Kante, denn $(b, a) \in E$ und $(b, c) \notin E$.
- Es ist

$$E \subseteq \{(u, v) : u, v \in V, u \neq v\} = \{(a, b), (a, c), (b, a), (b, c), (c, a), (c, b)\}.$$

- Das Komplement von E bezüglich der Menge aller möglichen Kanten $G := \{(u, v) : u, v \in V, u \neq v\}$ ist die Menge $\complement_G E = \{(a, c), (b, c), (c, b)\}$.
- $\mathcal{P}(V) = \{\emptyset, \{a\}, \{b\}, \{c\}, \{a, b\}, \{a, c\}, \{b, c\}, V\}$.

Satz 1.1 (Potenzmenge) Eine Menge V mit n Elementen besitzt 2^n verschiedene Teilmengen, also hat die zugehörige Potenzmenge 2^n Elemente.

Beweis Wie häufig in der Informatik benutzen wir einen Entscheidungsbaum. Beim Bilden einer Teilmenge können wir für jedes Element von V entscheiden, ob wir es in die Teilmenge aufnehmen oder nicht. Eine abweichende Entscheidung führt zu einer anderen Teilmenge. Die n Entscheidungen führen damit zu den 2^n verschiedenen Teilmengen, siehe dazu den Binärbaum in Abb. 1.2. (Bei einem Binärbaum folgen auf jeden Knoten, hier als Kästchen gezeichnet, maximal zwei nachgelagerte Knoten. Wir betrachten Binärbäume in Abschn. 1.3.5 genauer.) $\qquad\square$

Der Überlieferung nach durfte der Erfinder des Schachspiels als Belohnung für seine Erfindung einen Wunsch an seinen König äußern. Er wünschte sich Weizenkörner – und zwar so viele, wie sich ergeben, wenn man auf das erste Schachfeld ein Korn legt und dann von Feld zu Feld die Anzahl verdoppelt. Das sind insgesamt $1 + 2 + 4 + 8 + \cdots + 2^{63}$ Körner. Der König hielt diesen Wunsch zunächst für bescheiden, aber dann kam das böse Erwachen. Denn wenn wir die Zahlen addieren, erhalten wir $2^{64} - 1 = 18.446.744.073.709.551.615$. Die Zahl $2^{64} - 1$ ergibt sich übrigens über eine Formel (1.10) für die geometrische Summe. Was bedeutet nun diese Zahl? Wir verwenden die grobe Schätzung, dass ein Korn etwa 0,05 Gramm wiegt. Alle $2^{64} - 1$ Weizenkörner wiegen dann zusammen 922.337.203.685.477 kg. Ein Container, der üblicherweise in der Handelsschifffahrt eingesetzt wird, hat (nach ISO-Norm 668) die Maße $12,192\,\text{m} \times 2,438\,\text{m} \times 2,591\,\text{m}$ und ein maximales Ladegewicht von 26.630 kg. Wir benötigen also 34.635.268.632 Container, die zusammen eine Länge von 416.731.552.187 m haben. Das Licht legt in einer Sekunde etwa 300.000 km zurück.

Abb. 1.2 Entscheidungsbaum zum Auffinden aller 2^3
Teilmengen U von
$V := \{a, b, c\}$

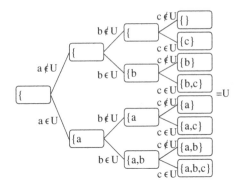

Reihen wir also die Container aneinander, so benötigt das Licht für diese Strecke
1389 s, oder anders gesagt: mehr als 23 min. Das Licht benötigt für die Strecke von
der Sonne zur Erde nicht einmal 9 min!

Wir sehen also, dass 2^n sehr schnell mit n anwächst und für $n = 64$ für praktische
Zwecke bereits viel zu groß ist. Leider führen viele Probleme in der Informatik bei
naiver Lösung zu Programmlaufzeiten, die sich in Abhängigkeit der Eingabegröße n
des Problems wie 2^n verhalten. Hier müssen wir dann nach geschickteren Lösungen
suchen.

1.2.2 Mengenoperationen

Wir benötigen Mengen zur Beschreibung von komplizierten realen Problemen
durch Modelle. Beispielsweise werden Ereignisse, deren Eintrittswahrscheinlichkeit berechnet werden soll, über Mengen ausgedrückt (siehe Abschn. 3.3.2). Dabei
ist es nötig, gewisse Operationen auf Mengen durchführen zu können – ähnlich wie
wir es von den Zahlen kennen.

Definition 1.3 (Mengenoperationen) Es seien U und V Mengen.

- Die **Schnittmenge** von U und V ist die größte gemeinsame Teilmenge von U
  und V, d. h., sie enthält alle Elemente von U, die auch in V enthalten sind:

$$U \cap V := \{u \in U : u \in V\}.$$

  Offensichtlich gilt: $U \cap V = V \cap U$. Wir sprechen $U \cap V$ als „U geschnitten mit
  V".
- Die **Vereinigungsmenge** von U und V ist die kleinste Menge, die U und V als
  Teilmengen hat:

$$U \cup V := \{u : u \in U \text{ oder } u \in V\}.$$

  Auch das Vereinigen von Mengen ist **kommutativ** (vertauschbar): $U \cup V = V \cup U$,
  und wir sprechen $U \cup V$ als „U vereinigt mit V".

- Wenn wir eine Menge V von einer Menge U subtrahieren, dann lassen wir in U die Elemente weg, die in V enthalten sind. Genauer ist die **Differenz** von U und V definiert über

$$U \setminus V := \{u \in U : u \notin V\}.$$

Wir sprechen $U \setminus V$ als „U ohne V". V darf auch Elemente besitzen, die keine Elemente von U sind.

- Um **Paare** (u, v) zu bilden, deren erster Eintrag aus einer Menge U und deren zweiter Eintrag aus einer Menge V stammt, verwenden wir das **Kreuzprodukt** (das **kartesische Produkt**) von U und V:

$$U \times V := \{(u, v) : u \in U \text{ und } v \in V\}.$$

Entsprechend können wir **n-Tupel** bilden (Paare sind 2-Tupel). Bei Relationen und in der Linearen Algebra benötigen wir den Fall, dass alle Einträge eines n-Tupels aus der gleichen Menge stammen,

$$U^n := \underbrace{U \times U \times \cdots \times U}_{n\text{-mal } U} = \{(u_1, u_2, \ldots, u_n) : u_1, u_2, \ldots, u_n \in U\}.$$

Die eingangs beschriebene Modellierung eines zweimaligen Würfelns ist ein Kreuzprodukt:

$$\{(1, 1), (1, 2), \ldots, (1, 6), (2, 1), \ldots, (6, 6)\} = \{1, \ldots, 6\} \times \{1, \ldots, 6\}.$$

In Beispiel 1.1 sind die Kanten Elemente der Menge $V^2 = V \times V$. Kombiniert man Mengenoperationen, so ist es oft lästig, mit Klammern die Abarbeitungsreihenfolge vorzugeben. Daher wird festgelegt, dass das Komplement am engsten bindet, dann folgen Durchschnitt und Vereinigung, also ist beispielsweise $\mathcal{C}U \cup V \cap W = (\mathcal{C}U) \cup (V \cap W)$. Das ist vergleichbar mit den Punkt-vor-Strich-Regeln beim Rechnen mit Zahlen: $3 + 4 \cdot 5 = 3 + (4 \cdot 5)$.

Beispiel 1.2 (Mengenverknüpfungen) Seien M_1 und M_2 die Mengen der Methoden zweier Klassen eines objektorientierten Programms:

$$M_1 := \{\text{getName}, \text{getAddress}, \text{setName}, \text{setAddress}, \text{getChangeDate}\}$$
$$M_2 := \{\text{getName}, \text{getAddress}, \text{print}\}$$

Wir könnten gemeinsame Methoden in eine Basisklasse verlagern:

$$M_1 \cap M_2 = \{\text{getName}, \text{getAddress}\}.$$

Dann wären gegebenenfalls alle Methoden

$M_1 \cup M_2$

$= \{\text{getName}, \text{getAddress}, \text{setName}, \text{setAddress}, \text{getChangeDate}, \text{print}\}$

nur einmal zu implementieren. Speziell für M_2 muss nur

$$M_2 \setminus M_1 = \{\text{print}\}$$

programmiert werden.

Komplement und Differenz von Mengen führen häufig zu Irritationen. Beim Komplement $\mathcal{C}_G U$ benötigen wir zu einer Menge U eine Grundmenge, die U enthält: $U \subseteq G$. Bei der Mengendifferenz können die beteiligten Mengen beliebig zueinander liegen. Allerdings lässt sich das Komplement als Mengendifferenz schreiben. Seien $U \subseteq G$ und $V \subseteq G$, dann gilt:

$$U \setminus V = U \cap \mathcal{C}_G V, \quad \mathcal{C}_G U = G \setminus U.$$

Um zu veranschaulichen, was bei den Mengenoperationen geschieht, ist es üblich, Mengen durch Flächen zu visualisieren. Streng genommen betrachtet man dabei nur Teilmengen von Punkten der Zeichenebene, die aber beliebige Mengen repräsentieren sollen. Die Schnittmenge zweier Mengen ist dann die Fläche, auf der sich die Mengen überlappen. Bei der Vereinigung fügt man Flächen zu einer gemeinsamen zusammen. Diese Darstellungsart nennt man **Venn-Diagramm.** Dabei ist es üblich, die Mengen als Kreisflächen, Ovale oder Rechtecke zu malen, siehe Abb. 1.3. Mit Venn-Diagrammen können Sie leicht die Gültigkeit der folgenden Regeln nachprüfen:

Satz 1.2 (Eigenschaften von Mengen) Es seien U, V und W Mengen. Dann gilt:

- Aus $U \subseteq V \subseteq W$ folgt $U \subseteq W$, d. h., die Teilmengenbeziehung ist **transitiv.**
- Ist $U \subseteq V$ und gleichzeitig $V \subseteq U$, dann folgt $U = V$.
- **Kommutativgesetze** (Vertauschung der Reihenfolge, s. o.):

$$U \cup V = V \cup U, \quad U \cap V = V \cap U.$$

Im Gegensatz dazu spielt aber z. B. bei der Mengendifferenz die Reihenfolge durchaus eine Rolle.

Abb. 1.3 Mengenoperationen, dargestellt als Venn-Diagramme

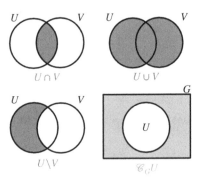

- **Assoziativgesetze:** Bei gleichartigen Operationen kann die Reihenfolge beliebig gewählt werden, d. h., die Klammerung ist unwichtig:

$$U \cup (V \cup W) = (U \cup V) \cup W, \qquad U \cap (V \cap W) = (U \cap V) \cap W.$$

- **Distributivgesetze:** Analog zur Ausmultiplikation $x \cdot (y + z) = x \cdot y + x \cdot z$ für Zahlen x, y und z gilt:

$$U \cap (V \cup W) = (U \cap V) \cup (U \cap W), \quad U \cup (V \cap W) = (U \cup V) \cap (U \cup W).$$

Die Regeln gelten also auch bei Vertauschung von Vereinigung und Durchschnitt. Das ist beim Distributivgesetz für Zahlen nicht der Fall: In der Regel ist $x + (y \cdot z) \neq (x + y) \cdot (x + z)$, wie wir am Beispiel $4 + (2 \cdot 5) \neq (4 + 2) \cdot (4 + 5)$ sehen.

- Bei der Bildung des Komplements sind die **De Morgan'schen Regeln** zu beachten. Für $U, V \subseteq W$ gilt:

$$\mathcal{C}_W(U \cup V) = \mathcal{C}_W U \cap \mathcal{C}_W V, \quad \mathcal{C}_W(U \cap V) = \mathcal{C}_W U \cup \mathcal{C}_W V.$$

Unter der Komplementbildung kehrt sich das Operatorsymbol um. Wir werden analoge Regeln gleich anschließend für die Digitaltechnik und Logik kennen lernen.

Aufgabe 1.1 Gegeben sind die Mengen

$$U := \{1, 3, 5\}, \quad V := \{1, 2, 4, 5, 7, 8, 9, 10\}$$

und $G := \{1, 2, 3, 4, 5, 6, 7, 8, 9, 10\}$.

a) Geben Sie alle Teilmengen von U an.
b) Berechnen Sie: $U \cup V$, $U \cap V$, $U \setminus V$, $V \setminus U$, $\mathcal{C}_G(U \cap V)$, $(\mathcal{C}_G U) \setminus V$ sowie $\mathcal{C}_G[(\mathcal{C}_G U) \cap V] \cup U$.

Lösungen der Aufgaben finden Sie im Anhang A, Lösung A.1 gehört zu dieser Aufgabe.

Diese Aufgabe ist vergleichsweise leicht. Sie werden im Folgenden Aufgaben vorfinden, die einen unterschiedlichen Schwierigkeitsgrad besitzen. Diese sollten von Ihnen nicht in der Art gelöst werden, dass Sie sich zunächst die Lösung im Anhang ansehen. Wir verstehen unter einer Übungsaufgabe, dass Sie selbst Ihren Verstand zum Lösen einsetzen sollen. Das ist zwar mühsamer, aber auch sehr viel lehrreicher und befriedigender.

1.3 Logik

1.3.1 Rechnen mit Nullen und Einsen: Boole'sche Algebra

In digitalen Computern gibt es nur die elementaren Zustände null und eins. Was sich mit diesen **Bits** alles codieren lässt, beschreiben wir in späteren Kapiteln. Hier beschränken wir uns zunächst auf die beiden elementaren Zustände. Es gibt 16 Möglichkeiten, Verknüpfungen von zwei Bits (als Werte der Variablen A und B) zu definieren. In der Tab. 1.1 werden diese 16 verschiedenen Verknüpfungen als Spalten 0 bis 15 dargestellt.

Einige dieser Verknüpfungen haben einen Namen und werden durch spezielle Symbole beschrieben:

- Spalte 1: Die Werte von A und B werden und-verknüpft. Nur wenn beide Werte 1 sind, ist auch das Ergebnis 1. Wir schreiben dafür $A \wedge B$ (A und B) oder auch $A \odot B$ um anzudeuten, dass hier zwei Bits multipliziert werden.
- Spalte 6: Die Werte von A und B werden entweder-oder-verknüpft. Nur wenn genau ein Wert 1 ist, ist auch das Ergebnis 1. Wir schreiben dieses exklusive Oder mit A xor B bzw. $A \oplus B$. Die Schreibweise mit $\oplus$ deutet an, dass zwei Bits ohne Berücksichtigung eines Übertrags addiert werden.
- Spalte 7: Die Werte von A und B werden oder-verknüpft. Genau dann, wenn mindestens ein Wert 1 ist, ist auch das Ergebnis 1. Wir schreiben $A \vee B$ (A oder B). Im Gegensatz zum exklusiven Oder ist das Ergebnis auch dann 1, wenn sowohl A als auch B gleich 1 sind. In der Umgangssprache wird häufig nicht sauber zwischen „oder" und „entweder oder" unterschieden. Hier müssen wir genauer sein.
- Spalte 9: Hier steht das Ergebnis der Verknüpfung $A \longleftrightarrow B$, das genau dann 1 ist, wenn entweder A und B beide 1 oder A und B beide 0 sind. Diese **Äquivalenz** von A und B liefert also genau dann eine 1, wenn A und B den gleichen Wert haben. Auf die Bedeutung der Äquivalenz beim Aufschreiben von Mathematik gehen wir später ein, hier ist sie erst einmal ein Bit-Operator. Dafür wird häufig in der mathematischen Logik auch das Zeichen $\longleftrightarrow$ verwendet.
- Spalte 12: Die Werte sind genau umgekehrt zu denen von A. Hier ist die Negation von A beschrieben, die mit $\neg A$ bezeichnet wird. Damit können wir die Äquivalenz auch so ausdrücken:

$$(A \longleftrightarrow B) = (A \wedge B) \vee (\neg A \wedge \neg B).$$

Tab. 1.1 Mögliche Verknüpfung zweier Bits

A	B	0	1	2	3	4	5	6	7	8	9	10	11	12	13	14	15
0	0	0	0	0	0	0	0	0	0	1	1	1	1	1	1	1	1
0	1	0	0	0	0	1	1	1	1	0	0	0	0	1	1	1	1
1	0	0	0	1	1	0	0	1	1	0	0	1	1	0	0	1	1
1	1	0	1	0	1	0	1	0	1	0	1	0	1	0	1	0	1

Das Gleichheitszeichen bedeutet, dass für alle vier Wertkombinationen von A und B beide Seiten das gleiche Ergebnis liefern. Die Formel

$$(A \longleftrightarrow B) \longleftrightarrow [(A \wedge B) \vee (\neg A \wedge \neg B)]$$

würde also für alle Wertbelegungen von A und B stets die 1 berechnen. Für das exklusive Oder gilt:

$$A \oplus B = (\neg A \wedge B) \vee (A \wedge \neg B).$$

Statt des Gleichheitszeichens findet man bisweilen auch das Zeichen $\equiv$. Damit wird zusätzlich betont, dass beide Seiten nicht nur für einen, sondern für alle einsetzbaren Werte gleich sind.

- Spalte 13: Hier steht das Ergebnis der Verknüpfung $A \longrightarrow B$, das genau dann 1 ist, wenn B gleich 1 oder A gleich 0 ist. Dies ist die **Folgerung** von B aus A, also

$$(A \longrightarrow B) = (\neg A \vee B).$$

Den Einsatz von Äquivalenzen und Folgerungen werden wir uns später noch wesentlich genauer ansehen.

Die Ergebnisse der anderen Spalten können wir jetzt ebenfalls mit diesen Begriffen ausdrücken, siehe Tab. 1.2.

In der Programmiersprache C stehen diese bitweisen Verknüpfungen zur Verfügung: Der Und-Operator $\wedge$ heißt hier &, statt $\vee$ wird | verwendet, und $\oplus$ wird als ^ geschrieben. Dabei werden Worte, die aus mehreren Bits bestehen, positionsweise wie angegeben verknüpft.

- Ausmaskieren: Möchte man gezielt einzelne Bits auf null setzen, dann und-verknüpft man eine Bitfolge mit einer Folge von Einsen, bei der nur die betroffenen Bits null sind. Wir löschen beispielsweise das führende Bit in 101011 durch Verknüpfen mit 011111, also mittels 101011 & 011111 = 001011. Wenn man testen möchte, ob ein spezielles Bit gesetzt ist, dann kann man alle anderen ausmaskieren und das Ergebnis mit der Null vergleichen.

Tab. 1.2 Schreibweisen für die Bit-Verknüpfungen

A	B	0	1	2	3	4	5	6	7	8	9	10	11	12	13	14	15
0	0	0	0	0	0	0	0	0	0	1	1	1	1	1	1	1	1
0	1	0	0	0	0	1	1	1	1	0	0	0	0	1	1	1	1
1	0	0	0	1	1	0	0	1	1	0	0	1	1	0	0	1	1
1	1	0	1	0	1	0	1	0	1	0	1	0	1	0	1	0	1
		0	$A \wedge B$	$A \wedge \neg B$	A	$\neg A \wedge B$	B	$A \oplus B$	$A \vee B$	$\neg A \wedge \neg B$	$A \longleftrightarrow B$	$\neg B$	$A \vee \neg B$	$\neg A$	$A \longrightarrow B$	$\neg A \vee \neg B$	1

- Auffüllen: Mit der oder-Verknüpfung können gezielt einzelne Bits eingeschaltet werden. Die unteren (hinteren bzw. rechten) vier Bits von 101010 werden auf 1 gesetzt mittels 101010 | 001111 = 101111.

- Codieren: Die Xor-Verknüpfung lässt sich rückgängig machen, indem man sie nochmal mit der gleichen Bitfolge anwendet:

$$(A \oplus B) \oplus B = A.$$

Auf diese Weise erhält man eine hervorragende Verschlüsselung. Dazu muss man ein Referenzdokument als Schlüssel auf sicherem Weg austauschen, z. B. mit dem RSA-Verfahren, siehe Abschn. 3.5. Statt eines vollständigen Dokuments genügt auch eine Startzahl für einen Zufallszahlengenerator, der basierend auf dieser Zahl ein Dokument (reproduzierbar) generiert. Dann kann man andere Dokumente mit diesem bitweise Xor-verknüpfen um sie zu ver- und entschlüsseln.

Aufgabe 1.2 Zeigen Sie mit einer Wertetabelle, dass $(A \oplus B) \oplus B = A$ gilt. (siehe Lösung A.2)

Satz 1.3 (Rechenregeln) Seien A, B und C Variablen, die die Werte 0 und 1 annehmen können:

- **Kommutativgesetze:**

$$A \wedge B = B \wedge A, \quad A \vee B = B \vee A$$

- **Assoziativgesetze:**

$$(A \wedge B) \wedge C = A \wedge (B \wedge C), \quad (A \vee B) \vee C = A \vee (B \vee C)$$

- **Distributivgesetze:**

$$A \wedge (B \vee C) = (A \wedge B) \vee (A \wedge C), \quad A \vee (B \wedge C) = (A \vee B) \wedge (A \vee C).$$

- Völlig analog zum Rechnen mit Mengen gelten auch hier die **De Morgan'schen Regeln:**

$$\neg(A \wedge B) = \neg A \vee \neg B, \quad \neg(A \vee B) = \neg A \wedge \neg B.$$

Der Beweis des Satzes ist ganz einfach, man muss nur alle Werte für A, B und C durchprobieren und dabei die jeweilige Formel überprüfen. Das kann man mit einer Wertetabelle wie Tab. 1.2 tun.

Wir haben beispielsweise $\neg A \wedge \neg B$ geschrieben und meinen damit $(\neg A) \wedge (\neg B)$. Auf die Klammern verzichten wir aber, weil die Operatoren (wie zuvor bei Mengen) Prioritäten haben: Die Negation bindet enger als Und, und Und bindet enger als Oder. Es gilt also:

$$A \wedge \neg B \vee C \wedge D = (A \wedge (\neg B)) \vee (C \wedge D).$$

Die Verknüpfungen $A \wedge B$, $A \vee B$, $\neg A$, $\neg(A \wedge B)$, $\neg(A \vee B)$, $A \oplus B$, usw. lassen sich vergleichsweise einfach mittels Hardware als sogenannte Gatter realisieren. Mit solchen Gattern kann man dann kompliziertere Aufgaben bewältigen. Als Beispiel machen wir einen Vorgriff auf das übernächste Kapitel und schreiben Zahlen im **Dualsystem** (Zweiersystem). Es ist ein Verdienst des deutschen Computer-Pioniers Konrad Zuse, dass er die erste programmierbare Rechenmaschine konzipiert hat, die auf dem Dualsystem basierte. Dabei gibt es nur die Ziffern 0 und 1; statt Zehnerpotenzen werden Potenzen von 2 verwendet. Die Zahl 10110011 im Dualsystem entspricht der Dezimalzahl $1 \cdot 128 + 0 \cdot 64 + 1 \cdot 32 + 1 \cdot 16 + 0 \cdot 8 + 0 \cdot 4 + 1 \cdot 2 + 1 \cdot 1 = 179$. Solchen Zahlendarstellungen widmen wir uns intensiv in Kap. 3.

Die Addition einstelliger Dualzahlen ist recht einfach. Nur im Fall $1 + 1$ muss ein Übertrag an die nächst höhere Stelle berücksichtigt werden.

$$
\begin{array}{cccc}
0 & 0 & 1 & 1 \\
+0 & +1 & +0 & +1 \\
\hline
0 & 1 & 1 & 10
\end{array}
$$

Mehrstellige Zahlen können, wie wir es aus der Schule kennen, ziffernweise addiert werden. Dabei müssen Überträge an die nächst höhere Stelle berücksichtigt werden. Stellen, an denen ein Übertrag entsteht, sind unterstrichen:

$$
\begin{array}{lrlr}
\text{Dezimal:} & 37 & \text{Dual:} & 00100101 \\
& +49 & & +00110001 \\
\hline
& 86 & & 01010110
\end{array}
$$

Wir stellen nun Formeln für die Summe zweier Ziffern A und B mit einem Übertrag C_{in} auf. Bei dieser Addition entsteht ein Summenbit S sowie ein neuer Übertrag C_{out} für die nächste Stelle. Wir erhalten die Formel für S als **disjunktive Normalform**, indem wir in der Wertetabelle 1.3 genau die Spalten betrachten, in denen $S = 1$ ist. Zu jeder Spalte erstellen wir einen Term, der für die hier vorliegende Eingabe A, B und C_{in} die Eins liefert. Ist die Eingabe einer dieser Variablen null, so verwenden wir die negierte Variable, sonst die nicht-negierte. Diese **Literale** (d. h. negierte und nicht-negierte Variablen) werden dann mit Und verknüpft. Das Ergebnis ist eine Formel, die genau bei der vorliegenden Eingabekonstellation eine Eins erzeugt und sonst stets den Wert null hat. So erhalten wir für S die Formeln

$$\neg A \wedge \neg B \wedge C_{\text{in}}, \quad \neg A \wedge B \wedge \neg C_{\text{in}}, \quad A \wedge \neg B \wedge \neg C_{\text{in}}, \quad A \wedge B \wedge C_{\text{in}}.$$

Tab. 1.3 Wertetabelle eines Volladdierers

A	0	0	0	0	1	1	1	1
B	0	0	1	1	0	0	1	1
C_{in}	0	1	0	1	0	1	0	1
S	0	1	1	0	1	0	0	1
C_{out}	0	0	0	1	0	1	1	1

Wir müssen diese Terme nun lediglich oder-verküpfen, um S zu berechnen. Völlig analog verfahren wir für C_{out} und erhalten zusammen

$$S = (\neg A \wedge \neg B \wedge C_{\text{in}}) \vee (\neg A \wedge B \wedge \neg C_{\text{in}}) \vee (A \wedge \neg B \wedge \neg C_{\text{in}})$$
$$\vee (A \wedge B \wedge C_{\text{in}}), \tag{1.1}$$
$$C_{\text{out}} = (\neg A \wedge B \wedge C_{\text{in}}) \vee (A \wedge \neg B \wedge C_{\text{in}}) \vee (A \wedge B \wedge \neg C_{\text{in}}) \vee (A \wedge B \wedge C_{\text{in}}).$$

Die Oder-Verknüpfung wird auch als **Disjunktion** und die Und-Verknüpfung als **Konjunktion** bezeichnet. Die beiden Formeln liegen in disjunktiver Normalform vor. Dabei sind die geklammerten Teilformeln durch Disjunktionen verbunden, und in den Teilformeln, die Disjunktionsglieder heißen, dürfen die Literale nur mit Und verknüpft sein.

Wir haben einen **Volladdierer** beschrieben: Wir können nun stellenweise von rechts nach links die Summe zweier Zahlen unter Berücksichtigung von Überträgen bilden, siehe Abb. 1.4.

Die Digitaltechnik beschäftigt sich mit Hardware-Komponenten wie dem Volladdierer. In der Praxis müssen Signallaufzeiten berücksichtigt werden, daher sind fast alle Baugruppen getaktet. In der Logik brauchen wir uns mit solchen Details nicht zu beschäftigen.

Bereits beim Volladdierer entstehen längliche Formeln. Wenn man diese in Hardware gießen möchte, ist es aus Kostengründen wichtig, diese möglichst weit zu vereinfachen, also zusammenzufassen. Auch Programme werden übersichtlicher, schneller und weniger fehleranfällig, wenn Berechnungen kurz und prägnant werden. Um kürzere Formeln zu erhalten, können wir mit den Rechenregeln vereinfachen. Das lässt sich aber schwierig mit einem Programm automatisieren. Leichter wird es, wenn man das Ablesen einer disjunktiven Normalform geschickter gestaltet. Dazu schreibt man die Wertetabelle als **Karnaugh-Veitch-Diagramm,** so dass man Terme ablesen kann, die möglichst große Rechtecke von Einsen abdecken.

Wir optimieren so die Darstellung des Übertrags: Die Belegungen der Variablen A, B, C_{in} sind in Tab. 1.4 so angeordnet, dass sich genau einer der Variablenwerte ändert, wenn man in der Tabelle eine Spalte nach rechts oder links oder eine Zeile nach oben oder unten geht. Das gilt sogar über die Ränder hinaus, wenn wir uns die

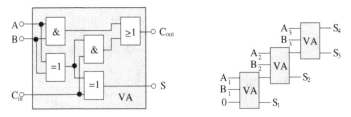

Abb. 1.4 Additionswerk mittels Volladdierer (VA): Ein VA ist über Gatter aufgebaut, die es als Hardwarebausteine gibt. Das &-Gatter realisiert $\wedge$, das =1-Gatter verknüpft die Eingänge mit dem exklusiven Oder $\oplus$, und das $\geq$ 1-Gatter implementiert das Oder $\vee$. Damit wird $S = (A \oplus B) \oplus C_{\text{in}}$ und $C_{\text{out}} = (A \wedge B) \vee ((A \oplus B) \wedge C_{\text{in}})$ berechnet. Vergewissern Sie sich, dass diese Formeln die gleichen Warheitswertetabellen besitzen wie die disjunktiven Normalformen (1.1)

Tab. 1.4 Geschickte Darstellung der Wertetabelle für C_{out}: Die beiden fett gedruckten Einsen bzw. die beiden unterstrichenen Einsen bilden Blöcke, die unabhängig von C_{in} bzw. A über $A \wedge B$ bzw. $B \wedge C_{in}$ beschrieben werden können

		AB		
	00	01	11	10
C_{in} 0	0	0	**1**	0
1	0	<u>1</u>	**<u>1</u>**	1

Tabelle zyklisch fortgesetzt vorstellen (Wrap-Around). Findet man nun horizontal oder vertikal benachbarte Einsen für C_{out} vor, so können diese mit einem Disjunktionsglied beschrieben werden, für das eine Variable weggelassen werden kann, die hier sowohl den Wert 0 also auch den Wert 1 annimmt.

Für die fett gedruckten Einsen lesen wir aus Tab. 1.4 den Term $A \wedge B$ ab. Hier spielt der Wert von C_{in} offensichtlich keine Rolle:

$$(A \wedge B \wedge \neg C_{in}) \vee (A \wedge B \wedge C_{in}) = A \wedge B \wedge (\neg C_{in} \vee C_{in}) = A \wedge B.$$

Entsprechend liefern die unterstrichenen Einsen $B \wedge C_{in}$. Jetzt ist nur noch eine Eins nicht abgedeckt: $A \wedge C_{in}$ überdeckt auch diese. Dabei spielt die Überlappung mit der fetten und unterstrichenen Eins keine Rolle, im Gegenteil: Je mehr überdeckt wird, um so kleiner werden die Terme. Insgesamt erhalten wir eine kürzere disjunktive Normalform für den Übertrag:

$$C_{out} = (A \wedge B) \vee (A \wedge C_{in}) \vee (B \wedge C_{in}).$$

Häufig findet man noch größere Rechtecke von Einsen, die über mehrere Zeilen und Spalten ragen, wobei auch der Rand überschritten werden kann. Allerdings kann nicht jedes Rechteck zusammengefasst werden. Das gelingt beispielsweise nicht für die Zeile mit den drei Einsen im Beispiel. Die Seitenlängen des Rechtecks müssen Zweierpotenzen sein.

Aufgabe 1.3 Überführen Sie $\neg(A \vee B \wedge C)$ und $(\neg A \vee B \vee \neg C) \wedge (A \vee C)$ in eine disjunktive Normalform. (siehe Lösung A.3)

1.3.2 Aussagenlogik

Ein Ballonfahrer hat im dichten Nebel die Orientierung verloren. Deshalb lässt er den Ballon soweit sinken, bis er den Erdboden erkennen kann. Als er am Boden einen Menschen sieht, ruft er diesem zu, ob er ihm sagen kann, wo er ist. Nach über einer Minute bekommt er die Antwort: „Du bist in einem Ballonkorb!" Die Antwort kann nur von einem Mathematiker kommen, denn sie ist wohl überlegt, sie ist eine wahre Aussage, und sie ist völlig nutzlos.

Viele Aussagen sind in der Mathematik aber sehr wohl nützlich, und ohne Aussagenlogik kann man auch gar nicht programmieren. Aussagen treten in Programmen hauptsächlich bei bedingten Anweisungen (if) und Abbruchbedingungen für Schleifen auf.

Definition 1.4 (Aussage) Unter einer **Aussage** A versteht man ein sprachliches Gebilde, welches einen der beiden **Wahrheitswerte** wahr (1) oder falsch (0) hat.

Wichtig ist, dass eine Aussage eindeutig wahr oder falsch ist. Dabei ist es unerheblich, ob wir wissen, ob sie wahr oder falsch ist. So ist „Es gibt außerirdisches Leben" entweder wahr oder falsch – und damit eine Aussage. Keine Aussage ist „Frau Xy ist schön", da der Wahrheitswert im Auge des Betrachters liegt und damit nicht eindeutig feststeht.

Da wir hier keine Romane schreiben wollen, bezeichnen wir Aussagen mit Variablen (Platzhaltern) wie A bzw. B, die die Werte „wahr" $= 1$ oder „falsch" $= 0$ annehmen können, und verknüpfen sie mit logischen Operatoren. Dabei handelt es sich exakt um die Verknüpfungen mit den Regeln, die wir im vorangehenden Abschnitt bereits für Bits kennengelernt haben. Während aber in der Programmiersprache C z. B. mit & bitweise und-verknüpft wird und so wieder ein neues Wort bestehend aus mehreren Bits entsteht, werden Aussagen mittels && verknüpft – und das Ergebnis ist ein einzelner Wahrheitswert (wobei 0 als falsch und alles Andere als wahr definiert ist). In der Abfrage

```
if ((x==3) && (y>2))
```

steht eine Aussage, falls Werte für die Variablen x und y bekannt sind. Genauer ist $(x==3)$ && $(y>2)$ eine Aussageform (siehe Abschn. 1.3.3), die durch Einsetzen von Werten in die Variablen x und y zu einer wahren oder falschen Aussage wird.

Wir betrachten jetzt **aussagenlogische Formeln** wie $\neg A \wedge (B \vee C)$. Dabei verwenden wir aussagenlogische Variablen wie A, B und C, die nur die Werte wahr und falsch annehmen können, und verknüpfen diese mit den bekannten logischen Operatoren. In der obigen If-Abfrage steht die Formel $A \wedge B$, wobei A für den Wahrheitswert von x==3 und B für den Wert von y>2 verwendet wird. Sind die Werte aller aussagenlogischer Variablen bekannt, dann ist damit auch der Wert der aussagenlogischen Formel bestimmt.

Aussagenlogische Formeln in der Mathematik unterscheiden sich bisweilen in ihrer Bedeutung von der Umgangssprache. Während $A \wedge B = B \wedge A$ ist, drückt das Und in der Umgangssprache häufig einen zeitlichen und kausalen Ablauf aus: $A :=$ „Der Studierende besteht die Prüfung" und $B :=$ „Der Studierende ist Bachelor".

Eine aussagenlogische Formel heißt **erfüllbar** genau dann, wenn es eine Belegung der Variablen gibt, die die Formel wahr werden lässt. Sie heißt **unerfüllbar** genau dann, wenn die Formel bei jeder Belegung der Variablen falsch ist, z. B. ist $A \wedge \neg A$ unerfüllbar. Eine Formel, die bei jeder Variablenbelegung wahr ist, heißt eine **Tautologie.** Sie ist **allgemeingültig.** Beispielsweise ist $A \vee \neg A$ eine Tautologie.

Es ist prinzipiell sehr leicht, eine aussagenlogische Formel auf Erfüllbarkeit zu testen: Man muss lediglich alle möglichen Wertkombinationen für die Variablen durchprobieren. Bei n Variablen sind das maximal 2^n Tests. Das ist jetzt eine Stelle, an der eine Laufzeit 2^n beträgt – und wir erinnern uns an die Bemerkungen zu Satz 1.1, dass das problematisch sein kann.

Haben wir dagegen eine Formel in disjunktiver Normalform, dann ist sie genau dann erfüllbar, wenn mindestens ein Disjunktionsglied erfüllbar ist. Ein Disjunktionsglied ist genau dann erfüllbar, wenn keine Variable doppelt (also negiert und nicht-negiert mit Und verknüpft) vorkommt. Schwieriger wird es aber, wenn die Formel in **konjunktiver Normalform** vorliegt: Hier sind Konjunktionsglieder mit Und verbunden und in den Konjunktionsgliedern sind Literale über Oder verknüpft. Bereits für konjunktive Normalformen mit n Variablen, bei denen höchstens drei Literale pro Konjunktionsglied vorkommen, ist kein Verfahren bekannt, das im schlechtesten Fall weniger als $c \cdot b^n$ Tests zum Feststellen der Erfüllbarkeit benötigt, wobei $c > 0$ und $b > 1$ Konstanten sind (vgl. Beispiel 1.5 weiter hinten).

Aufgabe 1.4 Schreiben Sie die Formeln für das Summenbit und den Übertrag des Volladdierers in einer konjunktiven Normalform (siehe Tab. 1.3, Lösung A.4).

Es besteht nicht nur zufällig eine Ähnlichkeit zwischen dem Aussehen der Mengen- und dem der Logik-Operatoren $\cup$ und $\vee$ sowie $\cap$ und $\wedge$. Tatsächlich gelten die gleichen Rechenregeln, und wir können die Logik-Operationen auch mittels der Gegenstücke für Mengen schreiben: Wir stellen den Wahrheitswert falsch durch die leere Menge und den Wahrheitswert 1 durch die Menge $\{1\}$ dar. Die Negation ist dann das Komplement bezüglich der Grundmenge $\{1\}$, $\wedge$ wird zu $\cap$ und $\vee$ zu $\cup$.

1.3.3 Prädikatenlogik

In der Abfrage `if ((x==3) && (y>2))` haben wir mit dem Term $(x = 3) \wedge (y > 2)$ bereits eine Aussageform verwendet, die erst für gewisse Werte für x und y eine Aussage wird. Die Prädikatenlogik beschäftigt sich mit solchen Aussageformen, die man auch **Prädikate** nennt. Jetzt nehmen also die Variablen wie bei aussagenlogischen Formeln nicht nur Wahrheitswerte an, sondern für die Variablen sind alle möglichen Werte aus einer gewissen Grundmenge möglich, die z. B. aus Zahlen bestehen kann. Erst wenn die Variablen durch feste Werte ersetzt werden, entsteht eine Aussage, von der feststeht, ob sie wahr oder falsch ist. Solange nicht alle Variablen belegt sind, hat man weiterhin eine Aussageform.

Wir haben zuvor Aussagen durch Variablen wie A, B, usw. ersetzt, die für den Wahrheitswert der Aussage stehen. Jetzt führen wir für eine Aussageform eine entsprechende Abkürzung ein. Da der Wahrheitswert von den Variablen abhängt, müssen wir dafür allerdings Platzhalter vorsehen. Die Aussage in unserer If-Abfrage können wir z. B. mit $A(x, y)$ bezeichnen, also

$$A(x, y) := [(x = 3) \land (y > 2)].$$

Damit ist $A(3, 3)$ eine wahre Aussage, $A(3, 2)$ ist eine falsche Aussage, und $B(x) :=$ $A(x, 4)$ ist ein Prädikat, das genau für $x = 3$ zu einer wahren Aussage wird. Die Bezeichnung Prädikat wird üblicherweise für die Darstellung von Aussageformen über $A(x, y)$, $B(x)$, ... verwendet.

Aus der Aussagenlogik gelangt man durch diese Erweiterung zur **Prädikatenlogik**. Mit den Logik-Verknüpfungen können aus Prädikaten prädikatenlogische Formeln analog zu den aussagenlogischen Formeln aufgebaut werden. Wichtig beim Programmieren ist insbesondere der richtige Umgang mit den De Morgan'schen Regeln. Sei x eine Variable, in der nach einer Berechnung eine Zahl mit Nachkommastellen stehen kann. Wenn Sie nun eine fußgesteuerte Schleife solange ausführen möchten, wie $x \neq 0$ ist, dann sollten Sie wegen möglicher Rechenungenauigkeiten nicht auf $x = 0$ abfragen, da vielleicht $x = 0{,}000001$ ist. Besser ist die Verwendung einer kleinen positive Zahl eps, die die Genauigkeit vorgibt:

repeat Anweisungen **until** (x > −eps) ∧ (x < eps)

Wenn wir dieses Programmfragment in C realisieren wollen, dann müssen wir bei einer do-while-Schleife die Bedingung negieren. Dazu formen wir sie mit den De Morgan'schen Regeln um:

$$\lnot((x > -\text{eps}) \land (x < \text{eps})) = \lnot(x > -\text{eps}) \lor \lnot(x < \text{eps})$$
$$= (x \le -\text{eps}) \lor (x \ge \text{eps}).$$

Wir können die Abfrage in C also so realisieren:

```
do { Anweisungen } while((x <= -eps) || (x >= eps)).
```

Zusätzlich zur Aussagenlogik gibt es jetzt aber noch **Quantoren.** Diese benutzt man, wenn man ausdrücken möchte, dass eine Formel für alle oder für einen gewissen Wert einer Variable gelten soll. Zu einer Aussageform $A(x)$ definieren wir eine Aussage B über

$$B := \forall x \in E : A(x).$$

B ist wahr genau dann, wenn beim Einsetzen aller Elemente x der Menge E in die Aussageform $A(x)$ eine wahre Aussage entsteht. Wenn für ein einziges $x \in E$ die Aussageform $A(x)$ zu einer falschen Aussage wird, dann ist die Aussage B falsch. Das Symbol $\forall$ bezeichnet den **Allquantor** und wird „für alle" gesprochen. Der Algorithmus 1.1 berechnet demnach den Wahrheitswert von B für eine Menge $E = \{1, 2, \ldots, n\}$. Der Algorithmus ist in einer Pseudo-Programmiersprache geschrieben, die wir kurz im Vorwort erläutern.

Algorithmus 1.1 Allquantor

$k := 1, B :=$ wahr
while $(k \leq n) \wedge B$ **do**
$\quad B := A(k), k := k + 1$

Genau dann, wenn es mindestens einen Wert $x \in E$ gibt, so dass dafür die Aussageform $A(x)$ zu einer wahren Aussage wird, ist

$$B := \exists x \in E : A(x)$$

wahr. Das Symbol $\exists$ bezeichnet den **Existenzquantor** und wird „es existiert mindestens ein" gesprochen. Die Berechnung des Wahrheitswerts von B für $E = \{1, 2, \ldots, n\}$ geschieht in Algorithmus 1.2.

Algorithmus 1.2 Existenzquantor

$k := 1, B :=$ falsch
while $(k \leq n) \wedge \neg B$ **do**
$\quad B := A(k), k := k + 1$

Wir haben hier Aussageformen verwendet, die nur von einer Variable abhängen, die dann durch einen Quantor **gebunden** wird. Haben Aussageformen weitere Variablen, dann können durch Quantoren einige Variablen gebunden werden und weitere **frei** bleiben. Beispielsweise können so Quantoren hintereinander geschrieben werden:

$$\forall x \in E \quad \exists y \in F : A(x, y).$$

Übersetzt heißt dies: „Zu jedem $x \in E$ existiert ein $y \in F$ (das von x abhängen darf, zu jedem x ist also ein anderes y erlaubt), so dass $A(x, y)$ wahr ist".

! Achtung

In der Umgangssprache fällt der Umgang mit Quantoren schwer. So ist die Negation von „Alle Fußballer schießen ein Tor" **nicht** „Kein Fußballer schießt ein Tor", sondern „Es gibt einen Fußballer, der kein Tor schießt". ◄

Bei der Negation wird aus einem Existenz- ein Allquantor und umgekehrt:

$$\neg[\forall x \in E \; \exists y \in F : A(x, y)] = \exists x \in E : \neg[\exists y \in F : A(x, y)]$$
$$= \exists x \in E \; \forall y \in F : \neg A(x, y).$$

Auch ist zu beachten, dass die Reihenfolge verschiedener Quantoren nicht vertauscht werden darf, da sonst völlig unterschiedliche Aussagen entstehen: „Für alle Autos existiert ein Käufer, nämlich für jedes Auto mindestens einer" ist eine andere Aussage als „Es existiert ein (einzelner) Käufer, der alle Autos kauft (und damit einen riesigen Fuhrpark hat)".

1.3.4 Sprache der Mathematik und Beweise

Bei einem Programm muss man sich an eine vorgegebene Syntax halten. So ist das auch, wenn man Mathematik aufschreiben möchte. Die Ergebnisse werden als wahre Aussagen aufgeschrieben. Dass sie tatsächlich wahr sind, ist zu beweisen. Man muss sie also lückenlos begründen. Dabei ist es leider erforderlich, offensichtliche Zusammenhänge als wahr vorauszusetzen. Das macht man, indem man Axiome postuliert, d. h. als anerkannte Grundlage akzeptiert. Die elementaren Rechenregeln sind solche Axiome. Dabei muss man darauf achten, dass sich diese als wahr vorausgesetzten Aussagen nicht widersprechen. Dann kann man aus den Axiomen interessante Konsequenzen herleiten. Solche wahren Aussagen, die aus den Axiomen folgen, heißen **Sätze**. Andere Bezeichnungen für einen Satz sind **Folgerung** und **Lemma** (Hilfssatz). In der Mathematik schreibt man sehr knapp. Einen Literaturpreis wird man für einen Mathe-Text nicht bekommen. Dafür sollte er aber präzise sein. Um das zu erreichen, verwendet man **Definitionen**. Mit einer Definition wird ein Begriff eingeführt, der eine eindeutige Abkürzung für eine Aussage (Eigenschaft) oder ein Objekt ist. Man benutzt dann immer diesen Begriff – im Gegensatz zu einem literarischen Text, bei dem vermieden wird, das gleiche Wort mehrfach zu benutzen.

Mathematik „machen" bedeutet also, aus bekannt oder vorausgesetzt wahren Aussagen neue wahre Aussagen abzuleiten, die dann beim Lösen konkreter Probleme helfen. Ein Satz wird bewiesen, indem man seine Aussage mittels wahrer Folgerungen aus bekannt wahren Aussagen schließt. Dazu sehen wir uns den Begriff der **Folgerung** oder **Implikation** genauer an, den wir bereits für die Bit-Verknüpfungen eingeführt haben.

Definition 1.5 (Implikation) Seien A und B Aussagen oder Aussageformen. Die **Folgerung** bzw. **Implikation** $A \longrightarrow B$ ist definiert als $\neg A \vee B$ und wird als „aus A folgt B" gesprochen.

Die Implikation ist **transitiv**, d. h., sind sowohl $A \longrightarrow B$ als auch $B \longrightarrow C$ wahr, d. h., $A \longrightarrow B \longrightarrow C$ ist wahr, dann ist auch $A \longrightarrow C$ wahr.

Bei der Umformung von Gleichungen und Ungleichungen und in mathematischen Beweisen schreibt man üblicherweise statt des Pfeils „$\longrightarrow$" mit einem Strich einen Pfeil „$\Longrightarrow$" mit Doppelstrich. Hier werden stets wahre Folgerungen verwendet. Wenn wir also $x = 1 \Longrightarrow x^2 = 1$ lesen, dann wissen wir, dass, wenn die linke Seite für irgendeine Variablenbelegung wahr ist, auch die rechte wahr ist. Wir verwenden also „$\Longrightarrow$" nur dann, wenn die Kombination aus linke Seite falsch und rechte wahr nicht vorkommt. In diesem Fall nennen wir die linke Seite eine **hinreichende Bedingung** für die rechte Seite. Denn wenn wir wissen, dass die linke Seite wahr ist, dann wissen wir wegen der wahren Folgerung auch, dass die rechte Seite wahr ist. Umgekehrt heißt die rechte Seite eine **notwendige Bedingung** für die linke Seite. Da die Folgerung wahr ist, darf die linke Seite nur dann wahr sein, wenn die rechte wahr ist, wenn diese also notwendigerweise erfüllt ist. Die notwendige Bedingung kann aber auch erfüllt sein, wenn die linke Seite nicht gilt, sie muss also nicht hinreichend sein.

Wegen $x = 1 \Longrightarrow x^2 = 1$ ist $x^2 = 1$ eine notwendige Bedingung für $x = 1$. $x^2 = 1$ muss erfüllt sein, damit $x = 1$ gelten kann. Die notwendige Bedingung ist aber auch für $x = -1$ erfüllt. Eine notwendige Bedingung kann also zu viele Lösungskandidaten liefern.

Umgekehrt ist $x = 1$ eine hinreichende Bedingung für $x^2 = 1$. Wenn $x = 1$ ist, dann gilt auch $x^2 = 1$. Aber es gibt mit $x = -1$ auch noch andere Lösungen, die wir mit der hinreichenden Bedingung nicht finden (vgl. Bemerkungen zu (1.7)).

In Abschn. 2.4.3 werden wir für Problemstellungen der Graphentheorie notwendige und hinreichende Bedingungen diskutieren. Eine berühmte notwendige Bedingung für lokale Extremstellen kennen Sie aber vielleicht noch aus der Schulzeit: Eine differenzierbare Funktion kann an einer Stelle nur dann eine lokale Extremstelle haben, wenn die Ableitung dort null ist (siehe Satz 4.10 in Abschn. 4.7). Es handelt sich aber wirklich nur um eine notwendige Bedingung, die Ableitung kann null sein, ohne dass ein Extremum vorliegt, siehe Abb. 1.5. Wissen wir aber zusätzlich, dass die zweite Ableitung ungleich null ist, so haben wir eine hinreichende Bedingung für eine lokale Extremstelle (siehe Satz 4.15). Diese Bedingung ist aber nicht mehr notwendig, denn es gibt lokale Extremstellen, bei denen die zweite Ableitung null ist.

Definition 1.6 (Äquivalenz) Seien A und B Aussagen oder Aussageformen. Die **Äquivalenz** $A \longleftrightarrow B$ ist definiert über

$$(A \longrightarrow B) \wedge (B \longrightarrow A).$$

Die Äquivalenz ist dann stets wahr, wenn A und B immer den gleichen Wahrheitswert haben, wenn also $A = B$ gilt.

Auch die Äquivalenz ist **transitiv,** d. h., falls sowohl $A \longleftrightarrow B$ als auch $B \longleftrightarrow C$, d. h. $A \longleftrightarrow B \longleftrightarrow C$, wahr ist, ist auch $A \longleftrightarrow C$ wahr.

Wie schon beim Folgerungspfeil verwenden wir auch beim Zeichen der Äquivalenz einen Doppelstrich, also „$\Longleftrightarrow$“, wenn wir sagen wollen, dass diese Äquivalenz stets wahr ist. Das ist wieder beim Rechnen mit (Un-) Gleichungen und in Beweisen üblich. Die Schreibweise

$$x = 1 \Longrightarrow x^2 = 1$$

Abb. 1.5 Bei $x = 0$ ist die Ableitung null (horizontale Tangente), aber dort liegt kein lokales Extremum

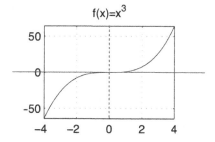

ist sinnvoll, denn aus ihr wird für jeden Zahlenwert für x eine wahre Aussage. Ist beispielsweise $x = 2$, dann ist die linke Seite falsch, d. h., die Folgerung ist wahr. Ist hingegen $x = 1$, dann sind sowohl linke als auch rechte Seite wahr, die Folgerung also auch. Dagegen würde man nicht

$$x^2 = 1 \implies x = 1$$

schreiben, wenn man für x auch negative Zahlen einsetzen darf. Denn für $x = -1$ ist die linke Seite wahr, die rechte aber falsch, so dass die Folgerung falsch ist. Rechnungen kommentieren wir aber ausschließlich mit stets wahren Folgerungen und Äquivalenzen. Korrekt ist daher

$$x^2 = 1 \iff (x = -1 \lor x = 1).$$

Diese Äquivalenz ist stets wahr. Die Wahrheitswerte beider Seiten sind also immer gleich. Man könnte also auf die Idee kommen, zwischen die Formeln der linken und rechten Seite ein Gleichheitszeichen oder „$\equiv$" zu setzen. Aber das ist nicht üblich, da das Gleichungszeichen bereits in den Vergleichen von Zahlen wie $x^2 = 1$ verwendet wird.

! Achtung

Zum Vermeiden von Fehlern beim Beweisen ist es ganz wichtig zu verstehen, dass man aus einer falschen Aussage mit einer wahren Folgerung alles folgern kann:

$$0 = 1 \implies 1 + 1 = 3.$$

Diese Folgerung ist wahr, da die linke Seite falsch ist. Obwohl die Folgerung wahr ist, gilt natürlich nicht $1 + 1 = 3$. Einige Gottesbeweise des Mittelalters beginnen mit einer Aussage, von der nicht sicher bekannt ist, ob sie wahr ist. Damit wissen wir das aber leider auch nicht vom Ergebnis (Gott existiert oder Gott existiert nicht), das mit wahren Folgerungen daraus gewonnen wird. ◄

Aufgabe 1.5 Sei M eine Menge, und $A(x)$ und $B(x)$ seien Aussageformen, die für alle $x \in M$ zu Aussagen werden. Welche der folgenden Aussagen sind unabhängig von der Definition von M, A und B wahr? (siehe Lösung A.5)

$$[(\exists x \in M : A(x)) \lor (\exists x \in M : B(x))] \longleftrightarrow \exists x \in M : (A(x) \lor B(x)),$$
$$[(\exists x \in M : A(x)) \land (\exists x \in M : B(x))] \longleftrightarrow \exists x \in M : (A(x) \land B(x)),$$
$$[(\forall x \in M : A(x)) \lor (\forall x \in M : B(x))] \longleftrightarrow \forall x \in M : (A(x) \lor B(x)),$$
$$[(\forall x \in M : A(x)) \land (\forall x \in M : B(x))] \longleftrightarrow \forall x \in M : (A(x) \land B(x)).$$

Wenn man mittels Folgerungen etwas beweisen möchte, dann muss die Startaussage wahr sein. Dann kann man mit einer Kette von (wahren) Folgerungen arbeiten, bis man schließlich bei der zu zeigenden Aussage ankommt. Dieses Beweisverfahren nennt man **direkten Beweis**.

Als erstes Beispiel beweisen wir direkt, dass $0 \cdot x = 0$ gilt. Dieses Beispiel kann nur von einem Mathematiker stammen, denn allen anderen ist das auch ohne Beweis klar. Die Zahlen und Grundrechenarten werden aber üblicherweise über Axiome festgelegt, in denen diese Regel nicht enthalten ist. Sie muss daher streng genommen über die Axiome bewiesen werden. Die Ausgangssituation ist dann so, dass für eine Zahlenmenge K, für die eine Addition „$+$" und eine Multiplikation „$\cdot$" erklärt ist, die folgenden Axiome gelten:

- Neutrales Element der Addition: Es gibt eine Zahl $0 \in K$, so dass für alle $x \in K$ gilt: $x + 0 = x$, also

$$\exists 0 \in K \; \forall x \in K : x + 0 = x. \tag{1.2}$$

- Inverses Element der Addition: Zu jedem $x \in K$ gibt es ein inverses Element $y \in K$, so dass $x + y = 0$ ist:

$$\forall x \in K \; \exists y \in K : x + y = 0. \tag{1.3}$$

Üblich ist die Bezeichnung $y = -x$.

- Assoziativgesetz:

$$\forall x \in K \; \forall y \in K \; \forall z \in K : (x + y) + z = x + (y + z). \tag{1.4}$$

- Distributivgesetz:

$$\forall x \in K \; \forall y \in K \; \forall z \in K : (x + y) \cdot z = (x \cdot z) + (y \cdot z). \tag{1.5}$$

Unter der Voraussetzung der Axiome zeigen wir jetzt mit wahren Folgerungen, dass $0 \cdot x = 0$ gilt. Dazu beginnen wir mit einer Aussage, die aufgrund der Wohldefiniertheit der Multiplikation wahr ist.

$$\forall x \in K : 0 \cdot x = 0 \cdot x \overset{(1.2): 0+0=0}{\Longrightarrow} \forall x \in K : (0+0) \cdot x = 0 \cdot x$$

$$\overset{(1.5)}{\Longrightarrow} \forall x \in K : (0 \cdot x) + (0 \cdot x) = 0 \cdot x$$

$$\overset{(1.3)}{\Longrightarrow} \forall x \in K : ((0 \cdot x) + (0 \cdot x)) + (-(0 \cdot x)) = 0 \cdot x + (-(0 \cdot x))$$

$$\overset{(1.4)}{\Longrightarrow} \forall x \in K : \underbrace{(0 \cdot x) + ((0 \cdot x) + (-(0 \cdot x)))}_{=0} = \underbrace{0 \cdot x + (-(0 \cdot x))}_{=0} \overset{(1.2)}{\Longrightarrow} 0 \cdot x = 0.$$

Es ist üblich, eine solche Argumentation auch kürzer als Gleichungskette zu schreiben. Die ersten beiden Zeilen der Folgerungskette lassen sich zusammenfassen zu

$$0 \cdot x = (0+0) \cdot x = (0 \cdot x) + (0 \cdot x).$$

Wir betrachten einen Graphen mit der Knotenmenge $V = \{a, b, c, d\}$. Die Knoten sind durch gerichtete Kanten verbunden. Die Menge der Kanten sei $E =$

$\{(a, b), (b, c), (c, d)\}$. Wir sagen, dass von einem Knoten x zu einem anderen Knoten y ein gerichteter Weg existiert, wenn wir mittels Kanten von x nach y gelangen können. Um exakter zu sein, führen wir ein Prädikat $W(x, y)$ ein, das genau dann wahr ist, wenn es einen gerichteten Weg zwischen $x \in V$ und $y \in V$ gibt. Insbesondere sind also die beiden Aussagen

$$\forall x \in V \; \forall y \in V : (x, y) \in E \longrightarrow W(x, y),$$
$$\forall x \in V \; \forall y \in V \; \forall z \in V : [(x, z) \in E \wedge W(z, y)] \longrightarrow W(x, y) \qquad (1.6)$$

wahr, und wir können statt „$\longrightarrow$" jeweils auch „$\Longrightarrow$" ohne Quantoren verwenden. Es gibt einen gerichteten Weg von $x \in V$ nach $y \in V$, wenn es eine direkte Kante oder wenn es eine Kante zu einem anderen Knoten z und von dort einen gerichteten Weg zu y gibt.

In Expertensystemen werden Fakten (wie die Definition der Kanten) und Regeln (wie die beiden Folgerungen) hinterlegt, so dass mit diesen Regeln auf Fragen geantwortet werden kann. Dabei muss die Antwort mittels Folgerungen abgeleitet werden können. Die Programmiersprache Prolog basiert auf diesem Prinzip, das wir uns in Abschn. 1.3.6 noch genauer ansehen. Wir wollen jetzt beweisen, dass $W(a, d)$ wahr ist, dass es also einen gerichteten Weg von a nach d gibt:

$$(c, d) \in E \Longrightarrow W(c, d).$$

Da auch $(b, c) \in E$ ist, folgt mit der zweiten Regel:

$$[(b, c) \in E \wedge W(c, d)] \Longrightarrow W(b, d).$$

Ebenso erhalten wir wegen $(a, b) \in E$ mit dieser Regel:

$$[(a, b) \in E \wedge W(b, d)] \Longrightarrow W(a, d).$$

Wie in diesen Beweisen geht man auch vor, wenn man „nur" Terme umformt:

$$x^2 + 4x + 4 = 0 \Longrightarrow (x + 2)^2 = 0 \Longrightarrow x = -2. \qquad (1.7)$$

In diesem Fall können wir aber auch Äquivalenzen verwenden. Das ist deshalb gestattet, weil sich bei den Umformungen die Lösungsmenge der Gleichung nicht ändert. Kommen Lösungen hinzu, dann müssen wir wie zuvor bei $x = 1 \Longrightarrow x^2 = 1$ (zur Lösung 1 kommt -1 hinzu) den Folgerungspfeil verwenden. Die umgekehrte Richtung ist dann nicht für alle Werte von x wahr.

Neben dem direkten Beweis wird häufig ein **indirekter Beweis** geführt. Wenn man nicht sieht, wie man durch Folgerungen zum Ziel kommt, dann negiert man die zu beweisende Aussage, nimmt an, dass die Negation wahr ist und führt dies zu einem Widerspruch. Das bedeutet, dass man aus der negierten Aussage mit wahren Folgerungen etwas bekannt Falsches erhält. Damit muss die Negation der zu beweisenden Aussage ebenfalls falsch (Widerspruch zur Annahme) und die nicht-negierte

Aussage wahr sein. Das ist ein Trick, denn indem man annimmt, dass die negierte Aussage wahr ist, hat man zusätzliches Wissen (nämlich die als wahr angenommene negierte Aussage), mit dem man im Beweis arbeiten kann. Daher ist es oft leichter, einen Beweis indirekt zu führen.

Im Gegensatz zu $0 \cdot x = 0$ wollen wir jetzt einen wirklich wichtigen und nicht offensichtlichen Satz aus der Theoretischen Informatik beweisen.

Man darf nicht glauben, dass alles programmierbar ist, was sich sinnvoll anhört. Beim Halteproblem geht es darum zu entscheiden, ob ein gegebenes Programm (das hier zur Vereinfachung keine Eingabe erwartet) bei Ausführung jemals beendet wird oder bis in alle Ewigkeit abgearbeitet wird. Da unser Leben endlich ist und wir nicht unendlich lange auf ein Ergebnis warten können, wäre es schön, wenn wir eine Prozedur HALT hätten, die beliebige andere Prozeduren daraufhin untersucht, ob sie jemals fertig werden, und uns die Antwort auf diese Frage wiederum in endlicher Zeit liefert.

Algorithmus 1.3 Die Prozedur GEGENBEISPIEL benutzt den Algorithmus HALT, der das Halteproblem lösen soll

---

procedure GEGENBEISPIEL
   if HALT(GEGENBEISPIEL) = „hält" **then**
      Gehe in eine Endlosschleife, die unendlich lange ausgeführt wird.

Wir können nun sehr lange versuchen, eine solche Prozedur HALT zu schreiben. Besser ist, sich zunächst dem Problem mathematisch zu nähern. Wir beweisen nämlich, dass es HALT nicht gibt. Um das zu zeigen, führen wir einen indirekten Beweis. Wir nehmen dazu an, dass es HALT gibt. Damit können wir HALT innerhalb einer Prozedur GEGENBEISPIEL aufrufen. Das machen wir in Algorithmus 1.3 so, dass HALT nicht das Verhalten von GEGENBEISPIEL voraussagen kann. Der Trick dabei ist die Anwendung von HALT auf die Prozedur GEGENBEISPIEL, die sich damit selbst untersucht. Die Anwendung auf sich selbst ist ein ganz typisches Vorgehen in der Theoretischen Informatik (vgl. Aufgabe 1.6).

- Falls die Laufzeit von GEGENBEISPIEL endlich ist, kann GEGENBEISPIEL nicht in die Endlosschleife gehen, d. h., HALT muss feststellen, dass GEGENBEISPIEL nicht hält. Damit würde HALT im Widerspruch zu seinen angenommenen Fähigkeiten ein falsches Ergebnis liefern.
- Es bleibt jetzt nur der Fall, dass GEGENBEISPIEL nicht nach endlicher Zeit hält und – da die Laufzeit von HALT endlich ist – somit in die Endlosschleife gelangt. Dazu muss HALT feststellen, dass GEGENBEISPIEL nach endlicher Zeit fertig wird. Auch in diesem Fall muss HALT also im Widerspruch zur Annahme ein falsches Ergebnis berechnen.

Da wir alle möglichen Fälle zum Widerspruch führen, kann die Annahme nicht richtig sein, das Programm HALT existiert nicht.

Aufgabe 1.6 Da sich das Halteproblem bereits für Programme ohne Eingabe nicht lösen lässt, gilt das erst recht für Programme mit Eingabe. Schreiben Sie dazu ein Gegenbeispiel, das ein Programm als Eingabe erwartet, so dass der Aufruf des Gegenbeispiels mit sich selbst als Eingabe zu einem Widerspruch führt. (siehe Lösung A.6)

Aufgabe 1.7 Verwandt mit dem Halteproblem - doch viel einfacher und vor Allem lösbar - ist die folgende Aufgabe für Leser, die in C programmieren können: Schreiben Sie ein C-Programm, das seinen Quelltext auf dem Bildschirm ausgibt. Das Programm soll aber nicht die Quelltextdatei lesen. Die Schwierigkeit besteht darin, dass beim Hinzufügen einer `printf`-Anweisung auch die Ausgabe länger wird, was dann vielleicht wieder eine weitere `printf`-Anweisung erforderlich macht. Diesen (rekursiven) Teufelskreis, der zu einem unendlich langen Programm führen würde, gilt es geschickt zu durchbrechen. (siehe Lösung A.7)

Aufgabe 1.8 Ebenfalls verwandt mit dem Halteproblem und mindestens ebenso problematisch ist die Frage nach der Allmenge A, das ist die Menge aller Mengen. Hier haben wir direkt auch eine Rekursion, da $A \in A$ gelten muss. Diese Menge kann es nicht geben. Um das zu zeigen, nehmen Sie an, dass es sie gibt und zerlegen sie in zwei disjunkte Teilmengen $A = A_1 \cup A_2$, wobei A_1 die Menge aller Mengen ist, die sich selbst als Element enthalten und A_2 die Menge aller Mengen ist, die sich selbst nicht als Element enthalten. In welcher Menge finden Sie A_2? (siehe Lösung A.8)

Aufgabe 1.9 Ein Kommissar hat drei Verdächtige A, B und C für einen Mord. Er weiß, dass der oder die Mörder lügen und die anderen die Wahrheit sagen. A sagt: „Wir drei haben den Mord gemeinschaftlich begangen". B sagt: „Es gibt genau zwei Mörder". Bestimmen Sie den oder die Mörder, indem Sie Annahmen wie „A ist kein Mörder" oder „B ist ein Mörder" auf Widersprüche führen. (siehe Lösung A.9)

1.3.5 Vollständige Induktion

Einer besonderen Variante des direkten Beweises mittels Folgerungen begegnet man in der Informatik häufig: der vollständigen Induktion. Wir schweifen jetzt erst einmal ab und betrachten als Beispiel einen sehr einfachen Sortieralgorithmus, dessen Laufzeit wir untersuchen wollen. Die Formel, mit der wir die Laufzeit beschreiben werden, wird mit vollständiger Induktion bewiesen.

Algorithmus 1.4 Einfaches Sortierverfahren

for $i := 1$ bis $n - 1$ **do**
   for $j := i + 1$ bis n **do**
      if val$[i] >$val$[j]$ **then**
         TAUSCHE(val$[i]$, val$[j]$)

Wir gehen davon aus, dass die zu sortierenden Daten in einem Array val gespeichert sind. Zunächst wird in Algorithmus 1.4 das kleinste Element der Daten an den Anfang

Tab. 1.5 Zur Anzahl V der Vergleiche in Algorithmus 1.4

i	1	2	3	$\ldots$	$n-3$	$n-2$	$n-1$
j	$2, \ldots, n$	$3, \ldots, n$	$4, \ldots, n$	$\ldots$	$n-2, \ldots, n$	$n-1, n$	n
V	$n-1$	$n-2$	$n-3$	$\ldots$	3	2	1

des Arrays gebracht. Danach wird von den restlichen Daten wiederum das kleinste Element an die zweite Position des Arrays gebracht. Auf diese Art setzt sich das Verfahren fort, und die Zahlenfolge wird aufsteigend sortiert.

Wenn wir die Laufzeit des Algorithmus 1.4 bestimmen wollen, so überlegen wir zunächst, welche Operationen uns interessieren. Die Additionen, um die Schleifenvariablen zu erhöhen, sind beim Sortieren nicht interessant. Typisch für das Sortieren sind Vergleiche und Vertauschungen von Schlüsselwerten. Wir zählen in Tab. 1.5, wie oft zwei Werte verglichen werden. Dies ist auch eine Obergrenze für die Anzahl der Vertauschungen. Um nun die maximale Anzahl von Vergleichen zu ermitteln, müssen wir die Werte der letzten Zeile aus Tab. 1.5 summieren. Damit erhalten wir:

$$V(n) = \sum_{k=1}^{n-1} k = 1 + 2 + 3 + \ldots + n - 1. \tag{1.8}$$

Das Summen-Symbol $\sum$ (großes Sigma) wird verwendet, um kurz eine Summe mit vielen gleichartigen Summanden hinzuschreiben.

$$\sum_{k=1}^{n-1} a_k := a_1 + a_2 + \cdots + a_{n-1}.$$

Dabei verwendet man eine Laufvariable, auch Index genannt (hier k), die die ganzen Zahlen von einem Startwert (hier 1) bis zu einem Zielwert (hier $n-1$) durchläuft. Wenn die Laufvariable k von m bis n laufen soll, dann schreibt man $\sum_{k=m}^{n}$. Unten am **Summenzeichen** steht also üblicherweise der Startwert für die Laufvariable (hier $k = m$) und oben der Zielwert (hier n). Für jeden Wert der Laufvariable wird ein Summand berechnet und zur Summe addiert. Die Summanden dürfen damit von der Laufvariablen abhängen.

Beispiel 1.3 a) Die Summe der ersten 5 Quadratzahlen kann man schreiben als

$$\sum_{k=1}^{5} k^2 = 1^2 + 2^2 + 3^2 + 4^2 + 5^2 = 1 + 4 + 9 + 16 + 25 = 55.$$

Lassen wir die Laufvariable in einem anderen Bereich laufen, ohne dass sich die Summe ändert, z. B.

$$\sum_{k=1}^{5} k^2 = \sum_{k=2}^{6} (k-1)^2 = \sum_{k=-2}^{2} (k+3)^2 = 55,$$

dann sprechen wir von einer **Index-Transformation.**

b) Die Summe der Zahlen von -1000 bis $+1001$ kann man schreiben als

$$\sum_{k=-1000}^{1001} k = (-1000) + (-999) + (-998) + \ldots + 999 + 1000 + 1001$$

$$= 1001 + 1000 - 1000 + 999 - 999 + \cdots + 1 - 1 + 0 = 1001.$$

An diesem Beispiel sieht man sehr schön, dass es hilfreich sein kann, die Summanden in einer anderen Reihenfolge aufzuschreiben, um den Wert der Summe zu berechnen.

! Achtung

Umordnen darf man die Summanden in der Regel nur bei endlichen Summen, wie wir nach Satz 4.5 noch sehen werden. ◄

---

c) $\sum_{k=-n}^{n} a = (2n + 1) \cdot a$, wobei a eine Konstante ist. Man beachte, dass es hier $2n + 1$ Summanden gibt, da auch der Index 0 mitgezählt werden muss. Die Summanden a sind hier nicht von der Laufvariablen k abhängig.

d) Sei A:=$\{1, 3\}$ und B:=$\{2, 4, 6\}$. Dann gilt

$$\sum_{(x,y)\in A\times B} x \cdot y = 1 \cdot 2 + 1 \cdot 4 + 1 \cdot 6 + 3 \cdot 2 + 3 \cdot 4 + 3 \cdot 6$$

$$= 1 \cdot (2 + 4 + 6) + 3 \cdot (2 + 4 + 6) = \sum_{x\in A}\left(x \cdot \sum_{y\in B} y\right)$$

$$= 1 \cdot 12 + 3 \cdot 12 = \left(\sum_{x\in A} x\right) \cdot \left(\sum_{y\in B} y\right) = (1 + 3) \cdot (2 + 4 + 6).$$

Neben dem Summenzeichen verwenden wir völlig analog ein Zeichen (großes Pi) für das Produkt von vielen Zahlen:

$$\prod_{k=1}^{n} a_k := a_1 \cdot a_2 \cdot a_3 \cdots a_n.$$

Wir kehren zum Sortieralgorithmus zurück und versuchen, eine geschlossene (d.h. ohne Summe auskommende) Formel für (1.8) zu formulieren. Schon Carl Friedrich Gauß soll im 18. Jahrhundert als kleiner Junge erkannt haben, dass Folgendes gilt: Schreiben wir die Zahlen einmal aufsteigend und einmal abfallend sortiert untereinander, dann ist die Summe zweier übereinander stehender Zahlen immer genau n:

aufsteigend	1	2	3	$\cdots$	$n-3$	$n-2$	$n-1$
abfallend	$n-1$	$n-2$	$n-3$	$\cdots$	3	2	1
Summe	n	n	n	$\cdots$	n	n	n

Da es $n-1$ Zahlenpaare sind, ergibt sich also der Wert $(n-1) \cdot n$ als Summe der Zahlenpaare. Da wir aber nicht die Summe der Zahlenpaare berechnen wollen, sondern nur die Summe der einzelnen Werte, müssen wir den Wert noch durch 2 dividieren. Damit erhalten wir als Formel:

$$\sum_{k=1}^{n-1} k = \frac{(n-1) \cdot n}{2} = \frac{1}{2}(n^2 - n). \tag{1.9}$$

Halt! Stopp! Haben Sie auch das Gefühl, dass wir hier rechnen und rechnen, und fragen sich: „Warum implementieren die nicht einfach den Algorithmus in einer konkreten Sprache wie C++ oder Java und messen die Laufzeit? Dann bräuchte man diese ganze Mathematik gar nicht". Das ist nicht ganz falsch, aber auch nicht wirklich gut. Wenn wir eine Aufgabe mit verschiedenen Algorithmen lösen können, müssen wir Algorithmen bewerten bzw. vergleichen. Wir fragen uns, ob ein Algorithmus besser als ein anderer ist. Wir fragen uns, wie schnell das Problem überhaupt gelöst werden kann. Gerade die letzte Frage ist sehr theoretisch. Wie implementiert man einen Algorithmus, den man noch gar nicht kennt? Aber auch wenn wir nicht so esoterische Fragen stellen, wirft das Messen der Laufzeit einige Probleme auf.

Welchen Einfluss haben unterschiedliche Betriebssysteme, Laufzeitumgebungen oder Compiler auf die Laufzeit? Welchen Einfluss hat die neueste Hardware auf die Laufzeit? Könnte das Programm auf der Grafikkarte schneller ausgeführt werden? Um die Einflüsse zu verdeutlichen, haben wir unser kleines Sortierprogramm in C implementiert und auf unterschiedlichen Systemen getestet. Die erste Systemumgebung war ein uraltes Notebook mit Pentium III mobile, 1 GHz und 256 MB Hauptspeicher. Als Betriebssysteme dienten ein Linux mit Kernel 2.4.10 und eine Windows XP Home-Edition mit Service-Pack 1. Als Compiler war unter Linux der gcc 2.95.3 im Einsatz, unter Windows XP Home verrichtete der Borland C++ Compiler der Version 5.02 seinen Dienst. Als zweite Systemumgebung wählten wir ein altes Notebook mit Pentium M (Centrino), 1,5 GHz und 512 MB Hauptspeicher. Als Betriebssystem war ein Linux mit Kernel 2.6.4 installiert, der Compiler gcc 3.3.3 durfte das Programm übersetzen. Unter Windows XP Home (SP2) war der Borland C++ Compiler der Version 5.5.1 am Werk. Die Laufzeiten für unterschiedlich lange Eingabefolgen sind in der Tab. 1.6 angegeben. Aber was sagen uns diese Werte? Ist der ältere Rechner so langsam, weil die Hardware langsamer ist, oder liegt es an der älteren Version des Compilers? Oder liegt es daran, dass nicht alle Daten im Hauptspeicher gehalten werden konnten und daher Cache-Effekte auftraten? Zumindest die extrem hohen Werte in der letzten Zeile lassen so etwas vermuten. Wäre das Programm in einer anderen Sprache wie Java implementiert, würden wir wahrscheinlich noch andere Werte messen. Um diese vielen Einflüsse zu reduzieren und dadurch Vergleichbarkeit zu erreichen, müssten wir alle Algorithmen in einer konkreten Sprache implementieren, mit einem konkreten Compiler übersetzen, auf

Tab. 1.6 Laufzeiten des Sortierprogramms auf unterschiedlicher Hardware (System 1 und 2) und unterschiedlichen Betriebssystemen für Eingaben der Größe n

n	System 1		System 2	
	Linux	XP [s]	Linux	XP [s]
8192	1	0	1	0
16384	3	2	2	1
32768	9	4	6	3
65536	34	17	21	9
131072	221	137	72	29

einer konkreten Hardware mit konkretem Betriebssystem ausführen und uns auf konkrete Eingabefolgen festlegen. Und dann passiert der größte anzunehmende Unfall: Das Referenzsystem geht kaputt, und es ist kein Rechner mehr aus dem Jahre 1793 aufzutreiben! Oder Unternehmen X behauptet, dass sein Programm nur deshalb so schlecht abschneidet, weil das Referenzsystem nicht mit der Technik Y ausgestattet ist. Ergebnisse wären also nicht übertragbar, oder man müsste mehrere Referenzsysteme haben und miteinander vergleichen. Wie Sie sehen, ist auch das Messen der Laufzeit nicht frei von Problemen. Daher wollen wir die Laufzeiten lieber mit Hilfe der Mathematik bestimmen.

Kommen wir zurück zu der Formel (1.9) vom kleinen Gauß. Um diese Formel auch tatsächlich zu akzeptieren, geht der Mathematiker hin und beweist die Formel mittels **vollständiger Induktion**. In diesem Fall ist die obige Bestimmung der Summe eigentlich bereits ein Beweis. Oft kann aber die geschlossene Formel nicht so einfach bestimmt und bewiesen werden. Daher wollen wir an diesem Beispiel den Beweis durch vollständige Induktion vorführen.

Für jedes $n \geq 2$ müssen wir den Wahrheitsgehalt der Formel, also den Wahrheitsgehalt der Aussage

$$A(n) := \left[\sum_{k=1}^{n-1} k = \frac{(n-1) \cdot n}{2} \right]$$

prüfen. Dazu wird die Formel zunächst für einen Startwert gezeigt. Wir nehmen den Wert $n = 2$ und stellen fest, dass die Formel für diesen Wert gilt:

$$\sum_{k=1}^{2-1} k = 1 = \frac{(2-1) \cdot 2}{2}.$$

$A(2)$ ist also wahr. Dieser Beweisschritt heißt **Induktionsanfang.** Er war einfach. Jetzt müssen wir das Gleiche nur noch für die Werte $n = 3$, $n = 4, \ldots$ tun. Damit wären wir aber unendlich lange beschäftigt. Daher zeigt man, dass wenn für ein $n \geq 2$ die Aussage $A(n)$ gilt, auch die Aussage $A(n + 1)$ wahr ist. Die Voraussetzung für den nächsten Beweisschritt ist also, dass $A(n)$ für ein beliebiges, festes $n \geq 2$ wahr ist. Diese Voraussetzung nennt man **Induktionsannahme** (oder **Induktionsvoraussetzung**). Der Beweis, dass unter dieser Annahme auch $A(n + 1)$ wahr ist, ist der **Induktionsschluss** (oder der **Induktionsschritt**):

$$
\begin{aligned}
\sum_{k=1}^{(n+1)-1} k &= \left(\sum_{k=1}^{n-1} k \right) + n && \text{(letztes Element aus der Summe abtrennen)} \\
&= \frac{(n-1) \cdot n}{2} + n && \text{(Einsetzen der Induktionsannahme)} \\
&= \frac{(n-1) \cdot n}{2} + \frac{2n}{2} && \text{(Hauptnenner bilden)} \\
&= \frac{[2 + (n-1)] \cdot n}{2} && \text{(Faktoren zusammenfassen)} \\
&= \frac{(n+1) \cdot n}{2} && \text{(Summe bilden).}
\end{aligned}
$$

Wir erhalten durch diese Rechnung genau die Formel, die wir erwarten würden, wenn wir in der ursprünglichen Formel für n den Wert $n + 1$ einsetzen. Damit ist gezeigt, dass unter der Voraussetzung, dass $A(n)$ gilt, dann auch $A(n + 1)$ gilt. Insbesondere haben wir bewiesen, dass $A(n) \implies A(n + 1)$ für alle $n \geq 2$ wahr ist. Denn um zu zeigen, dass eine Folgerung wahr ist, müssen wir nur den Fall betrachten, dass die linke Seite wahr ist. Nur dann muss auch die rechte Seite wahr sein.

Damit ist man bereits fertig und hat die Aussage für jeden Parameterwert als wahr identifiziert: Aus der wahren Aussage $A(2)$ folgt mittels der zutreffenden Folgerung $A(n) \implies A(n + 1)$:

$$
A(2) \stackrel{n=2}{\implies} A(3) \stackrel{n=3}{\implies} A(4) \stackrel{n=4}{\implies} A(5) \implies \dots
$$

Das ist wie beim Umfallen von Dominosteinen: Weiß man, dass, wenn ein Stein fällt ($A(n)$ ist wahr) auch sein Nachfolger fällt (dann ist $A(n + 1)$ wahr), so reicht das Umwerfen des ersten Steins (hier: $A(2)$ ist wahr), um in einer Kettenreaktion auch alle anderen umzuwerfen: Da $A(2)$ wahr ist, ist auch $A(3)$ wahr. Da $A(3)$ wahr ist, ist auch $A(4)$ wahr usw.

Wir werden die vollständige Induktion noch sehr oft in diesem Buch anwenden, so dass diese für Sie noch vertrauter wird. Das Konzept der vollständigen Induktion ist sehr eng verwandt mit der rekursiven Programmierung, die nach unserer Erfahrung ebenfalls oft nur schwer verstanden wird und daher geübt werden muss. Die Summe $\sum_{k=1}^{n} k$ könnte (iterativ) mit einem Programm wie in Algorithmus 1.5 ermittelt werden.

Algorithmus 1.5 Iterative Summenberechnung

```
summe := 0
for i := 1 bis n do
    summe := summe +i
```

Die Summe kann allerdings auch mittels einer rekursiven Funktion berechnet werden. Rekursiv heißt, dass sich die Funktion bei der Ausführung selbst wieder aufruft. Das macht sum in Algorithmus 1.6. Wird diese Funktion mittels SUM(4) aufgerufen, so erhalten wir folgende Berechnungskette:

$$\text{SUM}(4) = \text{SUM}(3) + 4 = (\text{SUM}(2) + 3) + 4 = ([\text{SUM}(1) + 2] + 3) + 4$$
$$= ([1 + 2] + 3) + 4.$$

Algorithmus 1.6 Rekursive Summenberechnung

---

procedure SUM(n)
  if $n = 1$ **then return** 1
  else return SUM($n - 1$) $+ n$

Damit das rekursive Aufrufen der Funktion irgendwann einmal endet und wir keine Endlosschleife programmieren, muss ein Rekursionsende angegeben werden. Dieses finden wir in der ersten Zeile der Funktion: Falls die Funktion mit dem Wert eins aufgerufen wird, kann das Ergebnis direkt zurück gegeben und die Funktion beendet werden. Das Rekursionsende nennen wir bei der vollständigen Induktion den Induktionsanfang. Der Induktionsschluss wird hier rekursiver Aufruf genannt.

Eng verwandt mit der vollständigen Induktion sind auch formale Korrektheitsbeweise. Bei der Entwicklung von Software testet man, um Fehler zu finden. Dabei wird man bei größeren Programmen nie alle Fehler finden. Wenn, wie in der Raumfahrt oder Medizin, Fehler erhebliche Konsequenzen haben können, dann kann es notwendig werden, die Korrektheit von Programmen formal zu beweisen (wobei man dann leider auch wieder Fehler machen kann und die Unterstützung eines Softwarewerkzeugs benötigt).

Algorithmus 1.7 Suche des Maximums

---

max $:= a[0]$
for $k := 1$ bis n **do**
  if $a[k] > $ max **then** max $:= a[k]$

Wir betrachten mit Algorithmus 1.7 ein Programmfragment, das den größten Zahlenwert aller in einem Array $a[\ ]$ gespeicherten $n + 1$ Zahlen $a[0], a[1], \ldots, a[n]$ finden soll: Die Beweisidee für die Korrektheit besteht in der Verwendung einer **Schleifeninvariante**. Das ist eine Bedingung, die vor dem ersten Durchlauf und nach jedem Schleifendurchlauf erfüllt ist. Wir wählen hier die Invariante: „Nach dem k-ten Schleifendurchlauf ist max die größte der Zahlen $a[0], a[1], \ldots a[k]$". Wenn wir diese Bedingung zeigen können, dann liefert das Programm nach den n programmierten Schleifendurchläufen tatsächlich das gesuchte Maximum. Die

Schleifeninvariante zeigt man nun analog zur vollständigen Induktion. Dem Induktionsanfang entspricht die Initialisierung max := $a[0]$. Nach null Schleifendurchläufen (also vor dem ersten Durchlauf) ist die Bedingung also erfüllt. Jetzt müssen wir zeigen: Ist die Bedingung nach k Durchläufen erfüllt (Induktionsannahme), dann auch nach $k + 1$ (Induktionsschluss). Das ist hier aber offensichtlich, da das bisherige Maximum mit dem $k + 1$-ten Wert verglichen und entsprechend modifiziert wird. Korrektheitsbeweise im Stile einer vollständigen Induktion werden wir für einige Graph-Algorithmen durchführen, damit wir ihre Funktionsweise besser verstehen.

Wir sehen uns ein weiteres Beispiel für eine vollständige Induktion an. Dazu betrachten wir eine Datenstruktur, die einer Informatikerin oder einem Informatiker immer wieder über den Weg läuft: den **Binärbaum**. Wir sind ihm als Entscheidungsbaum bereits in Abb. 1.2 begegnet.

Ein Binärbaum besteht aus Knoten, in denen Daten gespeichert werden. Es gibt einen ausgezeichneten Knoten – die **Wurzel.** Die Wurzel hat keinen Vorgängerknoten, alle anderen Knoten haben genau einen Vorgänger. Jeder Knoten hat null bis zwei (daher der Name) Nachfolger, siehe Abb. 1.6. Ein Knoten ohne Nachfolger heißt **Blatt.** Die graphische Darstellung eines Baumes ist für Nicht-Informatiker schwer verständlich: Die Wurzel ist oben, und die Blätter des Baums sind unten. Das ist in der Botanik oft anders. Die Knoten werden in Ebenen angeordnet, wobei die Nachfolger eines Knotens auf der jeweils nächsten Ebene gezeichnet werden. Die Höhe eines Binärbaums ist die Anzahl seiner Ebenen, wobei die Ebene 0 der Wurzel nicht mitgezählt wird.

Hier fragen wir uns, wie viele Elemente ein Binärbaum der Höhe h maximal speichern kann. Ein Binärbaum der Höhe 0 besteht nur aus einem einzigen Knoten. Dieser Knoten kann bei einem Baum der Höhe 1 ein bis zwei Nachfolger haben, also können maximal drei Elemente gespeichert werden. Jeder Knoten der ersten Ebene kann wiederum jeweils zwei Nachfolger speichern usw., wir erhalten also in der Ebene l maximal 2^l viele Knoten. Ein Binärbaum der Höhe h hat also maximal

$$\sum_{l=0}^{h} 2^l = 2^0 + 2^1 + 2^2 + 2^3 + \ldots + 2^h$$

viele Elemente gespeichert. Auch dies wollen wir wieder in einer geschlossenen Formel darstellen. In Mathebüchern (wie diesem) findet man für $q \neq 0$ und $q \neq 1$

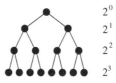

Abb. 1.6 In einem Binärbaum hat jeder Knoten maximal zwei Nachfolger. Der oberste Knoten ist die Wurzel, die Knoten der untersten Ebene sind die Blätter. Die Zahlen sind die maximale Knotenzahl der Ebene

unter dem Stichwort **geometrische Summe** die Formel

$$\sum_{l=0}^{h} q^l = \frac{q^{h+1} - 1}{q - 1} = \frac{1 - q^{h+1}}{1 - q}. \tag{1.10}$$

Der Name der Formel erklärt sich, wenn wir $q = \frac{1}{2}$ setzen. Darauf kommen wir später zurück, wenn wir unendliche Summen betrachten (vgl. Abb. 4.9 weiter hinten). Für $q = 2$ folgt aus (1.10), dass ein Binärbaum der Höhe h insgesamt $2^{h+1} - 1$ viele Elemente speichern kann. Bei $h = 20$ sind das schon $2^{21} - 1 = 2.097.151$. Das reicht aus, um die Daten eines Telefonbuchs einer Stadt wie Düsseldorf aufzunehmen (vgl. Bemerkung zu Satz 1.1). Auch hier zeigt die vollständige Induktion die Korrektheit der Formel. Wir beginnen mit dem

- **Induktionsanfang** für $h = 0$:

$$\sum_{l=0}^{0} q^l = q^0 = 1 = \frac{q^1 - 1}{q - 1}.$$

Nachdem wir für die erste Zahl $h = 0$ gezeigt haben, dass die Formel gilt, müssen wir nun zeigen, dass die Formel für $h + 1$ aus der Formel für h folgt.

- **Induktionsannahme:** Für eine beliebige, im Folgenden nicht mehr veränderte Zahl $h \in \mathbb{N}_0$ gelte die Formel (1.10).
- **Induktionsschluss:** Unter dieser Annahme müssen wir zeigen, dass die Formel auch für $h + 1$ gilt:

$$\begin{aligned}
\sum_{l=0}^{h+1} q^l &= \left(\sum_{l=0}^{h} q^l \right) + q^{h+1} && \text{(letzten Wert abtrennen)} \\
&= \frac{q^{h+1} - 1}{q - 1} + q^{h+1} && \text{(Induktionsannahme verwenden)} \\
&= \frac{q^{h+1} - 1}{q - 1} + \frac{(q - 1) \cdot q^{h+1}}{q - 1} && \text{(Hauptnenner bilden)} \\
&= \frac{q^{h+1} - 1}{q - 1} + \frac{q^{h+2} - q^{h+1}}{q - 1} && \text{(ausmultiplizieren)} \\
&= \frac{q^{h+2} - 1}{q - 1} && \text{(Summe bilden)}.
\end{aligned}$$

Damit haben wir die geschlossene Formel (1.10) für alle $h \geq 0$ bewiesen, da wir durch diese Rechnung genau die Formel erhalten haben, die durch Einsetzen von $h + 1$ in (1.10) entsteht.

Da ein Binärbaum der Höhe h maximal $2^{h+1} - 1$ Elemente besitzen kann, muss ein Binärbaum mit n Knoten mindestens eine Höhe h mit $2^{h+1} - 1 \geq n$ haben. Die für einen Binärbaum mit n Knoten minimal mögliche Höhe h erfüllt also

$$2^h - 1 < n \leq 2^{h+1} - 1 \iff 2^h \leq n < 2^{h+1}. \tag{1.11}$$

Diese Höhe entsteht z. B., wenn wir alle Ebenen bis auf die letzte vollständig mit Knoten füllen. Andererseits entsteht die maximale Höhe, wenn jeder Knoten höchstens einen Nachfolger hat. Dann ist der Binärbaum eine lineare Liste: $h = n - 1$.

Aufgabe 1.10 Beweisen Sie mit vollständiger Induktion für natürliche Zahlen $n \geq 1$ (siehe Lösung A.10):

$$\sum_{k=1}^{n-1} k^2 = \frac{2n^3 - 3n^2 + n}{6}, \quad \sum_{k=1}^{n} \frac{k}{2^k} = 2 - \frac{n+2}{2^n}, \quad \sum_{k=1}^{n} k^3 = \left[\sum_{k=1}^{n} k\right]^2.$$

Aufgabe 1.11 Nehmen Sie an, dass Sie vor einer unendlich langen Mauer stehen, die links oder rechts von Ihnen eine Tür hat, durch die Sie auf die andere Seite der Mauer gelangen können. Sie wissen nur leider nicht, ob sich die Tür links oder rechts von Ihnen befindet. Wie finden Sie in endlicher Zeit diese Tür? Wenn die Tür l Meter von Ihrer Anfangsposition entfernt ist, wie viele Meter legen Sie bei Ihrer Lösung höchstens zurück? (siehe Lösung A.11)

1.3.6 Resolutionskalkül

In diesem Abschnitt beweisen wir mittels einer etwas aufwändigeren vollständigen Induktion den Resolutionskalkül der Aussagenlogik. Dieser Kalkül ist die Grundlage der Logikprogrammierung und damit nicht nur für Logiker, sondern auch für Informatiker interessant, die beispielsweise die Sprache Prolog einsetzen oder ein Expertensystem schreiben wollen. Der Abschnitt ist für das Verständnis des restlichen Buchs aber nicht erforderlich, so dass Sie ihn überspringen können – was aber schade wäre.

Wir untersuchen hier die Frage, ob eine gegebene Formel unerfüllbar ist. In der Aussagenlogik ist der Test auf Unerfüllbarkeit sehr einfach: Probiere alle Variablenbelegungen (wahr/falsch) aus. Falls immer falsch herauskommt, ist die Formel unerfüllbar. Bei n Variablen gibt es damit 2^n Versuche im schlechtesten Fall. Leider klappt das Ausprobieren bei Formeln der Prädikatenlogik nicht mehr. Hier gibt es Variablen, die irgendwelche Werte wie Zahlen annehmen dürfen. Ein Prädikat $A(x)$ kann in Abhängigkeit der unendlich vielen Zahlenwerte von x wahr oder falsch werden. Wir können aber nicht für jeden Zahlenwert $A(x) =$ wahr und $A(x) =$ falsch probieren. Daher benutzt man den Resolutionskalkül. Obwohl wir den Resolutionskalkül für die Aussagenlogik eigentlich gar nicht benötigen, erklären wir dessen Funktionsweise. Denn er funktioniert genau so wie in der Prädikatenlogik, ist aber viel einfacher zu verstehen. Danach sehen wir uns an einem Beispiel an, wie er auf die Prädikatenlogik übertragen werden kann.

Wir beginnen mit einem Problem, das mit der Aussagenlogik gelöst werden kann. Drei Personen stehen unter Verdacht, eine Straftat (eventuell gemeinsam) begangen zu haben. Erwiesen ist:

- Wenn A schuldig und B unschuldig ist, dann ist C schuldig.
- C arbeitet niemals allein, d. h., wenn C schuldig ist, dann auch A oder B.
- A arbeitet niemals mit C, d. h., wenn A schuldig ist, dann ist C unschuldig.
- Nur A, B oder C kommen als Täter in Frage.

Wir vermuten, dass B einer der Täter ist und wollen dies beweisen. Dazu überführen wir das Problem in eine erwiesen stets wahre aussagenlogische Aussage mit den Variablen A, B und C, wobei eine Variable genau dann wahr sein soll, wenn die entsprechende Person ein Täter ist:

$$((A \wedge \neg B) \longrightarrow C) \wedge (C \longrightarrow (A \vee B)) \wedge (A \longrightarrow \neg C) \wedge (A \vee B \vee C).$$

Jetzt fügen wir $\neg B$ hinzu:

$$((A \wedge \neg B) \longrightarrow C) \wedge (C \longrightarrow (A \vee B)) \wedge (A \longrightarrow \neg C) \wedge (A \vee B \vee C) \wedge \neg B.$$

Wenn wir zeigen können, dass diese Formel unerfüllbar ist, dann kann das nicht an den erwiesenen Aussagen liegen, nur $\neg B$ kann nicht stimmen, B muss also Täter sein.

Seien $A_1, A_2, A_3, \ldots$ aussagenlogische Variablen. Eine endliche Menge $K \subseteq \{A_1, A_2, A_3, \ldots\} \cup \{\neg A_1, \neg A_2, \neg A_3, \ldots\}$ heißt eine **Klausel.**

Die Konjunktionsglieder einer konjunktiven Normalform (siehe Abschn. 1.3.2) können über Klauseln dargestellt werden. Bei einer konjunktiven Normalform sind Terme durch Und verknüpft, die ihrerseits nur Oder-Verknüpfungen von negierten oder nicht-negierten Variablen aufweisen. In unserem Beispiel erhalten wir durch Auflösen der Folgerungen die konjunktive Normalform

$$(\neg(A \wedge \neg B) \vee C) \wedge (\neg C \vee A \vee B) \wedge (\neg A \vee \neg C) \wedge (A \vee B \vee C) \wedge \neg B$$
$$= (\neg A \vee B \vee C) \wedge (\neg C \vee A \vee B) \wedge (\neg A \vee \neg C) \wedge (A \vee B \vee C) \wedge \neg B.$$

Die Menge $\mathbb{K}$ der Klauseln zu den Konjunktionsgliedern einer aussagenlogischen Formel heißt die zugehörige **Klauselmenge.** Im Beispiel lautet sie

$$\{\{\neg A, B, C\}, \{A, B, \neg C\}, \{\neg A, \neg C\}, \{A, B, C\}, \{\neg B\}\}.$$

Beispiel 1.4 Sei $F := \{\{A, B, \neg C\}, \{A, \neg B, D\}, \{B, \neg C, \neg D\}\}$.

- Setze $A := 1$. Dann sind $\{A, B, \neg C\}$ und $\{A, \neg B, D\}$ erfüllt (oder-verknüpft), und daher ist $F' := \{\{B, \neg C, \neg D\}\}$ erfüllbarkeits-äquivalent zu F, d. h., F ist genau dann erfüllbar, wenn F' erfüllbar ist.
- Setze $\neg C := 1$, also $C = 0$, dann sind $\{A, B, \neg C\}$ und $\{B, \neg C, \neg D\}$ erfüllt, und $F'' := \{\{A, \neg B, D\}\}$ ist erfüllbarkeits-äquivalent zu F.

Die Konsequenz aus diesem Beispiel ist das folgende Lemma.

Lemma 1.1 *Wir betrachten alle Klauseln bzw. Konjunktionsglieder einer konjunktiven Normalform, in denen eine bestimmte Variable vorkommt. Falls die Variable in diesen Klauseln entweder nur nicht-negiert oder nur negiert auftritt, dann ist die Unerfüllbarkeit der konjunktiven Normalform äquivalent zur Unerfüllbarkeit einer Formel, bei der die nicht-negierte Variable überall durch 1 oder die negierte Variable überall durch 0 (und damit die Negation durch 1) ersetzt wird.*

Beweis Wir müssen eine Äquivalenz zeigen. Ist die Formel unerfüllbar, dann bleibt sie natürlich unerfüllbar, wenn wir die Variable mit 1 oder 0 belegen. Sei umgekehrt die Formel bei mit 1 oder 0 belegter Variable unerfüllbar. Die Vorbelegung ist so gewählt, dass alle Konjunktionsglieder bzw. Klauseln wahr sind, in denen die Variable vorkommt. Wenn wir den Variablenwert wechseln, dann werden für jede Belegung der übrigen Variablen höchstens weitere Konjunktionsglieder falsch. Also ist die Formel auch ohne Vorbelegung unerfüllbar. □

Die Unerfüllbarkeit hängt also an Paaren von Klauseln, in denen eine Variable einmal nicht-negiert und einmal negiert vorkommt. Das motiviert eine Verknüpfung von Klauseln, mit der wir anschließend Klauseln so weit vereinfachen, dass wir Unerfüllbarkeit erkennen können. Dabei suchen wir nach einer Variable, die einmal negiert und einmal nicht negiert vorkommt und nutzen später aus, dass bei jeder Belegung der Variablen an einer Stelle der Wert wahr und an der anderen der Wert falsch vorliegt. Seien dazu K_1, K_2 und R Klauseln. R heißt **Resolvente** von K_1 und K_2, falls es eine aussagenlogische Variable A gibt mit

- $A \in K_1$ und $\neg A \in K_2$ und $R = (K_1 \setminus \{A\}) \cup (K_2 \setminus \{\neg A\})$ oder
- $A \in K_2$ und $\neg A \in K_1$ und $R = (K_1 \setminus \{\neg A\}) \cup (K_2 \setminus \{A\})$.

Beispielsweise können wir $\{A, B, \neg C\}$ und $\{A, \neg B, \neg C\}$ zu $\{A, \neg C\}$ resolvieren. Die Klauseln $\{A, B, C\}$ und $\{A, \neg B, \neg C\}$ dürfen aber nach Definition der Resolution nicht zu $\{A\}$, sondern lediglich zu $\{A, C, \neg C\}$ oder $\{A, B, \neg B\}$ resolviert werden. Diese Klauseln entsprechen aber Konjunktionsgliedern, die im Gegensatz zu $\{A\}$ stets wahr sind.

Sei $\mathbb{K}$ eine Klauselmenge. Wir bezeichnen die Menge aller Resolventen von Klauseln aus $\mathbb{K}$ mit

$$\text{Res}(\mathbb{K}) := \mathbb{K} \cup \{R : R \text{ ist Resolvente zweier Klauseln von } \mathbb{K}\}.$$

Die Ergebnisse der Resolution können für weitere Resolutionen herangezogen werden. Damit erhalten wir (rekursiv) die Mengen

$$\text{Res}^0(\mathbb{K}) := \mathbb{K}, \quad \text{Res}^{n+1}(\mathbb{K}) := \text{Res}\left(\text{Res}^n(\mathbb{K})\right),$$

$$\text{Res}^*(\mathbb{K}) := \text{Res}^0(\mathbb{K}) \cup \text{Res}^1(\mathbb{K}) \cup \text{Res}^2(\mathbb{K}) \cup \ldots$$

Wir berechnen einige Resolventen für unser Beispiel:

- Aus $\{\neg A, B, C\}$ und $\{A, B, C\}$ resolvieren wir $\{B, C\}$.
- Aus $\{A, B, \neg C\}$ und $\{\neg A, \neg C\}$ entsteht $\{B, \neg C\}$.
- Damit können wir die beiden vorangehenden Ergebnisse zu $\{B\}$ resolvieren.
- Schließlich ergibt Resolution von $\{B\}$ mit der Klausel $\{\neg B\}$ die leere Menge.

Aufgabe 1.12 Überlegen Sie sich, dass für eine Formel mit endlich vielen Variablen irgendwann die Resolventenmengen nicht weiter anwachsen, d. h., dass es ein n_0 gibt mit $\mathrm{Res}^{n+1}(\mathbb{K}) = \mathrm{Res}^n(\mathbb{K})$ für alle $n > n_0$. (siehe Lösung A.12)

Lemma 1.2 (Unerfüllbarkeit bleibt unter Resolution erhalten) *Fügen wir Resolventen als weitere Konjunktionsglieder einer aussagenlogischen Formel in konjunktiver Normalform hinzu, dann ändert sich die Erfüllbarkeit oder Unerfüllbarkeit der Formel nicht.*

Beweis

- Falls die Formel zu $\mathbb{K}$ unerfüllbar ist und weitere Klauseln hinzukommen, dann ist die Formel zur neuen Menge erst recht unerfüllbar. Denn die einzelnen Klauseln gehören zu und-verknüpften Termen. Damit ist also auch die Formel zu $\mathrm{Res}(\mathbb{K})$ unerfüllbar.
- Falls die Formel zu $\mathbb{K}$ erfüllbar ist: Beide Eingangsklauseln eines Resolutionsschritts gehören zu Formeln, die mit einer Variablenbelegung erfüllt sind. Damit ist auch die Formel zur Resolvente erfüllt, z. B.: Ist $(A \vee B \vee \neg C) \wedge (\neg A \vee \neg C \vee D)$ erfüllt, so ist
  - bei $A =$ wahr aufgrund der zweiten Klausel $\neg C \vee D$ wahr,
  - bei $A =$ falsch ist aufgrund der ersten Klausel $B \vee \neg C$ wahr.
  Also ist $B \vee \neg C \vee D$ bzw. $\{B, \neg C, D\}$ wahr.

Damit haben wir gezeigt: Unter wiederholter Resolution ändert sich die Erfüllbarkeit nicht. □

Da wir im Beispiel die leere Klausel erreicht haben, wissen wir aufgrund des folgenden Satzes, dass unsere Formel unerfüllbar und B ein Täter ist:

Satz 1.4 (Resolutionskalkül der Aussagenlogik) Eine Formel in konjunktiver Normalform mit Klauselmenge $\mathbb{K}$ ist genau dann unerfüllbar, falls $\emptyset \in \mathrm{Res}^*(\mathbb{K})$.

Beweis Wir zeigen zunächst die Richtung $\emptyset \in \mathrm{Res}^*(\mathbb{K}) \implies$ Formel unerfüllbar. Zunächst ist $\emptyset \in \mathrm{Res}^*(\mathbb{K})$ äquivalent zu $\emptyset \in \mathrm{Res}^k(\mathbb{K})$ für ein $k \in \mathbb{N}$. Sei also $\emptyset \in \mathrm{Res}^k(\mathbb{K})$: In $\mathrm{Res}^{k-1}(\mathbb{K})$ gibt es dann zwei Klauseln vom Typ $\{A\}$ und $\{\neg A\}$, da nur durch deren Resolution die leere Klausel entstehen kann. $A \wedge \neg A$ ist aber unerfüllbar, also ist $\mathrm{Res}^{k-1}(\mathbb{K})$ unerfüllbar und somit auch $\mathbb{K}$, da gemäß Lemma 1.2 beide Mengen die gleiche Erfüllbarkeit haben.

Es bleibt die umgekehrte Richtung zu zeigen: Falls die Formel zu $\mathbb{K}$ unerfüllbar ist, dann kann man durch fortgesetzte Resolution die leere Menge erzeugen. Wir beweisen dies mit einer vollständigen Induktion über die Anzahl der Variablen n einer Klauselmenge $\mathbb{K}$.

- **Induktionsanfang** für $n = 1$:
  $\mathbb{K} = \{\{A\}, \{\neg A\}\}$ oder $\mathbb{K} = \{\{A\}, \{\neg A\}, \{A, \neg A\}\}$ sind die einzigen Klauselmengen zu einer unerfüllbaren Formel in konjunktiver Normalform mit der einzigen Variable A, und $\emptyset$ entsteht bei der Resolution.
- **Induktionsannahme:** Fortgesetzte Resolution liefert für jede Klauselmenge zu einer unerfüllbaren Formel mit einer bis n Variablen die leere Menge.
- **Induktionsschluss:** Wir zeigen, dass auch für jede Klauselmenge $\mathbb{K}$ zu einer unerfüllbaren Formel mit $n + 1$ Variablen $A_1, A_2, \ldots, A_{n+1}$ die leere Menge resolviert werden kann. Dann gilt das nach Induktionsannahme auch für alle Formeln mit 1 bis $n + 1$ Variablen. Wenn wir aus einer Formel zwei gewinnen, indem wir eine feste Variable einmal mit wahr und einmal mit falsch belegen, dann ist die gegebene Formel genau dann unerfüllbar, wenn beide durch Belegung entstandenen Formeln unerfüllbar sind. Da wir konjunktive Normalformen verwenden, tragen Klauseln, die durch die Variablenbelegung stets wahr werden, nicht zur Unerfüllbarkeit bei und können beim Unerfüllbarkeitstest weggelassen werden. Damit können wir im Induktionsschluss wie folgt vorgehen.
  - $\mathbb{K}_0$ entstehe aus $\mathbb{K}$ durch Weglassen von A_{n+1} aus allen Klauseln und Weglassen aller Klauseln mit $\neg A_{n+1}$, wir belegen also A_{n+1} mit dem Wert falsch und vereinfachen.
  - $\mathbb{K}_1$ entstehe aus $\mathbb{K}$ durch Weglassen von $\neg A_{n+1}$ aus allen Klauseln und Weglassen aller Klauseln mit A_{n+1}, wir belegen jetzt A_{n+1} mit dem Wert wahr und vereinfachen.

Da die Formel zu $\mathbb{K}$ unerfüllbar ist, ist sie insbesondere für die Variablen $A_1, \ldots, A_n$ unerfüllbar, wenn wir A_{n+1} durch wahr oder falsch ersetzen. Damit sind auch die Formeln zu $\mathbb{K}_0$ und zu $\mathbb{K}_1$ unerfüllbar, und sie haben höchstens n Variablen. Durch das Weglassen von Klauseln können keine leeren Klauselmengen entstehen, da sonst in allen ursprünglichen Klauseln ein gemeinsames Literal $\neg A_{n+1}$ oder A_{n+1} vorkommt und die zugehörige Formel durch die Wahl $\neg A_{n+1} = 1$ oder $A_{n+1} = 1$ im Widerspruch zur Voraussetzung erfüllbar wäre. Nach Induktionsannahme können wir für beide Klauselmengen mittels Resolution $\emptyset$ erzeugen, sofern die leere Klausel noch nicht durch Weglassen einer Variable entstanden ist. In jedem Fall gilt aber

$$\emptyset \in \text{Res}^*(\mathbb{K}_0), \quad \emptyset \in \text{Res}^*(\mathbb{K}_1).$$

Fügt man A_{n+1} den Klauseln aus $\mathbb{K}_0$ und $\neg A_{n+1}$ den Klauseln aus $\mathbb{K}_1$ wieder hinzu, aus denen sie zuvor entfernt wurden, so liefert die Resolution für das erweiterte $\tilde{\mathbb{K}}_0 \subseteq \mathbb{K}$ eine Menge, in der $\emptyset$ oder $\{A_{n+1}\}$ enthalten ist, für das erweiterte $\tilde{\mathbb{K}}_1 \subseteq \mathbb{K}$ ist $\emptyset$ oder $\{\neg A_{n+1}\}$ enthalten. Falls $\emptyset \in \tilde{\mathbb{K}}_0 \cup \tilde{\mathbb{K}}_1$, ist $\emptyset \in$

Res$^*(\mathbb{K})$, und wir sind fertig. Sonst ist

$$\{\{A_{n+1}\}, \{\neg A_{n+1}\}\} \subseteq \text{Res}^*(\tilde{\mathbb{K}}_0) \cup \text{Res}^*(\tilde{\mathbb{K}}_1) \subseteq \text{Res}^*(\mathbb{K}).$$

Die Resolvente von beiden Mengen ist $\emptyset$, also gilt $\emptyset \in \text{Res}^*(\mathbb{K})$. $\qquad\qquad$ □

Im Beweis mittels Induktion werden also aus einer Formel mit $n + 1$ Variablen zwei neue Formeln mit höchstens n Variablen erzeugt, aus denen ihrerseits jeweils die leere Klausel resolviert werden kann.

Beispiel 1.5 (2-SAT) Wir betrachten aussagenlogische Formeln in konjunktiver Normalform mit $n > 1$ Konjunktionsgliedern. In jedem Konjunktionsglied sollen höchstens k Literale, d. h. negierte oder nicht-negierte Variablen, vorkommen. Der Test auf Erfüllbarkeit solcher Formeln wird als k-SAT Problem bezeichnet. Dabei steht SAT für „satisfyability". Nach Lemma 1.1 spielen nur Variablen für den Erfüllbarkeits- bzw. Unerfüllbarkeitstest eine Rolle, die in der Formel sowohl negiert als auch nicht-negiert vorkommen. Für $k = 1$ ist ein Unerfüllbarkeitstest sehr einfach: Die Formel ist genau dann unerfüllbar, wenn es solche Variablen gibt. Nur dann kann überhaupt resolviert werden, und die leere Klausel entsteht als Ergebnis. Ist $k = 2$, können wir den Unerfüllbarkeitstest ebenfalls vergleichsweise effizient mit dem Resolutionskalkül durchführen: Jede Resolution führt zu einer Klausel mit höchstens 2 Literalen. Auch durch sukzessive Resolution können daher keine größeren Klauseln entstehen.

Bei 2-SAT gibt es höchstens $2n$ Literale. Damit können maximal eine leere Klausel, $2n$ Klauseln mit einem Element und $\frac{2n \cdot (2n-1)}{2}$ Klauseln mit zwei Elementen gebildet werden. Die Division durch 2 trägt der Tatsache Rechnung, dass Elemente in einer Menge keine Reihenfolge besitzen und damit beispielsweise die Klauseln $\{A, \neg B\}$ und $\{\neg B, A\}$ identisch sind.

Insgesamt können im Verlauf der Resolution nur maximal $M := 1 + 2n + n(2n - 1) = 2n^2 + n + 1$ Klauseln auftreten.

Ein Algorithmus zum Lösen des 2-SAT-Problems kann nun in einem Schritt alle Resolventen zu einer vorliegenden Klauselmenge mit N Klauseln bilden, indem versucht wird, die erste Klausel mit allen $N - 1$ anderen, die zweite Klausel mit den restlichen $N - 2$ Klauseln usw. zu resolvieren. Das ergibt dann $\sum_{k=1}^{N-1} k = \frac{(N-1)N}{2}$ Resolutionsversuche, siehe (1.9). Deren Ergebnisse werden der Klauselmenge hinzugefügt. Da es sich um eine Menge handelt, gibt es keine mehrfachen Klauseln. Dann wird der Schritt wiederholt, bis die leere Klausel gefunden wird oder keine neuen Resolventen entstehen. Während des Algorithmus ist $N \leq M$, und es sind auch nicht mehr als M Schritte möglich, so dass es insgesamt nicht mehr als $M \cdot (M - 1) \cdot M/2 = (2n^2 + n + 1)^2(2n^2 + n)/2$ Resolutionsversuche gibt.

Ganz anders sieht das bei 3-SAT aus: Die Resolventen können hier mehr Elemente besitzen als jede der beiden resolvierten Klauseln und durch fortgesetztes Resolvieren auch noch weiter anwachsen, z. B. $\{A, B, C\}$ und $\{\neg C, D, E\}$ zu $\{A, B, D, E\}$. Für 3-SAT ist kein effizienter Algorithmus bekannt. Es ist ein sogenanntes NP-vollständiges Problem, das in der Theoretischen Informatik von Bedeutung ist. Nur zeigen kann man die NP-Vollständigkeit über das Anwachsen der Resolventen leider nicht, da es ja auch andere Algorithmen zum Lösen des Unerfüllbarkeitstests geben könnte.

Mit dem Resolutionskalkül können wir auch die Unerfüllbarkeit von prädikatenlogischen Formeln zeigen. Dabei sind zwei Klauseln, in denen ein Prädikat einmal negiert und einmal nicht-negiert vorkommt, fast wie zuvor resolvierbar. Allerdings müssen dabei die Parameter der Prädikate so angeglichen werden, dass sie übereinstimmen. Dies nennt man **Unifikation.** Wenn die Unifikation nicht durchführbar ist, dann darf auch nicht resolviert werden.

Die Idee der Logikprogrammierung und insbesondere der Programmiersprache Prolog besteht darin, Werte für Variablen einer Anfrage so zu bestimmen, dass mit diesen Werten

$$\text{Programm} \longrightarrow \text{Anfrage}$$

allgemeingültig wird, also Programm $\Longrightarrow$ Anfrage gilt. Dabei ist ein Programm eine Kollektion von Regeln und Fakten, wobei sich ein Programm als prädikatenlogische Formel in konjunktiver Normalform schreiben lässt.

Wir sehen uns das am Beispiel (1.6) aus Abschn. 1.3.4 an, das wir zunächst mit der Menge $V = \{a, b, c, d\}$ von Knoten und den Variablen X, Y und Z, die wir zur Abgrenzung gegen die Konstanten jetzt groß schreiben, so umformulieren:

$$W(a, b) \wedge W(b, c) \wedge W(c, d)$$
$$\wedge\ (\forall_{X \in V} \forall_{Y \in V} \forall_{Z \in V} [W(X, Z) \wedge W(Z, Y)] \longrightarrow W(X, Y)).$$

Dies ist eine Definition der Wege in einem Graphen mit den Kanten (a, b), (b, c) und (c, d). Als Programm zur Wegsuche erhalten wir wegen

$$([W(X, Z) \wedge W(Z, Y)] \longrightarrow W(X, Y))$$
$$= (\neg(W(X, Z) \wedge W(Z, Y)) \vee W(X, Z))$$
$$= (\neg W(X, Z) \vee \neg W(Z, Y) \vee W(X, Z))$$

daraus die Klauselmenge

$$\{\{W(a, b)\}, \{W(b, c)\}, \{W(c, d)\}, \{\neg W(X, Z), \neg W(Z, Y), W(X, Y)\}\}.$$

Die letzte Klausel ist eine Kurzschreibweise: Sie steht für alle Klauseln, die man durch Einsetzen der Werte von V in die Variablen gewinnen kann. Es gibt genau dann einen Weg von a nach c im Sinne des Programms, wenn

$$\text{Programm} \longrightarrow W(a, c)$$

allgemeingültig ist, d. h., für jede Wahrheitswertebelegung der 16 möglichen Wahrheitswerte von W in Abhängigkeit der Parameter, also von $W(a, a)$, $W(a, b)$, ..., $W(d, d)$, muss die Folgerung wahr werden. Hier lässt sich das Prädikat $W(X, Y)$ also durch 16 aussagenlogische Variablen ersetzen. Dabei interessiert nicht die Anschauung, dass wir W mit Weg verbinden. Die Folgerung muss für alle möglichen Wahrheitswertebelegungen wahr sein. Wir verlangen also eine stets wahre Folgerung wie in Beweisen. Eine Bedingung erwächst daraus nur, wenn durch die Belegung das Programm wahr wird, also alle einzelnen und-verknüpften Fakten und Regeln des Programms erfüllt sind. Die Allgemeingültigkeit bedeutet, dass dann stets auch $W(a, c)$ gilt. Dieser Fall passt dann auch zu unserer Interpretation von W als Weg-Prädikat.

Statt auf Allgemeingültigkeit zu testen, wendet man den Unerfüllbarkeitstest mittels Resolution an. Die Aufgabe ist äquivalent dazu, Werte für die Variablen einer Anfrage zu bestimmen, so dass für diese Werte

$$\neg(\text{Programm} \longrightarrow \text{Anfrage})$$
$$= \neg(\neg\text{Programm} \vee \text{Anfrage}) = \text{Programm} \wedge \neg\text{Anfrage}$$

unerfüllbar wird. Die Klauselmenge des Programms wird also um die Klausel $\{\neg\text{Anfrage}\}$ erweitert, im Beispiel wird

$$\big\{\{W(a, b)\}, \{W(b, c)\}, \{W(c, d)\},$$
$$\{\neg W(X, Z), \neg W(Z, Y), W(X, Y)\}, \{\neg W(a, c)\}\big\}$$

auf Unerfüllbarkeit getestet:

- Wir resolvieren $\{\neg W(X, Z), \neg W(Z, Y), W(X, Y)\}$ mit $\{\neg W(a, c)\}$ zu

$$\{\neg W(a, Z), \neg W(Z, c)\}$$

  indem wir $X = a$ und $Y = c$ setzen (Unifikation).
- $\{\neg W(a, Z), \neg W(Z, c)\}$ wird mit $\{W(a, b)\}$ zu $\{\neg W(b, c)\}$ resolviert, wobei $Z = b$ unifiziert wird.
- Schließlich führt Resolution von $\{\neg W(b, c)\}$ mit $\{W(b, c)\}$ zur leeren Klausel.

Da wir die leere Klausel erhalten, folgt die Anfrage allgemeingültig aus dem Programm, d. h., es gibt einen Weg von a nach c.

Logikprogramme beschreiben ein Problem, aber geben kein Lösungsverfahren an. Das Verfahren ist letztlich der Resolutionskalkül. Man spricht daher von deklarativer Programmierung (das Problem wird deklariert) im Gegensatz zur verbreiteten imperativen Programmierung, bei der mittels Befehlen vorgegeben wird, was zu tun ist. Diese Form der deklarativen Programmierung eignet sich z. B. zum Erstellen von Expertensystemen, für die sich Fakten und Regeln direkt aus dem fachlichen Zusammenhang ergeben.

1.4 Relationen und Abbildungen

Eine Abbildung kennen Sie unter den Namen Funktion, Prozedur oder Methode vom Programmieren. Sie übergeben der Funktion f Eingabeinformationen x und erhalten einen berechneten Wert y zurück: $y = f(x)$. In vielen Programmiersprachen können Sie innerhalb einer Funktion auf weitere Daten lesend oder schreibend zugreifen und Ausgaben machen. Das Ergebnis y kann dann in Abhängigkeit der übrigen Daten variieren. Diese Seiteneffekte gibt es bei Funktionen in der Mathematik nicht: Der Ausgabewert y wird ausschließlich aus x berechnet, und es gibt auch keine „Nebenausgaben". Eine Funktion kann sich keinen Zustand für den nächsten Aufruf merken. Bei jedem Aufruf mit x erhalten wir das gleiche Ergebnis y, zu einem x gibt es also genau ein y. Einige funktionale Programmiersprachen wie Haskell oder Erlang erzwingen ebenfalls dieses Verhalten.

Um es Ihnen nicht zu einfach zu machen, werden wir Funktionen im Folgenden über ein wichtiges Modell der Theoretischen Informatik motivieren: Automaten. Dieses Modell hat den „Vorteil", dass wir nicht nur Funktionen, sondern auch die allgemeineren Relationen benötigen. Diese bilden wiederum die Grundlage der relationalen Datenbanken.

1.4.1 Automaten

Ein Modell, das in der Informatik oft verwendet wird, um dynamische Abläufe darzustellen, ist der Automat. Die Hardware, mit der wir täglich arbeiten, wird in der Elektrotechnik, speziell in der Digitaltechnik, mittels Automaten beschrieben. Im Abschnitt Logik haben wir in Abb. 1.4 ein Additionswerk kennen gelernt. Für jede zu addierende Stelle wird dort ein eigener Volladdierer eingesetzt. Wir können die Hardware wesentlich vereinfachen, wenn wir die Zahlen sequentiell mit einem Automaten addieren, der zudem für Zahlen mit beliebig vielen Stellen funktioniert: Der Addierer auf der linken Seite in Abb. 1.7 ersetzt eine Kette von Volladdierern. Die Binärzahlen werden an den Eingängen E1 und E2 angelegt und vom Addierer schrittweise Stelle für Stelle in einer zeitlichen Abfolge (sequentiell) von rechts nach links gelesen. Ebenso wird schrittweise die Summe am Ausgang A zur Verfügung gestellt. Wie ein solcher Rechenautomat realisiert werden kann, zeigt die rechte Seite in Abb. 1.7. Dort ist ein Automat dargestellt, der zwei Zahlen in Binärdarstellung Ziffer für Ziffer addiert und dabei jeweils eine Stelle der Summe ausgibt.

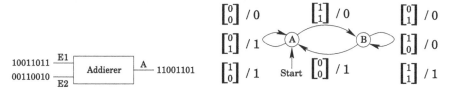

Abb. 1.7 Automat zum bitweisen Addieren zweier Zahlen

Automaten können verschiedene Zustände annehmen, je nachdem, welche Eingabe gelesen wurde. Zustände werden als Kreise gezeichnet. Ein (deterministischer) Automat befindet sich immer in einem bestimmten Zustand, zu Beginn im Startzustand, der immer speziell gekennzeichnet ist. In unseren Abbildungen ists stets A der Startzustand. Die Pfeile in den Abbildungen zeigen mögliche Zustandswechsel an. Bei dem Rechenautomaten besagt ein mit $\left[\begin{smallmatrix} e_1 \\ e_2 \end{smallmatrix}\right]/p$ beschrifteter Pfeil, dass der Zustandswechsel ausgeführt wird, falls an Eingabe E1 ein e_1 und an Eingabe E2 ein e_2 gelesen wird. Bei diesem Zustandswechsel wird p ausgegeben. Ein Automat, der bei Zustandswechseln eine Ausgabe erzeugt, heißt übrigens ein **Mealy-Automat.** Die ganze Logik des Beispielautomaten liegt darin zu unterscheiden, ob ein Übertrag bei der letzten Addition aufgetreten ist oder nicht. Trat ein Übertrag auf, so befindet sich der Automat im Zustand B, sonst in A. Werden zwei Ziffern im Zustand B addiert, muss auch noch ein Übertrag addiert werden.

Mealy-Automaten können Ausgaben erzeugen und sind deshalb etwas Besonderes. Wir wollen uns nach diesem einführenden Beispiel etwas einfachere Automaten ohne Ausgabe ansehen.

In der Theoretischen Informatik finden wir Automaten in den Bereichen Berechenbarkeits- und Komplexitätstheorie. In der Software-Entwicklung spielen die Automaten ebenfalls eine wichtige Rolle. So basiert das Entwurfsmuster „Zustand" auf Automaten. Oft kann eine Anforderungsspezifikation sehr präzise formuliert werden, wenn man das Problem mittels Automaten beschreiben kann. Auch das Testen der Software ist in solchen Fällen einfach.

Im Compilerbau helfen Automaten z. B. beim Parsen von Programmtexten. Sie kennen vielleicht Syntax-Diagramme, mit denen Programmiersprachen beschrieben werden. Abb. 1.8 stellt dar, wie Bezeichner in der Programmiersprache C++ auszusehen haben. Bezeichner dürfen mit einem Unterstrich oder einem Buchstaben beginnen, dürfen im Weiteren Buchstaben, Ziffern oder den Unterstrich enthalten und (theoretisch) beliebig lang sein. Solche einfachen Regeln können sehr effizient mittels Automaten geprüft werden. Abb. 1.9 zeigt einen solchen Automaten. Dieser Automat entscheidet nur, ob die Eingabe eine bestimmte Form hat oder nicht. Das wird erreicht, indem die Eingabe sequentiell abgearbeitet wird: Bei jedem Zeichen wird ein Zustandsübergang ausgeführt, und am Ende wird geprüft, ob der Automat in einem akzeptierenden Endzustand ist. Ein solcher Zustand ist durch einen Doppelkreis gekennzeichnet.

Wie wir gerade gesehen haben, ist es die Aufgabe eines Automaten zu entscheiden, ob ein gegebenes Wort zu der Sprache gehört, die der Automat beschreibt. Eine **Sprache** ist immer eine Menge von **Wörtern** über einem gegebenen **Alphabet,** also

Abb. 1.8 Bezeichner in C++
als Syntax-Diagramm

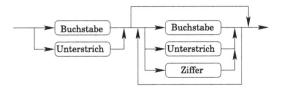

Abb. 1.9 Automat zum
Erkennen von Bezeichnern
in C++

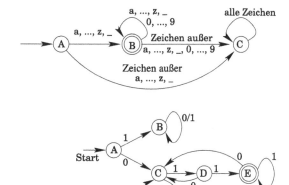

Abb. 1.10 Determinisit-
scher, endlicher Automat,
der Worte erkennt, die mit 0
beginnen und mit 11 enden

einer vorgegebenen Menge von Zeichen. Die Menge der Wörter kann unendlich groß
sein, falls beliebig lange Wörter in der Sprache vorkommen.

Als weiteres Beispiel betrachten wir den Automaten aus Abb. 1.10. Die Wörter,
die dieser Automat akzeptiert, beginnen mit einer 0, darauf folgen beliebig viele
Nullen und Einsen. Aber die Wörter müssen mit zwei Einsen enden. Alle anderen Eingaben werden verworfen. Dazu ist der Automat wie in den vorangehenden
Beispielen in einem Startzustand (wieder A), liest das erste Zeichen der Eingabe
und führt ggf. einen Wechsel des Zustands durch, beispielsweise in den Zustand C,
falls das erste Zeichen der Eingabe eine 0 ist. Dieses Verhalten wiederholt sich, bis
alle Zeichen der Eingabe gelesen sind. Dann ist der Automat in einem Endzustand.
Grundsätzlich können alle Zustände Endzustände sein, sogar der Startzustand. Ist
der erreichte Endzustand ein akzeptierender Endzustand, in der Abb. 1.10 also durch
einen Doppelkreis gekennzeichnet, dann wird die Eingabe akzeptiert, das gegebene
Wort gehört zur Sprache. Ansonsten wird die Eingabe verworfen, das Wort gehört
nicht zur Sprache.

Aufgabe 1.13 Skizzieren Sie analog zum vorangehenden Beispiel einen Automaten,
der Wörter aus Nullen und Einsen genau dann akzeptiert, wenn ihr zweitletztes
Symbol eine Eins ist. (siehe Lösung A.13)

Wir beschreiben jetzt endliche Automaten etwas exakter.

Definition 1.7 (endlicher Automat) Ein **endlicher Automat** ist durch ein 5-Tupel
$(Q, \Sigma, \delta, a, F)$ beschrieben. Dabei ist Q eine endliche Menge der Zustände, in denen
sich der Automat befinden kann, und Σ ist das Alphabet, aus dem sich die Wörter der
Eingabe zusammensetzen. Der Startzustand des Automaten ist $a \in Q$, die Menge
der akzeptierenden Endzustände ist $F \subseteq Q$. Schließlich beschreibt $\delta \subseteq Q \times \Sigma \times Q$
die möglichen Zustandswechsel.

Der Automat heißt endlich, weil er nur endlich viele Zustände besitzt. Die Menge F
der akzeptierenden Endzustände kann auch nur aus einem einzigen Zustand bestehen,

Tab. 1.7 Beschreibung der Zustandswechsel des Automaten aus Abb. 1.10

Eingabe	A	B	C	D	E
0	C	B	C	C	C
1	B	B	D	E	E

wie wir in unseren Beispielen mit $F = \{B\}$ in Abb. 1.9 und mit $F = \{E\}$ in Abb. 1.10 sehen. Die Zustandswechsel werden über Dreitupel beschrieben. Beim Automaten aus Abb. 1.10 ist

$$\delta := \{(A, 0, C), (A, 1, B), (B, 0, B), (B, 1, B), (C, 0, C),$$
$$(C, 1, D), (D, 0, C), (D, 1, E), (E, 0, C), (E, 1, E)\}.$$

Dabei bedeutet $(A, 0, C)$, dass wenn im Zustand A eine Null gelesen wird, der Automat in den Zustand C wechselt. Etwas kompakter können die Zustandswechsel auch über die Tab. 1.7 beschrieben werden. Die Kopfzeile gibt dort den aktuellen Zustand an, die Zeile 0 enthält den Nachfolgezustand, falls das nächste Zeichen der Eingabe eine 0 ist, die Zeile 1 enthält den Folgezustand, falls als nächstes eine 1 gelesen wird. Wir sehen in der Tabelle, dass es für jeden Zustand und jedes gelesene Zeichen genau einen Nachfolgezustand gibt. Solche Automaten nennen wir **deterministisch**. Gibt es zu einem Zustand und einem Zeichen mehrere Folgezustände, dann heißt der Automat **nicht-deterministisch**. Die Automaten aus den Beispielen sind alle deterministisch – und die in den Beispielen beschriebene Verarbeitung einer Eingangsfolge durch einen Automaten funktioniert auch nur in dieser Form, wenn der jeweils nächste Zustand eindeutig bestimmt ist. Bevor wir zu einem Beispiel für einen nicht-deterministischen Automaten kommen, definieren wir aber erst einmal die Begriffe Relation und Funktion, um die es in diesem Kapitel hauptsächlich geht.

Die Menge δ, die die Zustandsübergänge beschreibt, ist eine Relation:

Definition 1.8 (Relation) Seien $M_1, \ldots, M_n$ Mengen. Eine Teilmenge von $M_1 \times M_2 \times \cdots \times M_n$ heißt eine **Relation**. Eine Relation ist also eine Menge von n-Tupeln. Eine Teilmenge von $M_1 \times M_2$ heißt eine **binäre Relation**, sie ist eine Menge von Paaren.

Durch Setzen von Klammern kann jede Relation als binäre Relation geschrieben werden. Wir schreiben die Relation des deterministischen Automaten aus Tab. 1.7 z.B. so als binäre Relation $\delta' \subseteq M_1 \times M_2$ mit $M_1 = Q \times \Sigma$ und $M_2 = Q$:

$$M_1 := \{(A, 0), (A, 1), (B, 0), (B, 1), (C, 0), (C, 1), (D, 0), (D, 1), (E, 0), (E, 1)\},$$
$$M_2 := \{B, C, D, E\},$$
$$\delta' := \{((A, 0), C), ((A, 1), B), ((B, 0), B), ((B, 1), B), ((C, 0), C), ((C, 1), D),$$
$$((D, 0), C), ((D, 1), E), ((E, 0), C), ((E, 1), E)\} \subset M_1 \times M_2.$$

Jede Zustandswechselrelation $\delta \subseteq Q \times \Sigma \times Q$ kann so als binäre Relation $\delta' \subseteq (Q \times \Sigma) \times Q$ geschrieben werden. Auch wenn er kein endlicher Automat im Sinne unserer

Definition ist, können wir selbst beim Mealy-Automaten die Zustandsübergänge zusammen mit den Ausgaben (siehe Abb. 1.7) über eine binäre Relation beschreiben, indem wir den Folgezustand und die Ausgabe zu einem Paar verbinden:

$$\delta'_{\text{Mealy}} = \{((A, (0, 0)), (A, 0)), \quad ((A, (0, 1)), (A, 1)), \quad ((A, (1, 0)), (A, 1)),$$
$$((A, (1, 1)), (B, 0)), \quad ((B, (0, 0)), (A, 1)), \quad ((B, (0, 1)), (B, 0)),$$
$$((B, (1, 0)), (B, 0)), \quad ((B, (1, 1)), (B, 1))\}.$$

Definition 1.9 (vom endlichen Automaten akzeptierte Sprache) Sei $w = z_1 z_2 \ldots z_n$ ein Wort der Länge n, wobei jedes Zeichen z_i aus dem Alphabet Σ stammt. Der Automat akzeptiert das Wort w genau dann, wenn es eine Zustandsfolge $(q_0, q_1, q_2, \ldots, q_n)$ gibt, wobei q_0 der Startzustand und q_n ein akzeptierender Endzustand ist, und $(q_{i-1}, z_i, q_i) \in \delta$ bzw. $((q_{i-1}, z_i), q_i) \in \delta'$ für $i \in \{1, \ldots, n\}$ ein gültiger Zustandswechsel ist. Die Menge der Wörter, die ein endlicher Automat akzeptiert, nennen wir die vom Automaten **akzeptierte Sprache**.

Die Automaten aus unseren Beispielen sind deterministisch, in diesem Fall ist δ' nicht nur eine Relation, sondern eine Funktion:

Definition 1.10 (Funktion) Eine binäre Relation $F \subseteq M_1 \times M_2$ heißt eine **Funktion** oder **Abbildung** genau dann, wenn die folgenden Eigenschaften erfüllt sind:

- Die Relation ist **linkstotal**, d. h., alle Elemente von M_1 treten in den Paaren der Relation tatsächlich auf, zu jedem $x \in M_1$ existiert mindestens ein $y \in M_2$ mit $(x, y) \in F$.
- Die Relation ist **rechtseindeutig**, d. h., sind $(x, y_1) \in F$ und $(x, y_2) \in F$, dann muss $y_1 = y_2$ sein.

Wir schreiben Funktionen in der Regeln nicht als Menge F, sondern wir fassen sie als Zuordnung $f : M_1 \to M_2$ auf, wobei f jedes Element x aus dem **Definitionsbereich** $D(f) := M_1$ auf genau ein Element $f(x)$ aus der **Zielmenge** M_2 abbildet. Dabei heißt $f(x)$ das **Bild** von x unter f. Die Zuordnung von x zu $f(x)$ wird symbolisch mit $x \mapsto f(x)$ ausgedrückt. Damit ist

$$F = \{(x, f(x)) : x \in D(f)\} \subseteq M_1 \times M_2.$$

Die Menge W der Elemente aus M_2, die als Werte der Abbildung tatsächlich auftreten, also

$$W = W(f) := \{y \in M_2 : \text{es existiert ein } x \in D(f) \text{ mit } y = f(x)\}$$

heißt der **Wertebereich**, die **Wertemenge** oder die **Bildmenge** von f.

Wir benötigen die Rechtseindeutigkeit, damit einem $x \in D(f)$ nicht zwei oder mehr
Elemente aus M_2 zugeordnet werden. Die Relation muss linkstotal sein, damit jedem
$x \in M_1$ ein Element aus M_2 zugeordnet wird, sonst wüsste der Automat nicht, was
er im nächsten Schritt tun soll. In der Theoretischen Informatik wird es bisweilen
aber einfacher, wenn man auf diese Eigenschaft verzichtet. Beispielsweise kann es
schwierig bis unmöglich sein, herauszufinden, für welche Eingaben ein Algorithmus
terminiert und damit einen Funktionswert berechnet. Eine rechtseindeutige binäre
Relation, die nicht zwingend linkstotal sein muss, heißt eine **partielle Funktion**.
Diese muss dann nicht für jedes $x \in M_1$ ein Bild $f(x) \in M_2$ besitzen. Der (eventuell
nicht explizit angebbare) Definitionsbereich $D(f)$ ist hier die Menge der **Urbilder**
$x \in M_1$, für die ein Bild $f(x)$ erklärt ist. So, wie die Bildmenge die Einschränkung
von M_2 auf die Bilder ist, ist also der Definitionsbereich die Einschränkung von M_1
auf die Urbilder. Zur Abgrenzung gegen partielle Funktionen wird eine Funktion
auch als **totale Funktion** bezeichnet.

> **!Vorsicht**
>
> Leider werden die Begriffe „Wertebereich" und „Wertemenge" in der Literatur
> nicht einheitlich verwendet. Oft wird auch die „Zielmenge" als „Wertemenge"
> bezeichnet. Daher verwenden wir ab jetzt den Begriff „Bildmenge". ◄

Die Relation δ lässt sich also als Funktion interpretieren, wobei z. B. $(A, 0) \mapsto C$
gilt. Aus der Schule kennen Sie Funktionen zwischen Zahlenmengen:

Beispiel 1.6 (Funktion) Wir betrachten die Abbildung $f : \mathbb{N} \to \mathbb{N}$ mit $f(x) =$
x^2 (also $x \mapsto x^2$), wobei $\mathbb{N} = \{1, 2, 3, \ldots\}$ die Menge der natürlichen Zahlen
ist. Hier ist explizit eine **Abbildungsvorschrift** angegeben: Das Bild jedes $x \in$
$D(f) = \mathbb{N}$ erhalten wir, indem wir $f(x)$ durch Quadrieren von x berechnen. Wir
nennen in diesem Zusammenhang x das **Argument** der Abbildung f. Durch die
Abbildungsvorschrift ist automatisch die Rechtseindeutigkeit sichergestellt (ohne
die Sie auch keinen Funktionsgraphen zeichnen könnten). Die Bildmenge ist also
$W = \{1, 4, 9, 16, \ldots\}$. Als Relation geschrieben lautet die Abbildung $F = \{(x, x^2) :$
$x \in \mathbb{N}\}$.

Zu Recht fragen Sie sich, warum wir zunächst den Begriff der Relation eingeführt
haben, wenn wir dann daraus doch nur den altbekannten Funktionsbegriff gewinnen. Wir kehren jetzt noch einmal zu den Automaten zurück und verwenden dabei
auch Relationen, die keine Funktionen sind. Dazu müssen wir uns aber mit nicht-
deterministischen Automaten beschäftigen.
   Einfacher als die direkte Umsetzung in einen deterministischen Automaten ist
häufig das Erstellen eines nicht-deterministischen Automaten. Wir sehen uns das für
die Sprache an, die der Automat aus Abb. 1.10 erkennt, die also aus den Worten über
dem Alphabet $\{0, 1\}$ besteht, die mit einer Null beginnen und mit zwei Einsen enden.
Diese Sprache wird auch vom (einfacheren) nicht-deterministischen Automaten in
Abb. 1.11 erkannt. Die zugehörigen Zustandswechsel sind in Tab. 1.8 aufgelistet. Wir

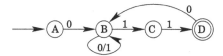

Abb. 1.11 Nicht-deterministischer, endlicher Automat, der Worte erkennt, die mit 0 beginnen und 11 enden

Tab. 1.8 Beschreibung des nicht-deterministischen Automaten aus Abb. 1.11

	0	1	$\delta := \{$
A	B	–	$(A, 0, B),$
B	B	B, C	$(B, 0, B), \quad (B, 1, B), \quad (B, 1, C),$
C	–	D	$(C, 1, D),$
D	B	–	$(D, 0, B) \hspace{3cm} \}$

sehen die beiden Unterschiede gegenüber deterministischen Automaten: Nicht zu jedem Zustand und zu jedem Zeichen des Eingabealphabets ist ein Zustandswechsel vorgesehen. So kann kein Zustandswechsel von A aus durchgeführt werden, wenn das erste Zeichen der Eingabe eine 1 ist. Es kommt sogar noch schlimmer: Es gibt mit $(B, 1, B)$ und $(B, 1, C)$ zwei möglich Folgezustände B und C, falls im Zustand B eine 1 gelesen wird. Wenn Sie jetzt verwirrt sind und sich fragen, in welchen dieser Zustände der Automat dann wechseln soll, ist die Antwort: In B und C.

Der Mathematiker hat hier überhaupt kein Problem, denn die Definition 1.9 gilt für deterministische und für nicht-deterministische endliche Automaten. Aber die Vorstellung einer mechanischen Maschine, die von einem Zustand in den nächsten wechselt, gelingt nicht mehr. Nicht-deterministische Automaten sind Denkmodelle – eine mathematische Definition.

Bei den deterministischen Automaten gibt es genau eine Zustandsfolge für eine Eingabe. Bei den nicht-deterministischen Automaten sind viele Zustandsfolgen möglich, nicht alle von diesen führen in einen akzeptierenden Endzustand. Wenn es aber eine Zustandsfolge gibt, die zu einem akzeptierenden Endzustand führt, dann reicht uns das. Bei dem Wort 01011 gibt es unter anderem folgende Zustandsfolgen:

$$A, B, B, B, B, B \text{ oder } A, B, B, B, B, C \text{ oder } A, B, B, B, C, D.$$

Nur die letzte führt zu einem akzeptierenden Endzustand. Aber das reicht aus, um das Wort zu akzeptieren. Ist dagegen das erste Zeichen eine 1, dann finden wir keinen möglichen Zustandswechsel, der von A aus durchgeführt werden kann. Es gibt daher keine Zustandsfolge, die zu einem akzeptierenden Endzustand führt. Das Wort gehört nicht zu der Sprache, die vom Automaten akzeptiert wird.

In der Theoretischen Informatik im Bereich Automatentheorie lernen Sie, wie man aus einem nicht-deterministischen Automaten einen deterministischen Automaten konstruieren kann. Das ist notwendig, weil wir nicht-deterministische Automaten nicht unmittelbar (effizient) implementieren können.

Wir schreiben die Relation des nicht-deterministischen Automaten in eine binäre Relation um:

$$M_1 := \{(A, 0), (B, 0), (B, 1), (C, 1), (D, 0)\}, \quad M_2 := \{B, C, D\},$$
$$\delta' := \{((A, 0), B), ((B, 0), B), ((B, 1), B), ((B, 1), C), ((C, 1), D),$$
$$((D, 0), B)\}.$$

Wegen $((B, 1), B)$ und $((B, 1), C)$ ist δ' nicht rechtseindeutig und damit keine Funktion. Hier benötigen wir also tatsächlich den allgemeinen Relationenbegriff und kommen nicht (zumindest nicht ohne Mühe) mit Funktionen weiter.

Sie kennen den Begriff Relation wahrscheinlich auch aus einem anderen Bereich der Informatik: den relationalen Datenbanken. Auch hier haben wir es im Wesentlichen mit Tabellen zu tun, die Relationen definieren. Im Beispiel aus Tab. 1.9 ist die Matrikelnummer eindeutig, d. h., zu einer Matrikelnummer gibt es genau einen Datensatz in der Tabelle. Man könnte aber auch sagen: Wenn man die Matrikelnummer kennt, dann kann man auf die restlichen Werte des Tupels schließen. Damit können wir die Tabelle zu einer Funktion umschreiben, die die Matrikelnummer auf die restlichen Attribute abbildet. Diesen Sachverhalt nennt man bei Datenbanktabellen die funktionale Abhängigkeit der Spalten von einem Schlüssel. Eine Funktion ist eine binäre Relation und damit Teilmenge einer Menge $M_1 \times M_2$, aber im Beispiel haben wir es mit sechs Spalten und so mit 6-Tupeln statt mit Paaren zu tun. Das ist aber überhaupt kein Problem: M_1 ist die Menge der Matrikelnummern, und die Elemente von M_2 sind die 5-Tupel der Zeileneinträge mit Ausnahme der Matrikelnummer. So sind wir bereits bei der Zustandswechselrelation δ' vorgegangen.

Im Beispiel sind auch Name, Vorname und Einschreibedatum pro Zeile eindeutig. Das kann sich aber ändern, wenn weitere Daten in die Tabelle aufgenommen werden. Daher handelt es sich hier nicht um Schlüssel und man würde auch nicht von einer funktionalen Abhängigkeit sprechen.

Wenn wir Daten redundant (mehrfach) speichern, dann ist die Gefahr sehr groß, dass bei Änderungen nicht alle betroffenen Datensätze erfasst werden und so Inkonsistenzen entstehen. Gerade bei großen Datenbanken ist die Datenqualität oft ein echtes Problem. Daher ist man bei Datenbanktabellen bemüht, gewisse Normalformen einzuhalten, die Redundanzen vermeiden. So sollen in keiner Spalte zusammengesetzte Informationen stehen, sondern nur je eine Angabe (**erste Normalform**). Eine Tabelle darf theoretisch einer Relation entsprechen, die nicht als Funktion aufgefasst werden kann. Die **zweite Normalform** verlangt aber (zusätzlich zur ersten) die funktionale Abhängigkeit von einem Schlüssel. Tab. 1.9 ist in zweiter Normalform.

Tab. 1.9 Relationale Datenbank

Matrikelnummer	Name	Vorname	Fachbereich	Fachbereichsname	Einschreibedatum
1234567	Meier	Erika	01	Chemie	01.08.2022
2345678	Müller	Walter	02	Design	03.09.2021
3456789	Schulze	Anja	01	Chemie	17.08.2022

Dort gibt es allerdings noch eine Redundanz: Eine Nicht-Schlüssel-Spalte hängt von einer anderen funktional ab.

Aufgabe 1.14 Vereinfacht ausgedrückt verbietet die **dritte Normalform** funktionale Abhängigkeiten zwischen Nicht-Schlüssel-Spalten einer Tabelle, die bereits die zweite Normalform erfüllt. Ändern Sie den Entwurf für Tab. 1.9 durch Hinzufügen einer weiteren Tabelle, um die bestehende Redundanz aufzuheben. (siehe Lösung A.14)

1.4.2 Eigenschaften von Relationen

Mit zwei Typen von Relationen, die keine Abbildungen sind, müssen wir später umgehen: Ordnungs- und Äquivalenzrelationen. Sei $R \subseteq M_1 \times M_2$ eine binäre Relation. Wir führen die Schreibweise

$$x R y \iff (x, y) \in R$$

ein, die aussagt, dass x in Relation zu y steht.

Auf der Menge der natürlichen Zahlen $\mathbb{N}$ kennen wir die Relation $\leq$:

$$n \leq m \iff (n, m) \in \{(1, 1), (1, 2), (1, 3), \ldots, (2, 2), (2, 3), (2, 4) \ldots\}.$$

Es handelt sich bei $\leq$ nicht um eine Abbildung, da die Relation nicht rechtseindeutig ist. Bei dieser Relation stammen beide Einträge der Paare aus der gleichen Menge $M_1 = M_2$. Für solche Relationen formulieren wir Begriffe:

Definition 1.11 (Eigenschaften von Relationen) Gegeben sei eine Relation $R \subseteq M \times M$.

- R heißt **reflexiv** genau dann, wenn für alle $x \in M$ gilt: $x R x$.
- R heißt **transitiv** genau dann, wenn für alle $x, y, z \in M$ gilt: Aus $x R y$ und $y R z$ folgt $x R z$.
- R heißt **symmetrisch** genau dann, wenn für alle $x, y \in M$ gilt: Aus $x R y$ folgt $y R x$.
- R heißt **antisymmetrisch** genau dann, wenn für alle $x, y \in M$ gilt: Aus $x R y$ und $y R x$ folgt $x = y$.

Als Beispiel sei M eine Menge von Menschen und V eine Relation, die Verwandtschaft ausdrückt, d. h. $x V y \iff x$ ist mit y verwandt. Diese Relation ist reflexiv, transitiv und symmetrisch.

Die Relation $\leq$ ist reflexiv, transitiv und antisymmetrisch. Generell nennen wir Relationen mit diesen Eigenschaften eine **partielle Ordnung**. Eine Relation, die ausdrückt, welche Software-Komponente welche andere benötigt, ist beispielsweise eine partielle Ordnung. Kommt noch die weitere Eigenschaft hinzu, dass für alle

$x, y \in M$ entweder xRy oder yRx (oder beides) gilt, dann heißt R eine **totale Ordnung**. Als Teilmenge von $\mathbb{N} \times \mathbb{N}$ ist $\leq$ eine totale Ordnung. Das gilt auch für die analog definierte Relation $\geq$, aber nicht für die Relation $=$, die aber immerhin eine partielle Ordnung ist. Dagegen sind die üblichen Vergleiche $<$ und $>$ nicht reflexiv und daher bereits keine partielle Ordnung. Durch die Gleichheit ist ebenfalls eine partielle Ordnung gegeben: Die Relation $R := \{(x, x) : x \in M\}$ ist reflexiv, transitiv, symmetrisch und anti-symmetrisch. Insbesondere ist die Symmetrie nicht das Gegenteil der Anti-Symmetrie.

Aufgabe 1.15 Prüfen Sie, ob

$$R := \{(1, 2), (2, 1), (2, 3), (2, 2), (1, 1), (3, 3), (1, 3)\} \subset M \times M$$

mit $M = \{1, 2, 3\}$ reflexiv, transitiv, symmetrisch oder antisymmetrisch ist. (siehe Lösung A.15)

Auf Basis einer totalen Ordnung kann man Sortieren:

Lemma 1.3 (Sortierung) *Für die Menge M mit n Elementen sei eine totale Ordnung $R \subseteq M \times M$ gegeben. Dann gibt es genau eine (sortierte) Reihenfolge $m_1, m_2, \ldots, m_n$ der Elemente von M, so dass gilt:*

$$\forall k \in \{1, \ldots, n - 1\}\ m_k R m_{k+1}. \tag{1.12}$$

Aufgrund der Transitivität der Relation ist das gleichbedeutend mit

$$\forall k \in \{1, \ldots, n - 1\}\forall j \in \{k + 1, \ldots, n\}\ m_k R m_j. \tag{1.13}$$

Beweis Es gibt mindestens ein „erstes" Element u mit uRv für alle $v \neq u$: Wir durchlaufen die Elemente von M in irgendeiner Reihenfolge. Dabei initialisieren wir u mit dem ersten Element. Dann betrachten wir sukzessive die weiteren Elemente $v \neq u$. Als Invariante verwenden wir dabei, dass uRw für alle bereits zuvor betrachteten $w \neq u$ gilt. Das ist nach der Initialisierung von u trivial erfüllt.

Da die Ordnung eine totale Ordnung ist, gilt für das jeweils aktuell betrachtete Element v, dass uRv oder vRu ist. Beides kann wegen der Antisymmetrie nicht gleichzeitig gelten wegen $u \neq v$.

Falls nun vRu ist, dann können wir für alle zuvor betrachteten Elemente w mit der Invariante uRw für $w \neq u$ und der Transitivität auch vRw für $w \neq u$ zeigen. Dies gilt aber auch für $w = u$ aufgrund der Fallunterscheidung. Damit setzen wir $u := v$, und die Invariante bleibt erhalten. Wir fahren mit dem nächsten Element fort. Das tun wir auch, wenn uRv gilt, da auch damit die Invariante erfüllt bleibt.

Nachdem wir alle Elemente betrachtet haben, ist u das erste Element der gesuchten Reihenfolge. Jetzt betrachten wir nur noch die restlichen Elemente und bestimmen deren „erstes" Element mit dem gleichen Verfahren, usw. Am Ende erhalten wir eine Reihenfolge, die die Bedingung (1.12) erfüllt. Wir haben hier einen „Selectionsort" durchgeführt.

Die so erhaltene Reihenfolge ist auch die einzig mögliche Reihenfolge, die (1.12) erfüllt. Das zeigen wir indirekt, indem wir annehmen, dass es mindestens eine weitere Reihenfolge gibt, die die Bedingung erfüllt. Dann muss mindestens ein Element u an einer anderen Position stehen. Davor oder dahinter gibt es also mindestens ein Element $v \neq u$ weniger als zuvor, das jetzt umgekehrt hinter oder vor u steht. Wegen (1.13) und der beiden Reihenfolgen gilt sowohl uRv als auch vRu. Wegen der Antisymmetrie ist also $u = v$ – im Widerspruch zu $v \neq u$. Damit gibt es also genau eine Reihenfolge. $\qquad\qquad\qquad\qquad\qquad\qquad\qquad\qquad\qquad\qquad\qquad\qquad\qquad\qquad$ $\square$

Wenn wir eine Liste sortieren wollen, in der Werte mehrfach vorkommen, wird auch die Reflexivität benötigt. Dann stehen gleiche Werte im Block hintereinander, so dass auch für diese Reihenfolge die Bedingungen (1.12) und (1.13) gelten.

Ist eine Relation reflexiv, symmetrisch und transitiv, so heißt sie eine **Äquivalenzrelation**. Der Name leitet sich von der Äquivalenz ab, die die gleichen Eigenschaften hat. Schließlich sind für beliebige Aussagen A, B und C die folgenden Aussagen stets wahr:

$$A \longleftrightarrow A, \quad (A \longleftrightarrow B) \longleftrightarrow (B \longleftrightarrow A),$$

$$[(A \longleftrightarrow B) \wedge (B \longleftrightarrow C)] \longrightarrow (A \longleftrightarrow C).$$

Die Ganzzahldivision liefert das Ergebnis der Division ohne Nachkommastellen. Eine der wichtigsten Äquivalenzrelationen lässt sich über den Rest der Ganzzahldivision definieren. Wir werden in Abschn. 3.2.1 die endlichen Zahlenmengen $\mathbb{Z}_n := \{0, 1, 2, \ldots, n - 1\}$ kennen lernen, in denen die Addition von zwei Zahlen x und y als Rest der Division $(x + y)/n$ erklärt ist, so dass die Addition nicht aus $\mathbb{Z}_n$ heraus führt. Für diese Addition gelten die üblichen Rechenregeln. Mit unendlichen Zahlenmengen können wir im Computer nicht arbeiten, daher sind die Mengen $\mathbb{Z}_n$ in der Informatik wichtig. Den Rest der Ganzzahldivision liefert (in der Informatik) der Operator mod . So gilt beispielsweise $13 \bmod 5 = 3$ und $-7 \bmod 5 = -2$. Allerdings wird mod nicht einheitlich definiert, und auch wir verwenden das Symbol in einer anderen Schreibweise mit leicht veränderter Bedeutung: Wir sagen, dass zwei ganze Zahlen $x, y \in \mathbb{Z} := \{0, 1, -1, 2, -2, \ldots\}$ genau dann in einer Relation $\equiv_n$ stehen, wenn $x = y + kn$ für ein $k \in \mathbb{Z}$ gilt. In diesem Fall nennen wir x **kongruent** zu y **modulo** n und verwenden die Bezeichnungen

$$x \equiv_n y \qquad \text{oder} \qquad x \equiv y \bmod n.$$

Damit gilt für jede Zahl $i \in \mathbb{Z}$:

$$x \equiv y \bmod n \iff x \equiv y + i \cdot n \bmod n \iff x + i \cdot n \equiv y \bmod n. \quad (1.14)$$

Für zwei nicht-negative natürliche Zahlen x und y hängen die beiden mod-Schreibweisen so zusammen:

$$x \equiv y \bmod n \iff x \bmod n = y \bmod n.$$

Kongruenz bedeutet also für nicht-negative Zahlen die Gleichheit des Restes der Ganzzahldivison durch n. Beispielsweise erhalten wir bei der Ganzzahldivision durch $n = 13$ als Ergebnisse $\frac{28}{13} = 2$ Rest 2 und $\frac{41}{13} = 3$ Rest 2. Damit ist 28 mod 13 = 41 mod 13 oder mit anderen Worten $28 \equiv_{13} 41$. Die Einschränkung auf nicht-negative Zahlen ist nötig: $13 \equiv_5 -7$, aber die bereits oben berechneten Reste 3 und -2 der Division von 13 und -7 durch 5 sind verschieden.

Die Relation $\equiv_n$ ist eine Äquivalenzrelation:

- $\equiv_n$ ist reflexiv ($x \equiv_n x$), da $x = x + 0 \cdot n$.
- $\equiv_n$ ist symmetrisch, da

$$x \equiv_n y \iff x = y + kn \text{ für ein } k \in \mathbb{Z} \iff y = x - kn \text{ für ein } k \in \mathbb{Z}$$
$$\iff y = x + kn \text{ für ein ein } k \in \mathbb{Z} \iff y \equiv_n x.$$

- $\equiv_n$ ist transitiv, da aus $(x \equiv_n y) \wedge (y \equiv_n z)$ die Existenz zweier Zahlen k und l folgt mit $x = y + kn$ und $y = z + ln$. Ineinander eingesetzt erhalten wir $x = (z + ln) + kn = z + (l + k)n$, also $x \equiv_n z$.

Mit einer Äquivalenzrelation $R \subseteq M \times M$ können wir die Menge M in Teilmengen $[x] := \{y \in M : x R y\}$ für jedes $x \in M$ zerlegen, die **Äquivalenzklassen** heißen. Wir zeigen im Folgenden, dass zwei Dinge gelten:

a) M ist die Vereinigung aller Äquivalenzklassen, also

$$M = \bigcup_{x \in M} [x]. \tag{1.15}$$

b) Für alle $x_1, x_2 \in M$ gilt:

$$([x_1] = [x_2]) \vee ([x_1] \cap [x_2] = \emptyset). \tag{1.16}$$

Mit den Äquivalenzklassen erhalten wir in diesem Sinne eine disjunkte Zerlegung der Menge M, also eine Aufteilung in elementfremde Teilmengen. Das müssen wir beweisen:

a) Nach Definition ist $\bigcup_{x \in M} [x] \subseteq M$. Da R reflexiv ist, liegt jedes einzelne $x \in M$ in der Menge $[x] = \{y \in M : x R y\}$. Damit ist umgekehrt $M \subseteq \bigcup_{x \in M} [x]$, und (1.15) ist gezeigt.

b) Nun zeigen wir, dass zwei Mengen $[x_1]$ und $[x_2]$ gleich sind, falls sie ein gemeinsames Element $z \in [x_1] \cap [x_2]$ enthalten. Sei $y \in [x_1]$. Dann ist $x_1 R y$, $x_1 R z$ und $x_2 R z$. Wegen der Symmetrie ist $z R x_1$, und die Transitivität ergibt

$$(x_2 R z) \wedge (z R x_1) \wedge (x_1 R y) \implies (x_2 R x_1) \wedge (x_1 R y) \implies (x_2 R y).$$

Damit ist $y \in [x_2]$. Wir haben $[x_1] \subseteq [x_2]$ gezeigt. Die Umkehrung $[x_2] \subseteq [x_1]$ ergibt sich genauso, so dass tatsächlich nicht-disjunkte Äquivalenzklassen übereinstimmen: $[x_1] = [x_2]$. Zwei Äquivalenzklassen sind also entweder gleich oder disjunkt, (1.16) ist bewiesen.

Die Äquivalenzklassen zur Kongruenz $\equiv_n$ heißen **Restklassen**. Davon gibt es genau n verschiedene:

$$[0] = \{0, n, -n, 2n, -2n, \dots\} = [n] = [-n] = \dots,$$
$$[1] = \{1, 1+n, 1-n, 1+2n, 1-2n, \dots\} = [1+n] = [1-n] = \dots,$$
$$[2] = \{2, 2+n, 2-n, 2+2n, 2-2n, \dots\} = [2+n] = [2-n] = \dots,$$
$$\vdots$$
$$[n-1] = \{n-1, n-1+n, n-1-n, n-1+2n, n-1-2n, \dots\}$$
$$= \{-1+n, -1+2n, -1, -1+3n, -1-n, \dots\} = [-1] = \dots.$$

Auf Restklassen gehen wir später im Zusammenhang mit den Mengen $\mathbb{Z}_n$ ein.

Äquivalenzklassen helfen auch beim Bauen von Automaten. Um die Anzahl der Zustände in einem endlichen Automaten, der Wörter einer Sprache erkennt, zu reduzieren, können wir „gleichwertige" Zustände zu jeweils einem neuen zusammen legen. Das kann dadurch geschehen, dass zuvor geschickt Äquivalenzklassen der Wörter gebildet werden (Satz von Myhill-Nerode, siehe [Schöning (2008), Abschn. 1.2.5]).

Aufgabe 1.16 a) Zwei natürliche Zahlen mögen in einer Relation R stehen, wenn Sie entweder beide gerade oder beide ungerade sind:

$$R = \{(n, m) : n \text{ und } m \text{ sind beide ungerade oder beide gerade}\}.$$

Zeigen Sie, dass R eine Äquivalenzrelation ist, und geben Sie die Äquivalenzklassen an.
b) Zwei Sportler sollen in Relation zueinander stehen, wenn sie in der gleichen Mannschaft sind. Handelt es sich um eine Äquivalenzrelation?
c) Zu einem Dreieck bilden wir die Menge aller Seitenverhältnisse. Zwei Dreiecke mögen in Relation zueinander stehen, wenn sie die gleiche Menge von Seitenverhältnissen haben. Ist dies eine Äquivalenzrelation? (siehe Lösung A.16)

Tab. 1.10 Mögliche Binärdarstellung von Kleinbuchstaben

00000	a	00011	d	00110	g	01001	j	
00001	b	00100	e	00111	h	01010	k	...
00010	c	00101	f	01000	i	01011	l	

1.4.3 Eigenschaften von Abbildungen

Die Symbole aller denkbaren Alphabete lassen sich durch Gruppen von Binärzeichen ausdrücken. So kann das deutsche Alphabet der Kleinbuchstaben wie in Tab. 1.10 dargestellt werden. Da es nur 26 Buchstaben plus 3 Umlaute sowie den Buchstaben ß gibt, können die 30 Zeichen mittels 5 Binärzeichen codiert werden, da mit 5 Binärzeichen $2^5 = 32$ verschiedene Werte darstellbar sind. Mit Gruppen aus n Binärzeichen lassen sich 2^n verschiedene Symbole codieren. Hier ist es jetzt einmal hilfreich, dass 2^n mit wachsendem n extrem groß wird (vgl. Bemerkung nach Satz 1.1), weil die binären Codewörter sonst sehr lang sein müssten.

Eine **Codierung** ist eine Abbildung einer Menge M_1 von Zeichenfolgen auf eine andere Menge M_2 von Zeichenfolgen (vgl. Abschn. 5.2). Diese sollte umkehrbar sein. Umkehrbar bedeutet, dass wir von jeder Zeichenfolge aus M_2 wieder eindeutig auf die Zeichenfolge aus M_1 zurückschließen können. Abbildungen, die das ermöglichen, heißen **bijektiv.** Diesen Begriff werden wir zusammen mit weiteren in diesem Abschnitt definieren und anwenden.

Eine Codierung wird im einfachsten Fall durch eine Tabelle beschrieben, die **Codetabelle.** Dabei wird jedes Zeichen einer Zeichenfolge einzeln durch den in der Tabelle angegebenen Wert ersetzt. So entsteht die codierte Zeichenfolge. In diesem Fall wird quasi ein Alphabet durch ein anderes ausgetauscht. Die Codierung der Alphabete der Weltsprachen hat eine lange Historie und führt immer wieder zu Problemen bei der Programmierung, da die Codes leider inkompatibel zueinander sind.

- **ASCII (American Standard Code for Information Interchange)**: Die ASCII-Codierung wurde von der American Standards Association (ASA) in den 1960er Jahren als Standard veröffentlicht. Die 7-Bit Zeichencodierung definiert 128 Zeichen und orientiert sich an der Schreibmaschine für die englische Sprache. Als klar wurde, dass außer den Amerikanern noch weiteres intelligentes Leben auf unserem Planeten existiert, das ebenfalls Computer nutzen wollte, wurde der Code über das zuvor nicht genutzte achte Bit erweitert.
- **UTF (UCS Transformation Format,** wobei UCS die Abkürzung für **Universal Character Set** ist): Im Gegensatz zu früheren Zeichencodierungen, die meist nur ein bestimmtes Schriftsystem berücksichtigten, ist es das Ziel von **Unicode,** alle in Gebrauch befindlichen Schriftsysteme und Zeichen zu codieren. Dazu werden aber auch gegebenenfalls mehrere **Bytes** (ein Byte besteht aus 8 Bits) verwendet.

Definition 1.12 (Abbildungseigenschaften) Die Relation $F \subseteq M_1 \times M_2$ sei eine Abbildung $f : M_1 \to M_2$, $x \mapsto f(x)$, d.h., sie ist rechtseindeutig und linkstotal.

- Die Abbildung heißt **injektiv** genau dann, wenn die Relation **linkseindeutig** ist, d.h., sind $(x_1, y) \in F$ (bzw. $x_1 F y$) und $(x_2, y) \in F$ (bzw. $x_2 F y$), dann muss $x_1 = x_2$ sein. Zu einem Bild $y \in W(f)$ gibt es also genau ein **Urbild** $x \in D(f)$ mit $f(x) = y$.
- Die Abbildung heißt **surjektiv** genau dann, wenn die Bildmenge mit der Zielmenge M_2 übereinstimmt, jedes Element aus M_2 wird dann also als ein Bild angenommen.
- Die Abbildung heißt **bijektiv** genau dann, wenn sie injektiv und surjektiv ist.

Wir betrachten Beispiele:

- Die zuvor betrachtete Abbildung $f : \mathbb{N} \to \mathbb{N}$ mit $f(x) = x^2$ ist injektiv. Zu jedem Bild y gibt es ein eindeutiges Urbild $\sqrt{y}$, Sie können also die Gleichung $y = x^2$ nach x auflösen. Allerdings ist die Abbildung nicht surjektiv, da z.B. $2 \in \mathbb{N}$ nicht das Quadrat einer natürlichen Zahl ist. Wenn wir aber die Zielmenge auf die Bildmenge einschränken, dann gelangen wir zu einer neuen Funktion $\tilde{f} : \mathbb{N} \to \{1, 4, 9, \dots\}$ mit $\tilde{f}(x) = x^2$, die surjektiv und damit auch bijektiv ist. Durch Einschränkung der Zielmenge auf die Bildmenge kann jede Abbildung „surjektiv gemacht werden".
- Wenn wir im vorangehenden Beispiel den Definitionsbereich erweitern zu $\mathbb{Z}$, dann ist $\hat{f} : \mathbb{Z} \to \{1, 4, 9, \dots\}$ mit $\hat{f}(x) = x^2$ nicht injektiv. Denn z.B. ist $f(-1) = f(1) = 1$. Durch Einschränken des Definitionsbereichs auf $\mathbb{N}$ lässt sich aber, wie gesehen, eine injektive Abbildung erzeugen. So muss man beispielsweise bei den trigonometrischen Funktionen vorgehen, um diese umzukehren und die Arkus-Funktionen zu erhalten, siehe Abschn. 3.6.2.3.
- Die Abbildung der Buchstaben und Ziffern in die ASCII-Codierung ist injektiv. Allerdings gibt es 256 ASCII-Zeichen, so dass diese Abbildung nicht surjektiv ist. Das gilt erst recht für eine Abbildung in UTF. Schränken wir aber wie zuvor die Zielmenge auf die tatsächlich für Buchstaben und Ziffern benötigten Codezeichen ein, dann wird die Abbildung surjektiv und in der Folge bijektiv.
- Eine Datenbanktabelle mit einer funktionalen Abhängigkeit der Spalten von einem Schlüssel ist eine Abbildung des Schlüssels auf das Tupel der übrigen Spaltenwerte. Eine solche Abbildung muss aber nicht injektiv sein. Im obigen Beispiel (Tab. 1.9) hätten sich namensgleiche Studierende im gleichen Fachbereich am gleichen Tag einschreiben können (auch wenn das unwahrscheinlich ist, aber darauf darf man sich nicht verlassen).

Aufgabe 1.17 Bestimmen sie, ob die folgenden Abbildungen injektiv oder surjektiv sind (siehe Lösung A.17):

a) $f : \{1, 2, 3, 4\} \to \{2, 3, 4, \ldots, 20\}$ mit $f : n \mapsto 1 + n^2$,
b) $f : \{-2, -1, 0, 1, 2\} \to \{1, 2, 5\}$ mit $f : n \mapsto 1 + n^2$,
c) $f : \{-2, -1, 0, 1, 2\} \to \{-8, -1, 0, 1, 8\}$ mit $f : n \mapsto n^3$.

Bijektive Abbildungen wie Codierungen lassen sich umkehren. Wenn wir eine Gleichung $y = f(x)$ nach der Variable x auflösen, dann berechnen wir ebenfalls eine Umkehrfunktion: $x = f^{-1}(y)$.

Lemma 1.4 (Umkehrabbildung) *Die Relation* $F \subseteq M_1 \times M_2$ *sei eine bijektive Abbildung* $f : M_1 \to M_2$, $x \mapsto f(x)$. *Dann existiert die eindeutige* **Umkehrabbildung** *bzw.* **Umkehrfunktion** $f^{-1} : M_2 \to M_1$ *mit*

$$f^{-1}(f(x)) = x \text{ für alle } x \in M_1.$$

Für die Umkehrabbildung gilt außerdem $f(f^{-1}(y)) = y$ *für alle* $y \in M_2$.

Der Exponent -1 kennzeichnet hier die Umkehrfunktion, er bedeutet nicht, dass Sie einen Kehrwert nehmen sollen (falls sich die Umkehrfunktion nicht zufällig so ergibt). Hier ist die Schreibweise leider nicht eindeutig, und Sie müssen die Bedeutung aus dem Kontext entnehmen. Verdeutlichen Sie sich, dass sich die Bijektivität von f auf f^{-1} überträgt.

Beweis Zur Relation $F = \{(x, f(x)) : x \in M_1\} \subseteq M_1 \times M_2$ betrachten wir die Relation $F^{-1} := \{(f(x), x) : x \in M_1\} \subseteq M_2 \times M_1$. Diese ist rechtseindeutig, da F als injektive Abbildung linkseindeutig ist. Außerdem ist F^{-1} linkstotal, da f surjektiv ist. Damit ist durch F^{-1} eine Abbildung f^{-1} mit $f^{-1}(f(x)) = x$ gegeben, die über diese Vorschrift auch eindeutig festgelegt ist.

Da f surjektiv ist, ist jedes $y \in M_2$ darstellbar als $f(x)$, und wir erhalten $f(f^{-1}(y)) = f(f^{-1}(f(x))) = f(x) = y$. ☐

Zu $f : \mathbb{N} \to \{1, 4, 9, \ldots\}$ mit $f(x) = x^2$ lautet die Umkehrabbildung $f^{-1} : \{1, 4, 9, \ldots\} \to \mathbb{N}$ mit $f^{-1}(x) = \sqrt{x}$. Wir erhalten die Abbildungsvorschrift der Umkehrfunktion durch Auflösen der Gleichung $y = x^2$ nach x. Danach haben wir die Variable y wieder in x umbenannt. Da $x > 0$ ist, gilt $f(f^{-1}(x)) = (\sqrt{x})^2 = x$ und $f^{-1}(f(x)) = \sqrt{x^2} = x$.

Mit bijektiven Abbildungen können wir (verlustfrei) Informationen codieren. Neben den eingangs beschriebenen ASCII- und UTF-Codierungen sind das Komprimieren von Daten (z.B. mittels Huffmann-Code) und die Verschlüsselung (z.B. mit dem RSA-Verfahren, siehe Abschn. 3.5) weitere praktische Beispiele.

Literatur

Ebbinghaus (2021). Ebbinghaus, H.-D. (2021) Einführung in die Mengenlehre. Springer-Spektrum,
   Berlin Heidelberg.
Schöning (2008). Schöning U. (2008) Ideen der Informatik: Grundlegende Modelle und Konzepte.
   Oldenbourg, München.

Graphen

2

Inhaltsverzeichnis

2.1   Einleitung

Wir wollen in diesem Kapitel unter anderem beschreiben, wie ein Routenplaner für uns einen Weg zum Ziel findet. Der Routenplaner ist ein wichtiges Teilsystem eines Navigationssystems. Die digitalen Karten sind als Graphen gespeichert. Diese Graphen reduzieren die Umwelt auf das Notwendige. Bereits Leonhard Euler begründete im 18. Jahrhundert die Graphentheorie, als er der Frage nachging, ob es einen Rundweg durch die Stadtteile von Königsberg gibt, der über jede der sieben Brücken über den Pregel genau einmal führt. Dieses Problem ist unter dem Namen **Königsberger Brückenproblem** bekannt und in Abb. 2.1 skizziert.

Die Stadtteile von Königsberg werden durch Kreise repräsentiert, die wir Knoten nennen. Die Verbindungen zwischen den Stadtteilen, also die Brücken, werden durch Striche dargestellt. Diese Striche heißen Kanten. Sie verbinden die Knoten. Knoten und Kanten bilden einen Graphen. Euler erkannte durch diese Reduktion der Umwelt auf das Wesentliche (nämlich auf einen Graphen), dass die tatsächliche Lage der Brücken keine Rolle für die Lösung des Problems spielt. Und er erkannte auch, dass der gesuchte Rundweg nicht existieren kann: Denn wenn der Weg zu einem Knoten führt, dann muss der Knoten über eine andere Kante auch wieder verlassen werden. Wird derselbe Knoten noch einmal über eine weitere Kante besucht, muss der Weg auch wieder vom Knoten über eine noch nicht benutzte Kante wegführen. Also muss

© Springer-Verlag GmbH Deutschland, ein Teil von Springer Nature 2023
S. Goebbels und J. Rethmann, *Eine Einführung in die Mathematik an Beispielen aus der Informatik*, https://doi.org/10.1007/978-3-662-67675-2_2

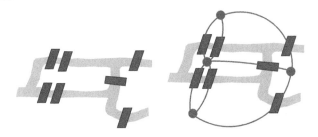

Abb. 2.1 Königsberger Brückenproblem

Abb. 2.2 Vom Stadtplan zum Graphen, Kartendaten: ©OpenStreetMap-Mitwirkende

die Anzahl der Kanten, die sich in einem Knoten treffen, immer ein Vielfaches von 2
sein, also gerade. Diese notwendige Bedingung ist beim Graphen zum Königsberger
Brückenproblem nicht erfüllt.

Wir haben in Abb. 2.2 einen Ausschnitt des Krefelder Stadtplans dargestellt und
wollen daran zeigen, wie ein Stadtplan in einen Graphen überführt werden kann.
Kreuzungen werden zu Knoten, Straßenabschnitte werden zu Kanten. Wenn man mittels Graphen so etwas wie einen kürzesten Weg bestimmen will, müssen die Kanten
mit zusätzlichen Informationen versehen werden: Die Länge des Straßenabschnitts,
also die Distanz zwischen den beiden Endknoten der Kante, wird als Kantengewicht
modelliert. Das ist einfach eine Zahl. Diese Zahl kann entweder die Entfernung in
Metern sein, oder die Zeit, die bei normaler Geschwindigkeit zum Zurücklegen der
Strecke benötigt wird. So kann man den kürzesten bzw. den schnellsten Weg finden.

Einbahnstraßen werden als gerichtete Kanten dargestellt. Das sind Kanten mit
einer Pfeilspitze. Sackgassen können nur dadurch modelliert werden, dass am Ende
der Sackgasse ein künstlicher Knoten eingeführt wird, obwohl dort eigentlich keine
Kreuzung ist.

Wie aber finden wir nun in einer solchen Struktur, einem solchen gerichteten Graphen, einen kürzesten Weg? Wir könnten einfach alle möglichen Wege ausprobieren.
Dass die Idee nicht wirklich gut ist, können wir uns leicht überlegen: Eine Kreuzung,
also ein Knoten, wird (bis auf Sackgassen) immer dann gebildet, wenn mindestens

drei Straßenabschnitte zusammentreffen. Wenn wir also an einem solchen Knoten ankommen, gibt es mindestens zwei Möglichkeiten, einen Weg fortzusetzen. An der nächsten Kreuzung gibt es wieder mindestens zwei Möglichkeiten, usw. Damit gibt es ausgehend von einem Knoten mindestens

$$\underbrace{2 \cdot 2 \cdot 2 \cdots 2}_{n \text{ Faktoren}} = 2^n$$

mögliche verschiedene Wege der Länge n (wobei wir davon ausgegangen sind, dass wir in keine Sackgasse geraten und Kanten mehrfach benutzen dürfen).

Die Anzahl wächst so schnell an (siehe Bemerkung nach Satz 1.1), dass bereits für $n = 60$ keine Lösung in akzeptabler Zeit zu erwarten ist. In Westeuropa gibt es aber etwa 18.000.000 Kreuzungen und 42.000.000 Straßenabschnitte. Damit wird die Aussichtslosigkeit unserer Idee schnell klar, die Wege durch ausprobieren zu ermitteln.

Bevor wir Algorithmen beschreiben, die kürzeste Wege effizient berechnen, wollen wir uns zunächst einige grundlegende Definitionen anschauen. Wir haben beispielsweise von Wegen gesprochen, ohne überhaupt zu sagen, was ein Weg in einem Graphen ist.

2.2 Graphen und ihre Darstellung

Definition 2.1 (gerichteter Graph) Ein **gerichteter Graph** $G = (V, E)$ besteht aus einer endlichen Menge von **Knoten** $V = \{v_1, \ldots, v_n\}$ und einer endlichen Menge von gerichteten **Kanten** $E \subseteq \{(u, v) : u, v \in V, u \neq v\} \subseteq V \times V$ (vgl. Abschn. 1.2.2).

Hier erinnert V an „vertices" – das englische Wort für Knoten, und E steht für „edges" (Kanten).

Ein gerichteter Graph ist in Abb. 2.3 zu sehen. Bei den gerichteten Kanten $(u, v) \in E$ ist die Reihenfolge der Knoten wichtig: (u, v) ist etwas Anderes als (v, u). Wir visualisieren eine gerichtete Kante (u, v) durch einen Pfeil vom Knoten u zum Knoten v. Die Kantenmenge ist eine Relation. Statt $(u, v) \in E$ könnten wir auch $u E v$ schreiben, d. h., u steht in Relation zu v.

Definition 2.2 (ungerichteter Graph) Bei einem **ungerichteten Graphen** $G = (V, E)$ sind die Kanten ungeordnete Paare, also $E \subseteq \{\{u, v\} : u, v \in V, u \neq v\}$.

Ein ungerichteter Graph ist in Abb. 2.3 zu sehen. Bei ungerichteten Kanten $\{u, v\} \in E$ ist die Reihenfolge der Knoten egal.

Wir betrachten in diesem Buch ausschließlich endliche Graphen, d. h., die Knotenmenge V und die Kantenmenge E sind endlich, bestehen also aus endlich vielen Elementen. Außerdem haben wir **Schlingen** ausgeschlossen, damit wir in vielen der folgenden Aussagen dafür keine Sonderbehandlung machen müssen. Schlingen sind Kanten, die von einem Knoten u zu ihm selbst führen (und z. B. bei Automaten

Abb. 2.3 Gerichteter (links)
und ungerichteter Graph
(rechts)

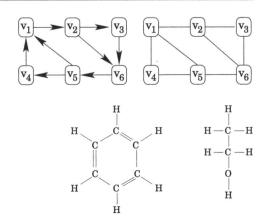

Abb. 2.4 Chemische
Verbindungen wie der
Benzolring (links) oder
Ethanol (rechts) können als
Graph dargestellt werden

auftreten, siehe Abb. 1.10 im vorangehenden Kapitel). Im gerichteten Graphen wäre
eine Schlinge als (u, u) darstellbar. Im ungerichteten Graphen müsste man eine solche Kante als einelementige Menge $\{u\}$ schreiben, da in der Mengenschreibweise
nicht zwischen $\{u, u\}$ und $\{u\}$ unterschieden werden kann.

Graphen verwenden wir überall dort, wo ein Sachverhalt darstellbar ist durch eine
Menge von Objekten (Entitäten), die in Beziehung zueinander stehen. So sind bei
der bereits beschriebenen Routenplanung die Kreuzungen durch Straßen verbunden.
Bei der Kursplanung an Hochschulen oder bei der Produktionsplanung ist es oft so,
dass Kurse andere Kurse bzw. Arbeiten andere Arbeiten oder Teilprodukte andere
Teilprodukte voraussetzen.

Betrachten wir eine typische Produktionsplanung: den Hausbau. Zuerst muss
die Baugrube ausgehoben werden, bevor die Bodenplatte gegossen werden kann. Ist
die Bodenplatte getrocknet, können die Kellerwände gemauert werden. Die Bauabschnitte werden also durch die Knoten repräsentiert, die Abhängigkeiten (die
Vorher-/Nachherbeziehungen) durch gerichtete Kanten. Einzelne Bauabschnitte können auch gleichzeitig erledigt werden: Klempner, Elektriker und Trockenbauer können gleichzeitig Unheil anrichten.

Bei der Schaltkreisanalyse sind Bauteile durch elektrische Leitungen verbunden.
Bei chemischen Verbindungen sind die Atome durch Verbindungen mit anderen Atomen verbunden, siehe Abb. 2.4. Bei sozialen Netzwerken sind Personen oder Per-
sonengruppen miteinander bekannt. Rechnernetzwerke kennzeichnen sich dadurch,
dass bestimmte Computer mit anderen vernetzt sind. Bei den endlichen Automaten
stehen die Zustände durch Zustandsübergänge in Verbindung. Auch bei der Programmierung von Spielen wie Dame, Schach oder Go nutzen wir Graphen: Der Zustand
oder Status eines Spiels wird durch einen Spielzug geändert. Die Spielsituationen
werden als Knoten dargestellt, die Spielzüge werden als Kanten modelliert (siehe
Abb. 2.5). Gesucht sind die Spielzüge, die möglichst sicher zu einem Sieg führen.
Leider sind bei Spielen wie Schach oder Go die Graphen extrem groß, Spiele wie
„Vier gewinnt" oder Dame sind dagegen für einen Computer kein Problem mehr.

Schauen wir uns noch einmal unsere Graph-Definition an. Die Kantenmengen sind
als Teilmenge einer Grundmenge definiert, wodurch **Mehrfachkanten** ausgeschlos-

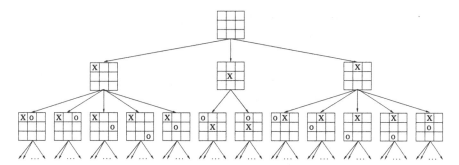

Abb. 2.5 Spielbaum für Tic-Tac-Toe

sen sind, denn $\{\{u, v\}, \{u, v\}\}$ ist gleich $\{\{u, v\}\}$. Solche Mehrfachkanten werden z. B. bei der Modellierung von chemischen Verbindungen benötigt, siehe Abb. 2.4. Manche Autoren gehen daher hin und modellieren Graphen mittels Multimengen, also Mengen, die Elemente mehrfach enthalten können. Dann muss man aber sehr genau definieren, was man unter der Vereinigung oder dem Schnitt zweier Multimengen versteht. Wenn ein Element in Multimenge A und in Multimenge B vorkommt, kommt es dann in der Vereinigung dieser Multimengen zweimal vor? Andere Autoren lösen das Problem, indem sie zwei Abbildungen α und ω definieren, die zu einer Kante e den Startknoten $\alpha(e)$ und den Endknoten $\omega(e)$ festlegen. Wir werden im weiteren Verlauf des Kapitels sehen, wie man Graphen mittels Adjazenz-Matrizen und -Listen im Rechner darstellen kann. Diese Darstellungen erlauben sowohl Mehrfachkanten als auch Schlingen. Daher wollen wir uns die Arbeit etwas einfacher machen und auf eine allgemeinere mathematische Darstellung von Graphen verzichten.

Definition 2.3 (Begriffe im gerichteten Graphen) Sei $G = (V, E)$ ein gerichteter Graph und seien $u, v \in V$ zwei Knoten dieses Graphen. Wenn die Knoten u und v durch eine Kante $e = (u, v)$ verbunden sind, dann nennt man den Knoten u den **Startknoten** und v den **Endknoten** von e. Der Knoten v ist zu Knoten u **adjazent,** Knoten u bzw. v und Kante e sind **inzident.** Eine Kante (u, v) nennen wir aus u **auslaufend** und in v **einlaufend.** Der **Eingangsgrad** von Knoten u ist die Anzahl der in u einlaufenden Kanten. Der **Ausgangsgrad** von u ist die Anzahl der aus u auslaufenden Kanten, siehe Abb. 2.6.

Da wir Routen planen wollen, müssen wir festlegen, was wir unter einem Weg in einem Graphen verstehen wollen.

Abb. 2.6 Knotengrad für gerichtete und ungerichtete Graphen, links: Eingangsgrad von v ist 3, Ausgangsgrad von v ist 2; rechts: $\deg(v) = 5$

Definition 2.4 (Weg im gerichteten Graphen) Eine endliche Folge (Tupel) von Knoten $p = (v_0, v_1, \ldots, v_k)$ eines gerichteten Graphen (V, E) ist ein **gerichteter Weg** in G von Knoten u nach Knoten w der Länge $k > 0$, falls gilt: $v_0 = u$, $v_k = w$ und $(v_{i-1}, v_i) \in E$ für $1 \leq i \leq k$, wobei die Kanten (v_{i-1}, v_i) paarweise verschieden sind. Einen solchen Weg nennen wir **einfach**, wenn kein Knoten in p mehrfach vorkommt. Die Länge k des Wegs gibt die Anzahl der Kanten an. Ein geschlossener Weg, also ein Weg mit **Anfangsknoten** v_0 gleich **Endknoten** v_k, heißt **Kreis**. Damit wäre ein Kreis wegen $v_0 = v_k$ nicht einfach. Dennoch nennen wir einen Kreis **einfach**, wenn kein Knoten in $(v_0, v_1, \ldots, v_{k-1})$ mehrfach vorkommt.

Für ungerichtete Graphen sind die Begriffe ähnlich.

Definition 2.5 (Begriffe im ungerichteten Graphen) Sei $G = (V, E)$ ein ungerichteter Graph und seien $u, v \in V$ zwei Knoten dieses Graphen. Wenn die Knoten u und v durch eine Kante $e = \{u, v\}$ verbunden sind, dann sind u und v die **Endknoten** der Kante e. Ferner nennt man u und v dann **adjazent,** die Knoten u bzw. v und die Kante e sind **inzident.** Der **Knotengrad** von Knoten u, geschrieben $\deg(u)$, ist die Anzahl der zu u inzidenten Kanten, siehe Abb. 2.6.

Auch bei ungerichteten Graphen wollen wir festlegen, was wir unter einem Weg verstehen wollen – allerdings nicht, weil wir Routen planen wollen, sondern weil wir Wege benötigen, um den Begriff des Zusammenhangs eines ungerichteten Graphen erklären zu können.

Definition 2.6 (Weg im ungerichteten Graphen) Eine endliche Folge von Knoten $p = (v_0, v_1, \ldots, v_k)$ in einem ungerichteten Graphen (V, E) ist ein **ungerichteter Weg** in G von Knoten u nach Knoten w der Länge $k > 0$, falls gilt: $v_0 = u$, $v_k = w$ und $\{v_{i-1}, v_i\} \in E$ sind paarweise verschieden für $1 \leq i \leq k$. Einen solchen Weg nennen wir **einfach**, wenn kein Knoten in p mehrfach vorkommt. Die Länge k gibt auch hier die Anzahl der Kanten an. Sind der **Anfangsknoten** v_0 und der **Endknoten** v_k des Weges identisch, so nennen wir den Weg wie bei einem gerichteten Graphen einen **Kreis.** Dieser heißt wieder **einfach** genau dann, wenn Knoten in $(v_0, v_1, \ldots, v_{k-1})$ nicht mehrfach vorkommen.

In Abb. 2.3, rechter ungerichteter Graph, ist $(v_1, v_4, v_5, v_1, v_2)$ ein Weg, weil keine Kante mehrfach durchlaufen wird, aber der Weg ist nicht einfach, weil v_1 zweimal besucht wird. Das Tupel (v_4, v_5, v_1, v_2) ist ein einfacher Weg, weil keine Kante und kein Knoten mehrfach besucht wird.

! Vorsicht

An dieser Stelle müssen wir warnen: Die Begriffe Weg, Kreis und einfacher Weg bzw. Kreis sind leider in der Literatur sehr unterschiedlich definiert. Wir haben hier Definitionen gewählt, die für die Darstellung der folgenden Ergebnisse möglichst einfach zu handhaben sind. Bei uns dürfen innerhalb von Wegen oder Kreisen Kanten nicht mehrfach vorkommen. Auf diese Einschränkung wird häufig verzichtet. Kommen Knoten nicht mehrfach vor, nennen wir Wege einfach. Andere Autoren nennen Wege einfach, wenn Kanten nicht mehrfach vorkommen. Wenn Sie also in Bücher zur Graphentheorie schauen, dann müssen Sie sich dort zunächst die Begriffsbildungen ansehen, bevor Sie die Sätze für Ihre Zwecke benutzen können. ◄

Erlauben Sie uns noch eine kurze Anmerkung zu den Bezeichnern. Statt $\deg(u)$ finden Sie in manchen Büchern $d(u)$ als Ausdruck für den Grad eines Knotens u. Wir sind der Meinung, dass auch Bezeichner verwendet werden dürfen, die aus mehr als einem Buchstaben bestehen (wobei der Mathematiker unter den Autoren nachgegeben hat, denn der Klügere gibt bekanntlich nach). Für Programme empfehlen wir den Studierenden, aussagekräftige Bezeichner für Variablen zu wählen. Wenn eine Variable kommentiert werden muss, ist der Name der Variable schlecht gewählt! Das Gleiche gilt auch für Funktionsparameter. So wählen wir bspw. den Namen xQuadrat anstelle von x2, oder serverSocket anstelle von s. Manche Autoren von Mathebüchern weichen lieber auf altdeutsche Zeichen aus, anstelle sprechende Bezeichner zu verwenden. Diese Autoren würden wahrscheinlich auch in Programmen lieber kryptische Zeichen verwenden und sind dann enttäuscht, wenn die Programmiersprachen das nicht erlauben. Da wir auch griechische Zeichen verwenden, kritisieren wir das lieber nicht.

Sowohl im gerichteten als auch im ungerichteten Graphen können wir eine Relation W über die Existenz eines Wegs definieren (vgl. das Graph-Beispiel zu direkten Beweisen in Abschn. 1.3.4): Zwei Knoten u und v stehen in dieser Relation zueinander, also uWv, genau dann, wenn es einen Weg von u nach v gibt. Da wir Wege der Länge null nicht betrachten, hängt es vom Graphen ab, ob W reflexiv ist. Dazu müsste jeder Knoten Bestandteil eines Kreises sein. In einem gerichteten Graphen muss W auch nicht symmetrisch sein, in einem ungerichteten Graphen ist dagegen W in jedem Fall symmetrisch, da wir einen Weg auch in umgekehrter „Richtung" durchlaufen können. In jedem Fall ist W aber transitiv. Das sollten Sie als Übung überprüfen. Beachten Sie dabei, dass jede Kante nur einmal verwendet werden darf.

Schauen wir uns nun an, wie man einen Graphen $G = (V, E)$ in einem Programm speichern kann. Sei $V = \{v_1, v_2, \ldots, v_n\}$ die Knotenmenge des Graphen. Die **Adjazenz-Matrix** für G ist eine $n \times n$-Matrix (ein Zahlenschema mit Zahlen in n Zeilen und n Spalten, siehe auch Abschn. 5.5.1) $\mathbf{A}_G = (a_{i,j})$ mit

$$a_{i,j} = \begin{cases} 0, \text{ falls } (v_i, v_j) \notin E \\ 1, \text{ falls } (v_i, v_j) \in E \end{cases} \quad \text{oder} \quad a_{i,j} = \begin{cases} 0, \text{ falls } \{v_i, v_j\} \notin E \\ 1, \text{ falls } \{v_i, v_j\} \in E \end{cases}$$

je nachdem, ob der Graph gerichtet oder ungerichtet ist. Eine solche Matrix ist programmtechnisch nichts Anderes als ein zweidimensionales Array. Schauen wir uns die Graphen aus Abb. 2.7 an. Die Adjazenz-Matrizen sind in Tab. 2.1 dargestellt.

Da im ungerichteten Fall Knoten v_1 mit allen anderen Knoten verbunden ist, wird in der ersten Zeile der linken Adjazenz-Matrix aus Tab. 2.1 in allen Spalten eine 1 eingetragen. Wenn wir Schlingen erlauben wollen, dann könnte auch auf der

Abb. 2.7 Links ein
ungerichteter und rechts ein
gerichteter Graph

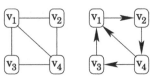

Tab. 2.1 Adjazenz-Matrizen für den ungerichteten (links) und den gerichteten Graphen (rechts) aus Abb. 2.7

A	v_1	v_2	v_3	v_4	A	v_1	v_2	v_3	v_4
v_1	0	1	1	1	v_1	0	1	0	0
v_2	1	0	0	1	v_2	0	0	0	1
v_3	1	0	0	1	v_3	1	0	0	0
v_4	1	1	1	0	v_4	1	0	1	0

Tab. 2.2 Adjazenz-Listen für den ungerichteten (links) und den gerichteten Graphen (rechts) aus Abb. 2.7

$\mathrm{Adj}[v_1] = v_2, v_3, v_4 \qquad \mathrm{Adj}[v_1] = v_2$
$\mathrm{Adj}[v_2] = v_1, v_4 \qquad\quad \mathrm{Adj}[v_2] = v_4$
$\mathrm{Adj}[v_3] = v_1, v_4 \qquad\quad \mathrm{Adj}[v_3] = v_1$
$\mathrm{Adj}[v_4] = v_1, v_2, v_3 \qquad \mathrm{Adj}[v_4] = v_1, v_3$

Diagonalen eine 1 eingetragen werden. Dann würde eine Kante von einem Knoten zu sich selbst führen. Beachten Sie, dass die Adjazenz-Matrix eines ungerichteten Graphen immer symmetrisch ist, d. h., es gilt $a_{i,j} = a_{j,i}$.

Da im gerichteten Graphen nur eine Kante von Knoten v_1 zu Knoten v_2 führt, ist in der ersten Zeile der rechten Adjazenz-Matrix in Tab. 2.1 nur in der zweiten Spalte eine 1. Vom Knoten v_4 führen zwei Kanten weg, eine zu Knoten v_1, eine zu Knoten v_3. Daher sind in der vierten Zeile der Adjazenz-Matrix in der ersten und dritten Spalte eine 1 einzutragen.

Wenn, wie bspw. bei chemischen Verbindungen, auch mehr als eine Kante zwischen zwei Knoten vorhanden sind, dann wird einfach die Anzahl der Kanten anstelle der 1 in die Matrix eingetragen. Manchmal werden Graphen ohne Mehrfachkanten als **einfache Graphen** bezeichnet.

Um Speicherplatz zu sparen, kann ein Graph auch auf andere Weise abgespeichert werden. Bei einer **Adjazenz-Liste** werden für jeden Knoten v eines Graphen $G = (V, E)$ in einer Liste $\mathrm{Adj}[v]$ alle von v ausgehenden Kanten gespeichert, vgl. Tab. 2.2. In einer Adjazenz-Liste können Schlingen und Mehrfachkanten ebenfalls ganz einfach modelliert werden.

Da es im gerichteten Graphen aus Abb. 2.7 eine Kante (v_1, v_2) gibt, wird in der Liste des Knotens v_1 der Knoten v_2 eingetragen. Ebenso werden in der Liste des Knotens v_4 die Knoten v_1 und v_3 eingetragen, da die Kanten (v_4, v_1) und (v_4, v_3) im Graphen vorhanden sind.

Abb. 2.8 Graphen zu
Aufgabe 2.1

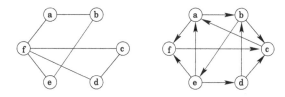

Für welche Variante des Abspeicherns wir uns entscheiden, hängt auch davon
ab, welche Operationen unser Programm häufig durchzuführen hat. Vergleichen wir
daher die beiden Speicherarten. Sei $G = (V, E)$ ein Graph mit n Knoten und m
Kanten. Beim Speichern einer Adjazenz-Matrix müssen n^2 Werte abgelegt werden,
da eine quadratische Matrix gespeichert werden muss. Diese Art der Speicherung
ist daher geeignet für **dichte Graphen** (dense graphs), also solche Graphen, die viel
mehr Kanten als Knoten haben. Adjazenz-Matrizen unterstützen sehr gut Aufgaben
wie „Falls Knoten u und v adjazent sind, tue etwas" Bei einer Adjazenz-Matrix kann
direkt festgestellt werden, ob u und v durch eine Kante verbunden sind, bei einer
Adjazenz-Liste müsste im schlimmsten Fall die ganze Liste durchlaufen werden,
um dann festzustellen, dass keine Kante zwischen den Knoten u und v existiert.
Dahingegen wird höchstens $n + 2 \cdot m$ Platz zur Speicherung eines Graphen mittels
Adjazenz-Listen benötigt: Es gibt genau n Listen, nämlich eine für jeden Knoten.
Diese Listen müssen wir abbilden und benötigen dafür n Speicherplätze. Im gerich-
teten Fall kommt jede Kante in genau einer Liste vor, im ungerichteten Fall ist jede
Kante in genau zwei Listen vorhanden. Daher benötigen wir zusätzlich höchstens
$2 \cdot m$ Speicherplatz für die Kanten. Diese Art der Speicherung ist daher auch geeig-
net für **dünn besetzte** Graphen (sparse graphs), also solche Graphen, die nur wenige
Kanten haben. Adjazenz-Listen unterstützen sehr gut das Abarbeiten von Kanten:
„Für alle aus Knoten u auslaufenden Kanten tue ...". Dazu muss nur die Liste Adj[u]
durchlaufen werden. Bei einer Adjazenz-Matrix muss eine ganze Zeile der Matrix
durchlaufen werden, wobei n in der Regel viel größer sein wird als deg(u) (siehe
Aufgabe 4.3 in Abschn. 4.2).

Aufgabe 2.1 Geben Sie für den gerichteten und den ungerichteten Graphen aus
Abb. 2.8 jeweils die Adjazenz-Matrix und die Adjazenz-Liste an. (siehe Lösung
A.18)

Bevor wir zu den wirklich wichtigen Dingen des Lebens kommen, wollen wir zum
Aufwärmen einen einfachen Zusammenhang zwischen dem Knotengrad und der
Anzahl der Kanten eines ungerichteten Graphen zeigen. Dieser Satz wird uns im
Weiteren noch nützlich sein.

Satz 2.1 (gerader Knotengrad) Sei $G = (V, E)$ ein ungerichteter Graph. Dann
gilt: Die Summe aller Knotengrade beträgt $2 \cdot |E|$, oder mathematisch ausgedrückt:

$$\sum_{v \in V} \deg(v) = 2 \cdot |E|.$$

Die Schreibweise einer Summe mit $\sum$ haben wir in Abschn. 1.3.5 erläutert. Hier wird über alle Knoten der Menge V summiert, die Laufvariable nimmt als Werte alle Elemente der endlichen Menge V an. Außerdem wird mit $|E|$ die Anzahl der Elemente der Menge E bezeichnet.

Beweis Jede Kante $\{u, v\} \in E$ wird genau zweimal gezählt, nämlich einmal bei $\deg(u)$ und einmal bei $\deg(v)$.   □

Mit Hilfe dieses Satzes können wir bereits einige einfache Aufgaben lösen: Kann bei einer Menge von 11 Computern aus Gründen der Ausfallsicherheit jeder Computer mit genau drei anderen Computern direkt verbunden werden? Die Antwort ist: Nein! Denn dann wäre die Summe aller Knotengrade gleich 33, was aber keine durch zwei teilbare Zahl ist.

2.3   Grundlegende Probleme in gerichteten Graphen

Wir beschreiben in diesem Kapitel Graph-Algorithmen für gerichtete Graphen. Wie bei der Tiefensuche im nächsten Unterkapitel können sie meist aber auch auf ungerichtete Graphen angewendet werden, wobei wir aber hinsichtlich der Details unterscheiden müssen.

2.3.1   Tiefensuche und ihre Anwendungen

Einen der ersten Algorithmen, den man in einer Vorlesung über algorithmische Graphentheorie kennen lernt, ist die Tiefensuche (depth-first search). Diese wird zum Lösen vieler Aufgabenstellungen in der Informatik eingesetzt. Dazu gehören auch Aufgaben, die scheinbar zunächst gar nichts mit Graphen zu tun haben. Beispielsweise werden Programme in der Sprache Prolog mit dem Resolutionskalkül (vgl. Abschn. 1.3.6) ausgeführt, der über eine Tiefensuche implementiert ist. Hier markieren wir mittels der Tiefensuche die Knoten eines Graphen, die von einem gegebenen Knoten s aus erreichbar sind, zu denen es also Wege vom Knoten s aus gibt. Wir werden im Folgenden einen Algorithmus beschreiben, der dies leistet, aber darüber hinaus auch noch gewisse Zählerwerte pro Knoten setzt, die wir anschließend für die Lösung weiterer Aufgabenstellungen verwenden werden. Die Tiefensuche beginnt damit, zunächst alle Knoten als unbesucht zu markieren und die rekursive Prozedur DFS für den Startknoten s aufzurufen, siehe Algorithmus 2.1. Auf die Zähler (dfb: „depth first begin" und dfe: „depth first end") gehen wir später ein.

Algorithmus 2.1 Initialer Aufruf der Tiefensuche

markiere alle Knoten als „unbesucht"
dfbCounter := 0, dfeCounter := 0
DFS(s, „besucht")

Die rekursive Prozedur DFS (siehe Algorithmus 2.2) betrachtet alle zum Knoten u inzidenten Kanten, prüft, ob über eine solche Kante ein noch unbesuchter Knoten erreicht werden kann, und ruft ggf. die Prozedur DFS wiederum für einen solchen unbesuchten Knoten auf. Da die Knoten mit dem übergebenen Wert als „besucht" markiert werden, besteht nicht die Gefahr einer Endlosschleife bzw. -rekursion.

Algorithmus 2.2 Rekursive Tiefensuche

---
procedure DFS(u, mark)
    markiere u mit mark als „besucht"
    dfb[u] := dfbCounter, dfbCounter := dfbCounter + 1
    for all Kanten $(u, v) \in E$ **do**   ▷ betrachte alle zu u adjazenten Knoten v
        if Knoten v ist als „unbesucht" markiert **then**
            DFS(v, mark)
    dfe[u] := dfeCounter, dfeCounter := dfeCounter + 1

In der Abb. 2.9 ist gezeigt, in welcher Reihenfolge die Knoten bei einer Tiefensuche aufgerufen werden können. Als Startknoten für die Tiefensuche wählen wir a, siehe Abb. 2.9 (1). Als Paare sind die Werte dfb[u] und dfe[u] für die Knoten u angegeben. Vom Knoten a aus sind die Knoten b und c erreichbar. Der Algorithmus wählt eine der beiden Kanten, in unserem Beispiel die Kante zu Knoten b, und ruft die Prozedur DFS(b, mark) auf. Die Kante (a, c) wird erst betrachtet, wenn der rekursive Aufruf beendet ist. Abb. 2.9 (2) zeigt den Zustand, nachdem der Aufruf DFS(b, mark) erfolgte. Innerhalb des rekursiven Aufrufs wird dann DFS(d, mark) aufgerufen, da vom Knoten b aus nur Knoten d benachbart ist. Abb. 2.9 (3) zeigt, dass nun drei Kanten zur Auswahl stehen: (d, a), (d, c) und (d, f). Da die Kante (d, a) zu einem bereits besuchten Knoten a führt, erfolgt kein rekursiver Aufruf DFS(a, mark), sonst wären wir wieder am Anfang und hätten eine Endlosschleife programmiert. Auf diese Art setzt sich das Verfahren fort. An den Knoten sind die Zählerwerte dfb[u] und dfe[u] notiert, die zunächst undefiniert sind (Wert % in Abb. 2.9). Dann besagt dfb[u], als wievielter Knoten u erreicht wurde. Der dfe[u]-Wert besagt, als wievielter Knoten u fertig wurde. Diese Zahlen benötigen wir für die Charakterisierung von Kanten.

Die Tiefensuche teilt die vom Startknoten aus erreichbaren Kanten des Graphen in vier disjunkte Mengen (also Mengen mit leerer Schnittmenge) auf.

- Die **Baumkanten**, in den Abb. 2.9 und 2.10 dick und durchgehend gezeichnet, sind die Kanten (u, v), für die aus der Prozedur DFS(u, mark) heraus ein rekursiver Aufruf DFS(v, mark) erfolgt. Für diese Kanten gilt:

$$\text{dfb}[u] < \text{dfb}[v] \text{ und } \text{dfe}[u] > \text{dfe}[v].$$

Alle markierten Knoten werden ausgehend vom Startknoten über Baumkanten erreicht. Wenn wir nur die Baumkanten in Abb. 2.10 betrachten, dann erhalten wir den Aufruf-Graphen für die Prozedur DFS. Der Aufrufgraph ist ein Baum, daher heißen seine Kanten Baumkanten. Auf Bäume gehen wir später in Abschn. 2.4.1

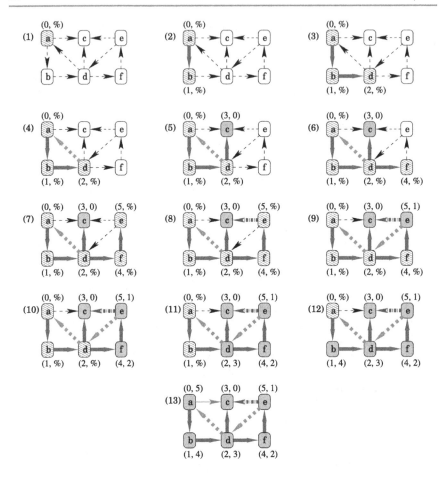

Abb. 2.9 Ablauf der Tiefensuche auf einem Graphen mit Startknoten a: Die Knoten u sind danach gefärbt, ob bereits dfb(u) oder dfb(u) und dfe(u) vorliegen

ein. Zuerst erfolgt ein rekursiver Abstieg (eine Folge rekursiver Aufrufe) in die Tiefe bis zum Knoten c (daher der Name Tiefensuche). Von hier aus sind keine weiteren Aufrufe möglich, wir sind in einer Sackgasse. Also gehen wir eine Aufrufebene zurück zum Knoten d, von dem ausgehend noch ein weiterer Aufruf möglich ist. Dieses Zurückgehen nennt man **Backtracking.** Der Name beschreibt, wie wir aus einem Labyrinth herausfinden können: Erreichen wir eine Sackgasse oder eine Stelle, an der wir schon waren, dann gehen wir unseren Weg (track) zurück (back), bis wir eine noch nicht probierte Abzweigung erreichen.

- Die **Rückwärtskanten** (u, v), im Beispiel dick und regelmäßig gestrichelt markiert, sind die Kanten, bei denen aus DFS(u, mark) heraus kein Aufruf DFS(v, mark) zu einem Knoten v erfolgt, da v bereits besucht, aber noch nicht abschließend bearbeitet ist, also noch keinen Endwert hat, siehe Schritt 4 und 9 in Abb. 2.9.

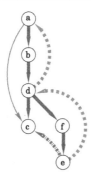

Abb. 2.10 Die Tiefensuche startet mit dem Knoten a. Durch die dick und durchgehend gezeichneten Baumkanten wird jeder Knoten erreicht. Diese Kanten entsprechen den rekursiven Aufrufen. Der Graph ist entsprechend den Rekursionsstufen in Ebenen gezeichnet. Die dünnen, durchgehenden Vorwärtskanten laufen in dieser Darstellung nach unten und überspringen dabei Ebenen. Die dicken, unregelmäßig gestrichelten Querkanten laufen quer herüber zu einem bereits abgearbeiteten Bereich des Graphen, die dicken, regelmäßig gestrichelten Rückwärtskanten laufen zurück, also zu einer vorangegangenen Rekursionsebene und damit zu einem bereits besuchten aber noch nicht abgeschlossenen Knoten u mit dfe$[u] = \%$

Es sind genau die Kanten (u, v), für die gilt:

$$\text{dfb}[u] > \text{dfb}[v] \text{ und } \text{dfe}[u] < \text{dfe}[v].$$

Die Bezeichnung Rückwärtskante beschreibt, dass die Tiefensuche ausgehend von v durch Prozeduraufrufe „in die Tiefe" (im Aufruf-Graphen geht es nur nach unten) zum Knoten u gelangt ist und nun eine Kante von u zurück nach v findet.

- Bei **Querkanten** (u, v) erfolgt der Aufruf DFS(v, mark) ebenfalls nicht, allerdings ist dort der Knoten v sowohl besucht als auch abschließend bearbeitet worden, hat also bereits einen Endwert bekommen, siehe Schritt 8 in Abb. 2.9. Querkanten sind genau die Kanten mit

$$\text{dfb}[u] > \text{dfb}[v] \text{ und } \text{dfe}[u] > \text{dfe}[v].$$

Eine Querkante verweist im Aufruf-Graphen quer hinüber zu einem Prozeduraufruf DFS(v, mark), der nicht in der Aufruffolge liegt, die zu DFS(u, mark) führt. Die eine Querkante des Beispiels ist unregelmäßig gestrichelt und dick gezeichnet.

- Die **Vorwärtskanten**, im Bild ist eine dünn und durchgehend markiert, erfüllen wie die Baumkanten

$$\text{dfb}[u] < \text{dfb}[v] \text{ und } \text{dfe}[u] > \text{dfe}[v]$$

und lassen sich somit anhand der Nummerierung nach Ende des Algorithmus nicht von den Baumkanten unterscheiden. Im Gegensatz zu den Baumkanten wurde v aber bereits ausgehend von u über den Umweg anderer Knoten besucht, wenn in DFS(u, mark) die Kante zu v betrachtet wird. Daher muss auch in diesem Fall kein rekursiver Aufruf stattfinden. Würde die Tiefensuche die aus u auslaufenden

Kanten in einer anderen Reihenfolge abarbeiten, bei der zuerst die Kante (u, v) verwendet wird, dann wäre (u, v) eine Baumkante.

- Wir haben jetzt nur noch den Fall vom Startknoten aus erreichbarer Kanten (u, v) mit

$$\text{dfb}[u] < \text{dfb}[v] \text{ und } \text{dfe}[u] < \text{dfe}[v]$$

nicht diskutiert. Wegen $\text{dfb}[u] < \text{dfb}[v]$ und der existierenden Kante (u, v) wird v direkt oder indirekt von u aus erreicht. Das bedeutet aber, dass v vollständig bearbeitet sein muss, bevor auch der Rekursionsaufruf von u abgeschlossen werden kann, also $\text{dfe}[u] > \text{dfe}[v]$ – im Widerspruch zu $\text{dfe}[u] < \text{dfe}[v]$. Diesen Fall kann es also gar nicht geben.

Die Einteilung der erreichbaren Kanten in Baum-, Rückwärts-, Quer- und Vorwärtskanten hängt von der Reihenfolge ab, mit der die Tiefensuche die aus Knoten auslaufenden Kanten besucht. Sie ist also nur für eine konkrete Implementierung der Tiefensuche eindeutig.

Jetzt fragen Sie sich wahrscheinlich: „Toll, und was soll das?" Diese Frage wollen wir jetzt mit Anwendungen beantworten.

Wenn wir wissen möchten, ob es in einem Graphen keine Kreise gibt, d. h. ob der Graph **kreisfrei** ist, müssen wir nur testen, ob eine Tiefensuche eine Rückwärtskante findet. Wird eine Rückwärtskante gefunden, dann enthält der Graph einen Kreis, ansonsten nicht. Allerdings müssen wir die Tiefensuche für den Fall, dass vom Ausgangsknoten aus nicht alle anderen Knoten erreichbar sind, ein klein wenig modifizieren, siehe Algorithmus 2.3. Die Modifikation besteht nur darin, dass die Prozedur DFS in einer Schleife so oft aufgerufen wird, bis kein unbesuchter Knoten mehr vorhanden ist.

Algorithmus 2.3 Modifizierte Tiefensuche

markiere alle Knoten als „unbesucht"
dfbCounter := 0, dfeCounter := 0
while ein unbesuchter Knoten v existiert **do**
    DFS(v, „besucht")

Satz 2.2 (Charakterisierung eines Kreises) Der gerichtete Graph G enthält genau dann einen Kreis, wenn die modifizierte Tiefensuche auf G eine Rückwärtskante liefert.

Beweis Schauen wir uns zunächst an, dass beim Auffinden einer Rückwärtskante ein Kreis vorliegt. Für eine Rückwärtskante (u, v) gilt: $\text{dfb}[u] > \text{dfb}[v]$ und $\text{dfe}[u] < \text{dfe}[v]$. Aufgrund dieser Bedingungen war der Aufruf DFS(v, mark) noch nicht beendet, während DFS(u, mark) ausgeführt wurde, also existiert ein Weg von v nach u über Baumkanten. Zusammen mit (u, v) entsteht ein Kreis.

Abb. 2.11 topologische
Sortierung

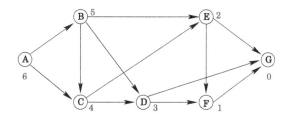

Sei umgekehrt $C = (v_1, v_2, \ldots, v_k, v_1)$ ein Kreis in G. Dann müssen wir zeigen, dass die modifizierte Tiefensuche eine Rückwärtskante liefert. Wir nehmen an, dass v_1 der Knoten aus C ist, der von der Tiefensuche zuerst besucht wird, also $\mathrm{dfb}[v_1] < \mathrm{dfb}[v_k]$. Falls das nicht so sein sollte, benennen wir die Knoten einfach um. Der Aufruf DFS(v_1, mark) wird erst beendet, wenn alle von v_1 aus erreichbaren Knoten, also insbesondere v_k, besucht und abgearbeitet wurden. Daher gilt $\mathrm{dfe}[v_1] > \mathrm{dfe}[v_k]$. Also ist (v_k, v_1) eine Rückwärtskante. □

Die **topologische Sortierung** bestimmt zu einem gegebenen gerichteten Graphen $G = (V, E)$ eine Nummerierung $\pi(v_1), \ldots, \pi(v_n)$ der Knoten, d. h., $\pi : V \to \{0, 1, \ldots, n-1\}$ ist eine bijektive Abbildung (vgl. Definition 1.12 in Abschn. 1.4.3), so dass gilt: Falls es eine Kante $(u, v) \in E$ gibt, dann ist $\pi(u) > \pi(v)$.

Eine solche Sortierung ist immer dann hilfreich, wenn man sich fragt: „Was soll ich als erstes tun, und wie geht es dann weiter?" In Abb. 2.11 ist eine topologische Sortierung gezeigt. Die gerichteten Kanten definieren, dass eine Aufgabe vor einer anderen Aufgabe erledigt werden muss, so muss bspw. zuerst Aufgabe A erledigt werden, bevor Aufgabe B in Angriff genommen werden kann. Wir haben dies bereits in Abschn. 2.2. bei unserem Hausbaubeispiel gesehen.

Algorithmisch können wir dieses Problem mittels der modifizierten Tiefensuche lösen. Allerdings nur, wenn G kreisfrei ist: Eine topologische Sortierung kann es nur geben, wenn mindestens ein Knoten den Eingangsgrad null hat, denn ein Knoten muss jeweils die höchste Nummer erhalten. Das gelingt aber nur, wenn er keinen Vorgänger hat, und das schließt Kreise aus.

Es gilt der folgende Satz:

Satz 2.3 (Berechnung einer topologischen Sortierung) Sei $G = (V, E)$ ein gerichteter Graph, auf den bereits die modifizierte Tiefensuche angewendet wurde. Dann gilt: Wenn der Graph G kreisfrei ist, dann sind die dfe-Nummern eine topologische Sortierung.

Beweis Wir müssen zeigen, dass $\mathrm{dfe}[u] > \mathrm{dfe}[v]$ für alle Kanten $(u, v) \in E$ gilt. Dazu sehen wir uns die verschiedenen Kantentypen an (vgl. auch Abb. 2.10). Nur bei Rückwärtskanten gilt nicht $\mathrm{dfe}[u] > \mathrm{dfe}[v]$. Da G kreisfrei ist, kann es aber keine Rückwärtskanten geben. □

Aufgabe 2.2 Wie viele topologische Sortierungen $\pi : V \to \{0, 1, 2, 3, 4, 5, 6\}$ gibt es für den Graphen aus Abb. 2.11 und für den aus Abb. 2.12? Wie können wir

Abb. 2.12 Graph zu
Aufgabe 2.2: Bestimmen Sie
alle möglichen
topologischen Sortierungen

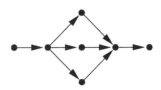

eine topologische Sortierung anhand der Eingangsgrade der Knoten finden? (siehe Lösung A.19)

Eine andere Fragestellung, die z. B. für soziale Netzwerke oder Computernetzwerke interessant ist, ist die Frage nach dem Zusammenhang eines Graphen.

2.3.2 Erreichbarkeit und starker Zusammenhang

Wie wir gesehen haben, können wir mittels Tiefensuche feststellen, welche Knoten von einem gegebenen Knoten aus erreichbar sind. Umgekehrt können wir auch alle Knoten finden, von denen aus ein gegebener Knoten erreichbar ist. Dazu müssen wir lediglich die Richtung der Kanten für die Tiefensuche ändern.

Definition 2.7 (reverser Graph) Ein zum gerichteten Graphen $G = (V, E)$ **reverser Graph** $G^R = (V, E^R)$ entsteht aus G, indem die Richtung der Kanten umgedreht werden (vgl. Abb. 2.13), d. h. $E^R = \{(u, v) \in V \times V : (v, u) \in E\}$.

Beispiel 2.1 (Tiefensuche im reversen Graph: Slicing) Bei der Analyse von Programmen werden diese häufig durch Graphen dargestellt. Als Beispiel betrachten wir das Programm aus Algorithmus 2.4, das, um die Darstellung einfach zu halten, ohne Funktionsaufrufe auskommt. Anweisungen, die einen Einfluss auf die Zeile 7 haben, bilden einen **Rückwärts-Slice** zu Zeile 7. Wenn beispielsweise ein falscher Wert für i ausgegeben wird, dann müssen wir uns die Anweisungen des Rückwärts-Slices ansehen, um die Quelle des Fehlers zu finden.

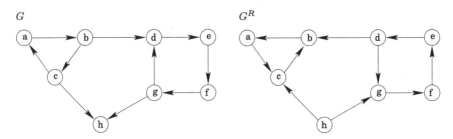

Abb. 2.13 Reverser Graph

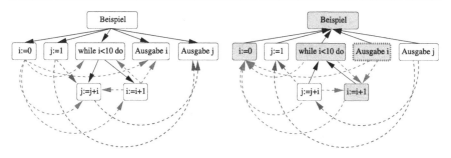

Abb. 2.14 Berechnung eines Rückwärts-Slices

Algorithmus 2.4 Beispielprogramm zum Slicing

```
1: procedure BEISPIEL
2:     i := 0
3:     j := 1
4:     while i < 10 do
5:         j := j + i
6:         i := i + 1
7:     Ausgabe von i
8:     Ausgabe von j
```

Der **Datenabhängigkeitsgraph** des Programms (siehe Abb. 2.14) ist der gerichtete Graph, dessen Knoten den Anweisungen entsprechen und dessen Kanten über Kontroll- oder Datenabhängigkeiten gebildet werden:

- Eine **Kontrollabhängigkeitskante** ist eine gerichtete Kante, die ausdrückt, dass eine Anweisung die Ausführung der anderen Anweisung kontrolliert (sie steht hierarchisch über der anderen Anweisung).
- Zwei Knoten sind genau dann durch eine gerichtete **Datenabhängigkeitskante** verbunden, wenn die zum ersten Knoten gehörende Anweisung den Wert einer Variable festlegt oder verändert und die Anweisung des zweiten Knotens diese verwendet.

Die Kantenmenge des Datenabhängigkeitsgraphen besteht aus allen Kontroll- und Datenabhängigkeitskanten. Um jetzt alle Anweisungen zu finden, die auf Zeile 7 eine Auswirkung haben könnten, können im reversen Datenabhängigkeitsgraphen alle von Zeile 7 „Ausgabe *i*" aus erreichbaren Knoten mittels Tiefensuche ermittelt werden (gefärbte Knoten in Abb. 2.14).

Die Erreichbarkeit spielt auch bei der Definition des starken Zusammenhangs eine wichtige Rolle. Um diesen Begriff sauber definieren zu können, benötigen wir einige weitere Begriffe, die aber recht anschaulich sind.

Definition 2.8 (Teilgraph) Sei $G = (V, E)$ ein gerichteter Graph. Ein Graph $G' = (V', E')$ ist ein **Teilgraph** von G, geschrieben $G' \subseteq G$, falls $V' \subseteq V$ und $E' \subseteq E$

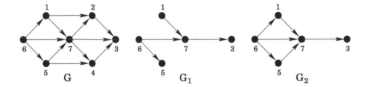

Abb. 2.15 Teilgraphen G_1 und G_2 von G: G_2 ist ein induzierter Teilgraph, G_1 nicht

gilt. Ein Graph $G' = (V', E')$ heißt **induzierter Teilgraph** von G, falls $V' \subseteq V$ und $E' = E \cap (V' \times V')$ gilt. Das bedeutet, dass jede Kante $e = (u, v) \in E$, deren Start- und Endknoten in V' liegen, auch in dem induzierten Teilgraphen vorhanden ist. Daher ist der induzierte Teilgraph eindeutig durch V' definiert. Wir schreiben den von V' induzierten Teilgraphen von G mit dem Symbol $G|_{V'}$.

In Abb. 2.15 sind G_1 und G_2 Teilgraphen von G, dabei ist G_1 kein induzierter Teilgraph von G, da die Kanten $(6, 1)$ und $(5, 7)$ fehlen. G_2 ist der durch die Knotenmenge $\{1, 3, 5, 6, 7\}$ induzierte Teilgraph von G.

Beachten Sie, dass ein Teilgraph G' insbesondere ein Graph ist. Das ist alleine durch die Bedingung $V' \subseteq V$ und $E' \subseteq E$ noch nicht sichergestellt, da in E' Kanten zu nicht mehr vorhandenen Knoten sein könnten.

Definition 2.9 (Zusammenhang im gerichteten Graphen) Sei $G = (V, E)$ ein gerichteter Graph. Der Graph G ist **stark zusammenhängend**, wenn es von jedem Knoten $u \in V$ einen gerichteten Weg zu jedem Knoten $v \in V$ mit $v \neq u$ gibt.

Eine **starke Zusammenhangskomponente** von G ist eine maximale Knotenmenge, so dass der davon induzierte Teilgraph von G stark zusammenhängend ist. Maximal bedeutet, dass durch Hinzufügen jedes weiteren Knotens der induzierte Teilgraph nicht mehr stark zusammenhängend wäre.

Für zwei verschiedene Knoten u und v gibt es in einem stark zusammenhängenden Graphen sowohl einen gerichteten Weg von u nach v als auch einen Weg von v nach u. Wir wollen im Weiteren den Begriff der starken Zusammenhangskomponente der Einfachheit halber mit SZHK abkürzen. In Abb. 2.16 sind die verschiedenen SZHK eines Beispielgraphen hervorgehoben.

Ein stark zusammenhängender gerichteter Graph kann nicht kreisfrei sein, denn aus einem Weg von u nach v und einem Weg von v nach u kann ein Kreis konstruiert werden (der nicht unbedingt die Knoten u und v enthalten muss).

Wenn es den Begriff des starken Zusammenhangs gibt, dann liegt die Vermutung nahe, dass es auch einen schwachen Zusammenhang gibt. Und so ist es auch. Wenn

Abb. 2.16 Starke Zusammenhangskomponenten

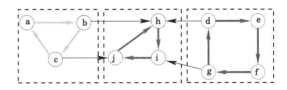

wir aus dem gerichteten Graphen einen ungerichteten Graphen machen, indem wir die Richtungen der Kanten weglassen und dann eventuell auftretende Mehrfachkanten jeweils zu einer Kante zusammenfassen, so entsteht der **Schatten** des Graphen. Wenn dieser ungerichtete Graph **zusammenhängend** ist, d. h., dass jedes Paar verschiedener Knoten durch einen ungerichteten Weg verbunden ist, dann nennt man den gerichteten Graphen **schwach zusammenhängend**. Zwei verschiedene Knoten u und v sind dann also durch einen Weg von u nach v oder von v nach u verbunden.

Warum sind wir an SZHK interessiert? Im Computer werden Betriebsmittel vom Betriebssystem zugeteilt. Prozesse belegen Betriebsmittel exklusiv und solange, bis sie nicht mehr benötigt werden. Außerdem warten Prozesse ggf. auf weitere Betriebsmittel, falls diese noch nicht frei sind. Die Wartebeziehungen können in einem gerichteten Graphen (Wartegraph) vermerkt werden. Die Betriebsmittel werden durch Knoten repräsentiert, die Anforderungen werden mittels gerichteter Kanten dargestellt. Verklemmungen (engl. Deadlocks) können daran erkannt werden, dass Kreise im Wartegraphen vorhanden sind. Alle Knoten, die in einer SZHK liegen, sind von der entsprechenden Verklemmung betroffen. Außerdem ist oft die Anzahl der SZHK ein Gütekriterium. Schauen wir uns an, wie die Karten der Open Street Map entstehen. Unabhängig voneinander fahren oder gehen einzelne Personen gewisse Bereiche des Straßen- oder Radwegenetzes ab, zeichnen mittels GPS-Tracker die Wege auf, bearbeiten die Daten am Rechner und stellen diese Daten zur Verfügung. So wird sukzessive eine komplette Straßenkarte erstellt. Von einer fehlerfreien Karte erwarten wir, dass alle Kreuzungen von allen anderen Kreuzungen aus erreichbar sind, dass es also genau eine SZHK gibt. Je mehr SZHK es gibt, umso mehr isolierte Bereiche gibt es und umso schlechter ist die Karte. Hierbei zählen wir auch Schiffsverbindungen zu den Verkehrswegen, andernfalls würde jede Insel eine SZHK sein.

Schauen wir uns den Algorithmus 2.5 zum Auffinden von SZHK an. Gegeben sei ein gerichteter Graph $G = (V, E)$. Im ersten Schritt wird die modifizierte Tiefensuche aus Algorithmus 2.3 aufgerufen, die alle Knoten mit einem dfe-Wert versieht. Dann wird im zweiten Schritt ein reverser Graph erzeugt. Nun wird im dritten Schritt auch auf dem reversen Graphen eine modifizierte Tiefensuche durchgeführt. Allerdings wird die `while`-Schleife des Algorithmus 2.3 so abgeändert, dass die Tiefensuche jeweils mit dem noch unbesuchten Knoten v beginnt, der den größten dfe-Index aus dem ersten Schritt hat. Die jeweils durch den Aufruf DFS(v, n) mit n markierten Kanten bilden die n-te gefundene SZHK.

Um die Korrektheit des Algorithmus zu zeigen, benötigen wir noch eine kleine Vorüberlegung, aus der sich auch ergibt, warum im dritten Schritt jeweils der noch unbesuchte Knoten mit dem größten dfe-Index gewählt wird.

Lemma 2.1 (Auswirkung einer Kante zwischen SZHK) *Sei $G = (V, E)$ ein gerichteter Graph, und seien A und B zwei verschiedene SZHK von G. Wenn eine Kante $(u, v) \in E$ existiert mit $u \in A$ und $v \in B$, dann gilt nach Schritt 1 des Algorithmus 2.5, dass sich der Knoten mit dem größten dfe-Index (bezogen auf alle Knoten aus A und B) in A befindet.*

Algorithmus 2.5 Bestimmen der starken Zusammenhangskomponenten

1. Führe eine modifizierte Tiefensuche auf G durch, siehe Algorithmus 2.3. Das Ergebnis ist eine dfe-Nummerierung der Knoten.
2. Berechne $G^R = (V, E^R)$ mit $E^R = \{(v, u) \in V \times V \; : \; (u, v) \in E\}$.
3. Abgewandelte modifizierte Tiefensuche auf G^R:

> Markiere alle Knoten für die Tiefensuche als „unbesucht".
> dfbCounter := 0, dfeCounter := 0
> $n := 0$
> **while** ein unbesuchter Knoten existiert **do**
> $\quad n := n + 1$
> $\quad$ Wähle den noch unbesuchten Knoten v mit dem größten dfe-Wert aus Schritt 1.
> $\quad$ Dfs(v, n) für den Graphen G^R, wobei für die Markierung die Nummer n der aktuellen
> $\qquad$ SZHK verwendet wird.

Beweis Eine Kante von einem Knoten aus B zu einem Knoten aus A kann nicht existieren, da sonst A und B zusammen eine große SZHK bilden würden (siehe Abb. 2.17). Aus dem gleichen Grund kann es keinen Weg (auch nicht über andere SZHK) von einem Knoten aus B zu einem Knoten aus A geben.

- Betrachten wir als erstes den Fall, dass die modifizierte Tiefensuche einen Knoten aus B erfasst, bevor Knoten aus A besucht werden. Dann ist die Tiefensuche in $G|_B$ beendet, bevor die Tiefensuche in $G|_A$ startet, da von B aus kein Knoten in A erreichbar ist. Also muss dfe$[u] >$ dfe$[w]$ für alle Knoten $w \in B$ gelten.
- Falls die Tiefensuche zunächst einen Knoten aus A besucht, bevor Knoten aus B besucht werden, dann müssen wir berücksichtigen, dass es wegen (u, v) eine oder mehrere Kanten von A nach B gibt. Wir bezeichnen jetzt mit (u, v) diejenige dieser Kanten, die als erstes bei der Tiefensuche genutzt wird. Ausgehend von v werden alle Knoten in B besucht und vollständig abgearbeitet (da B SZHK), bevor die Tiefensuche in $G|_A$ fortgesetzt wird. Daher gilt dfe$[u] >$ dfe$[w]$ für alle Knoten w aus B, der Knoten mit größtem dfe-Index befindet sich also auch in diesem Fall in A. $\qquad\square$

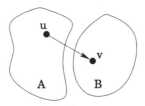

Abb. 2.17 Bild zum Beweis von Lemma 2.1: Ein Knoten u aus der SZHK A ist mit einem Knoten v aus der SZHK B durch eine Kante verbunden. Eine gegensätzlich gerichtete Kante kann nicht existieren, da sonst A und B zusammen eine SZHK bilden würden

Bevor wir mit dem Lemma die Korrektheit von Algorithmus 2.5 zeigen, stellen wir zunächst weiter fest:

Lemma 2.2 (SZHK des reversen Graphen) *Der Graph $G = (V, E)$ und der dazu reverse Graph G^R haben dieselben starken Zusammenhangskomponenten.*

Beweis Wir untersuchen im Beweis gar nicht die SZHK, sondern zeigen, dass zwei Knoten u und v, die durch einen Weg von u nach v und durch einen Weg von v nach u in einem der beiden Graphen verbunden sind, auch im anderen Graphen durch entsprechende Wege in beiden Richtungen verbunden sind. Damit sind automatisch auch die SZHK gleich.

Wenn Wege von u nach v und von v nach u in G existieren und wir alle Kanten umdrehen, also insbesondere die Kanten auf diesen Wegen, dann existieren Wege von v nach u und von u nach v in G^R. Die Aussage bleibt richtig, wenn wir G und G^R vertauschen. □

Wir beweisen nun, dass Algorithmus 2.5 korrekt ist: Sei A die SZHK, für die die modifizierte Tiefensuche im Schritt 1 einen Knoten mit dem größten dfe-Wert gefunden hat. Nach Lemma 2.1 kann es von allen anderen SZHK in G keine Kante zu einem Knoten aus A geben, da der Knoten mit dem größten dfe-Wert in A und nicht in den anderen SZHK liegt. Damit gibt es in G^R keine Kanten und keine Wege von Knoten aus A nach Knoten aus $V \setminus A$. Außerdem ist der von A induzierte Teilgraph von G^R nach Lemma 2.2 eine SZHK. Damit markiert die mit einem Knoten aus A beginnende Tiefensuche genau die Knoten von A, die erste SZHK ist gefunden. Da ihre Knoten (eindeutig) markiert sind, werden sie von weiteren Tiefensuchen nicht mehr besucht. In Schritt 3 wird nun der Knoten von $V \setminus A$ mit dem größten dfe-Wert aus Schritt 1 ausgewählt. Aufgrund von Lemma 2.1 liefert die Tiefensuche zu diesem Knoten wieder eine SZHK. Iterativ werden so alle SZHK gefunden.

2.3.3   Kürzeste Wege

Kommen wir nun wie angekündigt zu einem Routenplaner. Routenplaner sind nicht nur für den Autofahrer wichtig, um bei der Reiseplanung den kürzesten Weg zum Ziel- oder Urlaubsort zu finden. Beispielsweise können auch bei der Bahnfahrt verschiedene Kosten minimiert werden: Finde die Zugverbindung mit möglichst kurzer Reisezeit, oder die, bei der man möglichst wenig umsteigen muss, oder die, die möglichst preiswert ist. Beim Routing im Internet werden mit OSPF (Open Shortest Path First) kürzeste Wege berechnet.

Wir formulieren in diesem Abschnitt die Algorithmen für einen gerichteten Graphen, da es in unseren Städten Einbahnstraßen gibt. Die Algorithmen funktionieren aber ohne Modifikationen auch für ungerichtete Graphen. Gegeben ist also ein gerichteter, zusammenhängender Graph $G = (V, E, c)$ mit Kostenfunktion c. So einen Graphen nennen wir **gewichtet**. Die Funktion c weist jeder Kante einen Wert zu. Dieser Kantenwert beschreibt, welche Kosten eine Kante verursacht. Daher wird c auch oft als Kostenfunktion bezeichnet. Die Kosten zu $e \in E$ werden also durch die (in der Regel nicht-negative) reelle Zahl $c(e)$ beschrieben. Die Länge eines Wegs $(v_0, v_1, \ldots v_k)$ in einem gewichteten Graphen ist definiert als Summe der Kantenwerte: $\sum_{i=0}^{k-1} c((v_i, v_{i+1}))$. Die doppelten Klammern sehen ungewohnt aus. Die inneren Klammern gehören zur Beschreibung der Kante, die äußeren zur Funktion c. Bei einem ungewichteten Graphen haben wir zuvor die Länge als Anzahl der Kanten festgelegt. Das entspricht den konstanten Kantenwerten eins. Gibt es einen Weg von einem Knoten u zu einem Knoten v, dann gibt es auch mindestens einen kürzesten Weg von u nach v. Das liegt daran, dass wir in Wegen Kanten nicht mehrfach zulassen. Dadurch gibt es nur endlich viele Wege zwischen u und v, darunter ist ein kürzester.

Wir stellen zunächst fest, dass Teilwege eines kürzesten Weges ihrerseits auch kürzeste Wege sind. Man spricht hier von einer optimalen Sub-Struktur (**Optimalitätsprinzip von Bellman**).

Lemma 2.3 (Teilwege kürzester Wege) *Sei* $(v_0, v_1, v_2, \ldots, v_k)$ *ein kürzester Weg von v_0 nach v_k im Graphen (V, E, c), in dem keine Kreise negativer Länge existieren. Dann ist jeder Teilweg von v_i nach v_j für $i < j$ auch ein kürzester Weg von v_i nach v_j.*

Wir erlauben im Lemma auch negative Kantenwerte, müssen aber aufgrund unserer Definition von Weg, bei der wir das mehrfache Durchlaufen einer Kante verbieten, Kreise negativer Länge ausschließen (siehe Abb. 2.18).

Beweis Wenn es einen kürzeren Weg zwischen Knoten v_i und Knoten v_j gäbe, dann würden wir den bisherigen Teilweg durch diesen ersetzen. Wenn dabei keine Kante mehrfach auftritt, dann hätten wir einen kürzeren kürzesten Weg gefunden – Widerspruch. Sonst erhalten wir eine Kantenliste mit mehrfachen Kanten, die daher kein Weg ist. Wir durchlaufen die Kantenliste beginnend bei v_0. Sobald eine Kante das zweite Mal erreicht wird, wird der soeben durchlaufene Kreis nicht-negativer Länge aus der Kantenliste entfernt. Dieses Vorgehen wird solange wiederholt, bis es mehrfache Kanten nicht mehr gibt. So erhalten wir einen kürzeren Weg von v_0 nach v_k – Widerspruch. □

Bei kürzesten Wegen gilt die Dreiecksungleichung, deren Name sich aus Abb. 2.19 ableitet. Wir bezeichnen dazu mit $\mathrm{dist}(u, v)$ die Länge des kürzesten Wegs von u nach v, falls es einen Weg zwischen u und v gibt.

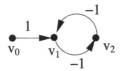

Abb. 2.18 Der Weg (v_0, v_1) mit Länge 1 ist kein kürzester Weg von v_0 nach v_1, aber er ist ein Teilweg des kürzesten Wegs (v_0, v_1, v_2, v_1) mit Länge -1. Dieser Effekt kann bei Kreisen negativer Länge auftreten. Hätten wir die Mehrfachverwendung von Kanten innerhalb eines Weges erlaubt, dann gäbe es hier keinen kürzesten Weg– und damit auch kein Problem

Abb. 2.19 Visualisierung
des Beweises zu Lemma 2.4

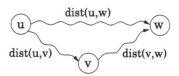

Lemma 2.4 (Dreiecksungleichung) *Sei (V, E, c) ein Graph ohne Kreise negativer Länge. Für alle Knoten $u, v, w \in V$, für die es einen Weg von u nach v und einen Weg von v nach w gibt, gilt:*

$$\text{dist}(u, w) \leq \text{dist}(u, v) + \text{dist}(v, w).$$

Beweis Aus kürzesten Wegen von u nach v sowie von v nach w können wir analog zum Beweis von Lemma 2.3 durch Aneinandersetzen und anschließendes Weglassen von Kreisen (damit Kanten nicht mehrfach auftreten) einen Weg von u nach w konstruieren. Dessen Länge ist $\text{dist}(u, v) + \text{dist}(v, w)$ abzüglich der nicht-negativen Längen der Kreise, also höchstens $\text{dist}(u, v) + \text{dist}(v, w)$. Die Länge eines kürzesten Wegs von u nach w ist gleich oder noch kleiner. □

Mit dem bisher Besprochenen können wir folgende Idee formulieren: Berechne vom Start s aus immer längere, kürzeste Teilwege, um ausgehend von s die kürzesten Wege zu allen anderen Knoten zu finden. Auf dieser Idee basiert **Dijkstras Algorithmus** (siehe Algorithmus 2.6): Gegeben sei ein gerichteter Graph $G = (V, E, c)$ mit der Knotenmenge V, der Kantenmenge E und einer Kostenfunktion c sowie ein Startknoten $s \in V$. Wir setzen jetzt nicht-negative Kantengewichte voraus, $c(e) > 0$ für alle $e \in E$. Da es bei Straßenkarten (außer in einer Horrorgeschichte von Stephen King) keine negativen Entfernungen gibt, sollte diese Einschränkung uns keine Bauchschmerzen bereiten. Wir werden uns später überlegen, welche Auswirkungen negative Gewichte hätten. In der Menge S werden alle Knoten gespeichert, zu denen bereits ein kürzester Weg gefunden ist. In der Menge Q sind alle Knoten gespeichert, mit denen der Algorithmus aktuell arbeitet. Für die Knoten $u \in S$ steht in $d[u]$ die Länge des kürzesten Wegs. Für die Knoten $u \in Q$ steht in $d[u]$ die Länge des bislang gefundenen kürzesten Wegs. Für andere Knoten ist d undefiniert.

Algorithmus 2.6 Dijkstras Algorithmus zur Berechnung kürzester Wege

$S := \emptyset, Q := \{s\}, d[s] := 0$
while $Q \neq \emptyset$ **do**
$\quad u \in Q$ sei ein Knoten mit $d[u] \leq d[v]$ für alle $v \in Q$
$\qquad\qquad\qquad\quad \triangleright u$ hat unter allen Knoten in Q die bislang kürzeste Entfernung zu s
$\quad Q := Q \setminus \{u\}, S := S \cup \{u\}$
$\quad$ **for all** $e = (u, v) \in E$ mit $v \notin S$ **do**
$\qquad$ **if** $v \in Q$ **then**
$\qquad\quad$ **if** $d[v] > d[u] + c(e)$ **then**
$\qquad\qquad d[v] := d[u] + c(e), \pi[v] := u$
$\qquad$ **else**
$\qquad\quad Q := Q \cup \{v\}, d[v] := d[u] + c(e), \pi[v] := u$

Das Array π speichert in $\pi[v]$ den Vorgänger des Knotens v, über den der bisher (oder endgültig) ermittelte kürzeste Weg von s nach v läuft. Auf diese Weise können wir später die kürzesten Wege zurückverfolgen und ausgeben und müssen dafür nur wenige Informationen speichern und im Laufe des Algorithmus anpassen.

Zu Beginn der **while**-Schleife ist ein kürzester Weg zu dem Knoten $u \in Q$ gefunden, der den kleinsten Wert im Feld $d[\ ]$ hat. Das werden wir im Anschluss beweisen. Dieser Knoten wird zur Menge S hinzugefügt, da wir den kürzesten Weg von s zu u zu diesem Zeitpunkt kennen. Ihn müssen wir bei der weiteren Suche auch nicht mehr berücksichtigen, daher wird er aus der Menge Q entfernt. Allerdings müssen wir die von u aus direkt über eine Kante erreichbaren Knoten berücksichtigen, wenn für sie noch kein kürzester Weg berechnet ist. Sind diese noch nicht in Q, so werden sie aufgenommen. In jedem Fall wird der bislang kürzeste Weg zu diesen Knoten mit dem Wissen über den kürzesten Weg zu u aktualisiert. Die Suche breitet sich somit in V jeweils über den Knoten mit kleinstem d-Wert in Q aus.

Der Algorithmus berechnet so sukzessive kürzeste Wege zu allen Knoten. Üblicherweise ist man aber an einem konkreten Ziel interessiert. Wird dann der Zielknoten zu Beginn der **while**-Schleife aus Q genommen, ist der kürzeste Weg zum Ziel gefunden, und die Berechnung kann abgebrochen werden.

In Abb. 2.20 ist eine Suche nach kürzesten Wegen ausgehend von Bielefeld dargestellt. Wie gehen also davon aus, dass diese Stadt existiert. Eigentlich wollen wir von Bielefeld nach Würzburg, aber das Ziel beeinflusst nicht, wie sich die Suche über $S \cup Q$ in V ausbreitet.

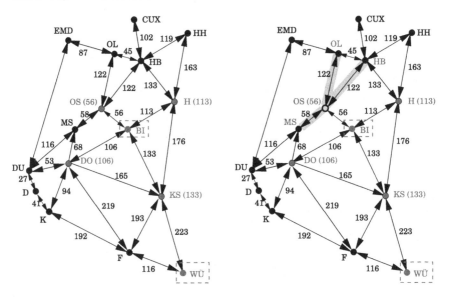

Abb. 2.20 Berechnung kürzester Wege ausgehend von Bielefeld (BI). Der Knoten Osnabrück (OS) wird aus Q entnommen, für ihn ist der tatsächlich kürzeste Weg gefunden. Von dort werden dann Oldenburg (OL), Münster (MS) und Bremen (HB) erreicht und in Q aufgenommen. Danach ist der kürzeste Weg nach Dortmund (DO) gefunden, usw

Zunächst wird Knoten Bielefeld mit der Distanz 0 initialisiert, da es der Startknoten unserer Reise ist. Der kürzeste Weg von Bielefeld nach Bielefeld ist gefunden, er hat die Länge 0. Daher wird er aus Q entfernt und in S eingetragen. Jetzt werden alle über eine Kante von Bielefeld aus erreichbaren Knoten in die Suchmenge Q aufgenommen. Ihre Distanzen berechnen sich über $0 = d$[Bielefeld] plus dem Kantenwert der Kante, über die der Knoten erreicht wird. Jetzt ist Osnabrück der Knoten mit dem kleinsten d-Wert in Q. Er wird aus Q genommen und zu S hinzugefügt. Nun werden alle von Osnabrück aus direkt erreichbaren Städte untersucht. Auf diese Weise breitet sich die Suche in alle Richtungen gleichmäßig, also nahezu kreisförmig um den Startknoten, aus.

Wir wollen jetzt die Korrektheit des Algorithmus beweisen. Sie fragen sich, warum ein Beweis der Korrektheit nötig ist? Dass der Algorithmus korrekt ist, ist doch klar, oder? Oft behaupten das jedenfalls die Studierenden. Aber warum haben wir ausgeschlossen, dass die Kantengewichte negativ sind? Tatsächlich funktioniert der Algorithmus bei negativen Kantengewichten nämlich nicht mehr. Ist das so offensichtlich?

Satz 2.4 (Dijkstras Algorithmus) Bei nicht-negativen Kantenwerten liefert Dijkstras Algorithmus $d[v] = \text{dist}(s, v)$ für alle Knoten $v \in V$, die von s aus erreichbar sind.

Beweis Da die in d gespeicherten Entfernungen zu Wegen gehören, die von s zum jeweiligen Knoten führen, ist tatsächlich offensichtlich, dass diese Entfernungen nicht kleiner als die Länge von kürzesten Wegen von s zu diesen Knoten sein können: Während der Ausführung des Algorithmus gilt stets für alle $v \in S \cup Q$, dass

$$d[v] \geq \text{dist}(s, v). \tag{2.1}$$

Wir müssen jetzt darüber hinaus zeigen, dass

a) $d[v] = \text{dist}(s, v)$ gilt, wenn v zur Menge S hinzugenommen wird, und
b) jeder erreichbare Knoten v irgendwann in S aufgenommen wird. Diesen Teil stellen wir anschließend als Übungsaufgabe.

Da der Wert von $d[v]$ nach der Aufnahme von v in S nicht mehr verändert wird, folgt aus a), dass tatsächlich die kürzeste Entfernung berechnet wird, und zwar gemäß b) für jeden erreichbaren Knoten.

Wir führen den Beweis zu a) indirekt: Angenommen, u ist der erste Knoten, der aus Q zu S hinzugenommen wird, für den $d[u] \neq \text{dist}(s, u)$ gilt. Wir betrachten den Zustand des Algorithmus und damit die Mengen S und Q genau in dem Moment, bevor u zu S hinzugefügt wird. In dieser Situation ist bereits $S \neq \emptyset$, da $s \in S$ ist. Alle Wege, die von s ausgehen, besitzen also Knoten in S.

Sei y der erste Knoten aus $V \setminus S$ auf einem kürzesten Weg von s nach u. Diesen Knoten muss es geben. Denn da $u \notin S$ ist, gibt es Knoten aus $V \setminus S$ auf diesem Weg ($y = u$ wäre also möglich). Weiter sei $x \in S$ der Vorgänger von y auf diesem Weg. Der Sachverhalt ist in Abb. 2.21 dargestellt. Da y über eine Kante einem Knoten

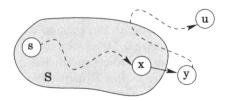

Abb. 2.21 Darstellung der Aussage vom Beweis zu Satz 2.4: Die gestrichelten Linien sind Wege. Zwischen Knoten x und y existiert eine Kante

aus S folgt und selbst noch nicht in S liegt, muss $y \in Q$ gelten. Spätestens bei der Aufnahme von x zu S wurde y in Q aufgenommen. Damit gibt es einen d-Wert zu y.

Es gilt $d[x] = \mathrm{dist}(s, x)$, da u der erste Knoten ist, der die Aussage a) verletzt. Bei der Aufnahme von y zu Q wurde $d[y] := \mathrm{dist}(s, x) + c((x, y))$ gesetzt. Zwischenzeitlich kann sich diese Distanz höchstens verkleinert haben, so dass

$$d[y] \leq \mathrm{dist}(s, x) + c((x, y))$$

gilt. Nun wissen wir wegen Lemma 2.3, dass Teilwege (wie der von s nach y) kürzester Wege (wie der von s nach u) ebenfalls kürzeste Wege sind. Damit ist $\mathrm{dist}(s, y) = \mathrm{dist}(s, x) + c((x, y))$, also $d[y] \leq \mathrm{dist}(s, y)$. Wegen (2.1) haben wir zusätzlich $d[y] \geq \mathrm{dist}(s, y)$, so dass

$$d[y] = \mathrm{dist}(s, y).$$

Jetzt benutzen wir, dass alle Kantengewichte nicht-negativ sind, also insbesondere die der Kanten auf dem Weg von y nach u. Damit ist

$$d[y] = \mathrm{dist}(s, y) \leq \mathrm{dist}(s, u) \leq d[u]. \tag{2.2}$$

Aktuell sind u und y in Q. Der Algorithmus wählt aber u zur Aufnahme in S. Daher ist $d[u] \leq d[y]$. Damit bleibt wegen (2.2) nur $d[u] = d[y]$ und $d[u] = \mathrm{dist}(s, u)$. Das ist aber ein Widerspruch zu unserer Annahme, Teil a) ist bewiesen. □

Aufgabe 2.3 Bestimmen Sie für den Graphen aus Abb. 2.22 die kürzesten Wege vom Startknoten s aus zu allen anderen Knoten mittels Dijkstras Algorithmus. (siehe Lösung A.20)

Abb. 2.22 Graph zu Aufgabe 2.3

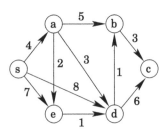

Abb. 2.23 Zielgerichtetes
Vorgehen bei A^*

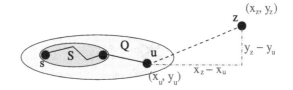

Aufgabe 2.4 Überlegen Sie sich (z. B. mit einem indirekten Beweis), dass Dijkstras Algorithmus jeden von s aus erreichbaren Knoten ebenfalls erreicht. Das ist der fehlende Teil b) des vorangehenden Beweises. (siehe Lösung A.21)

Aufgabe 2.5 Schreiben Sie den Algorithmus von Dijkstra so um, dass sowohl ausgehend von einem Startknoten s als auch von einem Zielknoten z nach kürzesten Wegen gesucht wird, um so einen kürzesten Weg von s nach z zu finden. Wenn sich die Suchen in der „Mitte" treffen, kann der Algorithmus beendet werden. Man nennt ein solches Vorgehen eine **bidirektionale Suche**. (siehe Lösung A.22)

Ein Ansatz zum schnelleren Finden eines Wegs zu einem vorgegebenen Ziel ist der A^*-**Algorithmus**, der die Suche mit einer Heuristik zielgerichtet gestaltet. Die Suchmenge Q wird daher für den Knoten aus Q um Nachbarn erweitert, für den ein berechneter kurzer Weg zum Startknoten s (wie im Algorithmus von Dijkstra) und ein geschätzt kurzer Weg zum Zielknoten z vorliegt. Die berechnete und die geschätzte Distanz werden dabei addiert. Als Schätzung kann z. B. die Luftlinienentfernung $h(u)$ des Knotens u zum Ziel verwendet werden. Voraussetzung dazu ist, dass zu allen Knoten Koordinaten vorliegen. Hat beispielsweise der Zielknoten die Koordinaten (x_z, y_z) und ein Knoten u die Koordinaten (x_u, y_u) als Punkte in der Ebene, dann ist die Distanz $h(u) := \sqrt{(x_z - x_u)^2 + (y_z - y_u)^2}$. Diese Entfernung ergibt sich aus dem Satz des Pythagoras (vgl. Satz 3.13), nach dem in einem rechtwinkligen Dreieck mit Seitenlängen a, b und c, wobei c die längste und damit dem rechten Winkel gegenüber liegende Seite ist, gilt: $a^2 + b^2 = c^2$. Hier ist $a^2 = (x_z - x_u)^2$ und $b^2 = (y_z - y_u)^2$ (vgl. Abb. 2.23).

Mit realen Geodaten funktioniert das so, wenn sie in einem kartesischen Koordinatensystem (z. B. mit den im Kataster verwendeten UTM-Koordinaten) angegeben sind. Wenn die Punkte über Längen- und Breitengrade angegeben sind, müssen die Entfernungen mit dem Bogenmaß und den trigonometrischen Funktionen ausgerechnet werden (sphärische Geometrie).

Liegen 3D-Koordinaten vor, dann können wir unter Berücksichtigung von Höhen ganz ähnlich vorgehen, vgl. Definition 5.12 für das Standardskalarprodukt)

Der A^*-Algorithmus entsteht damit aus dem Algorithmus von Dijkstra (siehe Algorithmus 2.6), indem die Anweisung

$u \in Q$ sei ein Knoten mit $d[u] \leq d[v]$ für alle $v \in Q$

ersetzt wird durch

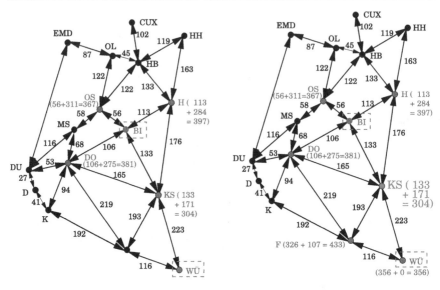

Abb. 2.24 Routenberechnung von Bielefeld nach Würzburg mittels $A^\star$

$u \in Q$ sei ein Knoten mit $d[u] + h(u) \leq d[v] + h(v)$ für alle $v \in Q$.

In Abb. 2.23 entspricht das Gewicht des durchgehend gezeichneten Wegs dem Wert $d[u]$. Dazu wird der Luftlinienabstand von u zu z addiert.

Ohne zusätzliches Wissen über die nicht-negativen Kantengewichte und die neue, auf V definierte Distanzfunktion h ist aber jetzt nicht mehr sichergestellt, dass der Algorithmus tatsächlich nicht nur einen kurzen, sondern einen kürzesten Weg findet. Auf entsprechende hinreichende Bedingungen für die Korrektheit des Verfahren wollen wir hier aber nicht eingehen. Hat man eine Straßenkarte und sind die Kantengewichte Streckenlängen, dann sind die Bedingungen aber erfüllt. Ein Navigationssystem kann also den $A^\star$-Algorithmus verwenden und erhält damit tatsächlich den kürzesten Weg.

Wird die Luftlinienentfernung zum Ziel bei der Auswahl der Knoten berücksichtigt, ist Osnabrück kein günstiges Zwischenziel auf dem Weg von Bielefeld nach Würzburg. Jetzt erscheint Kassel als Zwischenziel geeigneter, siehe dazu Abb. 2.24. An den Knoten ist jeweils die Summe aus der Distanz vom Startknoten zum Knoten und der Luftlinienentfernung vom Knoten zum Ziel notiert.

Die Beschleunigung durch den $A^\star$-Algorithmus ist also umso größer, je weiter Start- und Zielknoten auseinander liegen. Suchen wir also einen Weg von Bielefeld nach Würzburg in einer echten Straßenkarte und nicht in unserem Super-Mini-Beispiel, dann ist die Beschleunigung sehr groß, bei der Suche innerhalb einer Kleinstadt ist die Beschleunigung zu vernachlässigen.

Wir haben bislang vorausgesetzt, dass alle Kanten nicht-negative Gewichte haben. Dabei sind negative Gewichte bei einigen Aufgabenstellungen aber durchaus sinnvoll:

- Eine Anwendung von negativen Kantengewichten erhalten wir, wenn wir längste Wege berechnen wollen. Erinnern wir uns an das Hausbaubeispiel aus Abschn. 2.2. Wir fügen Kantengewichte ein, die die Dauer eines Bauabschnitts angeben. Wenn wir wissen wollen, wie lange der Hausbau höchstens dauert, dann müssen wir den längsten Weg suchen. Damit wir dafür keinen eigenen Algorithmus benötigen (wir sind faul), multiplizieren wir alle Kantengewichte mit -1 und suchen dann einen kürzesten Weg. Denn je größer die Länge eines Weges ist, desto kleiner wird die Weglänge mal -1.

- Negative Kantengewichte kommen auch dann vor, wenn wir Kosten und Gewinne modellieren wollen: Kosten sind positiv, Gewinne negativ. Bei der Routenplanung fallen auf mautpflichtigen Straßen Kosten an, landschaftlich schöne Strecken sind ein Gewinn. Wir modellieren das, indem wir einen definierten Wert auf den tatsächlichen Kantenwert addieren oder von ihm subtrahieren. Dadurch wird eine schöne, aber eventuell längere Strecke kürzer als die vermeintlich kürzeste aber unschöne Strecke. Die Kantengewichte können durch das Ändern der Gewichte auch negativ werden. Wenn wir nun kürzeste Wege suchen, werden die mautpflichtigen Straßen gemieden, landschaftlich schöne Strecken bevorzugt.

Bei den Definitionen des Wegs und des Kreises haben wir verlangt, dass keine Kante mehrfach verwendet wird. Damit ist die Weglänge durch die endliche Anzahl der Kanten beschränkt, es gibt nur endlich viele Wege und damit auch kürzeste und längste Wege.

Wenn wir erlauben würden, dass Kanten mehrfach durchlaufen werden, dann gibt es bei ausschließlich positiven Gewichten kürzeste Wege, aber längste müssten nicht existieren. Bei ausschließlich negativen Gewichten gäbe es dann längste, aber eventuell keine kürzesten Wege (siehe Abb. 2.25). Und bei einer Mischung von positiven und negativen Gewichten könnte es sein, dass weder kürzeste noch längste Wege existieren.

Um zu verstehen, dass Dijkstras Algorithmus nur korrekt arbeitet, wenn im Graphen keine negativen Kantengewichte existieren (es reicht nicht aus, Kreise negativer Länge zu verbieten), schauen wir uns den Graphen in Abb. 2.26 an. Als kürzester Weg von Knoten a nach Knoten c wird der Weg der Länge 5 über Knoten b gefunden. Der Weg über Knoten d hätte aber nur eine Länge von 2. Dijkstras Algorithmus geht davon aus, dass weitere Kanten einen Weg nur verlängern können. Das ist aber bei dem Weg von Knoten a nach Knoten d nicht der Fall: Die nächste Kante würde den Weg verkürzen.

Nun könnte man auf folgende Idee kommen, um negative Kantengewichte unschädlich zu machen: Wir addieren den Betrag des kleinsten Kantengewichts auf

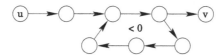

Abb. 2.25 Kreise negativer Länge führen zu beliebig kurzen Wegen, wenn Kanten mehrfach durchlaufen werden dürften

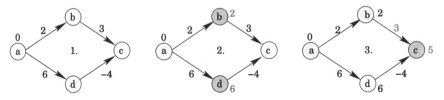

Abb. 2.26 Sobald auch nur eine Kante mit negativem Gewicht im Graphen vorhanden ist, liefert Dijkstras Algorithmus für den Startknoten $s = a$ nicht das korrekte Ergebnis

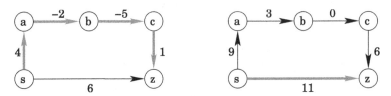

Abb. 2.27 Eine Transformation der Kantengewichte ist unbrauchbar

alle Kantengewichte auf und berechnen dann mittels Dijkstras Algorithmus die kürzesten Wege. Leider funktioniert das nicht, wie das Beispiel in Abb. 2.27 zeigt. Der kürzeste Weg zwischen Startknoten s und Zielknoten z ist jeweils dicker markiert. Links ist der Originalgraph zu sehen, im rechten Graphen wurde auf jedes Kantengewicht der Wert 5 addiert. Dadurch sind dann zwar alle Kantengewichte positiv, allerdings besteht der ursprünglich kürzeste Weg aus vier Kanten, so dass sich dieser Weg im modifizierten Graphen um viermal die Differenz 5 verlängert hat. Im modifizierten Graphen ist daher der direkte Weg kürzer. Durch solch eine einfache Transformation können wir also keine kürzesten Wege berechnen.

Ein Algorithmus, der für einen Graphen $G = (V, E, c)$ auch bei negativen Kantengewichten, also bei einer reell-wertigen Kostenfunktion c, von einem Startknoten s einen kürzesten Weg zu allen erreichbaren Knoten findet, wurde von Richard Bellman und Lester Ford bereits 1958 entwickelt und wird nach ihren Erfindern **Algorithmus von Bellman/Ford** genannt, siehe Algorithmus 2.7. Bei diesem Algorithmus wird aber nicht geprüft, ob eine Kante mehrfach durchlaufen wird. Ein Weg darf nach Definition aber keine Kante mehrfach verwenden. Damit es zu keinen Fehlern kommt, müssen wir daher erreichbare Kreise negativer Länge ausschließen.

Algorithmus 2.7 Bellman/Ford

---

for all $v \in V$ **do** $d[v] := \infty$
$d[s] := 0$
for $i := 1$ to $|V| - 1$ **do**
    for all $(u, v) \in E$ **do**   ▷ Hier wird keine Reihenfolge vorgegeben.
        if $d[v] > d[u] + c((u, v))$ **then** $d[v] := d[u] + c((u, v))$, $\pi[v] := u$
for all $(u, v) \in E$ **do**
    if $d[v] > d[u] + c((u, v))$ **then**
        Meldung „Es gibt Kreise mit negativem Gewicht." und Abbruch

---

Abb. 2.28 Ein kürzester
Weg im Korrektheitsbeweis
zu Algorithmus 2.7

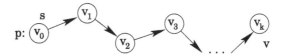

Wir zeigen die Korrektheit des Algorithmus unter der Voraussetzung, dass keine Kreise negativer Länge erreichbar sind (Algorithmus 2.7 prüft diese Voraussetzung, damit beschäftigen wir uns in der anschließenden Aufgabe). Sei dazu $v \in V$ ein beliebiger Knoten. Wir betrachten einen (stets existierenden, falls v_k von v_0 erreichbar ist) kürzesten Weg $p = (v_0, v_1, \ldots, v_k)$ von $s = v_0$ nach $v = v_k$, wie er in Abb. 2.28 dargestellt ist. Da Teilwege von kürzesten Wegen nach Lemma 2.3 ebenfalls kürzeste Wege sind, gilt:

$$\mathrm{dist}(s, v_i) = \mathrm{dist}(s, v_{i-1}) + c((v_{i-1}, v_i)).$$

Initial wird im Algorithmus von Bellman/Ford der Wert $d[s]$ auf null gesetzt, also gilt $d[s] = d[v_0] = 0 = \mathrm{dist}(s, v_0)$. Wäre s Knoten eines Kreises negativer Länge, dann wäre $d[s]$ kleiner, aber das haben wir ja ausgeschlossen. Die aktuelle Entfernung von s zu allen anderen Knoten v wird mit einem sehr großen Wert $d[v] := \infty$ initialisiert. Das Symbol ∞ steht in der Mathematik für „unendlich". Dabei handelt es sich um keine Zahl, sondern um die Beschreibung eines Grenzwertes, siehe Definition 4.8 in Abschn. 4.5. Hier genügt es, wenn wir $d[v]$ mit einem Wert belegen, der größer als jede tatsächlich auftretende Entfernung ist.

Wir betrachten jetzt jeweils einen Durchlauf der äußeren Schleife: Nach dem ersten Durchlauf über alle Kanten aus E wurde irgendwann die Kante (v_0, v_1) betrachtet und somit $d[v_1] = d[v_0] + c((v_0, v_1)) = \mathrm{dist}(s, v_1)$ gesetzt. Nachdem das zweite Mal alle Kanten aus E durchlaufen wurden, gilt $d[v_2] = \mathrm{dist}(s, v_2)$. Nach einem i-ten Schleifendurchlauf ist $d[v_i] = \mathrm{dist}(s, v_i)$. Das müssen wir uns aber noch kurz überlegen, denn der Algorithmus verwendet Kanten auch mehrfach. Da dadurch mehr „Wege" gemessen werden als durch die Definition des Wegs zulässig sind, kann ein „kürzerer" als der kürzeste Weg gefunden werden. Das geschieht aber nur, wenn es erreichbare Kreise negativer Länge gibt – und die haben wir ausgeschlossen. Damit ist nach dem k-ten Durchlauf $d[v] = d[v_k] = \mathrm{dist}(s, v)$.

Jetzt könnte aber k größer als die Anzahl der Schleifendurchläufe sein. Wir müssen also zeigen, dass es einen kürzesten Weg von s zu v mit höchstens $|V| - 1$ Kanten gibt, der dann im vorangehenden Argument verwendet werden kann. Haben wir einen kürzesten Weg mit mehr als $|V| - 1$ Kanten, dann wird ein Knoten mehrfach besucht, und das Wegstück von diesem Knoten zu sich selbst ist ein Kreis negativer Länge (ausgeschlossen) oder der Länge null (kann weggelassen werden). Also gibt es einen kürzesten Weg mit $k < |V| - 1$ Kanten.

Aufgabe 2.6 Verifizieren Sie, dass die letzte Schleife des Algorithmus die Voraussetzung prüft, dass keine von s aus erreichbaren Kreise negativer Länge existieren dürfen. (siehe Lösung A.23)

Abgesehen von der Initialisierung zählen wir $(|V| - 1) \cdot |E| + |E| = |V| \cdot |E|$ Ausführungen der (inneren) Schleifenblöcke. Das führt im Allgemeinen zu einer erheblich schlechteren Laufzeit als beim Algorithmus von Dijkstra, der dafür aber nur bei nicht-negativen Kantengewichten funktioniert. Auch können wir nicht wie beim Algorithmus von Dijkstra vorzeitig stoppen, wenn der Zielknoten erreicht wird.

Aufgabe 2.7 Ändern Sie den Algorithmus von Bellman/Ford für einen kreisfreien, gerichteten Graphen so ab, dass er eine bessere Laufzeit im Sinne von weniger Schleifendurchläufen benötigt. Benutzen Sie dazu eine aus der Tiefensuche resultierende, nach Satz 2.3 existierende topologische Sortierung. (siehe Lösung A.24)

2.4   Grundlegende Probleme in ungerichteten Graphen

2.4.1   Bäume und minimale Spannbäume

Bäume sind elementar in der Informatik und begegnen uns oft auch als Datenstrukturen in Programmen bzw. Algorithmen. Wir haben bei der Tiefensuche den Begriff Baumkante verwendet, ohne Bäume näher zu erläutern. Fassen wir Baumkanten als ungerichtete Kanten auf, dann bilden sie einen Spannbaum (siehe Abb. 2.10 in Abschn. 2.3.1). Wir definieren zunächst den Begriff Baum und sehen uns dann Spannbäume an.

Sei $G = (V, E)$ ein ungerichteter Graph. Der Graph G ist **zusammenhängend**, wenn es zwischen jedem Paar von Knoten einen Weg in G gibt, also wenn gilt: Für alle $u, v \in V$ existiert ein Weg von u nach v in G. Da der Graph G ungerichtet ist, gibt es mit einem Weg von u nach v auch einen Weg v nach u. Eine Unterscheidung zwischen starkem und schwachem Zusammenhang wie bei gerichteten Graphen ist hier also nicht sinnvoll.

Falls G zusammenhängend und kreisfrei ist, nennt man G einen **Baum.** In Abb. 2.29 ist links ein solcher Baum zu sehen. Einen kreisfreien (und in der Regel nicht-zusammenhängenden) Graphen nennt man einen **Wald**. In einem Wald sind die maximal zusammenhängenden Teile des Graphen, das sind die **Zusammenhangskomponenten** (ZHK), jeweils Bäume. Man kann also sagen, dass ein Wald aus Bäumen besteht, was nicht so ungewöhnlich ist (siehe Abb. 2.29, rechts).

Aufgabe 2.8 Sei $G = (V, E)$ ein ungerichteter, nicht zusammenhängender Graph. Zeigen Sie, dass der **komplementäre Graph**

$$(V, \overline{E}) \text{ mit } \overline{E} := \mathcal{C}_{V \times V} E = \{\{u, v\} : u, v \in V, u \neq v, \{u, v\} \notin E\},$$

der alle möglichen Kanten enthält, die nicht in E sind, zusammenhängend ist. Beachten Sie, dass zwei Knoten aus verschiedenen ZHK von G im komplementären Graphen durch eine Kante verbunden sind. (siehe Lösung A.25)

Abb. 2.29 Ein Baum (links) und ein Wald (rechts)

Satz 2.5 (Kantenzahl im Baum) Für einen ungerichteten, zusammenhängenden Graphen $G = (V, E)$ gilt:

$$G \text{ ist ein Baum} \iff |E| = |V| - 1.$$

Beweis Wir zeigen zunächst, dass für einen Baum die Formel $|E| = |V| - 1$ gilt. Sie ist erfüllt, falls der Baum nur aus einem Knoten besteht, denn dann gibt es keine Kanten. Auch für den Baum, der aus zwei Knoten besteht, gilt die Formel, denn die zwei Knoten sind durch genau eine Kante miteinander verbunden. Wir können jeden größeren Baum dadurch erzeugen, dass wir sukzessive immer einen weiteren Knoten hinzunehmen, und diesen neuen Knoten mittels einer weiteren Kante mit einem der bereits bestehenden Knoten verbinden. Denn da ein Baum zusammenhängend ist (oder aufgrund der entsprechenden Voraussetzung), muss mindestens einer der noch nicht berücksichtigten Knoten von einem der bereits aufgenommenen Knoten über eine Kante erreichbar sein – sogar von genau einem, da es sonst einen Kreis gäbe. Auf diese Weise erhalten wir jeweils eine Kante und einen Knoten mehr, so dass stets die Invariante gilt, dass eine Kante weniger als Knoten vorhanden ist. Sind alle Knoten berücksichtigt, liegt außerdem der gegebene Baum vor, und $|E| = |V| - 1$ ist gezeigt.

Jetzt müssen wir noch die umgekehrte Richtung zeigen. Dies machen wir indirekt, indem wir annehmen, dass der zusammenhängende Graph mit $|V| - 1$ Kanten kein Baum ist, also nicht kreisfrei ist. Aus einem Kreis können wir aber eine Kante weglassen, so dass der restliche Graph weiterhin zusammenhängend ist. Das können wir so lange tun, bis es keinen Kreis mehr gibt. Da wir in jedem Schritt eine Kante entfernen, ist irgendwann Schluss (der Algorithmus terminiert). Dann haben wir einen kreisfreien, zusammenhängenden Graphen (also einen Baum) mit weniger als $|V| - 1$ Kanten – im Widerspruch zur zuvor gezeigten Aussage. $\square$

Sobald wir zu einem Baum auch nur eine einzige Kante hinzufügen, entsteht ein Kreis. Das ist eine direkte Konsequenz des Satzes.

Einen Baum können wir stets so zeichnen, dass die Knoten in Ebenen angeordnet sind. Dabei wählen wir einen Knoten als **Wurzel** aus und ordnen ihn in der Ebene null, die ganz oben gezeichnet wird, an. Die mit ihm adjazenten Knoten werden in der Ebene eins darunter eingezeichnet. Die mit diesen adjazenten und noch nicht gezeichneten Knoten stellen wir in der Ebene zwei dar, usw. Da der Baum zusammenhängend ist, gelangen alle Knoten in diese Darstellung. Außerdem gibt es nur Kanten zwischen benachbarten Ebenen, denn sonst würde ein Kreis entstehen. Diese Darstellung haben wir bereits zuvor für Binärbäume verwendet, siehe Abschn. 1.3.5. Knoten ohne Nachfolger in der nächsten Ebene heißen **Blätter**. Mit Ausnahme der Wurzel sind die Blätter genau die Knoten mit Knotengrad eins.

Aufgabe 2.9 Zeigen Sie: Ein ungerichteter Baum, bei dem alle Knoten höchstens den Grad drei haben, besitzt mindestens einen Knoten vom Grad kleiner drei. Er kann damit in der Form eines Binärbaums dargestellt werden. (siehe Lösung A.26)

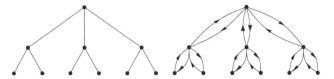

Abb. 2.30 Beispiel zu Aufgabe 2.10

Aufgabe 2.10 Betrachten Sie einen gerichteten Graphen $G = (V, E)$, der aus einem ungerichteten Baum entsteht, indem jeweils eine ungerichtete Kante $\{u, v\}$ durch die zwei gerichteten Kanten (u, v) und (v, u) ersetzt wird (siehe Abb. 2.30). Zeigen Sie (z. B. mittels einer Rekursion), dass in diesem Graphen ein Kreis existiert, der alle Kanten umfasst. Wir verlangen nicht, dass der Kreis einfach ist. (siehe Lösung A.27)

Unter Anderem bei der Berechnung von elektrischen Netzwerken werden spezielle Bäume benötigt, um ein Gleichungssystem (vgl. Abschn. 5.5) für Ströme und Spannungen abzulesen. Dabei handelt es sich um Spannbäume:

Definition 2.10 (Spannbaum) Ein **Spannbaum** T eines Graphen $G = (V, E)$ ist ein zusammenhängender, kreisfreier Teilgraph $T = (V, E_T)$ von G.

Ein Spannbaum ist also ein Baum, der alle Knoten des gegebenen Graphen umfasst. Jeder zusammenhängende, ungerichtete Graph besitzt einen Spannbaum. Das folgt analog zum zweiten Teil des Beweises von Satz 2.5: Wenn der Graph einen Kreis enthält, dann können wir aus dem Kreis eine Kante entfernen – und der Graph bleibt zusammenhängend. Das machen wir, solange es noch Kreise gibt, der verbleibende Graph ist ein Spannbaum. Einen Spannbaum erhalten wir auch mit den Baumkanten einer auf ungerichtete Graphen übertragenen Tiefensuche.

Schwieriger wird es aber, wenn die Kanten Gewichte haben und wir einen minimalen Spannbaum finden sollen. Dazu sei ein ungerichteter, zusammenhängender Graph $G = (V, E, c)$ mit einer Kostenfunktion c gegeben, die wie im Fall eines gerichteten Graphen jeder Kante einen Kantenwert zuordnet.

Aufgabe 2.11 Sei $G = (V, E, c)$ ein ungerichteter, zusammenhängender Graph mit Kostenfunktion, die nur auf positive Zahlen abbildet. Zeigen Sie indirekt, dass je zwei längste Wege (d. h., die Summe der Kosten aller ihrer Kanten ist jeweils maximal) mindestens einen gemeinsamen Knoten besitzen. (siehe Lösung A.28)

Die Kosten eines Spannbaums $T = (V, E_T)$ sind definiert als

$$\text{cost}(T) := \sum_{e \in E_T} c(e),$$

also als die Summe über die Kosten aller enthaltener Kanten. Wir suchen einen **minimalen Spannbaum** von G, d. h. einen Spannbaum $T = (V, E_T)$ von G mit

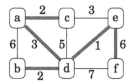

Abb. 2.31 Minimaler Spannbaum für den gegebenen Graphen, da die Summe über die Kosten $c(e)$ aller enthaltener Kanten e für keinen anderen Spannbaum kleiner ist

minimalen Kosten. Da es zu jedem zusammenhängenden Graphen mindestens einen aber wegen der endlichen Kantenzahl auch höchstens endlich viele Spannbäume gibt, gibt es natürlich auch mindestens einen minimalen Spannbaum.

Es gibt vielfältige Anwendungen für minimale Spannbäume: Mit einem minimalen Spannbaum können Häuser ans Strom- oder Telefonnetz angeschlossen werden, wobei aus Kostengründen möglichst kurze Kabelwege verlegt werden. Bei der Stromversorgung von elektrischen Bauteilen auf einer Platine finden wir Spannbäume. Beim Routing in IP-Netzen finden wir den **CISCO IP Multicast** oder das **Spanning Tree Protocol**. Auch helfen minimale Spannbäume bei der Berechnung einer Rundreise durch einen Graphen. Noch ein nicht ganz ernst gemeinter Rat an die Finanzminister in den Ländern: Es sollten nicht alle Straßen repariert werden, sondern nur noch die, so dass nach wie vor alle Häuser erreichbar sind.

Lemma 2.5 (Minimalitätsregel) *Sei* (V_1, V_2) *eine disjunkte Zerlegung der Knotenmenge* V *eines zusammenhängenden Graphen* $G = (V, E, c)$ *mit* $V_1 \neq \emptyset$, $V_2 \neq \emptyset$, $V_1 \cap V_2 = \emptyset$ *und* $V_1 \cup V_2 = V$. *Für eine solche Zerlegung gilt: Jeder minimale Spannbaum von* G *enthält eine billigste Kante* $e = \{u, v\} \in E$ *mit* $u \in V_1$ *und* $v \in V_2$, *d. h.*

$$c(e) = \min\{c(\{u, v\}) : \{u, v\} \in E \text{ mit } u \in V_1 \text{ und } v \in V_2\}.$$

Ein minimaler Spannbaum kann durchaus weitere Kanten zwischen den Mengen V_1 und V_2 enthalten, vgl. Abb. 2.32. Auch können mehrere billigste Kanten existieren, dann ist sichergestellt, dass ein minimaler Spannbaum mindestens eine von ihnen enthält.

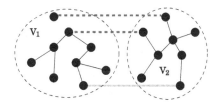

Abb. 2.32 Minimalitätsregel: Die beiden oberen gestrichelten Kanten zwischen V_1 und V_2 haben ein größeres Gewicht als die untere. Die untere ist damit in jedem Fall Teil eines minimalen Spannbaums. Beim Aufbau eines minimalen Spannbaums wird daher (zuerst) die untere Kante verwendet

Beweis Wir nehmen an, dass ein minimaler Spannbaum keine billigste Kante zwischen V_1 und V_2 enthält. Da der Spannbaum zusammenhängend ist, gibt es aber eine teurere Kante u zwischen V_1 und V_2. Da der Spannbaum ein Baum ist, entsteht durch Hinzunahme einer billigsten Kante v ein Kreis, in dem sowohl v als auch u liegen. Wenn wir jetzt u entfernen, haben wir immer noch einen Spannbaum. Allerdings ist jetzt das Gewicht geringer als das des angenommenen minimalen Spannbaums: Widerspruch! □

Kruskals Algorithmus zur Berechnung minimaler Spannbäume basiert auf dieser Minimalitätsregel und ist in Algorithmus 2.8 dargestellt. Warum nennen wir das Lemma Minimalitätsregel? Der Algorithmus baut einen Baum auf, der stets die Regel erfüllt: Eine billigste Kante darf in den Spannbaum aufgenommen werden. Eine teurere Kante wird nicht in den Spannbaum aufgenommen. Sei $G = (V, E, c)$ ein ungerichteter, zusammenhängender Graph mit Kostenfunktion c. Nach Ablauf des Algorithmus enthält die Menge A die Kanten eines minimalen Spannbaums. Um diese zu finden, verwaltet der Algorithmus disjunkte Knotenmengen. Jede Menge M repräsentiert eine Menge von Knoten, für deren induzierten Teilgraphen $G|_M$ bereits ein minimaler Spannbaum berechnet wurde. Zunächst ist jeder Knoten aus V in einer anderen Menge. Die Kanten werden anhand ihrer Gewichtung sortiert. Dann werden sie in der Reihenfolge ihrer Sortierung durchlaufen – beginnend mit der Kante, die das geringste Gewicht hat. Für jede so erhaltene Kante wird geprüft, ob die Endknoten u und v in verschiedenen Mengen liegen. Ist das der Fall, dann ist eine Kante eines minimalen Spannbaums gefunden. Sie wird in A aufgenommen, und die zugehörigen Mengen werden verschmolzen. Nach der Minimalitätsregel suchen wir also eine preiswerteste Kante, die zwei solche Mengen verbindet. Daher haben wir zu Beginn die Kanten nach ihren Gewichten sortiert.

Algorithmus 2.8 Kruskals Algorithmus für minimale Spannbäume

$A := \emptyset$
for all Knoten $v \in V$ **do**
    Erstelle eine Menge $\{v\}$.
Sortiere die Kanten von E aufsteigend nach Gewicht.
for all Kanten $\{u, v\} \in E$ in dieser Sortierung **do**
    $R_u :=$ die Menge, in der u liegt, $R_v :=$ die Menge, in der v liegt
    if $R_u \neq R_v$ **then**
        $A := A \cup \{\{u, v\}\}$
        Verschmelze die Mengen R_u und R_v zu einer Menge $R_u \cup R_v$, die die beiden ersetzt.

Schauen wir uns dazu das bereits bekannte Beispiel aus Abb. 2.31 an. Der Ablauf der Berechnung ist in Tab. 2.3 gezeigt. Zunächst bildet jeder Knoten für sich eine Menge, da noch keine Teilgraphen untersucht und minimale Spannbäume für diese berechnet wurden. Zu Beginn wird die Kante $\{d, e\}$ untersucht und festgestellt, dass die Mengen, in denen d und e verwaltet werden, disjunkt und damit ungleich sind. Also gibt es durch Hinzunehmen der Kante keinen Kreis, und wir verschmelzen die Knotenmengen. Als nächstes wird die Kante $\{a, c\}$ betrachtet. Auch diese Knoten

Tab. 2.3 Berechnung eines minimalen Spannbaums nach Kruskal

Sortierte Kanten	Knotenmengen	Spannbaumkanten
	$\{a\}, \{b\}, \{c\}, \{d\}, \{e\}, \{f\}$	
$\{d, e\}$	$\{a\}, \{b\}, \{c\}, \{d, e\}, \{f\}$	$\{d, e\}$
$\{a, c\}$	$\{a, c\}, \{b\}, \{d, e\}, \{f\}$	$\{d, e\}, \{a, c\}$
$\{b, d\}$	$\{a, c\}, \{b, d, e\}, \{f\}$	$\{d, e\}, \{a, c\}, \{b, d\}$
$\{a, d\}$	$\{a, c, b, d, e\}, \{f\}$	$\{d, e\}, \{a, c\}, \{b, d\}, \{a, d\}$
$\{c, e\}$	unverändert	unverändert
$\{c, d\}$	unverändert	unverändert
$\{a, b\}$	unverändert	unverändert
$\{e, f\}$	$\{a, c, b, d, e, f\}$	$\{d, e\}, \{a, c\}, \{b, d\}, \{a, d\}, \{e, f\}$
$\{d, f\}$	unverändert	unverändert

liegen in verschiedenen Mengen, und die Mengen werden zusammengefasst. So setzt sich das Verfahren fort.

Bislang haben wir den Algorithmus von Kruskal nur motiviert, seine Korrektheit aber nicht bewiesen.

Satz 2.6 (Korrektheit des Algorithmus von Kruskal) Für jeden ungerichteten, zusammenhängenden Graphen berechnet der Algorithmus von Kruskal einen minimalen Spannbaum.

Den leichteren Teil des Beweises stellen wir als Übungsaufgabe:

Aufgabe 2.12 Zeigen Sie mittels vollständiger Induktion, dass nach jedem Schleifendurchlauf zu jeder noch vorhandenen Knotenmenge, die wir jetzt R nennen, ein Spannbaum berechnet ist, dass also der von R induzierte Teilgraph von (V, A) ein Spannbaum des von R induzierten Teilgraphen von (V, E) ist. Schließen Sie daraus, dass der Algorithmus einen Spannbaum berechnet. (siehe Lösung A.29)

Beweis Wir zeigen, dass der berechnete Spannbaum minimal ist. Um einen minimalen Spannbaum zu finden, werden die Kanten so sortiert, dass der Algorithmus mit aufsteigenden Kantengewichten arbeitet. Wenn ein Spannbaum die $|V| - 1$ ersten Kanten in dieser Sortierung enthält, dann ist er automatisch minimal. Der Algorithmus von Kruskal versucht, genau einen solchen Spannbaum zu erstellen. Jedoch kann es passieren, dass eine Kante nicht gebraucht wird (wenn sie keine unterschiedlichen Mengen verbindet und damit zu einem Kreis führen würde). Dann macht der Algorithmus mit der nächsten Kante in der Sortierung weiter. Deshalb entsteht ein Spannbaum, in dem nicht nur die $|V| - 1$ kleinsten Kanten vorkommen können. Auch wenn das Funktionieren des Algorithmus naheliegend ist, muss daher noch bewiesen werden, dass der entstehende Spannbaum wirklich minimal ist. Dazu zeigen wir mittels vollständiger Induktion, dass stets die Kantenmenge A Teilmenge der Kanten eines minimalen Spannbaums (den es ja gibt) ist.

- **Induktionsanfang:** Zunächst ist $A = \emptyset$, so dass A Teilmenge der Kantenmenge jedes minimalen Spannbaums ist.
- **Induktionsannahme:** Nach n Schleifendurchläufen sei A Teilmenge der Kanten eines minimalen Spannbaums T.
- **Induktionsschluss:** Beim $n + 1$-ten Durchlauf können drei Fälle eintreten:
  - A bleibt unverändert, damit ist nichts zu zeigen.
  - Eine Kante $\{u, v\}$ wird zu A hinzugefügt, die auch Kante des minimalen Spannbaums ist, für den die Induktionsannahme gilt. Auch hier ist nichts mehr zu zeigen.
  - Die neue Kante $\{u, v\}$, die die Mengen R_u und R_v verbindet, gehört nicht zum Spannbaum T aus der Induktionsannahme. Hier schlägt jetzt das Argument aus der Minimalitätsregel (Beweis zu Lemma 2.5) zu: Wir betrachten zwei disjunkte nicht-leere Knotenmengen: R_u und $V \setminus R_u$.
    Für alle Kanten $\{w, r\}$ mit $w \in R_u$ und $r \in V \setminus R_u$ gilt $c(\{w, r\}) \geq c(\{u, v\})$, denn aufgrund der Kantensortierung im Algorithmus verbinden Kanten mit kleinerem Gewicht als $c(\{u, v\})$ Knoten innerhalb der aktuellen Mengen, also innerhalb R_u oder innerhalb $V \setminus R_u$.
    Fügen wir die Kante $\{u, v\}$ zum minimalen Spannbaum T der Induktionsannahme hinzu, dann entsteht ein Kreis. In diesem muss sich eine weitere Kante zwischen R_u und $V \setminus R_u$ befinden. Lassen wir diese weg, entsteht ein anderer minimaler Spannbaum, da die weggelassene Kante nach der vorangehenden Überlegung kein kleineres Gewicht als $c(\{u, v\})$ haben kann. Damit ist nach dem $n + 1$ Schleifendurchlauf A Teilmenge der Kanten dieses anderen minimalen Spannbaums.

Am Ende des Algorithmus sind die $|V| - 1$ Kanten in A auch Kanten eines minimalen Spannbaums. Da dieser auch $|V| - 1$ Kanten hat, ist A genau die Kantenmenge dieses minimalen Spannbaums.   □

Wir konnten im Induktionsschluss nicht direkt die Minimalitätsregel Lemma 2.5 anwenden, da wir zwei bereits bestehende minimale Teilspannbäume zu einem verbinden mussten. Das war nicht Teil der Aussage des Lemmas.

Aufgabe 2.13 Sei $G = (V, E, c)$ ein ungerichteter, zusammenhängender Graph mit einer Kostenfunktion $c : E \to \mathbb{R}$. Es sei ein neues Kostenmaß $c_{\max}(T)$ für einen Spannbaum T von G wie folgt definiert:

$$c_{\max}(T) := \max\{c(e) : e \text{ ist Knoten von } T\}.$$

Beweisen Sie indirekt in Anlehnung an die Minimalitätsregel: Wenn T bezüglich cost minimal ist, dann ist T auch bezüglich $c_{\max}$ minimal.

Damit liefert der Algorithmus von Kruskal automatisch auch einen Spannbaum, der minimal hinsichtlich des neuen Kostenmaßes ist. (siehe Lösung A.30)

2.4.2 Bipartite und planare Graphen

Wir haben bereits eine spezielle Klasse von Graphen kennengelernt: die Bäume. Nun wollen wir weitere Graphklassen beschreiben, wobei wir jeweils einen ungerichteten Graphen $G = (V, E)$ voraussetzen werden. Der Grund für die Betrachtung spezieller Graphen ist, dass Probleme dafür oft einfacher zu lösen sind. So ist das Färbungsproblem, mit dem wir uns unten beschäftigen werden, im Allgemeinen nicht effizient lösbar, aber auf Bäumen oder bipartiten Graphen findet man sehr einfach eine Lösung.

Definition 2.11 (bipartite Graphen) Der ungerichtete Graph $G = (V, E)$ heißt **bipartit,** wenn V disjunkt in V_1 und V_2 aufgeteilt werden kann, also $V_1 \cup V_2 = V$ und $V_1 \cap V_2 = \emptyset$ gilt, und für jede Kante $e = \{u, v\}$ entweder $u \in V_1$ und $v \in V_2$ oder umgekehrt $u \in V_2$ und $v \in V_1$ ist.

Alle Kanten verlaufen also zwischen den Mengen V_1 und V_2, innerhalb der Mengen gibt es keine Kanten. In Abb. 2.33 sind zwei bipartite Graphen dargestellt. Kreisfreie Graphen wie Bäume sind immer auch bipartit. Bei Bäumen sehen wir das sofort, wenn wir die Knoten wie zuvor in Ebenen anordnen. Die Knoten der Ebenen $0, 2, 4, \ldots$ bilden V_1. Die Knoten der ausgelassenen Ebenen bilden V_2.

Aufgabe 2.14 Schreiben Sie die für gerichtete Graphen besprochene modifizierte Tiefensuche Algorithmus 2.3 so um, dass der Algorithmus entscheidet, ob ein ungerichteter Graph bipartit ist. (siehe Lösung A.31)

Wir nennen G **vollständig bipartit,** falls jeder Knoten aus V_1 mit jedem Knoten in V_2 über eine Kante verbunden ist und bezeichnen G dann als $K_{m,n}$, wobei $m := |V_1|$ und $n := |V_2|$ jeweils die Anzahl der Knoten ist.

Lemma 2.6 (Kreise im bipartiten Graphen) *Ein bipartiter Graph kann keine Kreise ungerader Länge enthalten.*

Da es keine Kanten zwischen Knoten aus V_1 und ebenfalls keine Kanten zwischen Knoten aus V_2 gibt, benötigt man stets eine gerade Anzahl von Kanten, um beispielsweise von einem Knoten aus V_1 zum gleichen (bei einem Kreis) oder zu einem anderen Knoten aus V_1 zu gelangen.

Abb. 2.33 Die vollständig bipartiten Graphen $K_{2,3}$ und $K_{1,8}$

Wir betrachten weitere spezielle ungerichtete Graphen. Ein Graph G heißt **vollständig** genau dann, wenn für alle $u, v \in V$ mit $u \neq v$ gilt: $\{u, v\} \in E$. Solche vollständigen Graphen sind in Abb. 2.34 dargestellt. Einen vollständigen Graphen mit n Knoten bezeichnen wir als K_n. Er hat $\frac{n(n-1)}{2}$ Kanten. Denn jeder der n Knoten ist über $n - 1$ Kanten mit jedem anderen verbunden. Da jede Kante aber genau zwei Knoten verbindet, müssen wir $n(n - 1)$ durch zwei teilen.

Bei einem beliebigen Graphen G nennen wir eine Teilmenge $U \subseteq V$ eine **Clique** genau dann, wenn für alle $u, v \in U$ mit $u \neq v$ gilt: $\{u, v\} \in E$. Der von U induzierte Teilgraph ist also vollständig.

Der Graph G heißt **planar** genau dann, wenn er kreuzungsfrei in der Ebene gezeichnet werden kann. In Abb. 2.35 ist der K_4 links zweimal dargestellt: einmal mit Kreuzung und einmal kreuzungsfrei. Auch einen Würfel kann man kreuzungsfrei zeichnen. Ein planarer Graph muss also nicht kreuzungsfrei gezeichnet sein, aber eine solche kreuzungsfreie Darstellung muss existieren. Bäume sind immer planar.

In Abb. 2.34 haben wir K_5 nicht kreuzungsfrei gezeichnet. Sie können ja mal probieren, ob das geht. Solche Fragen werden z. B. bei einem Platinenlayout sehr wichtig. Kreuzungen können hier teuer werden, also versucht man sie frühzeitig zu erkennen und zu vermeiden. Statt zu probieren (das würde bei einer Software zu schlechten Laufzeiten führen), sehen wir uns hier jetzt erst einmal Eigenschaften von planaren Graphen an. Diese Mathematik wird uns dann tatsächlich bei der Einschätzung des K_5 (und auch realer Probleme) helfen.

Satz 2.7 (Euler'sche Polyederformel) Für einen ungerichteten, zusammenhängenden, planaren Graphen $G = (V, E)$, der kreuzungsfrei in der Ebene gezeichnet ist, gilt $|V| - |E| + f = 2$, wobei f die Anzahl der von den gezeichneten Kanten eingeschlossenen Flächen (faces) zuzüglich der den Graphen umschließenden Fläche bezeichnet.

Machen wir uns zunächst an einem Beispiel klar, was die im Satz genannten Flächen eigentlich sind. In Abb. 2.36 haben wir wieder den vollständigen Graphen K_4 mit vier Knoten dargestellt, und zwar kreuzungsfrei, das ist wichtig. Die Flächen, die durch Kanten begrenzt werden, sind F_1 bis F_4. Die äußere, nicht durch Kanten eingeschlossene Fläche F_4 wird ebenfalls mitgezählt.

Eine direkte Konsequenz des Satzes ist, dass die Anzahl der Flächen des Graphen nicht davon abhängt, wie wir ihn kreuzungsfrei zeichnen.

Abb. 2.34 Die vollständigen
Graphen K_3, K_4 und K_5

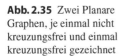

Abb. 2.35 Zwei Planare
Graphen, je einmal nicht
kreuzungsfrei und einmal
kreuzungsfrei gezeichnet

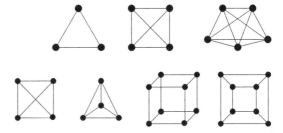

Abb. 2.36 Flächen eines planaren Graphen, der kreuzungsfrei in der Ebene gezeichnet ist

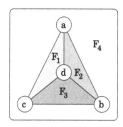

Beweis zur Euler'schen Polyederformel: Da wir einen zusammenhängenden Graphen haben, können wir durch sukzessives Weglassen von Kanten aus Kreisen einen Spannbaum gewinnen. Wenn wir eine Kante aus einem Kreis entfernen, wird die Kantenzahl und die Anzahl der Flächen f jeweils um eins kleiner, d. h. Knotenzahl minus Kantenzahl plus Flächenzahl bleibt konstant (Invariante). Für den resultierenden Spannbaum gilt nach Satz 2.5, dass die Anzahl der Kanten gleich der Anzahl der Knoten minus 1 ist. Außerdem ist die Anzahl der Flächen ebenfalls 1, da die Kanten keine Flächen einschließen und es nur die umgebende Fläche gibt. Also ist die Knotenzahl − Kantenzahl + Flächenzahl gleich 2. Zusammen mit der Invariante gilt damit auch für den ursprünglichen Graphen $|V| - |E| + f = 2$. □

Satz 2.8 (obere Schranke für Kantenzahl) Für einen ungerichteten, planaren Graphen $G = (V, E)$ mit mindestens drei Knoten gilt: $|E| \leq 3 \cdot |V| - 6$.

Beweis Wir müssen den Satz nur für zusammenhängende Graphen beweisen (so dass wir die Euler'sche Polyederformel benutzen können). Denn wenn wir einen nicht zusammenhängenden planaren Graphen haben, dann können wir durch Hinzufügen von Kanten zu einem gelangen. Gilt die Aussage dann für diesen Graphen, dann erst recht für den nicht zusammenhängenden, da er weniger Kanten hat und damit die linke Seite der Formel noch kleiner wird.

Haben wir drei Knoten, dann gibt es höchstens drei Kanten (vollständiger Graph K_3), und die Formel gilt. Wir können also einen zusammenhängenden Graphen G mit mindestens vier Knoten und mindestens drei Kanten betrachten. Weniger Kanten sind nicht möglich, da der Graph sonst nicht zusammenhängend wäre. Dieser Graph habe eine kreuzungsfreie Darstellung mit f Flächen. Eine solche ist in Abb. 2.37 zu sehen. Wir definieren eine Matrix **M**, bei der jeweils eine Zeile z für eine Fläche steht, und eine Spalte s eine Kante repräsentiert. Der Wert $m_{z,s}$ ist genau dann eins, wenn die Kante s die Fläche z begrenzt. In Tab. 2.4 ist die entsprechende Matrix für den

Abb. 2.37 Begrenzung der Flächen durch Kanten im Beweis zu Satz 2.8: Die Flächen sind durch große Buchstaben, die Kanten durch kleine Buchstaben gekennzeichnet

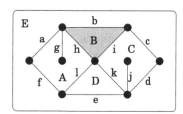

Tab. 2.4 Matrix, die den Flächen die begrenzenden Kanten zuordnet

M	a	b	c	d	e	f	g	h	i	j	k	l
A	1	0	0	0	0	1	1	1	0	0	0	1
B	0	1	0	0	0	0	0	1	1	0	0	0
C	0	0	1	1	0	0	0	0	1	1	1	0
D	0	0	0	0	1	0	0	0	0	0	1	1
E	1	1	1	1	1	1	0	0	0	0	0	0

Graphen aus Abb. 2.37 zu sehen. In jeder Spalte der Matrix $\mathbf{M}$ gibt es höchstens zwei Einsen, denn jede Kante e ist die Grenze von höchstens zwei Flächen. Es kann auch Kanten geben, die nur eine Fläche begrenzen, wie die Kanten g und j im obigen Beispiel. Durch p Kanten können also höchstens $2 \cdot p$ Flächen begrenzt werden. Bei dieser Zählung wird jede Fläche mindestens dreimal gezählt, weil jede Fläche durch mindestens drei Kanten begrenzt ist. Die Matrix $\mathbf{M}$ enthält daher in jeder Zeile mindestens drei Einsen. Also gilt:

$$f \ \leq \ \frac{2 \cdot |E|}{3} \ \Longleftrightarrow \ 3 \cdot f \leq 2 \cdot |E|. \tag{2.3}$$

Die Aussage, dass jede Fläche (insbesondere auch die umgebende) von mindestens drei Kanten begrenzt wird, kann natürlich nur dann gelten, wenn der Graph auch mindestens drei Kanten hat. Aber wir befinden uns ja im Beweis genau dieses Falls. Die Matrix muss also mindestens drei Spalten haben. Für die planaren Graphen, die nur aus einem Knoten oder zwei Knoten und einer Kante bestehen, gilt die Abschätzung $3 \cdot f \leq 2 \cdot |E|$ nicht!

Nach der Euler'schen Polyederformel gilt $|V| - |E| + f = 2$. Multiplizieren wir beide Seiten der Gleichung mit 3, dann erhalten wir:

$$3 \cdot |V| - 3 \cdot |E| + 3 \cdot f = 6 \ \Longleftrightarrow \ 3 \cdot f = 6 - 3 \cdot |V| + 3 \cdot |E|. \tag{2.4}$$

Jetzt nutzen wir (2.3):

$$6 - 3 \cdot |V| + 3 \cdot |E| \stackrel{(2.4)}{=} 3 \cdot f \stackrel{(2.3)}{\leq} 2 \cdot |E| \ \Longrightarrow \ |E| \leq 3 \cdot |V| - 6.$$

$\square$

Planare Graphen sind also dünne Graphen, d. h. Graphen mit vergleichsweise wenigen Kanten.

Der Satz gilt nur, da wir in diesem Buch Graphen ohne Mehrfachkanten, also mehreren Kanten zwischen zwei Knoten, und ohne Schlingen verwenden, siehe Abb. 2.38.

Jetzt wissen wir genug über planare Graphen, um die Frage nach einer kreuzungsfreien Darstellung von K_5 zu beantworten:

Abb. 2.38 Würden wir
Mehrfachkanten erlauben,
könnte eine Fläche auch nur
von zwei Kanten begrenzt
werden

Folgerung 2.1 Der vollständige Graph K_5 ist nicht planar.

Beweis Im K_5 ist jeder der fünf Knoten mit jedem der vier anderen Knoten durch
eine Kante verbunden. Da wir dabei jede Kante doppelt zählen, muss es also $\frac{4 \cdot 5}{2} = 10$
Kanten geben, siehe auch Satz 2.1. Nach obiger Aussage darf die Anzahl der Kanten
aber höchstens $3 \cdot |V| - 6 = 3 \cdot 5 - 6 = 9$ sein.   □

Weil in bipartiten Graphen jeder Kreis eine gerade Länge hat, siehe Lemma 2.6,
muss bei bipartiten Graphen mit mindestens vier Kanten sogar $4 \cdot f \leq 2 \cdot |E|$ gelten,
denn jede Fläche wird dort mindestens viermal gezählt.

Aufgabe 2.15 Beweisen Sie mit der vorangehenden Abschätzung, dass für einen
bipartiten, planaren Graphen $G = (V, E)$ mit mindestens drei Knoten

$$|E| \leq 2 \cdot |V| - 4$$

gilt. Dazu ist genau wie oben auf die Polyederformel von Euler zurückzugreifen.
(siehe Lösung A.32)

Aufgabe 2.16 Zeigen Sie mit dem Ergebnis von Aufgabe 2.15, dass der vollständige,
bipartite Graph $K_{3,3}$ nicht planar ist. (siehe Lösung A.33)

Schauen wir uns nun eine weitere Eigenschaft der planaren Graphen an, die wir
mit Hilfe der gerade gezeigten Beziehung zwischen Knoten- und Kantenanzahl zeigen können. Eine **Knotenfärbung** eines Graphen ist eine Zuordnung von Zahlen
(die für verschiedene Farben stehen) zu den Knoten, so dass benachbarte Knoten
unterschiedliche Nummern haben. Die einzelnen Nummern dürfen sich wiederholen. Abb. 2.39 zeigt für verschiedene Graphen eine solche Knotenfärbung. Wie wir
sehen, sind Bäume grundsätzlich mit zwei Farben färbbar. Auch einfache Kreise
gerader Länge sind zweifärbbar, wohingegen Kreise ungerader Länge immer mindestens mit drei Farben gefärbt werden müssen. Da bei der 4-Clique jeder Knoten
mit jedem anderen Knoten über eine Kante verbunden ist, sind dort mindestens vier
Farben notwendig. Sie fragen sich, warum wir so esoterische Dinge wie das Färben
von Knoten betrachten? Weil Färbungen oft bei Konfliktgraphen genutzt werden, um
das zugrunde liegende Problem zu lösen. Bei Landkarten sind häufig benachbarte
Länder unterschiedlich gefärbt. Die Länder werden durch Knoten modelliert, die
durch Kanten verbunden werden, wenn die Länder benachbart sind, also in Konflikt
stehen.

Im Mobilfunk müssen überlappende Funkbereiche unterschiedliche Frequenzen
verwenden. Die Basisstationen werden als Knoten modelliert. Je zwei Stationen,

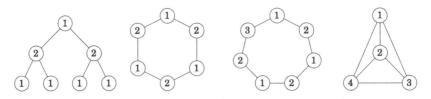

Abb. 2.39 Knotenfärbungen bei verschiedenen Graphen

Abb. 2.40 Überlappende
Funkbereiche – als Graph
modelliert

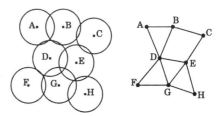

die in Konflikt stehen, deren Funkbereiche sich also überlappen, werden durch eine
Kante verbunden. Eine Knotenfärbung mit minimaler Anzahl Farben liefert dann die
Anzahl der Frequenzen, die mindestens benötigt werden, damit alles einwandfrei
funktioniert. Abb. 2.40 zeigt den Sachverhalt.

Bei der Transaktionsverwaltung in Datenbanksystemen sollen möglichst viele
Transaktionen gleichzeitig stattfinden. Transaktionen, die auf dieselben Daten zugreifen, dürfen nicht gleichzeitig ausgeführt werden. Eine Knotenfärbung kann bestimmen, welche Transaktionen gleichzeitig ablaufen können.

Bevor wir zeigen, dass jeder planare Graph mit höchstens sechs Farben gefärbt
werden kann, bemerken wir:

Lemma 2.7 (Knotengrad planarer Graphen) *Jeder planare Graph enthält mindestens einen Knoten, der höchstens den Grad fünf hat.*

Beweis Bei weniger als drei Knoten ist der Grad jedes Knotens höchstens eins. Bei
mindestens drei Knoten können wir Satz 2.8 anwenden: $|E| \leq 3 \cdot |V| - 6$. In dieser
Situation beweisen wir hier wieder indirekt und nehmen an, dass jeder Knoten einen
Knotengrad von mindestens sechs hat. Da jede Kante natürlich immer zwei Knoten
miteinander verbindet, gibt es also mindestens $\frac{6 \cdot |V|}{2} = 3 \cdot |V|$ viele Kanten, das sind
aber mindestens sechs zu viel: Widerspruch! □

Satz 2.9 (Färbbarkeit) *Jeder planare Graph ist mit sechs Farben färbbar.*

Beweis Wir beweisen den Satz mittels vollständiger Induktion. Für den Induktionsanfang betrachten wir alle Graphen, die höchstens sechs Knoten haben. Diese sind
immer mit sechs Farben färbbar. Die Induktionsannahme ist nun, dass alle planaren
Graphen mit höchstens n Knoten für ein festes $n \geq 6$ mit sechs Farben färbbar sind,
und wir müssen im Induktionsschluss zeigen, dass diese Aussage auch für $n + 1$ gilt.
Sei also G ein planarer Graph mit $n + 1$ Knoten. Aus Lemma 2.7 wissen wir, dass

jeder einfache planare Graph mit mindestens drei Knoten einen Knoten mit Grad fünf oder kleiner enthält.

Wir entfernen einen solchen Knoten mit den inzidenten Kanten aus G. Der so reduzierte Graph ist ein planarer Graph mit n Knoten, der nach Induktionsannahme mit höchstens 6 Farben gefärbt werden kann. Nun nehmen wir den Knoten und seine inzidenten Kanten wieder in den Graphen auf. Da der Knoten mit höchstens fünf anderen verbunden ist, bleibt eine Farbe zum Färben des Knotens übrig. □

Mit ein wenig mehr Anstrengung kann man zeigen, dass jeder planare Graph 5-färbbar ist. Bereits im Jahr 1852 wurde von de Morgan die Vermutung formuliert, dass jeder planare Graph sogar 4-färbbar ist (weniger geht nicht, siehe Abb. 2.39). Im Jahr 1879 wurde von Kempe ein erster, leider falscher Beweis formuliert. 1890 fand Heawood den Fehler in diesem Beweis. Erst 1977 wurde von Appel und Haken ein Beweis geliefert, der viele Fallunterscheidungen mit Hilfe eines Computerprogramms durchspielt. 1995 wurde ein kürzerer Beweis vorgestellt, der aber auch durch Computer unterstützt wurde. Diese Beweise sind unter Mathematikern umstritten, da sie eine korrekte Hardware und einen korrekten Compiler erfordern. Da keine formale Korrektheit für den Compiler und die Hardware gezeigt wurde, ist eine Lücke im Beweis.

Aufgabe 2.17 Ein Graph $G = (V, E)$ ist genau dann **außenplanar**, wenn G planar ist und er so kreuzungsfrei in der Ebene gezeichnet werden kann, dass alle Knoten auf dem Rand der äußeren Fläche liegen (vgl. Abb. 2.41). Analog zu Satz 2.8 lässt sich zeigen, dass bei mindestens drei Knoten gilt: $|E| \leq 2|V| - 3$. Zeigen Sie damit, dass

a) jeder außenplanare Graph einen Knoten mit Grad höchstens zwei besitzt und
b) jeder außenplanare Graph 3-färbbar ist. (siehe Lösung A.34)

2.4.3 Euler-Touren und Hamilton-Kreise

Wir hatten in der Einleitung dieses Kapitels beschrieben, dass bereits Leonhard Euler (1707–1783) einen besonderen Kreis über die Brücken von Königsberg gesucht hat: Ein Kreis, der über jede Kante genau einmal läuft (und wieder an den Ausgangspunkt führt). Solche Kreise nennt man **Euler-Tour,** und diese müssen auch heute noch berechnet werden, und zwar von vielen Firmen. So muss z. B. die Müllabfuhr oder die Straßenreinigung jede Straße eines Gebietes anfahren. Andere Unternehmen

Abb. 2.41 Außenplanare Graphen

müssen einfache Kreise berechnen, die über jeden Knoten (genau einmal) laufen. Solche Kreise nennt man **Hamilton-Kreis**. So muss die Post jeden Briefkasten in einem Gebiet anfahren. Aber auch bei der Steuerung von NC-Maschinen zum automatischen Bohren, Löten, Schweißen oder dem Verdrahten von Leiterplatten werden solche Touren genutzt. So fährt z. B. ein Bohrkopf nacheinander alle Positionen an und muss anschließend wieder in die Ausgangsposition zurück gefahren werden, damit das nächste Werkstück bearbeitet werden kann. Auch wenn die Probleme sehr ähnlich aussehen, so ist doch die Bestimmung von Euler-Touren recht einfach, wohingegen zur Bestimmung eines Hamilton-Kreises kein effizienter Algorithmus bekannt ist.

Wir hatten bereits in der Einleitung des Kapitels festgestellt, dass eine notwendige Voraussetzung für die Existenz einer Euler-Tour ein gerader Knotengrad bei allen Knoten des Graphen ist. Dass diese Bedingung auch hinreichend ist, müssen wir uns noch überlegen. Dazu zeigen wir zunächst einen Hilfssatz.

Lemma 2.8 (notwendige Bedingung für einen Kreis) *Wenn ein ungerichteter Graph $G = (V, E)$ zusammenhängend ist und alle Knotengrade mindestens zwei sind, d. h. $\deg(v) \geq 2$ für jeden Knoten $v \in V$, dann enthält G einen (einfachen) Kreis.*

Algorithmisch kann man einen Kreis mit Hilfe der Tiefensuche finden, wie wir bereits in Abschn. 2.3.1 gesehen haben.

Beweis Die Aussage folgt unmittelbar aus Satz 2.1 in Abschn. 2.2. Wir wissen, dass die Summe der Knotengrade genau zweimal die Anzahl der Kanten ist:

$$2 \cdot |E| = \sum_{v \in V} \deg(v) \iff |E| = \frac{1}{2} \sum_{v \in V} \deg(v).$$

Da nach Voraussetzung $\deg(v) \geq 2$ für alle Knoten $v \in V$ ist, erhalten wir

$$|E| = \frac{1}{2} \sum_{v \in V} \deg(v) \geq \frac{1}{2} \sum_{v \in V} 2 \geq \frac{1}{2}(|V| \cdot 2) = |V|.$$

Wir wissen bereits, dass jeder zusammenhängende Graph einen Spannbaum mit $|V| - 1$ Kanten besitzt. Wegen $|E| \geq |V|$ müssen wir zum Spannbaum also mindestens eine Kante hinzufügen, um den Graphen G zu erhalten. Beim Hinzufügen einer solchen Kante ergibt sich aber ein einfacher Kreis.   □

Ein anderer Ansatz zum Beweis der Aussage ist die Konstruktion eines Weges, bei dem ausgenutzt wird, dass der Knotengrad mindestens 2 ist. Wir wählen einen Weg $(v_0, v_1, v_2, v_3, v_4, \ldots)$, bei dem jeder Knoten nicht auf der Kante verlassen wird, auf die er erreicht wird (so dass wir paarweise verschiedene Kanten bekommen). Da es nur endlich viele Knoten gibt, erreichen wir früher oder später einen Knoten, bei dem wir schon waren und haben damit einen Kreis gefunden.

Kommen wir nun zur Kernaussage dieses Abschnitts:

Satz 2.10 (Existenz einer Euler-Tour) Ein zusammenhängender, ungerichteter Graph $G = (V, E)$ mit $|V| \geq 2$ besitzt genau dann eine Euler-Tour, wenn jeder Knoten $v \in V$ einen geraden Knotengrad besitzt.

Dabei ist zu beachten, dass der Graph unbedingt zusammenhängend sein muss, sonst stimmt die Aussage nicht, wie man in Abb. 2.42 sehen kann.
Wie Abb. 2.43 zeigt, hat der zusammenhängende Graph mit zwei Knoten keine Euler-Tour. Hier sind aber auch die Knotengrade nicht gerade. Das werden wir für den Induktionsanfang nutzen. Interessant wird die Charakterisierung erst ab $|V| \geq 3$. Kommen wir nun zum Beweis des Satzes.

Beweis Wir haben bereits zu Beginn des Kapitels festgestellt, dass eine Euler-Tour nur existieren kann, wenn jeder Knoten einen geraden Knotengrad hat. Umgekehrt müssen wir jetzt noch zeigen, dass bei einem geraden Knotengrad eine Euler-Tour existiert. Dazu führen wir eine vollständige Induktion über die Anzahl n der Kanten durch.

- **Induktionsanfang:** Ein zusammenhängender Graph ohne Kanten hat höchstens einen Knoten und ist daher ausgeschlossen. Gibt es nur eine Kante, dann haben wir in einem zusammenhängenden Graphen genau zwei Knoten mit ungeradem Grad eins, und es ist nichts zu zeigen. Bei zwei Kanten benötigen wir drei Knoten, und es gibt zwei Knoten mit ungeradem Knotengrad, so dass ebenfalls nichts zu zeigen ist. Der erste interessante Fall ist der mit drei Kanten. In diesem Fall ist der einzige zusammenhängende Graph mit geraden Knotengraden in Abb. 2.43 gezeigt. Er hat eine Euler-Tour. Damit haben wir die Aussage bereits für $n \leq 3$ gezeigt.
- **Induktionsannahme:** Für alle zusammenhängenden Graphen mit mindestens zwei Knoten und mit geraden Knotengraden bis zu einer Kantenanzahl $n \in \mathbb{N}$ möge eine Euler-Tour existieren.
- **Induktionsschluss:** Wir zeigen, dass alle zusammenhängenden Graphen mit mindestens zwei Knoten und geraden Knotengraden mit maximal $n + 1$ Kanten eben-

Abb. 2.42 Ein Graph ohne Euler-Tour, obwohl alle Knoten einen geraden Knotengrad haben: Die Ursache ist, dass der Graph nicht zusammenhängend ist

Abb. 2.43 Der zusammenhängende Graph mit drei Knoten und jeweils geradem Knotengrad hat eine Euler-Tour, der zusammenhängende Graph mit nur zwei Knoten nicht

falls eine Euler-Tour besitzen. Sei dazu G ein entsprechender Graph. Aufgrund des Zusammenhangs und der mindestens zwei Knoten kann es keinen Knoten mit Knotengrad null geben (und wir haben analog zur Induktionsannahme mindestens drei Kanten). Also haben alle Knoten einen Grad größer oder gleich zwei. Daher enthält G einen einfachen Kreis C, wie wir in Lemma 2.8 festgestellt haben. In Abb. 2.44 sehen wir einen solchen Kreis $C = (b, c, e, g, b)$ eingezeichnet. Falls dieser Kreis C bereits alle Kanten enthält, dann beschreibt er eine Euler-Tour. Im Allgemeinen werden aber nicht alle Kanten im Kreis C enthalten sein. Wir entfernen unter Beibehaltung der Knoten alle Kanten des Kreises aus G und erhalten dadurch einen neuen Graphen, der nicht zusammenhängend sein muss. Aber für jede Zusammenhangskomponente, kurz ZHK, dieses neuen Graphen gilt wieder die Voraussetzung, dass jeder Knoten einen geraden Knotengrad besitzt. Denn der Knotengrad eines Knotens wurde entweder nicht geändert oder um zwei reduziert. Da die ZHK weniger als $n + 1$ Kanten enthalten, gilt für jede entweder die Induktionsannahme (es gibt also in der ZHK eine Euler-Tour) oder sie hat nur einen Knoten.

Nun müssen wir nur noch eine Euler-Tour zusammenbasteln. Jede ZHK hat einen Knoten u mit $u \in C$, da G zusammenhängend ist. Wir konstruieren eine Euler-Tour in G wie folgt: Wir durchlaufen einmal den Kreis C. Wenn wir dabei auf einen Knoten u stoßen, der in einer bislang nicht berücksichtigten ZHK mit mehr als einem Knoten liegt, dann durchlaufen wir die nach der Induktionsannahme existierende Euler-Tour der ZHK. Wir kommen also genau bei u wieder an, wo wir den Kreis C verlassen haben. So fahren wir fort, bis jede ZHK genau einmal durchlaufen ist und wir wieder am Startknoten sind. In unserem Beispiel:

$$(\underline{b}, c, e, g, b) \rightarrow (b, a, h, b, \underline{c}, e, g, b) \rightarrow (b, a, h, b, c, d, e, f, g, c, e, g, b).$$

Der unterstrichene Knoten wird jeweils durch die Euler-Tour der entsprechenden ZHK ersetzt.   □

Die im Beweis konstruierte Euler-Tour ist im Allgemeinen kein einfacher Kreis, bereits im Beispiel werden alle Knoten des Kreises C doppelt verwendet.

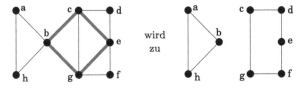

Abb. 2.44 Ein Graph mit Euler-Tour: Wenn wir einen Kreis C entfernen, zerfällt der Graph ggf. in mehrere Zusammenhangskomponenten. Links: Graph G mit Kreis (b, c, e, g, b), rechts: Graph G ohne Kreis C

Aufgabe 2.18

a) Wie viele Brücken müssten in Königsberg (siehe Abb. 2.1 in der Kapiteleinleitung) hinzugebaut werden, damit dort eine Euler-Tour möglich wird? Wie viele Möglichkeiten gibt es, diese Brücken zwischen den Ortsteilen zu platzieren?

b) Das „Haus des Nikolaus" lässt sich ohne Absetzen eines Stiftes zeichnen, so dass jede Kante nur einmal durchlaufen wird. Es gibt also einen Weg, der den kompletten Graphen abdeckt. Zeigen Sie, dass es trotzdem keine Euler-Tour für diesen Graphen gibt. (siehe Lösung A.35)

Kommen wir nun zu den Hamilton-Kreisen: Wir wollen einen einfachen Kreis finden, der jeden Knoten des Graphen besucht. Namensgeber ist der irische Astronom und Mathematiker Sir William Rowan Hamilton (1805–1865), der im Jahre 1857 ein Spiel erfand, bei dem eine Reiseroute entlang der Kanten eines Dodekaeders (ein Körper mit zwölf Flächen) gesucht werden soll. Die Route sollte jede Ecke genau einmal besuchen und wieder beim Ausgangspunkt enden. Das Spiel war kommerziell ein Flop. Die Graphen in Abb. 2.45 zeigen, dass aus der Existenz einer Euler-Tour nicht auf die Existenz eines Hamilton-Kreises und aus der Existenz eines Hamilton-Kreises nicht auf die Existenz einer Euler-Tour geschlossen werden kann. Das Finden eines Hamilton-Kreises ist leider sehr viel schwerer als das Bestimmen einer Euler-Tour. Es ist (noch) keine nützliche notwendige und hinreichende Bedingung bekannt, die beschreibt, ob ein Graph einen Hamilton-Kreis enthält oder nicht. Wir wollen uns im Weiteren einige notwendige Bedingungen ansehen, die aber nicht hinreichend sind. Die Begriffe „notwendig" und „hinreichend" haben wir in Abschn. 1.3.4 eingeführt. Jetzt sehen wir ein Beispiel für ihren praktischen Einsatz. Doch vorher benötigen wir noch einige Definitionen.

Definition 2.12 (Brücke, Schnittknoten, Durchmesser) Sei $G = (V, E)$ ein ungerichteter Graph.

- Mit $G - \{v\}$ bezeichnen wir den Graphen, der aus G entsteht, wenn wir den Knoten v und alle zu v inzidenten Kanten aus G entfernen, d. h., $G - \{v\}$ ist der von $V \setminus \{v\}$ induzierte Teilgraph. Ein Knoten $v \in V$ heißt **Schnittknoten,** wenn der Graph $G - \{v\}$ mehr Zusammenhangskomponenten (ZHK) als G besitzt.

Abb. 2.45 Von links nach rechts: Hamilton-Kreis, keine Euler-Tour; Euler-Tour, kein Hamilton-Kreis; Peterson-Graph: keine Euler-Tour, kein Hamilton-Kreis; Euler-Tour und Hamilton-Kreis

- Der Graph $G - \{e\}$ entsteht aus G, wenn man die Kante e aus G entfernt. Eine Kante $e \in E$ heißt **Brücke,** wenn der Graph $G - \{e\}$ mehr ZHK als G besitzt.
- Der **Durchmesser** $\varnothing(G)$ eines zusammenhängenden Graphen G bezeichnet den größten Abstand zwischen zwei Knoten. Der Abstand dist(u, v) zwischen u und $v \in V$ ist die Länge des kürzesten Weges von u nach v bezogen auf die Anzahl der Kanten. Der Durchmesser ist daher die Länge des längsten dieser kürzesten Wege, also

$$\varnothing(G) = \max_{u,v \in V} \text{dist}(u, v).$$

In Abb. 2.46 ist die Kante e eine Brücke, die Knoten u, v und w sind Schnittknoten. Es sieht zwar so aus, als ob die Endknoten einer Brücke immer auch Schnittknoten sind, das stimmt so aber nicht. Ein Knoten v mit Knotengrad eins ist niemals ein Schnittknoten, denn wenn v aus dem Graphen entfernt wird, bleibt die Anzahl der ZHK gleich. Betrachten wir dazu den Graphen G, der nur aus einer einzigen Kante $e = \{u, v\}$ besteht. Die Kante e ist eine Brücke, da G nur eine, $G - \{e\}$ aber zwei ZHK besitzt. Entfernen wir aber den Knoten u mit der inzidenten Kante e, dann bleibt nur noch der andere Knoten übrig und sowohl G als auch $G - \{u\}$ besitzen nur eine Zusammenhangskomponente.

Schnittknoten und Brücken spielen auch bei Netzwerken eine wichtige Rolle. Wenn wir das Netzwerk ausfallsicher machen wollen, darf das Netzwerk keinen Schnittknoten besitzen. Fällt dieser Knoten aus, so entstehen Teilnetzwerke. Dann kann nur noch innerhalb der Teilnetzwerke kommuniziert werden, aber nicht mehr von Teilnetzwerk zu Teilnetzwerk. Das Gleiche gilt, falls eine Verbindung ausfällt, die eine Brücke darstellt.

Jetzt können wir einige notwendige Bedingungen für die Existenz eines Hamilton-Kreises angeben. Wenn ein ungerichteter Graph einen Hamilton-Kreis besitzt, dann gilt:

- G besitzt keinen Schnittknoten. Ein Hamilton-Kreis müsste mindestens zweimal diesen Knoten erreichen und verlassen und wäre damit nicht mehr einfach.
- Leider ist diese Bedingung nicht hinreichend, wie der **Peterson-Graph** in Abb. 2.45 zeigt. Er besitzt keinen Schnittknoten, enthält aber auch keinen Hamilton-Kreis.
- G besitzt keine Brücke. Ein Hamilton-Kreis müsste mindestens zweimal über diese Kante führen, also einige Knoten doppelt besuchen.
- Auch diese Bedingung ist nicht hinreichend, wie der Peterson-Graph zeigt.
- Der Durchmesser von G beträgt höchstens $|V|/2$. Denn zwei Knoten, die auf einem Kreis liegen, haben höchstens den Abstand $|V|/2$ zueinander.

Abb. 2.46 Ein Graph mit einer Brücke e und drei Schnittknoten u, v und w

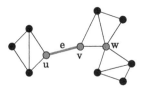

- Auch diese Bedingung ist nicht hinreichend, wie der bipartite Graph $K_{1,3}$ zeigt. Der Graph enthält keinen Kreis, also auch keinen Hamilton-Kreis, aber der Durchmesser ist zwei, was genau die Hälfte der Knotenanzahl ist.

Andererseits können wir auch hinreichende Bedingungen angeben. Beispielsweise besitzt jeder vollständige Graph mit mehr als zwei Knoten einen Hamilton-Kreis.

Satz 2.11 (Existenz eines Hamilton-Kreises) Sei $G = (V, E)$ ein ungerichteter Graph mit mindestens drei Knoten, also $|V| \geq 3$. Wenn für jeden Knoten $v \in V$ des Graphen $\deg(v) \geq |V|/2$ gilt, dann besitzt G einen Hamilton-Kreis.

Einen Beweis finden Sie z. B. in [Krumke und Noltemeier (2012), S. 51, Korrolar 3.37].

Leider ist diese Bedingung nicht notwendig, in einem Graphen, der nur aus einem einfachen Kreis besteht, ist dieser Kreis natürlich auch ein Hamilton-Kreis, und auf einem einfachen Kreis haben alle Knoten den Knotengrad zwei.

Eine sehr wichtige Anwendung der Hamilton-Kreise ergibt sich, wenn wir den einzelnen Kanten des Graphen Gewichte zuweisen. Diese Gewichte sind oft Entfernungen zwischen zwei Knoten. Beim **Problem des Handlungsreisenden** wird ein Hamilton-Kreis mit minimaler Länge gesucht. Dabei betrachtet man oft vollständige Graphen. Das ist bei vielen Problemen eine sinnvolle Annahme, z. B. beim Bohren von Löchern in Platinen oder bei der Luftfahrt. (Im Straßenverkehr hingegen können wir nicht davon ausgehen, dass alle Orte direkt durch eine Straße verbunden sind.) Ausgehend von einem Startknoten gibt es in einem vollständigen Graphen $(|V| - 1) \cdot (|V| - 2) \cdots 2 \cdot 1$ verschiedene Hamilton-Kreise. Diese möchte und kann man nicht alle hinsichtlich ihrer Länge auswerten. Daher werden Heuristiken (wie die **Minimum Spanning Tree Heuristic** bzw. der **Double-Tree Algorithmus,** siehe [Williamson und Shmoys (2011), S. 46]) verwendet. Eine Heuristik liefert mittels Annahmen in der Regel gute Lösungen, d. h. hier einen kurzen Hamilton-Kreis – aber nicht unbedingt den kürzesten.

2.5 Ausblick

Es gibt viele weitere interessante Fragestellungen wie die **Graphisomorphie:** Gegeben sind zwei ungerichtete Graphen $G_1 = (V_1, E_1)$ und $G_2 = (V_2, E_2)$. Es soll die Frage beantwortet werden, ob eine bijektive Funktion $f : V_1 \to V_2$ existiert, so dass

$$\{u, v\} \in E_1 \iff \{f(u), f(v)\} \in E_2$$

gilt. Zur Erinnerung: Bijektive Funktionen haben wir in Abschn. 1.4 behandelt. Sind zwei Graphen isomorph zueinander, dann besitzen sie die gleiche Struktur, nur die Knoten wurden umbenannt. So erhält man in Abb. 2.47 den rechten Graphen aus dem linken Graphen, indem man die Knoten wie folgt umbenennt:

$$a \mapsto a, \ b \mapsto d, \ c \mapsto c, \ d \mapsto e, \ e \mapsto b, \ f \mapsto f.$$

Abb. 2.47 Zwei isomorphe
Graphen

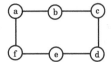 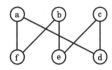

Wir haben zuvor z. B. von dem vollständig bipartiten Graphen $K_{n,m}$ gesprochen.
Tatsächlich ist ein Graph mit dieser Struktur nicht eindeutig, da die Knoten beliebig
umbenannt werden können. Erst wenn wir zwischen isomorphen Graphen nicht
unterscheiden, wird $K_{n,m}$ eindeutig. Zur Zeit ist noch nicht bekannt, ob Isomorphie
zweier Graphen effizient festgestellt werden kann, ggf. ist dies sehr rechenaufwändig.

Kommen wir noch einmal auf die minimalen Spannbäume aus Abschn. 2.4.1
zurück. Wir werden hier eine Verallgemeinerung der minimalen Spannbäume kennen lernen. Gehen wir zunächst davon aus, dass wir eine Menge von Knoten gegeben
haben, die wir miteinander verbinden wollen. Es sollen also Kanten zwischen den
Knoten eingefügt werden. Die Kanten haben als Gewicht den Abstand der zwei Endknoten. Solch ein Problem ergibt sich beim Verlegen von Rohren oder Kabeln zur
Wasser-, Gas-, Strom- oder Telefonversorgung in Städten. Das Ziel ist es natürlich,
möglichst kurze Kabel- oder Rohrwege zu verlegen, damit die Kosten im Rahmen
bleiben, sowohl bei der Herstellung der Kabel und Rohre, als auch beim Verlegen.
Betrachten wir den Graphen aus Abb. 2.48. Der minimale Spannbaum ist eingezeichnet, und man könnte vermuten, dass so eine optimale Lösung gefunden wurde. Wenn
wir aber einen weiteren Knoten in der Mitte der vier anderen Knoten anordnen, dann
erhalten wir einen Spannbaum, der die Länge $2 \cdot \sqrt{2} \approx 2 \cdot 1{,}4142136 = 2{,}8284272$
hat, also kürzer ist als der ursprüngliche Spannbaum der Länge 3. Wir können einen
noch besseren Spannbaum finden, wenn wir noch einen weiteren Knoten hinzufügen, so dass alle Winkel 120° betragen. Dann beträgt die Länge des Spannbaums
nur noch $1 + \sqrt{3} \approx 2{,}7320508$. Das rechnen wir später in Beispiel 3.6 nach.

Graphentheoretisch ist ein **Steinerbaum** wie folgt definiert: Sei $G = (V, E, c)$
ein ungerichteter Graph und c eine Funktion, die jeder Kante ein reelles Gewicht
zuordnet. Sei $U \subseteq V$ eine Teilmenge der Knotenmenge. Ein Steinerbaum ist ein
zusammenhängender, kreisfreier Teilgraph $G' = (V', E')$ von G, der alle Knoten
aus U enthält, also $U \subseteq V'$. Die Knoten aus $V \setminus U$, die darüber hinaus in V' enthalten
sind, dienen wie im vorangehenden Beispiel als Hilfsknoten.

Als Beispiel stellen wir uns ein Schienennetz vor, das wie in der Realität ausge-
dünnt wird. Wir gehen aber so weit, dass nur noch alle Landeshauptstädte gegenseitig
erreichbar sind. Dann sind die Landeshauptstädte die Knoten der Teilmenge U, die
durch die Kanten des Teilgraphen G' und einigen weiteren (Hilfs-) Städten miteinander verbunden sind. Einen solchen Steinerbaum mit minimalem Gewicht zu finden,

Abb. 2.48 Das Steinerbaum-Problem: Durch Einfügen neuer Knoten kann die Länge eines minimalen Spannbaums verkleinert werden

ist im Allgemeinen nur mit einem extrem hohen Rechenaufwand möglich. Aber zwei Spezialfälle, die sehr einfach zu lösen sind, haben wir bereits kennengelernt:

- Besteht die Menge $U = \{u, v\}$ aus genau zwei Knoten, so reduziert sich das Problem darauf, einen kürzesten Weg von u nach v zu finden. Algorithmen wie der von Dijkstra lösen das Problem.
- Wenn die Menge $U = V$ alle Knoten des Graphen enthält, dann ist ein minimaler Spannbaum zu finden. Algorithmen wie der von Kruskal lösen das Problem.

Wir haben bereits früher gesehen, dass Probleme im Allgemeinen sehr schwer lösbar sein können. Wenn man aber Spezialfälle betrachtet, sind Lösungen oft sehr einfach zu finden. Färben von bipartiten Graphen ist z. B. sehr einfach. Sobald wir aber allgemeine Graphen als Eingabe zulassen, sind die Probleme schwer lösbar. Bei den Steinerbäumen ist es auch so. Die Spezialfälle $|U| = 2$ und $U = V$ sind einfach zu lösen, die schwierigen Fälle liegen dazwischen.

Literatur

Krumke und Noltemeier (2012) Krumke S. O. und Noltemeier H. (2012) Graphentheoretische Konzepte und Algorithmen. Springer Vieweg, Wiesbaden.

Schöning (2008) Schöning U. (2008) Ideen der Informatik: Grundlegende Modelle und Konzepte. Oldenbourg, München.

Williamson und Shmoys (2011) Williamson D. P. und Shmoys D. B. (2011) The Design of Approximation Algorithms. Cambridge University Press, Cambridge

Zahlen und Strukturen

3

Inhaltsverzeichnis

3.1   Einleitung

Im digitalen Computer werden nur Nullen und Einsen gespeichert. Um Buchstaben oder Zahlen in der uns gewohnten Form anzuzeigen, müssen diese Symbole codiert werden. Die uns bekannten Rechenverfahren wie Addition und Multiplikation müssen auf Dualzahlen durchgeführt werden (vgl. Abschn. 1.3.1). Die interne Speicherung der Daten ist nicht nur für Entwickler der Hardware interessant, sondern auch für Programmierer. Wir möchten anhand einiger Beispiele zeigen, dass wir beim Programmieren die Zahlendarstellungen verstehen müssen, um bestimmte Fehler zu erkennen und zu vermeiden.

```
1   #include <stdio.h>
2   void main(void) {
3       float x = 1.0;
4       printf("   X   | X * X\n");
5       printf("-------+-------\n");
6       while (x != 2.0) {
7           printf("%6.2f | %6.2f\n", x, x * x);
8           x += 0.1;
9       }
10  }
```

Listing 3.1 Ungenauigkeiten bei float

© Springer-Verlag GmbH Deutschland, ein Teil von Springer Nature 2023
S. Goebbels und J. Rethmann, *Eine Einführung in die Mathematik an Beispielen aus der Informatik*, https://doi.org/10.1007/978-3-662-67675-2_3

Betrachten Sie das Programm in Listing 3.1, und versuchen Sie zu bestimmen, welche Ausgabe das Programm erzeugt. Die Datentypen float und double dienen dazu, Zahlen mit Nachkommastellen in einer gewissen Genauigkeit zu speichern. Dabei ist double genauer als float. Wie das Speichern genau geschieht, wird am Ende des Kapitels beschrieben. Wir vermuten, dass die Quadrate der Zahlen von 1,0 bis 2,0 ausgegeben werden, wobei die Zwischenwerte jeweils um 0,1 erhöht werden. Wenn wir das Programm aber tatsächlich starten, dann stoppt es anscheinend nicht. Wir werden hier noch nicht die Erklärung für dieses seltsame Verhalten des Programms liefern (diese folgt in Abschn. 3.6.3), sondern schauen uns mit Listing 3.2 ein weiteres Beispiel an. Auch hier sollten Sie zunächst versuchen, die Ausgabe des Programms zu bestimmen, und erst danach das Programm tatsächlich starten und testen.

```
1   #include <stdio.h>
2   void main(void) {
3       int x, fakultaet = 1;
4       printf("  X |        X!\n");
5       printf("----+-------------\n");
6       for (x = 1; x <= 20; x++) {
7           fakultaet *= x;
8           printf("%3d | %12d\n", x, fakultaet);
9       }
10  }
```

Listing 3.2 Große Zahlen

Die **Fakultät** einer Zahl n ist definiert als $n! := 1 \cdot 2 \cdot 3 \cdot \ldots \cdot n$, wobei man zusätzlich $0! := 1$ (für das leere Produkt) setzt, damit später keine Sonderbehandlung für 0 erforderlich wird. Wir berechnen die Fakultät für die Zahlen von 1 bis 18:

$$1, 2, 6, 24, 120, 720, 5.040, 40.320, 362.880, 3.628.800, 39.916.800,$$
$$479.001.600, 6.227.020.800, 87.178.291.200, 1.307.674.368.000,$$
$$20.922.789.888.000, 355.687.428.096.000, 6.402.373.705.728.000.$$

Man sieht der Definition der Fakultät sofort an, dass die Werte in jedem Schritt größer werden müssen und die Werte niemals negativ werden können. Wenn wir dann aber die Ausgabe des Programms auf einem 32 Bit-System in Tab. 3.1 sehen, scheint dort schon wieder etwas gründlich schief gelaufen zu sein. Ab dem Wert 13! sind die Werte falsch, die Werte werden zwischendurch auch gerne mal kleiner und sogar negativ. Kann der Computer etwa nicht rechnen? Oder hat es etwas mit der Längenbeschränkung der Ausgabe in den printf-Anweisungen zu tun? Auch

Tab. 3.1 Mit Listing 3.2 berechnete Werte der Fakultät

x	10	11	12	13	14
x!	3.628.800	39.916.800	479.001.600	1.932.053.504	1.278.945.280
x	15	16	17	18	
x!	2.004.310.016	2.004.189.184	−288.522.240	−898.433.024	

hier sollten Sie noch etwas Geduld haben. Die Auflösung des Rätsels verraten wir in den Abschn. 3.2.1 und 3.2.2, nachdem wir etwas Theorie behandelt haben. Zunächst sehen wir uns ein weiteres Beispiel an, das uns ebenfalls zeigt, dass wir die Zahlendarstellung im Rechner kennen müssen, um korrekte Programme schreiben zu können. Welche Ausgabe erzeugt Listing 3.3?

```
1   #include <stdio.h>
2   void main(void) {
3       int x = 16777212;
4       float f = 16777212.0;
5       printf("      x    |         f\n");
6       printf("-----------+-------------\n");
7       for (int i = 0; i < 10; i++) {
8           printf(" %9d | %12.1f\n", x, f);
9           x += 1;
10          f += 1.0;
11      }
12  }
```

Listing 3.3 Fehlende Zahlen

Wir sollten hier davon ausgehen können, dass die Werte von 16.777.212 bis 16.777.221 jeweils doppelt auf dem Bildschirm ausgegeben werden. Aber auch hier wird unsere Erwartung nicht erfüllt, siehe Tab. 3.2. Falls Sie andere Werte erhalten, dann verwendet Ihr Rechner 64-Bit-Werte. Geben Sie dann anstelle von 16.777.212 den Wert $2^{54} - 4$ im Programm an. Wir werden dieses Verhalten in Abschn. 3.6.4 klären.

Um zu verstehen, warum diese Programme sich so verhalten, müssen wir uns mit der Zahlendarstellung im Rechner befassen. Das geschieht in diesem Kapitel, in dem die reellen Zahlen über die ganzen Zahlen und die Brüche eingeführt werden. Dabei werden wir uns insbesondere auch mit Primzahlen beschäftigen, so dass wir als Anwendung die RSA-Verschlüsselung verstehen werden. Dadurch motiviert diskutieren wir zudem Algorithmen zum Erkennen von Primzahlen. Hier sind randomisierte Verfahren leistungsfähig, die Primzahlen mit einer gewissen Wahrscheinlichkeit erkennen. Um das fundiert zu verstehen, ist in das Kapitel ein kleiner Ausflug in die beschreibende Statistik und Wahrscheinlichkeitsrechnung integriert, der wiederum zu Anwendungen in der Informatik führt (Kennzahlen beim maschinellen Lernen, randomisierte Sortierverfahren, usw.).

Tab. 3.2 Mit Listing 3.3 berechnete Zahlen

x	16.777.212	16.777.213	16.777.214	16.777.215
f	16.777.212,0	16.777.213,0	16.777.214,0	16.777.215,0
x	16.777.216	16.777.217	16.777.218	
f	16.777.216,0	16.777.216,0	16.777.216,0	

3.2   Ganze Zahlen

3.2.1   Natürliche und ganze Zahlen, Gruppen und Ringe

Wir sehen uns in den folgenden Abschnitten die wichtigsten Zahlenmengen an. Dabei betrachten wir die für die Zahlenmengen geltenden Rechenregeln, die in den verschiedenen Strukturen der Algebra (wie Gruppen, Ringen und Körpern) ihren Niederschlag finden und die ihrerseits in der Informatik z. B. in der Kodierungstheorie benötigt werden. Zudem betrachten wir die Darstellung der Zahlen im Computer.

Die **natürlichen Zahlen** 1, 2, 3, 4, ... lassen sich dadurch definieren, dass es eine erste Zahl 1 gibt und dass zu jeder natürlichen Zahl genau ein Nachfolger existiert. Statt die Zahlen 1, Nachfolger(1), Nachfolger(Nachfolger(1)), ... zu nennen, entstanden die kürzeren aber willkürlichen Bezeichnungen 1, $2 := $ Nachfolger(1), $3 := $ Nachfolger(2), ... Wir nennen die Menge dieser Zahlen $\mathbb{N}$. Bei uns gehört die Null nicht zu $\mathbb{N}$, wir verwenden $\mathbb{N}_0 := \mathbb{N} \cup \{0\}$ (natürliche Zahlen mit Null).

> **! Vorsicht**
>
> In der Literatur ist bisweilen auch $0 \in \mathbb{N}$, so dass Sie sich die grundlegenden Definitionen immer kurz ansehen müssen. ◄

Die natürlichen Zahlen sind **total geordnet,** d. h., die Relation $\leq$ ist eine totale Ordnung (siehe Abschn. 1.4.2). Für $m, n \in \mathbb{N}$ gilt also entweder

- m ist kleiner oder gleich n, d. h. $m \leq n$ (d. h., $m = n$ oder n ist direkter oder indirekter Nachfolger von m) oder
- n ist kleiner oder gleich m, d. h. $n \leq m$ (d. h., $m = n$ oder m ist direkter oder indirekter Nachfolger von n)

oder beides, wenn n und m gleich sind. Diese Ordnung besitzen alle Zahlenmengen, denen wir in diesem Kapitel noch begegnen, einschließlich der reellen Zahlen. Die noch größere Menge der komplexen Zahlen, die wir hier nicht mehr betrachten, ist nicht mehr total geordnet. Neben $\leq$ benutzen wir $\geq$, $<$ und $>$ in der üblichen Weise, also für größer gleich, kleiner sowie größer.

In $\mathbb{N}_0$ können wir addieren und multiplizieren. Es gibt aber Probleme mit den Umkehroperationen Subtraktion und Division, die beide aus der Menge hinausführen können und damit nicht vernünftig definiert sind.

Wir betrachten die Menge $\mathbb{N}_0$ zunächst mit der Addition „+". Eine Menge mit einer oder mehreren darauf definierten Operationen nennt man eine **Struktur.** Hier handelt es sich um eine Halbgruppe:

Definition 3.1 (Halbgruppe) Ein Paar $(H, \circ)$ bestehend aus einer Menge H und einer Verknüpfung $\circ$, die zwei beliebigen Elementen von H als Ergebnis genau ein Element von H zuordnet, heißt **Halbgruppe** genau dann, wenn

- $H \neq \emptyset$ und
- die Verknüpfung **assoziativ** ist, d. h., wenn $(a \circ b) \circ c = a \circ (b \circ c)$ für alle $a, b, c \in H$ gilt.

Eine Halbgruppe heißt **kommutativ** oder **Abel'sch** genau dann, wenn zusätzlich das Kommutativgesetz

$$a \circ b = b \circ a$$

für alle $a, b \in H$ erfüllt ist.

Die Verknüpfung $\circ$ ist eine Abbildung $\circ : H \times H \to H$. Die Definition erlaubt also neben der Addition auch andere Verknüpfungen. Wählen wir für $\circ$ die Addition $+$, dann ist offensichtlich $(\mathbb{N}_0, +)$ eine kommutative Halbgruppe. Aber auch $(\mathbb{N}_0, \cdot)$, d. h. $\circ$ wird als Multiplikation gewählt, erfüllt das Assoziativ- und Kommutativgesetz und ist eine (andere) kommutative Halbgruppe.

Vielleicht fragen Sie sich, warum man in der Mathematik Strukturen wie Halbgruppen diskutiert. Dass sich die Grundrechenarten wie angegeben verhalten, weiß doch jedes Kind. Hat man aber nur basierend auf den Halbgruppeneigenschaften eine Reihe von Sätzen bewiesen, dann gelten diese für jede konkrete Halbgruppe. So genügt die Halbgruppeneigenschaft, um Potenzen zu definieren. In einer Halbgruppe $(H, \circ)$ verstehen wir für $n \in \mathbb{N}$ unter a^n das Element

$$\underbrace{a \circ a \circ \cdots \circ a}_{n\text{-mal}}.$$

Potenzen schreibt man häufig (aber nicht zwingend), wenn es sich bei $\circ$ um eine irgendwie geartete Multiplikation handelt, also insbesondere für $(\mathbb{N}_0, \cdot)$, aber auch bei der Multiplikation von Zahlenschemata (Matrizen), vgl. Abschn. 5.5.1. Da mit dem Assoziativgesetz Klammern beliebig gesetzt werden können, gilt für $n, m \in \mathbb{N}$ die wichtige Rechenregel

$$a^{n+m} = \underbrace{(a \circ a \circ \cdots \circ a)}_{n \text{ Faktoren}} \cdot \underbrace{(a \circ a \circ \cdots \circ a)}_{m \text{ Faktoren}} = a^n \circ a^m.$$

Mit der gleichen Begründung gilt außerdem

$$\left(a^n\right)^m = a^{n \cdot m}. \tag{3.1}$$

Ist die Halbgruppe kommutativ, so gilt z. B.

$$(a \circ b)^2 := (a \circ b) \circ (a \circ b) = a \circ (b \circ a) \circ b = a \circ (a \circ b) \circ b = (a \circ a) \circ (b \circ b) = a^2 \circ b^2.$$

Entsprechend können wir in $(a \circ b)^n$ nach a und b sortieren und erhalten:

$$(a \circ b)^n = a^n \circ b^n.$$

Bitte verwechseln Sie diese Regel nicht mit der binomischen Formel $(a + b)^2 = a^2 + 2 \cdot a \cdot b + b^2$. In der binomischen Formel beziehen sich die Potenzen auf die in $(\mathbb{N}_0, +)$ nicht vorhandene Multiplikation und nicht auf die Addition, die die Verknüpfung in der Halbgruppe $(\mathbb{N}_0, +)$ ist.

Jetzt sehen wir den Vorteil der Halbgruppendefinition: Die Rechenregeln für Potenzen werden für alle weiteren Zahlenmengen, die wir im Folgenden besprechen, ebenso gelten, da diese Halbgruppen sind. Darüber hinaus werden wir auch Matrizen multiplizieren. Die quadratischen Matrizen (Zahlenschemata mit gleich vielen Zeilen und Spalten) zusammen mit der Matrixmultiplikation (Abschn. 5.5.1) werden ebenfalls eine (nicht-kommutative) Halbgruppe bilden, so dass wir bereits jetzt die Rechenregeln $\mathbf{A}^{n+m} = \mathbf{A}^n \cdot \mathbf{A}^m$ und $(\mathbf{A}^n)^m = \mathbf{A}^{n \cdot m}$ für eine quadratische Matrix $\mathbf{A}$ bewiesen haben. Was also auf den ersten Blick sehr künstlich wirkt, erweist sich auf den zweiten Blick als nützlich und spart Arbeit. Wir haben ja bereits darauf hingewiesen: Wir sind faul!

Wir erweitern nun $\mathbb{N}_0$ so, dass die Subtraktion nicht mehr aus der Zahlenmenge führt, um die Division kümmern wir uns später.

Ein Philosoph, ein Ingenieur und ein Mathematiker stehen vor einem Aufzug. Sie sehen, wie drei Leute einsteigen. Die Tür schließt sich und geht nach einer Minute wieder auf, und es kommen fünf Leute heraus. Der Philosoph schüttelt den Kopf und sagt: Unmöglich. Der Ingenieur winkt ab mit den Worten: Messfehler. Der Mathematiker sagt: Wenn jetzt noch zwei Leute herein gehen, dann ist keiner mehr drin.

Die erweiterte Zahlenmenge ist die Menge der ganzen Zahlen

$$\mathbb{Z} := \{\ldots, -3, -2, -1, 0, 1, 2, 3, \ldots\} = \{0, 1, -1, 2, -2, 3, -3, \ldots\}.$$

Auch $(\mathbb{Z}, +)$ ist eine kommutative Halbgruppe. Jetzt stehen aber mit den negativen Zahlen auch Inverse bezüglich der Addition zur Verfügung. Diese Struktur $(\mathbb{Z}, +)$ ist eine kommutative Gruppe:

Definition 3.2 (Gruppe) Eine Halbgruppe $(G, \circ)$ heißt eine **Gruppe** genau dann, wenn zusätzlich zum Assoziativgesetz der Halbgruppe gilt:

- In G gibt es ein **neutrales Element** e mit

$$e \circ a = a$$

  für alle $a \in G$.
- Sei e ein neutrales Element. Dann besitzt jedes $a \in G$ ein **inverses Element** $a^{-1} \in G$ mit

$$a^{-1} \circ a = e.$$

Die Gruppe heißt **kommutativ** oder **Abel'sch,** wenn dies für die Halbgruppe gilt.

Die Bezeichnung e für ein neutrales Element erinnert an die Eins, das neutrale Element der Multiplikation. Wäre $\circ$ eine Addition, dann müssten wir eigentlich von einer Null sprechen. In allgemeinen Situationen ist aber die Bezeichnung e üblich. Entsprechend bezeichnet die Schreibweise a^{-1} ein inverses Element und bedeutet hier nicht, dass wie bei der Bruchrechnung ein Kehrwert (z. B. $3^{-1} = \frac{1}{3}$) zu nehmen ist. Ist $\circ$ eine Multiplikation, dann berechnet man ein Inverses über den Kehrwert, bei einer Addition jedoch nicht. Der Exponent -1 steht in der Mathematik also für ein Inverses, das nicht unbedingt ein Kehrwert sein muss.

Die kommutative Halbgruppe $(\mathbb{Z}, +)$ ist eine kommutative Gruppe, denn zu $a \in \mathbb{Z}$ gibt es ein inverses Element $a^{-1} := -a$, wobei $e = 0$ ein neutrales Element ist. Die Zahl 5 hat also eine inverse Zahl -5, denn $(-5) + 5 = 0$. Offensichtlich ist 0 das einzige neutrale Element. Wir haben die Axiome aber so gehalten, dass es mehrere neutrale Elemente geben könnte. Dass das aber nie der Fall ist, zeigt der folgende Satz:

Satz 3.1 (Eigenschaften einer Gruppe) Jede Gruppe G hat genau ein neutrales Element e. In der Definition der Gruppe wird das neutrale Element von links mit den Elementen der Gruppe multipliziert. Auch ohne Kommutativität ist das neutrale Element auch bei Verknüpfung von rechts neutral:

$$a \circ e = a \text{ für alle } a \in G.$$

Weiterhin ist das Inverse $a^{-1} \in G$ jedes Elements $a \in G$ eindeutig. Auch ohne Kommutativität gilt bei Verknüpfung von rechts:

$$a \circ a^{-1} = e \text{ für alle } a \in G.$$

Beweis

- Wir zeigen $a \circ a^{-1} = e$, also dass bei Verknüpfung mit einem Inversen von rechts ein neutrales Element e entsteht: Sei dazu a^{-1} ein (Links-)Inverses zu a mit $a^{-1} \circ a = e$:

$$
\begin{aligned}
(a \circ a^{-1}) \circ [a \circ a^{-1}] &= a \circ (a^{-1} \circ [a \circ a^{-1}]) && \text{(Assoziativität)} \\
&= a \circ ([a^{-1} \circ a] \circ a^{-1}) && \text{(Assoziativität)} \\
&= a \circ (e \circ a^{-1}) && (a^{-1} \text{ ist inverses Element}) \\
&= a \circ a^{-1} && (e \text{ ist neutrales Element}).
\end{aligned}
$$

Wir nennen $a \circ a^{-1}$ nun b. Mit anderen Worten, wir haben gezeigt: $b \circ b = b$. In diesem Fall muss aber b das neutrale Element $e = b^{-1} \circ b$ sein, denn

$$b = e \circ b = (b^{-1} \circ b) \circ b = b^{-1} \circ (b \circ b) = b^{-1} \circ b = e.$$

Damit haben wir gezeigt, dass $a \circ a^{-1} = e$ ist, d. h., man darf ein Inverses auch von rechts multiplizieren.

- Mit dem soeben Gezeigten beweisen wir, dass ein neutrales Element e auch bei Verknüpfung von rechts neutral ist:

$$a = e \circ a \overset{\text{erster Beweisschritt}}{=} (a \circ a^{-1}) \circ a = a \circ (a^{-1} \circ a) = a \circ e.$$

- Damit ist das neutrale Element eindeutig: Seien e und $\tilde{e}$ neutrale Elemente:

$$\tilde{e} \overset{e \text{ neutral von links}}{=} e \circ \tilde{e} \overset{\tilde{e} \text{ neutral von rechts}}{=} e. \tag{3.2}$$

- Schließlich beweisen wir noch, dass zu jedem $a \in G$ das inverse Element $a^{-1} \in G$ eindeutig ist. Sei dazu $\tilde{a}^{-1}$ ein weiteres Inverses für a. Dann gilt:

$$a^{-1} = a^{-1} \circ e = a^{-1} \circ (a \circ \tilde{a}^{-1}) = (a^{-1} \circ a) \circ \tilde{a}^{-1} = e \circ \tilde{a}^{-1} = \tilde{a}^{-1}.$$

Hätten wir (die hier nicht erforderliche) Kommutativität vorausgesetzt, wäre klar, dass die Verknüpfung von links und rechts gleich ist. Damit würde sich der Beweis auf die beiden letzten Punkte reduzieren. $\square$

Aufgabe 3.1 Zeigen Sie, dass in einer Gruppe $(a^{-1})^{-1} = a$ gilt. (siehe Lösung A.36)

Die Zahlenmenge $\mathbb{Z}$ ist für theoretische Überlegungen in der Mathematik sehr hilfreich. Leider steht uns in der Informatik die Unendlichkeit nicht zur Verfügung, da mit einem Computer wegen des endlichen Speichers nur endlich viele Zahlen unterschieden werden können. Daher sind in der Informatik Restklassen wichtig:

Auf der Menge $\mathbb{Z}_n := \{0, 1, 2, \ldots, n-1\}$ wird eine Addition $+$ wie in $\mathbb{N}$ definiert. Damit das Ergebnis aber in $\mathbb{Z}_n$ bleibt, nimmt man bei einem Resultat $\geq n$ den Rest der Ganzzahldivision durch n (man rechnet also **modulo** n bzw. mod n, siehe Abschn. 1.4.2 - insbesondere für die Äquivalenzrelation $\equiv_n$). Mit dieser Definition von $+$ entsteht eine kommutative Gruppe $(\mathbb{Z}_n, +)$. In $\mathbb{Z}_5$ (also $n = 5$) gilt beispielsweise $1 + 1 = 2$, $2 + 3 = 0$, $3 + 4 = 2$. Das inverse Element zu m mit $0 < m < n$ ist $n - m$. In $\mathbb{Z}_5$ ist das Inverse von 3 die Zahl $5 - 3 = 2$, denn $3 + 2 = 5 \equiv_5 0$. Damit werden keine „negativen Zahlen" benötigt.

Die Zahlen $0, \ldots, n-1$ heißen **Vertreter** (Repräsentanten) von **Restklassen.** Dabei steht der Vertreter k für die Restklasse, also die Menge

$$[k] := \{k + m \cdot n : m \in \mathbb{Z}\} = \{j \in \mathbb{Z} : j \equiv_n k\} = \{j \in \mathbb{Z} : j \equiv k \bmod n\}.$$

Wir identifizieren beispielsweise 1 mit der Restklasse $\{1, 1 + n, 1 - n, 1 + 2n, 1 - 2n, \ldots\}$. Für $n = 5$ ist also $[1] = \{1, 6, -4, 11, -9, \ldots\}$. Die nicht-negativen Elemente einer Restklasse haben bei Division durch n den gleichen Rest. Beachten Sie, dass in der Restklasse $[1]$ aber auch negative Zahlen wie -4 liegen. Der Rest der Ganzzahldivision von -4 durch 5 ist aber $-4 \bmod 5 = -4$ und nicht 1, weil man $-4/5$ als $-(4/5)$ rechnet. Die Elemente einer Restklasse sind zueinander kongruent modulo n. Die Restklassen sind die Äquivalenzklassen der Kongruenzrelation $\equiv_n$.

Die Gruppe $(\mathbb{Z}_{12}, +)$ kennen Sie aus dem Alltag als Zifferblatt der Uhr. Dort sehen Sie die Repräsentanten 1 bis 12, wobei $0 \in [12]$.

Die n Restklassen des $\mathbb{Z}_n$ haben offensichtlich keine gemeinsamen Elemente, sind also disjunkte Mengen. Ihre Vereinigung ergibt $\mathbb{Z}$:

$$\mathbb{Z} = \bigcup_{k=0}^{n-1} \{k + m \cdot n : m \in \mathbb{Z}\}.$$

Damit bilden die Restklassen eine disjunkte Zerlegung von $\mathbb{Z}$. Das wussten wir eigentlich bereits wegen (1.15) und (1.16) in Abschn. 1.4.2, da es sich um Äquivalenzklassen handelt. In der Informatik kann man das für das Hashing ausnutzen: Hier werden Daten anhand ihres Schlüssels $s \in \mathbb{N}$ mittels einer Hash-Funktion wie $h(s) := s \bmod n$ einem von n Containern eindeutig zugeordnet.

Wir können nun die Addition auch direkt für die Restklassen erklären: Zwei Restklassen werden addiert, indem man aus beiden Restklassen je ein beliebiges Element auswählt und die beiden Elemente in $\mathbb{N}$ addiert. Die Ergebnisrestklasse ist die, in der die so berechnete Zahl liegt. Tatsächlich rechnen wir in Listing 3.2 nicht mit ganzen Zahlen sondern in $\mathbb{Z}_n$ für ein systemabhängiges (großes) n. Ausgegeben werden Repräsentanten von Restklassen. Zunächst stimmen die Repräsentanten mit dem Rechenergebnis in $\mathbb{Z}$ überein. Da es aber nur n verschiedene Restklassen gibt, werden nach einigen Berechnungen Repräsentanten genommen, die uns verwundern. Eigentlich erwarten wir das Ergebnis $14! = 87.178.291.200$. Mit 32 Bits lassen sich $2^{32} = 4.294.967.296$ verschiedene Binärzahlen darstellen. Davon reservieren wir aber die Hälfte zur Darstellung von negativen Zahlen, so dass wir nur 2^{31} verschiedene positive Zahlen darstellen können. Genaueres dazu sehen wir uns in Abschn. 3.2.2 an. Also erhalten wir $14!/2^{31} = 40$ Rest $1.278.945.280$, und genau dieser Rest wird durch das Programm auch ausgegeben.

Aufgabe 3.2 In dieser Aufgabe soll ein deterministischer, endliche Automat (siehe Abschn. 1.4.1) über dem Alphabet $\Sigma = \{0, 1\}$ erstellt werden, der alle Zahlen aus $\mathbb{N}_0$ in Binärdarstellung erkennt, die ohne Rest durch drei teilbar sind.

Hinweis: Die Zustände des Automaten repräsentieren die Restklassen bezüglich der Division durch drei. Überlegen Sie sich, was das Lesen einer Null bzw. einer Eins bedeutet. (siehe Lösung A.37)

Bislang haben wir nur Strukturen betrachtet, in denen nur eine Verknüpfung erklärt war. In $\mathbb{Z}$ sind aber Addition und Multiplikation definiert, also zwei Verknüpfungen. Das führt zu einem weiteren Begriff:

Definition 3.3 (Ring) Ein 3-Tupel $(R, +, \cdot)$ bestehend aus einer Menge R und zwei Verknüpfungen $+$ und $\cdot$, die jeweils zwei beliebigen Elementen aus R ein Ergebnis aus R zuordnen, heißt ein **Ring** genau dann, wenn

- $(R, +)$ eine kommutative Gruppe ist,
- $(R, \cdot)$ eine Halbgruppe ist und
- die Verknüpfungen verträglich im Sinne der **Distributivgesetze** sind:

$$a \cdot (b + c) = (a \cdot b) + (a \cdot c), \quad (a + b) \cdot c = (a \cdot c) + (b \cdot c)$$

für alle $a, b, c \in R$ (zwei Regeln sind nötig, da keine Kommutativität bezüglich $\cdot$ vorausgesetzt ist).

Ein Ring heißt **kommutativ** genau dann, wenn $a \cdot b = b \cdot a$ für alle $a, b \in R$ gilt.
Ein Element $1 \in R$ heißt **Einselement** genau dann, wenn $1 \cdot a = a \cdot 1 = a$ für alle
$a \in R$ ist.

Falls es ein Einselement gibt, dann ist dieses analog zu (3.2) auch eindeutig.

$\mathbb{Z}$ ist ein kommutativer Ring mit Einselement, wobei das Einselement, wie der
Name vermuten lässt, tatsächlich die Zahl Eins ist. Erklärt man in $\mathbb{Z}_n$ eine Multiplikation analog zur Addition, indem man zunächst wie in $\mathbb{N}$ multipliziert und dann
modulo n rechnet, so wird $(\mathbb{Z}_n, +, \cdot)$ ein kommutativer Ring mit Einselement. Um
den Bezug zu den Restklassen herzustellen, spricht man von einem **Restklassenring.**

3.2.2 Stellenwertsysteme und Darstellung im Computer

Warum verwechseln Mathematiker Weihnachten mit Halloween? Weil OCT 31
gleich DEC 25 ist. Mit DEC ist das Dezimal- und mit OCT das Oktalsystem gemeint.
Unter Berücksichtigung dieser Stellenwertsysteme sind die Zahlen tatsächlich gleich.
Das werden wir in diesem Abschnitt verstehen.

Wir schreiben Zahlen mit Ziffern, dem (Dezimal-) Punkt (in deutscher Schreibweise ist das ein Komma) und einem Vorzeichen. Das klassische indisch-arabische
Alphabet zur Darstellung von Ziffern ist

$$\Sigma_{10} = \{0, 1, 2, 3, 4, 5, 6, 7, 8, 9\}.$$

Davon abgeleitete Alphabete sind:

$$
\begin{aligned}
\Sigma_2 &= \{0, 1\} & \text{(dual, binär)} \\
\Sigma_8 &= \{0, 1, 2, \ldots, 7\} & \text{(oktal)} \\
\Sigma_{16} &= \{0, 1, 2, \ldots, 9, A, B, C, D, E, F\} & \text{(hexadezimal).}
\end{aligned}
$$

Im Hexadezimalsystem können wir die Ziffern $10, 11, 12, \ldots, 15$ nicht mehr mit
einem einzelnen Symbol aus Σ_{10} darstellen, deshalb greifen wir auf Buchstaben
zurück.

Wir könnten nun eine Zahl ziffernweise beispielsweise in ASCII (siehe
Abschn. 1.4.3) darstellen. Dann würde die Zahl 42 mittels `00110100 00110010`
codiert werden. Tatsächlich bietet die Programmiersprache COBOL die Möglichkeit, natürliche Zahlen als entsprechende Zeichenketten zu speichern. Damit lassen
sie sich leicht ausgeben. Aber die Nachteile beim Rechnen überwiegen: Zunächst
einmal stellen wir fest, dass eine solche Darstellung sehr speicherintensiv ist.
Der Wert 123 würde in ASCII-Codierung dargestellt als `00110001 00110010`
`00110011` und benötigt somit 3 Byte; 123 lautet als Dualzahl `1111011` und benötigt in dieser Form nur 1 Byte. Außerdem wird eine aufwändige Arithmetik benötigt,
um zwei Zahlen zu addieren, denn die ASCII-Werte können nicht einfach stellenweise summiert werden, wie wir das aus der Schule und aus Abschn. 1.3.1 kennen:

$$
\begin{array}{r}
8 \\
+\ 9 \\
\hline
17
\end{array}
\qquad
\begin{array}{r}
00111000 \mathrel{\hat{=}} 8 \\
+\ 00111001 \mathrel{\hat{=}} 9 \\
\hline
01110001 \mathrel{\hat{=}} \mathrm{q}.
\end{array}
$$

Damit dieses Problem nicht auftritt, verwenden wir eine Stellenwertdarstellung zur Basis 2. Damit ist jede Stelle ein einzelnes Bit und muss nicht anderweitig codiert werden.

Satz 3.2 (Stellenwertdarstellung) Sei $b \in \mathbb{N}$ und $b > 1$. Dann ist jede Zahl $x \in \mathbb{N}_0$ mit $0 \leq x \leq b^n - 1$ und $n \in \mathbb{N}$ eindeutig als Wort $x_{n-1} x_{n-2} \ldots x_0$ der Länge n über Σ_b dargestellt durch

$$
x = x_{n-1} \cdot b^{n-1} + x_{n-2} \cdot b^{n-2} + \ldots + x_1 \cdot b^1 + x_0 \cdot b^0.
$$

Offensichtlich ist x_0 der Rest der Division x/b, $x_0 = x \bmod b$, außerdem ist $x_1 = [(x - x_0)/b] \bmod b$ usw. Daraus folgt insbesondere die Existenz und Eindeutigkeit der Darstellung.

Wir wollen einige Vereinbarungen treffen:

- In der Ziffernschreibweise geben wir in der Regel die Basis der Zahlendarstellung explizit an, außer wenn es sich um die vertraute Basis 10 handelt oder aus dem Zusammenhang eindeutig klar ist, welche Basis gemeint ist.
- Die Basis selbst wird immer dezimal angegeben.

Betrachten wir zunächst ein Beispiel im Dezimalsystem, also sei $b = 10$. Die eindeutige Darstellung von $x = 5209$ lautet

$$
\begin{aligned}
x &= \mathbf{5} \cdot 10^3 + \mathbf{2} \cdot 10^2 + \mathbf{0} \cdot 10^1 + \mathbf{9} \cdot 10^0 \\
&= \mathbf{5} \cdot 1000 + \mathbf{2} \cdot 100 + \mathbf{0} \cdot 10 + \mathbf{9} \cdot 1 = 5000 + 200 + 9
\end{aligned}
$$

und in Ziffernschreibweise $(5209)_{10}$. Das war einfach, da uns die Dezimalschreibweise vertraut ist und nichts umzurechnen war. Betrachten wir daher nun ein Beispiel im Dual- oder Binärsystem, also sei $b = 2$. Die eindeutige Darstellung von $x = 42$ (vgl. [Adams (1979)]) lautet

$$
\begin{aligned}
x &= \mathbf{1} \cdot 2^5 + \mathbf{0} \cdot 2^4 + \mathbf{1} \cdot 2^3 + \mathbf{0} \cdot 2^2 + \mathbf{1} \cdot 2^1 + \mathbf{0} \cdot 2^0 \\
&= \mathbf{1} \cdot 32 + \mathbf{0} \cdot 16 + \mathbf{1} \cdot 8 + \mathbf{0} \cdot 4 + \mathbf{1} \cdot 2 + \mathbf{0} \cdot 1 = 32 + 8 + 2
\end{aligned}
$$

und in Ziffernschreibweise $(101010)_2$. Historisch – und um den anfänglichen Witz zu verstehen – ist auch das Oktalsystem interessant. Sei also $b = 8$, dann lautet die eindeutige Darstellung von $x = 93$

$$
x = \mathbf{1} \cdot 8^2 + \mathbf{3} \cdot 8^1 + \mathbf{5} \cdot 8^0 = \mathbf{1} \cdot 64 + \mathbf{3} \cdot 8 + \mathbf{5} \cdot 1 = 64 + 24 + 5
$$

und in Ziffernschreibweise $(135)_8$. Oft werden Zahlen in hexadezimal angegeben, da damit die Werte von 0 bis 255 eines Bytes mit zwei Ziffern angegeben werden können. Sei jetzt also $b = 16$, dann lautet die eindeutige Darstellung von $x = 342$

$$x = \mathbf{1} \cdot 16^2 + \mathbf{5} \cdot 16^1 + \mathbf{6} \cdot 16^0 = 1 \cdot 256 + 5 \cdot 16 + 6 \cdot 1 = 256 + 80 + 6$$

und in Ziffernschreibweise $(156)_{16}$. Ab einem Alter von 32 (und bis 41) war es in unserem Freundeskreis beliebt, das Alter hexadezimal anzugeben…

In Abschn. 3.6.3 sehen wir uns Stellenwertdarstellungen, die dann auch einen Nachkommateil haben werden, noch etwas intensiver an. Jetzt betrachten wir speziell die Grundrechenarten für die in der Informatik wichtigste Basis 2.

Die Addition von Dualzahlen haben wir bereits in Abschn. 1.3.1 kennengelernt. Die Multiplikation einstelliger Dualzahlen ist noch einfacher als die Addition, da dabei keine Überträge auftreten und die meisten Ergebnisse Null sind:

$$0 \cdot 0 = 0, \quad 0 \cdot 1 = 0, \quad 1 \cdot 0 = 0, \quad 1 \cdot 1 = 1.$$

Mehrstellige Zahlen können nach der Schulmethode multipliziert werden. Dabei müssen nur die Stellen des rechten Operanden berücksichtigt werden, die eins sind.

Dezimal $37 \cdot 21$	Dual $00100101 \cdot 00010101$
37	100101
740	10010100
777	1001010000
	1100001001

Etwas schwieriger wird es, wenn wir subtrahieren wollen. Machen wir uns daher zunächst klar, wie wir in der Schule Subtrahieren gelernt haben. Wir betrachten dazu natürlich wieder ein Beispiel: $63 - 21$. In diesem Beispiel können wir einfach ziffernweise von rechts nach links subtrahieren und erhalten als Ergebnis 42. Was passiert aber, wenn bei der ziffernweise durchgeführten Subtraktion an einer Stelle ein negativer Wert vorkommt? In einem solchen Fall können wir nicht mehr stellenweise subtrahieren. In der Schule haben wir gelernt, dass wir uns eine Eins von der nächst höheren Stelle leihen müssen. Wir erhalten hier also auch so etwas wie einen Übertrag, nur müssen wir von der nächst höheren Stelle eins subtrahieren, nicht addieren. Betrachten wir dazu das Beispiel $623 - 478$. Bereits bei der ersten Stelle, also der Stelle ganz rechts, tritt ein Übertrag auf, so dass wir uns von der nächst höheren Stelle eine Eins leihen.

$$
\begin{array}{ccccccc}
6 \;\; 2 \;\; 3 & & 6 \;\; \mathbf{1} \;\; \mathbf{13} & & \mathbf{5} \;\; \mathbf{11} \;\; \mathbf{13} \\
\underline{-\,4\;7\;8} & \rightarrow & \underline{-\,4\;7\;8} & \rightarrow & \underline{-\,4\;7\;8} \\
& & 5 & & 1 \;\;\; 4 \;\;\; 5
\end{array}
$$

Auch an der zweiten Stelle ist die obere Zahl kleiner als die untere Zahl, so dass wir uns wieder von der nächst höheren Stelle eine Eins borgen müssen. Wie wir sofort erkennen, dürfen wir nur kleinere von größeren Zahlen subtrahieren, da wir uns sonst keine Einsen leihen können. Damit können wir $33 - 36$ so nicht ausrechnen, sondern müssen den Ansatz $-(36 - 33) = -3$ machen.

Wenn wir die Differenz $x - y$ mit der Schulmethode berechnen wollen, dann benötigen wir eine Fallunterscheidung:

- Ist $x \geq 0$ und $y < 0$, dann können wir addieren.
- Ist $x < 0$ und $y \geq 0$, dann addieren wir die nicht-negativen Zahlen $-x$ und y und versehen dann das Ergebnis mit einem Minuszeichen.
- Ist $x \geq 0$ und $y \geq 0$, dann müssen wir subtrahieren. Für $x \geq y$ können wir das direkt tun, falls aber $x < y$ ist, müssen wir $y - x$ rechnen und dann mit -1 multiplizieren.
- Ist $x < 0$ und $y < 0$, dann subtrahieren wir von $-x$ die Zahl $-y$ wie im vorangehenden Fall und multiplizieren anschließend mit -1.

Die Ursache für die Komplexität ist, dass wir negative Zahlen ungeschickt dadurch codieren, dass wir das Vorzeichen separat aufschreiben. Leider gibt es dadurch auch mit -0 und $+0$ zwei Darstellungen der Null, und wir benötigen Addierer und Subtrahierer. Wie wir ohne komplizierte Entscheidungslogik und ohne Subtrahierer auskommen können, sehen wir jetzt.

Im folgenden ist n immer eine fest gewählte Stellenzahl, d. h., wir arbeiten immer mit Zahlen fester Wortlänge, z. B. $n = 16$ Bits, wobei damit auch das Vorzeichen codiert werden muss. Sei x_i eine Stelle einer Dualzahl. Mit

$$\overline{x_i} = \begin{cases} 1 \text{ falls } x_i = 0 \\ 0 \text{ falls } x_i = 1 \end{cases}$$

bezeichnen wir die Negation bzw. das Komplement dieser Stelle.

Definition 3.4 (Einer- und Zweier-Komplement) Das **Einer-Komplement** der Dualzahl $x = \pm(0\,x_{n-2}x_{n-3}\ldots x_0)_2$ ist definiert als

$$\overline{x}^1 := \begin{cases} 0\,x_{n-2}\,x_{n-3}\ldots x_0 \text{ falls } x \geq 0 \\ 1\,\overline{x_{n-2}}\,\overline{x_{n-3}}\ldots\overline{x_0} \text{ sonst,} \end{cases}$$

wobei für $x = 0$ auch die Darstellung $1\,1\,1\ldots1$ erlaubt ist. Das **Zweier-Komplement** der Zahl x entsteht im Fall $x < 0$ aus dem Einer-Komplement, indem zum Einer-Komplement eine Eins addiert wird und ein eventuell auftretender Übertrag der n-ten Stelle weggelassen wird: Für $x \geq 0$ ist $\overline{x}^2 := x$ und für $x < 0$ setzen wir

$$\overline{x}^2 := ((1\,\overline{x_{n-2}}\,\overline{x_{n-3}}\ldots\overline{x_0})_2 + 1) \bmod 2^n,$$

wobei durch $\bmod\ 2^n$-Rechnung eine eventuell auftretende Stelle x_n entfernt wird.

Entsprechende Komplement-Darstellungen gibt es analog auch für Stellenwertdarstellungen zu anderen Basen als zwei. Für positive ganze Zahlen ist die Komplementdarstellung gleich der Binärdarstellung, nur negative Zahlen werden speziell dargestellt, siehe Tab. 3.3. Diese erkennt man in den Komplementdarstellungen an der führenden Eins. Der Wert -4 beim Zweier-Komplement stellt eine Ausnahme dar, da -4 nicht in der Vorzeichendarstellung mit drei Bits gespeichert werden kann und wir dafür eigentlich nicht das Zweier-Komplement definiert haben. Die Darstellung der -4 ist möglich, da es beim Zweier-Komplement nur eine Codierung der Null gibt.

Tab. 3.3 Darstellung von Dualzahlen mit separatem Vorzeichen, im Einer- und Zweier-Komplement bei einer Länge von drei Bits

Vorzeichen und Betrag	Einer-Komplement	Zweier-Komplement
$+00 = 0$	$000 = 0$	$000 = 0$
$+01 = 1$	$001 = 1$	$001 = 1$
$+10 = 2$	$010 = 2$	$010 = 2$
$+11 = 3$	$011 = 3$	$011 = 3$
$-00 = 0$	$100 = -3$	$100 = -4$
$-01 = -1$	$101 = -2$	$101 = -3$
$-10 = -2$	$110 = -1$	$110 = -2$
$-11 = -3$	$111 = 0$	$111 = -1$

Wir betrachten jeweils ein Beispiel mit der Wortlänge 8 Bits bzw. 16 Bits:

$$x = -0110100 \qquad x = -001101101011000$$
$$\overline{x}^1 = 11001011 \qquad \overline{x}^1 = 1110010010100111$$
$$\overline{x}^2 = 11001100 \qquad \overline{x}^2 = 1110010010101000$$

Stellen wir Zahlen x und y im Einer-Komplement dar, dann ergibt die Addition dieser Einer-Komplemente unabhängig von den Vorzeichen das Einer-Komplement der Summe $x + y$, sofern wir einen eventuell auftretenden Übertrag entfernen und als Eins hinzuaddieren. Wir müssen nicht mehr auf Vorzeichen achten. Bevor wir dies begründen, rechnen wir ein Beispiel.

Beispiel 3.1 (Subtraktion mit Einer-Komplement bei $n = 8$ Stellen) Die Vorzeichen-Betrag-Darstellung

$$\begin{array}{rr} 01110111 \mathrel{\hat=} 119 & -00010111 \mathrel{\hat=} -23 \\ -00111011 \mathrel{\hat=} -59 \quad \text{und} & -00111001 \mathrel{\hat=} -57 \\ \hline 00111100 \mathrel{\hat=} 60 & -01010000 \mathrel{\hat=} -80 \end{array} \qquad (3.3)$$

wird im Einer-Komplement zu

$$\begin{array}{rr} 01110111 & 11101000 \\ +11000100 \quad \text{und} & +11000110\,. \\ \hline 100111011 & 110101110 \end{array}$$

Nun müssen noch die aufgetretenen Überträge behandelt werden. Wir streichen die Überträge und addieren eine Eins auf die Ergebnisse und erhalten

$$\begin{array}{rr} 00111011 & 10101110 \\ +1 \quad \text{und} & +1\,. \\ \hline 00111100 & 10101111 \end{array}$$

Rechts ist eine negative Zahl entstanden, die im Einer-Komplement vorliegt. Um diese Zahl in die uns gewohnte Vorzeichen-Betrag-Darstellung umzuwandeln, müssen wir wieder alle Bits negieren und das Vorzeichen schreiben. Auch das werden wir uns im Anschluss überlegen. Aus 10101111 wird -01010000, das Ergebnis entspricht also -80.

Wir überlegen uns jetzt exemplarisch für den Fall $0 < x, y < 2^{n-1}$, dass wir mit dem Einer-Komplement für die Rechnung $y - x$ tatsächlich das richtige Ergebnis erhalten: Das Einer-Komplement einer negativen Zahl $-x$ entsteht, indem wir $-x$ zu der Zahl $2^n - 1$, die aus n Einsen besteht, addieren. Denn dadurch werden aus allen Nullen Einsen und umgekehrt, z. B. wird aus $x = 01010000$ der Wert $-01010000 + 11111111 = 10101111$.

Damit ist

$$\overline{y}^1 + \overline{-x}^1 = y + \overline{-x}^1 = y + 2^n - 1 - x = y - x + 2^n - 1. \qquad (3.4)$$

Wenn wir auf diese Weise die Differenz $y - x$ für $x, y \geq 0$ berechnen wollen, dann prüfen wir, ob $y + \overline{-x}^1$ eine Eins durch einen Übertrag als $n + 1$-te Stelle bekommt:

- Falls durch einen Übertrag eine weitere Stelle entsteht, so ist $y - x$ positiv, denn zur n-stelligen Zahl $2^n - 1$ kommt in (3.4) etwas hinzu. Um in diesem Fall das richtige Ergebnis zu erhalten, müssen wir von $y + \overline{-x}^1$ die Zahl $2^n - 1$ abziehen. Wir ziehen zunächst 2^n ab, indem wir die führende Stelle weglassen und müssen dann noch 1 addieren.
- Falls keine zusätzliche Stelle entsteht, ist $y - x \leq 0$. Wir erhalten mit $y + \overline{-x}^1$ direkt das Ergebnis im Einer-Komplement:

$$2^n - 1 + (y - x) = y + [2^n - 1 - x] = y + \overline{-x}^1 = \overline{y}^1 + \overline{-x}^1.$$

Tritt also nach dem Addieren von Einer-Komplementen ein Übertrag an der höchsten Stelle auf, so muss man diesen als 1 zum bisherigen Ergebnis addieren.

Ein Nachteil des Einer-Komplements ist, dass die Null immer noch zwei Darstellungen besitzt, z. B. bei $n = 4$ Stellen 0000 und 1111. Das lässt sich durch das Zweier-Komplement verhindern. Heute arbeiten nur noch wenige Prozessoren mit dem Einer-Komplement. Das Zweier-Komplement hat sich durchgesetzt.

Addieren wir zwei Zahlen im Zweier-Komplement, dann erhalten wir auch die Summe in Zweier-Komplement-Darstellung:

Beispiel 3.2 (Rechnung im Zweier-Komplement) Wir führen die beiden Subtraktionen aus (3.3) mittels Zweier-Komplement durch:

$$
\begin{array}{r}
\overline{x}^2 \quad 01110111 \\
+\overline{y}^2 +11000101 \\
\hline
100111100
\end{array}
\quad \text{und} \quad
\begin{array}{r}
\overline{x}^2 \quad 11101001 \\
+\overline{y}^2 +11000111 \\
\hline
110110000
\end{array}.
$$

Die Überträge werden gestrichen, und wir erhalten die gewünschten Ergebnisse. Bei der rechten Rechnung ist eine negative Zahl berechnet worden. Um dieses Ergebnis in die uns gewohnte Vorzeichen-Betrag-Darstellung umzuwandeln, müssen wir wie bei der Umwandlung einer negativen Zahl in das Zweier-Komplement vorgehen und zunächst ziffernweise das Komplement bilden und anschließend Eins addieren. Aus 10110000 erhalten wir zunächst 01001111, und nach der Addition von Eins erhalten wir 01010000, also -80.

Wir analysieren wieder exemplarisch anhand der Rechnung $y - x$ für Zahlen $0 < x, y < 2^{n-1}$, warum das Zweier-Komplement funktioniert. Wir sehen uns also $\overline{y}^2 + \overline{-x}^2 = y + \overline{-x}^2$ an.

Zunächst können wir $-x$ schreiben als

$$- x = \underbrace{[\overbrace{(2^n - 1 - x) + 1}^{= \overline{-x}^1}]}_{= \overline{-x}^2} - 2^n, \text{ also } \overline{-x}^2 = 2^n - x. \tag{3.5}$$

Dabei kann der Term in der eckigen Klammer Werte zwischen $2^n - 2^{n-1} = 2^{n-1}(2 - 1) = 2^{n-1}$ und $2^n - 1$ annehmen, so dass er durch die mod 2^n-Rechnung aus der Definition des Zweierkomplements nicht verändert wird. Damit erhalten wir

$$y - x = y + \overline{-x}^2 - 2^n. \tag{3.6}$$

Wir addieren zu $y = \overline{y}^2$ das Zweier-Komplement von x, d.h. $y + \overline{-x}^2$, und unterscheiden zwei Fälle:

- Falls es an der höchsten Stelle einen Übertrag mit Wert 2^n gibt, subtrahiert man 2^n und erhält ein nicht-negatives Ergebnis $y - x$, siehe (3.6). In diesem Fall kann der Übertrag also einfach ignoriert werden.
- Gibt es hier keinen Übertrag, so ist $y - x$ negativ wegen (3.6). In diesem Fall liefert $y + \overline{-x}^2$ bereits die Zweier-Komplementdarstellung von $y - x$, denn wir benutzen (3.5) einmal für x ersetzt durch $-(y - x)$ und einmal für x:

$$\overline{y - x}^2 = 2^n - (-(y - x)) = y + (2^n - x) = y + \overline{-x}^2.$$

Damit ist klar, warum wir im Beispiel tatsächlich die richtige Zweier-Komplement-Darstellung des Ergebnisses erhalten haben. Die Übersetzung dieses Ergebnisses in die Vorzeichen-Darstellung können wir jetzt auch verstehen: Sie funktioniert, da bei negativem $y - x$ wegen (3.5) gilt: $\overline{y - x}^2 = 2^n - (-(y - x)) = 2^n + (y - x)$. Wenn wir also die Stellen des Zweier-Komplement-Ergebnisses negieren und dann eins addieren, berechnen wir wieder wegen (3.5) $2^n - (2^n + (y - x)) = -(y - x)$ und haben das Ergebnis nur noch mit -1 zu multiplizieren, d.h., wir müssen als Vorzeichen ein Minus setzen.

Beim Einer-Komplement muss ein Übertrag an der höchsten Stelle berücksichtigt werden, beim Zweier-Komplement können Sie ihn einfach weglassen.

Wir haben zuvor gesagt, dass wir im Computer nicht mit $\mathbb{Z}$, sondern mit einem Restklassenring rechnen. Jetzt haben wir gesagt, dass selten im Einer- und häufig im Zweier-Komplement gerechnet wird. Tatsächlich passt beides zusammen. Die Komplementdarstellungen sind immer auf eine beliebige, aber fest vorgegebene Stellenzahl n bezogen. Bei der Rechnung im Einerkomplement werden die Zahlen $-2^{n-1} + 1, \ldots, 0, \ldots, 2^{n-1} - 1$ als Repräsentanten des $\mathbb{Z}_{2^n-1}$ verwendet. Beim Zweier-Komplement steht wegen der Eindeutigkeit der Null eine weitere Zahl zur Verfügung, so dass die Repräsentanten $-2^{n-1}, \ldots, 0, \ldots, 2^{n-1} - 1$ des $\mathbb{Z}_{2^n}$ verwendet werden. Bei der Ausführung des Listings 3.2 wird das Zweier-Komplement verwendet.

```
1   #include <stdio.h>
2   void main(void) {
3       int i, x;
4       printf("Wert? ");
5       scanf("%d", &x);
6       for (i = 31; i >= 0; i--) {
7           if (x & (1 << i))
8               printf("1");
9           else printf("0");
10      }
11      printf("\n");
12  }
```

Listing 3.4 Darstellung ganzer Zahlen

Nach so viel Theorie wollen wir nun aber endlich mal wieder ein Programm schreiben. Mit dem Listing 3.4 können wir testen, ob ganze Zahlen im Rechner tatsächlich wie hier beschrieben abgelegt werden. Wir gehen davon aus, dass das Programm auf einem 32-Bit Betriebssystem läuft, die Zahlen also mit einer Wortlänge von 32 Bits dargestellt werden. Sollten Sie ein 64-Bit-System nutzen, müssen sie nur den Wert 31 in Zeile 6 in den Wert 63 ändern. In dem Programm tauchen so lustige Zeichen wie & und << auf, die einer Erklärung bedürfen. Der Operator & bedeutet bitweise Und-Verknüpfung, die wir in Abschn. 1.3.1 kennengelernt haben. Bitweise wird x mit 1 << i verknüpft. Dabei verschiebt << die Binärdarstellung der vor dem Operator angegebenen Zahl um die hinter dem Operator angegebene Stellenzahl nach links. Die höchstwertigsten Bits fallen dabei heraus. Wenn wir den Wert 0...01 um 4 Stellen nach links verschieben, dann erhalten wir den Wert 0...010000, also den dezimalen Wert 16. Allgemein berechnen wir 2^i, wenn wir 1 um i Stellen nach links verschieben.

In unserem Programm testen wir damit, ob das i-te Bit von x den Wert eins hat. Denn 1 << i hat an der Stelle i eine Eins, und wenn auch der Wert x an dieser Stelle eine Eins hat, liefert das bitweise logische Und an dieser Stelle ebenfalls eine Eins, und damit ist die Bedingung der if-Abfrage erfüllt.

Mit diesem Wissen über die Zahlendarstellung im Rechner sehen wir uns noch einmal das Verhalten des Programms aus Listing 3.2 an. In jedem Schleifendurchlauf wird der Wert der Variablen fakultaet mit x multipliziert und daher immer größer, bis irgendwann mehr als 32 Bits zur Darstellung benötigt werden. Die höherwertigen Bits werden abgeschnitten, weshalb die Ausgabe nicht mehr größer werden kann. Ist außerdem das höchstwertigste Bit auf Eins gesetzt, wird die Zahl als negative Zahl in der Zweier-Komplement-Darstellung interpretiert.

3.2.3 Primzahlen und Teiler

So, wie die Objekte der realen Welt aus Atomen bestehen, sind die natürlichen Zahlen aus Primzahlen zusammengesetzt. In der Kryptographie spielen Verschlüsselungen mit **Primzahlen** eine wichtige Rolle (z. B. beim RSA-Verfahren, siehe Abschn. 3.5).

Definition 3.5 (Teiler und Primzahl) Eine ganze Zahl t **teilt** eine andere ganze Zahl a, wenn es ein $b \in \mathbb{Z}$ gibt mit $a = t \cdot b$. Dann ist t **Teiler** von a. Als Kurzschreibweise für t teilt a ist $t \mid a$ üblich. Eine **Primzahl** ist eine natürliche Zahl $p \in \mathbb{N}$, $p \neq 1$, die durch keine andere Zahl $q \in \mathbb{N}$ mit $1 < q < p$ teilbar ist.

Primzahlen sind also 2, 3, 5, 7, 11, 13, 17, ... Auf dem Weg zu Primzahltests und zum RSA-Verfahren benötigen wir den Begriff des größten gemeinsamen Teilers und insbesondere einen Algorithmus für seine Berechnung.

Definition 3.6 (größter gemeinsamer Teiler) Der **größte gemeinsame Teiler** $\mathrm{ggT}(n, m)$ zweier natürlicher Zahlen n und m ist die größte natürliche Zahl, die sowohl n als auch m teilt. Ist $\mathrm{ggT}(n, m) = 1$, dann nennen wir n und m **teilerfremd.**

Algorithmus 3.1 Euklid'scher Divisionsalgorithmus für die Zahlen n_0, m_0

---
procedure GGT(n_0, m_0)
$\quad n := \max\{n_0, m_0\}, m := \min\{n_0, m_0\}$
$\quad r := n \bmod m$ $\qquad\qquad\qquad\qquad$ ▷ r ist Rest der Division von n durch $m, m > r$
$\quad$ **while** $r \neq 0$ **do**
$\quad\quad n := m, m := r, r := n \bmod m$
$\quad$ **return** m

Beispielsweise ist $\mathrm{ggT}(8, 12) = 4$, $\mathrm{ggT}(15, 5) = 5$ und $\mathrm{ggT}(18, 12) = 6$. Zur Berechnung können wir den **Euklid'schen Algorithmus** benutzen, siehe Algorithmus 3.1, der beispielsweise auch im Rahmen der RSA-Verschlüsselung verwendet wird. Dieser Algorithmus funktioniert tatsächlich. Bevor wir seine Korrektheit zeigen können, müssen wir uns Regeln zum Rechnen mit dem ggT ansehen.

Lemma 3.1 (Rechenregeln für den ggT) *Für* $a, b \in \mathbb{N}$ *mit* $a > b$ *gilt:*
a) $\mathrm{ggT}(a, b) = \mathrm{ggT}(b, a)$, $\qquad\qquad$ *b)* $\mathrm{ggT}(a, b) = \mathrm{ggT}(b, a - b)$,
c) $\mathrm{ggT}(a, b) = \mathrm{ggT}(b, a \bmod b)$.

Beweis Die Regel a) folgt sofort aus der Definition. Zum Beweis der Regel b) sei $t := \text{ggT}(a, b)$. Insbesondere ist t ein Teiler von a, d.h. $a = k_1 \cdot t$, und t ist ein Teiler von b, d.h. $b = k_2 \cdot t$, und damit auch von $a - b = k_1 \cdot t - k_2 \cdot t = (k_1 - k_2) \cdot t$. Als gemeinsamer Teiler von a und $b - a$ ist $t = \text{ggT}(a, b) \leq \text{ggT}(b, a - b)$.

Umgekehrt ist $\text{ggT}(b, a - b)$ ein Teiler von b und $a - b$, also analog den obigen Überlegungen auch von $(a - b) + b = a$. Als gemeinsamer Teiler von a und b kann er nicht größer als $\text{ggT}(a, b)$ sein. Damit haben wir von oben $\text{ggT}(a, b) \leq \text{ggT}(b, a - b)$ und jetzt $\text{ggT}(b, a - b) \leq \text{ggT}(a, b)$, also $\text{ggT}(a, b) = \text{ggT}(b, a - b)$.

Die Formel unter c) ergibt sich durch iterative Anwendung von b): Sei $r = a \bmod b$, d.h. $a = k \cdot b + r$ bzw. $r = a - k \cdot b$. Jetzt können wir k-mal b) unter Verwendung von a) anwenden:

$$\text{ggT}(a, b) = \text{ggT}(b, a - b) = \text{ggT}(a - b, b) = \text{ggT}(b, a - 2b) = \text{ggT}(a - 2b, b)$$
$$= \cdots = \text{ggT}(b, a - k \cdot b) = \text{ggT}(b, a \bmod b).$$

$\square$

Jetzt sehen wir uns den Algorithmus 3.1 an: Durch die Division werden die Zahlen n und m bei jedem Schleifendurchlauf kleiner, so dass nach endlicher Zeit $r = 0$ erreicht wird. Der Algorithmus terminiert also.

Außerdem wird eine Schleifeninvariante (siehe Abschn. 1.3.5) eingehalten. Zu Beginn der Schleife ist stets

$$\text{ggT}(n, m) = \text{ggT}(n_0, m_0).$$

Nach der Initialisierung von n und m ist das klar. Nun wird innerhalb der Schleife das neue Zahlenpaar (n, m) ersetzt durch $(m, n \bmod m)$. Wegen der Rechenregel c) gilt $\text{ggT}(n, m) = \text{ggT}(m, n \bmod m)$. Damit bleibt die Invariante erhalten. Sie gilt auch noch, wenn die Abbruchbedingung $r = 0$ erreicht wird, also n durch m teilbar ist. In dieser Situation ist $m = \text{ggT}(n, m)$, so dass der Algorithmus die korrekte Lösung berechnet.

Aufgabe 3.3 Begründen Sie, warum der **Euklid'sche Subtraktionsalgorithmus** (siehe Algorithmus 3.2) korrekt ist und den ggT berechnet. Warum benötigt er im Allgemeinen mehr Schleifendurchläufe als der Divisionsalgorithmus? (siehe Lösung A.38)

Wir erweitern den Divisionsalgorithmus jetzt so, dass wir eine Darstellung des ggT über die Zahlen n und m erhalten:

$$\text{ggT}(n, m) = r \cdot n + s \cdot m,$$

Algorithmus 3.2 Euklid'scher Subtraktionsalgorithmus für die Zahlen n_0, m_0

---

procedure GGT(n_0, m_0)
  $n := \max\{n_0, m_0\}, m := \min\{n_0, m_0\}, r := n - m$
  while $r \neq 0$ **do**
    $n := \max\{m, r\}, m := \min\{m, r\}, r := n - m$
  return m

---

wobei $r, s \in \mathbb{Z}$. In einer solchen Darstellung wird in der Regel eine der Zahlen r oder s negativ und die andere positiv sein. Die Darstellung werden wir beispielsweise für die Durchführung der RSA-Verschlüsselung benötigen, siehe Abschn. 3.5.

Wir schreiben dazu ein Beispiel für den Divisionsalgorithmus so auf, dass wir anschließend durch Rückwärtslesen den erweiterten Algorithmus verstehen. Als Beispiel berechnen wir ggT$(202, 72) = 2$:

$$202 = 2 \cdot \mathbf{72} + \mathbf{58}$$
$$\mathbf{72} = 1 \cdot \underline{\mathbf{58}} + \underline{14}$$
$$\underline{58} = 4 \cdot \underline{14} + 2$$
$$14 = 7 \cdot 2 + 0.$$

Wir betrachten also in den Schritten die Zahlenpaare $(202, 72)$, $(72, 58)$, $(58, 14)$ und $(14, 2)$, die alle nach Lemma 3.1 c) den gleichen ggT 2 haben.

Wir wollen nun 2 als Summe von Vielfachen von 202 und 72 schreiben. Die Idee besteht nun darin, die einzelnen Gleichungen (mit Ausnahme der letzten) so umzuformen, dass der Rest alleine auf der linken Seite steht:

$$58 = 202 - 2 \cdot 72 \tag{3.7}$$
$$14 = 72 - 1 \cdot 58 \tag{3.8}$$
$$2 = 58 - 4 \cdot 14. \tag{3.9}$$

Jetzt startet man mit der letzten Gleichung und setzt die vorletzte für den Rest 14 ein. Dann verwendet man die drittletzte (also erste) und ersetzt damit den Rest 58. Da die Reste so sukzessive ersetzt werden, bleiben am Ende nur Vielfache der Ausgangszahlen übrig:

$$2 \overset{(3.9)}{=} 58 - 4 \cdot 14$$
$$\overset{(3.8)}{=} 58 - 4 \cdot [72 - 1 \cdot 58]$$
$$\overset{(3.7)}{=} (202 - 2 \cdot 72) - 4 \cdot [72 - 1 \cdot (202 - 2 \cdot 72)] = 5 \cdot 202 - 14 \cdot 72.$$

Offensichtlich kann man immer so vorgehen. Daher haben wir mit dem erweiterten Euklid'schen Algorithmus das folgende Lemma verstanden:

Lemma 3.2 (Lemma von Bézout) *Sind zwei natürliche Zahlen* $a, b \in \mathbb{N}$ *teilerfremd, d. h.* $\mathrm{ggT}(a, b) = 1$, *dann gibt es Zahlen* $r, s \in \mathbb{Z}$ *mit*

$$1 = r \cdot a + s \cdot b.$$

Wenn eine Primzahl ein Produkt $a \cdot b$ teilt, dann ist „klar", dass p eine der Zahlen a oder b teilt. Denn p ist ja eine Primzahl und kann nicht auf a und b „aufgeteilt" werden. Aber nicht alles, was sich plausibel anhört muss auch stimmen. Warum ist es nicht möglich, dass p das Produkt aber keinen der Faktoren teilt?

Satz 3.3 (Lemma von Euklid) Sei p eine Primzahl, die das Produkt $a \cdot b$ zweier natürlicher Zahlen a und b teilt. Dann ist p ein Teiler von a oder von b. Teilt p das Produkt von endlich vielen natürlichen Zahlen, dann ist p Teiler einer dieser Zahlen.

Beweis Die Primzahl p sei Teiler von $a \cdot b$. Wir nehmen an, dass p die Zahl a nicht teilt und müssen zeigen, dass dann p ein Teiler von b ist. (Durch Austausch von a und b beweisen wir damit direkt auch den zweiten Fall, dass wenn p die Zahl b nicht teilt, p ein Teiler von a ist.) Jetzt ist $\mathrm{ggT}(p, a) = 1$, und mit Lemma 3.2 gibt es Zahlen $r, s \in \mathbb{Z}$ mit $1 = r \cdot p + s \cdot a$. Wir multiplizieren die Gleichung mit b:

$$b = r \cdot p \cdot b + s \cdot a \cdot b.$$

Da p ein Teiler von $a \cdot b$ ist, gibt es eine Zahl $c \in \mathbb{N}$ mit $a \cdot b = p \cdot c$. Damit erhalten wir

$$b = r \cdot p \cdot b + s \cdot p \cdot c \iff b = p \cdot [r \cdot b + s \cdot c].$$

Wegen $b > 0$ und $p > 0$ ist $r \cdot b + s \cdot c \in \mathbb{N}$, und p ist Teiler von b.

Hat man statt $a \cdot b$ ein Produkt von endlich vielen Zahlen $a_1 \cdot a_2 \cdots a_n$, das von p geteilt wird, dann können wir den bewiesenen Teil des Satzes auf $a := a_1$ und $b := a_2 \cdots a_n$ anwenden. Falls p bereits a teilt, sind wir fertig. Sonst wissen wir, dass p die Zahl $a_2 \cdots a_n$ teilt. Dieses Argument setzen wir fort, bis wir sehen, dass p eine der Zahlen $a_1, \ldots, a_n$ teilt. $\square$

Satz 3.4 (Primfaktorzerlegung) Jede natürliche Zahl $n > 1$ besitzt eine bis auf die Reihenfolge der Faktoren eindeutige Darstellung als Produkt von (eventuell mehrfach auftretenden) Primzahlen:

$$a = p_1 \cdot p_2 \cdots p_k.$$

Die Primzahlen $p_1, \ldots, p_k$ heißen **Primfaktoren**.

Hier sieht man, warum 1 nicht als Primzahl definiert ist: Wäre 1 eine Primzahl, dann wäre die Primfaktorzerlegung nicht mehr eindeutig, man könnte eine beliebige Anzahl von Einsen hinzufügen. Ist a bereits eine Primzahl, dann besteht das Produkt nur aus dieser Primzahl $p_1 = a$. Wir sprechen also auch dann noch von einem

Produkt, wenn es nur einen Faktor gibt. Beispiele für Primfaktorzerlegungen sind $12 = 2 \cdot 2 \cdot 3$, $26 = 2 \cdot 13$ und $630 = 2 \cdot 3 \cdot 3 \cdot 5 \cdot 7$.

Beweis Die Existenz einer Primfaktorzerlegung für $n > 1$ erhält man, indem man eine erstellt: Ist n bereits eine Primzahl, dann sind wir fertig. Anderenfalls lässt sich n durch eine Zahl m mit $1 < m < n$ teilen. Dadurch lässt sich n als Produkt kleinerer natürlicher Zahlen schreiben: $n = \frac{n}{m} \cdot m$. Jetzt wiederholen wir dieses Argument für die kleineren Faktoren, bis wir schließlich bei Primzahlen ankommen.

Den Beweis der Eindeutigkeit führen wir als Induktion.

- **Induktionsanfang:** Offensichtlich hat $n = 2$ eine eindeutige Zerlegung mit dem einzigen Primfaktor 2.
- **Induktionsannahme:** Alle Zahlen $2, 3, \ldots, n - 1$ mögen eine eindeutige Zerlegung haben.
- **Induktionsschluss:** Mit der Induktionsannahme ist zu zeigen, dass auch die Zahlen von 2 bis n eine eindeutige Zerlegung haben, wir müssen das also nur noch für n zeigen. Da eine Primzahl aufgrund der Definition nur sich selbst als (eindeutige) Primfaktorzerlegung hat, müssen wir nur den Fall betrachten, dass n keine Primzahl ist. Dann gibt es also mindestens zwei Primfaktoren in jeder Zerlegung von n. Weiterhin können zwei verschiedene Primfaktorzerlegungen von n keinen gemeinsamen Primfaktor p enthalten, da dann die kleinere Zahl n/p ebenfalls verschiedene Zerlegungen bestehend aus den jeweils restlichen Primfaktoren hätte. Das kann aber laut Induktionsannahme nicht sein.
  Wir nehmen an, n hätte mindestens zwei verschiedene Primfaktorzerlegungen. In einer Primfaktorzerlegung von n sei die Primzahl p und in einer anderen die nach der Vorüberlegung von p zwangsläufig verschiedene Primzahl q enthalten, also

$$n = p \cdot a = q \cdot b.$$

Nach Definition 3.5 ist p also ein Teiler des Produkts $q \cdot b$. Da p kein Teiler von q ist, teilt nach dem Lemma von Euklid (Satz 3.3) p die Zahl b. Jetzt hat b nach Induktionsannahme eine eindeutige Primfaktorzerlegung, so dass nach dem Lemma von Euklid sogar p einen der Primfaktoren teilt und damit gleich dieser Primzahl ist. Jetzt haben aber beide Primfaktorzerlegungen den gemeinsamen Primfaktor p – Widerspruch zur vorangehenden Überlegung.

$\square$

Hat man Primfaktorzerlegungen von n und m, so kann man $\mathrm{ggT}(n, m)$ direkt als Produkt der gemeinsamen Primfaktoren (unter Berücksichtigung ihrer gemeinsamen Vielfachheit) berechnen. Ist beispielsweise $n = 2^3 \cdot 3^2 \cdot 13 = 936$ und $m = 2^2 \cdot 3^3 \cdot 17 = 1836$, dann ist $\mathrm{ggT}(n, m) = 2^2 \cdot 3^2 = 36$.

Definition 3.7 (kleinstes gemeinsames Vielfaches) Das **kleinste gemeinsame Vielfache** $\mathrm{kgV}(n, m)$ zweier natürlicher Zahlen n und m ist die kleinste natürliche Zahl, die sowohl von n als auch von m geteilt wird.

Das kleinste gemeinsame Vielfache kann über den größten gemeinsamen Teiler berechnet werden:

$$\mathrm{kgV}(n, m) = \frac{n \cdot m}{\mathrm{ggT}(n, m)}.$$

Hier werden in der Primfaktorzerlegung von $n \cdot m$ genau die Faktoren wegdividiert, die von n und m doppelt beigesteuert werden. Für teilerfremde Zahlen n und m gilt also $\mathrm{kgV}(n, m) = n \cdot m$.

Eine direkte Konsequenz aus der Eindeutigkeit der Primfaktorzerlegung ist:

Satz 3.5 (unendlich viele Primzahlen) Es gibt keine größte Primzahl, d.h., es gibt unendlich viele Primzahlen.

Beweis Wenn es diese Primzahl p gäbe und $p_1, p_2, \ldots, p_n = p$ die endlich vielen Primzahlen kleiner oder gleich p sind, dann müsste mit diesen Zahlen auch $q := p_1 \cdot p_2 \cdot p_3 \cdot \ldots \cdot p_n + 1$ als Primfaktorzerlegung schreibbar sein. Durch die Addition der Eins teilt aber keine der endlich vielen Primzahlen q. Würde nämlich p_1 beide Seiten teilen, dann wäre

$$q = k \cdot p_1 = (p_2 \cdots p_n) \cdot p_1 + 1 \Longrightarrow k \cdot p_1 - (p_2 \cdots p_n) \cdot p_1 = 1$$
$$\Longrightarrow (k - p_2 \cdots p_n) \cdot p_1 = 1,$$

aber 1 ist nicht durch p_1 teilbar. Die Primfaktorzerlegung kann also nicht existieren. Da es aber stets eine Primfaktorzerlegung gibt, kann unsere Annahme nicht stimmen, es muss also unendlich viele Primzahlen geben. $\qquad\square$

Aufgabe 3.4 Wie viele aufeinander folgende Nullen hat die Dezimalzahl 80! am Ende?

Hinweis: Eine Null entspricht einem Faktor 10, nutzen Sie dessen eindeutige Primfaktorzerlegung. (siehe Lösung A.39)

Wir haben den erweiterten Euklid'schen Algorithmus zum Beweis der Eindeutigkeit der Primfaktorzerlegung eingesetzt. Eine weitere Anwendung des erweiterten Euklid'schen Algorithmus ist der Chinesische Restsatz, der bereits in der Antike in China bekannt war. Wir haben in den Abschn. 1.4.2 und 3.2.1 für ganze Zahlen a, b und m die Notationen $a \equiv_m b$ bzw. $a \equiv b \bmod m$ eingeführt, die bedeuten, dass $a = b + km$ für eine Zahl $k \in \mathbb{Z}$ ist; a und b liegen in der gleichen Restklasse des $\mathbb{Z}_m$, d.h., a ist **kongruent** zu b modulo m. Beim Restsatz sind nun Lösungen für ein System von Modulo-Gleichungen (Kongruenzgleichungen) gesucht:

Satz 3.6 (Chinesischer Restsatz) Seien $m_1, \ldots, m_n$ paarweise teilerfremde ganze Zahlen (ungleich null). Zu jeder Wahl von ganzen Zahlen $a_1, \ldots, a_n$ hat das Gleichungssystem

$$x \equiv a_1 \bmod m_1 \quad \wedge \quad x \equiv a_2 \bmod m_2 \quad \wedge \cdots \wedge \quad x \equiv a_n \bmod m_n$$

eine Lösung

$$x = a_1 s_1 \frac{M}{m_1} + a_2 s_2 \frac{M}{m_2} + \cdots + a_n s_n \frac{M}{m_n},$$

wobei $M := m_1 \cdot m_2 \cdots m_n$ und $s_1, s_2, \ldots, s_n$ Faktoren sind mit

$$1 = \mathrm{ggT}\left(m_k, \frac{M}{m_k}\right) = r_k m_k + s_k \frac{M}{m_k}.$$

Entsprechende Faktoren s_k und $r_k \in \mathbb{Z}$ (r_k wird nicht weiter benötigt) existieren nach Lemma 3.2 und lassen sich mit dem erweiterten Euklid'schen Divisionsalgorithmus bestimmen.

Jede andere Lösung hat die Darstellung $x + k \cdot M$, $k \in \mathbb{Z}$. Die Lösung ist also insbesondere modulo M eindeutig.

Mit diesem Satz können z.B. Berechnungen in Verschlüsselungsalgorithmen beschleunigt werden, indem nicht mit der sehr großen Zahl $m_1 \cdot m_2 \cdots m_n$, sondern mit den einzelnen Faktoren $m_1, \ldots, m_n$ gerechnet wird, siehe Abschn. 3.5. Auch wird der Satz im Rahmen des Schönhage-Strassen-Algorithmus eingesetzt, mit dem sehr große ganze Zahlen effizient multipliziert werden.

Beweis Da die Faktoren m_k und m_j für $j \neq k$ teilerfremd sind, haben auch m_k und $M/m_k = m_1 \cdot \ldots \cdot m_{k-1} \cdot m_{k+1} \cdot \ldots \cdot m_n$ keinen gemeinsamen Primfaktor und sind teilerfremd, $1 \leq k \leq n$. Damit können, wie im Satz beschrieben, über den erweiterten Euklid'schen Divisionsalgorithmus Zahlen r_k und $s_k \in \mathbb{Z}$ berechnet werden mit

$$1 = \mathrm{ggT}\left(m_k, \frac{M}{m_k}\right) = r_k m_k + s_k \frac{M}{m_k}, \text{d.h. } 1 - r_k \cdot m_k = s_k \frac{M}{m_k}.$$

Wir müssen also „nur" zeigen, dass

$$x := a_1 s_1 \frac{M}{m_1} + a_2 s_2 \frac{M}{m_2} + \cdots + a_n s_n \frac{M}{m_n}$$

tatsächlich alle Gleichungen erfüllt. Wir sehen uns das beispielhaft an der ersten Gleichung an: $a_2 s_2 \frac{M}{m_2} + \cdots + a_n s_n \frac{M}{m_n}$ ist ein Vielfaches von m_1, das als Faktor in $\frac{M}{m_k}$ für $k \geq 2$ steckt. Damit ist wegen (1.14) in Abschn. 1.4.2

$$x \equiv a_1 s_1 \frac{M}{m_1} \bmod m_1 \iff x \equiv a_1[1 - r_1 m_1] \bmod m_1 \overset{(1.14)}{\iff} x \equiv a_1 \bmod m_1.$$

Nicht nur ist x Lösung der ersten Gleichung, sondern auch modulo m_1 eindeutig. Entsprechend folgt aus den anderen Gleichungen, dass x modulo m_k eindeutig ist. Lösungen müssen also gleichzeitig die Gestalt $x + l_1 m_1$, $x + l_2 m_2$ usw. haben. Abzüglich x, ist jede Lösung ein gemeinsames Vielfaches aller Zahlen $m_1, \ldots, m_n$.

Da die m_k teilerfremd sind, ist das kleinste gemeinsame Vielfache aller m_k ihr Produkt M. Damit ist die Lösung x sogar modulo M eindeutig - und zusätzlich ergibt sich sofort, dass jede Zahl $x + kM$ eine Lösung ist. $\qquad\square$

Beispiel 3.3 Wir lösen das Gleichungssystem

$$x \equiv 2 \bmod 3 \quad \wedge \quad x \equiv 4 \bmod 5,$$

indem wir eine Lösung x wie im Restsatz angegeben berechnen. Im Beispiel sind also $a_1 = 2$ und $a_2 = 4$. Die Zahlen $m_1 = 3$ und $m_2 = 5$ sind teilerfremd, $M = m_1 \cdot m_2 = 15$, $M/m_1 = m_2 = 5$, $M/m_2 = m_1 = 3$.

$$1 = r_1 \cdot 3 + s_1 \cdot 5, \quad 1 = r_2 \cdot 5 + s_2 \cdot 3,$$

wobei wir auch ohne den Euklid'schen Algorithmus eine Lösung $r_1 = s_2 = 2$ und $s_1 = r_2 = -1$ ablesen. Damit ist

$$x = a_1 s_1 \frac{M}{m_1} + a_2 s_2 \frac{M}{m_2} = 2 \cdot (-1) \cdot 5 + 4 \cdot 2 \cdot 3 = 14,$$

und deshalb erhalten wir $14 \equiv 2 \bmod 3$ und $14 \equiv 4 \bmod 5$.

Wir kommen etwas später noch einmal zu Primzahlen und Teiler zurück. Um zu testen, ob eine Zahl eine Primzahl ist, hilft die Wahrscheinlichkeitsrechnung, so dass wir zunächst kurz Kombinatorik und dann etwas diskrete Wahrscheinlichkeitsrechnung betrachten.

3.2.4 Abzählen: Kombinatorik

Wenn wir n verschiedene Zahlen (oder generell unterscheidbare Objekte, die wir mit natürlichen Zahlen codieren können) sortieren wollen, dann könnten wir einen „Generate-and-Test"-Ansatz (auch „Exhaustive Search"- oder „Brute-Force"-Ansatz genannt) wählen, bei dem wir alle möglichen Reihenfolgen der Zahlen (man spricht auch von **Permutationen**) durchprobieren und bei jeder Reihenfolge prüfen, ob diese sortiert ist. Für einige Problemstellungen kennen wir zur Zeit keine bessere Methode, als systematisch alle möglichen Kandidaten für die Lösung aufzuzählen und für jeden Kandidaten zu prüfen, ob er die Problemstellung erfüllt. So zu sortieren ist allerdings keine gute Idee. Wir überlegen uns, wie viele verschiedene Reihenfolgen es geben kann: An der ersten Stelle der Anordnung können wir alle n verschiedenen Zahlen hinschreiben. Für jede Wahl der ersten Zahl stehen noch $n - 1$ Zahlen für die zweite Stelle zur Verfügung. Es gibt also $n \cdot (n - 1)$ Möglichkeiten für die ersten beiden Stellen. Für jede dieser Möglichkeiten können wir noch $n - 2$ Zahlen an der dritten Stelle platzieren usw. Insgesamt gibt es also $n \cdot (n - 1) \cdot (n - 2) \cdots 2 \cdot 1 = n!$ mögliche Reihenfolgen. Die Fakultät aus Listing 3.2

Tab. 3.4 Anzahlen von Kombinationen und Variationen

	Mit Wiederholung	Ohne Wiederholung
Reihenfolge spielt keine Rolle: Kombinationen	$\binom{n+m-1}{m}$	$\binom{n}{m} := \dfrac{n!}{(n-m)!\,m!}$
Reihenfolge spielt eine Rolle: Variationen	n^m	$\dfrac{n!}{(n-m)!}$

gibt damit die Anzahl der Permutationen von n verschiedenen Zahlen an. Es erweist sich als praktisch, wenn wir den Wert von $0!$ als eins definieren, es gibt also eine leere Permutation. Wie wir zuvor gesehen haben, werden die Fakultäten mit wachsendem n sehr schnell sehr groß, so dass der Generate-and-Test-Ansatz für das Sortieren ungeeignet ist.

Das Abzählen von Möglichkeiten ist in der Regel gar nicht einfach. Allerdings gibt es vier typische Situationen, für die es einfach anzuwendende Formeln gibt, die in Tab. 3.4 zusammengefasst sind. Diese wollen wir im Folgenden erläutern.

In Anlehnung an Lotto betrachten wir ein Gefäß mit n verschiedenen Kugeln, die von 1 bis n nummeriert sind. Beim Lotto ist $n = 49$. Wir ziehen m Kugeln ($0 \leq m \leq n$, z. B. $m = 6$) ohne die gezogenen Kugeln zurückzulegen. Die gezogenen Kugeln legen wir in der Reihenfolge der Ziehung nebeneinander. Das ist beim Lotto anders, da werden die Zahlen sortiert. Wie viele verschiedene unterschiedliche Ergebnisse sind bei unserer Ziehung möglich? Für die erste gezogene Kugel gibt es n Möglichkeiten, für die zweite $n-1$ Möglichkeiten usw. Für die m-te Kugel bleiben dann noch $n-m+1$-Alternativen. Wir erhalten insgesamt

$$
n \cdot (n-1) \cdots (n-m+1) = \frac{n \cdot (n-1) \cdots (n-m)(n-m-1) \cdots 2 \cdot 1}{(n-m) \cdot (n-m-1) \cdots 2 \cdot 1}
$$
$$
= \frac{n!}{(n-m)!}
$$

unterschiedliche Ergebnisse. Damit haben wir die Anzahlformel für **Variationen ohne Wiederholung:** Es gibt $\frac{n!}{(n-m)!}$ Möglichkeiten, aus einer Menge von n verschiedenen Zahlen m Zahlen auszuwählen, wenn die Reihenfolge bei der Auswahl eine Rolle spielt und jede Zahl höchstens einmal gewählt werden darf (daher die Bezeichnung „ohne Wiederholung"). Die Reihenfolge spielt in unserem Beispiel eine Rolle, da die Kugeln in der Reihenfolge ihrer Wahl aufgelistet werden.

Beim Lotto spielt diese Reihenfolge aber gerade keine Rolle. Wir müssen uns dafür also überlegen, wie viele Variationen ohne Wiederholung sich nur durch die Reihenfolge unterscheiden. Da wir m Zahlen auf $m!$ Weisen in eine Reihenfolge bringen können, können wir jeweils $m!$ verschiedene Variationen ohne Wiederholung zusammenfassen, die sich nur in der Reihenfolge unterscheiden. Die verbleibende Anzahl von Möglichkeiten ist $\frac{n!}{(n-m)!}$ dividiert durch $m!$.

Im Gegensatz zu Variationen, bei denen die Reihenfolge eine Rolle spielt, benutzt man den Begriff **Kombination,** wenn die Reihenfolge in der getroffenen Auswahl keine Rolle spielt. Wir haben damit gezählt, wie viele **Kombinationen ohne Wiederholung** es gibt, wenn aus einer Menge von n Zahlen m (verschiedene) gewählt werden. Beim Lotto wird eine Kombination von 6 aus 49 Zahlen ermittelt. Insgesamt gibt es

$$\frac{49!}{(49-6)!6!} = \frac{49 \cdot 48 \cdot 47 \cdot 46 \cdot 45 \cdot 44}{6 \cdot 5 \cdot 4 \cdot 3 \cdot 2} = 13.983.816$$

verschiedene Tippreihen.

In der Umgangssprache redet man auch dann von Kombinationen, wenn es mathematisch gar keine sind. Beispielsweise spricht man bei Zahlenschlössern von Kombinationen, dabei spielt hier aber die Reihenfolge eine Rolle, so dass eigentlich Variationen mit Wiederholung gemeint sind.

Weil der Term $\frac{n!}{(n-m)!\,m!}$ so wichtig ist, bekommt er einen Namen und ein Symbol. Er heißt der **Binomialkoeffizient** von n über m, wird als n **über** m gesprochen und geschrieben als

$$\binom{n}{m} := \frac{n!}{(n-m)!\,m!}. \tag{3.10}$$

Die Berechnung ist wohldefiniert für $n \in \mathbb{N}_0$ und $0 \leq m \leq n$. Für andere Werte von m setzen wir $\binom{n}{m} := 0$.

Um später die Formel für Kombinationen mit Wiederholung aus Tab. 3.4 erklären zu können, benötigen wir Rechenregeln für Binomialkoeffizienten. Für $n, m \in \mathbb{N}_0$ gilt:

- $\binom{n}{m} = \binom{n}{n-m}$, denn für $n < m$ sind beide Seiten null, sonst gilt:

$$\binom{n}{m} \overset{(3.10)}{=} \frac{n!}{(n-m)!\cdot m!} = \frac{n!}{m!\cdot(n-m)!} = \frac{n!}{\underbrace{(n-(n-m))!}_{=m!}\cdot(n-m)!}$$

$$\overset{(3.10)}{=} \binom{n}{n-m}.$$

- $\binom{n}{0} = \binom{n}{n} = 1$ und $\binom{n}{n-1} = \binom{n}{1} = n$.

Die erste Gleichung folgt aus der Definition, ebenso die zweite für $n \geq 1$:

$$\binom{n}{n-1} = \frac{n!}{(n-(n-1))!(n-1)!} = \frac{n!}{1!\cdot(n-1)!} = n \text{ und}$$

$$\binom{n}{1} = \frac{n!}{(n-1)!\cdot 1!} = n.$$

Für $n = 0$ sind nach Definition auch die beiden Binomialkoeffizienten der zweiten Gleichung null.

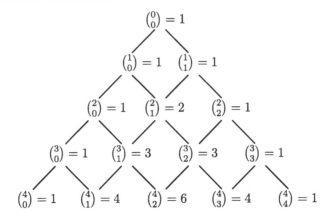

Abb. 3.1 Pascal'sches Dreieck

• Eine wichtige Beziehung, mit der man die Binomialkoeffizienten sukzessive berechnen kann, ist für $1 \leq m \leq n$:

$$\binom{n}{m-1} + \binom{n}{m} = \binom{n+1}{m}, \qquad (3.11)$$

denn

$$\binom{n}{m-1} + \binom{n}{m} \overset{(3.10)}{=} \frac{n!}{(n-(m-1))! \cdot (m-1)!} + \frac{n!}{(n-m)! \cdot m!}$$

$$= \frac{n! \cdot m}{\underbrace{(n-m+1)! \cdot (m-1)! \cdot m}_{=m!}} + \frac{n! \cdot (n-m+1)}{\underbrace{(n-m)! \cdot (n-m+1)}_{=(n-m+1)!} \cdot m!} \quad \text{(Hauptnenner)}$$

$$= \frac{n!\, m + n!\, (n-m+1)}{(n-m+1)!\, m!} = \frac{n![m + (n-m+1)]}{(n-m+1)!\, m!} = \frac{n!\, (n+1)}{(n-m+1)!\, m!}$$

$$= \frac{(n+1)!}{(n-m+1)!\, m!} = \binom{n+1}{m}.$$

Die Formel (3.11) ermöglicht die Berechnung der Binomialkoeffizienten über das **Pascal'sche Dreieck,** siehe Abb. 3.1. Dabei erhalten wir im Inneren des Dreiecks den Wert eines Binomialkoeffizienten als Summe seiner beiden Vorgänger in der Zeile darüber. So kann ein Binomialkoeffizient mit Algorithmus 3.3 rekursiv berechnet werden. Außerdem erkennen wir daran, dass alle Binomialkoeffizienten natürliche Zahlen sind. An der Definition als Bruch von Fakultäten ist das nicht direkt zu erkennen.

Aufgabe 3.5 Bei der Ausführung von Algorithmus 3.3 werden Binomialkoeffizienten mehrfach berechnet. Vollziehen Sie anhand eines Beispiels alle Funktionsaufrufe nach. Wie kann der Algorithmus hinsichtlich seiner Laufzeit optimiert werden? (siehe Lösung A.40)

Aufgabe 3.6 Wir betrachten n Geraden in einer Ebene, wobei sich nie mehr als zwei Geraden in einem Punkt schneiden und keine Geraden parallel verlaufen. Zeigen Sie, dass es $\binom{n}{2}$ Schnittpunkte gibt. (siehe Lösung A.41)

Algorithmus 3.3 Rekursive Berechnung der Binomialkoeffizienten

---

procedure BINOM(n, m)
    if $(m > n) \vee (n < 0) \vee (m < 0)$ **then return** 0
    if $(m = 0) \vee (m = n)$ **then return** 1
    return BINOM($n - 1, m - 1$) + BINOM($n - 1, m$)

Wir kehren zurück zu Tab. 3.4 und sehen uns die Formeln für die Auswahlen mit Wiederholung an.

Bei **Variationen mit Wiederholung** ziehen wir aus den n nummerierten Kugeln m-mal eine Kugel, schreiben ihre Nummer in einer Liste auf, so dass die Reihenfolge wichtig ist (daher: Variationen) und legen Sie dann wieder in das Gefäß zurück. Durch das Zurücklegen kann die gleiche Kugel mehrfach gezogen werden, wir bekommen also Wiederholungen. Bei jedem Zug haben wir alle n Kugeln zur Verfügung. Für jede der n Möglichkeiten des ersten Zugs gibt es wieder n Möglichkeiten für den zweiten, bei $m = 2$ haben wir also $n \cdot n = n^2$ Variationen mit Wiederholung. Allgemein sind es n^m.

Wir wählen $m = 8$-mal eine Ziffer 0 oder 1 (d. h. $n = 2$) mit Wiederholung und unter Beachtung der Reihenfolge. Das Ergebnis lässt sich als ein Byte schreiben. Es gibt $2^8 = 256$ verschiedene Ergebnisse, damit können über ein Byte die natürlichen Zahlen von 0 bis 255 codiert werden. Beim Spiel 77, das zusammen mit Lotto angeboten wird, sind die $n = 10$ Kugeln mit den Ziffern 0 bis 9 beschriftet. Hier wird siebenmal mit Zurücklegen unter Beachtung der Reihenfolge gezogen, um die Gewinnnummer zu ermitteln. Es gibt also 10^7 Nummern.

Aufgabe 3.7 In Abschn. 1.4.1 haben wir endliche Automaten kennengelernt. Wie viele verschiedene endliche, deterministische Automaten über dem Alphabet $\Sigma = \{0, 1, 2\}$ kann man erstellen, wenn jeder Automat genau vier Zustände bzw. höchstens vier Zustände hat? (siehe Lösung A.42)

Schließlich sehen wir uns den Eintrag für **Kombinationen mit Wiederholung** in Tab. 3.4 an. Wir ziehen wieder aus dem Gefäß mit n von 1 bis n nummerierten Kugeln m-mal, wobei die Reihenfolge der ermittelten Zahlen wie beim Lotto keine Rolle spielt. Jetzt legen wir aber nach jedem Zug die Kugel wieder zurück, so dass Wiederholungen möglich sind. Mit $m = 8$, $n = 2$ und den mit 0 und 1 beschrifteten Kugeln fragen wir uns, wie viele verschiedene Anzahlen von Einsen in einem Byte vorliegen können. Die Anzahlformel aus der Tabelle liefert hier

$$\binom{n + m - 1}{m} = \binom{2 + 8 - 1}{8} = \frac{9!}{1! \cdot 8!} = 9.$$

Das Ergebnis stimmt offensichtlich, da die Anzahlen 0 bis 8 auftreten können. Die Formel für Kombinationen mit Wiederholung ist etwas schwieriger zu verstehen als ihre drei Geschwister. Aus der Formel für Variationen ohne Wiederholung haben wir die Formel für Kombinationen ohne Wiederholung gewonnen, indem wir durch die Anzahl der Permutationen von m verschiedenen Zahlen (also durch $m!$) dividiert haben. Dadurch haben wir uns unabhängig von der Reihenfolge gemacht. Leider können wir so einfach nicht von Variationen mit Wiederholung auf Variationen ohne Wiederholung schließen. Denn jetzt gibt es weniger als $m!$ verschiedene Permutationen, da Zahlen mehrfach vorkommen. Wenn wir in $(1, 2, 1)$ beispielsweise die erste und dritte Position vertauschen, entsteht keine neue Permutation. Es gibt nicht $3! = 6$, sondern nur 3 verschiedene Permutationen.

Für $m = 0$ gibt es „eine" Möglichkeit, nichts auszuwählen, hier stimmt die Formel. Wir beweisen sie daher mittels vollständiger Induktion für $n \geq 1$ und $m \geq 1$. Der Trick dabei ist, dass wir weder einzeln nach n noch nach m eine Induktion machen, sondern nach $k := n + m$. Wir beweisen also mittels Induktion für $k \geq 2$ die Aussage $A(k)$, dass die Formel für alle Werte von n und m mit $n + m = k$ gilt.

- **Induktionsanfang** für $k = 2$, also $n = 1$ und $m = 1$: Es gibt eine Möglichkeit, eine Kugel aus einem Gefäß mit einer Kugel zu wählen, das stimmt mit $\binom{n+m-1}{m} = \binom{1}{1} = 1$ überein.

- **Induktionsannahme:** Für ein beliebiges, festes $k \in \mathbb{N}$ mit $k \geq 2$ gelte die Formel für alle $n \geq 1$ und $m \geq 1$ mit $n + m \leq k$.

- **Induktionsschluss:** Wir müssen zeigen, dass die Formel für alle Werte von $n \geq 1$ und $m \geq 1$ mit $n + m \leq k + 1$ gilt. Nach Induktionsannahme müssen wir also nur für Werte von n und m mit $n + m = k + 1$ etwas beweisen.

  – Ist $n = 1$, so besteht die Kombination aus m-mal der einen Kugel, es gibt eine Möglichkeit. Die Formel stimmt also: $\binom{n+m-1}{m} = \binom{m}{m} = 1$.

  – Ist $m = 1$, so gibt es n Möglichkeiten, eine Kugel zu ziehen, das passt: $\binom{n+m-1}{m} = \binom{n}{1} = n$.

  – Seien also $n > 1$ und $m > 1$. In diesem Fall zerlegen wir die Menge aller Möglichkeiten in zwei disjunkte Teilmengen. Die erste besteht aus den Kombinationen mit Wiederholung, in denen die Kugel mit Nummer 1 vorkommt. Die zweite bestehe aus allen Kombinationen mit Wiederholung ohne 1.
  Wenn wir aus jeder Kombination der ersten Menge genau eine 1 herausnehmen (die restlichen bleiben enthalten), erhalten wir alle Kombinationen mit Wiederholung von $m - 1$ Zahlen aus n und damit – weil $n + m - 1 = k$ ist – nach Induktionsannahme $\binom{n+m-1-1}{m-1}$ Stück.
  Die zweite Menge besteht aus allen Kombinationen mit Wiederholung von m Zahlen aus $n - 1$ (da die Eins nicht vorkommt). Wegen $n - 1 + m = k$ ergibt sich die Größe dieser Menge ebenfalls aus der Induktionsannahme: $\binom{n-1+m-1}{m}$.
  Mit (3.11) erhalten wir die gewünschte Anzahl als Summe:

$$\binom{n+m-1-1}{m-1} + \binom{n-1+m-1}{m} = \binom{n+m-1}{m}.$$

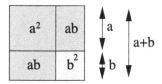

Abb. 3.2 Die binomische Formel $(a + b)^2 = a^2 + 2ab + b^2 = a^2 + ab + ab + b^2$ stellt den Flächeninhalt des Quadrats mit Kantenlänge $a + b$ über vier Teilflächen dar

Aufgabe 3.8 Wie viele Wörter kann man über dem Alphabet $\{a, b, c, \ldots, z\}$ bilden, wenn

a) jedes Wort aus genau fünf Buchstaben besteht?
b) jedes Wort aus höchstens fünf Buchstaben besteht?
c) jedes Wort aus genau fünf Buchstaben besteht, aber keine Buchstaben mehrfach vorkommen dürfen? (siehe Lösung A.43)

Aufgabe 3.9 Eine Kreisringscheibe wird in sechs gleichgroße Stücke unterteilt. Die Vorderseiten werden eingefärbt: Drei Stücke werden rot, zwei blau und eins grün. Die Stücke werden mit der farbigen Seite nach oben auf einen Tisch gelegt. Auf wie viele verschiedene Arten kann der Ring durch Verschieben der Teile zusammengesetzt werden? Zwei Ringe heißen verschieden, wenn ihre Farbmuster durch Drehen nicht in Einklang gebracht werden können. (siehe Lösung A.44)

Eine direkte Anwendung der Binomialkoeffizienten ist die binomische Formel (vgl. Abb. 3.2), die Sie zumindest für Spezialfälle aus der Schule kennen. Vielleicht erinnern Sie sich an

$$(a + b)^2 = a^2 + 2ab + b^2 = \binom{2}{0}a^2b^0 + \binom{2}{1}a^1b^1 + \binom{2}{2}a^0b^2 = \sum_{k=0}^{2}\binom{2}{k}a^{2-k}b^k,$$

wobei wir $a^2 + 2ab + b^2$ mit der Summe wesentlich komplizierter geschrieben haben. In dieser Summenschreibweise gilt die Formel aber auch dann, wenn wir 2 durch einen beliebigen Exponenten $n \in \mathbb{N}$ ersetzen. Und in dieser Form benötigen wir sie anschließend auch in Beweisen.

Satz 3.7 (binomischer Satz/binomische Formel) Für $n \in \mathbb{N}$ gilt:

$$(a + b)^n = \sum_{k=0}^{n}\binom{n}{k}a^{n-k}b^k. \tag{3.12}$$

Beweis

- **Induktionsanfang** für $n = 1$:

$$\sum_{k=0}^{1} \binom{1}{k} a^{1-k} b^k = \binom{1}{0} a + \binom{1}{1} b = a + b = (a+b)^1.$$

- **Induktionsannahme:** Für ein beliebiges, festes $n \in \mathbb{N}$ gelte (3.12).
- **Induktionsschluss:** Zu zeigen ist $(a+b)^{n+1} = \sum_{k=0}^{n+1} \binom{n+1}{k} a^{n+1-k} b^k$.

$$(a+b)^{n+1} = (a+b)(a+b)^n \overset{\text{Induktionsannahme}}{=} (a+b) \sum_{k=0}^{n} \binom{n}{k} a^{n-k} b^k$$

$$= a \cdot \sum_{k=0}^{n} \binom{n}{k} a^{n-k} b^k + b \cdot \sum_{k=0}^{n} \binom{n}{k} a^{n-k} b^k$$

$$= \sum_{k=0}^{n} \binom{n}{k} a^{n+1-k} b^k + \sum_{k=0}^{n} \binom{n}{k} a^{n-k} b^{k+1}$$

$$= \sum_{k=0}^{n} \binom{n}{k} a^{n+1-k} b^k + \sum_{k=1}^{n+1} \binom{n}{k-1} a^{n+1-k} b^k \quad \text{(Indextransformation)}$$

$$= \binom{n}{0} a^{n+1} + \sum_{k=1}^{n} \left[\binom{n}{k} + \binom{n}{k-1} \right] a^{n+1-k} b^k + \binom{n}{n} b^{n+1}$$

(Ein Summand der ersten und zweiten Summe wurde abgetrennt.)

$$\overset{(3.11)}{=} \underbrace{\binom{n}{0}}_{=1} a^{n+1} + \sum_{k=1}^{n} \binom{n+1}{k} a^{n+1-k} b^k + \underbrace{\binom{n}{n}}_{=1} b^{n+1}$$

$$= \underbrace{\binom{n+1}{0}}_{=1} a^{n+1} \underbrace{b^0}_{=1} + \sum_{k=1}^{n} \binom{n+1}{k} a^{n+1-k} b^k + \underbrace{\binom{n+1}{n+1}}_{=1} \underbrace{a^0}_{=1} b^{n+1}$$

$$= \sum_{k=0}^{n+1} \binom{n+1}{k} a^{n+1-k} b^k \quad \text{(als eine Summe geschrieben).}$$

$\square$

Bereits in der einfachsten Fassung bereitet die binomische Formel in Klausuren häufig Probleme: Es gilt nicht $(a+b)^2 = a^2 + b^2$ für beliebige Werte von a und b. Wählen wir beispielsweise $a = b = 1$, so wird die Formel zu $4 = 2$. Potenziert man eine Summe, so entstehen gemischte Terme! Entweder Sie multiplizieren aus oder Sie verwenden die binomische Formel.

Aufgabe 3.10 Zeigen Sie mit der binomischen Formel, dass $\sum_{k=0}^{n} \binom{n}{k} = 2^n$ gilt.
(siehe Lösung A.45)

3.3 Wahrscheinlichkeiten und Primzahltests

Bevor wir mit der Wahrscheinlichkeitsrechnung und ihrer Anwendung bei Primzahltests starten, wollen wir uns (nicht nur) als Vorbereitung einige Begriffe der beschreibenden (empirischen, deskriptiven) Statistik ansehen. Dazu gehört die relative Häufigkeit, die als Vorbild für die Definition von Wahrscheinlichkeiten verwendet wird. Wir werden sehen, dass auch weitere Begriffe eine Entsprechung in der Wahrscheinlichkeitsrechnung haben. Bei der beschreibenden Statistik geht es im Wesentlichen darum, große Datenmengen mit wenigen Kennzahlen übersichtlich aufzubereiten. Dagegen verwendet die schließende (induktive) Statistik die Wahrscheinlichkeitsrechnung, um auf der Basis unvollständiger Daten Prognosen abzugeben. Eine Zwischenform beider Disziplinen ist das Data-Mining (analytische Statistik), das bemerkenswerte oder ungewöhnliche Zusammenhänge oder Muster sucht. Diese müssen sich anhand mathematischer Modelle beschreiben lassen und somit in einem gewissen Sinn „plausibel" sein.

3.3.1 Beschreibende Statistik

Um die Laufzeit von Algorithmen zu untersuchen, bieten sich theoretische Analysen an, die wir in Kap. 4 betrachten werden. Denn diese sind unabhängig von Umwelteinflüssen wie die verwendete Hardware. Wenn aber nicht nur Laufzeiten einzelner Algorithmen, sondern komplexer Anwendungssysteme untersucht werden sollen, stoßen theoretische Überlegungen an ihre Grenzen. Messungen auf der Basis realistischer Eingabedaten sind dann sinnvoll. Messungen bieten sich auch an, wenn Algorithmen nur Näherungsergebnisse liefern und deren Qualität abgeschätzt werden soll. Das ist beispielsweise bei vielen Verfahren des maschinellen Lernens der Fall: Auf Trainingsdaten haben die Algorithmen gelernt, was sie ausgeben sollen. Aber auf zuvor nicht gesehenen Eingabedaten ist das Ergebnis mehr oder weniger ungewiss und damit fehlerbehaftet. Hier betrachten wir als **Grundgesamtheit** die Menge der $n \in \mathbb{N}$ Eingaben für die Messung eines implementierten Algorithmus. In der Grundgesamtheit sind allgemein die zu untersuchenden Objekte. Diese haben Eigenschaften, die **Merkmale** genannt werden. Merkmale können in unserem Algorithmen-Beispiel die Laufzeit oder die Abweichung des tatsächlichen Ergebnisses vom erwarteten Ergebnis sein. Jedes Merkmal hat gewisse **Ausprägungen,** das sind in diesem Beispiel nicht-negative Zahlen. Wir bezeichnen mit $x_1, \ldots, x_n$ die gemessenen Abweichungen der Ergebnisse des Algorithmus von den eigentlich gewünschten Resultaten (Fehler). Dabei gehört x_k zur k-ten Eingabe des Algorithmus. Ein Merkmal kann also als Abbildung der Grundgesamtheit auf die Menge der Ausprägungen verstanden werden, hier wird die Eingabe k auf x_k abgebildet.

In einem unrealistisch kleinen Beispiel mit ganzzahligen Werten für das Merkmal
„Fehler" seien das $x_1 = 1$, $x_2 = 3$, $x_3 = 4$, $x_4 = 7$, $x_5 = 7$ und $x_6 = 14$.

Definition 3.8 (Arithmetisches Mittel) Das **arithmetische Mittel** der Ausprägungen $x_1, \ldots, x_n$ ist

$$\overline{x} := \frac{1}{n} \sum_{k=1}^{n} x_k.$$

Also ist der mittlere Fehler des Algorithmus $\frac{1+3+4+7+7+14}{6} = 6$. Das arithmetische
Mittel kennen Sie aus vielen Situationen, es wird beispielsweise beim Bilden der
Durchschnittsnote verwendet. Ausreißer nach oben wie eine Eingabe mit einem
Fehler 14 (aber ebenso Ausreißer nach unten) verzerren möglicherweise diesen Wert.
Man könnte also vor Berechnung des arithmetischen Mittels die Ausreißer weglassen
- aber wie ist ein Ausreißer definiert? Damit beschäftigen wir uns etwas später.
Einfacher ist es den Median zu verwenden. Dazu sortieren wir die Ausprägungen
der Größe nach. Im Beispiel haben wir die Ausprägungen direkt sortiert angegeben.

Definition 3.9 (Median) Der **Median (Zentralwert)** der sortierten Ausprägungen
$x_1 \leq x_2 \leq \cdots \leq x_n$ ist mit einer Fallunterscheidung definiert:

- Ist n ungerade, dann ist der Median der mittlere Wert $Z := x_{\frac{n+1}{2}}$.
- Ist dagegen n gerade, so wird als Median das arithmetische Mittel der beiden
  mittleren Ausprägungen verwendet: $Z := \frac{1}{2}(x_{\frac{n}{2}} + x_{\frac{n}{2}+1})$.

Der Median der Ausprägungen 1, 2, 5, 8, 9 ist also 5. Im ursprünglichen Beispiel
erhalten wir $Z = \frac{4+7}{2} = 5{,}5$. Der Wert ist also etwas kleiner als das arithmetische
Mittel, da die tatsächliche Größe des Ausreißers 14 nicht eingeht. Die mittlere Studi-
endauer wird übrigens auch als Median und nicht als arithmetisches Mittel berechnet.
Denn wenn bereits etwas mehr als die Hälfte der Studierenden das Studium in der
Regelstudienzeit schafft, dann wäre der Median bereits gleich der Regelstudienzeit,
obwohl die andere Hälfte vielleicht viel länger braucht. Das Durchschnittseinkom-
men wird auch als Median berechnet und ist damit vermutlich niedriger als bei
Verwendung des arithmetischen Mittels, denn Einkommen sind nach unten durch
den Mindestlohn beschränkt, während sie nach oben sehr groß werden können.

! Achtung

Der Median muss bei einer geraden Anzahl von Merkmalsausprägungen selbst
keine Merkmalsausprägung sein. Sollte diese Eigenschaft erforderlich werden
(wie beispielsweise bei der Median-der-Mediane-Strategie), gibt es das Konzept
des **Unter-Medians** (hier wird zum Zugriff auf die „mittlere" Ausprägung der
Bruch $\frac{n+1}{2}$ abgerundet) und des **Ober-Medians** ($\frac{n+1}{2}$ wird aufgerundet). ◄

Je nachdem, ob man die Ausprägungen des Beispielmerkmals „Fehler des Algorithmus" mit wenigen natürlichen Zahlen angibt oder mit einem großen Wertevorrat und vielen Nachkommastellen, kann es sein, dass die verschiedenen Ausprägungen gehäuft oder höchstens einmal vorkommen. Im ersten Fall macht es Sinn zu zählen, wie oft jede unterschiedliche Ausprägung vorkommt, während das im zweiten Fall keinen Sinn macht. Wenn man aber im zweiten Fall Genauigkeiten z. B. durch Runden wieder zusammenfasst, dann kann das Zählen wieder sinnvoll sein. Man nennt das dann eine Klasseneinteilung.

Wir definieren also die absolute und die relative Häufigkeit von Ausprägungen.

Definition 3.10 (Häufigkeiten) Seien $a_1 < a_2 < \cdots < a_m$ die $m \leq n$ verschiedenen Ausprägungen. Mit h_k bezeichnen wir die Anzahl der Ausprägungen x_j mit $x_j = a_k$. Das ist die **absolute Häufigkeit** der Ausprägung a_k, also $\sum_{k=1}^{m} h_k = n$. Die **relative Häufigkeit** ist $f_k := h_k/n$.

Anschaulich ist die Wahrscheinlichkeit, den Wert a_k zu messen, gleich der relativen Häufigkeit f_k. Das werden wir später präzisieren. Im Beispiel ist $m = 5$ mit $a_1 = 1$, $a_2 = 3$, $a_3 = 4$, $a_4 = 7$ und $a_5 = 14$. Die absoluten Häufigkeiten sind $h_1 = h_2 = h_3 = h_5 = 1$ und $h_4 = 2$. Die relativen Häufigkeiten sind $f_1 = f_2 = f_3 = f_5 = \frac{1}{6}$ und $f_4 = \frac{2}{6} = \frac{1}{3}$. Häufigkeiten werden oft mittels Diagrammen veranschaulicht, siehe Abb. 3.3. Mit den absoluten und relativen Häufigkeiten lässt sich das arithmetische Mittel auch so schreiben:

$$\bar{x} = \frac{1}{n} \sum_{k=1}^{n} x_k = \frac{1}{n} \sum_{k=1}^{m} a_k \cdot h_k = \sum_{k=1}^{m} a_k \cdot f_k. \tag{3.13}$$

Beispiel 3.4 (Erfolgsbestimmung bei semantischer Segmentierung) Unser Algorithmus soll in einem Bild jedes Pixel, das zu einer Katze gehört, erkennen und markieren. Man nennt dies in der Bildverarbeitung eine semantische Segmentierung. Die Grundgesamtheit besteht nun aus vielen Bildern als Eingaben. Auf den Bildern definieren wir nun vier Merkmale:

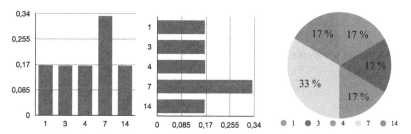

Abb. 3.3 Darstellung relativer Häufigkeiten der unterschiedlichen Merkmalsausprägungen 1, 3, 4, 7 und 14 mittels Diagrammen; von links nach rechts: Säulendiagramm, Balkendiagramm und Tortendiagramm

- TP ist die Anzahl der Pixel, die als Teil einer Katze erkannt wurden und tatsächlich auch Katzenpixel sind („true positive").
- FP ist die Anzahl der Pixel, die als zu einer Katze gehörend erkannt wurden aber gar keine Katzenpixel sind („false positive").
- TN ist die Anzahl der (Hintergrund-) Pixel, die nicht zu einer Katze gehören und korrekt auch als solche erkannt wurden („true negative").
- FN ist die Anzahl der Pixel, die zwar zu einer Katze gehören aber fälschlich nicht als Katzenpixel (sondern als Hintergrund) klassifiziert wurden („false negative").

Um diese Anzahlen angeben zu können, muss bekannt sein, welche Pixel tatsächlich zu einer Katze gehören, man spricht von einer „Ground Truth". In Abb. 3.5 sind Beispielwerte angegeben. Über diese Merkmale werden nun weitere berechnet (sofern die Nenner ungleich null sind), die als Qualitätskennzahlen dienen:

- $P := \frac{TP}{TP+FP}$ ist die relative Häufigkeit der korrekt erkannten Katzenpixel bezogen auf die Gesamtheit aller vom Algorithmus gekennzeichneten Katzenpixel. Im Englischen nennt man P die **„Precision"**. Sie gibt an, wie sehr man einer Katzenpixel-Klassifikation vertrauen darf. Ist $P = 1$, so ist jedes klassifizierte Katzenpixel auch tatsächlich ein Katzenpixel. Es wurden also keine Hintergrundpixel fälschlich als Katzenpixel klassifiziert. Das heißt aber noch nicht, dass die Erkennung gut ist. Denn bei $TP = 1$, $FP = 0$ aber großem FN (viele Katzenpixel wurden nicht als solche erkannt) ist $P = 1$. In diesem Fall ist (wie auch in Tab. 3.5) aber die nächste Kennzahl klein:
- $R := \frac{TP}{TP+FN}$ ist die relative Häufigkeit der korrekt erkannten Katzenpixel bezogen auf alle tatsächlichen Katzenpixel. Die Zahl R wird **„Recall"** genannt. Sie beschreibt, wie vollständig das Erkennungsergebnis ist. Auch sie ist alleine nicht aussagekräftig, da $R = 1$ ist, wenn alle Pixel Katzen zugeordnet werden. Dann ist aber FP groß und P klein. Es sollten also sowohl P als auch R möglichst nahe bei eins liegen. Oft gibt es hier aber beim Algorithmen-Design einen Trade-Off, die Verbesserung der einen Kennzahl führt zu einer Verschlechterung der anderen.
- Der F_1-„Score" berücksichtigt sowohl P als auch R:

$$F_1 := \frac{2}{\frac{1}{P} + \frac{1}{R}} = \frac{2 \cdot P \cdot R}{R + P} = \frac{2 \frac{TP^2}{(TP+FP)(TP+FN)}}{\frac{TP[(TP+FN)+(TP+FP)]}{(TP+FP)(TP+FN)}} = \frac{2TP}{2TP + FN + FP}.$$

Tab. 3.5 **Confusion Matrix** (für ein Katzenbild) mit Beispielzahlen, $P = \frac{80}{100} = 0{,}8$, $R = \frac{80}{200} = 0{,}4$, $F_1 = \frac{160}{160+120+20} \approx 0{,}53$, $A = \frac{80+280}{500} = 0{,}72$, $IoU := \frac{80}{500-280} \approx 0{,}36$

		Erkennungsergebnis	
		Positiv (Katzenpixel)	Negativ (Hintergrund)
		100	400
	Positiv (Katzenpixel)	TP	FN
Ground	200	80	120
Truth	Negativ (Hintergrund)	FP	TN
	300	20	280

Am ersten Bruch sieht man, dass sowohl P als auch R nahe bei Eins liegen müssen, damit dies auch für F_1 gilt. Ist dagegen P oder R nahe bei Null, so folgt das auch für F_1.

- $A := \frac{TP+TN}{TP+FP+TN+FN}$ ist die relative Häufigkeit der korrekt erkannten Pixel und wird Genauigkeit („**Accuracy**") genannt. Auch wenn gar keine Katzenpixel erkannt wurden, kann A bei einem großen Hintergrund nahe bei eins sein. Um das zu verhindern, betrachtet man noch eine weitere Kennzahl.

- $IoU := \frac{TP}{TP+FP+FN}$ wird als „**Intersection over Union**" bezeichnet. Hier wird nur die relative Häufigkeit der richtig erkannten Katzenpixel bezogen auf alle Pixel mit Ausnahme der korrekt als Hintergrund erkannten angegeben. Bei einem großen Anteil des Hintergrunds wird dadurch der Fokus auf die Erkennung von Katzen gerichtet. Der Name „Intersection over Union" kommt daher, dass IoU der Quotient der Anzahlen der Elemente der Mengen $M_1 \cap M_2$ und $M_1 \cup M_2$ ist, wobei M_1 die Menge der vom Algorithmus als Katzenpixel klassifizierten Pixel und M_2 die Menge der tatsächlichen Katzenpixel ist.

Man kann die arithmetischen Mittel („mean") dieser Merkmale bezogen auf die Grundgesamtheit aller Bilder angegeben, für die das jeweilige Merkmal mit einem Nenner ungleich null wohldefiniert ist. Bei der Precision stecken aber hinter der Bezeichnung AP („Average Precision") je nach Anwendungsbereich kompliziertere Definitionen, die aus dem „Information Retrieval" entstammen und eine Reihenfolge der Ergebnisse einer Suchanfrage voraussetzen. Das arithmetische Mittel über mehrere Suchanfragen ist dann die „mean Average Precision".

Die empirische Varianz misst die Abweichungen (Streuung) vom arithmetischen Mittel und gibt damit einen Hinweis auf die Verteilung der Merkmalswerte. Naheliegend wäre eine Definition wie

$$\frac{1}{n}\sum_{k=1}^{n} g(x_k - \overline{x}) = \sum_{k=1}^{m} f_k \cdot g(a_k - \overline{x}),$$

wobei g eine Funktion ist, mit der die Abstände der Ausprägungen vom arithmetischen Mittel gemessen werden. Wenn wir $g(x) = x$ wählen, dann erhalten wir wiederum das arithmetische Mittel dieser Abstände. Dabei gibt es aber Auslöschungen: Betrachten wir die Merkmalswerte -1, 0 und 1 mit $\overline{x} = 0$, dann erhalten wir als Kennzahl für die Streuung $\frac{1}{3}(-1 + 0 + 1) = 0$. Es gibt aber Abweichungen von $\overline{x}$. Deshalb muss eine sinnvolle Wahl für g Auslöschungen aufgrund wechselnder Vorzeichen verhindern. Wir könnten beispielsweise die negativen Vorzeichen weglassen (und damit g als Betragsfunktion wählen). Dann hätten wir die sinnvolle Kennzahl $\frac{1}{3}(1 + 0 + 1) = \frac{2}{3}$, denn zwei von drei Werten weichen jeweils um eins vom arithmetischen Mittel ab. Wären die Merkmalswerte -2, 0 und 2, dann hätten wir die größere Streuung $\frac{1}{3}(2 + 0 + 2) = \frac{4}{3}$. Allerdings wird tatsächlich $g(x) = x^2$ verwendet. Man spricht von Fehlerquadraten. Diese Wahl hat den rechnerischen Vorteil, dass man nicht mit einer Fallunterscheidung prüfen muss, ob Ausprägungen negativ sind. Außerdem findet man Fehlerquadrate auch in Naturgesetzen.

Nun wird außerdem in der Regel nicht durch n, sondern durch $n-1$ geteilt. Der Hintergrund ist, dass die Formel auch zum Schätzen der stochastischen Varianz (vgl. (3.23) in Abschn. 3.3.2 eingesetzt wird, bei unbekanntem Erwartungswert (3.20) so einen systematischen Fehler vermeidet. Es gibt also gute Gründe für die Division durch $n-1$, aber für große Werte n ist der Unterschied vernachlässigbar.

Definition 3.11 (empirische Varianz) Die **empirische Varianz** s^2 der Ausprägungen $x_1, \ldots, x_n$ mit den verschiedenen Werten $a_1, \ldots, a_m$, die die absoluten Häufigkeiten $h_1, \ldots, h_m$ und die relativen Häufigkeiten $f_1, \ldots, f_m$ besitzen, ist so definiert:

$$s^2 := \frac{1}{n-1} \sum_{k=1}^{n} (x_k - \overline{x})^2 = \frac{1}{n-1} \sum_{k=1}^{m} h_k \cdot (a_k - \overline{x})^2 = \frac{n}{n-1} \sum_{k=1}^{m} f_k \cdot (a_k - \overline{x})^2.$$

(3.14)

Im Beispiel erhalten wir

$$s^2 = \frac{1}{6-1} \left[(1-6)^2 + (3-6)^2 + (4-6)^2 + 2 \cdot (7-6)^2 + (14-6)^2 \right] = \frac{104}{5},$$

also $s^2 = 20{,}8$. Hätten wir dagegen statt zu quadrieren einfach nur die negativen Vorzeichen weggelassen, hätten wir wegen der Abweichungen größer eins die viel kleinere Zahl $\frac{1}{5}[5+3+2+2\cdot1+8] = \frac{20}{5} = 4$ erhalten. Die Bezeichnung s^2 erinnert an die Quadrate in der Summe. Die Zahl $s := \sqrt{s^2}$ heißt die **Standardabweichung.** Eigentlich ist einer der beiden Begriffe empirische Varianz und Standardabweichung überflüssig, aber beide werden leider verwendet.

Wir kommen noch einmal auf die Ausreißer zurück, die für große Abweichungen vom arithmetischen Mittel sorgen und die Varianz entsprechend vergrößern. Mit dem Median haben wir bereits einen mittleren Wert bestimmt, der robust gegen Ausreißer ist. Häufig möchte man allgemeiner das kleinste und das größte Viertel der Werte für weitere Untersuchungen weglassen, da es sich dabei um Ausreißer handeln könnte. Das führt zum Begriff der Quantile und der Quartile.

Definition 3.12 (Quantile und Quartile) Sei $0 < p < 1$. Das p-**Quantil** x_p ist für die nach Größe sortierten verschiedenen Ausprägungen $a_1 < \cdots < a_m$ mit den relativen Häufigkeiten $f_1, \ldots, f_m$ so definiert:

a) Falls es ein $1 \le j < m$ gibt mit $\sum_{k=1}^{j} f_k = p$, dann ist $x_p := (a_j + a_{j+1})/2$.
b) Sonst gibt es ein $1 \le j \le m$ mit

$$\sum_{k=1}^{j-1} f_k < p \quad \wedge \quad \sum_{k=1}^{j} f_k > p,$$

wobei eine leere Summe gleich null ist. In diesem Fall ist $x_p := a_j$.

Für $p = 0,25$ und $p = 0,75$ spricht man von **Quartilen** (von „Quarter").

Damit gibt das p-Quantil im Fall b) die eindeutige Stelle x an, an der die relative Häufigkeit der Ausprägungen kleinergleich x über $p = p \cdot 100\%$ springt. Im Fall a) sind die bis zu einer Stelle a_j aufsummierten relativen Häufigkeiten gleich p. Alle weiteren relativen Häufigkeiten summieren sich zu $(1-p)$, so dass für das p-Quantil der Sprung über p als die Mitte zwischen a_j und a_{j+1} gewählt wird.

! Vorsicht

Leider wird die Definition des Quantils nicht einheitlich verwendet, es gibt in Statistik-Softwarepaketen viele alternative Implementierungen insbesondere für den Fall a), siehe [Hyndman und Fan (1996)]. ◄

Im Beispiel ist $x_{0,25} = 3$, da wir für $j = 2$ im Fall b) $f_1 + f_2 = \frac{2}{6} = \frac{1}{3} > 0,25$ und $f_1 = \frac{1}{6} < 0,25$ erhalten. Mit $j = 4$ erhalten wir ebenfalls mit dem Fall b) $x_{0,75} = 7$, da $f_1 + f_2 + f_3 + f_4 = \frac{5}{6} > 0,75$ und $f_1 + f_2 + f_3 = \frac{3}{6} = \frac{1}{2} < 0,75$. Hätten wir dagegen die Merkmalswerte 1, 2, 3 und 4 mit relativen Häufigkeiten 0,25, dann ist nach Fall a) $x_{0,25} = \frac{1+2}{2} = 1,5$ und $x_{0,75} = \frac{3+4}{2} = 3,5$.

Lemma 3.3 *Der Median Z ist das $0,5$-Quantil $x_{0,5}$.*

Beweis Bei ungradzahlig vielen Elementen der Grundgesamtheit sei j der Index, für den $a_j = x_{\frac{n+1}{2}}$ gilt. Dann ist $\sum_{k=1}^{j} f_k > \frac{1}{2}$ und $\sum_{k=1}^{j-1} f_k < \frac{1}{2}$, und nach Fall b) gilt $x_{0,5} = a_j = x_{\frac{n+1}{2}} = Z$.

Bei gradzahlig vielen Elementen könnte $x_{\frac{n}{2}} = x_{\frac{n}{2}+1}$ sein. Dann ist $Z = x_{\frac{n}{2}} = x_{0,5}$ wie zuvor aufgrund des Falls b). Ist dagegen $a_j = x_{\frac{n}{2}} < x_{\frac{n}{2}+1} = a_{j+1}$, so ist der Fall a) wegen $\sum_{k=1}^{j} f_k = \frac{1}{2}$ anwendbar und liefert

$$Z = \frac{x_{\frac{n}{2}} + x_{\frac{n}{2}+1}}{2} = \frac{a_j + a_{j+1}}{2} = x_{0,5}.$$

□

Um die Verteilung der Ausprägungen auf einen Blick erfassen zu können, wird oft ein **Box-Plot** verwendet. Hier wird die kleinste und größte Ausprägung eingezeichnet und mit einem Strich verbunden, der die **Spannweite** (Range) angibt. Zwischen dem 0,25- und dem 0,75-Quartil wird der Strich durch einen Balken (die Box) ersetzt. Zudem wird der Median als Strich oder Kreis eingezeichnet, siehe Abb. 3.4 für unser

Abb. 3.4 Box-Plot: Die Ausprägungen liegen zwischen 1 und 14, $x_{0,25} = 3$, $x_{0,75} = 7$, $Z = x_{0,5} = 5,5$

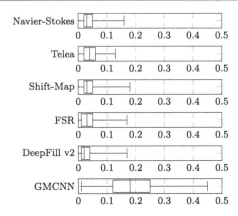

Abb. 3.5 Hier wird die Ergebnisqualität verschiedener Inpainting-Algorithmen auf einer Grundgesamtheit bestehend aus Fassadenbildern mit künstlich eingefügten Verdeckungen dargestellt. Mit Inpainting wird das „sinnvolle" Auffüllen verdeckter Bildbereiche bezeichnet. Es werden die Abweichungen gegenüber den Bildern ohne Verdeckungen gemessen, siehe [Fritzsche et al. (2022)]. Eine Abweichung der Größe null wäre ideal

kleines Beispiel. Abb. 3.5 zeigt, wie ein realer Vergleich des Ausgabefehlers mehrerer Algorithmen übersichtlich mit Box-Plots dargestellt werden kann.

In Data-Science-Anwendungen hat man oft sehr viele verschiedene Merkmale. Das ist unübersichtlich und rechenaufwändig, und man möchte sich auf die Merkmale konzentrieren, die sich nicht aus anderen Merkmalen ergeben und damit keine zusätzlichen Informationen liefern. Man nennt das Dimensionsreduktion. Das ist auch in der Mustererkennung wichtig. Hier werden aus einer gegebenen Eingabe die Werte verschiedener Merkmale berechnet, auf deren Basis dann die Eingabe beispielsweise klassifiziert werden kann. Dabei stellt sich die Frage, wie Merkmale definiert werden sollten, um wesentliche Informationen zu erhalten.

Definition 3.13 (Empirische Kovarianz) Auf der Grundgesamtheit mit n Elementen seien zwei Merkmale gegeben. Die Ausprägungen des ersten Merkmals seien $x_1, \ldots, x_n$ und die des zweiten seien $y_1, \ldots, y_n$. Die **empirische Kovarianz** der beiden Merkmale ist

$$s_{xy} := \frac{1}{n-1} \sum_{i=1}^{n} (x_i - \overline{x})(y_i - \overline{y}),$$

wobei $\overline{x}$ und $\overline{y}$ die arithmetischen Mittel sind.

Die Ausprägungen x_i und die Ausprägungen y_i dürfen dabei nicht beliebig sortiert sein, sondern bei gleichem Index i müssen die Ausprägungen auch zum gleichen, mit i referenzierten Element der Grundgesamtheit gehören, um Zusammenhänge zwischen den Merkmalen untersuchen zu können.

Die Definition der empirischen Kovarianz sieht fast aus wie die der empirischen Varianz, die die Kovarianz zweier gleicher Merkmale ist. Aber im Gegensatz zur Varianz können nun auch negative Werte auftreten. Wenn sich zwei Merkmale „ähnlich" verhalten, dann zeigen sie auch ähnliche Abweichungen vom jeweiligen arithmetischen Mittel: Die Summanden werden positiv. Wenn die Abweichungen dagegen genau entgegengesetzt sind, entsteht ein negatives Vorzeichen. Und wenn Sie völlig unabhängig voneinander um das jeweilige arithmetische Mittel streuen, dann sollte es in der Summe viele Auslöschungen geben, und der Wert der Kovarianz ist nahe bei null. Ist sogar $s_{xy} = 0$, so nennt man die beiden Merkmale **unkorreliert**. In Abschn. 5.6 werden wir das Skalarprodukt kennenlernen: Bei unkorrelierten Merkmalen sind die Vektoren $(x_1 - \overline{x}, \ldots, x_n - \overline{x})$ und $(y_1 - \overline{x}, \ldots, y_n - \overline{y})$ orthogonal, stehen also in einem rechten Winkel zueinander, siehe Beispiel 5.4. Es gibt Verfahren (z. B. die Hauptachsentransformation, vgl. [Goebbels und Ritter (2018), Abschn. 7.1.6]), um aus einer Menge von Merkmalen weniger neue Merkmale zu berechnen, die unkorreliert sind und den Informationsgehalt nahezu vollständig wiedergeben.

3.3.2 Diskrete Wahrscheinlichkeitsrechnung

Bei einem **Zufallsexperiment** sind nicht alle Faktoren bekannt oder bestimmbar, die sich auf das Ergebnis auswirken. Unter **Zufall** verstehen wir den Einfluss dieser Faktoren. Beim Würfeln sind das beispielsweise die genaue Bewegung und die Geschwindigkeit, die Oberflächenstruktur des Würfels und des Tisches, Einfluss von Luftbewegungen usw.

Wir haben zuvor bereits die Kombinationen ohne Wiederholung beim Lotto gezählt. Es gibt $\binom{49}{6}$ verschiedene Ausgänge des Experiments 6 aus 49. Die Wahrscheinlichkeit, dass genau eine zuvor ausgewählte Kombination gezogen wird – also die Wahrscheinlichkeit für sechs Richtige bei einer Tippreihe, ist anschaulich gleich der relativen Häufigkeit dieses Ergebnisses, also $1/\binom{49}{6} = 1/13.983.816 \approx 0$. Wenn Sie zehn verschiedene Tipps abgegeben haben, dann erhalten wir über die relative Häufigkeit die Erfolgswahrscheinlichkeit $10/\binom{49}{6}$. Haben Sie sogar $\binom{49}{6}$ verschiedene Tipps abgegeben, dann gewinnen Sie mit der Wahrscheinlichkeit $\binom{49}{6}/\binom{49}{6} = 1 = \frac{100}{100} = 100\,\%$. Allerdings lohnt sich dieses Vorgehen nicht, da nur die Hälfte der Einsätze als Gewinn ausgeschüttet wird.

Betrachten wir ein einfacheres Beispiel, nämlich eine Urne mit 20 weißen und 30 schwarzen Kugeln. Die Wahrscheinlichkeit, eine weiße Kugel zu ziehen, ist gleich der relativen Häufigkeit der weißen Kugeln bezogen auf die Gesamtzahl der Kugeln, also $20/(20 + 30) = 2/5$ bzw. 40 %. Wissen Sie nicht, wie viele weiße und schwarze Kugeln in der Urne liegen, können Sie n-mal mit Zurücklegen ziehen und dann die relative Häufigkeit der Ergebnisse weiß und schwarz als Wahrscheinlichkeit für das Ziehen von „weiß" oder „schwarz" auffassen. Allerdings können Sie bei einer erneuten Messung zu einem anderen Wert gelangen. Für eine Definition ist dies also ungeeignet. Allerdings vermuten wir, dass mit wachsendem n die relative Häufigkeit immer näher an der tatsächlichen Wahrscheinlichkeit ist. Die mathematische Definition der Wahrscheinlichkeit bildet dies nach.

Die Durchführung eines Zufallsexperiments heißt ein **Versuch,** sein Ergebnis ein **Elementarereignis.** Die Menge aller möglichen Versuchsausgänge, also aller Elementarereignisse, heißt **Grundgesamtheit** oder **Elementarereignisraum** und wird üblicherweise mit Ω bezeichnet. Wir benötigen in diesem Buch ausschließlich Grundgesamtheiten mit endlich vielen Elementarereignissen, so dass wir auf die etwas schwieriger zu handhabenden unendlichen Grundgesamtheiten hier auch gar nicht eingehen. Die Grundgesamtheit beim einmaligen Würfeln können wir mit $\Omega := \{1, 2, 3, 4, 5, 6\}$ modellieren. Das Ereignis eines geraden Wurfs ist dann $G := \{2, 4, 6\}$, das Ereignis eines ungeraden Wurfs ist $U := \{1, 3, 5\}$.

Ein **Ereignis** E ist eine Teilmenge der Grundgesamtheit Ω, $E \subseteq \Omega$. Mit einem Ereignis fassen wir Elementarereignisse zusammen. Wir sagen, dass bei einem Experiment ein Ereignis E genau dann eingetreten ist, wenn ein Elementarereignis beobachtet wird, das Element von E ist. Als Ereignis sind auch $\emptyset$ und Ω zugelassen. Da in $\emptyset$ keine Elementarereignisse liegen, kann $\emptyset$ auch niemals eintreten, $\emptyset$ heißt das **unmögliche Ereignis.** Da in Ω alle Elementarereignisse sind, tritt das Ereignis Ω bei jedem Experiment ein, es ist das **sichere Ereignis.**

Die Wahrscheinlichkeit wird nun über die zentralen Eigenschaften der relativen Häufigkeit definiert:

Definition 3.14 (Axiome der Wahrscheinlichkeit) Sei P eine Abbildung, die jedem Ereignis eine Zahl zwischen 0 und 1 zuordnet und die beide folgenden Axiome erfüllt:

- Die Wahrscheinlichkeit des sicheren Ereignisses Ω ist auf eins normiert (also auf $\frac{100}{100} = 100\,\%$): $P(\Omega) = 1$.
- Für je zwei disjunkte (elementfremde) Ereignisse E_1 und E_2 gilt die **Additivität:**

$$P(E_1 \cup E_2) = P(E_1) + P(E_2).$$

Die Abbildung P heißt **Wahrscheinlichkeitsmaß.**

Die Abbildung P bildet Ereignisse und damit Mengen auf Zahlen ab. Ihr Definitionsbereich ist die Potenzmenge von Ω.

Vereinigt man zwei disjunkte Ereignisse, so tritt das dabei entstehende Ereignis ein, wenn entweder das eine oder das andere Ereignis eintritt. Da sie disjunkt sind, können sie nicht gleichzeitig eintreten. Die relative Häufigkeit der Elementarereignisse des vereinigten Ereignisses ist damit gleich der Summe der relativen Häufigkeiten zu beiden einzelnen Ereignissen. Dies ist mit dem Axiom zur Additivität nachempfunden, das durch iterierte Anwendung auf die Vereinigung von n paarweise disjunkten Ereignissen $E_1, \ldots, E_n$ ausgedehnt werden kann:

$$P(E_1 \cup E_2 \cup \cdots \cup E_n) = P(E_1) + P(E_2) + \cdots + P(E_n).$$

Beim einmaligen Würfeln mit einem ungezinkten Würfel gilt:

$$P(\{1\}) = P(\{2\}) = P(\{3\}) = P(\{4\}) = P(\{5\}) = P(\{6\}) = \frac{1}{6}.$$

Abb. 3.6 Venn-Diagramm
zur Vereinigung von
Ereignissen A und B

Die Wahrscheinlichkeit eines geraden Wurfs ist $P(\{2, 4, 6\}) = P(\{2\}) + P(\{4\}) + P(\{6\}) = \frac{3}{6} = \frac{1}{2}$, ebenso die eines ungeraden Wurfs: $P(\{1, 3, 5\}) = \frac{1}{2}$.

Satz 3.8 (Rechenregeln für Wahrscheinlichkeitsmaße) Für ein Wahrscheinlichkeitsmaß P sowie Ereignisse A, B und das zu A entgegengesetzte Ereignis $\overline{A} := \mathcal{C}_\Omega A = \{\omega \in \Omega : \omega \notin A\}$ gelten die Rechenregeln

$$P(\overline{A}) = 1 - P(A), \qquad P(A \cup B) = P(A) + P(B) - P(A \cap B).$$

Beweis Die erste Gleichung ergibt sich mit der Normierung und der Additivität aus Definition 3.14 so:

$$1 = P(\Omega) = P(A \cup \overline{A}) = P(A) + P(\overline{A}).$$

Die zweite Gleichung folgt ebenfalls aus der Additivität. Dazu muss $A \cup B$ in disjunkte Mengen zerlegt werden, siehe Abb. 3.6: $A \cup B = (A \setminus B) \cup (B \setminus A) \cup (A \cap B)$:

$$\begin{aligned}
P(A \cup B) &= P(A \setminus B) + P(B \setminus A) + P(A \cap B) \\
&= [P(A \setminus B) + P(A \cap B)] + [P(B \setminus A) + P(A \cap B)] - P(A \cap B) \\
&= P(A) + P(B) - P(A \cap B).
\end{aligned}$$

$\square$

Die Wahrscheinlichkeit eines Elementarereignisses $\omega \in \Omega$ ist über $P(\{\omega\})$ definiert. Damit ist P bereits vollständig über diese **Elementarwahrscheinlichkeiten** erklärt:

$$P(E) = \sum_{\omega \in E} P(\{\omega\}). \tag{3.15}$$

Besonders wichtig ist der Fall, bei dem (wie in den bisherigen Beispielen) alle Elementarwahrscheinlichkeiten gleich sind. Hier sprechen wir von einem Laplace-Experiment.

Satz 3.9 (Laplace-Experiment) Die Grundgesamtheit Ω bestehe aus n Elementarereignissen und alle Elementarereignisse mögen die gleiche Wahrscheinlichkeit haben. Dann gilt für jedes Ereignis E mit m Elementarereignissen: $P(E) = \frac{m}{n}$.

Beweis Sei $\Omega = \{\omega_1, \omega_2, \ldots, \omega_n\}$ und p die Wahrscheinlichkeit jedes Elementarereignisses:

$$1 = P(\Omega) = P\left(\bigcup_{k=1}^{n} \{\omega_k\}\right) = \sum_{k=1}^{n} p = n \cdot p.$$

Damit ist $p = \frac{1}{n}$ und $P(E) = \sum_{\omega \in E} \frac{1}{n} = \frac{m}{n}$. $\square$

Um die Wahrscheinlichkeit eines Ereignisses bei Laplace-Experimenten zu berechnen, muss man die Anzahl der Elemente des Ereignisses bestimmen – hier hilft das im vorangehenden Abschnitt über Kombinatorik Gelernte.

Von der Modellierung eines Zufallsexperiments hängt es ab, ob dieses ein Laplace-Experiment ist oder nicht. Wir betrachten zweimaliges Würfeln. Wählen wir

$$\Omega := \{(j, k) : j, k \in \{1, 2, \ldots, 6\}\},$$

wobei wir an der ersten Stelle das Ergebnis des ersten Wurfs und an der zweiten Stelle das Resultat des zweiten Wurfs notieren, dann sind alle Elementarereignisse gleich wahrscheinlich, wir haben ein Laplace-Experiment: $P(\{(j, k)\}) = \frac{1}{|\Omega|} = \frac{1}{6^2} = \frac{1}{36}$. Wenn wir uns aber nicht die Reihenfolge der Würfe merken, indem wir zu jeder Ziffer nur aufschreiben, ob sie null-, ein- oder zweimal gefallen ist, dann sind die Elementarwahrscheinlichkeiten nicht mehr gleich:

$$\Omega := \{(k_1, k_2, \ldots, k_6) : k_1, k_2, \ldots, k_6 \in \{0, 1, 2\} \text{ und } k_1 + k_2 + \cdots + k_6 = 2\}.$$

Beispielsweise ist $P(\{(1, 1, 0, 0, 0, 0)\}) = \frac{2}{36}$ die Wahrscheinlichkeit, dass eine 1 und eine 2 gewürfelt wird. Denn das Elementarereignis $(1, 1, 0, 0, 0, 0)$ wird beobachtet, wenn zuerst 1 und dann 2 oder erst 2 und dann 1 gewürfelt wird. Das entspricht zwei Elementarereignissen unseres ersten Modells, so dass wir die Wahrscheinlichkeit $2 \cdot \frac{1}{36}$ erhalten. Dagegen ist die Wahrscheinlichkeit, dass zwei Einsen gewürfelt werden, eine andere: $P(\{(2, 0, 0, 0, 0, 0)\}) = \frac{1}{36}$, denn hier gibt es nur eine Möglichkeit, diese zu werfen. Wir könnten auch ein weiteres Modell wählen, bei dem wir nur die Summe der Augenzahlen aus beiden Würfen notieren:

$$\Omega := \{2, 3, 4, \ldots, 12\}.$$

Hier erhalten wir ebenfalls $P(\{2\}) = P(\{12\}) = \frac{1}{36}$, $P(\{3\}) = P(\{11\}) = \frac{2}{36}$, $P(\{4\}) = P(\{10\}) = \frac{3}{36}$ usw., indem wir zählen, auf wie viele Weisen eine Augensumme zustande kommen kann (vgl. auch (3.18) weiter unten).

Aufgabe 3.11 (Geburtstagsparadoxon) In einem Raum befinden sich n Personen. Wie groß ist die Wahrscheinlichkeit, dass zwei oder mehr Personen am gleichen Tag im gleichen Monat Geburtstag haben? Zur Vereinfachung können Sie annehmen, dass ein Jahr 365 Tage hat. Sie können weiterhin annehmen, dass alle Geburtstage gleich wahrscheinlich sind und damit bei geeigneter Modellierung ein Laplace-Experiment vorliegt. Berechnen Sie die Wahrscheinlichkeit des komplementären Ereignisses und verwenden Sie dazu die Formeln aus der Kombinatorik für Variationen mit und ohne Wiederholung. (siehe Lösung A.46)

Berechnen wir eine Wahrscheinlichkeit für eine eingeschränkte Grundgesamtheit, so sprechen wir von einer **bedingten Wahrscheinlichkeit.** Die Wahrscheinlichkeit, dass eine Zahl aus $E = \{1, 2, 3\}$ gewürfelt wird, ist $\frac{3}{6} = \frac{1}{2}$. Wissen wir aber bereits, dass nur gerade Zahlen gewürfelt werden, dann sinkt die Wahrscheinlichkeit auf $\frac{1}{3}$. Denn die Grundgesamtheit ist dann nicht mehr $\Omega = \{1, 2, 3, 4, 5, 6\}$, sondern das Ereignis $F = \{2, 4, 6\}$ eines geraden Wurfs. Mit $P(E|F)$ bezeichnen wir die Wahrscheinlichkeit, dass E eintritt, wenn als Nebenbedingung bekannt ist, dass F eintritt. Bei einem Laplace-Experiment ist

$$P(E|F) = \frac{\text{Anzahl der Elemente von } E \cap F}{\text{Anzahl der Elemente von } F}.$$

Dividieren wir Zähler und Nenner durch die Anzahl der Elemente von Ω, so erhalten wir

$$P(E|F) = \frac{P(E \cap F)}{P(F)}. \tag{3.16}$$

Dies ist eine Gleichung, die für beliebige Wahrscheinlichkeitsmaße sinnvoll ist. Zwei Ereignisse E und F heißen **stochastisch unabhängig** genau dann, wenn das Eintreten eines der Ereignisse keinen Einfluss auf die Eintrittswahrscheinlichkeit des anderen Ereignisses hat, wenn also $P(E|F) = P(E)$ bzw. $P(F|E) = P(F)$ ist. Lösen wir die bedingte Wahrscheinlichkeit auf, dann ist

$$P(E) = P(E|F) = \frac{P(E \cap F)}{P(F)} \iff P(E \cap F) = P(E) \cdot P(F). \tag{3.17}$$

Stochastische Unabhängigkeit von Ereignissen bedeutet also, dass die Wahrscheinlichkeit des gemeinsamen Eintretens gleich dem Produkt der Einzelwahrscheinlichkeiten ist.

Aufgabe 3.12 Eine Familie hat zwei Kinder. Bei einem Besuch kommt zufällig ein Junge in den Raum, wobei die Wahrscheinlichkeit, welches der beiden Kinder den Raum betritt, gleich sei. Die Wahrscheinlichkeit, dass auch das zweite Kind ein Junge ist, wenn Jungen und Mädchen mit der gleichen Wahrscheinlichkeit $\frac{1}{2}$ geboren werden und die Geburten stochastisch unabhängig sind, ist $\frac{1}{2}$. Welcher Fehler steckt daher im folgenden Modell (siehe Lösung A.47): Mit $\Omega := \{JJ, MM, JM, MJ\}$ möge der erste Buchstabe der Elementarereignisse das Geschlecht des Erstgeborenen angeben. Jedes Elementarereignis hat die Wahrscheinlichkeit $\frac{1}{4}$. Das Ereignis, dass mindestens ein Kind ein Junge ist (was ja beobachtet wird), ist damit $E := \{JJ, JM, MJ\}$ mit $P(E) = \frac{3}{4}$. Die Wahrscheinlichkeit, dass unter dieser

Nebenbedingung beide Kinder Jungen sind, ist

$$P(\{JJ\}|E) = \frac{P(\{JJ\} \cap E)}{P(E)} = \frac{P(\{JJ\})}{P(E)} = \frac{\frac{1}{4}}{\frac{3}{4}} = \frac{1}{3} \neq \frac{1}{2}.$$

Die Grundgesamtheit Ω kann aus irgendwelchen Objekten bestehen. Wir haben bereits Zahlen, Paare und Sechstupel für die Modellierung benutzt. Um aussagekräftige Kennzahlen berechnen zu können, wäre es sehr hilfreich, wenn die Elementarereignisse Zahlen wären. Daher wurden **Zufallsvariablen** eingeführt. Das sind Abbildungen, die den Elementarereignissen Zahlen zuordnen. Sie werden üblicherweise mit Großbuchstaben wie X oder Y bezeichnet, die an Variablen erinnern. Ihr Wert hängt vom Ausgang des Experiments ab und ist in diesem Sinne zufällig.

Sind wir beim zweimaligen Würfeln beispielsweise an der Augensumme interessiert, so können wir auf $\Omega = \{(j, k) : j, k \in \{1, 2, \ldots, 6\}\}$ die Zufallsvariable $X : \Omega \to \{2, 3, \ldots, 12\}$ definieren über $X((j, k)) := j + k$. Jetzt können wir auch sagen, mit welcher Wahrscheinlichkeit die Zufallsvariable einen Wert annimmt und verwenden dafür die Schreibweise $P(X = \text{Wert})$:

$$P(X = 2) = P(\{(1, 1)\}) = \frac{1}{36} = P(\{6, 6\}) = P(X = 12),$$

$$P(X = 3) = P(\{(1, 2), (2, 1)\}) = \frac{2}{36} = P(\{(5, 6), (6, 5)\}) \qquad (3.18)$$

$$= P(X = 11),$$

$$P(X = 4) = P(\{(1, 3), (2, 2), (3, 1)\}) = \frac{3}{36} = P(X = 10) \text{ usw.}$$

Allgemein gilt:

$$P(X = x) = P(\{\omega \in \Omega : X(\omega) = x\}). \qquad (3.19)$$

Wenn wir $X = x$ schreiben, meinen wir damit das Ereignis $\{\omega \in \Omega : X(\omega) = x\}$. Dies ist das Urbild der Zahl x in Ω. Entsprechend sind $X < x$, $X \leq x$, $X > x$ oder $X \geq x$ die Ereignisse, dass die Zufallsvariable Werte kleiner, kleinergleich, größer oder größergleich annimmt.

Die Wahrscheinlichkeit, dass eine Zufallsvariable X einen Wert x annimmt, ist also gleich der Wahrscheinlichkeit des Ereignisses $X = x$. Damit überträgt sich die stochastische Unabhängigkeit von Ereignissen auf Zufallsvariablen: Zwei Zufallsvariablen X und Y heißen genau dann **stochastisch unabhängig,** wenn für beliebige Funktionswerte x von X und y von Y die Ereignisse $X = x$ und $Y = y$ stochastisch unabhängig sind, d. h. $P((X = x) \cap (Y = y)) = P(X = x) \cdot P(Y = y)$. Wenn wir wie zuvor mit zwei ungezinkten Würfeln würfeln, und Y den Wert des ersten sowie Z den Wert des zweiten Würfels angibt, dann sind Y und Z stochastisch unabhängig: Der bekannte Wert einer der Variablen hat keinen Einfluss auf den Wert der anderen.

Wir berechnen nun den Wert, den die Zufallsvariable „im Mittel" annimmt. Das ist der **Erwartungswert** $E(X)$ der Zufallsvariable X: Wir summieren über alle Zahlen der Bildmenge $W(X)$ gewichtet mit ihrer Eintrittswahrscheinlichkeit und erhalten

$$E(X) := \sum_{x \in W(X)} x \cdot P(X = x). \tag{3.20}$$

Das entspricht exakt der Formel (3.13) für das arithmetische Mittel, wenn die relativen Häufigkeiten durch Wahrscheinlichkeiten ersetzt werden. Im Beispiel ergibt sich

$$E(X) = 2 \cdot \frac{1}{36} + 3 \cdot \frac{2}{36} + 4 \cdot \frac{3}{36} + 5 \cdot \frac{4}{36} + 6 \cdot \frac{5}{36} + 7 \cdot \frac{6}{36}$$
$$+ 8 \cdot \frac{5}{36} + 9 \cdot \frac{4}{36} + 10 \cdot \frac{3}{36} + 11 \cdot \frac{2}{36} + 12 \cdot \frac{1}{36} = 7.$$

Werden im Gegensatz zu diesem Beispiel alle n Werte der Zufallsvariable mit der gleichen Wahrscheinlichkeit $\frac{1}{n}$ angenommen, dann ist der Erwartungswert das **arithmetische Mittel** der Werte, bei dem alle Werte addiert und dann durch ihre Anzahl geteilt werden:

$$E(X) = \frac{1}{n} \sum_{x \in W(X)} x.$$

Wollen wir die durchschnittliche Laufzeit eines Algorithmus (Average-Case) für eine (endliche) Menge möglicher Eingaben angeben, dann müssen wir die Laufzeiten zu allen Eingaben addieren und durch die Anzahl der Eingaben teilen. Bei gleicher Wahrscheinlichkeit der Eingaben ist dies auch die erwartete Laufzeit. Das arithmetische Mittel der Zahlen 1, 2, 2, 2, 3, 3 und 4 ist

$$\frac{1 + 2 + 2 + 2 + 3 + 3 + 4}{6} = 1 \cdot \frac{1}{6} + 2 \cdot \frac{3}{6} + 3 \cdot \frac{2}{6} + 4 \cdot \frac{1}{6}.$$

Die Zahlen werden also wie in der Definition des Erwartungswerts summiert und mit relativen Häufigkeiten (statt der Wahrscheinlichkeiten) gewichtet. Der Erwartungswert ist die Übertragung des arithmetischen Mittels in die Wahrscheinlichkeitsrechnung. Wir können den Erwartungswert auch als Summe über die Elementarereignisse darstellen, vgl. Beispiel 1.3 in Abschn. 1.3.5.

$$E(X) \overset{(3.20)}{=} \sum_{x \in W(X)} x \cdot P(X = x) \overset{(3.19)}{=} \sum_{x \in W(X)} x \cdot P(\{\omega \in \Omega : X(\omega) = x\})$$

$$\overset{(3.15)}{=} \sum_{x \in W(X)} x \cdot \left[\sum_{\omega \in \Omega : X(\omega) = x} P(\{\omega\}) \right] = \sum_{x \in W(X)} \sum_{\omega \in \Omega : X(\omega) = x} \underbrace{X(\omega)}_{= x} \cdot P(\{\omega\})$$

$$= \sum_{\omega \in \Omega} X(\omega) \cdot P(\{\omega\}), \tag{3.21}$$

da $\Omega = \bigcup_{x \in W(X)} \{\omega \in \Omega : X(\omega) = x\}$. Diese Darstellung hilft uns beim Beweis einer wichtigen Eigenschaft: der Linearität des Erwartungswerts, die wir z. B. für die Analyse des Quicksort in Abschn. 4.6 benötigen. Auf einem Wahrscheinlichkeitsraum können ganz unterschiedliche Zufallsvariablen definiert sein, beispielsweise kann eine Variable das Ergebnis des ersten Wurfs beim zweimaligen Würfeln angeben, eine andere das Ergebnis des zweiten Wurfs und eine dritte wie oben die Augensumme. Sind X und Y Zufallsvariablen auf Ω sowie c und d Zahlen. Dann ist auch $c \cdot X + d \cdot Y$ eine Zufallsvariable, die für $\omega \in \Omega$ den Wert $c \cdot X(\omega) + d \cdot Y(\omega)$ annimmt:

$$\mathrm{E}(c \cdot X + d \cdot Y) \overset{(3.21)}{=} \sum_{\omega \in \Omega} [c \cdot X(\omega) + d \cdot Y(\omega)] \cdot P(\{\omega\})$$

$$= c \cdot \sum_{\omega \in \Omega} X(\omega) \cdot P(\{\omega\}) + d \cdot \sum_{\omega \in \Omega} Y(\omega) \cdot P(\{\omega\}) = c \cdot \mathrm{E}(X) + d \cdot \mathrm{E}(Y).$$

$$(3.22)$$

Lemma 3.4 (Erwartungswert des Produkts von Zufallsvariablen) *Seien X und Y stochastisch unabhängige Zufallsvariablen, dann gilt für die Zufallsvariable $Z := X \cdot Y$, dass $E(Z) = E(X \cdot Y) = E(X) \cdot E(Y)$.*

Das hört sich plausibel an: Die Werte von X streuen um $E(X)$, die von Y um $E(Y)$, also werden die Werte von $X \cdot Y$ um $E(X) \cdot E(Y)$ liegen. So einfach ist es aber nicht. Beachten Sie, dass das Lemma nur unter der Voraussetzung der stochastischen Unabhängigkeit gilt. Hat beispielsweise $X = Y$ die Werte 0 und 1 (so dass $X = Y = X \cdot Y$ ist) mit $P(X = Y = 0) = P(X = Y = 1) = \frac{1}{2}$, dann ist $E(X) = E(Y) = E(X \cdot Y) = \frac{1}{2}$, aber $\frac{1}{2} \cdot \frac{1}{2} \neq \frac{1}{2}$.

Beweis Für $(x_1, y_1) \neq (x_2, y_2)$ sind die Ereignisse $(X = x_1) \cap (Y = y_1)$ und $(X = x_2) \cap (Y = y_2)$ disjunkt. Damit können wir die Additivität des Wahrscheinlichkeitsmaßes nutzen (siehe Beispiel 1.3 zum Rechnen mit Summen). Außerdem erhalten wir alle Paare $(x, y) \in W(X) \times W(Y)$, wenn wir alle disjunkten Mengen $\{(x, y) \in W(X) \times W(Y) : x \cdot y = z\}$, die von z abhängen, vereinigen. Mit der Definition (3.20) erhalten wir

$$E(X \cdot Y) = E(Z) = \sum_{z \in W(Z)} z \cdot P(Z = z)$$

$$= \sum_{z \in W(Z)} z \cdot P \left(\bigcup_{(x,y) \in W(X) \times W(Y) \text{ mit } x \cdot y = z} (X = x) \cap (Y = y) \right)$$

$$= \sum_{z \in W(Z)} \sum_{(x,y) \in W(X) \times W(Y) \text{ mit } x \cdot y = z} x \cdot y \cdot P((X = x) \cap (Y = y))$$

$$= \sum_{(x,y) \in W(X) \times W(Y)} x \cdot y \cdot P((X = x) \cap (Y = y))$$

$$\overset{\text{Unabhängigkeit}}{=} \sum_{(x,y)\in W(X)\times W(Y)} x \cdot y \cdot P(X = x) \cdot P(Y = y)$$

$$= \sum_{x\in W(X)} \sum_{y\in W(Y)} x \cdot y \cdot P(X = x) \cdot P(Y = y)$$

$$= \sum_{x\in W(X)} \left[x \cdot P(X = x) \cdot \sum_{y\in W(Y)} y \cdot P(Y = y) \right]$$

$$= \left[\sum_{x\in W(X)} x \cdot P(X = x) \right] \cdot \left[\sum_{y\in W(Y)} y \cdot P(Y = y) \right] = E(X) \cdot E(Y),$$

wobei wir in den letzten Schritten jeweils konstante Faktoren aus den Summen gezogen haben. □

Wie weit die Werte um den Erwartungswert streuen, misst man mit der (stochastischen) **Varianz**. Dabei quadrieren wir die Abstände der Werte zum Erwartungswert, gewichten mit den zugehörigen Eintrittswahrscheinlichkeiten und summieren:

$$\mathrm{Var}(X) = \mathrm{E}\left((X - \mathrm{E}(X))^2\right) = \sum_{x\in W(X)} (x - \mathrm{E}(X))^2 \cdot P(X = x). \qquad (3.23)$$

Aus der Zufallsvariable X wird also die neue Zufallsvariable $(X - E(X))^2$ gewonnen, bei der von den Funktionswerten von X die Konstante $E(X)$ subtrahiert und das Ergebnis dann quadriert wird. Durch dieses Quadrieren werden die Abstände vom Erwartungswert nicht-negativ, so dass wir genau wie bei der empirischen Varianz (3.14) beim Summieren keine Auslöschungen durch positive und negative Abstände bekommen. Außerdem werden wieder kleine Abweichungen zwischen -1 und 1 dadurch noch kleiner, aber größere Abweichungen führen zu größeren Zahlen und werden betont. Wenn wir den Erwartungswert als arithmetisches Mittel auffassen, dann wird aus der stochastischen Varianz fast genau die empirische Varianz. Wir müssten dabei lediglich durch n und nicht durch $n - 1$ teilen, siehe die rechte Seite in (3.14). Im Beispiel ergibt sich:

$$\mathrm{Var}(X) = (2 - 7)^2 \frac{1}{36} + (3 - 7)^2 \frac{2}{36} + (4 - 7)^2 \frac{3}{36} + (5 - 7)^2 \frac{4}{36} + (6 - 7)^2 \frac{5}{36}$$

$$+ (7 - 7)^2 \frac{6}{36} + (8 - 7)^2 \frac{5}{36} + (9 - 7)^2 \frac{4}{36} + (10 - 7)^2 \frac{3}{36}$$

$$+ (11 - 7)^2 \frac{2}{36} + (12 - 7)^2 \frac{1}{36} = \frac{35}{6}.$$

Was bedeutet nun diese Zahl? Für die Antwort benötigen wir die Betragsfunktion. Die Betragsstriche um Zahlen drücken die **Betragsfunktion** (oder den **Absolutbetrag**) aus, die so definiert ist:

$$|x| := \begin{cases} x, & \text{falls } x \geq 0, \\ -x, & \text{falls } x < 0. \end{cases}$$

Mit Betragsstrichen eliminieren wir also eventuell auftretende negative Vorzeichen, beispielsweise ist $|5 - 3| = |2| = |3 - 5| = |-2|$, $|a - b| = |-(b - a)| = |b - a|$.

Satz 3.10 (Ungleichung von Tschebycheff) Die Wahrscheinlichkeit, dass X einen Wert annimmt, der mehr als ein beliebiges, fest gewähltes $\varepsilon > 0$ vom Erwartungswert abweicht, ist höchstens $\frac{\text{Var}(X)}{\varepsilon^2}$:

$$P(|X - E(X)| > \varepsilon) = P(\{\omega \in \Omega : |X(\omega) - E(X)| > \varepsilon\}) \leq \frac{\text{Var}(X)}{\varepsilon^2}.$$

Je kleiner die Varianz ist, desto unwahrscheinlicher ist die Beobachtung einer großen Abweichung – und die Wahrscheinlichkeit für eine solche Beobachtung lässt sich mit der Varianz ganz grob abschätzen. Der Beweis der Tschebycheff-Ungleichung ist erstaunlich einfach, wenn wir die Darstellung (3.21) des Erwartungswerts verwenden:

Beweis Das Ereignis $P(|X - E(X)| > \varepsilon)$, dass X einen Wert liefert, der weiter als ε vom Erwartungswert entfernt ist, lautet $A_\varepsilon := \{\omega \in \Omega : |X(\omega) - E(X)| > \varepsilon\}$.

$$\text{Var}(X) = E\big((X - E(X))^2\big) \overset{(3.21)}{=} \sum_{\omega \in \Omega} (X(\omega) - E(X))^2 P(\{\omega\})$$

$$\overset{\text{weniger Summanden}}{\geq} \sum_{\omega \in A_\varepsilon} (X(\omega) - E(X))^2 P(\{\omega\})$$

$$\overset{\text{Definition } A_\varepsilon}{\geq} \sum_{\omega \in A_\varepsilon} \varepsilon^2 P(\{\omega\}) = \varepsilon^2 P(A_\varepsilon) = \varepsilon^2 P(|X - E(X)| > \varepsilon).$$

$\square$

Wir führen ein Zufallsexperiment n-mal unabhängig voneinander durch und erhalten so n Werte $x_1, \ldots, x_n$ einer Zufallsvariablen X. Mit wachsendem n nähert sich das arithmetische Mittel $\frac{1}{n} \sum_{k=1}^n x_k$ in der Regel immer mehr dem Erwartungswert $E(X)$ an (das ist das **Gesetz der großen Zahlen**). Denn wenn wir auch das arithmetische Mittel als Zufallsvariable auffassen, dann hat sie den gleichen Erwartungswert wie die Zufallsvariable X und ihre Varianz strebt mit wachsendem n gegen null (wobei wir das hier nicht zeigen, der Beweis ist aber nicht schwierig). Im Sinne der Tschebycheff-Ungleichung werden dann Abweichungen vom Erwartungswert immer unwahrscheinlicher. Daher ist der Erwartungswert tatsächlich der im Mittel zu erwartende Wert der Zufallsvariablen. Wenn wir also sehr oft mit zwei Würfeln eine Augensumme ermitteln und zum arithmetischen Mittel dieser Augensummen übergehen, dann werden wir ungefähr den Wert 7 erhalten.

Aufgabe 3.13 Berechnen Sie Erwartungswert und Varianz für eine Zufallsvariable X mit $P(X = -2) = 0{,}1$, $P(X = -1) = 0{,}2$, $P(X = 0) = 0{,}3$, $P(X = 2) = 0{,}3$ und $P(X = 8) = 0{,}1$. (siehe Lösung A.48)

Tab. 3.6 Definition zweier unkorrelierter aber stochstisch abhängiger Zufallsvariablen

$\omega =$	a	b	c	d	e
$X(\omega) =$	1	-1	0	1	-1
$Y(\omega) =$	1	1	0	-1	-1

Analog zur Varianz ist in Anlehnung an die beschreibende Statistik für zwei Zufallsvariablen X und Y auch die Kovarianz definiert (vgl. Definition 3.13), mit der gewisse Abhängigkeiten zwischen den Variablen gemessen werden können und die viel leichter zu berechnen ist als die stochastische Unabhängigkeit: Die **Kovarianz** von X und Y ist

$$\text{Cov}(X, Y) := \text{E}\left((X - \text{E}(X)) \cdot (Y - \text{E}(Y))\right)$$
$$= \sum_{\omega \in \Omega} (X(\omega) - \text{E}(X))(Y(\omega) - \text{E}(Y)) \cdot P(\{\omega\}).$$

Für $X = Y$ ist die Kovarianz die Varianz. Zwei Zufallsvariablen X und Y heißen **unkorreliert** genau dann, wenn $\text{Cov}(X, Y) = 0$ gilt. Sind zwei Zufallsvariablen X und Y stochastisch unabhängig, dann gilt $E(X \cdot Y) = X(X) \cdot E(Y)$ (Lemma 3.4), so dass

$$\text{Cov}(X, Y) = \text{E}(XY - \text{E}(X)Y - X\,\text{E}(Y) + \text{E}(X)\,\text{E}(Y))$$
$$= \text{E}(XY) - \text{E}(X)\,\text{E}(Y) = 0$$

ist, und die Zufallsvariablen damit auch unkorreliert sind. Die Umkehrung gilt aber nicht, wie das folgende Beispiel zeigt.

Beispiel 3.5 (unkorreliert aber nicht stochastisch unabhängig) Wir betrachten dazu ein Laplace-Experiment auf $\Omega = \{a, b, c, d, e\}$ mit $P(\{\omega\}) = \frac{1}{5}$. Auf Ω seien zwei Zufallsvariablen X und Y definiert über Tab. 3.6. Dann sind $\text{E}(X) = \text{E}(Y) = 0$ und

$$\text{Cov}(X, Y) = \frac{1}{5}\left(1 \cdot 1 + (-1) \cdot 1 + 0 \cdot 0 + 1 \cdot (-1) + (-1) \cdot (-1)\right)$$
$$= \frac{1}{5}(1 - 1 + 0 - 1 + 1) = 0.$$

Aber die Zufallsvariablen sind nicht stochastisch unabhängig:

$$\frac{1}{5} = P(\{c\}) = P((X = 0) \cap (Y = 0))$$
$$\neq P(X = 0) \cdot P(Y = 0) = P(\{c\}) \cdot P(\{c\}) = \frac{1}{5} \cdot \frac{1}{5} = \frac{1}{25}.$$

Damit ist $\text{Cov}(X, Y) = 0$ nur eine notwendige aber keine hinreichende Bedingung für die Unabhängigkeit der Zufallsvariablen X und Y.

Da die Kovarianz ein Zahlenwert ist, lässt sich mit ihr ein Grad der Abhängigkeit von Zufallsvariablen messen. Allerdings hängt die Zahl von der Größe der Varianzen der beiden Zufallsvariablen ab, die nichts mit der Abhängigkeit zu tun haben. Deshalb dividiert man die Kovarianz durch das Produkt der Varianzen, um den Korrelationskoeffizienten zu erhalten. Wir haben aber soeben gesehen, dass dieser nicht alle Formen von Abhängigkeiten erkennen kann, er wird vielmehr nur genutzt, um lineare Abhängigkeiten zwischen X und Y zu messen (vgl. Beispiel 5.4 in Abschn. 5.6).

Zum Abschluss dieses kurzen Exkurses in die Wahrscheinlichkeitsrechnung betrachten wir einen Datenblock mit n Bits. Die Wahrscheinlichkeit, dass ein Bit fehlerhaft ist, sei $0 \leq p \leq 1$. Entsprechend ist es mit Wahrscheinlichkeit $1 - p$ korrekt. Wir gehen davon aus, dass es keine Wechselwirkungen zwischen den Bits gibt. Ein fehlerhaftes Bit möge nicht die Wahrscheinlichkeit beeinflussen, dass irgend ein anderes fehlerhaft ist. Verschiedene Fehlerereignisse sind damit stochastisch unabhängig, die Wahrscheinlichkeit des gemeinsamen Eintretens ist das Produkt der Einzelwahrscheinlichkeiten. Die Zufallsvariable X möge angeben, wie viele Bits fehlerhaft sind. Wir berechnen jetzt $P(X = k)$ für $0 \leq k \leq n$: Es gibt $\binom{n}{k}$ Möglichkeiten, k fehlerhafte Positionen auszuwählen (Kombinationen ohne Wiederholung). Die Wahrscheinlichkeit, dass eine einzelne dieser Kombinationen eintritt, ist $p^k \cdot (1 - p)^{n-k}$. Hier haben wie die Wahrscheinlichkeiten für die k fehlerhaften und $n - k$ fehlerfreien Bits multipliziert. Damit ist

$$P(X = k) = \binom{n}{k} p^k \cdot (1 - p)^{n-k}, \qquad (3.24)$$

und man spricht von einer **Binomialverteilung.** Es muss $1 = P(\Omega) = \sum_{k=0}^{n} P(X = k)$ gelten. Dass das tatsächlich so ist, folgt mit dem binomischen Satz (3.12):

$$\sum_{k=0}^{n} P(X = k) = \sum_{k=0}^{n} \binom{n}{k} p^k \cdot (1 - p)^{n-k} = (p + 1 - p)^n = 1^n = 1.$$

Mit der binomischen Formel erhalten wir auch den Erwartungswert von X:

$$E(X) \overset{(3.20)}{=} \sum_{k=0}^{n} k \cdot P(X = k) \overset{(3.24)}{=} \sum_{k=0}^{n} k \binom{n}{k} p^k (1 - p)^{n-k}$$

$$\overset{(3.10)}{=} \sum_{k=0}^{n} k \frac{n!}{k!(n - k)!} p^k (1 - p)^{n-k}$$

$$= \sum_{k=0}^{n} k \frac{n(n - 1)!}{k(k - 1)![n - 1 - (k - 1)]!} p^k (1 - p)^{n-k}$$

$$\overset{(3.10)}{=} \sum_{k=1}^{n} k \frac{n}{k} \binom{n - 1}{k - 1} p^k (1 - p)^{n-1-(k-1)}$$

$$= n \sum_{k=0}^{n-1} \binom{n-1}{k} p^{k+1} (1-p)^{n-1-k} \text{ (Indextransformation)}$$

$$= np \sum_{k=0}^{n-1} \binom{n-1}{k} p^k (1-p)^{n-1-k} \stackrel{(3.12)}{=} np(p+1-p)^{n-1} = np.$$

Im Mittel sind also $n \cdot p$ Bits fehlerhaft. Damit werden wir uns noch intensiver in Abschn. 5.2 beschäftigen.

Aufgabe 3.14 Der Erwartungswert einer binomialverteilten Zufallsvariable X lässt sich unmittelbar mit der Linearität des Erwartungswerts berechnen, wenn wir für jedes Bit eine Zufallsvariable X_i einführen, die eins ist, wenn das Bit fehlerhaft ist, und sonst den Wert null hat. Schreiben Sie X über diese Zufallsvariablen, und berechnen Sie damit $E(X)$. (siehe Lösung A.49)

Aufgabe 3.15 Bei einem Multiple-Choice-Test mit m Aufgaben werden zu jeder Aufgabe n Antworten angeboten. Dabei sei $n \geq 3$ ungerade. Richtig können 1 bis $\frac{n-1}{2}$ Antworten sein, wobei eine Aufgabe nur dann als korrekt anerkannt wird, wenn genau alle richtigen Antworten angekreuzt werden. Jede mögliche Variante sei dabei gleich wahrscheinlich.

a) Wie wahrscheinlich ist es, eine Aufgabe durch Raten richtig zu beantworten, wenn wir wissen, dass k Antworten richtig sind?
b) Wie wahrscheinlich ist es, ohne zusätzliches Wissen eine Aufgabe durch Raten richtig zu beantworten?
c) Der Test ist genau dann bestanden, wenn höchstens eine Aufgabe falsch beantwortet ist. Wie wahrscheinlich ist das Bestehen, wenn die Aufgaben stochastisch unabhängig voneinander geraten werden? Geben Sie eine Formel mit den Variablen n und m an. (siehe Lösung A.50)

3.3.3 Primzahltests

Egal, ob sich der Web-Server beim Web-Browser authentifizieren muss, damit wir sicher sein können, dass wir tatsächlich mit dem richtigen Server verbunden sind und nicht mit einem Betrüger, oder ob wir die WLAN-Verbindung gegen unerlaubten Zugriff absichern wollen, oder unsere E-Mails gegen das Mitlesen fremder Geheimdienste schützen wollen, immer sind Verschlüsselungsverfahren am Werk. Und viele Verschlüsselungsalgorithmen wie das RSA-Verfahren (siehe Abschn. 3.5) arbeiten mit großen, wirklich großen Primzahlen. Und diese großen Primzahlen werden auch noch miteinander multipliziert, wodurch eine schrecklich große Zahl entsteht. Daher beschäftigen wir uns hier mit dem Erkennen von Primzahlen. Wenn Sie das zu theoretisch finden, aber dennoch das Prinzip des RSA-Verfahrens verstehen wollen, dann sehen Sie sich zumindest den wirklich grundlegenden kleinen Satz von Fermat an.

Der einfachste Primzahltest für eine Zahl p besteht darin, durch alle kleineren natürlichen Zahlen ab 2 zu dividieren. Wird so kein Teiler gefunden, dann handelt es sich um eine Primzahl. Eine kleine Optimierung besteht dann darin, Zahlen i mit $i^2 > p$ nicht mehr zu berücksichtigen. Denn wenn sie ein Teiler sind, dann muss $i \cdot k = p$ für eine Zahl $k < i$ sein, die bereits überprüft wurde. Für sehr große Zahlen p ist der Aufwand bei diesem Vorgehen aber zu groß.

Algorithmus 3.4 Sieb des Eratosthenes

for $i := 2$ bis p **do** prim$[i]$:=wahr
for $i := 2$ bis p **do**
   if prim$[i]$ =wahr **then**
      Ausgabe der Primzahl i
      $k := i^2$
      while $k \leq p$ **do**
         prim$[k]$:=falsch
         k:=k+i

Möchten wir mehr als eine Primzahl finden, dann vervielfacht sich der Aufwand auch noch entsprechend. Hier ist es besser, wenn wir uns die Zahlen merken, von denen wir bereits wissen, dass sie keine Primzahlen sind. Algorithmus 3.4 beschreibt das **Sieb des Eratosthenes,** bei dem Vielfache von Primzahlen als nicht-prim markiert werden. Dies geschieht in der inneren Schleife, die erst bei i^2 beginnt, da alle Vielfachen $m \cdot i$ von i für $m < i$ bereits durch vorangehende Schleifendurchläufe markiert wurden. In dieser Schleife wird k nicht nach jedem Durchlauf um 1 erhöht, sondern es wird $k := k + i$ gerechnet, d. h., die Schleife wird mit der Schrittweite i durchlaufen. Nachteil dieses Algorithmus ist, dass man für Zahlen bis p ein entsprechend großes Array benötigt. Eine kleine Optimierung wäre das Weglassen der geraden Zahlen. Da es aber in der Praxis um sehr große Primzahlen geht, scheidet auch diese Speichervariante aus. Eine besser geeignete Lösung für das Erkennen sehr großer Primzahlen erhalten wir, wenn wir dem Zufall eine Chance geben. Ein **randomisierter Algorithmus** trifft während seiner Ausführung gewisse Entscheidungen zufällig. Es gibt zwei prinzipiell unterschiedliche Typen:

- **Las-Vegas-Algorithmen** liefern immer korrekte Ergebnisse, die Berechnung erfolgt mit hoher Wahrscheinlichkeit effizient. Solche Algorithmen werden eingesetzt, wenn der deterministische Algorithmus eine schlechte Laufzeit im ungünstigsten Fall hat, der ungünstige Fall aber nur selten auftritt und durch die Randomisierung sehr unwahrscheinlich gemacht werden kann. Als Beispiel sei hier der **randomisierte Quicksort** genannt. Den klassischen Quicksort behandeln wir in Abschn. 4.4. Der randomisierte Algorithmus unterscheidet sich nur dadurch, dass das Pivot-Element zufällig ausgewählt wird. Ihn analysieren wir in Abschn. 4.6.
- **Monte-Carlo-Algorithmen** sind sehr effizient, aber das Ergebnis ist nur mit einer gewissen Wahrscheinlichkeit korrekt. Um die Begriffe Las-Vegas- und Monte-Carlo-Algorithmus zu unterscheiden, hilft eine Eselsbrücke: „MC" steht für „Mostly Correct". Monte-Carlo-Algorithmen finden Verwendung, wenn kein effizienter deterministischer Algorithmus für das Problem bekannt ist. Falls Sie bereits von den NP-vollständigen Problemen gehört haben, müssen wir Sie an dieser Stelle leider enttäuschen: Für solch schwere Probleme sind auch keine effizienten randomisierten Algorithmen bekannt.

Algorithmus 3.5 Einfacher Monte-Carlo-Test, ob n eine Primzahl ist

---
procedure PRIM(n)

    Wähle $a \in \{2, 3, \ldots, n-1\}$ zufällig mit gleicher Wahrscheinlichkeit für

        jeden Wert   ▷ Laplace-Experiment

    if ggT(a, n) $\neq 1$ **then return** falsch   ▷ n ist keine Primzahl

    return wahr   ▷ n ist vielleicht Primzahl

Wir beginnen mit einem ersten Versuch für einen randomisierten Primzahltest, siehe Algorithmus 3.5. Wenn a und n einen gemeinsamen Teiler ungleich 1 haben, dann hat n insbesondere einen von 1 verschiedenen Teiler und kann daher keine Primzahl sein. Dies ist ein schlechter Test: Sei $n = p \cdot q \geq 6$ das Produkt zweier verschiedener Primzahlen p, q. Dann tritt das Ereignis $\{p, q\}$, dass $a = p$ oder $a = q$ gewählt wird, nur mit der Laplace-Wahrscheinlichkeit $P(\{p, q\}) = \frac{2}{n-2}$ ein. Mit Wahrscheinlichkeit $1 - \frac{2}{n-2} = \frac{n-4}{n-2}$ wird n fälschlich als Primzahl eingeschätzt. Für große Werte von n ist die Wahrscheinlichkeit nahe bei 1 (vgl. mit Grenzwertbetrachtungen in Abschn. 4.5).

Ein einzelner Test mittels ggT ist also unbrauchbar. Wenn wir ihn aber m-mal wie in Algorithmus 3.6 wiederholen, wird die Fehlerwahrscheinlichkeit mit m potenziert und dadurch wesentlich kleiner (denn wir dürfen die Einzelwahrscheinlichkeiten wegen (3.17) multiplizieren, siehe Tab. 3.7). So werden wir die Trefferrate auch bei den im Folgenden beschriebenen Tests verbessern.

Den ersten besseren Primzahltest erhalten wir mit dem kleinen Satz von Fermat, der zudem die Grundlage für die RSA-Verschlüsselung ist:

Algorithmus 3.6 Wiederholte Ausführung eines Primzahltests für n

---
$k := 0$

repeat

    $k := k + 1$, erg := PRIM(n)

until (erg = falsch) $\vee$ ($k \geq m$)

return erg

Tab. 3.7 Fehlerwahrscheinlichkeiten p^m bei m-maliger unabhängiger Wiederholung eines Tests mit Fehlerwahrscheinlichkeit p

p	p^{10}	p^{20}	p^{30}
0,2	0,0000001024	≈ 0	≈ 0
0,5	0,0009765625	0,0000009537	0,0000000009
0,8	0,1073741824	0,0115292150	0,0012379400
0,9	0,3486784401	0,1215766546	0,0423911583
0,99	0,9043820750	0,8179069376	0,7397003734

Satz 3.11 (kleiner Satz von Fermat) Sei p eine Primzahl, und sei $a \in \mathbb{N}$, so dass a kein Vielfaches von p ist. Dann gilt:

$$a^{p-1} \equiv 1 \bmod p.$$

Auf diesem Satz basiert der Fermat'sche Primzahltest in Algorithmus 3.7. Bevor wir den Satz beweisen, benötigen wir eine Hilfsaussage:

Lemma 3.5 (Teilbarkeit der Binomialkoeffizienten) *Sei n eine Primzahl. Dann gilt: n teilt $\binom{n}{k}$ für $k = 1, \ldots, n-1$.*

Am Pascal'schen Dreieck (siehe Abb. 3.1 in Abschn. 3.2.4) sehen Sie, dass die Aussage zumindest für $n = 2$ und $n = 3$ richtig ist.

Beweis Nach Definition der Binomialkoeffizienten ist

$$\binom{n}{k} = \frac{n \cdot (n-1) \cdot \ldots \cdot (n-k+1)}{k \cdot (k-1) \cdot \ldots \cdot 1}.$$

Alle Faktoren des Nenners sind kleiner als die Primzahl n im Zähler. Damit hat der Nenner eine Primfaktorzerlegung aus Primzahlen, die alle kleiner als n sind. Da n eine Primzahl ist, teilen diese n nicht. Die Binomialkoeffizienten sind wegen (3.11) natürliche Zahlen (vgl. Pascal'sches Dreieck). Daher teilen die Primfaktoren des Nenners den Zähler $n \cdot [(n-1) \cdot \ldots \cdot (n-k+1)]$. Nach Satz 3.3 ist $(n-1) \cdot \ldots \cdot (n-k+1)$ sukzessive durch alle Primfaktoren des Nenners teilbar, da dafür der Faktor n nicht in Frage kommt. Es gibt also ein $a \in \mathbb{N}$ mit $\binom{n}{k} = n \cdot a$, d. h. der Binomialkoeffizient ist durch n teilbar. □

Jetzt können wir den kleinen Satz von Fermat beweisen:

Beweis Zunächst multiplizieren wir die Potenz $(a+1)^p$ aus. Jetzt erweist es sich als günstig, dass wir den allgemeinen binomischen Satz (3.12) kennen:

$$(a+1)^p = a^p + \binom{p}{p-1}a^{p-1} + \binom{p}{p-2}a^{p-2} + \ldots + \binom{p}{1}a + 1.$$

Algorithmus 3.7 Fermat'scher Primzahltest für n

---
procedure PRIM(n)
    Wähle $a \in \{2, 3, \ldots, n-1\}$ zufällig mit gleicher Wahrscheinlichkeit für
        jeden Wert   ▷ Laplace-Experiment
    if (ggT$(a, n) \neq 1$) oder ($a^{n-1} \bmod n \neq 1$) **then**
        return falsch   ▷ n ist keine Primzahl
    return wahr   ▷ n ist wahrscheinlich Primzahl

Nach Lemma 3.5 sind die Binomialkoeffizienten $\binom{p}{k}$ für $k = 1, \ldots, p-1$ durch p teilbar, also gilt

$$(a+1)^p \equiv a^p + 1 \bmod p. \tag{3.25}$$

Das folgt auch mit $b = 1$ aus Aufgabe 3.16 unten.

Wir zeigen am Ende des Beweises, dass aus (3.25) folgt:

$$(a+1)^p \equiv a + 1 \bmod p. \tag{3.26}$$

Ersetzen wir in (3.26) $a + 1$ durch $a \geq 2$, so haben wir

$$a^p \equiv a \bmod p, \text{ also } a^p = a + k \cdot p \text{ bzw. } a^{p-1} = 1 + \frac{k}{a}p$$

für ein $k \in \mathbb{Z}$ bewiesen. Ist $a = 1$, so gilt diese Beziehung auch mit $k = 0$. Die linke Seite ist eine natürliche Zahl, also ist $k \cdot p$ durch a teilbar. Da a nach Voraussetzung kein Vielfaches von p ist, ist die Primzahl p durch keinen Primfaktor von a teilbar (der ja nur p sein könnte), so dass nach dem Lemma von Euklid (Satz 3.3) k durch jeden Primfaktor von a, d. h. durch a, teilbar ist, also $\frac{k}{a} \in \mathbb{Z}$. Damit haben wir $a^{p-1} \equiv 1 \bmod p$ bewiesen.

Wir müssen zum Abschluss des Beweises noch die Formel (3.26) mittels Induktion nach $a \geq 1$ aus (3.25) herleiten:

- **Induktionsanfang** für $a = 1$: (3.25) besagt: $2^p \equiv \overbrace{1^p}^{=1} + 1 \bmod p$.
- **Induktionsannahme:** Für ein beliebiges, festes $a \in \mathbb{N}$ gelte $(a+1)^p \equiv a + 1 \bmod p$, also $(a+1)^p = a + 1 + lp$ für ein $l \in \mathbb{Z}$.
- **Induktionsschluss:** Nach der Vorüberlegung (3.25), in der wir a durch $a + 1$ ersetzen, gilt für ein $k \in \mathbb{Z}$

$$(a+2)^p \equiv (a+1)^p + 1 \bmod p, \text{ also } (a+2)^p = (a+1)^p + 1 + kp.$$

Mit der Induktionsannahme wird daraus für ein $l \in \mathbb{Z}$

$$(a+2)^p = a + 1 + lp + 1 + kp = a + 2 + (l+k)p \equiv (a+2) \bmod p.$$

Damit haben wir über die Induktion die Formel (3.26) bewiesen, und der Beweis ist vollständig. □

Aufgabe 3.16 Zeigen Sie, dass für alle natürlichen Zahlen a, b und alle Primzahlen n gilt:

$$(a+b)^n \equiv a^n + b^n \bmod n.$$

Das ist kein Widerspruch zum binomischen Satz, da wir hier modulo n rechnen. Ohne die Modulo-Rechnung ist die Formel falsch! (siehe Lösung A.51)

Jetzt haben wir verstanden, warum der Algorithmus 3.7 funktioniert. Leider gibt es ein Problem: Es gibt Zahlen $n \in \mathbb{N}$, so dass $a^{n-1} \equiv 1 \bmod n$ für ein $a \in \{2, 3, \ldots, n-1\}$ gilt, obwohl n keine Primzahl ist. Solche Zahlen nennt man **Fermat'sche Pseudo-Primzahlen**. Für $n = 341$ gilt $2^{340} \equiv 1 \bmod 341$, aber $341 = 11 \cdot 31$ ist keine Primzahl.

Fermat'sche Pseudo-Primzahlen n, bei denen sogar $a^{n-1} \equiv 1 \bmod n$ für alle Zahlen a aus $\{2, 3, \ldots, n-1\}$ gilt, die teilerfremd zu n sind, nennt man **Carmichael-Zahlen**. Es gibt unendlich viele Carmichael-Zahlen, die kleinsten sind:

$$3 \cdot 11 \cdot 17 = 561 \qquad 5 \cdot 17 \cdot 29 = 2465 \qquad 5 \cdot 13 \cdot 17 = 1105$$
$$7 \cdot 13 \cdot 31 = 2821 \qquad 7 \cdot 13 \cdot 19 = 1729 \qquad 7 \cdot 23 \cdot 41 = 6601.$$

Wir diskutieren jetzt bedingte Fehlerwahrscheinlichkeiten für das Ereignis F, dass der Fermat'sche Primzahltest für eine zufällig ausgewählte Zahl n einen Fehler macht:

- Ist die zu testende Zahl n eine Primzahl (dieses Ereignis bezeichnen wir mit A), so ist die Ausgabe immer korrekt.
- Ist n keine Primzahl aber auch keine Carmichael-Zahl (Ereignis B), so ist die Fehlerwahrscheinlichkeit bei einem Experiment kleiner oder gleich $\frac{1}{2}$. Um das zu beweisen, muss man die Anzahl der Zahlen a zählen, die zu einer Fehlbe-wertung führen. Das gelingt mittels Gruppentheorie, da diese Zahlen in einer Gruppe liegen, die echt in $\mathbb{Z}_n$ enthalten ist. Ein Satz der Gruppentheorie besagt, dass die Anzahl der Elemente der enthaltenen Gruppe die Anzahl der Elemente der Obergruppe teilt, also hier höchstens $n/2$ ist. Damit ist die Fehlerwahrschein-lichkeit kleiner oder gleich $\frac{n/2}{n} = 1/2$. Wiederholen wir mit Algorithmus 3.6 des Test m-mal, so entsteht nur dann ein Fehler, wenn bei allen Experimenten ein Fehler gemacht wird. Da diese unabhängig voneinander sind, darf man die Fehlerwahrscheinlichkeiten multiplizieren und erhält insgesamt eine Wahrschein-lichkeit kleiner oder gleich $\frac{1}{2^m}$. Wir haben bereits mehrfach gesehen, wie groß Zweierpotenzen werden – durch Übergang zum Kehrwert wird die Wahrschein-lichkeit also sehr schnell sehr klein.
- Ist n eine Carmichael-Zahl (Ereignis C), so liefert der Primzahltest nur dann ein korrektes Ergebnis, wenn zufällig ein Teiler von n gefunden wird.

Um jetzt aus diesen bedingten Wahrscheinlichkeiten die Wahrscheinlichkeit für F zu berechnen, benötigen wir die Formel für die **totale Wahrscheinlichkeit**. Voraus-setzung ist, dass die Nebenbedingungen A, B und C paarweise elementfremd sind und ihre Vereinigung die Grundgesamtheit bildet. Diese Voraussetzung ist bei uns erfüllt, es liegt also eine disjunkte Zerlegung von Ω vor. Damit gilt:

$$P(F) = P(F|A) \cdot P(A) + P(F|B) \cdot P(B) + P(F|C) \cdot P(C).$$

Bevor wir die Formel anwenden, beweisen wir sie kurz:

$$P(F|A) \cdot P(A) + P(F|B) \cdot P(B) + P(F|C) \cdot P(C)$$

$$\overset{(3.16)}{=} \frac{P(F \cap A)}{P(A)} \cdot P(A) + \frac{P(F \cap B)}{P(B)} \cdot P(B) + \frac{P(F \cap C)}{P(C)} \cdot P(C)$$

$$= P(F \cap A) + P(F \cap B) + P(F \cap C).$$

Die disjunkten Mengen $F \cap A$, $F \cap B$ und $F \cap C$ ergeben vereinigt F. Die Additivität des Wahrscheinlichkeitsmaßes führt daher zu

$$P(F \cap A) + P(F \cap B) + P(F \cap C) = P(F),$$

womit die Formel über die totale Wahrscheinlichkeit bewiesen ist. Für den Fermat'schen Primzahltest erhalten wir damit:

$$P(F) = \underbrace{P(F|A)}_{=0} \cdot P(A) + \underbrace{P(F|B)}_{\leq \frac{1}{2^m}} \cdot \underbrace{P(B)}_{\leq 1} + \underbrace{P(F|C)}_{\leq 1} \cdot P(C) \leq \frac{1}{2^m} + P(C).$$

Wir wollen uns hier nicht mit der Auftrittswahrscheinlichkeit von Carmichael-Zahlen beschäftigen, sondern statt dessen direkt einen Algorithmus betrachten, der auch für Carmichael-Zahlen gute Ergebnisse liefert. Das führt uns zum **Miller-Rabin-Test.** Um diesen Test zu verstehen, müssen wir mit dem Rest der Ganzzahldivision arbeiten.

Lemma 3.6 (Rechenregeln für den Rest der Ganzzahldivision) *Für natürliche Zahlen a, b, m und n gilt:*

$$(a \cdot b) \bmod n = ((a \bmod n) \cdot (b \bmod n)) \bmod n, \qquad (3.27)$$

$$a^m \bmod n = (a \bmod n)^m \bmod n, \qquad (3.28)$$

$$(a \bmod m \cdot n) \bmod n = a \bmod n. \qquad (3.29)$$

Beachten Sie, dass im Allgemeinen statt (3.29) **nicht** $(a \bmod m) \bmod n = a \bmod n$ gilt, z. B. ist $(5 \bmod 4) \bmod 3 = 1 \bmod 3 = 1$, aber $5 \bmod 3 = 2$.

Beweis

- Zunächst haben a und b Darstellungen $a = k_1 \cdot n + (a \bmod n)$ und $b = k_2 \cdot n + (b \bmod n)$, die sich aus den Ergebnissen k_1 und k_2 der Ganzzahldivision durch n sowie dem Rest dieser Division ergeben:

$$(a \cdot b) \bmod n = \big([k_1 \cdot n + (a \bmod n)] \cdot [k_2 \cdot n + (b \bmod n)]\big) \bmod n$$

$$= \big((a \bmod n) \cdot (b \bmod n) + [k_1 k_2 n + k_1(b \bmod n) + (a \bmod n)k_2] \cdot n\big)$$
$$\bmod n$$

$$= \big((a \bmod n) \cdot (b \bmod n)\big) \bmod n.$$

- Die Aussage (3.28) folgt direkt, indem wir 3.27 iterativ für die $m - 1$ Produkte anwenden.
- Zum Beweis von (3.29) sei k_1 das Ergebnis der Ganzzahldivision von a durch $m \cdot n$, also $a = k_1 \cdot m \cdot n + (a \bmod m \cdot n)$. Außerdem sei k_2 das Ergebnis der Ganzzahldivision von $a \bmod m \cdot n = a - k_1 \cdot m \cdot n$ durch n, d.h.

$$a \bmod m \cdot n = k_2 n + (a - (k_1 \cdot m) \cdot n) \bmod n = k_2 n + (a \bmod n).$$

Wenden wir darauf „mod n" an, erhalten wir

$$(a \bmod m \cdot n) \bmod n = [k_2 n + (a \bmod n)] \bmod n = a \bmod n.$$

Denn die Division von $k_2 n$ durch n ergibt keinen Rest, und $a \bmod n$ ist bereits kleiner als n.   □

Ausgangspunkt für den Miller-Rabin-Test ist eine Umformulierung des kleinen Satzes von Fermat: Für eine Primzahl n gilt für $2 \le a < n$ (so dass a kein Vielfaches von n ist):

$$a^{n-1} \equiv 1 \bmod n \iff a^{n-1} - 1 \equiv 0 \bmod n, \text{d.h.} n \mid (a^{n-1} - 1). \tag{3.30}$$

Wir schreiben nun $n - 1$ als $2^k \cdot m$, wobei m eine ungerade Zahl sei. In der Primfaktorzerlegung von $n - 1$ kommt die Zwei also k-mal vor. Damit ist $a^{n-1} = a^{m \cdot 2^k} = (a^m)^{(2^k)}$. Die Zahl a^{n-1} entsteht, indem wir a^m k-mal quadrieren.

Wir wenden nun k-mal die Umformung $x^2 - y^2 = (x + y) \cdot (x - y)$ an, die Sie vielleicht unter dem Namen **dritte binomische Formel** kennen. Im ersten Schritt setzen wir dabei $x^2 = a^{n-1}$ und $y^2 = 1$.

$$a^{n-1} - 1 = \left(a^{\frac{n-1}{2}} + 1\right) \cdot \left(a^{\frac{n-1}{2}} - 1\right)$$

$$= \left(a^{\frac{n-1}{2}} + 1\right) \cdot \left(a^{\frac{n-1}{4}} + 1\right) \cdot \left(a^{\frac{n-1}{4}} - 1\right)$$

$$= \left(a^{\frac{n-1}{2}} + 1\right) \cdot \left(a^{\frac{n-1}{4}} + 1\right) \cdot \left(a^{\frac{n-1}{8}} + 1\right) \cdot \left(a^{\frac{n-1}{8}} - 1\right)$$

$$= \cdots = \left[\prod_{i=1}^{k} \left(a^{\frac{n-1}{2^i}} + 1\right)\right] \left(\underbrace{a^{\frac{n-1}{2^k}}}_{a^m} - 1\right). \tag{3.31}$$

Für eine Primzahl n erhalten wir jetzt in Abhängigkeit von k:

- Ist $k = 0$, dann gilt $a^{2^k m} = a^m = a^{n-1} \equiv 1 \bmod n$.
- Ist $k > 0$, so teilt n nach (3.30) die linke Seite von (3.31). Aufgrund des Lemmas von Euklid (Satz 3.3) muss sie dann auch einen der Faktoren auf der rechten Seite teilen, also

$$n \mid \left(a^{\frac{n-1}{2^i}} + 1\right) \text{ für ein } 1 \le i \le k \quad \text{oder} \quad n \mid (a^m - 1).$$

Das ist äquivalent zu

$$a^{\frac{n-1}{2^i}} \equiv -1 \bmod n \text{ für ein } 1 \le i \le k \quad \text{oder} \quad a^m \equiv 1 \bmod n.$$

Der Miller-Rabin-Test berechnet modulo n die zuvor auftretenden Potenzen von a^m:

$$\left(a^m, (a^m)^2, (a^m)^4, \dots, (a^m)^{2^{k-1}}, (a^m)^{2^k}\right) = \left(a^{\frac{n-1}{2^k}}, a^{\frac{n-1}{2^{k-1}}}, \dots, a^{\frac{n-1}{2}}, a^{n-1}\right).$$

Wir wissen jetzt, dass für eine Primzahl n der erste Eintrag a^m dieses Tupels aus der Restklasse $[1]$ bezüglich $\mathbb{Z}_n$ ist, oder (bei $k > 0$) ein Eintrag $(a^m)^{2^i}$, $0 \le i \le k-1$ einen Wert aus der Restklasse $[-1] = [n-1]$ haben muss. Genau das prüft der Algorithmus 3.8. Das berechnete Tupel hat eine der zwei folgenden Formen:

$$(?, ?, \dots, ?, n-1, 1, 1, \dots, 1) \quad \text{oder} \quad (1, 1, \dots, 1).$$

Beachten Sie, dass wegen der fortlaufenden Quadrierung nach einer Zahl aus $[1]$ oder $[-1] = [n-1]$ immer nur Einsen folgen können.

Wenn Sie in den Algorithmus schauen, dann sehen Sie, dass b zunächst den Wert a^m hat und dann sukzessive quadriert wird. Nach jedem Quadrieren wird der Rest der Ganzzahldivision durch n berechnet. Das geschieht durch die Anweisung $b := b^2 \bmod n$. Ebenso wie die Initialisierung $b := a^m \bmod n$ ist die Modulo-Rechnung wegen (3.28) gestattet. Da die berechneten Zahlen nicht-negativ sind, wird nicht auf -1 geprüft, sondern auf den positiven Vertreter $n-1$ der Restklasse $[-1]$. Durch die mod n-Rechnung ist das auch der einzige Vertreter aus $[-1]$, der vorliegen kann.

Algorithmus 3.8 Miller-Rabin-Primzahltest für n

procedure PRIM(n)
berechne k und m mittels Teilen durch 2 so, dass $n - 1 \doteq 2^k \cdot m$ und m ungerade ist
wähle $a \in \{2, 3, \dots, n-1\}$ zufällig
$b := a^m \bmod n$
if $(b = 1) \lor [(b = n-1) \land (k > 0)]$ **then**
return wahr   ▷ n ist wahrscheinlich Primzahl
else
for $i := 1$ bis $k-1$ **do**
$b := b^2 \bmod n$
if $b = n-1$ **then**   ▷ d. h. $b \equiv -1 \bmod n$
return wahr   ▷ n ist wahrscheinlich Primzahl
return falsch   ▷ n ist keine Primzahl

Leider haben die Tupel nicht ausschließlich für Primzahlen die abgeprüfte Form. Es gibt sogenannte **starke Pseudo-Primzahlen,** die so fälschlich als Primzahlen erkannt werden. Als Beispiel betrachten wir die Fermat'sche Pseudo-Primzahl $n = 11 \cdot 31 = 341$, also $n - 1 = 340 = 2^2 \cdot 85 = 2^k m$ mit $k = 2$ und $m = 85$. Wegen

$$29^{85} \equiv -1 \bmod n \quad 30^{85} \equiv -1 \bmod n \quad 46^{85} \equiv -1 \bmod n$$
$$54^{85} \equiv -1 \bmod n \quad 61^{85} \equiv -1 \bmod n \quad 85^{85} \equiv -1 \bmod n$$

und

$$4^{85} \equiv 1 \bmod n \quad 16^{85} \equiv 1 \bmod n \quad 47^{85} \equiv 1 \bmod n$$
$$64^{85} \equiv 1 \bmod n \quad 70^{85} \equiv 1 \bmod n \quad 78^{85} \equiv 1 \bmod n$$

wird n für $a \in \{29, 30, 46, 54, 61, 85, 4, 16, 47, 64, 70, 78\}$ fälschlich als Primzahl erkannt. Wenn Sie ohne Langzahlen-Arithmetik nachrechnen möchten, dass die Potenzen tatsächlich in den angegebenen Restklassen liegen, können Sie (3.28) anwenden, z. B. ist

$$29^{85} \bmod 341 = (29^5 \bmod 341)^{17} \bmod 341 = 340^{17} \bmod 341.$$

Da aber $[340] = [n - 1] = [-1]$ ist, liegt das Ergebnis in der Restklasse $[(-1)^{17}] = [-1]$.

Die Fehlerwahrscheinlichkeit kann wieder mittels Aussagen über Gruppen abgeschätzt werden, auf die wir hier aber nicht eingehen:

- Eine Primzahl wird exakt als solche erkannt.
- Ist n keine Carmichael-Zahl und keine Primzahl, so ist die Fehlerwahrscheinlichkeit weiterhin maximal $1/2$. Wiederholen wir den Test mit Algorithmus 3.6 bis zu m-mal (wobei jeweils stochastisch unabhängig eine Testzahl a gewählt wird), so wird die Fehlerwahrscheinlichkeit für das gegebene n wie zuvor kleiner oder gleich $1/2^m$.
- Ist n eine Carmichael-Zahl, so ist jetzt die Fehlerwahrscheinlichkeit ebenfalls kleiner oder gleich $1/2$. Auch für ein solches n wird die Wahrscheinlichkeit maximal $1/2^m$.

Da in jedem Fall die Fehlerwahrscheinlichkeit bei m-facher Wiederholung höchstens $1/2^m$ ist, wird jede beliebig fest vorgegebene Zahl n höchstens mit dieser Wahrscheinlichkeit falsch als Primzahl eingestuft.

3.4   Rationale Zahlen und Körper

Wir verlassen die ganzen Zahlen, wenn wir dividieren: $\frac{5}{3} \notin \mathbb{Z}$. Daher erweitern wir $\mathbb{Z}$ zu

$$\mathbb{Q} := \left\{ \frac{p}{q} : p \in \mathbb{Z}, q \in \mathbb{Z} \setminus \{0\} \right\},$$

die Menge der **rationalen Zahlen.** Eine rationale Zahl ist ein **Bruch,** bei dem Zähler und Nenner eine ganze Zahl sind. Mit Brüchen haben wir bereits gerechnet, und Sie kennen sie natürlich aus der Schule.

Wir möchten nicht, dass die Brüche $\frac{2}{3}$ und $\frac{4}{6}$ verschieden sind. Die Darstellung eines Bruchs $\frac{p}{q}$ wird eindeutig, wenn wir verlangen, dass p und q teilerfremd sind (so dass wir nicht mehr kürzen können) und dass der Nenner positiv ist. Streng genommen können wir vergleichbar mit den Restklassen des $\mathbb{Z}_n$ zu Äquivalenzklassen übergehen, die die rationalen Zahlen darstellen und dann mit Repräsentanten rechnen. Diesen Aufwand scheuen wir hier aber.

Die Menge $\mathbb{Q}$ bildet zusammen mit der üblichen Addition und Multiplikation einen Körper:

Definition 3.15 (Körper) Sei $(K, +, \cdot)$ ein kommutativer Ring mit Einselement 1. K heißt ein **Körper** genau dann, wenn

- $1 \neq 0$, wobei 0 das neutrale Element hinsichtlich der Addition $+$ ist, und
- jedes von 0 verschiedene Element hinsichtlich der Multiplikation $\cdot$ ein inverses Element (einen Kehrwert) hat.

In einem Körper $(K, +, \cdot)$ gelten also die folgenden Axiome für alle $a, b, c \in K$:

- Axiome zur Addition:
  - **Kommutativgesetz:** $a + b = b + a$,
  - **Assoziativgesetz:** $(a + b) + c = a + (b + c)$,
  - Existenz eines (eindeutigen) neutralen Elements $0 \in K$ mit $a + 0 = a$.
  - Jedes a hat (genau) ein inverses Element $-a \in K$, so dass

$$a + (-a) = a - a = 0.$$

- Axiome zur Multiplikation:
  - **Kommutativgesetz:** $a \cdot b = b \cdot a$,
  - **Assoziativgesetz:** $(a \cdot b) \cdot c = a \cdot (b \cdot c)$,
  - Existenz eines (eindeutigen) neutralen Elements $1 \in K$ mit $1 \cdot a = a$.
  - Jedes $a \neq 0$ hat (genau) ein inverses Element $a^{-1} \in K$, so dass

$$a \cdot a^{-1} = 1.$$

- **Distributivgesetz** (zwischen Addition und Multiplikation):

$$(a + b) \cdot c = (a \cdot c) + (b \cdot c).$$

Aufgabe 3.17 Zeigen Sie, dass $\mathbb{B} := (\{0, 1\}, \oplus, \odot)$ ein Körper ist. Dabei wird als Addition das exklusive Oder und als Multiplikation das logische Und, das bei Bit-Verknüpfungen auch mit $\odot$ geschrieben wird, verwendet. (siehe Lösung A.52)

Die rationalen Zahlen lassen sich als Dezimalzahlen schreiben, die entweder nur endlich viele Nachkommastellen besitzen oder bei denen sich ab einer Nachkommastelle ein Ziffernblock periodisch wiederholt. Der sich wiederholende Ziffernblock heißt **Periode**. Eine Periode wird mit einem Balken gekennzeichnet: $\frac{1}{7} = 0,142857.142857.14\ldots = 0,\overline{142857}$.

Dass man Brüche p/q tatsächlich so schreiben kann, sieht man durch fortgesetzte schriftliche Division: Dividiert man p durch q, erhält man einen Rest $0 \leq r < q$. Das Gleiche passiert bei den folgenden Divisionen. Wird der Rest irgendwann 0, so ist die Anzahl der Nachkommastellen endlich. Sonst muss sich ein Rest spätestens nach q Divisionen wiederholen, da dann alle möglichen Reste aufgebraucht sind. Ab dieser Stelle wiederholen sich die Divisionen, und die Periode entsteht.

Offensichtlich ist umgekehrt auch jede Dezimalzahl mit endlich vielen Nachkommastellen ein Bruch. Hat eine Dezimalzahl ein Periode, so können wir sie ebenfalls als Bruch darstellen. Beispielsweise lässt sich für $0,\overline{3}$ so rechnen:

$$10 \cdot 0,\overline{3} - 3 = 3,\overline{3} - 3 = 0,\overline{3} \implies 9 \cdot 0,3 = 3 \implies 0,3 = \frac{3}{9} = \frac{1}{3}.$$

Allgemein können wir periodische Dezimalzahlen wie folgt in Brüche überführen:

$$b_n b_{n-1} \ldots b_0, c_1 c_2 \ldots c_m \overline{a_1 a_2 \ldots a_k}$$
$$= b_n b_{n-1} \ldots b_0, c_1 c_2 \ldots c_m + 10^{-m} \cdot 0,\overline{a_1 a_2 \ldots a_k}.$$

Damit müssen wir nur noch $r = 0,\overline{a_1 a_2 \ldots a_k}$ als Bruch schreiben.

$$10^k \cdot r = a_1 a_2 \ldots a_k, \overline{a_1 a_2 \ldots a_k}$$
$$\implies 10^k \cdot r - r = a_1 a_2 \ldots a_k, \overline{a_1 a_2 \ldots a_k} - 0,\overline{a_1 a_2 \ldots a_k}$$
$$\implies (10^k - 1) \cdot r = a_1 a_2 \ldots a_k.$$

Damit ist

$$r = \frac{a_1 a_2 \ldots a_k}{10^k - 1} = \frac{a_1 a_2 \ldots a_k}{\underbrace{99 \ldots 9}_{k \text{ Neunen}}},$$

so dass die Darstellung als Bruch gefunden ist.

Tatsächlich ist die Darstellung eines Bruchs als Dezimalzahl „fast" eindeutig. Lediglich mit Neunerperioden gibt es ein Problem, da z. B.

$$0,\overline{9} = \frac{9}{9} = 1, \quad 0,12\overline{9} = 0,13.$$

Eine Zahl kann aufgrund dieser Problematik zwei Dezimaldarstellungen haben. Wenn man auf Neunerperioden verzichtet, wird die Darstellung eindeutig. Bei den vorangehenden Rechnungen haben wir mit unendlich vielen Nachkommastellen hantiert. Das, was wir getan haben, war alles richtig, aber streng genommen hätten wir erst einmal erklären müssen, wie sich aus unendlich vielen Nachkommastellen ein

Zahlenwert ergibt. Das werden wir uns später genauer mit Satz 3.14 ansehen und in Abschn. 4.5 mit dem Grenzwertbegriff vertiefen.

Mit den Halbgruppeneigenschaften haben wir bereits Potenzen mit Exponenten aus $\mathbb{N}$ eingeführt. Jetzt können wir für Basen $a \in \mathbb{Q}$, $a \neq 0$, beliebige Exponenten aus $\mathbb{Z}$ zulassen:

$$a^0 := 1, \quad a^{-n} := \frac{1}{a^n} \text{ für } n \in \mathbb{N}.$$

Diese bekannte Definition ist verträglich mit den Regeln zur Potenzrechnung:

$$1 = \frac{a^n}{a^n} = a^n \cdot a^{-n} = a^{n+(-n)} = a^0.$$

Zum Abschluss des Abschnitts sehen wir uns noch andere Körper als $\mathbb{Q}$ an. Es lässt sich beweisen, dass der Restklassenring $(\mathbb{Z}_n, +, \cdot)$ genau dann ein Körper ist, wenn n eine Primzahl ist. Dabei ist die Schwierigkeit zu zeigen, dass multiplikative Inverse existieren. Warum existiert zu jedem $a \in \mathbb{Z}_n$ mit $a \neq 0$ ein a^{-1}, wenn n eine Primzahl ist? Wenn wir im $\mathbb{Z}_5$ rechnen, dann ist $3 \cdot 2 = 1$, wobei 1 wie auch 6 Repräsentanten der Restklasse $[1] = \{1 + k \cdot 5 : k \in \mathbb{Z}\}$ sind. Hier gilt also $3^{-1} = 2$. Allgemein können wir dem erweiterten Euklid'schen Algorithmus (siehe Abschn. 3.2.3) die Inverse berechnen. Da n eine Primzahl ist, gilt für $1 \leq a < n$:

$$1 = \text{ggT}(a, n) = r \cdot a + s \cdot n.$$

Wegen $r \cdot a = 1 - s \cdot n$ ist $r \cdot a \equiv 1 \bmod n$, d. h., r ist ein Repräsentant der Inversen a^{-1}. Im Beispiel erhalten wir mit dem erweiterten Euklid'schen Algorithmus

$$\begin{aligned} 5 &= 1 \cdot 3 + 2 \\ 3 &= 1 \cdot 2 + 1 \\ 2 &= 2 \cdot 1 + 0, \end{aligned} \quad \text{so dass} \quad \begin{aligned} 2 &= 5 - 1 \cdot 3 \\ 1 &= 3 - 1 \cdot 2. \end{aligned}$$

Rückwärts-Einsetzen liefert $1 = 3 - 1 \cdot 2 = 3 - 1 \cdot [5 - 1 \cdot 3] = 2 \cdot 3 - 1 \cdot 5$. Wir können zu 3 die Inverse 2 ablesen.

Ist n keine Primzahl, dann gibt es im Ring $(\mathbb{Z}_n, +, \cdot)$ zumindest zu den Elementen a mit $\text{ggT}(a, n) = 1$ eine Inverse a^{-1}. Das nutzen wir jetzt für die RSA-Verschlüsselung.

3.5 RSA-Verschlüsselung

Hier beschreiben wir das nach seinen Erfindern Rivest, Shamir und Adleman benannte **RSA-Verschlüsselungsverfahren.**

Symmetrische Verschlüsselungsverfahren verwenden einen Schlüssel sowohl zum Ver- als auch zum Entschlüsseln. Ein ganz einfaches Beispiel ist der Caesar-Code aus der Antike: Alle Buchstaben x, die mit den Zahlen $x \in \{0, 1, \ldots, 25\}$ dargestellt seien, wurden in einem Text durch einen anderen Buchstaben y ersetzt, der im

Alphabet (zyklisch) a Positionen später steht: $y = (x + a) \bmod 26$. Diese Verschiebung kann unter Kenntnis des Schlüssels a leicht mittels $x = (y + 26 - a) \bmod 26$ wieder rückgängig gemacht werden:

$$(((x + a) \bmod 26) + (26 - a)) \bmod 26 = x. \tag{3.32}$$

Moderne Verfahren sind hier natürlich besser, ein Beispiel ist die Xor-Verschlüsselung aus Abschn. 1.3.1. Allerdings gibt es das prinzipielle Problem, dass Sender und Empfänger einer Nachricht über den Schlüssel verfügen müssen. Dieser kann nicht im Klartext an das Dokument angefügt werden. Dieses Problem gibt es bei asymmetrischen Verfahren nicht. Sie verwenden zwei getrennte Schlüssel.

- Ein Schlüssel kann öffentlich bekannt gemacht werden, der andere bleibt geheim. Jeder kann nun mit dem öffentlichen Schlüssel eine Nachricht verschlüsseln, aber nur der Besitzer des privaten Schlüssels kann sie entschlüsseln.
- Umgekehrt kann auch der Besitzer des privaten Schlüssels verschlüsseln, und jeder kann dann die Nachricht mit dem öffentlichen Schlüssel entschlüsseln. Diese Variante erscheint allerdings zunächst merkwürdig: Wenn jeder die Nachricht lesen kann, warum verschlüsselt man sie dann überhaupt? Auf diese Weise kann man sicher sein, dass die Nachricht wirklich von dem einen Besitzer des privaten Schlüssels stammt, nur er konnte sie verschlüsseln. Damit ist der Urheber authentisiert. Auf diese Weise werden Dokumente signiert. Die Signatur belegt die Urheberschaft.
- In beiden Fällen muss lediglich noch sichergestellt werden, dass der öffentliche Schlüssel auch tatsächlich zum angegebenen Urheber gehört. Dazu wird eine vertrauenswürdige Zertifizierungs- und Validierungsstelle benötigt, die die Schlüssel vergibt und prüft.

Die RSA-Verschlüsselung ist das gängigste asymmetrische Verfahren. Wir werden jedoch sehen, dass es mit umfangreichen Berechnungen verbunden ist. Daher wird es häufig nur zum Austausch eines Schlüssels für ein effizienteres symmetrisches Verfahren genutzt. Genau so funktioniert auch HTTPS: Der (Sitzungs-) Schlüssel für eine symmetrische Verschlüsselung wird mit einem asymmetrischen Verfahren ausgetauscht.

Die zu verschlüsselnde Information, oft Dokument genannt, wird beim RSA-Verfahren zunächst als eine Zahl aus $\mathbb{Z}_n = \{0, 1, 2, \ldots, n - 1\}$ aufgefasst, z. B. indem ihre Binärdarstellung als (sehr große) Dualzahl interpretiert wird. Die Verschlüsselung ist dann ähnlich wie beim Caesar-Code (3.32) eine bijektive Abbildung auf ein (anderes) Element des $\mathbb{Z}_n$. Die Abbildung verwendet z. B. einen öffentlichen Schlüssel. Für die Umkehrabbildung, also für das Entschlüsseln, benötigen wir dann einen privaten Schlüssel. Damit die Entschlüsselung nicht einfach durch Ausprobieren geschehen kann, muss die natürliche Zahl n sehr groß sein. Beim RSA-Algorithmus wird nun n nicht beliebig gewählt, sondern man definiert $n := p \cdot q$ als ein Produkt von zwei großen verschiedenen Primzahlen p und q.

Als privaten Schlüssel wählen wir ein Zahlenpaar (n, a) für eine Zahl $a \in \mathbb{N}$. Der öffentliche Schlüssel ist ein Zahlenpaar (n, b), wobei b invers zu a bei der

Multiplikation in $\mathbb{Z}_{(p-1)(q-1)}$ ist. Damit a ein Inverses hat, müssen wir bei der Wahl von a darauf achten, dass a und $(p-1)(q-1)$ teilerfremd sind, also $\mathrm{ggT}(a, (p-1)(q-1)) = 1$. Dann können wir außerdem b aus a mit dem erweiterten Euklid'schen Algorithmus berechnen, wie wir das im vorangehenden Unterkapitel getan haben.

Ein Dokument $x \in \mathbb{Z}_n$ wird verschlüsselt über den Rest y der Ganzzahldivision von x^b durch n, also $y = x^b \bmod n$. Die Entschlüsselung von y zu x lässt sich dann über $y^a \bmod n$ berechnen. Umgekehrt kann aber (z. B. zur Erstellung einer Signatur) auch mit $x^a \bmod n$ ver- und mit $y^b \bmod n$ entschlüsselt werden.

Satz 3.12 (Korrektheit des RSA-Verfahrens) Seien p und q verschiedene Primzahlen, a und b seien invers zueinander hinsichtlich der Multiplikation in $\mathbb{Z}_{(p-1)(q-1)}$, also $[a \cdot b] = [1]$. Dann gilt für jedes $0 \le x < n = p \cdot q$:

$$\left(x^b \bmod n \right)^a \bmod n = x,$$

d. h., die Verschlüsselung $x^b \bmod n$ lässt sich umkehren, also entschlüsseln.

Beweis Wir verwenden, dass $a \cdot b \equiv 1 \bmod (p-1)(q-1)$ ist, es also ein $k \in \mathbb{N}_0$ gibt mit $a \cdot b = 1 + k(p-1)(q-1)$:

$$(x^b \bmod n)^a \bmod n \stackrel{(3.28)}{=} \left(x^b \right)^a \bmod n = x^{ab} \bmod n$$

$$= x^{1+k(p-1)(q-1)} \bmod n = x \cdot \left(x^k \right)^{(p-1)(q-1)} \bmod n.$$

- Wir betrachten den Fall, dass x kein Vielfaches von p und kein Vielfaches von q ist. Dann sind p und q auch keine Teiler von x und auch nicht von $x^{k(p-1)}$ und $x^{k(q-1)}$ (in den Potenzen kommen die gleichen Primfaktoren wie in x vor), und wir können den kleinen Satz von Fermat (Satz 3.11) zweimal anwenden, einmal für die Primzahl p und einmal für q:

$$\left(x^{k(p-1)} \right)^{q-1} \equiv 1 \bmod q \quad \text{und} \quad \left(x^{k(q-1)} \right)^{p-1} \equiv 1 \bmod p.$$

Damit existieren Konstanten $k_1, k_2 \in \mathbb{Z}$ mit

$$\left(x^{k(p-1)} \right)^{q-1} = 1 + k_1 q \quad \text{und} \quad \left(x^{k(q-1)} \right)^{p-1} = 1 + k_2 p.$$

Damit ist $k_1 q = k_2 p$, also teilt p die Zahl $k_1 q$, und q teilt die Zahl $k_2 p$. Wegen $p \neq q$ und des Satzes von Euklid (Satz 3.3) ist daher die Primzahl p ein Teiler von k_1 und die Primzahl q ein Teiler von k_2. Es gibt also ein $k_3 \in \mathbb{Z}$ mit $k_1 = k_3 p$ bzw. $k_2 = k_3 q$ und $k_1 q = k_2 p = k_3 pq$. Wir haben soeben eine einfache Variante des Chinesischen Restsatzes gezeigt, umgekehrt hätten wir diesen Satz hier auch anwenden können. Insgesamt haben wir jetzt wegen $n = p \cdot q$:

$$(x^b \bmod n)^a \bmod n = x \cdot \left(x^k\right)^{(p-1)(q-1)} \bmod n$$

$$= x \cdot \left(x^{k(p-1)}\right)^{(q-1)} \bmod n = x \cdot (1 + k_3 pq) \bmod pq = x \bmod pq = x,$$

da $x < pq = n$ ist.

- Im Fall, dass x ein Vielfaches von p (oder q) ist, kann x nicht gleichzeitig ein Vielfaches von q (oder p) und damit von $p \cdot q$ sein wegen $x < p \cdot q$. Wir betrachten jetzt den Fall, dass $x = k_2 p$ ist. Der verbleibende Fall $x = k_1 q$ ist analog. Die Potenzen von x haben wie x keinen Primfaktor q und sind damit auch keine Vielfachen von q, und der kleine Satz von Fermat liefert jetzt $\left[x^{k(p-1)}\right]^{q-1} = 1 + k_1 q$, so dass

$$(x^b \bmod n)^a \bmod n = x \cdot \left(x^k\right)^{(p-1)(q-1)} \bmod n = k_2 p \cdot [1 + k_1 q] \bmod n$$

$$= (k_2 p + k_1 k_2 pq) \bmod n = (x + k_1 k_2 n) \bmod n = x \bmod n = x.$$

$\square$

Wie schwierig ist es nun, diese Verschlüsselung zu brechen? Ist das zu verschlüsselnde Dokument $x = 0$ oder $x = 1$ oder wird $a = b = 1$ gewählt, dann ist das verschlüsselte Dokument $y = x$. Auch macht es keinen Sinn, mit dem RSA-Verfahren einzelne Zeichen (mit dem gleichen Schlüssel) zu verschlüsseln, da z. B. mittels der Buchstabenhäufigkeit der Code leicht zu erraten ist. Generell ist die RSA-Verschlüsselung bei Verwendung sehr großer Primzahlen, die nicht zu nah zusammen liegen, und bei einem großen Verschlüsselungsexponenten b aber mit heutigen Mitteln höchstens unter sehr großem Aufwand zu knacken. Ein Weg dazu ist die Berechnung der Primfaktorzerlegung von n in die Faktoren p und q. Wie schwierig die Faktorisierung für Zahlen n mit mehreren hundert Dezimalstellen ist, zeigte die RSA Factoring Challenge 1991. Das war ein Wettbewerb, in dessen Verlauf Zahlen mit ungefähr 200 Stellen nur mit monatelanger Rechenzeit und großem Hardwareeinsatz faktorisiert werden konnten.

Aufgabe 3.18 Verschlüsseln Sie mit dem RSA-Algorithmus für $p = 3$, $q = 5$ (also $n = 15$) und $b = 7$ das „Dokument" $x = 8$. Berechnen Sie a mit $a \cdot b \equiv 1 \bmod (p-1)(q-1)$, und entschlüsseln Sie damit Ihr Ergebnis. (siehe Lösung A.53)

Die Rechnungen für den privaten Schlüssel können mit dem Chinesischen Restsatz beschleunigt werden. Mit ihm kann man statt mit der sehr großen Zahl $n = p \cdot q$, die zu aufwändigen Rechnungen führt, einzeln mit den viel kleineren (aber immer noch sehr großen) Faktoren p und q rechnen. Diese dürfen natürlich nicht öffentlich bekannt sein, da man sonst mit dem öffentlichen Schlüssel leicht den privaten Schlüssel berechnen könnte. Daher ist es sinnvoll, einen kleinen Wert b (mit dem relativ schnell gerechnet werden kann) für den öffentlichen und einen großen Wert a für den privaten

Schlüssel zu verwenden und für das Rechnen mit dem privaten Schlüssel den Restsatz zur Beschleunigung einzusetzen. Wir werden statt $x = y^a \bmod n$ die Zahlen $m_p := x \bmod p$ und $m_q := x \bmod q$ berechnen. Wie man das geschickt macht, sehen wir gleich. Wenn wir erst einmal m_p und m_q kennen, dann können wir daraus mit dem Chinesischen Restsatz x berechnen, denn

$$x \equiv m_p \bmod p \quad \wedge \quad x \equiv m_q \bmod q.$$

Jetzt sehen wir uns an, wie wir tatsächlich m_p und m_q berechnen können.

$$m_p = x \bmod p = (y^a \bmod n) \bmod p = (y^a \bmod p \cdot q) \bmod p \stackrel{(3.29)}{=} y^a \bmod p.$$

Entsprechend ist $m_q = y^a \bmod q$. Um jetzt den Exponenten dramatisch zu verkleinern, falls a viel größer als p bzw. q ist, benötigen wir:

Folgerung 3.1 (Folgerung aus dem kleinen Satz von Fermat) Sei p eine Primzahl und $a, y \in \mathbb{N}$. Dann gilt:

$$y^a \bmod p = y^{a \bmod (p-1)} \bmod p \stackrel{(3.28)}{=} (y \bmod p)^{a \bmod (p-1)} \bmod p.$$

Mit dieser Folgerung erhalten wir

$$m_p = y^{a \bmod (p-1)} \bmod p \quad \text{und} \quad m_q = y^{a \bmod (q-1)} \bmod q,$$

und die rechten Seiten lassen sich wegen der kleineren Exponenten schneller berechnen als $y^a \bmod n$.

Beweis zu Folgerung 3.1: Ist p ein Teiler von y, dann sind beide Seiten gleich null, und die Aussage ist gezeigt. Falls p dagegen y nicht teilt, gibt es nach dem kleinen Satz von Fermat (Satz 3.11) ein $k_1 \in \mathbb{N}_0$ mit

$$y^{p-1} = 1 + k_1 p. \tag{3.33}$$

Damit gibt es ein $k_2 \in \mathbb{N}_0$ mit $a = (a \bmod (p-1)) + k_2(p-1)$, und wir erhalten unter Verwendung des binomischen Lehrsatzes (3.12):

$$y^a \bmod p = y^{(a \bmod (p-1))+k_2(p-1)} \bmod p = \left[y^{a \bmod (p-1)} \cdot \left(y^{p-1} \right)^{k_2} \right] \bmod p$$

$$\stackrel{(3.33)}{=} \left[y^{a \bmod (p-1)} \cdot (1 + k_1 p)^{k_2} \right] \bmod p$$

$$\stackrel{(3.12)}{=} \left[y^{a \bmod (p-1)} \cdot \left(\sum_{k=0}^{k_2} \binom{k_2}{k} 1^{k_2-k} (k_1 p)^k \right) \right] \bmod p$$

$$= \left[y^{a \bmod (p-1)} \cdot \left(1 + p \cdot \sum_{k=1}^{k_2} \binom{k_2}{k} k_1^k p^{k-1} \right) \right] \bmod p$$

$$= \left[y^{a \bmod (p-1)} \right] \bmod p,$$

wobei wir im vorletzten Schritt den nullten Summanden separat als 1 hingeschrieben und aus der verbleibenden Summe den Faktor p ausgeklammert haben. Aufgrund der Modulo-Rechnung und dieses Faktors erhalten wir schließlich das Ergebnis in der letzten Zeile. $\qquad\square$

Jetzt ist der Exponent von $y^{a \bmod (p-1)}$ gegebenenfalls viel kleiner als a, er kann aber immer noch sehr groß sein. Außerdem haben wir nicht x^b optimiert. Bei der Berechnung beider Potenzen kann der folgende, rekursiv anzuwendende Trick für $b > 1$ helfen:

$$
y^b = \begin{cases} y^{\frac{b}{2}} \cdot y^{\frac{b}{2}}, & \text{falls } b \text{ gerade} \\ y^{\frac{b-1}{2}} \cdot y^{\frac{b-1}{2}} \cdot y, & \text{falls } b \text{ ungerade.} \end{cases}
$$

Dabei müssen die Potenzen natürlich jeweils nur einmal und nicht doppelt berechnet werden. Außerdem können wir mit (3.27) Modulo-Werte der einzelnen Faktoren bilden und so mit noch kleineren Faktoren rechnen:

$$
\begin{aligned}
&y^b \bmod n \\
&= \begin{cases} \left(\left(y^{\frac{b}{2}} \bmod n\right) \cdot \left(y^{\frac{b}{2}} \bmod n\right)\right) \bmod n, & \text{falls } b \text{ gerade} \\ \left(\left(y^{\frac{b-1}{2}} \bmod n\right) \cdot \left(y^{\frac{b-1}{2}} \bmod n\right) \cdot (y \bmod n)\right) \bmod n, & \text{falls } b \text{ ungerade.} \end{cases}
\end{aligned}
$$

3.6   Reelle Zahlen

3.6.1   Von den Brüchen zu den reellen Zahlen

Dezimalzahlen, die unendlich viele Nachkommastellen aber keine Periode besitzen, sind keine Brüche. Diese werden aber auch benötigt: Nach dem Satz von Pythagoras ist die Entfernung zwischen den Punkten $(0, 0)$ und $(1, 1)$ in der Ebene $\sqrt{1^2 + 1^2} = \sqrt{2}$, also die positive Lösung der Gleichung $x^2 = 2$. Diese real existierende Streckenlänge (siehe Abb. 3.7) liegt aber dummerweise nicht in $\mathbb{Q}$, was wir mit einem indirekten Beweis zeigen wollen:

Gäbe es einen Bruch $\frac{p}{q}$ mit $p, q \in \mathbb{N}$ als Lösung der Gleichung $x^2 = 2$, also

$$
\left(\frac{p}{q}\right)^2 = 2 \iff \frac{p^2}{q^2} = 2 \iff p^2 = 2q^2,
$$

so gäbe es ein Problem mit den eindeutig existierenden Primzahlzerlegungen von p und q: Wegen der Quadrate kommt in p^2 und q^2 jeder Primfaktor geradzahlig oft vor. Jetzt steht aber auf der rechten Seite ein zusätzlicher Faktor 2. Damit kommt der Primfaktor 2 rechts ungeradzahlig oft vor. Das ist ein Widerspruch zur Eindeutigkeit der Zerlegung.

Daher werden die **reellen Zahlen** so axiomatisch eingeführt, dass jeder Punkt auf der **Zahlengeraden** einer reellen Zahl entspricht (vgl. Abb. 3.7). Praktisch bedeutet

Abb. 3.7 $\sqrt{2}$ ist eine real existierende Stelle auf der Zahlengeraden

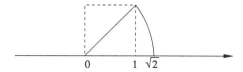

das, dass man Dezimalzahlen mit beliebigen, auch nicht-periodischen Nachkommateilen erhält. Die reellen Zahlen, die keine Brüche sind, heißen **irrationale Zahlen,** z. B. ist $\sqrt{2}$ irrational. Ebenso sind die Zahlen e und π, auf die wir noch eingehen werden, irrational.

Formal erweitert man in der Mathematik den Körper $\mathbb{Q}$ so zum Körper der reellen Zahlen $\mathbb{R}$, dass weiterhin die Brüche enthalten sind, die Zahlen mittels der Relation „$\geq$" verglichen werden können, diese Relation verträglich mit der Addition und Multiplikation ist (d. h. $x \geq y \implies x + c \geq y + c$, aus $x \geq 0$ und $y \geq 0$ folgt $x \cdot y \geq 0$), und es sich um die „kleinste" Erweiterung handelt, die eine **vollständige Zahlenmenge** ist. Der Begriff der Vollständigkeit kann auf verschiedene Weisen erklärt werden. Anschaulich bedeutet er, dass es auf dem Zahlenstrahl keine Lücken gibt. Formal kann man das mit einer Intervallschachtelung ausdrücken.

Eine Menge

$$[a, b] := \{x \in \mathbb{R} : a \leq x \leq b\} \subset \mathbb{R}$$

heißt ein **abgeschlossenes Intervall.** Das Adjektiv „abgeschlossen" wird verwendet, da die Randpunkte a und b zum Intervall gehören. Lässt man sie weg, so spricht man von einem **offenen Intervall**

$$]a, b[:= \{x \in \mathbb{R} : a < x < b\} \subset \mathbb{R}.$$

Häufig findet man auch eine Mischform wie $[a, b[$, bei der a aber nicht b zum Intervall gehört. Statt der nach außen gerichteten eckigen Klammern werden oft runde Klammern verwendet, sofern es keine Verwirrung mit Zahlenpaaren gibt: $(a, b) :=]a, b[$.

Man spricht von einer **Intervallschachtelung,** wenn man zu jedem $n \in \mathbb{N}$ Zahlen $a_n \in \mathbb{R}$ und $b_n \in \mathbb{R}$ mit $a_n < b_n$ hat, so dass die Intervalle $[a_n, b_n]$ wie folgt ineinander enthalten sind ($n \in \mathbb{N}$):

$$[a_n, b_n] \subseteq [a_{n-1}, b_{n-1}] \subseteq \cdots \subseteq [a_2, b_2] \subseteq [a_1, b_1].$$

Mit wachsendem n werden also die Zahlen a_n nicht kleiner und die Zahlen b_n nicht größer. Beispielsweise bilden die Intervalle $[1 - \frac{1}{n}, 1 + \frac{1}{n}]$ eine Intervallschachtelung.

Die reellen Zahlen werden nun so axiomatisch eingeführt, dass es zu jeder Intervallschachtelung (mindestens) eine Zahl $x_0 \in \mathbb{R}$ gibt, die in allen Intervallen liegt (**Vollständigkeitsaxiom**). Das ist insbesondere dann eine echte Bedingung, wenn die Intervalllängen $b_n - a_n$ mit wachsendem n gegen null streben.

```
1    #include <stdio.h>
2    void main(void) {
3        double epsilon;
```

```
4        printf("Epsilon? "); scanf("%lf", &epsilon);
5        double a = 0;
6        double b = 2;
7        double mitte, fehler;
8        do {
9            mitte = (a + b) / 2;
10           fehler = 2 - (mitte * mitte);
11           if (fehler < 0)
12              b = mitte;
13           else a = mitte;
14       } while (fehler < -epsilon || fehler > epsilon);
15       printf("sqrt(2) = %lf\n", mitte);
16   }
```

Listing 3.5 Intervallschachtelung zur Berechnung der positiven Lösung $\sqrt{2}$ von $x^2 = 2$ bei einzugebender positive Genauigkeit epsilon: Als Näherungswert wird die Mitte des kleinsten Intervalls gewählt. Wir beginnen die Suche mit $a = 0$ und $b = 2$, da $\sqrt{2}$ zwischen diesen Zahlen liegt

Mit den reellen Zahlen verfügen wir nun neben $\sqrt{2}$ (siehe Listing 3.5) noch über viele andere Wurzeln. Zur Basis $a \in \mathbb{R}$, $a \geq 0$, und einer natürlichen Zahl $n \in \mathbb{N}$ ist $a^{\frac{1}{n}}$ definiert als die (eindeutige) nicht-negative reelle Lösung x der Gleichung $x^n = a$.

Die Schreibweise ist wegen der Potenzregel (3.1) von Seite 119 sinnvoll gewählt, denn wir dürfen so rechnen:

$$\left(a^{\frac{1}{n}}\right)^n = a^{\frac{1}{n} \cdot n} = a^1 = a.$$

Die Zahl $a^{\frac{1}{n}}$ ist die **n-te Wurzel** von a. Neben der Schreibweise mit dem Exponenten $\frac{1}{n}$ ist $\sqrt[n]{a} := a^{\frac{1}{n}}$ üblich, insbesondere für $n = 2$ kennen wir bereits $\sqrt{a} := \sqrt[2]{a}$.

$$9^{\frac{1}{2}} = \sqrt{9} = 3, \text{ denn } 3^2 = 9, \qquad 8^{\frac{1}{3}} = \sqrt[3]{8} = 2, \text{ denn } 2^3 = 8.$$

Falls $a < 0$ und n ungerade ist, hat $x^n = a$ die Lösung $x = -\sqrt[n]{-a}$, denn

$$[(-1)\sqrt[n]{-a}]^n = (-1)^n[\sqrt[n]{-a}]^n = (-1)^n \left[(-a)^{\frac{1}{n}}\right]^n = (-1)(-a) = a.$$

Wir können daher ungerade Wurzeln aus negativen Zahlen ziehen und benutzen dazu die gleiche Schreibweise $\sqrt[n]{a} := -\sqrt[n]{-a}$, z. B. ist $\sqrt[3]{-27} = -\sqrt[3]{27} = -3$, denn $(-3)^3 = -27$. Beachten Sie aber bitte, dass $\sqrt[4]{-16}$ (zumindest als reelle Zahl) nicht definiert ist.

Wir können nun auch eine Basis $a > 0$ mit einem beliebigen Bruch $\frac{p}{q}$, $p \in \mathbb{Z}$, $q \in \mathbb{N}$, potenzieren über

$$a^{\frac{p}{q}} := \left[a^{\frac{1}{q}}\right]^p = [\sqrt[q]{a}]^p,$$

wobei die Zahl tatsächlich unabhängig von der konkreten Darstellung des Bruchs ist, z. B. $27^{\frac{4}{6}} = 27^{\frac{2}{3}} = 9$. Die bereits im Rahmen von Halbgruppen gefundenen

Rechenregeln für Potenzen gelten unverändert auch, wenn die Exponenten Brüche sind. Sie gelten sogar bei beliebigen reellen Zahlen als Exponenten. Dafür müssen wir aber irrationale Exponenten noch erklären. Wir können reelle Zahlen per Intervallschachtelung beliebig genau durch Brüche annähern. Zu $a \geq 0$ und $x \in \mathbb{R}$ gibt es Zahlen $x_1, x_2, x_3, \cdots \in \mathbb{Q}$, die „gegen" x streben. Damit ist die Konvergenz der Folge $(x_n)_{n=1}^{\infty}$ gegen den Grenzwert x gemeint. Den Begriff der Konvergenz lernen wir, wie bereits erwähnt, erst in Abschn. 4.5 kennen. Die bereits definierten Potenzen $a^{x_1}, a^{x_2}, a^{x_3}, \ldots$ streben dann (konvergieren unabhängig von der Wahl der konkreten Folge $(x_n)_{n=1}^{\infty}$) gegen eine eindeutige Zahl, die wir a^x nennen. Um a^x so mathematisch exakt einzuführen, muss die Wohldefiniertheit bewiesen werden. Das würde hier aber zu weit führen, wir können voraussetzen, dass a^x sinnvoll erklärt ist.

Aufgabe 3.19 Ist $a > 1$, so ist $a^n > 1$ für $n \in \mathbb{N}$, denn das Produkt von n Zahlen größer eins ist ebenfalls größer eins. Zeigen Sie indirekt, dass auch $a^{\frac{1}{n}} > 1$ und damit $a^{\frac{n}{m}} > 1$ für jeden Bruch $\frac{n}{m} > 0$ ist. (siehe Lösung A.54)

Von besonderer Bedeutung sind die Basen $a = 2$ und $a = 10$. Noch wichtiger ist aber $a = e$, wobei e die **Euler'sche Zahl** $e = 2{,}718281828\ldots$ ist. Eine genaue Definition der Zahl e als Grenzwert holen wir in Beispiel 4.6 nach. Die Bedeutung stammt daher, dass die Exponentialfunktion $f(x) := e^x$ eine ganz besondere Eigenschaft hat: Ihre Ableitung stimmt mit f überein. Dadurch wird f zu einem elementaren Baustein der Lösungen von Differenzialgleichungen, über die sehr viele Vorgänge in der Natur beschrieben sind. Damit werden wir uns in diesem Buch zwar nicht beschäftigen, aber wir benötigen f und ihre Umkehrfunktion, den (natürlichen) Logarithmus, unter Anderem für Laufzeitabschätzungen von Algorithmen.

3.6.2 Einige reelle Funktionen

Nachdem wir bereits Wurzeln und die Exponentialfunktion kennengelernt haben, wollen wir in den folgenden Abschnitten ganz kurz die wichtigsten reellen Funktionen (Funktionen mit Definitionsbereich und Zielmenge in $\mathbb{R}$) besprechen.

3.6.2.1 Polynome
Bei der Exponentialfunktion $f(x) = e^x$ befindet sich die Variable im Exponenten. Das stellt sich beim Rechnen oft als schwieriger heraus, als wenn die Variable in der Basis einer Potenz steht. Daher beginnen wir mit diesem eher einfacheren Fall, der z. B. bei Polynomen vorliegt.

Definition 3.16 (Polynome) Ein **Monom** ist eine Funktion $f(x) = x^n$ für einen festen Exponenten $n \in \mathbb{N}_0$. Im Spezialfall $n = 0$ ist $f(x) = 1$ – und zwar auch für $x = 0$, obwohl streng genommen 0^0 nicht definiert ist. **Polynome** sind Linearkombinationen (vgl. Abschn. 5.3) von Monomen. Damit ist gemeint, dass jedes Polynom eine Darstellung

$$p_n(x) = a_0 + a_1 x + a_2 x^2 + \cdots + a_n x^n = \sum_{k=0}^{n} a_k x^k$$

mit **Koeffizienten** $a_k \in \mathbb{R}$ mit $a_n \neq 0$ besitzt. Der höchste auftretende Exponent n heißt der **Grad** des Polynoms. Ist der **Leitkoeffizient** $a_n = 1$, so heißt das Polynom **normiert**.

Die Menge aller Polynome bildet einen Ring. Die Addition zweier Polynome führt lediglich zur Addition ihrer Koeffizienten. Die Multiplikation zweier (von null verschiedener) Polynome vom Grad n und m führt zu einem Polynom vom Grad $n + m$. Die Menge der Polynome vom Grad höchstens n wäre also kein Ring, da die Multiplikation aus der Menge hinausführt.

Ein wichtiger Spezialfall sind Polynome vom Grad 1:

$$p(x) = mx + b.$$

Der Funktionsgraph ist eine **Gerade** (siehe Abb. 3.8). Sie schneidet die y-Achse im Punkt $(0, b)$, weil $p(0) = m \cdot 0 + b$ ist. Falls $m \neq 0$ ist, dann gibt es auch genau einen Schnittpunkt $(-b/m, 0)$ mit der x-Achse, da $p(-b/m) = m \cdot (-b/m) + b = 0$ ist. Sonst ist $p(x) = b$, und bei $b \neq 0$ gibt es keinen Schnittpunkt mit der x-Achse (Parallele zur x-Achse). Bei $b = 0$ ist die Gerade die x-Achse. Der Faktor m heißt die Steigung der Geraden. Er drückt den Quotienten aus Höhenzuwachs und Horizontaldifferenz der Geraden aus. Wenn auf einem x-Achsenstück der Länge 3 die Gerade vertikal um den Wert 4 nach oben geht, dann ist $m = 4/3$.

Wenn Sie in einer Computergrafik zwei Punkte durch eine Strecke verbinden möchten, dann benötigen Sie die Gerade, die durch die Punkte geht und auf der die Strecke liegt. Diese lässt sich mittels Vektorrechnung beschreiben oder (bis auf vertikal verlaufende Geraden) als Funktionsgraph interpretieren. Zwei gängige Ansätze dazu sind:

- Sind zwei verschiedene Punkte (x_1, y_1) und (x_2, y_2) gegeben, so geht genau eine Gerade durch diese beiden Punkte.
  Ist $x_1 = x_2$, dann handelt es sich um eine Parallele zur y-Achse. Allerdings kann die Gerade nicht als Funktion von x aufgefasst werden. Denn für den Wert $x = x_1$ gibt es unendlich viele y-Werte, die entsprechende Relation ist also nicht rechtseindeutig. Ist $x_1 \neq x_2$, so ist die Gerade über eine Funktion darstellbar:

$$y = \underbrace{\frac{y_2 - y_1}{x_2 - x_1}}_{m} x + \underbrace{y_1 - x_1 \frac{y_2 - y_1}{x_2 - x_1}}_{b}.$$

Das ist die **Zwei-Punkte-Form** der Geradengleichung. Setzen Sie x_1 und x_2 für x ein, um zu verifizieren, dass tatsächlich beide Punkte getroffen werden.

Abb. 3.8 Gerade mit Steigung $m = \frac{y_2 - y_1}{x_2 - x_1}$ und y-Achsenabschnitt $b = y_1 - x_1 \cdot \frac{y_2 - y_1}{x_2 - x_1}$

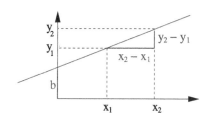

- Ist ein Punkt (x_1, y_1) und die Steigung m gegeben, so ist die eindeutige Gerade mit dieser Steigung durch den Punkt festgelegt über

$$y = mx + (y_1 - x_1 m).$$

Dies ist die **Punkt-Steigungsform** der Geradengleichung.

Stellen, an denen eine reelle Funktion den Wert null annimmt, müssen häufig bestimmt werden. Das liegt daran, dass wir das Lösen von Gleichungen als Nullstellensuche auffassen können: $x^2 + 3x = -x + 7 \iff x^2 + 4x - 7 = 0$.

Der **Fundamentalsatz der Algebra** beschäftigt sich damit, wie Polynome als Produkt einfacher Faktoren geschrieben werden können. Er besagt, dass jedes normierte Polynom $p(x) = x^n + a_{n-1}x^{n-1} + \cdots + a_1 x + a_0$ mit $n \in \mathbb{N}$ und Koeffizienten $a_k \in \mathbb{R}$ (bis auf die Reihenfolge eindeutig) darstellbar ist als Produkt von Linearfaktoren $(x - b_k)$ und quadratischen Termen $(x - c_k)^2 + d_k^2$. Beispielsweise gilt:

$$x^4 - 5x^3 + 7x^2 - 5x + 6 = (x^2 + 1)(x^2 - 5x + 6) = (x^2 + 1)(x - 2)(x - 3).$$

Die maximal n Nullstellen können in dieser Darstellung direkt als b_k abgelesen werden, im Beispiel sind es 2 und 3. Erweitert man die reellen Zahlen zu den **komplexen Zahlen** $\mathbb{C}$, indem man eine neue Zahl i hinzufügt, für die $i^2 = -1$ gilt, dann lässt sich jedes Polynom n-ten Grades als Produkt von n (komplexen) Linearfaktoren schreiben. In diesem Sinne hat dann jedes Polynom vom Grad n auch genau n komplexe Nullstellen. Mit komplexen Zahlen könnten wir also auch $(x^2 + 1) = x^2 - i^2$ mit der dritten binomischen Formel weiter zerlegen in $(x - i)(x + i)$.

Aufgabe 3.20 Geben Sie ein Polynom vom Grad 4 an, dessen Funktionsgraph durch die Punkte $(1, 2)$, $(2, 1)$, $(3, 2)$ und $(4, 1)$ verläuft. Ein Polynom, das eine solche Vorgabe erfüllt, heißt **Interpolationspolynom**. Betrachten Sie dazu das Polynom $\frac{(x-2)(x-3)(x-4)}{(1-2)(1-3)(1-4)}$ an der Stelle $x = 1$, das Polynom $\frac{(x-1)(x-3)(x-4)}{(2-1)(2-3)(2-4)}$ an der Stelle $x = 2$, usw. (siehe Lösung A.55)

Bei Polynomen von Grad 1 findet man sehr leicht die Nullstellen, also die Schnittstellen der Gerade mit der x-Achse. Bei Polynomen $p(x) = x^2 + px + q$ vom Grad 2 hilft die **p-q-Formel:** Alle reellen Lösungen der quadratischen Gleichung

$x^2 + px + q = 0$ ergeben sich zu $-\frac{p}{2} + \sqrt{D}$ und $-\frac{p}{2} - \sqrt{D}$ mit der **Diskriminante** $D := \left(\frac{p}{2}\right)^2 - q$. Das sehen wir sofort mittels **quadratischer Ergänzung** und anschließender Anwendung der (ersten) binomischen Formel:

$$0 = x^2 + px + q \iff 0 = x^2 + 2x\frac{p}{2} + \underbrace{\left(\frac{p}{2}\right)^2 - \left(\frac{p}{2}\right)^2}_{\text{quadratische Ergänzung}} + q$$

$$\iff 0 = \left(x + \frac{p}{2}\right)^2 - \left(\frac{p}{2}\right)^2 + q \iff \left(x + \frac{p}{2}\right)^2 = D.$$

Es hängt nun von D ab, ob es keine, eine oder zwei Lösungen gibt. Ist $D > 0$, so gibt es zwei, ist $D = 0$, so fallen beide Ergebnisse der p-q-Formel zu einer Lösung zusammen. Ist $D < 0$, dann existiert die Wurzel nicht als reelle Zahl, es gibt keine reelle Lösung.

Für Polynome mit Grad $n = 3$ (siehe [Goebbels und Ritter (2018), S. 150]) oder $n = 4$ gibt es komplizierte Formeln, ab $n = 5$ kann es selbst diese in allgemeiner Form nicht mehr geben. Kennt man aber eine Nullstelle x_0, so kann man über $p(x)/(x - x_0)$ den Grad des Polynoms um eins reduzieren und für das verbleibende Polynom die restlichen Nullstellen suchen. Die Polynomdivision lässt sich völlig analog zur schriftlichen Division von Zahlen durchführen, alternativ erhält man sie aber auch als Ergebnis des Horner-Schemas. Mit dem Horner-Schema werden wir effizient verschiedene Stellenwertdarstellungen von Zahlen ineinander umrechnen (siehe Abschn. 3.6.3). Als Nebeneffekt werden wir sehen, wie wir damit auch durch Linearfaktoren dividieren können.

3.6.2.2 Exponentialfunktion und Logarithmus

Jetzt betrachten wir den Fall, dass die Variable im Exponenten steht. Die Funktion $\exp(x) := e^x$ mit Definitionsbereich $\mathbb{R}$ und Bildmenge $]0, \infty[$ heißt die **Exponentialfunktion** und ist die Abbildung, die jedem $x \in \mathbb{R}$ die (nach den Bemerkungen des Abschn. 3.6.1 wohldefinierte) Zahl e^x zuordnet. Da $e > 2$ ist, ist e^x für $x > 0$ noch größer als 2^x. Was das bedeutet, haben wir schon in der Bemerkung nach Satz 1.1 beschrieben. Über die Exponentialfunktion werden viele Wachstums- und Zerfallsprozesse in der Natur beschrieben. Ist beispielsweise $y(t)$ die Masse eines zerfallenden radioaktiven Stoffs in Abhängigkeit der Zeit t, dann gilt $y(t) = c \cdot \exp(k \cdot t)$ mit der Stoffmenge c zum Zeitpunkt $t = 0$ und der materialabhängigen negativen Zerfallskonstante k.

Die Rechenregeln für Exponenten führen unmittelbar zu Rechenregeln für die Exponentialfunktion:

$$\begin{aligned}
\exp(x + y) &= e^{x+y} = e^x e^y = \exp(x)\exp(y), \\
\exp(xy) &= e^{xy} = [e^x]^y = [\exp(x)]^y, \\
\exp(0) &= e^0 = 1, \quad \exp(1) = e^1 = e, \quad \exp(-x) = e^{-x} = \frac{1}{e^x} = \frac{1}{\exp(x)}.
\end{aligned} \tag{3.34}$$

Aus $e > 1$ können wir $e^x > 1$ für $x > 0$ schließen (siehe Aufgabe 3.19, deren Ergebnis sich auf positive reelle Exponenten übertragen lässt). Damit folgt aber für $x > y$:

$$\exp(x) = \exp(y + (x - y)) = \exp(y)\exp(x - y) > \exp(y) \cdot 1 = \exp(y).$$

Ist also $x > y$, so ist auch $\exp(x) > \exp(y)$. Wir sagen, dass die Funktion **streng monoton wachsend** ist. Damit ist sie aber insbesondere injektiv (vgl. Abschn. 1.4.3), so dass wir nach einer Umkehrfunktion schauen können.

Suchen wir also umgekehrt zum gegebenen Funktionswert $y = f(x)$ das zugehörige x, so benutzen wir den **natürlichen Logarithmus** ln als Umkehrfunktion zu exp. Da exp die Bildmenge $]0, \infty[$ hat, ist $\ln :]0, \infty[\to \mathbb{R}$.

$$\ln(\exp(x)) = x, \ x \in \mathbb{R}; \qquad \exp(\ln(x)) = x, \ x \in]0, \infty[.$$

In Abb. 3.9 erkennen wir, dass der Funktionsgraph von $\ln(x)$ durch Spiegelung des Graphen von e^x an der Hauptdiagonalen (Punkte mit $x = y$) entsteht. Das ist generell bei Funktionsgraphen von Umkehrfunktionen so, da man quasi x- und y-Achse durch die Spiegelung vertauscht. Insbesondere sehen wir, dass auch der natürliche Logarithmus streng monoton wächst:

$$x < y \iff \ln(x) < \ln(y). \tag{3.35}$$

Die wichtigen Rechenregeln

$$\ln(x) + \ln(y) = \ln(xy) \quad \text{und} \quad \ln(x) - \ln(y) = \ln\left(\frac{x}{y}\right) \tag{3.36}$$

folgen sofort aus den Eigenschaften der Exponentialfunktion. Um das zu sehen, nutzen wir aus, dass wegen der strengen Monotonie bzw. Injektivität aus $\exp(a) = \exp(b)$ insbesondere $a = b$ folgt. Es genügt also, die beiden Gleichungen in einer Form nachzurechnen, bei der auf beiden Seiten exp angewendet ist:

$$\exp(\ln(x) + \ln(y)) = \exp(\ln(x))\exp(\ln(y)) = xy = \exp(\ln(xy)).$$

Da die Funktionswerte der Exponentialfunktion übereinstimmen, folgt wegen der Injektivität $\ln(x) + \ln(y) = \ln(xy)$. Analog ergibt sich die zweite Regel aus

$$\exp(\ln(x) - \ln(y)) = \exp(\ln(x)) \cdot \exp(-\ln(y)) = \frac{\exp(\ln(x))}{\exp(\ln(y))} = \frac{x}{y}$$

$$= \exp\left(\ln\left(\frac{x}{y}\right)\right).$$

Abb. 3.9 $\exp(x)$ auf
$]-\infty, \infty[$ und $\ln(x)$ auf
$]0, \infty[$

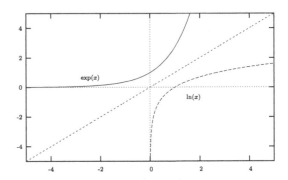

Wichtige Funktionswerte sind $\ln(1) = 0$ und $\ln(e) = 1$. Außerdem gelten die weiteren Rechenregeln

$$-\ln(x) = \ln\left(\frac{1}{x}\right), \text{ denn } -\ln(x) = \underbrace{\ln(1)}_{=0} - \ln(x) \overset{(3.36)}{=} \ln\left(\frac{1}{x}\right),$$

$$\ln(x^y) = y\ln(x), \text{ denn } \exp(\ln(x^y)) = x^y = [\exp(\ln(x))]^y \overset{(3.34)}{=} \exp(y\ln(x)).$$

Aufgabe 3.21 Vereinfachen Sie die folgenden Ausdrücke (siehe Lösung A.56):

$$\prod_{k=1}^{n} \exp(k), \qquad \sum_{k=1}^{n} \ln\left(\frac{k}{k+1}\right).$$

In der Informatik haben wir es weniger mit Potenzen von e als mit Potenzen der Zwei zu tun. Wir ersetzen daher nun e durch eine beliebige reelle Basis $a \neq 1$ mit $a > 0$ und betrachten $f : \mathbb{R} \to]0, \infty[$, $f(x) := a^x$, mit der zugehörigen Umkehrfunktion $\log_a :$ $]0, \infty[\to \mathbb{R}$ **(Logarithmus zur Basis a)**, die ihrerseits wieder die Umkehrfunktion a^x besitzt, siehe Lemma 1.4 in Abschn. 1.4.3. Für $a = 10$ wird oft lg statt $\log_{10}$ geschrieben, für $a = 2$ ist auch ld (Logarithmus Dualis) statt $\log_2$ üblich.

Wenn Sie Potenzfunktionen und Logarithmen implementieren wollen (was nicht nötig ist, da sie i. Allg. bereits zur Verfügung stehen), dann müssten Sie das nicht für jede mögliche Basis a tun. Die Funktionen zu verschiedenen Basen lassen sich ineinander umrechnen (wobei wir auf dem Computer ggf. Rundungsfehler dadurch erhalten, dass e nicht exakt darstellbar ist):

$$a^x = [e^{\ln(a)}]^x = e^{x\ln(a)} = \exp(x\ln(a)), \quad \log_a(x) = \frac{\ln(x)}{\ln(a)}, \tag{3.37}$$

denn um die äquivalente Gleichung $\log_a(x)\ln(a) = \ln(x)$ zu zeigen, nutzen wir wieder die Injektivität der Exponentialfunktion aus und wenden diese auf beide Seiten an. Dabei erhalten wir den gleichen Funktionswert:

$$\exp(\log_a(x)\ln(a)) = \exp(\ln(a))^{\log_a(a)} = a^{\log_a(x)} = x \text{ und } \exp(\ln(x)) = x.$$

Wegen der Umrechnungsregeln gelten die gleichen Rechengesetze wie für $\exp(x)$ und $\ln(x)$, z. B.:

$$\log_a(x) + \log_a(y) \overset{(3.37)}{=} \frac{1}{\ln(a)}[\ln(x) + \ln(y)] \overset{(3.36)}{=} \frac{\ln(xy)}{\ln(a)} \overset{(3.37)}{=} \log_a(xy),$$

$$\log_a(x) - \log_a(y) = \frac{1}{\ln(a)}[\ln(x) - \ln(y)] = \frac{\ln\left(\frac{x}{y}\right)}{\ln(a)} = \log_a\left(\frac{x}{y}\right),$$

$$\log_a(x^y) = \frac{\ln(x^y)}{\ln(a)} = y\frac{\ln(x)}{\ln(a)} = y\log_a(x).$$

3.6.2.3 Trigonometrische Funktionen

Die trigonometrischen Funktionen haben mit Winkeln zu tun. Wir werden sie beispielsweise zum Drehen in der Computergrafik einsetzen, siehe Abschn. 5.7.

Historisch werden Vollwinkel in $360°$ eingeteilt (Gradmaß, Taste „DEG" auf einem Taschenrechner). Diese Einteilung ist für die Anwendung in der Mathematik wenig geeignet, hier wird hauptsächlich das Bogenmaß (Taschenrechner: „RAD") verwendet: Der Einheitskreis (ein Kreis mit Radius 1) hat den Umfang 2π. Ist α ein Winkel im Gradmaß, dann ist $x = \frac{\alpha}{360} \cdot 2\pi$ der gleiche Winkel im Bogenmaß. Dies ist genau die Länge des Bogens, den der Winkel aus dem Einheitskreis mit Umfang 2π schneidet (vgl. x und y in Abb. 3.12). Damit verwenden wir eine natürliche Größe, während die Einteilung in $360°$ willkürlich ist.

$$\frac{\alpha}{360} = \frac{x}{2\pi} \text{ bzw. } \alpha = \frac{360}{2\pi}x \text{ und } x = \frac{2\pi}{360}\alpha.$$

Folgende Eckdaten sollten Sie sich merken: $\frac{\pi}{4}\widehat{=}45°$, $\frac{\pi}{2}\widehat{=}90°$, $\pi\widehat{=}180°$.

Definition 3.17 Wir betrachten ein rechtwinkliges Dreieck mit den Eckpunkten A, B und C, siehe Abb. 3.10. Die Länge der Seite, die A und B verbindet sei $\overline{AB}$. Entsprechend sind $\overline{BC}$ und $\overline{AC}$ die weiteren Seitenlängen. Der Winkel bei A sei

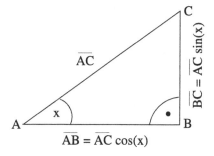

Abb. 3.10 Dreieck zur Definition von Sinus und Kosinus: Die Strecke zwischen A nach B ist die **An**kathete, sie liegt am Winkel x **an**. Die **Gegen**kathete zwischen B und C liegt dem Winkel x **gegen**über. Die Strecke zwischen A und C ist die Hypotenuse

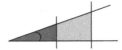

Abb. 3.11 Die bei der Definition der trigonometrischen Funktionen verwendeten Streckenverhält-
nisse sind unabhängig von den tatsächlichen Streckenlängen

$0 < x < \frac{\pi}{2}$, und der Winkel bei B sei der rechte Winkel $\frac{\pi}{2}$.

$$\sin(x) := \frac{\overline{BC}}{\overline{AC}} \left[\frac{\text{Gegenkathete}}{\text{Hypotenuse}} \right], \quad \cos(x) := \frac{\overline{AB}}{\overline{AC}} \left[\frac{\text{Ankathete}}{\text{Hypotenuse}} \right],$$

$$\tan(x) := \frac{\overline{BC}}{\overline{AB}} \left[\frac{\text{Gegenkathete}}{\text{Ankathete}} \right], \quad \cot(x) := \frac{\overline{AB}}{\overline{BC}} \left[\frac{\text{Ankathete}}{\text{Gegenkathete}} \right].$$

Die Funktion sin heißt der **Sinus,** cos heißt **Kosinus,** tan heißt **Tangens** und cot
Kotangens.

Insbesondere ist also $\tan(x) = \frac{\sin(x)}{\cos(x)}$ und $\cot(x) = \frac{\cos(x)}{\sin(x)}$. Eigentlich müssten wir
uns überlegen, dass die Funktionswerte als Verhältnis von Seitenlängen tatsächlich
nur vom Winkel abhängen, dass also das Seitenverhältnis unabhängig von der tatsächlichen Seitenlänge ist. Das kann man aber leicht mit Strahlensätze nachprüfen
(vgl. [Goebbels und Ritter (2018), S. 429 f.] und Abb. 3.11).

Über den Einheitskreis lassen sich die trigonometrischen Funktionen außerhalb
des Winkelbereichs $]0, \frac{\pi}{2}[$ und unabhängig von einem Dreieck fortsetzen, siehe
Abb. 3.12. Damit werden $\sin(x)$ und $\cos(x)$ 2π-**periodisch,** d. h.,

$$\sin(x + 2\pi) = \sin(x) \text{ und } \cos(x + 2\pi) = \cos(x).$$

Durch das Vorzeichenverhalten von Sinus und Kosinus haben Tangens und Kotangens sogar die kleinere Periode π. Perioden, Definitionsbereiche und Bildmengen
sind in Tab. 3.8 aufgelistet.

Über die Konstruktion am Einheitskreis können wir auch sofort die Funktionsgraphen des Sinus und Kosinus ablesen (siehe Abb. 3.13). Damit erhalten wir die
Funktionsgraphen in Abb. 3.14. Häufig benötigte Funktionswerte sind in Tab. 3.9
zusammengefasst.

Am Einheitskreis in Abb. 3.12 lassen sich eine Reihe von Eigenschaften der trigonometrischen Funktionen ablesen:

Abb. 3.12 Fortsetzung der
trigonometrischen
Funktionen am Einheitskreis
(mit Radius 1): Zeigen
Kosinus- oder Sinus-Pfeil
nach links oder unten, dann
sind die entsprechenden
Funktionswerte negativ

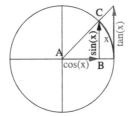 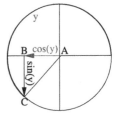

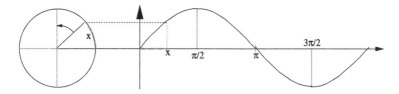

Abb. 3.13 Konstruktion des Funktionsgraphen von $\sin(x)$

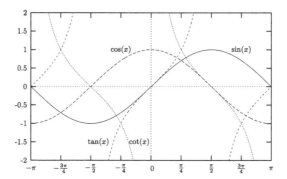

Abb. 3.14 $\sin(x)$, $\cos(x)$ (Graph des Sinus um $\frac{\pi}{2}$ nach links verschoben), $\tan(x)$ (mit von links unten nach rechts oben steigenden Ästen), $\cot x$ (mit von links oben nach rechts unten fallenden Ästen) auf $[-\pi, \pi]$

Tab. 3.8 Definitionsbereich, Bildmenge und die jeweilige kleinste Periode: Die Nullstellen des Kosinus sind nicht im Definitionsbereich des Tangens, die Nullstellen des Sinus liegen nicht im Definitionsbereich des Kotangens

Funktion	Definitionsbereich	Bildmenge	Kleinste Periode
$\sin(x)$	$D = \mathbb{R}$	$W = [-1, 1]$	$p = 2\pi$
$\cos(x)$	$D = \mathbb{R}$	$W = [-1, 1]$	$p = 2\pi$
$\tan(x)$	$D = \mathbb{R} \setminus \{\frac{\pi}{2} + k\pi,\ k \in \mathbb{Z}\}$	$W = \mathbb{R}$	$p = \pi$
$\cot(x)$	$D = \mathbb{R} \setminus \{k\pi,\ k \in \mathbb{Z}\}$,	$W = \mathbb{R}$	$p = \pi$

- $|\sin(x)| \le |x|$,
- $\sin(x + \pi) = -\sin(x)$ und $\cos(x + \pi) = -\cos(x)$,
- $\sin\left(x + \frac{\pi}{2}\right) = \cos(x)$, $\cos\left(x - \frac{\pi}{2}\right) = \sin(x)$ (siehe auch Abb. 3.15),
- $\sin(x) = -\sin(-x)$, $\tan(x) = -\tan(-x)$: Wir können die Funktionsgraphen um $180°$ bzw. π um den Nullpunkt drehen und erhalten wieder das gleiche Bild. Funktionen mit dieser Eigenschaft heißen **ungerade Funktionen**. Der Begriff hat aber nichts mit ungeraden Zahlen zu tun.
- $\cos(x) = \cos(-x)$: Der Funktionsgraph ist an der y-Achse gespiegelt. Funktionen mit dieser Eigenschaft heißen **gerade Funktionen**.

Die soeben beschriebenen Symmetrieeigenschaften vereinfachen bisweilen Rechnungen. Dabei hilft die Aussage der folgenden Aufgabe:

Tab. 3.9 Wichtige Funktionswerte von Sinus und Kosinus, die Wurzelschreibweise dient als Eselsbrücke

Winkel	$0°$	$30°$	$45°$	$60°$	$90°$	$180°$
	0	$\frac{\pi}{6}$	$\frac{\pi}{4}$	$\frac{\pi}{3}$	$\frac{\pi}{2}$	π
Sinus	$0 = \frac{1}{2}\sqrt{0}$	$\frac{1}{2} = \frac{1}{2}\sqrt{1}$	$\frac{1}{2}\sqrt{2}$	$\frac{1}{2}\sqrt{3}$	$1 = \frac{1}{2}\sqrt{4}$	0
Kosinus	$1 = \frac{1}{2}\sqrt{4}$	$\frac{1}{2}\sqrt{3}$	$\frac{1}{2}\sqrt{2}$	$\frac{1}{2} = \frac{1}{2}\sqrt{1}$	$0 = \frac{1}{2}\sqrt{0}$	-1

Abb. 3.15 $\sin\left(x + \frac{\pi}{2}\right) =$ $\cos(x)$ und $\cos\left(x + \frac{\pi}{2}\right) =$ $-\sin(x)$

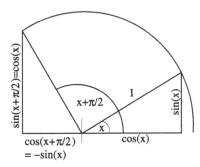

Aufgabe 3.22 Zeigen Sie, dass das Produkt von zwei ungeraden oder zwei geraden Funktionen gerade ist und dass das Produkt einer geraden und einer ungeraden Funktion (anders als bei Zahlen) ungerade ist. (siehe Lösung A.57)

Beispiel 3.6 (Länge eines Steinerbaums) Wir müssen noch die Länge $1 + \sqrt{3}$ des rechten Spannbaums aus Abb. 2.48 in Abschn. 2.5 nachrechnen. Das können wir nun mit den trigonometrischen Funktionen tun, siehe Abb. 3.16: Die Länge l jeder der vier äußeren Kanten ergibt sich über (vgl. Tab. 3.9)

$$\sin\left(\frac{\pi}{3}\right) = \frac{\frac{1}{2}}{l} \iff l = \frac{1}{2\sin\left(\frac{\pi}{3}\right)} = \frac{1}{2 \cdot \frac{1}{2}\sqrt{3}} = \frac{1}{\sqrt{3}}.$$

Die Länge d der mittleren Kante ist

$$d = 1 - 2 \cdot \cos\left(\frac{\pi}{3}\right) \cdot l = 1 - 2 \cdot \frac{1}{2} \cdot l = 1 - l.$$

Damit erhalten wir insgesamt als Länge des Spannbaums

$$4 \cdot l + d = 1 + 3 \cdot l = 1 + \frac{3}{\sqrt{3}} = 1 + \sqrt{3}.$$

Eine oft verwendete Regel ergibt sich ebenfalls direkt aus der Darstellung von $\sin(x)$ und $\cos(x)$ im Einheitskreis: Sie bilden Gegen- und Ankathete in einem rechtwinkligen Dreieck mit Hypotenusenlänge 1. Damit ist der Satz des Pythagoras anwendbar:

$$\sin^2(x) + \cos^2(x) = 1. \tag{3.38}$$

Abb. 3.16 Zur Berechnung der Länge eines Steinerbaums: Wir unterteilen einen 120° Winkel in zwei 60° Winkel ($\frac{\pi}{3}$)

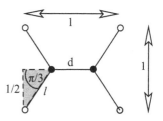

Abb. 3.17 Bezeichnungen für den Kosinussatz

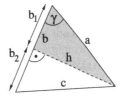

Hier haben wir die übliche Schreibweise $\sin^2(x) := \sin(x)^2$ verwendet, bei der man auch ganz auf Klammern verzichten kann: $\sin^2 x$ lässt sich nicht mit $\sin(x^2)$ verwechseln.

Beim Satz des Pythagoras betrachtet man einen rechten Winkel $\gamma = \frac{\pi}{2}$. Mittels der Kosinusfunktion kann der Satz auf beliebige Dreiecke erweitert werden:

Satz 3.13 (Kosinussatz) In einem Dreieck mit Seitenlängen a, b und c sei γ der Winkel, der der Seite mit Länge c gegenüber liegt, siehe Abb. 3.17. Dann gilt:

$$c^2 = a^2 + b^2 - 2ab\cos(\gamma).$$

Der **Satz des Pythagoras** ist der Spezialfall für $\gamma = \frac{\pi}{2}$, d. h. $\cos(\gamma) = 0$.

Beweis Wir setzen den Satz von Pythagoras voraus und erhalten damit im Dreieck aus Abb. 3.17: $h^2 + b_2^2 = c^2$ sowie $b_1^2 + h^2 = a^2$. Setzen wir $h^2 = a^2 - b_1^2$ in die erste Gleichung ein, ergibt sich

$$a^2 - b_1^2 + b_2^2 = c^2. \tag{3.39}$$

Mit $\cos(\gamma) = \frac{b_1}{a}$ ist $b_1 = a\cos(\gamma)$ und $b_2 = b - b_1 = b - a\cos(\gamma)$. Wir erhalten die Aussage, indem wir das in (3.39) einsetzen:

$$
\begin{aligned}
& a^2 - a^2\cos^2(\gamma) + (b - a\cos(\gamma))^2 = c^2 \\
\Longleftrightarrow\ & a^2 - a^2\cos^2(\gamma) + b^2 - 2ab\cos(\gamma) + a^2\cos^2(\gamma) = c^2 \\
\Longleftrightarrow\ & a^2 + b^2 - 2ab\cos(\gamma) = c^2.
\end{aligned}
$$

$\square$

Tab. 3.10 Arkus-Funktionen

Funktion $f(x)$	Eingeschränkter Definitionsbereich	Umkehrfunktion $f^{-1}(x)$	$D(f^{-1})$	$W(f^{-1})$
$\sin(x)$	$\left[-\frac{\pi}{2}, \frac{\pi}{2}\right]$	$\arcsin(x)$	$[-1, 1]$	$\left[-\frac{\pi}{2}, \frac{\pi}{2}\right]$
$\cos(x)$	$[0, \pi]$	$\arccos(x)$	$[-1, 1]$	$[0, \pi]$
$\tan(x)$	$\left]-\frac{\pi}{2}, \frac{\pi}{2}\right[$	$\arctan(x)$	$]-\infty, \infty[$	$\left]-\frac{\pi}{2}, \frac{\pi}{2}\right[$
$\cot(x)$	$]0, \pi[$	$\text{arccot}(x)$	$]-\infty, \infty[$	$]0, \pi[$

Häufig kennt man Winkel nicht, sondern möchte diese ausrechnen. Dazu werden Umkehrfunktionen der bislang behandelten trigonometrischen Funktionen benötigt: die **Arkus-Funktionen.** Wegen der 2π-Periode sind Sinus und Kosinus und damit auch Tangens und Kotangens nicht injektiv und damit nicht umkehrbar. Aber der Definitionsbereich lässt sich so einschränken, dass es doch Umkehrfunktionen gibt. Zum Beispiel hat der Tangens auf $\left]-\frac{\pi}{2}, \frac{\pi}{2}\right[$ die Umkehrfunktion $\arctan(x)$ (Arkustangens), siehe Tab. 3.10. Dort finden Sie auch die weiteren Arkus-Funktionen mit ihren Definitionsbereichen und Bildmengen.

Wenn wir Ausdrücke wie $\sin(x+y)$ oder $\sin(x)+\sin(y)$ umformen müssen (z. B. um Drehungen einer Vektorgrafik zu berechnen, vgl. Abschn. 5.7), dann benötigen wir Additionstheoreme. Beispielsweise gilt

$$\cos(x+y) = \cos(x)\cos(y) - \sin(x)\sin(y) \tag{3.40}$$

$$\sin(x+y) = \sin(x)\cos(y) + \cos(x)\sin(y). \tag{3.41}$$

Diese und weitere Additionstheoreme finden Sie in jeder Formelsammlung. Allerdings ist ihre Handhabung recht sperrig. Sollten Sie das Pech haben, mit vielen Sinus- und Kosinus-Termen arbeiten zu müssen, dann lohnt es sich, über den Einsatz von komplexen Zahlen nachzudenken, die sich über einen Betrag und einen Winkel schreiben lassen. Aus den Additionstheoremen werden dann die Regeln der Potenzrechnung und umgekehrt.

Aufgabe 3.23 Wir betrachten ein rechtwinkliges Dreieck mit den Katheten a, b und der Hypotenuse c. Der Winkel gegenüber von a heißt α, und der Winkel gegenüber von b heißt β. Vervollständigen Sie die Tab. 3.11. (siehe Lösung A.58)

3.6.3 Darstellung in verschiedenen Stellenwertsystemen

Wir haben bereits die reellen Zahlen genau als die Zahlen kennengelernt, die man als Dezimalzahlen mit endlich oder unendlich vielen Nachkommastellen schreiben kann. Wenn bei unendlich vielen Nachkommastellen eine Periode auftritt, dann handelt es sich um einen Bruch (eine rationale Zahl), sonst um eine irrationale Zahl.

Tab. 3.11 Daten zu Aufgabe 3.23

a	b	c	α	β
2			$\frac{\pi}{6}$	
	3		$\frac{\pi}{4}$	
		5	$\frac{\pi}{6}$	
3	4			

Wir wollen jetzt verstehen, dass die reellen Zahlen tatsächlich mit unendlich vielen Nachkommastellen geschrieben werden können. Die Zahl $x = 0,123456$ erfüllt die Bedingung $0,12345 < x < 0,12346 = 0,12345 + 10^{-5}$. Solche Abschätzungen verwenden wir jetzt. Allerdings lösen wir uns sogar von der konkreten Basis $b = 10$ und wählen eine beliebige, feste Basis $b \in \mathbb{N}$ mit $b > 1$ für unsere Darstellung, so dass wir insbesondere den für die Informatik wichtigen Fall $b = 2$ abdecken.

Satz 3.14 (Stellenwertdarstellung) Sei $b \in \mathbb{N}$ und $b > 1$. Durch die Stellenwertdarstellung ($n \in \mathbb{N}$)

$$x_{n-1}x_{n-2}\ldots x_0, x_{-1}x_{-2}x_{-3}\ldots$$

mit $x_i \in \{0, 1, \ldots, b-1\}$ für $i \leq n-1$ ist eindeutig eine reelle Zahl x mit $0 \leq x < b^n$ gegeben, die für alle $k \in \mathbb{N}$ die Bedingung

$$(x_{n-1}x_{n-2}\ldots x_0, x_{-1}\ldots x_{-k})_b \leq x \leq (x_{n-1}x_{n-2}\ldots x_0, x_{-1}\ldots x_{-k})_b + b^{-k}$$

erfüllt, d. h.

$$\underbrace{\sum_{i=0}^{n-1} x_i \cdot b^i}_{\text{Vorkommateil}} + \underbrace{\sum_{i=1}^{k} x_{-i} \cdot b^{-i}}_{\substack{\text{abgebrochener} \\ \text{Nachkommateil}}} \leq x \leq \left(\sum_{i=0}^{n-1} x_i \cdot b^i + \sum_{i=1}^{k} x_{-i} \cdot b^{-i}\right) + b^{-k}.$$

Umgekehrt besitzt jede reelle Zahl eine solche Stellenwertdarstellung, die die Zahl wie zuvor beschreibt.

Bei negativen reellen Zahlen können wir den Betrag so darstellen und das Ergebnis mit einem Minuszeichen versehen. Damit erhalten wir die uns bekannte Vorzeichen/Betrag-Darstellung.

Wir sagen nicht, dass eine Zahl x eine eindeutige Stellenwertdarstellung hat, denn wir wissen ja bereits, dass dies für $b = 10$ und $x = 0,\overline{9} = 1$ nicht stimmt.

! Vorsicht

In Computerprogrammen wird statt der deutschen Schreibweise mit einem Komma vor dem Nachkommateil ein Punkt verwendet. Leider ist in der deutschen

Schreibweise der Punkt zur Gruppierung von jeweils drei Stellen üblich. Amerikaner benutzen hier umgekehrt das Komma: 1.234.567,89 (deutsch), 1,234,567.89 (amerikanisch). Damit gibt es eine Fehlerquelle, die ein Compiler hoffentlich bemerkt. ◄

Dass wir den ganzzahligen Anteil über die Vorkommastellen ausdrücken können und dass umgekehrt die Vorkommastellen eine natürliche Zahl ergeben, haben wir bereits mit Satz 3.2 in Abschn. 3.2.2 gesehen.

Beim Nachkommateil müssen wir uns mehr anstrengen, da hier unendlich viele Ziffern auftreten können und zunächst nicht klar ist, ob

$$x_{-1} \cdot b^{-1} + x_{-2} \cdot b^{-2} + x_{-3} \cdot b^{-3} + \ldots$$

eine sinnvolle reelle Zahl ist. Denn die Körperaxiome besagen nur, dass die Summe von zwei Zahlen wieder im Körper ist. Mit vollständiger Induktion kann man das auf die Summe von endlich vielen Zahlen ausdehnen. Was aber eine Summe von unendlich vielen reellen Zahlen ist, ist zunächst unklar. Bei den Brüchen konnten wir in Abschn. 3.4 noch verstehen, dass ein periodischer Nachkommateil durch einen Bruch ausgedrückt werden kann. In Abschn. 3.6.1 haben wir zwar erwähnt, dass die reellen Zahlen zusätzlich die Dezimalzahlen mit unendlich vielen Nachkommastellen ohne Periode umfassen. Sie haben uns das über die Argumentation an der Zahlengeraden vermutlich geglaubt. Definiert haben wir die reellen Zahlen aber über Axiome, die zunächst wenig mit der Dezimaldarstellung zu tun haben.

Beweis Wir zeigen, dass durch die Stellenwertdarstellung, wie im Satz angegeben, tatsächlich genau eine reelle Zahl beschrieben ist. Dazu benutzen wir das Vollständigkeitsaxiom der reellen Zahlen (siehe Abschn. 3.6.1) für eine Folge von Intervallen $[u_k, v_k]$ mit

$$u_k := \sum_{i=1}^{k} x_{-i} \cdot b^{-i} \text{ und } v_k := u_k + b^{-k} = \left(\sum_{i=1}^{k} x_{-i} \cdot b^{-i} \right) + b^{-k}.$$

Wenn wir gezeigt haben, dass es sich tatsächlich um eine Intervallschachtelung

$$\cdots \subseteq [u_3, v_3] \subseteq [u_2, v_2] \subseteq [u_1, v_1]$$

handelt, dann besagt das Vollständigkeitsaxiom, dass es mindestens eine Zahl $x \in \mathbb{R}$ gibt, die in allen Intervallen liegt und damit die im Satz angegebene Bedingung erfüllt. Es gibt aber auch keine weitere reelle Zahl $y \in \mathbb{R}$, $x \neq y$ mit dieser Eigenschaft, da die Intervallbreiten $v_k - u_k = b^{-k}$ für genügend großes k kleiner als der Abstand von x und y werden. Damit ist die reelle Zahl x eindeutig über die Stellenwertdarstellung bestimmt.

Zeigen wir also, dass es sich um eine Intervallschachtelung handelt. Offensichtlich ist der linke Intervallrand u_k stets kleiner als der rechte v_k, und mit wachsendem k

wird u_k zumindest nicht kleiner. Wir müssen noch zeigen, dass mit wachsendem k der rechte Rand v_k nicht größer wird, dass also $v_{k+1} \leq v_k$ bzw.

$$\left(\sum_{i=1}^{k+1} x_{-i} \cdot b^{-i}\right) + b^{-(k+1)} \leq \sum_{i=1}^{k} x_{-i} \cdot b^{-i} + b^{-k}$$

gilt. Auf der linken Seite steht $\left(\sum_{i=1}^{k} x_{-i} \cdot b^{-i}\right) + x_{-(k+1)} \cdot b^{-(k+1)} + b^{-(k+1)}$, wobei wir den letzten Summanden separat geschrieben haben. Wir müssen jetzt also nur zeigen, dass $x_{-(k+1)} \cdot b^{-(k+1)} + b^{-(k+1)} \leq b^{-k}$ gilt. Wegen $0 \leq x_{-(k+1)} < b$ erhalten wir aber

$$0 \leq x_{-(k+1)} \cdot b^{-(k+1)} + b^{-(k+1)} \leq (b-1)b^{-(k+1)} + b^{-(k+1)} = b \cdot b^{-(k+1)} = b^{-k}.$$

Damit ist die Intervallschachtelung und der erste Teil des Satzes gezeigt.

Umgekehrt hat jede reelle Zahl $x \in [0, b^n[$ eine im Satz beschriebene Stellenwertdarstellung: Man erhält sie über fortgesetzte Multiplikation von $y := x/b^n \in [0, 1[$ mit b. Der Ganzzahlanteil von $y \cdot b$ ist die höchstwertige Vorkommastelle von x. Beachten Sie, dass es sich wegen $0 \leq y < 1$ auch tatsächlich um eine Ziffer zwischen 0 und $b - 1$ handelt. Der Ganzzahlanteil von $(y \cdot b - \text{Ganzzahlanteil}(y \cdot b)) \cdot b$ ergibt so die zweite Stelle. Fortgesetzt erhalten wir zunächst alle Vorkomma- und dann auch die Nachkommastellen. Beispielsweise ergibt sich für $0{,}7624$ (hier kennen wir also schon eine Stellenwertdarstellung zur Basis 10) und $b = 10$:

Multiplikation mit b	Ganzzahl	Rest
$0{,}7624 \cdot 10 = 7{,}624$	7	$0{,}624$
$0{,}624 \cdot 10 = 6{,}24$	6	$0{,}24$
$0{,}24 \cdot 10 = 2{,}4$	2	$0{,}4$
$0{,}4 \cdot 10 = 4$	4	$0.$

Die so konstruierte Darstellung entspricht auch tatsächlich der Zahl x, denn wenn wir mit ihr die obige Intervallschachtelung machen, dann liegt x in jedem der Intervalle und stimmt daher mit der durch die Intervallschachtelung festgelegten eindeutigen reellen Zahl überein. □

Wenn Sie die Intervallschachtelung aus dem Beweis für $x = 0{,}\overline{9}$ und $x = 1$ durchführen, dann erhalten Sie unterschiedliche Intervallschachtelungen, die aber die gleiche Zahl repräsentieren.

Die Schwierigkeit im Beweis bestand darin, dass wir unendlich viele Nachkommastellen erlauben. Wenn wir eine Stellenwertdarstellung im Computer benutzen, haben wir diese Schwierigkeit natürlich nicht, hier kann es nur endlich viele Stellen geben. Dafür muss man sich aber mit Rundungsungenauigkeiten herumschlagen, wie wir auch in diesem Kapitel noch sehen werden.

Wir rechnen nun eine Stellenwertdarstellung zu einer Basis in eine Darstellung zu einer anderen Basis um. Betrachten wir dazu das Beispiel

$$(935,421875)_{10} = (3A7,6C)_{16}.$$

Zuerst zerlegen wir die Zahl in Vor- und Nachkommateil. Den Vorkommateil wandeln wir durch fortgesetzte Division um:

$$935 : 16 = 58 \text{ Rest } 7 \mathrel{\hat{=}} 7$$
$$58 : 16 = 3 \text{ Rest } 10 \mathrel{\hat{=}} A$$
$$3 : 16 = 0 \text{ Rest } 3 \mathrel{\hat{=}} 3.$$

Die jeweiligen Divisionsreste ergeben von unten nach oben gelesen den Vorkommateil der gesuchten Zahl in der anderen Basis. Anschließend kann der Nachkommateil durch fortgesetzte Multiplikation umgewandelt werden.

$$0,421875 \cdot 16 = 6 + 0,75 \rightarrow 6$$
$$0,75 \cdot 16 = 12 + 0 \rightarrow C.$$

Die jeweiligen ganzen Teile ergeben von oben nach unten gelesen den Nachkommateil der gesuchten Zahl in der anderen Basis. Wenn wir die Probe machen, also

$$3 \cdot 16^2 + 10 \cdot 16^1 + 7 \cdot 16^0 + 6 \cdot 16^{-1} + 12 \cdot 16^{-2} = 935,421875$$

berechnen, dann stellen wir fest, dass dieses Verfahren funktioniert hat.

Wir haben uns zuvor überlegt, dass bei der Basis $b = 10$ ein Bruch endlich viele Nachkommastellen hat oder durch eine Dezimalzahl mit Periode darstellbar ist. Das gilt mit der gleichen Begründung auch für jede andere Basis $b > 1$. Allerdings kann ein Bruch bei einer Basis endlich viele Nachkommastellen haben und bei einer anderen Basis eine periodische Darstellung besitzen. So ergeben sich bei der Umwandlung vom Dezimal- ins Dualsystem oft periodische Dualbrüche: $(0,1)_{10} = (0,0\overline{0011})_2$. Im Rechner können periodische Dualbrüche nur näherungsweise dargestellt werden, da die Länge der Zahlen beschränkt ist. Welche Auswirkungen das haben kann, sieht man am einführenden Listing 3.1. Dort wird zehnmal der Wert $0,1$ auf den anfänglichen Wert $1,0$ addiert. Da der Wert $0,1$ aber im Rechner nicht exakt dargestellt werden kann, wird der Wert $2,0$ nicht exakt erreicht. Daher ist die Bedingung $x \neq 2$ (also x != 2.0 in C) der while-Schleife immer erfüllt, und die Schleife bricht nicht ab. Korrekt wird das Programm mit dem Schleifenkopf while(x < 2.0). Verwenden wir in einem Programm Werte vom Typ float oder double, müssen wir uns Gedanken über Ungenauigkeiten machen.

Um eine Zahl in Binär- oder Hexadezimaldarstellung wieder zurück in die Dezimaldarstellung zu wandeln, kann man wie oben bei der Berechnung der Probe vorgehen. Allerdings werden dabei sehr viele Multiplikationen benötigt. Wir können eine solche Umwandlung beschleunigen, indem wir das **Horner-Schema** anwenden.

Betrachten wir dazu das Beispiel $(B63D2)_{16} = (746450)_{10}$. Mit unserer bisherigen Methode zur Umrechnung erhalten wir:

$$
(B63D2)_{16} = 11 \cdot 16^4 + 6 \cdot 16^3 + 3 \cdot 16^2 + 13 \cdot 16^1 + 2 \cdot \overbrace{16^0}^{=1}
$$
$$
= 11 \cdot 16 \cdot 16 \cdot 16 \cdot 16 + 6 \cdot 16 \cdot 16 \cdot 16 + 3 \cdot 16 \cdot 16 + 13 \cdot 16 + 2.
$$

Bei dieser naiven Art und Weise, den Wert zu berechnen, benötigen wir für die Stelle i mit der Stellenwertigkeit 16^i genau i Multiplikationen: $i - 1$ Multiplikationen zur Berechnung der Potenz und eine für die Multiplikation der Potenz mit der Ziffer. In unserem Beispiel benötigen wir also $4 + 3 + 2 + 1 = 10$ Multiplikationen. Wenn wir etwas intelligenter vorgehen, dann berechnen wir die Potenzen iterativ und speichern bereits berechnete Ergebnisse zwischen, um darauf zurückgreifen zu können: $16 \cdot 16 = 16^2$, $16^2 \cdot 16 = 16^3$, $16^3 \cdot 16 = 16^4$. Dadurch benötigen wir nur insgesamt $n - 1$ Multiplikationen, um alle Potenzen bis 16^n zu berechnen. Zusätzlich müssen wir aber noch n Multiplikationen mit der jeweiligen Ziffer durchführen, also erhalten wir $2n - 1$ viele Multiplikationen, hier also $2 \cdot 4 - 1 = 7$. Jetzt gehen wir noch geschickter vor:

$$
(B63D2)_{16} = (11 \cdot 16 + 6) \cdot 16^3 + 3 \cdot 16^2 + 13 \cdot 16^1 + 2
$$
$$
= ((11 \cdot 16 + 6) \cdot 16 + 3) \cdot 16^2 + 13 \cdot 16^1 + 2
$$
$$
= [([11 \cdot 16 + 6] \cdot 16 + 3) \cdot 16 + 13] \cdot 16 + 2.
$$

Durch das Ausklammern der einzelnen Terme erhalten wir in der letzten Zeile das Horner-Schema, und können dadurch die Anzahl der durchzuführenden Multiplikationen erheblich reduzieren, nämlich von $2n - 1$ auf n, also ungefähr auf die Hälfte. Wir benötigen nur noch eine Multiplikation pro Stelle. Die Anzahl der Additionen ändert sich nicht.

Betrachten wir ein weiteres Beispiel: $(527436)_8 = (175902)_{10}$

$$
(527436)_8 = 5 \cdot 8^5 + 2 \cdot 8^4 + 7 \cdot 8^3 + 4 \cdot 8^2 + 3 \cdot 8^1 + 6
$$
$$
= \big[[((5 \cdot 8 + 2) \cdot 8 + 7) \cdot 8 + 4] \cdot 8 + 3\big] \cdot 8 + 6.
$$

Anstelle von bis zu fünfzehn Multiplikationen benötigen wir nur noch fünf Multiplikationen. Da solche Umwandlungen im Rechner ständig durchgeführt werden müssen, sollte die Umwandlung so schnell wie möglich, also mit so wenigen Multiplikationen wie möglich, durchgeführt werden. Weniger Multiplikationen sparen auch Energie.

Das Horner-Schema eignet sich auch zur Berechnung von Funktionswerten eines Polynoms. Wenn wir $p(8)$ für

$$
p(x) = 5 \cdot x^5 + 2 \cdot x^4 + 7 \cdot x^3 + 4 \cdot x^2 + 3 \cdot x + 6
$$

berechnen wollen, dann können wir das Ausklammern wie zuvor an einem Polynom vornehmen, und erhalten allgemein

$$p(x) = a_n x^n + a_{n-1} x^{n-1} + a_{n-2} x^{n-2} + \cdots + a_1 x + a_0$$
$$= (a_n x + a_{n-1}) x^{n-1} + a_{n-2} x^{n-2} + \cdots + a_1 x + a_0$$
$$= \ldots = (\ldots ((a_n x + a_{n-1}) x + a_{n-2}) x + \cdots + a_1) x + a_0.$$

Jetzt können wir einen Funktionswert $p(x_0)$ berechnen, indem wir $x = x_0$ setzen und die Klammern von innen nach außen ausrechnen. Wenn wir die Zwischenergebnisse mit b_k, $0 \le k \le n - 1$, bezeichnen,

$$p(x_0) = \overbrace{(\ldots((\underbrace{\underbrace{a_n \ x_0 + a_{n-1}}_{b_{n-1}}) x_0 + a_{n-2}}_{b_{n-2}}) x_0 + \cdots + a_1) x_0}^{b_0} + a_0,$$

dann erhalten wir das Rechenschema

$$
\begin{array}{lll}
b_{n-1} = a_n & \Longleftrightarrow & a_n = b_{n-1} \\
b_{n-2} = a_{n-1} + b_{n-1} \cdot x_0 & \Longleftrightarrow & a_{n-1} = b_{n-2} - b_{n-1} \cdot x_0 \\
b_{n-3} = a_{n-2} + b_{n-2} \cdot x_0 & \Longleftrightarrow & a_{n-2} = b_{n-3} - b_{n-2} \cdot x_0 \\
& \vdots & \\
p(x_0) = a_0 + b_0 \cdot x_0 & \Longleftrightarrow & a_0 = p(x_0) - b_0 \cdot x_0,
\end{array}
\tag{3.42}
$$

das für die Anwendung so dargestellt wird:

Koeffizienten	a_n	a_{n-1}	a_{n-2}	$\ldots$	a_2	a_1	a_0
+	0	$b_{n-1} \cdot x_0$	$b_{n-2} \cdot x_0$	$\ldots$	$b_2 \cdot x_0$	$b_1 \cdot x_0$	$b_0 \cdot x_0$
=	b_{n-1}	b_{n-2}	b_{n-3}	$\ldots$	b_1	b_0	$p(x_0)$.

In dieser Form berechnet sich $(527436)_8$ als Funktionswert $p(8)$ des Polynoms p mit den Stellenwerten als Koeffizienten so:

Koeffizienten	5	2	7	4	3	6
+		0	40	336	2.744	21.984	175.896
=	5	42	343	2.748	21.987	175.902.

Was das Horner-Schema auch für das Rechnen mit Nullstellen interessant macht ist, dass wir beim Berechnen des Funktionswerts $p(x_0)$ gleichzeitig eine Polynomdivision $p(x)/(x - x_0)$ durchgeführt haben – ohne es zu bemerken. Kennen wir also eine Nullstelle x_0, dann können wir mit dem Horner-Schema den Linearfaktor $(x - x_0)$ abspalten, so dass wir es mit einem Polynom kleineren Grades zu tun haben, für das sich u. U. Nullstellen einfacher finden lassen.

Ist p ein Polynom vom Grad n, dann formen wir es bei einer Polynomdivision $p(x)/(x - x_0)$ um zu einem Polynom vom Grad $n - 1$ plus einem Rest $\frac{p(x_0)}{x - x_0}$. Dabei können wir wie bei der schriftlichen Division von Zahlen vorgehen:

$$
\begin{array}{l}
(\ 5x^5\ +2x^4\ \ +7x^3\ \ \ +4x^2\ \ \ \ \ +3x\ \ \ \ \ +6\ )\,:\,(x-8) \\
\underline{-[\ 5x^4\ -40x^4\ \hspace{7.5cm}]}\hspace{1.2cm}=5x^4 \\
\hspace{1.3cm}42x^4\ \ +7x^3\ \ +4x^2\ \ \ \ +3x\ \ \ \ +6 \\
\underline{-[\hspace{1.3cm}42x^4\ -336x^3\ \hspace{5.5cm}]}\hspace{1.2cm}+42x^3 \\
\hspace{2.5cm}343x^3\ \ +4x^2\ \ \ \ +3x\ \ \ \ +6 \\
\underline{-[\hspace{2.5cm}343x^3\ -2744x^2\ \hspace{3.5cm}]}\hspace{1.2cm}+343x^2 \\
\hspace{3.7cm}2748x^2\ \ \ \ +3x\ \ \ \ +6 \\
\underline{-[\hspace{3.7cm}2748x^2\ -21.984x\ \hspace{1.7cm}]}\hspace{1.2cm}+2.748x \\
\hspace{5.0cm}21.987x\ \ \ \ +6 \\
\underline{-[\hspace{5.0cm}21.987x\ -175.896\ ]}\hspace{1.1cm}+21.987x \\
\hspace{6.0cm}175.902\hspace{1.7cm}+\frac{175.902}{x-8}.
\end{array}
$$

Im ersten Schritt gilt beispielsweise

$$
\frac{p(x)}{x-8} = 5x^4 + \frac{p(x) - 5x^4(x-8)}{x-8} = 5x^4 + \frac{42x^2 + 7x^3 + 4x^2 + 3x + 6}{x-8}.
$$

Dabei ist $5x^4 = 5x^5/x$ so gewählt, dass $p(x) - 5x^4(x - 8)$ einen kleineren Grad als $p(x)$ hat. Für dieses neue Polynom geschieht nun im zweiten Schritt das Gleiche wie für $p(x)$ im ersten usw.

Wir erkennen, dass die Koeffizienten 5, 42, 343, 2748, 21.987 des Ergebnispolynoms sowie der Rest 175.902 genau die Zahlen aus der unteren Reihe des zuvor berechneten Horner-Schemas sind. Das ist kein Zufall. Mit den Bezeichnungen von zuvor gilt nämlich

$$
p(x) = a_n x^n + a_{n-1} x^{n-1} + a_{n-2} x^{n-2} + \cdots + a_1 x + a_0
$$
$$
= \underbrace{(b_{n-1} x^{n-1} + b_{n-2} x^{n-2} + \cdots + b_1 x + b_0)}_{=:q(x)}(x - x_0) + p(x_0). \qquad (3.43)
$$

Das ergibt sich direkt aus der Regel zum Aufbau des Horner-Schemas. Wir multiplizieren dazu die rechte Seite aus, fassen die Faktoren der Potenzen zusammen und vereinfachen sie mittels (3.42):

$$
(b_{n-1} x^{n-1} + b_{n-2} x^{n-2} + \cdots + b_1 x + b_0)(x - x_0) + p(x_0)
$$
$$
= b_{n-1} x^n + (-x_0 b_{n-1} + b_{n-2}) x^{n-1} + (-x_0 b_{n-2} + b_{n-3}) x^{n-2} + \ldots
$$
$$
+ (-x_0 b_0 + p(x_0)) = a_n x^n + a_{n-1} x^{n-1} + a_{n-2} x^{n-2} + \cdots + a_0.
$$

Nach (3.43) lautet das Ergebnis der Polynomdivision von $p(x)$ durch $x - x_0$:

$$\frac{p(x)}{x - x_0} = b_{n-1}x^{n-1} + b_{n-2}x^{n-2} + \cdots + b_1 x + b_0 + \frac{p(x_0)}{x - x_0}.$$

Wenn wir x_0 als Nullstelle des Polynoms wählen, dann bleibt die Division ohne Rest, sonst ist der Rest $\frac{p(x_0)}{x-x_0}$.

Aufgabe 3.24 Berechnen Sie mit dem Horner-Schema für $p(x) = x^4 + 2x^3 + 3x + 4$ den Funktionswert $p(-2)$, und führen Sie mittels Horner-Schema die Polynomdivision $p(x)/(x + 2)$ mit Rest durch. (siehe Lösung A.59)

Kommen wir zurück zur Umrechnung von Stellenwertdarstellungen. Bei zwei Basen $b, b' \in \mathbb{N}$ mit $b' = b^n$ für ein $n \in \mathbb{N}$ kann die Zahlenumwandlung vereinfacht werden. Denn eine Stelle in der Stellenwertdarstellung von b' entspricht genau n Stellen in der Darstellung bezüglich b. Daher fassen wir Gruppen von n Ziffern bezüglich b zusammen. Betrachten wir dazu ein Beispiel: $(21121{,}012)_3 = (247{,}16)_9$, also $b = 3$ und $b' = 9$. Die Ziffern der Zahl $(21121{,}012)_3$ werden paarweise zusammengefasst, da $9 = 3^2$. Der Exponent gibt an, wie viele Ziffern zusammengefasst werden müssen. Dazu müssen dem Vorkommateil eventuell Nullen vorangestellt werden, und an den Nachkommateil gegebenenfalls Nullen angehängt werden. Die zusätzlichen Nullen sind im Beispiel fett gedruckt.

Vorkommateil	Nachkommateil
$(\mathbf{0}2)_3 = (2)_9$	$(01)_3 = (1)_9$
$(11)_3 = (4)_9$	$(2\mathbf{0})_3 = (6)_9$
$(21)_3 = (7)_9$	

Die so berechneten Ziffern zur Basis 9 können nun hintereinander geschrieben werden.

Beispiel 3.7 (Zusammenfassung von Stellen)

- Für die Umwandlung $(32132)_4 = (39E)_{16}$ werden die Ziffern von $(32132)_4$ paarweise zusammengefasst, da $16 = 4^2$.

$$(03)_4 = (3)_{16}, \quad (21)_4 = (9)_{16}, \quad (32)_4 = (E)_{16}$$

- Bei der Zahl $(2A7)_{16} = (0010\ 1010\ 0111)_2$ werden umgekehrt die Ziffern der Zahl $(2A7)_{16}$ jeweils als 4-stellige Dualzahl geschrieben, da $16 = 2^4$:

$$(2)_{16} = (0010)_2, \quad (A)_{16} = (1010)_2, \quad (7)_{16} = (0111)_2.$$

3.6.4 Darstellung reeller Zahlen im Computer

Leider sind nur endlich viele Nachkommastellen speicherbar. Bei $(0,1)_{10}$ haben wir schon gesehen, dass durch die Umwandlung ins Dualsystem Fehler entstehen.

Bei **Festkomma-Zahlen** ist die maximale Anzahl von Vor- und Nachkommastellen festgelegt. Wenn wir beispielsweise bei vier Vor- und vier Nachkommastellen die Zahl 0,000111101 darstellen wollen, dann erhalten wir abgerundet 0000,0001. Also gehen fünf signifikante Stellen verloren. Damit eine solche Ungenauigkeit nicht auftritt, werden Zahlen im Rechner nicht mit der Festkomma-Darstellung codiert. Bei der **Gleitpunktdarstellung** (eigentlich müssten wir von Gleitkommadarstellung sprechen, aber so hört sich der Begriff wie „floating point number" an, in C ist das der Datentyp `float`) wird eine reelle Zahl x dargestellt in der Form

$$x = \pm m \cdot b^{\pm d},$$

wobei m die **Mantisse** bezeichnet, d den **Exponenten** und b die **Basis.** Betrachten wir auch hier einige Beispiele, um uns diese Schreibweise klar zu machen:

$$3{,}14159 = 0{,}314159 \cdot 10^1, \quad 0{,}000021 = 0{,}21 \cdot 10^{-4}, \quad 12340000 = 0{,}1234 \cdot 10^8.$$

Leider hat diese Darstellung eine kleine Schwäche: Sie ist nicht eindeutig:

$$3{,}14159 = 0{,}0314159 \cdot 10^2 = 0{,}314159 \cdot 10^1 = 31{,}4159 \cdot 10^{-1}.$$

Um Mehrdeutigkeiten zu vermeiden, führt man eine normalisierte Darstellung ein. Eine Gleitpunktzahl der Form $\pm m \cdot b^{\pm d}$ heißt **normalisiert** genau dann, wenn gilt:

$$1 \leq |m| < b.$$

Was bedeutet nun die Normalisierungsbedingung? Sie sorgt dafür, dass genau eine Vorkommastelle verwendet wird. Der ganzzahlige Anteil der Zahl liegt also zwischen 1 und $b - 1$. Schauen wir uns einige Beispiele an, dann wird es klarer:

- $(0{,}000011101)_2$ lautet normalisiert $(1{,}1101)_2 \cdot 2^{-5}$, da $1 \leq |1| < 2$,
- $(1001{,}101)_2 \cdot 2^{10}$ wird zu $(1{,}001101)_2 \cdot 2^{13}$, da $1 \leq |1| < 2$,
- $47{,}11 \cdot 10^2$ ist normalisiert $4{,}711 \cdot 10^3$, da $1 \leq |4| < 10$,
- $0{,}0815 \cdot 10^{-3}$ wird zu $8{,}15 \cdot 10^{-5}$, da $1 \leq |8| < 10$.

Wir beschreiben nun eine einfache Möglichkeit, die Gleitpunktzahlen im Computer abzubilden. Tatsächlich ist die Darstellung noch ein klein wenig komplizierter, darauf gehen wir anschließend kurz ein.

Zum Speichern einer Gleitpunktzahl zur Basis 2 mit einer Wortlänge von 32 Bits teilen wir die 32 Bits wie folgt auf:

- Mantisse: 23 Bits plus ein Bit für das Vorzeichen, wobei wir die Mantisse in Vorzeichen-/Betragdarstellung ablegen.
- Exponent: 8 Bits, im Gegensatz zur Mantisse geben wir den Exponenten in der Zweier-Komplement-Darstellung an. Die genaue Codierung des Exponenten spielt aber bei den folgenden Rechnungen keine Rolle.

Für eine Wortlänge von 64 Bits kann die Zahl ähnlich aufgeteilt werden. Die Mantisse hat dann 52 Bits plus ein Vorzeichenbit, der Exponent wird mit 11 Bits dargestellt. Für die Zahl

$$(5031,1875)_{10} = (1001110100111,0011)_2 \cdot 2^0$$
$$= (1,0011101001110011)_2 \cdot 2^{12} = (1,0011101001110011)_2 \cdot 2^{(00001100)_2}$$

erhalten wir bei einer Wortlänge von 32 Bits als einzelne Teile:

Vorzeichen : $0 \hat{=} +$ Mantisse : 10011101001110011000000
Exponent : 00001100.

Entsprechend gewinnen wir aus

$$(-0,078125)_{10} = (-0,000101)_2 \cdot 2^0 = (-1,01)_2 \cdot 2^{-4} = (-1,01)_2 \cdot 2^{(11111100)_2}$$

die Werte:

Vorzeichen : $1 \hat{=} -$ Mantisse : 10100000000000000000000
Exponent : 11111100.

Wer genau aufgepasst hat, wird festgestellt haben, dass die Null nicht im darstellbaren Bereich enthalten ist, da $1 \leq 0 < b$ nicht gelten kann. Daher müssen wir die Null abweichend darstellen, z. B., indem wir sie über einen speziellen Exponenten kennzeichnen.

Bei $b = 2$ und einer von null verschiedenen Zahl ist die Vorkommastelle der Mantisse immer 1. Um keine unnötige Information zu speichern, könnte diese weggelassen werden. Tatsächlich wird das bei der Zahlendarstellung im Computer auch gemacht (s. u.). Wir haben sie aber der Übersichtlichkeit wegen erst einmal stehen gelassen.

Jetzt verstehen wir auch das merkwürdige Verhalten des Programms aus Listing 3.3 der Einleitung: Mit 32 Bits sind maximal 2^{32} verschiedene Zahlen darstellbar. Die größte Gleitpunktzahl bei 32 Bits ist aber ungefähr 2^{127}. Außerdem hat die Mantisse nur 23 Bits, so dass mehr signifikante Stellen nicht darstellbar sind. Zwischen den Gleitpunktzahlen sind also Lücken. Die Gleitpunktzahlen decken also ihren Zahlenbereich nur sehr unvollkommen ab.

Jetzt rechnen wir mit Gleitpunktzahlen. Schauen wir uns zunächst die Multiplikation und Division für Zahlen $x = m_x \cdot 2^{d_x}$ und $y = m_y \cdot 2^{d_y}$ an. Aus den Rechenregeln für Potenzen reeller Zahlen ergibt sich:

- Bei der Multiplikation werden die Mantissen multipliziert und die Exponenten addiert.

$$x \cdot y = (m_x \cdot m_y) \cdot 2^{d_x + d_y}$$

- Bei der Division werden die Mantissen dividiert und die Exponenten subtrahiert.

$$x : y = (m_x : m_y) \cdot 2^{d_x - d_y}$$

Betrachten wir auch dazu wieder ein Beispiel, zunächst für die Multiplikation $121{,}8 \cdot 0{,}37$:

$$(1{,}218 \cdot 10^2) \cdot (3{,}7 \cdot 10^{-1}) = 4{,}5066 \cdot 10^1 = 45{,}066$$

und nun ein Beispiel für die Division $450{,}66 : 37$:

$$(4{,}5066 \cdot 10^2) : (3{,}7 \cdot 10^1) = 1{,}218 \cdot 10^1 = 12{,}18.$$

Die Multiplikation und Division der Zahlen erfordert keine angepasste Darstellung. Das ist bei der Addition und Subtraktion der Zahlen $x = m_x \cdot 2^{d_x}$ und $y = m_y \cdot 2^{d_y}$ anders. Wenn wir schriftlich addieren und subtrahieren, dann muss das Komma bzw. der Dezimalpunkt an der gleichen Stelle stehen. Bei Gleitpunktzahlen wird die Position des Kommas durch den Exponenten bestimmt, so dass wir diesen angleichen müssen. Rechnerisch sieht das dann so aus:

$$x \pm y = \begin{cases} (m_x \cdot 2^{d_x - d_y} \pm m_y) \cdot 2^{d_y}, & \text{falls } d_x \leq d_y \\ (m_x \pm m_y \cdot 2^{d_y - d_x}) \cdot 2^{d_x}, & \text{falls } d_x > d_y. \end{cases}$$

Wie man hier sieht, wird der kleine Exponent dem großen Exponenten angeglichen. Es macht keinen Sinn, den großen Exponenten an den kleinen anzupassen, da dadurch eventuell die höchstwertigen Stellen nicht mehr dargestellt werden könnten. Man nimmt lieber in Kauf, niederwertigere Stellen zu verlieren, und akzeptiert damit Rundungsungenauigkeiten. Bei einer Mantisse von 4 Stellen (ohne Vorzeichen) zur Basis 10 seien x, y, z wie folgt gegeben:

$$x := +1{,}235 \cdot 10^2, \quad y := +5{,}512 \cdot 10^4, \quad z := -5{,}511 \cdot 10^4.$$

Unter Berücksichtigung der Rundungsungenauigkeit erhalten wir $1{,}235 \cdot 10^{-2} \approx 0{,}012$:

$$x + y = +1{,}235 \cdot 10^2 + 5{,}512 \cdot 10^4 = (+1{,}235 \cdot 10^{-2} + 5{,}512) \cdot 10^4$$
$$\approx (+0{,}012 + 5{,}512) \cdot 10^4 = +5{,}524 \cdot 10^4,$$

$$(x + y) + z \approx +5{,}524 \cdot 10^4 - 5{,}511 \cdot 10^4 = +0{,}013 \cdot 10^4 = +1{,}300 \cdot 10^2.$$

Andererseits tritt bei der folgenden Rechnung kein Rundungsfehler auf:

$$y + z = +5{,}512 \cdot 10^4 - 5{,}511 \cdot 10^4 = +0{,}001 \cdot 10^4 = +1{,}000 \cdot 10^1,$$

$$x + (y + z) = +1{,}235 \cdot 10^2 + 1{,}000 \cdot 10^1 = +1{,}235 \cdot 10^2 + 0{,}100 \cdot 10^2$$
$$= +1{,}335 \cdot 10^2 \neq +1{,}300 \cdot 10^2 \approx (x + y) + z.$$

Das Assoziativgesetz gilt also nicht bei Gleitpunktzahlen mit endlicher Stellenzahl. Es ist sinnvoll, Zahlen mit ähnlich großen Exponenten zu addieren oder subtrahieren.

Ein anderes Beispiel, bei dem die beschränkte Stellenzahl der Mantisse Auswirkungen hat, erhalten wir bei Berechnung der linken Seite von

$$\frac{(x+y)^2 - x^2 - 2xy}{y^2} = \frac{x^2 + 2xy + y^2 - x^2 - 2xy}{y^2} = 1$$

auf einem 32 Bit Computer mit einfacher Genauigkeit (`float`) für die Zahlen $x = 1000$ und $y = 0{,}03125 = \frac{1}{32}$. Obwohl beide Zahlen exakt dargestellt werden können, bekommen wir das Ergebnis 0. Das liegt daran, dass $(x + y)^2$ eine große Zahl und y^2 eine im Vergleich so kleine Zahl ist, dass in der Zahlendarstellung aufgrund der Stellenzahl der Mantisse genau der y^2-Anteil von $(x + y)^2 = x^2 + 2xy + y^2$ nicht mehr gespeichert werden kann. Daher entsteht bereits im Zähler die Null. Um solche groben Fehler zu vermeiden, sollten Zahlen bei Addition und Subtraktion ungefähr die gleiche Größenordnung haben.

Wir können festhalten, dass Ungenauigkeiten im Umgang mit Gleitpunktzahlen sowohl bei der Umwandlung vom Dezimal- ins Dualsystem als auch bei den arithmetischen Operationen auftreten.

In der Regel spielen kleine Abweichungen keine große Rolle. Im Rechner werden aber oft tausende von Rechenoperationen hintereinander ausgeführt: Kleine Rundungsfehler können sich addieren und das Resultat völlig unbrauchbar machen! Wie man das verhindern kann, wird in Büchern über Numerik beschrieben.

Aufgabe 3.25 Zur Berechnung der so genannten **Maschinengenauigkeit** eps für `float`-Zahlen, die in der Numerik für die Abschätzung von Fehlern benötigt wird, dient das Programmfragment aus Listing 3.6. Was wird hier berechnet, welchen Zusammenhang zur Stellenzahl der Mantisse gibt es? (siehe Lösung A.60)

```
1     float eps=1.0;
2     while (1.0+eps > 1.0) eps=eps/2;
```
Listing 3.6 Berechnung der Maschinengenauigkeit

```
1     #include <stdio.h>
2     #include <math.h>
3     void main(void) {
4         float x, eHochX, term, zaehler, nenner;
5         printf("Berechnen der Exponentialfunktion\n");
```

```
6        printf("Exponent: "); scanf("%f", &x);
7        eHochX = 0.0; zaehler = 1.0; nenner = 1.0;
8        term = zaehler/nenner;
9        for (int i = 1; fabs(term) >= 0.00001; i++) {
10           eHochX += term;
11           zaehler *= x; nenner *= (float)i;
12           term = zaehler / nenner;
13        }
14        printf("exp(%f) = %f\n", x, eHochX);
15   }
```

Listing 3.7 Ungeschickte Berechnung der Exponentialfunktion

Aufgabe 3.26 Die Exponentialfunktion e^x kann für ein gegebenes x näherungsweise mittels

$$e^x = 1 + x + \frac{x^2}{2!} + \frac{x^3}{3!} + \frac{x^4}{4!} + \dots$$

berechnet werden (siehe (4.22) in Abschn. 4.7). Wir überführen dies in das Programm aus Listing 3.7. Leider kann bereits auf unserem Computer für $x = 14$ der Wert der Exponentialfunktion so nicht mehr berechnet werden. Schreiben Sie das Programm ohne Änderung der Datentypen so um, dass Funktionswerte in einem größeren Bereich berechnet werden können. (siehe Lösung A.61)

Wir könnten das Kapitel über Gleitpunktzahlen hier beenden, wenn es da nicht einen kleinen Haken gäbe: Im Rechner werden die reellen Zahlen so nicht dargestellt. Die Darstellung im Rechner verwendet zur Codierung des Exponenten statt des Zweier-Komplements eine **Exzess-Darstellung.** Dabei wird zum Wert einer Zahl x eine positive Zahl q addiert, so dass das Ergebnis nicht negativ ist. Der Exzess q ist also größer oder gleich dem Betrag der größten darstellbaren negativen Zahl. Die genaue Darstellung im Rechner ist für uns eigentlich nicht interessant. Wir müssen nur wissen, warum Ungenauigkeiten im Umgang mit Gleitpunktzahlen auftreten. Aber der Vollständigkeit halber geben wir kurz an, wie die Zahlen laut IEEE-754 tatsächlich codiert werden:

- Der Exponent wird in Exzessdarstellung gespeichert. Dabei ist der Wert 0 für die Codierung der Null (und nicht-normalisierte Zahlen) reserviert. Auch der Exponent, in dessen Darstellung alle Bits eins sind, ist reserviert. Mit ihm werden nicht-definierte Rechenergebnisse signalisiert (z. B. bei 0/0).
- Normalisiert werden Zahlen ungleich null wie zuvor auf die Mantisse 1.xxx.
- Die führende Eins wird nicht abgespeichert, sie heißt daher **„hidden bit".** Durch die separate Codierung der Null kann weiterhin die Zahl 1.0 von der Zahl 0 unterschieden werden.
- Zahlen mit einfacher Genauigkeit (32 Bits) werden wie folgt dargestellt:
  - 1 Bit Vorzeichen, 23 Bit Mantisse,
  - 8 Bit Exponent mit Exzess $q = 2^7 - 1 = 127$.
- Zahlen mit doppelter Genauigkeit (64 Bits) werden wie folgt dargestellt:

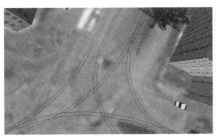

Abb. 3.18 Rechnungen mit UTM-Koordinaten benötigen gegebenenfalls mehr als eine 23 Bit Mantisse. Links sind die Koordinaten von Gleisen mit einer 23 Bit Mantisse berechnet (`float`), rechts wird dagegen die doppelte Genauigkeit mit 52 Bit verwendet (`double`)

- 1 Bit Vorzeichen, 52 Bit Mantisse,
- 11 Bit Exponent mit Exzess $q = 2^{10} - 1 = 1023$.

Daneben sind in IEEE-754 noch weitere Genauigkeiten definiert. Welche interne Darstellung für `float` und `double` in C-Programmen verwendet wird, ist vom Compiler und Computer abhängig, vgl. Abb. 3.18.

Betrachten wir die Darstellung einer Zahl mit einfacher Genauigkeit:

$$(-0{,}078125)_{10} = (-0{,}000101)_2 \cdot 2^0 = (-1{,}01)_2 \cdot 2^{-4}.$$

Hier ist das Vorzeichen $1 \mathrel{\hat=} -$, der Exponent lautet $01111011 \mathrel{\hat=} -4 + 127$, und die Mantisse ist 01000000000000000000000.

3.7   Abzählbarkeit und Überabzählbarkeit

In diesem Kapitel haben wir die Zahlenmengen $\mathbb{N} \subset \mathbb{N}_0 \subset \mathbb{Z} \subset \mathbb{Q} \subset \mathbb{R}$ kennengelernt. Es scheint so, dass von links nach rechts die Mengen immer größer werden. Überraschender Weise lassen sich aber die Elemente von $\mathbb{N}_0$, $\mathbb{Z}$ und $\mathbb{Q}$ über $\mathbb{N}$ codieren. Sie sind **abzählbar**, d. h., wir können jedem Element der Menge eindeutig ein Element aus $\mathbb{N}$ zuordnen und umgekehrt. Es gibt also eine bijektive Abbildung auf $\mathbb{N}$ (vgl. Abschn. 1.4.3). Diese bestimmt die Position einer Zahl in einer unendlich langen Aufzählung aller Zahlen der Menge.

Eine bijektive Abbildung zwischen $\mathbb{N}_0$ und $\mathbb{N}$ ist gegeben über $0 \mapsto 1$, $1 \mapsto 2$, $2 \mapsto 3$ usw. Wenn wir die ganzen Zahlen in der Form $0, 1, -1, 2, -2, 3, -3, \ldots$ aufzählen, dann erhalten wir über die Position in der Aufzählung die Abbildung auf $\mathbb{N}$, also $0 \mapsto 1$, $1 \mapsto 2$, $-1 \mapsto 3$ usw. Was wir hier gemacht haben, lässt sich über das **Hilbert-Hotel** veranschaulichen. Dabei handelt es sich um ein Hotel, bei dem jede natürliche Zahl eine Zimmernummer ist. Das Hotel hat also unendlich viele Zimmer. Selbst wenn alle Zimmer belegt sind, kann das Hotel noch einen neuen Gast aufnehmen: Jeder Gast muss dazu in das nächste Zimmer umziehen – schon ist das erste Zimmer frei. Bei endlich vielen Zimmern hätte dagegen der Gast mit der höchsten Zimmernummer ein Problem.

Abb. 3.19 Das erste
Diagonalargument von
Cantor

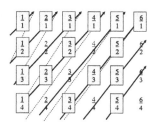

Bei $\mathbb{Q}$ ist es ein klein wenig schwieriger, zu einer Aufzählung zu gelangen. Wenn es uns gelingt, die positiven Brüche abzuzählen, dann können wir wie zuvor bei $\mathbb{Z}$ auch alle Brüche in eine Aufzählreihenfolge bringen. Bei der **Cantor-Diagonalisierung** werden alle positiven Brüche in das Schema aus Abb. 3.19 mit unendlich vielen Zeilen und Spalten geschrieben. Durch Kürzen sehen wir, dass Zahlen mehrfach auftreten. Wir lesen die unendliche Tabelle diagonalenweise (von links unten nach rechts oben) und lassen Mehrfachnennungen der Zahlen weg. Da jede Diagonale eine endliche Länge hat, erreichen wir so irgendwann jeden positiven Bruch und erhalten die Reihenfolge $1 = \frac{1}{1}, \frac{1}{2}, 2, \frac{1}{3}, 3, \frac{1}{4}, \frac{2}{3}, \frac{3}{2}, 4, \ldots$ und damit die Abbildung $1 \mapsto 1, \frac{1}{2} \mapsto 2, 2 \mapsto 3, \ldots$

Obwohl $\mathbb{Q}$ als Erweiterung aus $\mathbb{N}$ entstanden ist, kann jeder Bruch als natürliche Zahl codiert werden und umgekehrt. Mit dieser Codierung der Brüche lässt sich aber nur schwierig rechnen.

Wir könnten nun vermuten, dass auch $\mathbb{R}$ abzählbar ist. Das stimmt aber nicht. Von Cantor stammt ein zweites Diagonalargument, mit dem wir mittels Widerspruch zeigen, dass bereits die Zahlen des Intervalls $[0, 1]$ nicht abzählbar sind. Dazu nehmen wir an, dass es eine Aufzählung

$$x_1 = 0, \boxed{x_{1,1}} x_{1,2} x_{1,3} \ldots$$
$$x_2 = 0, x_{2,1} \boxed{x_{2,2}} x_{2,3} \ldots$$
$$x_3 = 0, x_{3,1} x_{3,2} \boxed{x_{3,3}} \ldots$$
$$\vdots$$
$$x_k = 0, x_{k,1} x_{k,2} x_{k,3} \ldots \boxed{x_{k,k}} \ldots,$$
$$\vdots$$

der Zahlen aus $[0, 1]$ gibt, wobei $x_{k,i}$ die i-te Nachkommastelle einer Dezimalbruchdarstellung der k-ten reellen Zahl der Aufzählung ist, also $x_{k,i} \in \{0, 1, \ldots, 9\}$. Zahlen mit endlich vielen Nachkommastellen werden dabei mit unendlich vielen Nachkommanullen geschrieben. Damit konstruieren wir eine neue Zahl, die Diagonalzahl $y = 0, y_1 y_2 y_3 \ldots$, deren i-te Nachkommastelle definiert ist über die Hauptdiagonale der obigen Auflistung der Nachkommastellen als

$$y_i := \begin{cases} 1 & \text{falls } x_{i,i} \neq 1, \\ 2 & \text{falls } x_{i,i} = 1. \end{cases}$$

Wir wissen nach Satz 3.14, dass die Diagonalzahl tatsächlich eine reelle Zahl ist. Nach Konstruktion liegt sie in $[0, 1]$, ist aber von allen Zahlen x_k verschieden, da sie sich an mindestens einer Nachkommastelle unterscheidet und die Dezimaldarstellung eindeutig bis auf Neunerperioden ist (vgl. Abschn. 3.4, die Eindeutigkeit zeigen wir hier nicht). Damit haben wir einen Widerspruch dazu, dass $\{x_1, x_2, \ldots\}$ bereits alle reellen Zahlen zwischen 0 und 1 umfasst. $\mathbb{R}$ ist daher nicht abzählbar, wir bezeichnen $\mathbb{R}$ als **überabzählbar.** Dass in $\mathbb{R}$ viel mehr Zahlen als in $\mathbb{Q}$ liegen, benötigen wir im nächsten Kapitel für die Existenz von Grenzwerten. Für die Zahlendarstellung im Computer ist das aber nicht so schlimm, da wir durch Abschneiden von Nachkommastellen jede reelle Zahl beliebig genau durch Brüche annähern können. Man sagt, dass die Brüche **dicht** in $\mathbb{R}$ liegen.

Aufgabe 3.27 Mit dem zweiten Diagonalargument von Cantor könnte man vielleicht auch zeigen, dass die natürlichen Zahlen nicht abzählbar sind. Man schreibe die natürlichen Zahlen in einer unendlich langen Liste untereinander und konstruiere eine weitere Zahl, die sich an der Einerstelle von der ersten Zahl, an der Zehnerstelle von der zweiten Zahl, usw. unterscheidet. Warum funktioniert das nicht? (siehe Lösung A.62)

Literatur

Adams (1979). Adams D. (1979) Hitchhiker's Guide to the Galaxy. Pan Books, London.

Fritzsche et al. (2022). Fritzsche W, Goebbels S., Hensel S., Rußinski M. und Schuch N.: Inpainting Applied to Facade Images: a Comparison of Algorithms. In: M. El Yacoubi et al: Pattern Recognition and Artificial Intelligence, Proc. ICPRAI 2022 Part I, LNCS 13363, Springer, Berlin, S. 410–422, 2022, https://doi.org/10.1007/978-3-031-09037-0_34

Goebbels und Ritter (2018). Goebbels St. und Ritter St. (2018) Mathematik verstehen und anwenden. Springer-Spektrum, Berlin Heidelberg.

Hyndman und Fan (1996). Hyndman R. J. und Fan Y. (1996) Sample Quantiles in Statistical Packages. The American Statistican **50** (4), S. 361–365, http://www.jstor.org/stable/2684934

Ausgewählte Kapitel der Analysis

4

Inhaltsverzeichnis

4.1 Einleitung

Wir haben bereits im Abschn. 1.3.5 (vollständige Induktion) die Laufzeit eines sehr einfachen Sortieralgorithmus betrachtet. In Abhängigkeit der Anzahl n der zu sortierenden Daten haben wir dabei die Anzahl $\frac{1}{2}(n^2-n)$ der für eine Sortierung notwendigen Vergleiche bestimmt. Wir haben damit eine Zuordnung von n zu $\frac{1}{2}(n^2-n)$, also eine Abbildung, die jeder natürlichen Zahl $n \in \mathbb{N}$ einen Wert zuweist. Eine Abbildung mit Definitionsbereich $\mathbb{N}$ nennt man eine (unendliche) Folge. In der Informatik treten Folgen häufig als Ergebnis von Laufzeitabschätzungen auf. Entsprechend motivieren wir in diesem Kapitel einige Aussagen, indem wir Algorithmen untersuchen.

Mit Folgen können wir auch beschreiben, wie nah ein Algorithmus nach n Schritten einem zu berechnenden Ergebnis kommt. Dabei wäre es vorteilhaft, wenn der Fehler mit wachsender Schrittzahl n immer kleiner wird und letztlich gegen null strebt. Aber was bedeutet dieses Streben gegen einen Wert? Wir werden hier den Begriff des Grenzwerts kennen lernen: Wenn der Fehler gegen null strebt, dann wird jede vorgegebene (nicht exakte) Genauigkeit nach endlicher Zeit erreicht. Für eine vorgegebene genaue Anzahl von Nachkommastellen terminiert der Algorithmus. Wir

© Springer-Verlag GmbH Deutschland, ein Teil von Springer Nature 2023
S. Goebbels und J. Rethmann, *Eine Einführung in die Mathematik an Beispielen aus der Informatik*, https://doi.org/10.1007/978-3-662-67675-2_4

können π z.B. auf 10 oder 50 Stellen genau berechnen. Dabei werden wir für 50 Stellen i. Allg. mehr Schritte n als für 10 Stellen benötigen.

Grenzwertbetrachtungen sind Gegenstand der Analysis. Im Gegensatz zur Algebra, bei der man mittels Rechenregeln Gleichheiten herstellt, wird in der Analysis oft abgeschätzt, also mit Ungleichungen gearbeitet. Ein Fehler soll beispielsweise kleiner als eine vorgegebene Genauigkeit werden. Das Rechnen mit Ungleichungen wird auf der Schule nicht geübt, ist aber eigentlich leichter als der Umgang mit Gleichungen. Denn man darf viel mehr machen. Beim Vergrößern dürfen wir z.B. zu einem Term irgendeine Zahl > 0 addieren. Wenn wir dagegen ein Gleichheitszeichen verwenden, dürfen wir nur die Null addieren. Ganz wichtig in der Analysis ist die **Dreiecksungleichung** (vgl. Lemma 2.4):

$$|x + y| \leq |x| + |y| \text{ für alle } x, y \in \mathbb{R}.$$

Zum Beweis können Sie die Fälle $x \geq 0$ oder $x < 0$ in Kombination mit $y \geq 0$ oder $y < 0$ diskutieren. Bei gemischten Vorzeichen kommt es auf der linken Seite zu Auslöschungen, die es rechts nicht gibt. Durch mehrfache Anwendung überträgt sich die Ungleichung von zwei auf endlich viele Zahlen.

Es ist nicht übertrieben zu sagen, dass die Analysis eine Anwendung dieser Ungleichung ist. Möchten wir beispielsweise den Fehler abschätzen, den wir bei der Berechnung von $\sin(x)$ mit einem Näherungsalgorithmus SINUS machen, so können wir den Fehler in einfacher zu handhabende Teile zerlegen. Zunächst rechnen wir nicht mit der reellen Zahl x, da wir nicht unendlich viel Speicher haben. Ersetzen wir z.B. $x = \frac{\pi}{4}$ durch $0,78125 = (0,11001)_2$, dann berechnen wir anschließend nur einen Näherungswert von $\sin(0,78125)$ mittels SINUS:

$$\left| \sin\left(\frac{\pi}{4}\right) - \text{SINUS}(0,78125) \right|$$

$$= \left| \sin\left(\frac{\pi}{4}\right) - \sin(0,78125) + \sin(0,78125) - \text{SINUS}(0,78125) \right|$$

$$\leq \left| \sin\left(\frac{\pi}{4}\right) - \sin(0,78125) \right| + |\sin(0,78125) - \text{SINUS}(0,78125)|. \qquad (4.1)$$

Wir haben damit den zu untersuchenden Fehler gegen die Summe zweier anderer Fehler abgeschätzt.

Der erste Fehler drückt aus, wie sich der exakte Sinus verhält, wenn $\frac{\pi}{4}$ zu $0,78125$ vereinfacht wird. Hier wird also untersucht, wie stark die exakte Lösung bei kleinen „Störungen" der Eingabe „schwankt". Dieser Fehler ist unabhängig vom Algorithmus SINUS und hängt nur vom gegebenen Problem ab. Man sagt, dass ein Problem **gut konditioniert** ist, wenn dieser Fehler bei kleinen Änderungen des Inputs ebenfalls klein ist. Bei reellen Funktionen nennt man diese Eigenschaft die Stetigkeit, siehe Kap. 4.7. Häufig kann man Probleme umformulieren, so dass die neue Aufgabenstellung eine bessere Kondition hat. Das nennt man **Vorkonditionieren.** So ersetzt man beispielsweise Gleichungssyteme durch andere, die sich „harmloser" verhalten, mit denen aber dennoch die gesuchte Lösung berechnet werden kann.

Der zweite Fehleranteil beschreibt, wie gut der Algorithmus (bei einer festen Wahl von Parametern wie die Anzahl von Iterationen) das Problem mit exakten Daten löst. Er beschreibt die **Konsistenz** des Algorithmus mit dem Problem: Passt der Algorithmus zum Problem oder löst er vielleicht ein ganz anderes? Wir können mit der Dreiecksungleichung aber auch so abschätzen:

$$\left| \sin\left(\frac{\pi}{4}\right) - \text{SINUS}(0{,}78125) \right|$$

$$\leq \left| \sin\left(\frac{\pi}{4}\right) - \text{SINUS}\left(\frac{\pi}{4}\right) \right| + \left| \text{SINUS}\left(\frac{\pi}{4}\right) - \text{SINUS}\left(0{,}78125\right) \right|. \qquad (4.2)$$

Hier beschreibt nun der erste Term die Konsistenz. Der zweite Ausdruck misst, wie sehr sich das Ergebnis des Algorithmus bei einer kleinen Änderung der Eingabe ändert. Führen kleine Eingabeänderungen auch nur zu kleinen Ausgabeänderungen, so nennt man den Algorithmus **stabil**. Wenn der Algorithmus darin besteht, eine einfachere Funktion als den Sinus zu berechnen (z. B. ein Taylor-Polynom, vgl. Satz 4.14), dann ist genau wie bei der Konsistenz des Problems jetzt Stetigkeit und Stabilität gleichbedeutend.

Die Abschätzungen (4.1) und (4.2) machen dann Sinn, wenn wir nicht nur für eine konkrete Zahl $\frac{\pi}{4}$ den Fehler bestimmen wollen – den könnten wir durch ausprobieren ermitteln – sondern für jedes $x \in \mathbb{R}$ einen maximalen Fehler vorhersagen müssen. Oft werden dann unterschiedliche Fehlerarten mit unterschiedlichen Techniken weiter abgeschätzt.

Im Folgenden sehen wir uns mit Folgen und Reihen den für die Kerndisziplinen der Informatik wichtigsten Teil der Analysis an. Mit dem zugehörigen Konvergenzbegriff können wir beschreiben, dass Fehler wie die zuvor diskutierten in Abhängigkeit eines Parameters (wie z. B. die Anzahl der Iterationen eines Algorithmus) beliebig klein werden können. Basierend auf Folgen kommen wir zu Grenzwerten für Funktionen und damit zur Stetigkeit (das ist das Konzept hinter der oben beschriebenen Stabilität und der Konsistenz), zu Ableitungen (Differenzialrechnung) und zu Integralen. Viele numerische Verfahren basieren auf der Nullstellensuche, bei der Ableitungen helfen (Newton-Verfahren). Wir werden z. B. sehen, wie dadurch mit dem Computer Wurzeln berechnet werden können.

4.2 Folgen und Landau-Symbole

Wir beginnen unseren Exkurs in die Analysis mit Folgen. Eine Folge von Zahlen erhält man beispielsweise, wenn man fortlaufend würfelt und zu jedem Wert $n \in \mathbb{N}$ das arithmetische Mittel der ersten n Augenzahlen aufschreibt. Nach dem Gesetz der großen Zahlen (siehe Satz 3.10 und die folgende Bemerkung) gegen die im Mittel zu erwartende Augenzahl 3,5. Ein anderes Beispiel sind Folgen von Precision und Recall-Werten (siehe Beispiel 3.4), die die Qualität eines auf maschinellem Lernen basierenden Algorithmus nach n Trainingsdurchläufen beschreiben. Das mögliche Streben oder Nicht-Streben gegen einen „Grenzwert" wie 3,5 werden wir mit dem

Konvergenzbegriff für Folgen präzisieren. Dieser ist dann auch die Basis zum Verständnis weiterer Grenzwerte, wie sie in der Definition von Ableitungen und bei der Integration verwendet werden.

Definition 4.1 (Folge) Eine **Folge** $(a_n)_{n=1}^{\infty}$ von Zahlen $a_n \in \mathbb{R}$ ist eine Abbildung von $\mathbb{N}$ nach $\mathbb{R}$, die jedem $n \in \mathbb{N}$ eindeutig ein **Folgenglied** a_n zuordnet.

Wenn es ein leicht nachvollziehbares Bildungsgesetz der Folge gibt, dann schreiben wir die Folge auch in Listenform als unendliches Tupel $(a_n)_{n=1}^{\infty} = (a_1, a_2, a_3, \ldots)$. Sie können eine Folge mit einem unendlich großen Array vergleichen. Der Wert a[k] der k-ten Position des Arrays entspricht dem Folgenglied a_k. Unendlich große Arrays können Sie natürlich in Wirklichkeit nicht speichern. Hier schafft die Mathematik eine Art Paralleluniversum, das aber für die reale Welt hilfreich ist. In der Informatik gibt es zudem abstrakte Maschinenmodelle wie die Turing-Maschine, mit der Sie aber auch dort zumindest in der Theorie mit unendlich großen Arrays arbeiten können.

Wenn Sie eine Abbildungsvorschrift kennen, mit der Sie aus n den Wert a_n der Folge berechnen können, dann müssen Sie die Werte auch gar nicht abspeichern. Pseudo-Zufallszahlen werden in der Regel mit einer solchen Vorschrift aus einem initialen Wert a_1 berechnet, der als Saat (seed) bezeichnet wird, z. B. wie folgt für Werte von 0 bis $2^{16} - 1$:

$$a_1 := 0, \quad a_{n+1} := (3421 \cdot a_n + 1) \bmod 2^{16} \text{ für alle } n \in \mathbb{N}.$$

Pseudo-Zufallszahlen sind nicht wirklich zufällig, haben aber den Vorteil, dass durch ihren Einsatz ein Experiment wiederholbar ist. Das ist vor allem beim Debuggen von Software sehr hilfreich.

Eine Folge $(a_n)_{n=1}^{\infty}$ hat die **Bildmenge** $\{a_1, a_2, a_3, \ldots\}$. Es gibt einen wichtigen Unterschied zwischen den „Datentypen" Menge und Folge: Bei einer Folge spielt die Reihenfolge (die ja schon im Namen steckt) eine Rolle. Die Position wird auf den Wert abgebildet. Bei einer Menge ist die Reihenfolge ihrer Elemente unwichtig. Das haben wir bei der Schreibweise von Kanten in einem ungerichteten Graphen ausgenutzt. Außerdem kann man nicht wie bei einer Folge sagen, dass eine Zahl mehrfach in einer Menge enthalten ist. Sie ist enthalten, oder sie ist nicht enthalten. Daher konnten wir mit einer Kantenmenge keine Mehrfachkanten darstellen. Um den Unterschied zur Menge sichtbar zu machen, schreibt man eine Folge auch nicht als Menge und verwendet runde Klammern.

Häufig sieht man auch Folgen, deren erstes Glied nicht den Index 1, sondern den Index 0 (oder eine andere ganze Zahl) hat, also a_0, $(a_n)_{n=0}^{\infty}$. Das führt zu keinen Problemen, denn man kann die Folgenglieder einfach mittels $b_n := a_{n-1}$ umnummerieren: Aus $(a_n)_{n=0}^{\infty}$ wird $(b_n)_{n=1}^{\infty}$.

Definition 4.2 (beschränkte Folgen) Eine reelle Folge $(a_n)_{n=1}^{\infty}$ heißt genau dann **nach oben beschränkt**, wenn ein $M \in \mathbb{R}$ (**obere Schranke**) existiert mit

$$a_n \leq M \text{ für alle } n \in \mathbb{N}.$$

Die Folge heißt genau dann **nach unten beschränkt,** wenn ein $m \in \mathbb{R}$ (**untere Schranke**) existiert mit

$$m \le a_n \text{ für alle } n \in \mathbb{N}.$$

Die Folge heißt **beschränkt** genau dann, wenn sie nach oben **und** unten beschränkt ist, d. h., wenn $(|a_n|)_{n=1}^{\infty}$ nach oben beschränkt ist.

Unsere Anzahl-der-Vergleiche-Folge $\left(\frac{1}{2}(n^2 - n)\right)_{n=1}^{\infty}$ ist offensichtlich nicht nach oben beschränkt, hat aber z. B. eine untere Schranke 0. Dagegen ist die Folge $\left(\frac{1}{n}\right)_{n=1}^{\infty}$ nach oben mit 1 und nach unten mit 0 beschränkt und damit insgesamt beschränkt.

Aufgabe 4.1 Ein Server kann 50 Anfragen pro Sekunde beantworten. In der ersten Sekunde treffen fünf Anfragen ein, in jeder weiteren Sekunde fünf mehr als in der vorangehenden Sekunde. Bestimmen Sie die Folge, deren n-tes Glied angibt, wie viele Aufträge nach n Sekunden unbearbeitet sind. (siehe Lösung A.63)

Beispiel 4.1 In den 1980er Jahren war es beliebt, mit Heimcomputern Apfelmännchen zu berechnen. Ein Apfelmännchen ist die Visualisierung einer ziemlich komplizierten Teilmenge der Zahlenebene, die nach dem Mathematiker Benoît Mandelbrot benannte **Mandelbrot-Menge.** Ein Punkt $(x, y) \in \mathbb{R} \times \mathbb{R}$ gehört genau dann zu dieser Menge, wenn eine zu dieser Zahl gebildete Folge $(x_n^2 + y_n^2)_{n=1}^{\infty}$ beschränkt ist. Die Folge wird dabei rekursiv definiert über

$$x_1 := x, \, y_1 := y \text{ und } x_{n+1} := x_n^2 - y_n^2 + x, \, y_{n+1} := 2x_n y_n + y.$$

Beispielsweise gehört der Punkt $(0, 0)$ zur Menge, da dafür $x_n = y_n = 0$ gilt. Ebenso bleibt die Folge zum Punkt $(0, 1)$ beschränkt, da sich die Glieder zyklisch wiederholen: $(x_1, y_1) = (0, 1)$, $(x_2, y_2) = (-1, 1)$, $(x_3, y_3) = (0, -1)$, $(x_4, y_4) = (-1, 1)$, $(x_5, y_5) = (0, -1) = (x_3, y_3)$. Dagegen ist die Folge für $(1, 0)$ unbeschränkt: Offensichtlich sind alle $y_n = 0$, also ist $x_{n+1} = x_n^2 + 1 \ge 1$. Somit sind alle $x_n \ge 1$ und $x_{n+1} = x_n^2 + 1 \ge x_n + 1$. Das wenden wir iterativ an und erhalten

$$x_{n+1} \ge x_n + 1 \ge x_{n-1} + 1 + 1 \ge x_{n-2} + 3 \ge \cdots \ge x_1 + n = 1 + n,$$

woraus sich die Unbeschränktheit ergibt. Der Punkt $(1, 0)$ gehört also nicht zur Mandelbrot-Menge.

Wir zeichnen die Mandelbrot-Menge näherungsweise mit dem Computer. Zu jedem Punkt (x, y) der Ebene prüfen wir die Beschränktheit der Folge, indem wir die ersten Glieder ausrechnen. Wenn wir nach 30 Gliedern noch nicht den Wert 4 überschritten haben, könnte die Folge beschränkt sein. Obwohl wir nicht wissen, wie sich die folgenden Glieder verhalten, ordnen wir (x, y) (näherungsweise) der Mandelbrot-Menge zu, siehe Algorithmus 4.1. Wenn wir bereits nach weniger als 30 Gliedern die Schranke 4 überschreiten, dann ist die Folge unbeschränkt und wir ordnen die Anzahl der bis zum Überschreiten der Schranke benötigten Glieder

Abb. 4.1 Die
Mandelbrotmenge als
schwarze Fläche,
$x \in [-2, 1]$ und $y \in [-1, 1]$

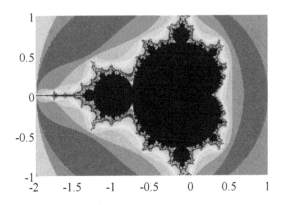

einer Farbe zu. Es lässt sich beweisen, dass die Folge unbeschränkt ist, wenn ein Folgenglied $x_n^2 + y_n^2$ echt größer als vier und damit der Abstand des Punktes (x_n, y_n) zum Nullpunkt $|(x_n, y_n)| = \sqrt{x_n^2 + y_n^2} > 2$ ist. Insbesondere folgt daraus, dass die Mandelbrot-Menge vollständig in einem Kreis mit Radius 2 um den Nullpunkt liegt.

Das entstehende Bild der Menge (in der Mitte) mit den eingefärbten Randbereichen sehen Sie in Abb. 4.1. Die Mandelbrot-Menge ist ein **Fraktal**. So bezeichnet man **selbstähnliche** Strukturen: Vergrößert man einen Randbereich der schwarzen Fläche, dann findet man dort wieder die Form des Apfelmännchens. Das setzt sich so unendlich fort.

Algorithmus 4.1 Farbe des Punktes (x, y) beim Apfelmännchen

---

procedure MANDELBROT(x, y)
  $x_1 := x,\ y_1 := y,\ n := 1$
  while $(n < 30) \wedge (x_n^2 + y_n^2 \leq 4)$ **do**
    $x_{n+1} := x_n^2 - y_n^2 + x,\quad y_{n+1} := 2x_n y_n + y,\quad n := n + 1$
  if n=30 **then**
    return schwarz   ▷ Der Punkt hat die Farbe des Apfelmännchens
  else
    return FARBE(n)

Kommen wir noch einmal auf die Anzahl-der-Vergleiche-Folge $\left(\frac{1}{2}(n^2 - n)\right)_{n=1}^{\infty} = (0, 1, 3, 6, 10, \dots)$ zurück. Wir sehen, dass mit wachsendem n die Folgenglieder immer größer werden. Solche Folgen nennen wir monoton wachsend. Da jedes Glied sogar echt größer als sein Vorgänger ist, spricht man auch von strenger Monotonie:

Definition 4.3 (Monotonie) Eine Folge $(a_n)_{n=1}^{\infty}$ heißt genau dann

- **monoton wachsend**, wenn $a_{n+1} \geq a_n$ für alle $n \in \mathbb{N}$ ist.
- **streng monoton wachsend**, wenn $a_{n+1} > a_n$ für alle $n \in \mathbb{N}$ gilt.
- **monoton fallend**, wenn $a_{n+1} \leq a_n$ für alle $n \in \mathbb{N}$ ist.

- **streng monoton fallend,** wenn $a_{n+1} < a_n$ für alle $n \in \mathbb{N}$ gilt.
- **monoton,** wenn die Folge monoton wächst oder fällt.

Bei Abschätzungen von Laufzeiten verwendet man in der Informatik die **Landau-Symbole.** Um die Laufzeit von Programmen zu ermitteln, die mathematische Rechnungen durchführen, zählt man häufig die Anzahl a_n der Multiplikationen in Abhängigkeit der Eingabegröße n. Bei Sortieralgorithmen werden (wie zuvor bereits gemacht) häufig Vergleiche oder Vertauschungen gezählt.

Die Menge der beschränkten Folgen wird mit $\mathcal{O}(1)$ bezeichnet. $(a_n)_{n=1}^{\infty} \in \mathcal{O}(1)$ heißt also, dass die Folge $(a_n)_{n=1}^{\infty}$ beschränkt ist. Folgen, die Laufzeiten beschreiben, sind in der Regel aber nicht beschränkt: Die Glieder werden üblicherweise mit wachsender Eingabegröße n auch immer größer, die Folgen sind monoton wachsend. Um anzugeben, wie schnell die Laufzeit wächst, vergleicht man die konkreten Laufzeiten mit Referenzfolgen. In Abb. 4.2 sind die Folgen zu $a_n = \frac{n^2}{3} - 2n + 5$ und $b_n = 30n + 50$ gegeneinander aufgetragen. Man sieht hier, dass ab der Stelle $n_0 = 98$ die Folgenglieder a_n größer als die Folgenglieder b_n sind: $b_n \leq 1 \cdot a_n$ für alle $n > n_0 := 98$. Wenn es bei nicht-negativen Folgen (die bei Aufwandsabschätzungen auftreten) eine Stelle n_0 gibt, ab der $b_n \leq C \cdot a_n$ für eine Konstante $C > 0$ gilt, dann schreiben wir $(b_n)_{n=1}^{\infty} \in \mathcal{O}(a_n)$ und nennen die Folge $(a_n)_{n=1}^{\infty}$ eine **obere Schranke** für die Folge $(b_n)_{n=1}^{\infty}$. Diese Sprechweise ist leider doppeldeutig, denn wir haben bereits den Begriff „obere Schranke" für eine Zahl verwendet, mit der eine nach oben beschränkte Folge beschränkt ist. Die Folge $(b_n)_{n=1}^{\infty}$ muss aber nicht beschränkt sein.

Wir werden auch Folgen mit negativen Gliedern bei der Untersuchung von Reihen vergleichen, so dass wir die $\mathcal{O}$-Notation und ihre Verwandten noch etwas allgemeiner unter Verwendung von Betragsstrichen einführen. Bei Aufwandsabschätzungen in der Informatik treten keine negative Laufzeiten und tritt kein negativer Speicherbedarf auf, daher können Sie in diesen Fällen ohne Betragsstriche arbeiten.

Abb. 4.2 Die Folge zu $a_n = \frac{n^2}{3} - 2n + 5$ wächst stärker als die Folge zu $b_n = 30n + 50$. Daher gilt $(b_n)_{n=1}^{\infty} \in \mathcal{O}(a_n)$

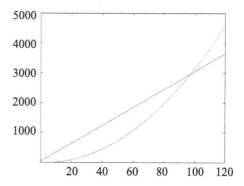

Definition 4.4 (Landau-Symbole) Sei $(c_n)_{n=1}^{\infty}$ eine Folge reeller Zahlen.

a) Die Menge $\mathcal{O}(c_n)$ ist definiert als die Menge aller reellen Folgen, die nicht schneller wachsen als die gegebene Folge $(c_n)_{n=1}^{\infty}$, genauer ist

$$(a_n)_{n=1}^{\infty} \in \mathcal{O}(c_n)$$

genau dann, wenn eine von n unabhängige Konstante $C > 0$ existiert, so dass für alle bis auf endlich viele $n \in \mathbb{N}$ gilt:

$$|a_n| \leq C \cdot |c_n|.$$

Endlich viele Folgenglieder im vorderen Bereich der Folge müssen also nicht berücksichtigt werden, der Vergleich muss erst ab einer Stelle $n_0 \in \mathbb{N}$, also für $n > n_0$, gelten. Man sagt: $(a_n)_{n=1}^{\infty}$ wächst höchstens so stark wie $(c_n)_{n=1}^{\infty}$. Statt $\mathcal{O}(c_n)$ müssten wir eigentlich $\mathcal{O}((c_n)_{n=1}^{\infty})$ schreiben. Aber die verkürzte Schreibweise ist allgemein üblich.

b) Die Menge $\Omega(c_n)$ ist definiert als die Menge aller reellen Folgen, die nicht langsamer wachsen als die gegebene Folge $(c_n)_{n=1}^{\infty}$, genauer ist

$$(a_n)_{n=1}^{\infty} \in \Omega(c_n)$$

genau dann, wenn eine von n unabhängige Konstante $c > 0$ existiert, so dass für alle bis auf endlich viele $n \in \mathbb{N}$ gilt:

$$|a_n| \geq c \cdot |c_n|.$$

c) Wächst die Folge $(a_n)_{n=1}^{\infty}$ nicht schneller aber auch nicht langsamer als $(c_n)_{n=1}^{\infty}$, so verwenden wir die Θ-Notation:

$$(a_n)_{n=1}^{\infty} \in \Theta(c_n) \iff \left[(a_n)_{n=1}^{\infty} \in \Omega(c_n)\right] \wedge \left[(a_n)_{n=1}^{\infty} \in \mathcal{O}(c_n)\right],$$

d. h., es gibt ein $n_0 \in \mathbb{N}$ und Konstanten $c, C > 0$, so dass für alle $n > n_0$ gilt:

$$c \cdot |c_n| \leq |a_n| \leq C \cdot |c_n|.$$

Die Ω-Schreibweise lässt sich durch die $\mathcal{O}$-Notation ersetzen:

$$(a_n)_{n=1}^{\infty} \in \Omega(c_n) \iff (c_n)_{n=1}^{\infty} \in \mathcal{O}(a_n).$$

Die Θ-Notation ist kommutativ in dem Sinne, dass

$$(a_n)_{n=1}^{\infty} \in \Theta(c_n) \iff (c_n)_{n=1}^{\infty} \in \Theta(a_n).$$

Wir haben es hier mit Mengen von Folgen zu tun. Trotzdem findet man häufig die Schreibweise $a_n \in \mathcal{O}(c_n)$ statt $(a_n)_{n=1}^\infty \in \mathcal{O}(c_n)$. Auch wird bisweilen $\in$ durch $=$ ersetzt, wir tun das aber nicht. Mit $a_n = \mathcal{O}(c_n)$ meint man also $(a_n)_{n=1}^\infty \in \mathcal{O}(c_n)$.

Wenn wir von einer Laufzeit $\mathcal{O}(c_n)$ sprechen, dann wollen wir damit sagen, dass die tatsächliche Laufzeit in der Menge $\mathcal{O}(c_n)$ liegt. Wenn wir eine Folge über $a_n + \mathcal{O}(c_n)$ angeben, dann meinen wir eine Folge, deren Glieder eine Darstellung $a_n + b_n$ für eine Folge $(b_n)_{n=1}^\infty \in \mathcal{O}(c_n)$ haben.

Die Anzahl-der-Vergleiche-Folge $\left(\frac{1}{2}(n^2 - n)\right)_{n=1}^\infty$ ist in der Menge $\mathcal{O}(n^2)$, denn für alle $n \in \mathbb{N}$ ist $n^2 - n = n(n-1) \geq 0$, und es gilt:

$$\left| \frac{1}{2}(n^2 - n) \right| = \frac{1}{2}(n^2 - n) \leq C \cdot n^2$$

mit einer Konstante $C \geq \frac{1}{2}$. Wie Sie sehen, können wir bei dieser Laufzeitabschätzung auf die Betragsstriche verzichten. Bei den Laufzeit-Analysen sind wir natürlich nicht an irgendwelchen oberen Schranken interessiert, sondern an den kleinsten oberen Schranken. Die Anzahl-der-Vergleiche-Folge ist auch in $\mathcal{O}(n^3)$. Dass sich $\mathcal{O}(n^2)$ aber nicht mehr verbessern lässt, sehen wir daran, dass $\left(\frac{1}{2}(n^2 - n)\right)_{n=1}^\infty \in \Theta(n^2)$ ist. Dazu müssen wir noch zeigen, dass $\left(\frac{1}{2}(n^2 - n)\right)_{n=1}^\infty \in \Omega(n^2)$ ist, dass also z. B. für $n \geq 2$ gilt: $\frac{1}{2}(n^2 - n) \geq \frac{1}{4}n^2$. Dazu beginnen wir die Abschätzung mit n^2:

$$n^2 = n(n-1) + n \leq n(n-1) + n(n-1) = 2(n^2 - n) \leq 4 \cdot \frac{1}{2}(n^2 - n).$$

Division durch 4 liefert die zu zeigende Ungleichung.

Wird eine Laufzeit durch ein Polynom mit der Eingangsgröße n als Variable beschrieben, so dominiert die höchste auftretende Potenz das Laufzeitverhalten. Das werden wir uns genauer im Rahmen von Grenzwertuntersuchungen ansehen.

Aufgabe 4.2 Beweisen Sie, dass für zwei Folgen $(a_n)_{n=1}^\infty, (b_n)_{n=1}^\infty$ und $c \in \mathbb{R}, c > 0$, gilt:

a) $(c \cdot a_n)_{n=1}^\infty \in \mathcal{O}(a_n)$. Dies wird für die Abschätzung einer Laufzeit benötigt, wenn wir den gleichen Algorithmus z. B. in einer Schleife c-mal hintereinander ausführen. Dabei muss c aber konstant sein und darf nicht von der Eingabegröße n abhängen.

b) $(a_n + b_n)_{n=1}^\infty \in \mathcal{O}(\max\{|a_n|, |b_n|\})$, wobei max das größte Element (**Maximum**) der Menge bezeichnet, siehe Abschn. 1.2.1. Diese Abschätzung wird benötigt, wenn die Gesamtlaufzeit nacheinander ablaufender (verschiedener) Algorithmen gesucht ist.

c) $(\log_c(n))_{n=1}^\infty \in \mathcal{O}(\log_2(n))$, d. h., bei Abschätzungen ist die konkrete Basis eines Logarithmus nicht wichtig. (siehe Lösung A.64)

Aufgabe 4.3 Um zu bestimmen, ob ein ungerichteter Graph $G = (V, E)$ eine Euler-Tour besitzt, müssen wir unter Anderem untersuchen, ob alle Knotengrade gerade sind. Der Algorithmus 4.2 berechnet die Knotengrade. Welche Laufzeit (Anzahl der Durchläufe des innersten Schleifenrumpfes) hat der Algorithmus, wenn der Graph einmal als Adjazenz-Matrix und ein anderes Mal als Adjazenz-Liste gespeichert ist? Drücken Sie Ihr Ergebnis mit der Landau-Symbolik aus. (siehe Lösung A.65)

Algorithmus 4.2 Berechnung der Knotengrade eines Graphen

---
for all $u \in V$ **do**
   $\deg[u] := 0$
   for all $v \in V$ adjazent zu u **do**
      $\deg[u] := \deg[u] + 1$

Aufgabe 4.4 Schreiben Sie einen effizienten Algorithmus, um in einem sortierten/unsortierten Array von n Zahlen das Maximum und das Minimum zu finden. Beschreiben Sie die Anzahl der durchzuführenden Vergleiche mit den Landau-Symbolen. (siehe Lösung A.66)

Wir benötigen noch etwas Wissen über Reihen, bevor wir dann in Abschn. 4.4 die Landau-Symbole zur Analyse von weiteren Algorithmen einsetzen.

4.3 Reihen

Wir haben bei der Stellenwertdarstellung reeller Zahlen bereits eine unendliche Summe der Nachkommastellen kennengelernt und diese über eine Intervallschachtelung erklärt (Abschn. 3.6.3). Solch eine unendliche Summe heißt **Reihe.**

Eine Reihe entsteht beispielsweise bei der Analyse des Sortierverfahrens **Heapsort** aus einer zunächst endlichen Summe. Beim Heapsort wird aus dem zu sortierenden Zahlentupel (Array) ein **Heap** erzeugt. Ein Tupel $F = (k_0, \ldots, k_n)$ von Werten, die wir im Kontext von Sortierverfahren Schlüssel nennen, heißt ein **Heap,** wenn

$$k_i \geq k_{2i+1} \text{ für alle Indizes } i \text{ mit } 2i + 1 \leq n \text{ und}$$
$$k_i \geq k_{2i+2} \text{ für alle Indizes } i \text{ mit } 2i + 2 \leq n$$

gilt. Man kann sich einen Heap als Binärbaum vorstellen, bei dem alle Ebenen bis auf die letzte vollständig besetzt sind, siehe Abb. 4.3. Im dargestellten Beispiel ist die Heap-Eigenschaft erfüllt. Die Knoten zu den Indizes 4, 5, 6 und 7 haben keine Nachfolger, daher muss die Heap-Eigenschaft für diese Knoten nicht überprüft werden. Für die anderen Knoten gilt:

- $k_0 = 8 \geq k_1 = 6$ und $k_0 \geq k_2 = 7$,

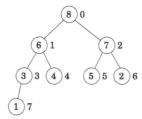

Abb. 4.3 Heap als Binärbaum: Indizes der Schlüssel sind neben den Knoten, die Schlüssel in den Knoten notiert. Das Tupel (8, 6, 7, 3, 4, 5, 2, 1) kann als Baum dargestellt werden. Heapsort sortiert die Werte in einem Array. Die Darstellung als Baum wählen wir nur, um das Verfahren grafisch darzustellen. Die Heap-Eigenschaft bedeutet, dass der Schlüssel jedes Knotens größer oder gleich den Schlüsseln der bis zu zwei Nachfolgeknoten (Kinder) ist

- $k_1 = 6 \geq k_3 = 3$ und $k_1 \geq k_4 = 4$,
- $k_2 = 7 \geq k_5 = 5$ und $k_2 \geq k_6 = 2$,
- $k_3 = 3 \geq k_7 = 1$.

Nachdem wir nun wissen, was ein Heap ist, überlegen wir uns noch, wie man mit Hilfe eines Heaps sehr schnell aufsteigend sortieren kann. Der größte Schlüssel ist auf jeden Fall an Position 0 des Heaps, also in der Wurzel des Baumes, gespeichert. Also gehen wir wie folgt vor: Wir tauschen die Werte von k_0 und k_n und damit den ersten und den letzten Schlüssel des Heaps (siehe Abb. 4.4). Dadurch ist das größte Element am richtigen Platz des Arrays. Diesen Platz betrachten wir im weiteren Verlauf nicht mehr. Leider ist durch diesen Tausch in der Regel die Heap-Eigenschaft an der Wurzel des Baumes verletzt.

Um die Heap-Eigenschaft wieder herzustellen, lassen wir den Schlüssel der Wurzel des Baumes im Heap versickern, indem er immer mit dem größeren seiner Nachfolger getauscht wird, bis entweder beide Nachfolger kleiner sind oder der Schlüssel unten am Baumende, also in einem Blatt, angekommen ist (siehe Abb. 4.5).

In dem nächsten Schritt tauschen wir den Schlüssel an der Wurzel mit dem Schlüssel an Position $n - 1$, hier 6, und lassen den neuen Wert der Wurzel versickern (siehe Abb. 4.6).

Einen Schritt wollen wir noch visualisieren, dann ist vermutlich das Vorgehen klar. Wir tauschen den Schlüssel an der Wurzel mit dem Schlüssel an Position $n - 2$, im Beispiel 5, anschließend wird wieder versickert (siehe Abb. 4.7).

Auf diese Art setzen wir das Verfahren fort, bis das gesamte Tupel sortiert ist. Bisher sind wir davon ausgegangen, dass bereits zu Beginn ein Heap vorliegt. Das

Abb. 4.4 Sortieren mit Heap: Tausch der Wurzel mit dem letzten Platz

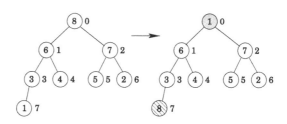

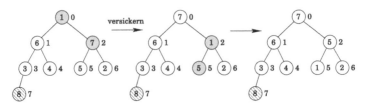

Abb. 4.5 Sortieren mit Heap: Versickern der Wurzel, die Heap-Eigenschaft im nicht schraffierten Teil des Baums ist wieder hergestellt

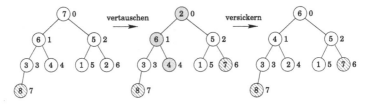

Abb. 4.6 Tausch der Wurzel mit dem vorletzten Platz, Versickern der neuen Wurzel

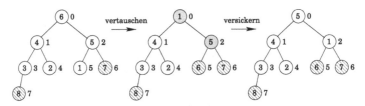

Abb. 4.7 Tausch der Wurzel mit dem drittletzten Platz, Versickern der neuen Wurzel

ist natürlich in der Regel nicht so. Wir müssen also zu Beginn des Sortierens die Werte im Tupel so umordnen, dass ein Heap entsteht. Dazu lassen wir die Schlüssel zu allen Knoten, die kein Blatt sind, versickern. Dabei beginnen wir mit dem größten Index und gehen absteigend vor. Dadurch werden schrittweise immer größere Heaps aufgebaut, bis letztlich nur noch ein einziger Heap übrig bleibt. Wollen wir beispielsweise das (zufällig schon sortierte) Tupel $(1, 2, 3, 4, 5, 6, 7, 8)$ sortieren, dann sind die Blätter des Baums für sich betrachtet bereits Heaps, denn Knoten ohne Nachfolger erfüllen natürlich die Heap-Eigenschaft, siehe Abb. 4.8. Der erste Knoten, der die Heap-Eigenschaft verletzen könnte, ist der Knoten an Position 3, denn dieser Knoten hat einen Nachfolger. Für diesen Knoten rufen wir die Versickern-Funktion auf. Nun müssen wir noch die Schlüssel der Knoten an den Positionen und 2, 1 und 0 versickern, um den initialen Heap zu erstellen. Die zu versickernden Schlüssel sind in Abb. 4.8 jeweils ohne Schraffur unterlegt.

Uns interessiert nun, wie lange das initiale Erstellen des Heaps dauert. Die Laufzeit messen wir als Anzahl der Vertauschungen von Schlüsselwerten. Wir könnten ganz grob abschätzen und sagen: Die minimal mögliche Höhe eines Binärbaums mit n Knoten ist nach (1.11) in Abschn. 1.3.5 die Zahl $h \in \mathbb{N}_0$ mit $2^h \leq n < 2^{h+1}$, also $h \leq \log_2(n)$. Das ist auch die Höhe, die der Binärbaum des Heaps hat, da alle bis auf die letzte Ebene vollständig mit Knoten besetzt sind. Es muss weniger als

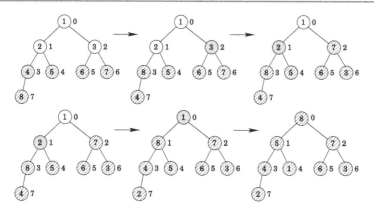

Abb. 4.8 Aufbau des Heaps durch sukzessives Versickern

n-mal die Versickern-Funktion aufgerufen werden, nämlich für alle Knoten ohne die Blätter. Jeweils wird maximal über die Höhe h versickert, also mit höchstens $\log_2(n)$ Vertauschungen. Also erhalten wir $n \cdot \log_2(n)$ als Abschätzung der Laufzeit nach oben, die Laufzeit liegt in $\mathcal{O}(n \cdot \log_2(n))$. Wir schauen aber genauer hin und erhalten eine bessere Abschätzung. Die Versickern-Funktion wird für alle Knoten aufgerufen, die keine Blätter sind. Wir beginnen dabei zwar mit dem entsprechenden Knoten zum größten Index, aber für das Zählen der Vertauschungen ist diese Reihenfolge unwichtig, und wir beginnen das Zählen bei der Wurzel. Wir benötigen daher maximal

- $1 = 2^0$-mal h Vertauschungen zum Versickern der Wurzel,
- $2 = 2^1$-mal $h - 1$ Vertauschungen zum Versickern der maximal zwei Knoten, die direkt von der Wurzel aus erreichbar sind,
- $4 = 2^2$-mal $h - 2$ Vertauschungen zum Versickern der maximal vier Knoten der nächsten Ebene,
- 2^{h-1}-mal eine Vertauschung für die maximal 2^{h-1} Knoten der vorletzten Ebene, wobei nur solche Knoten berücksichtigt werden müssen, auf die noch Blätter folgen.

Wir können daher den gesamten Aufwand abschätzen durch

$$
\begin{aligned}
T_{\text{heap}}(n) &\leq 2^0 \cdot h + 2^1 \cdot (h - 1) + 2^2 \cdot (h - 2) + \cdots + 2^{h-1} \cdot 1 \\
&= \sum_{i=0}^{h-1} 2^i \cdot (h - i) \overset{k=h-i}{=} \sum_{k=1}^{h} 2^{h-k} \cdot k = \sum_{k=1}^{h} \frac{2^h}{2^k} \cdot k \\
&\overset{2^h \leq n}{\leq} \sum_{k=1}^{h} \frac{n}{2^k} \cdot k = n \sum_{k=1}^{h} \frac{k}{2^k}.
\end{aligned}
\tag{4.3}
$$

Dabei interessiert uns der Wert von h zunächst nicht. Später allerdings auch nicht, wie wir gleich sehen werden. Zunächst wollen wir überlegen, wie wir die Summe

Tab. 4.1 Wertetabelle für s_m

m	s_m		
1	$1 \cdot \frac{1}{2}$	$= \frac{1}{2}$	$= 2 - \frac{3}{2}$
2	$\frac{1}{2} + 2 \cdot \frac{1}{4} = \frac{2}{4} + \frac{2}{4}$	$= \frac{4}{4}$	$= 2 - \frac{4}{4}$
3	$\frac{4}{4} + 3 \cdot \frac{1}{8} = \frac{8}{8} + \frac{3}{8}$	$= \frac{11}{8}$	$= 2 - \frac{5}{8}$
4	$\frac{11}{8} + 4 \cdot \frac{1}{16} = \frac{22}{16} + \frac{4}{16}$	$= \frac{26}{16}$	$= 2 - \frac{6}{16}$
5	$\frac{26}{16} + 5 \cdot \frac{1}{32} = \frac{52}{32} + \frac{5}{32}$	$= \frac{57}{32}$	$= 2 - \frac{7}{32}$
6	$\frac{57}{32} + 6 \cdot \frac{1}{64} = \frac{114}{64} + \frac{6}{64}$	$= \frac{120}{64}$	$= 2 - \frac{8}{64}$

Abb. 4.9 Beide Quadrate haben Kantenlänge eins. Links: Die geometrische Summe $\sum_{k=1}^{n} \frac{1}{2^k} = (0,111 \ldots 1)_2$ strebt für wachsendes n gegen den Wert 1. Rechts: Die Summe der Flächen der $n + 1$ in beiden Orientierungen ineinander liegenden Quadrate ist $\sum_{k=0}^{n} \frac{1}{2^k}$ strebt für wachsendes n gegen den Wert 2

durch eine geschlossene Formel berechnen können. Dazu betrachten wir Werte der Summe

$$s_m := \sum_{k=1}^{m} \frac{k}{2^k} = \left(\sum_{k=1}^{m-1} \frac{k}{2^k} \right) + \frac{m}{2^m} = s_{m-1} + \frac{m}{2^m}$$

in Tab. 4.1. Vielleicht erinnern Sie sich jetzt an den Induktionsschritt bei der vollständigen Induktion zum Beweis einer gegebenen Formel. Nun benutzen wir die gleiche Technik, um rekursiv eine Formel aufzustellen. Aus der Tab. 4.1 können wir ablesen, dass der Wert für s_m vermutlich niemals größer wird als 2. Außerdem erkennen wir in der letzten Spalte eine Gesetzmäßigkeit: Der Zähler wird in jedem Schritt um eins größer, der Nenner wird mit zwei multipliziert, d. h.

$$s_m = 2 - \frac{m + 2}{2^m}. \tag{4.4}$$

Zunächst einmal mag es verwundern, dass eine Summe, die immer mehr Zahlen addiert, nicht größer als 2 wird. Tatsächlich ist das auch nicht immer so. Ein anderes Beispiel, bei dem die Summe aber endlich bleibt, ist in Abb. 4.9 visualisiert. Aus der linken Skizze wird deutlich, dass der Wert der ersten Summe auch für beliebig viele Summanden nicht größer als 1 wird. Aber auch bei einer anderen Summe kann man das sehr einfach sehen:

$$\sum_{k=1}^{n} \frac{9}{10^k} = 0{,}9 + 0{,}09 + 0{,}009 + \ldots + 9 \cdot 10^{-n} \leq 0{,}\overline{9} = 1.$$

Die von uns hergeleitete geschlossene Formel für s_m ist wieder mittels vollständiger Induktion zu zeigen. Das überlassen wir Ihnen als Übungsaufgabe (siehe Aufgabe 1.10). Wir können also festhalten, dass $s_m < 2$ gilt, und somit ist der Aufwand zur initialen Heap-Erstellung

$$T_{\text{heap}}(n) \overset{(4.3)}{\leq} n \cdot s_h \leq 2n,$$

d. h., der Aufwand liegt in $\mathcal{O}(n)$ unabhängig von h. Bisher haben wir nur die Anzahl der Vertauschungen gezählt. Die Anzahl der Vergleiche ist immer höchstens doppelt so groß wie die Anzahl der Vertauschungen, da immer der linke und rechte Nachfolger (falls er existiert) für die Maximumbestimmung ausgewertet werden müssen. Da konstante Faktoren in der Landau-Notation wegfallen (siehe Aufgabe 4.2 a)), ist der Aufwand zum Erstellen des initialen Heaps – selbst wenn wir Vergleiche und Vertauschungen zählen – in $\mathcal{O}(n)$. Der Vollständigkeit halber wollen wir erwähnen, dass die gesamte Laufzeit von Heapsort sogar im schlechtesten Fall in $\mathcal{O}(n \cdot \log_2(n))$ liegt, was für ein Sortierverfahren, das auf paarweisem Vergleich der zu sortierenden Schlüssel beruht, bestmöglich ist.

Aufgabe 4.5 Zeigen Sie, dass im ungünstigsten Fall (Worst-Case) die bei vorliegendem Heap zum Sortieren von n Schlüsseln erforderliche Anzahl von Vertauschungen in $\mathcal{O}(n \cdot \log_2(n))$ liegt. (siehe Lösung A.67)

Da 2^m mit wachsendem m sehr schnell wächst, wird der Bruch $\frac{m+2}{2^m}$ aus (4.4) sehr schnell sehr klein. Daher nähert sich der Wert s_m für großes m dem Wert 2 an. Das drücken wir über einen Grenzwert aus:

$$\lim_{m \to \infty} s_m = \lim_{m \to \infty} 2 - \frac{m+2}{2^m} = 2.$$

Wir haben damit in diesem Kapitel zwei neue Konzepte verwendet, die wir noch mathematisch „sauber" erklären müssen. Einerseits ist dies der Begriff der Reihe und andererseits der Begriff des Grenzwertes. Reihen definieren wir jetzt, den Grenzwerten spendieren wir einen eigenen Abschnitt.

Definition 4.5 (Reihe) Hat man eine Folge $(a_k)_{k=1}^{\infty}$, so erhält man daraus eine neue Folge $(s_n)_{n=1}^{\infty}$, indem man jeweils die ersten n Glieder $a_1, a_2, \ldots, a_n$ aufsummiert:

$$s_n = a_1 + a_2 + \cdots + a_n = \sum_{k=1}^{n} a_k.$$

Man nennt $(s_n)_{n=1}^{\infty}$ eine **Reihe.** Eine andere Schreibweise für die Folge $(s_n)_{n=1}^{\infty} = \left(\sum_{k=1}^{n} a_k\right)_{n=1}^{\infty}$ ist $\sum_{k=1}^{\infty} a_k$. Jedes Folgenglied s_n heißt eine **Partialsumme,** da sie ein Teil der unendlichen Summe ist.

Eigentlich ist der Begriff der Reihe überflüssig, da jede Reihe eine Folge $(s_n)_{n=1}^{\infty}$ ist, aber umgekehrt auch jede Folge $(s_n)_{n=1}^{\infty}$ als Reihe zur Ausgangsfolge $a_1 := s_1$, $a_k := s_k - s_{k-1}$ für $k > 1$, aufgefasst werden kann. Die Partialsummen dieser Ausgangsfolge sind nämlich gleich s_n:

$$\sum_{k=1}^{n} a_k = s_1 + \sum_{k=2}^{n} (-s_{k-1} + s_k) = s_1 - s_1 + s_2 - s_2 + \cdots + s_{n-1} - s_{n-1} + s_n = s_n.$$

Hier haben wir ein Folgenglied s_n durch Addition vieler Nullen als Summe geschrieben. Dieses „Aufblähen" nennt man Teleskop-Summe, da die Darstellung durch Nullen auseinander gezogen wird. Da viele praktisch wichtige Folgen über eine Summation aufgebaut sind, ist es aber dennoch sinnvoll, zusätzlich zum Begriff der Folge auch den Begriff der Reihe zu verwenden.

Aufgabe 4.6 Zeigen Sie: $\sum_{k=1}^{n} \frac{1}{k \cdot (k+1)} = 1 - \frac{1}{n+1}$. Benutzen Sie, dass $\frac{1}{k \cdot (k+1)} = \frac{1}{k} - \frac{1}{k+1}$ ist. (siehe Lösung A.68)

4.4   Laufzeit rekursiver Algorithmen: Master-Theorem

Bereits Algorithmus 1.6 hat rekursiv eine Summe berechnet. Hier möchten wir uns am Beispiel des Sortierverfahren **Quicksort** ansehen, wie man die Laufzeit solcher Algorithmen abschätzen kann. Quicksort wurde 1962 von Charles Antony Richard Hoare veröffentlicht und ist eines der schnellsten allgemeinen Sortierverfahren. Es ist ein **Divide-and-Conquer-Algorithmus** (Teile und herrsche!). Zum Sortieren einer Liste (genauer: eines Arrays) von Schlüsseln geschieht Folgendes:

a) **Divide:** Wir wählen das erste Listenelement p aus. Mit dem **Pivot-Element** p wird nun die restliche Liste in zwei Teillisten K und G aufgeteilt, wobei K nur Werte enthält, die kleiner oder gleich p sind, und G nur Werte enthält, die größer oder gleich p sind. Pivot steht für Dreh- oder Angelpunkt. Ein Pivot-Element hat immer eine wichtige Aufgabe, wir werden dem Begriff noch einmal beim Lösen linearer Gleichungssysteme begegnen.

b) **Conquer:** Wir sortieren K und G rekursiv. Da K und G aus der Restliste ohne Pivot-Element gebildet werden, sind sie um mindestens ein Element kleiner als die ursprüngliche Liste. Daher terminiert das Verfahren, d. h., es kommt irgendwann zum Ende.

c) **Combine:** In diesem Schritt werden bei Divide-and-Conquer-Algorithmen die berechneten Teillösungen zusammengefasst. Bei Quicksort ist dies einfach: Die sortierte Liste besteht aus dem Ergebnis der Sortierung von K gefolgt vom Pivot-Element p gefolgt vom Ergebnis der Sortierung von G.

Algorithmus 4.3 Aufteilen einer Liste in zwei Teillisten in einem globalen Array

```
 1: procedure PARTITION(l, r)
 2:     p := A[l], i := l + 1, j := r
 3:     repeat
 4:         while (i < r) ∧ (A[i] ≤ p) do
 5:             i := i + 1
 6:         while (j > l) ∧ (A[j] ≥ p) do
 7:             j := j - 1
 8:         if i < j then SWAP(i, j)
 9:     until j ≤ i
10:     SWAP(l, j)                    ▷ Tausche Pivot-Element an die richtige Stelle
11:     return j
```

Das Aufteilen der Liste in zwei Teillisten ist auch nicht schwer, wenn man es erst einmal verstanden hat. In Algorithmus 4.3 arbeiten wir mit zwei Indizes i und j, wobei i von links nach rechts durch das Array läuft (Zeilen 4 und 5) und j von rechts nach links (Zeilen 6 und 7). Mit Hilfe der beiden Indizes suchen wir Werte, die dort hinsichtlich des Pivot-Elements $A[l]$ nicht hingehören, wo sie gerade stehen. Wenn wir solche Werte gefunden haben, dann tauschen wir die Werte an den Positionen i und j mit der Funktion SWAP in Zeile 8. Das Weitersetzen des Index i muss dann gestoppt werden, wenn ein Wert größer als p gefunden wird (rechte Bedingung in Zeile 4), denn der gehört in den rechten Teil der Liste. Dahingegen muss das Weitersetzen des Index j dann gestoppt werden, wenn ein Wert kleiner als p gefunden wird (rechte Bedingung in Zeile 6), denn der gehört in den linken Teil der Liste. Natürlich müssen wir auch noch sicherstellen, dass die Indizes nicht auf Werte außerhalb des Arrays zugreifen, dafür ist jeweils der erste Teil der while-Bedingungen zuständig. Die Prozedur SWAP(i, j) tauscht die Werte an den Positionen i und j. Nachdem alle betroffenen Werte getauscht wurden, muss nur noch das Pivot-Element an die richtige Stelle gebracht werden. Dazu werden die Werte an den Positionen l und j getauscht, was in Zeile 10 erfolgt.

Algorithmus 4.4 Quicksort

```
procedure QUICKSORT(l, r)
    if l < r then
        m := PARTITION(l, r)
        QUICKSORT(l, m - 1)
        QUICKSORT(m + 1, r)
```

Damit haben wir bereits die eigentliche Arbeit getan, denn Quicksort (siehe Algorithmus 4.4) besteht jetzt nur noch aus dem Aufrufen der Prozedur PARTITION und dem anschließenden rekursiven Aufruf von QUICKSORT für den linken und rechten Teil des Arrays. Wenn die zu sortierende Schlüsselliste aus n Elementen besteht, dann erfolgt der initiale Aufruf durch QUICKSORT($0, n - 1$), da alle Schlüssel von

Position 0 bis Position $n - 1$ sortiert werden sollen. Der erste Schlüssel steht hier also an Position 0.

> **! Achtung**
>
> Mit dem Index 0 beginnen Arrays in C, Java und vielen anderen Programmier-sprachen, während man in der Mathematik häufig mit dem Index 1 beginnt (was dann zu Fehlern führen kann). ◄

Wir sind an der Laufzeit des Algorithmus interessiert und zählen die Anzahl der Vergleiche und Vertauschungen. Beginnen wir mit der Untersuchung des Falles, in dem der Algorithmus die meiste Zeit benötigt, also der Worst-Case-Analyse: Dazu betrachten wir eine umgekehrt sortierte Liste $n, n - 1, \ldots, 1$. Bei jedem rekursiven Aufruf ist die Teilliste G leer und die Teilliste K wird nur um ein Element, das Pivot-Element, kürzer. Das liegt an unserer Wahl des Pivot-Elements: Da wir immer das erste Element der Teilliste wählen und die Liste umgekehrt sortiert ist, wählen wir immer das größte Element der Teilliste als Pivot-Element. Dass dieser Fall tatsächlich der schlechteste ist, liegt daran, dass wir auf diese Weise die größte Rekursionstiefe erreichen. Von Ebene zu Ebene muss dabei jeweils nur ein Element weniger berück-sichtigt werden. Dabei bleiben pro Ebene in Summe mindestens so viele Elemente zu sortieren, wie bei jeder anderen denkbaren Aufteilung. In dieser Situation wollen wir die Anzahl der Vergleiche ganz genau bestimmen und nennen sie $T_{\max}(n)$, wobei n die Anzahl der zu sortierenden Schlüssel ist. Die Anzahl der Vertauschungen hängt vom Ergebnis der Vergleiche ab und ist damit kleiner oder gleich der Anzahl der Vergleiche. Für den gerade betrachteten Fall erfolgt nur ein rekursiver Aufruf auf einer um ein Element verkleinerten Schlüsselliste, bei dem etwas getan werden muss. Außerdem muss die Prozedur PARTITION einmal ausgeführt werden, was $n - 1$ viele Vergleiche (bei nur einer Vertauschung) mit dem Pivot-Element nach sich zieht:

$$T_{\max}(n) = T_{\max}(n - 1) + (n - 1). \tag{4.5}$$

Leider sind wir nun nur ein bisschen schlauer als vorher. Denn wir wissen ja nicht, welchen Wert wir für $T_{\max}(n - 1)$ in die obige Formel einsetzen sollen. Aber wir können die Gleichung rekursiv verwenden. Mit (4.5) gilt für $n > 2$ z. B. auch $T_{\max}(n - 1) = T_{\max}(n - 2) + (n - 2)$:

$$
\begin{aligned}
T_{\max}(n) &= T_{\max}(n - 1) + n - 1 \\
&= T_{\max}(n - 2) + n - 2 + n - 1 \\
&= T_{\max}(n - 3) + n - 3 + n - 2 + n - 1 \\
&\;\;\vdots \\
&= T_{\max}(1) + 1 + 2 + 3 + \ldots + (n - 1) \\
&= 0 + 1 + 2 + 3 + \ldots + n - 1 = \sum_{k=1}^{n-1} k \overset{(1.9)}{=} \frac{n(n - 1)}{2} \in \Theta(n^2).
\end{aligned}
$$

In der letzten Zeile haben wir $T_{\max}(1) = 0$ benutzt. Denn besteht die Schlüsselliste nur aus einem einzigen Element, dann ist kein Vergleich mehr erforderlich.

Betrachten wir nun den Fall, dass die Liste bei jeder Aufteilung in zwei etwa gleich große Teile aufgeteilt wird. Wir sind bei der Best-Case-Analyse angekommen. Der Best-Case liegt vor, da die Rekursionstiefe so niedrig wie möglich wird. Genauer gilt:

$$T_{\text{best}}(n) \leq T_{\text{best}}\left(\left\lceil \frac{n-1}{2} \right\rceil\right) + T_{\text{best}}\left(\left\lfloor \frac{n-1}{2} \right\rfloor\right) + c \cdot n. \tag{4.6}$$

Die zu sortierende Liste wird um das Pivot-Element kürzer. Entsteht so eine Liste ungerader Länge, dann ist nach der Aufteilung in Teillisten die eine Teilliste um ein Element länger als die andere Teilliste. Wir benutzen dabei die **obere Gauß-Klammer** $\lceil x \rceil$, die für die kleinste ganze Zahl k steht, für die $x \leq k$ ist. Die Zahl x wird also zur nächst größeren oder gleichen ganzen Zahl k. Entsprechend wird die **untere Gauß-Klammer** $\lfloor x \rfloor$ verwendet, um zur nächst kleineren oder gleichen ganzen Zahl zu gelangen. Beispielsweise ist

$$\lfloor 3{,}001 \rfloor = 3 \text{ und } \lceil 3{,}001 \rceil = 4 \quad \text{sowie} \quad \lfloor 7{,}999 \rfloor = 7 \text{ und } \lceil 7{,}999 \rceil = 8.$$

Wie Sie durch Einsetzen von geraden und ungeraden Zahlen sehen, gilt für jede natürliche Zahl k:

$$\left\lfloor \frac{k}{2} \right\rfloor \leq \left\lceil \frac{k}{2} \right\rceil \leq \frac{k+1}{2}. \tag{4.7}$$

Die Gauß-Klammern dürfen nicht mit dem aus der Schule bekannten Runden verwechselt werden. Überlegen Sie sich, dass das Runden durch $\lfloor x + 0{,}5 \rfloor$ dargestellt werden kann.

Das Rechnen mit Rekursionsformeln wie (4.6), in denen Gauß-Klammern auftreten, ist etwas unhandlich, daher vereinfachen wir zunächst die Abschätzung für den Fall, dass n eine Zweierpotenz $n = 2^l$ ist, zu

$$T_{\text{best}}(n) \leq 2 \cdot T_{\text{best}}(n/2) + c \cdot n. \tag{4.8}$$

Für diese Abschätzung wird Quicksort zweimal rekursiv aufgerufen, jeweils für die halb so große Liste. Um die Formel einfach zu halten, ignorieren wir, dass die rekursiv zu sortierenden Listen das Pivot-Element nicht enthalten. Der Aufwand zum Partitionieren wird durch $c \cdot n$ abgeschätzt. Wenn wir wie zuvor nur die Vergleiche zählen, können wir $c = 1$ wählen, zählen wir zusätzlich auch Vertauschungen, setzen wir $c = 2$. Wenden wir die Formel (4.8) rekursiv an, so erhalten wir

$$\begin{aligned}
T_{\text{best}}(n) &\leq 2 \cdot T_{\text{best}}(n/2) + cn \leq 2 \cdot \left[2 \cdot T_{\text{best}}(n/4) + cn/2\right] + cn \\
&= 4 \cdot T_{\text{best}}(n/4) + cn + cn = 4 \cdot T_{\text{best}}(n/4) + 2 \cdot cn \\
&\leq 4 \cdot \left[2 \cdot T_{\text{best}}(n/8) + cn/4\right] + 2 \cdot cn = 8 \cdot T_{\text{best}}(n/8) + cn + 2 \cdot cn \\
&= 8 \cdot T_{\text{best}}(n/8) + 3 \cdot cn.
\end{aligned}$$

Bereits nach zweimaligem Einsetzen können wir eine Gesetzmäßigkeit ablesen. Wir stellen fest, dass sich pro Einsetzen die Anzahl der Schlüssel halbiert und sich die Anzahl der rekursiven Aufrufe verdoppelt. Nach l Schritten erhalten wir also die Formel:

$$T_{\text{best}}(n) \leq 2^l \cdot T_{\text{best}}\left(\frac{n}{2^l}\right) + l \cdot cn \overset{n=2^l, \, \log_2(n)=l}{=} n \cdot T_{\text{best}}(1) + \log_2(n) \cdot cn.$$

Da $T_{\text{best}}(1) = 0$ ist, ergibt sich die Best-Case-Laufzeit von Quicksort nun zu $(T_{\text{best}}(n))_{n=1}^{\infty} \in \mathcal{O}(n \cdot \log_2(n))$.

Wenn Sie mit Logarithmen noch nicht vertraut sind, dann sollten Sie sich Abschn. 3.6.2.2 ansehen, bevor Sie hier weiterlesen.

Nun wollen wir ohne Einschränkungen an n korrekt mit Gaußklammern rechnen. Der zuvor gewählte einfachere Ansatz für $n = 2^l$ eignet sich hervorragend, um zunächst einen Kandidaten für die allgemeine Laufzeitabschätzung zu erhalten. Wir vermuten, dass für alle $n \in \mathbb{N}$

$$T_{\text{best}}(n) \leq d \cdot n \cdot \log_2(n) \tag{4.9}$$

mit einer von n unabhängigen Konstante $d > 0$ gilt. Diese Abschätzung können wir unter Verwendung der gegebenen korrekten Rekursionsgleichung (4.6) mittels vollständiger Induktion beweisen. Während des Beweises werden wir sehen, dass wir $d = c$ wählen können, wobei c die Konstante aus (4.6) ist. Dieses Verfahren nennt man in der Informatik die **Substitutionsmethode.** Der Induktionsanfang ist für $n = 1$ erfüllt, da beide Seiten von (4.9) gleich null sind. Nun nehmen wir an, dass (4.9) für $1 \leq n \leq m$ gilt (Induktionsvoraussetzung (I. V.)) und zeigen im Induktionsschritt, dass die Abschätzung auch für $1 \leq n \leq m + 1$ gilt, zu zeigen ist sie also nur für $n = m + 1$. Mit (4.6) und der Induktionsannahme erhalten wir unter Verwendung der Rechenregeln für $\log_a$, $a = 2$, aus Abschn. 3.6.2.2:

$$
\begin{aligned}
T_{\text{best}}(m+1) &\overset{(4.6)}{\leq} T_{\text{best}}\left(\left\lceil\frac{m}{2}\right\rceil\right) + T_{\text{best}}\left(\left\lfloor\frac{m}{2}\right\rfloor\right) + c \cdot (m+1) \\
&\overset{\text{(I. V.)}}{\leq} d \left\lceil\frac{m}{2}\right\rceil \cdot \log_2\left(\left\lceil\frac{m}{2}\right\rceil\right) + d \left\lfloor\frac{m}{2}\right\rfloor \cdot \log_2\left(\left\lfloor\frac{m}{2}\right\rfloor\right) + c \cdot (m+1) \\
&\overset{(4.7)}{\leq} d \cdot \frac{m+1}{2} \log_2\left(\frac{m+1}{2}\right) + d \cdot \frac{m+1}{2} \log_2\left(\frac{m+1}{2}\right) + c \cdot (m+1) \\
&= d \cdot (m+1) \log_2\left(\frac{m+1}{2}\right) + c \cdot (m+1) \\
&= d \cdot (m+1)[\log_2(m+1) - \underbrace{\log_2(2)}_{=1}] + c \cdot (m+1) \\
&= d \cdot (m+1) \log_2(m+1) + (m+1)[c - d] \\
&\leq d \cdot (m+1) \log_2(m+1),
\end{aligned}
$$

sofern die Konstante $d \geq c$ ist. Damit ist unsere Ungenauigkeit behoben, die Laufzeitabschätzung (4.9) gilt für $d = c$.

Die durchschnittliche Laufzeit des Quicksort (Average-Case) liegt ebenfalls in $\mathcal{O}(n \cdot \log_2(n))$. Das gilt auch für die zu erwartende Laufzeit des bereits in Kapitel 3.3.3 erwähnten randomisierten Quicksort, bei dem das Pivot-Element jeweils zufällig ausgewählt wird, wobei jeder in Frage kommende Schlüssel mit gleicher Wahrscheinlichkeit gewählt wird. Das werden wir mit etwas mehr Wissen über Summen und Reihen in Abschn. 4.6 mittels Wahrscheinlichkeitsrechnung zeigen.

Quicksort zeigt die gleiche Ordnung wie Heapsort im mittleren und besten Fall. Im schlechtesten Fall ist der Heapsort für große Werte n aber besser.

Wir wollen nun die Überlegungen, die wir für die Laufzeitabschätzung des Quicksort-Algorithmus angestellt haben, in einem allgemeinen Satz zusammenfassen. Dieses **Master-Theorem** kann auf beliebige rekursive Divide-and-Conquer-Algorithmen angewendet werden, die ein Problem in a gleichartige Teilprobleme zerlegen (a ist dann ganzzahlig, wir beweisen die Abschätzung aber direkt für $a \in \mathbb{R}$ mit $a > 1$), wobei das zu lösende Teilproblem um den Faktor $1/b$ kleiner wird.

Satz 4.1 (Master-Theorem) Für die monoton wachsende Funktion $T : \mathbb{N} \to \mathbb{R}$ (die z. B. die Laufzeit $T(n)$ eines Algorithmus in Abhängigkeit von der Eingabegröße $n \in \mathbb{N}$ beschreibt) möge für feste Konstanten $a \in \mathbb{R}$ mit $a \geq 1$, $b \in \mathbb{N}$ mit $b > 1$, $C \in \mathbb{R}$ mit $C > 0$ und $k \in \mathbb{N}_0$ gelten:

$$0 \leq T(n) \leq a \cdot T(\lceil n/b \rceil) + C \cdot n^k \text{ für alle } n \in \mathbb{N}. \tag{4.10}$$

Dabei sind die Konstanten von n unabhängig. Unter dieser Voraussetzung können wir $T(n)$ in Abhängigkeit von den Parametern abschätzen:

- Für $a < b^k$ ist $(T(n))_{n=1}^{\infty} \in \mathcal{O}(n^k)$,
- für $a = b^k$ gilt $(T(n))_{n=1}^{\infty} \in \mathcal{O}(n^k \cdot \log_b(n))$, und
- für $a > b^k$ ist $(T(n))_{n=1}^{\infty} \in \mathcal{O}(n^{\log_b(a)})$.

Hat man nicht nur eine Aufwandsabschätzung (4.10) nach oben, sondern gilt mit der zusätzlichen Konstante $c > 0$ für alle $n \in \mathbb{N}$ mit $n \geq b$

$$a \cdot T(\lfloor n/b \rfloor) + c \cdot \left(n^k \right) \leq T(n) \leq a \cdot T(\lceil n/b \rceil) + C \cdot \left(n^k \right),$$

dann gelten die Aussagen auch für $\mathcal{O}$ ersetzt durch Θ, wobei der Beweis völlig analog verläuft.

Bisweilen findet man in Algorithmen-Büchern zusätzlich die Voraussetzung $T(1) = \mathcal{O}(1)$. Damit ist nur gemeint, dass $T(1)$ eine Konstante ist. Da in unserer Formulierung $T(1)$ ein Funktionswert ist, ist dies offensichtlich.

Jetzt können wir das Argument, das wir bereits für die Best-Case-Laufzeit des Quicksort verwendet haben, hier allgemein durchführen. Das ist leider mit etwas Rechnerei verbunden. Der folgende Beweis wirkt vielleicht kompliziert, die Rechnungen sind aber geradlinig, und es werden keine Beweistricks verwendet.

Beweis des Master-Theorems: Um die Notation etwas einfacher zu gestalten, lassen wir im Beweis die Gauß-Klammern in (4.10) weg und erlauben Brüche als Argumente von T. Es ist gar nicht schwer, die Gauß-Klammern in die Rechnung einzufügen, das betrachten wir anschließend in einer Übungsaufgabe.

Wir wählen $l \in \mathbb{N}$ mit $b^{l-1} \leq n < b^l$. Damit ist

$$l - 1 \leq \log_b(n) < l \iff (\log_b(n) < l) \ \wedge \ (l - 1 \leq \log_b(n))$$
$$\iff \log_b(n) < l \leq \log_b(n) + 1.$$

Jetzt setzen wir die Abschätzung $(l - 1)$-mal in sich selbst ein:

$$T(n) \leq a \cdot T\left(\frac{n}{b}\right) + C \cdot n^k \leq a \cdot \left[a \cdot T\left(\frac{n}{b}\right) + C\left(\frac{n}{b}\right)^k\right] + C \cdot n^k$$

$$= a^2 \cdot T\left(\frac{n}{b^2}\right) + C \cdot a \cdot \left(\frac{n}{b}\right)^k + C \cdot n^k$$

$$= a^3 \cdot T\left(\frac{n}{b^3}\right) + C \cdot a^2 \cdot \left(\frac{n}{b^2}\right)^k + C \cdot a \cdot \left(\frac{n}{b}\right)^k + C \cdot n^k$$

$$\leq \ldots \leq a^l \cdot T\left(\frac{n}{b^l}\right) + C \sum_{m=0}^{l-1} a^m \left(\frac{n}{b^m}\right)^k \leq a^l \cdot T(1) + C \sum_{m=0}^{l-1} a^m \left(\frac{n}{b^m}\right)^k,$$

da $0 < n/b^l < 1$ ist. Damit erhalten wir

$$T(n) \leq T(1) \cdot a^l + n^k C \sum_{m=0}^{l-1} \left(\frac{a}{b^k}\right)^m. \tag{4.11}$$

Wir diskutieren mit $\log_b(n) < l \leq \log_b(n) + 1$ die im Satz angegebenen Fälle:

- Fall $a = b^k$:

$$T(n) \ \overset{l \leq \log_b(n)+1, \, b^k = a}{\leq} \ T(1) \cdot a^{\log_b(n)+1} + n^k C \sum_{m=0}^{(\log_b(n)+1)-1} \underbrace{\left(\frac{a}{a}\right)^m}_{=1}$$

$$\overset{a = b^k}{=} \ T(1) \cdot b^{k[\log_b(n)+1]} + n^k C[\log_b(n) + 1]$$

$$\overset{\left(b^{[\log_b(n)+1]}\right)^k}{=} \ \overset{= \left(b \cdot b^{\log_b(n)}\right)^k = n^k b^k}{=} \ T(1) \cdot n^k b^k + n^k C[\log_b(n) + 1]$$

$$= \ [T(1) \cdot b^k + C]n^k + Cn^k \log_b(n).$$

Für $n \geq b$ ist $\log_b(n) \geq 1$ und daher

$$T(n) \leq [T(1) \cdot b^k + C]n^k \log_b(n) + Cn^k \log_b(n)$$

$$= \underbrace{[T(1) \cdot b^k + 2C]}_{\text{konstant}} n^k \log_b(n),$$

also $T(n) \in \mathcal{O}(n^k \cdot \log_b(n))$.

- Fall $a < b^k$: Hier ist $0 < \frac{a}{b^k} < 1$. Wir benutzen die Formel für die geometrische Summe (1.10) und erhalten

$$T(n) \le T(1) \cdot a^l + n^k C \sum_{m=0}^{l-1} \left(\frac{a}{b^k}\right)^m \overset{(1.10)}{=} T(1) \cdot a^l + n^k C \frac{1 - \left(\frac{a}{b^k}\right)^l}{1 - \frac{a}{b^k}}$$

$$\overset{a<b^k,\, 1-\left(\frac{a}{b^k}\right)^l \le 1}{\le} \quad T(1) \cdot (b^k)^l + n^k C \frac{1}{1 - \frac{a}{b^k}} = T(1) \cdot b^{k \cdot l} + n^k C \frac{1}{1 - \frac{a}{b^k}}$$

$$\overset{l \le \log_b(n)+1}{\le} \quad T(1) \cdot b^{k[\log_b(n)+1]} + n^k C \frac{1}{1 - \frac{a}{b^k}}$$

$$\overset{\left(b^{[\log_b(n)+1]}\right)^k = n^k b^k}{=} \quad n^k \underbrace{\left[T(1) \cdot b^k + C \frac{1}{1 - \frac{a}{b^k}} \right]}_{\text{konstant}},$$

also $(T(n))_{n=1}^{\infty} \in \mathcal{O}(n^k)$.

- Im Fall $a > b^k$ können wir ähnlich zum Fall $a < b^k$ rechnen. Daran können Sie sich in der anschließenden Aufgabe versuchen. $\square$

Aufgabe 4.7

- Fügen Sie obere Gauß-Klammern gemäß der Voraussetzung des Master-Theorems in die Berechnung der Abschätzung (4.11) ein. Dazu können Sie verwenden, dass für zwei Zahlen $x \in \mathbb{R}$ mit $x > 0$ und $b \in \mathbb{N}$ gilt:

$$\left\lceil \frac{\lceil x \rceil}{b} \right\rceil = \left\lceil \frac{x}{b} \right\rceil.$$

- Zeigen Sie analog zum Fall $a < b^k$ die Aussage des Master-Theorems für den Fall $a > b^k$ mit der Formel für die geometrische Summe. Dabei können Sie verwenden, dass

$$a^{\log_b(n)} = \left(b^{\log_b(a)}\right)^{\log_b(n)} = b^{\log_b(a) \cdot \log_b(n)} = \left(b^{\log_b(n)}\right)^{\log_b(a)} = n^{\log_b(a)}.$$

(siehe Lösung A.69)

Wir wenden das Master-Theorem auf die Best-Case-Abschätzung (4.6)

$$T_{\text{best}}(n) = T_{\text{best}}\left(\left\lceil \frac{n-1}{2} \right\rceil\right) + T_{\text{best}}\left(\left\lfloor \frac{n-1}{2} \right\rfloor\right) + C \cdot n$$

des Quicksort-Algorithmus an. Der Aufwand $T_{\text{best}}(n)$ ist monoton steigend, da mit einem größeren n mehr Schlüssel verglichen werden müssen. Daher gilt

$$T_{\text{best}}(n) \leq 2T_{\text{best}}\left(\left\lceil \frac{n-1}{2} \right\rceil\right) + C \cdot n \leq 2T_{\text{best}}\left(\left\lceil \frac{n}{2} \right\rceil\right) + C \cdot n^1.$$

Für $a = b = 2$ und $k = 1$ (also $a = b^k$) liefert das Master-Theorem:

$$(T_{\text{best}}(n))_{n=1}^{\infty} \in \mathcal{O}(n \log_2(n)).$$

Aufgabe 4.8 Algorithmus 4.5 zeigt eine binäre Suche nach einem Wert s in einem sortierten Array $a[\,]$. Leiten Sie eine Rekursionsgleichung für die Anzahl der Vergleiche im Worst-Case her (dabei sei n die Anzahl der Elemente des Arrays) und wenden Sie darauf das Master-Theorem an. (siehe Lösung A.70)

Algorithmus 4.5 Binäre Suche in einem globalen Array

---

procedure SUCHE(l, r, s)
  if $l > r$ **then return** „nicht gefunden"
  $m := \lfloor (r+l)/2 \rfloor$ ▷ entspricht $l + \lfloor (r-l)/2 \rfloor$
  if $a[m] = s$ **then return** „gefunden"
  if $a[m] > s$ **then return** SUCHE($l, m-1, s$)
  return SUCHE($m+1, r, s$)

4.5   Konvergenz von Folgen und Reihen

Wir haben am Ende von Abschn. 4.3 bereits $\lim_{m \to \infty} 2 - \frac{m+2}{2^m} = 2$ hingeschrieben um auszudrücken, dass sich die Glieder der Folge $\left(2 - \frac{m+2}{2^m}\right)_{m=1}^{\infty}$ für wachsendes m der Zahl 2 annähern. Der Abstand $\left|\left(2 - \frac{m+2}{2^m}\right) - 2\right|$ muss also beliebig klein werden. Er muss kleiner als jede vorgegebene kleine Zahl $\varepsilon > 0$ werden. Präziser definiert man:

Definition 4.6 (Konvergenz, Grenzwert) Eine Folge $(a_n)_{n=1}^{\infty}$ heißt **konvergent** genau dann, wenn eine Zahl a existiert, so dass die folgende Bedingung erfüllt ist: Zu jedem (noch so kleinen) $\varepsilon > 0$ existiert ein $n_0 \in \mathbb{N}$, so dass ab diesem n_0 alle Folgenglieder in einem Streifen mit Radius ε um a liegen, d. h., wenn gilt:

$$|a_n - a| < \varepsilon \text{ für alle } n > n_0,$$

siehe Abb. 4.10. Der Index n_0 darf abhängig von ε sein! Für verschiedene ε erhalten wir (möglicherweise) verschiedene Werte n_0. Wir schreiben daher auch $n_0(\varepsilon)$ um anzudeuten, dass n_0 von ε abhängt.

Abb. 4.10 ε-n_0-Bedingung
der Folgenkonvergenz

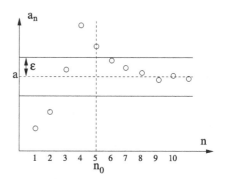

Die Zahl a heißt dann **Grenzwert** oder **Limes** der Folge $(a_n)_{n=1}^{\infty}$, Schreibweise: $\lim_{n\to\infty} a_n = a$ (hier steht $\lim_{n\to\infty}$ für „Limes n gegen unendlich") oder auch $a_n \to a$ („a_n strebt/geht gegen a") für $n \to \infty$ („n gegen unendlich").

Eine Folge $(a_n)_{n=1}^{\infty}$ heißt **divergent** genau dann, wenn sie nicht konvergent ist.

Die Reihe $\sum_{k=1}^{\infty} a_k$ heißt **konvergent** gegen ein $S \in \mathbb{R}$ genau dann, wenn die Folge der Partialsummen $\left(\sum_{k=1}^{n} a_k\right)_{n=1}^{\infty}$ konvergiert:

$$\lim_{n\to\infty} \sum_{k=1}^{n} a_k = S.$$

S heißt die **Summe** (oder der **Grenzwert**) der Reihe. In diesem Fall wird nicht nur die Reihe, sondern auch ihr Grenzwert S mit $\sum_{k=1}^{\infty} a_k$ bezeichnet (wobei sich die Bedeutung aus dem Zusammenhang ergibt). Mit der Schreibweise $\sum_{k=1}^{\infty} a_k < \infty$ wird ausgedrückt, dass die Reihe konvergiert. Divergiert die Folge der Partialsummen, so heißt die Reihe divergent.

Also: $\lim_{n\to\infty} a_n = a$ gilt genau dann, wenn in jedem noch so schmalen Streifen $]a - \varepsilon, a + \varepsilon[$, $\varepsilon > 0$, **alle bis auf endlich viele** Folgenglieder liegen. Wir haben also die Vorstellung, dass ε beliebig klein wird.

Beispiel 4.2 (Folgenkonvergenz)

- Bei einer konstanten Folge mit Gliedern $a_n := a$ ist der Grenzwert a. Denn zu jedem $\varepsilon > 0$ können wir $n_0 := 1$ (sogar unabhängig von ε) wählen, so dass für alle $n > n_0$ gilt: $|a_n - a| = |a - a| = 0 < \varepsilon$.
- Wir zeigen $\lim_{n\to\infty} \frac{1}{n} = 0$, indem wir zu einem beliebig gewählten $\varepsilon > 0$ eine Stelle n_0 mit $n_0 > \frac{1}{\varepsilon}$ wählen. Ist $n > n_0$, dann gilt:

$$\left|\frac{1}{n} - 0\right| = \frac{1}{n} \overset{n > n_0}{<} \frac{1}{n_0} \overset{n_0 > \frac{1}{\varepsilon}}{<} \frac{1}{\frac{1}{\varepsilon}} = \varepsilon.$$

Entsprechend lässt sich durch Wahl von $n_0 > \frac{1}{\sqrt[k]{\varepsilon}}$ zeigen, dass für $k \in \mathbb{N}$ gilt: $\lim_{n\to\infty} \frac{1}{n^k} = 0$.

- Wir zeigen mit der Definition, dass $\lim_{n \to \infty} 2 - \frac{1}{2^n} = 2$ ist. Dazu sei $\varepsilon > 0$ beliebig vorgegeben. Wir müssen zu diesem ε eine Stelle $n_0 \in \mathbb{N}$ finden, so dass für alle $n > n_0$ gilt:

$$\left| 2 - \frac{1}{2^n} - 2 \right| < \varepsilon. \tag{4.12}$$

Wir formen diese Ungleichung nach n um, so dass wir n_0 ablesen können:

$$\left| 2 - \frac{1}{2^n} - 2 \right| < \varepsilon \iff \frac{1}{2^n} < \varepsilon \iff \frac{1}{\varepsilon} < 2^n \iff n > \log_2\left(\frac{1}{\varepsilon}\right)$$
$$\iff n > -\log_2(\varepsilon).$$

Wenn wir also ein $n_0 \in \mathbb{N}$ größer als $-\log_2(\varepsilon)$ wählen, dann gilt für alle $n > n_0$ die Ungleichung (4.12), und die Konvergenz gegen den Grenzwert 2 ist bewiesen.

Auf ähnliche Weise lässt sich auch zeigen, dass $\lim_{m \to \infty} 2 - \frac{m+2}{2^m} = 2$ ist:

Aufgabe 4.9 Zeigen Sie zunächst mittels vollständiger Induktion, dass $m+2 \leq 2^{m/2}$ für $m \geq 6$ gilt. Schließen Sie dann mittels der Definition des Grenzwertes, dass $\lim_{m \to \infty} 2 - \frac{m+2}{2^m} = 2$ ist. (siehe Lösung A.71)

Aufgabe 4.10 Gegeben sei die rekursiv definierte Folge $(a_n)_{n=1}^{\infty}$ mit $a_1 = q$ und $a_n = q \cdot a_{n-1}$ für $n \geq 2$. Dabei ist q eine reelle Zahl. Schreiben Sie die Folgenglieder explizit, also ohne Rekursion. Für welche Werte von q konvergiert die Folge? (siehe Lösung A.72)

Der Prototyp einer konvergenten Reihe ist die **geometrische Reihe** $\sum_{k=0}^{\infty} q^k$ für $q \in \mathbb{R}$ mit $|q| < 1$. Mit der bereits mehrfach benutzten Formel (1.10) für die geometrische Summe ist

$$\sum_{k=0}^{\infty} q^k = \lim_{n \to \infty} \sum_{k=0}^{n} q^k = \lim_{n \to \infty} \frac{1-q^{n+1}}{1-q}.$$

Wir zeigen jetzt mit der Grenzwertdefinition, dass $\lim_{n \to \infty} \frac{1-q^{n+1}}{1-q} = \frac{1}{1-q}$ ist. Sei dazu $\varepsilon > 0$ beliebig vorgegeben. Wir müssen ein $n_0 \in \mathbb{N}$ finden, so dass für alle $n > n_0$ gilt:

$$\left| \frac{1-q^{n+1}}{1-q} - \frac{1}{1-q} \right| < \varepsilon \iff \frac{|q|^{n+1}}{1-q} < \varepsilon.$$

Falls $q = 0$ ist, gilt bereits $\frac{|q|^{n+1}}{(1-q)} = 0 < \varepsilon$. Sei also $q \neq 0$. Wenn $\frac{|q|^{n+1}}{1-q} < \varepsilon$ gelten soll, dann muss

$$|q|^{n+1} < \varepsilon(1-q) \overset{(3.37)}{\Longleftrightarrow} \exp((n+1)\ln|q|) < \varepsilon(1-q)$$
$$\Longleftrightarrow \ln(\exp((n+1)\ln|q|)) < \ln(\varepsilon(1-q)) \text{ (siehe (3.35))}$$
$$\Longleftrightarrow (n+1)\ln|q| < \ln(\varepsilon(1-q))$$
$$\Longleftrightarrow n+1 > \frac{\ln(\varepsilon(1-q))}{\ln|q|} \Longleftrightarrow n > \frac{\ln(\varepsilon(1-q))}{\ln|q|} - 1$$

sein. Beachten Sie, dass wegen $|q| < 1$ gilt: $\ln|q| < 0$. Daher wird bei der Division durch $\ln|q|$ das Kleiner- zu einem Größerzeichen. Wählen wir also ein $n_0 \in \mathbb{N}$, das größer als $\frac{\ln(\varepsilon(1-q))}{\ln|q|} - 1$ ist, so ist für alle $n > n_0$ der Abstand der Folgenglieder zum Grenzwert kleiner als ε. Damit haben wir mit der Definition der Konvergenz bewiesen, dass hier $\frac{1}{1-q}$ tatsächlich der Grenzwert ist.

Beim Umgang mit dem Unendlichen versagt die Anschauung, da das Unendliche im täglichen Leben nicht vorkommt. Deshalb wurden bis ins 19-te Jahrhundert bei Grenzwertberechnungen auch von führenden Mathematikern Fehler gemacht. Die hier wiedergegebene Definition stellt einen Meilenstein in der Mathematik dar, da mit vergleichsweise einfachen Mitteln das Unendliche beschrieben wird. Wie schwierig das Unendliche in der Anschauung ist, zeigt auch Abschn. 3.7.

Aufgabe 4.11 Ein Beispiel für Probleme mit dem Unendlichen ist die berühmte Geschichte über den Wettlauf zwischen dem Helden Achilles und einer Schildkröte, die der Fairness halber einen Vorsprung von 100 m bekommt. Wenn Achilles den Startpunkt der Schildkröte erreicht, hat die Schildkröte bereits ebenfalls eine Strecke zurückgelegt. Sobald Achilles diese Strecke hinter sich gebracht hat, ist die Schildkröte wieder weiter gelaufen, und das setzt sich so fort. Achilles kann die Schildkröte also niemals einholen? Was ist an dieser Überlegung falsch? Nehmen Sie an, dass der Läufer zehnmal schneller als die Schildkröte ist. Nach welcher Strecke hat der Läufer die Schildkröte eingeholt? (siehe Lösung A.73)

Eine konvergente Folge $(a_n)_{n=1}^{\infty}$ mit dem Grenzwert $a = 0$ heißt **Nullfolge**. Zieht man von allen Gliedern einer konvergenten Folge ihren Grenzwert ab, so erhält man eine Nullfolge. Damit würde es prinzipiell ausreichen, nur die Eigenschaften von Nullfolgen zu untersuchen.

Ein Konvergenznachweis mittels der Definition ist in der Regel schwierig. Wesentlich einfacher rechnet es sich mit den folgenden Regeln.

Satz 4.2 (Konvergenzsätze) Seien $(a_n)_{n=1}^{\infty}$ und $(b_n)_{n=1}^{\infty}$ Folgen sowie $c \in \mathbb{R}$.

a) Jede Folge besitzt höchstens einen Grenzwert.
b) Jede konvergente Folge ist notwendigerweise beschränkt.
c) Falls $\lim_{n \to \infty} a_n = a$ und $\lim_{n \to \infty} b_n = b$ ist, dann gilt:

i) $\lim_{n\to\infty}(a_n + b_n) = a + b$,

ii) $\lim_{n\to\infty}(c \cdot a_n) = c \cdot a$,

iii) $\lim_{n\to\infty}(a_n \cdot b_n) = a \cdot b$.

iv) Falls zusätzlich $b \neq 0$ gilt, so ist $b_n \neq 0$ für genügend große n und

$$\lim_{n\to\infty}\frac{a_n}{b_n} = \frac{a}{b}.$$

d) Ist $(a_n)_{n=1}^\infty$ konvergent gegen a und $a_n \geq c$ für alle $n \in \mathbb{N}$, so ist auch $a \geq c$. (Entsprechend ist für $a_n \leq c$ auch $a \leq c$.)

Aus der Beschränktheit einer Folge kann man nicht schließen, dass es ein größtes und ein kleinstes Folgenglied gibt. So besitzt $(\frac{1}{n})_{n=1}^\infty$ kein kleinstes Glied, da 0 nicht zur Folge gehört.

Falls Sie jetzt sagen, dass die Aussage d) klar ist, dann sollten Sie sich einmal überlegen, ob die Aussage auch noch gilt, wenn wir überall „$\geq$" durch „$>$" oder „$\leq$" durch „$<$" ersetzen. Beispielsweise ist $\frac{1}{n} > 0$, aber $\lim_{n\to\infty}\frac{1}{n} = 0$.

Beweis Die einzelnen Teilaussagen lassen sich alle mit der Definition des Grenzwertes beweisen. Wir zeigen a), b) und c) i). Damit sollte das Prinzip verständlich sein. Den Rest finden Sie in der auf diesen Beweis folgenden Aufgabe.

a) Wir nehmen das Gegenteil an. Damit gibt es eine Folge $(a_n)_{n=1}^\infty$ mit mindestens zwei Grenzwerten a und b. Diese haben den halben Abstand $\varepsilon := \frac{|a-b|}{2}$. Nach Definition des Grenzwertes gibt es Stellen $n_0, n_1 \in \mathbb{N}$, so dass $|a_n - a| < \varepsilon$ für alle $n > n_0$ und $|a_n - b| < \varepsilon$ für alle $n > n_1$ gilt. Für $n > \max\{n_0, n_1\}$ müssen die Folgenglieder a_n daher in beiden ε-Steifen liegen. Nach Definition von ε überlappen diese sich aber nicht – Widerspruch. Mit der Dreiecksungleichung können wir diesen Widerspruch auch so formulieren:

$$|a - b| = |a - a_n + a_n - b| \leq |a - a_n| + |a_n - b| < 2\varepsilon = |a - b|.$$

b) Zu $\varepsilon = 1$ existiert wegen der Konvergenz gegen einen Grenzwert a eine Stelle n_0, so dass für $n > n_0$ gilt: $|a_n - a| < 1$. Der Abstand von $|a_n|$ zu $|a|$ ist damit ebenfalls kleiner 1, so dass $|a_n| < 1 + |a|$ folgt. Ab der Stelle n_0 ist die Folge daher beschränkt. Jetzt gibt es aber auch unter den ersten n_0 Gliedern der Folge ein betragsmäßig größtes, dieses sei a_i. Damit ist die gesamte Folge beschränkt mit einer Schranke, die größer als $|a_i|$ und als die Zahl $1 + |a|$ ist.

c) i) Wir wissen, dass wegen der Konvergenz der Folgen zu jedem $\varepsilon > 0$ für $\varepsilon/2$ Stellen $n_1, n_2 \in \mathbb{N}$ existieren, so dass $|a_n - a| < \frac{\varepsilon}{2}$ für $n > n_1$ und $|b_n - b| < \frac{\varepsilon}{2}$ für $n > n_2$ ist. Es wirkt an dieser Stelle verwunderlich, warum wir $\varepsilon/2$ verwenden. Das tun wir aus einem ästhetischen Grund, damit wir am Ende eine Abschätzung gegen ε ohne weitere Faktoren bekommen.

Mit der Dreiecksungleichung erhalten wir aus den beiden Abschätzungen für $n_0 := \max\{n_1, n_2\}$ und $n > n_0$:

$$|(a_n + b_n) - (a + b)| \leq |a_n - a| + |b_n - b| < 2\frac{\varepsilon}{2} = \varepsilon.$$

Da $\varepsilon > 0$ beliebig vorgegeben war, ist die Konvergenz der Summenfolge gegen den Grenzwert $a + b$ gezeigt.

$\square$

Aufgabe 4.12 Beweisen Sie die Teile c) ii), iii), iv) und d) von Satz 4.2. Zu c) ii) können Sie einen Streifen mit Radius $\frac{\varepsilon}{|c|}$ betrachten. Für c) iii) führt die Wahl eines Streifens mit Radius $\frac{\varepsilon}{M+|b|}$ zusammen mit $|a_n b_n - ab| = |a_n b_n - a_n b + a_n b - ab|$ zum Ziel, wobei $M > 0$ eine Schranke der Folge $(a_n)_{n=1}^{\infty}$ ist. Aus c) iii) folgt c) iv), indem $\lim_{n \to \infty} \frac{1}{b_n} = \frac{1}{b}$ bewiesen wird. Dies gelingt mit einem $|b|^2 \varepsilon/2$-Streifen. Schließlich lässt sich d) indirekt zeigen. (siehe Lösung A.74)

Beispiel 4.3 Die Regeln des Satzes können genutzt werden, um Grenzwerte auszurechnen. Wir möchten mit der Regel c) iv) den Grenzwert $\lim_{n \to \infty} \frac{2n^2-2}{n^2+2n+2}$ bestimmen. Dabei können z. B. Zähler und Nenner Laufzeiten von Programmen beschreiben. Der Grenzwert sagt dann aus, in welchem Verhältnis die Laufzeiten für „extrem" große Werte von n zueinander stehen. Das ist dann interessant, wenn man untersuchen will, welcher der Algorithmen der bessere ist.

Man beachte, dass die Grenzwertregeln die Konvergenz der einzelnen Folgen voraussetzen. Dabei haben wir hier das Problem, dass die Grenzwerte des Zählers und des Nenners einzeln nicht existieren. Wie es typisch für Laufzeiten ist, werden deren Werte mit n immer größer, ohne sich einer Zahl anzunähern. Daher darf die Regel c) iv) **keinesfalls** in der folgenden Form angewendet werden: $\lim_{n \to \infty} \frac{2n^2-2}{n^2+2n+2} = \frac{\lim_{n \to \infty}(2n^2-2)}{\lim_{n \to \infty}(n^2+2n+2)}$. Es ist nicht möglich, $\frac{\infty}{\infty}$ sinnvoll zu definieren. Das Verhalten von Zähler und Nenner ändert sich aber, wenn man den Bruch mit $\frac{1}{n^2}$ erweitert. Nun bilden sowohl Zähler als auch Nenner konvergente Folgen, und c) iv) ist anwendbar:

$$\lim_{n \to \infty} \frac{2n^2-2}{n^2+2n+2} = \lim_{n \to \infty} \frac{2 - \frac{2}{n^2}}{1 + \frac{2}{n} + \frac{2}{n^2}} \stackrel{\text{c) iv)}}{=} \frac{\lim_{n \to \infty}\left(2 - \frac{2}{n^2}\right)}{\lim_{n \to \infty}\left(1 + \frac{2}{n} + \frac{2}{n^2}\right)}$$

$$\stackrel{\text{c) i), ii)}}{=} \frac{2 - 2 \cdot \lim_{n \to \infty} \frac{1}{n^2}}{1 + 2 \cdot \lim_{n \to \infty} \frac{1}{n} + 2 \cdot \lim_{n \to \infty} \frac{1}{n^2}} = \frac{2 - 0}{1 + 0 + 0} = 2.$$

Für sehr große Werte von n benötigt das Programm, dessen Laufzeit wir in den Zähler geschrieben haben, doppelt so lange wie das Programm zum Nenner. Relevant für diese Abschätzung sind also lediglich der Summand des Zählers und der Summand des Nenners zur jeweils höchsten Potenz von n. Tatsächlich sind $2n^2 - 2 \in \Theta(n^2)$

und $n^2 + 2n + 2 \in \Theta(n^2)$. Bei den Landau-Symbolen sind ebenfalls nur die höchsten Potenzen von Bedeutung. Die Landau-Symbole berücksichtigen aber keine Faktoren. Mit ihnen kann man das soeben ermittelte Verhältnis nicht ausdrücken. Allerdings sind konstante Faktoren in der Realität auch oft unnötig, da durch Einschalten von Compiler-Optionen die Laufzeit eines Programm oft um den Faktor 10 verbessert werden kann, oder ein neuerer Rechner oft eine doppelt so hohe Geschwindigkeit hat.

Lemma 4.1 ($\mathcal{O}$-**Notation und Grenzwert**) *Für zwei Folgen $(a_n)_{n=1}^{\infty}$ und $(b_n)_{n=1}^{\infty}$ mit $b_n \neq 0$ für alle $n \in \mathbb{N}$ gilt:*

$$\lim_{n \to \infty} \left| \frac{a_n}{b_n} \right| \ existiert \implies (a_n)_{n=1}^{\infty} \in \mathcal{O}(b_n).$$

Beweis Wenn der Grenzwert $\lim_{n \to \infty} \left| \frac{a_n}{b_n} \right|$ existiert, dann ist $\left(\left| \frac{a_n}{b_n} \right| \right)_{n=1}^{\infty}$ nach Satz 4.2 b) mit einer Schranke $C > 0$ beschränkt, also $|a_n| \leq C |b_n|$ für alle $n \in \mathbb{N}$. Das bedeutet aber $(a_n)_{n=1}^{\infty} \in \mathcal{O}(b_n)$. $\qquad\square$

Zur Vereinfachung wird häufig die $\mathcal{O}$-Notation über die Existenz des Grenzwerts $\lim_{n \to \infty} \left| \frac{a_n}{b_n} \right|$ definiert. Aber diese vereinfachte Variante ist nicht äquivalent zur üblichen Definition 4.4. Denn wenn wir $(a_n)_{n=1}^{\infty} = (1, 0, 1, 0, 1, \dots)$ und $(b_n)_{n=1}^{\infty} = (1, 1, 1, \dots)$ betrachten, dann existiert der Grenzwert nicht, jedoch ist $(a_n)_{n=1}^{\infty} \in \mathcal{O}(b_n)$. Solche seltsamen Folgen treten in der Regel aber nicht als Laufzeiten von Programmen auf.

Für den Fall, dass $\lim_{n \to \infty} \left| \frac{a_n}{b_n} \right|$ nicht nur existiert, sondern zusätzlich null ist (wie beispielsweise bei $a_n = \frac{1}{n^2}$ und $b_n = \frac{1}{n}$), benutzt man eine weitere Schreibweise:

Definition 4.7 (Klein-oh-Notation) Man schreibt $(a_n)_{n=1}^{\infty} \in o(b_n)$ genau dann, wenn es eine Nullfolge $(c_n)_{n=1}^{\infty}$ und eine Stelle $n_0 \in \mathbb{N}$ gibt, so dass

$$|a_n| \leq |c_n \cdot b_n| \ \text{für alle } n > n_0$$

gilt, also für alle bis auf endlich viele Indizes. Entsprechend bedeutet die Schreibweise $(a_n)_{n=1}^{\infty} \notin o(b_n)$, dass es keine solche Nullfolge gibt.

Statt $(a_n)_{n=1}^{\infty} \in o(b_n)$ liest man häufig $a_n = o(b_n)$, und man sagt: „$(a_n)_{n=1}^{\infty}$ wächst echt schwächer als $(b_n)_{n=1}^{\infty}$", obwohl die Folgen, z. B. bei Fehlerbetrachtungen, auch monoton fallen können. Statt $(a_n)_{n=1}^{\infty} \notin o(b_n)$ ist auch $a_n \neq o(b_n)$ üblich. Wir haben in der Definition nicht $\lim_{n \to \infty} \frac{a_n}{b_n} = 0$ gefordert, damit null als Wert für Glieder b_n erlaubt ist. Ist aber $b_n \neq 0$ für alle $n \in \mathbb{N}$, dann können wir durch $|b_n|$ teilen, und $(a_n)_{n=1}^{\infty} \in o(b_n)$ ist äquivalent zu $\lim_{n \to \infty} \frac{a_n}{b_n} = 0$. Beispielsweise gilt $\frac{1}{n^2} \in o\left(\frac{1}{n} \right)$, da als Nullfolge $c_n = \frac{1}{n}$ gewählt werden kann. Andererseits ist $\left(\frac{1}{n^2+n}\right)_{n=1}^{\infty} \notin o\left(\frac{1}{n^2}\right)$,

da $\lim_{n\to\infty} \frac{\frac{1}{n^2+n}}{\frac{1}{n^2}} = \lim_{n\to\infty} \frac{n^2}{n^2+n} = 1 \neq 0$ ist.

Wenn $(a_n)_{n=1}^{\infty} \in o(b_n)$ ist, heißt das nicht, dass die Folge $(a_n)_{n=1}^{\infty}$ oder $(b_n)_{n=1}^{\infty}$ eine Nullfolge ist. Beispielsweise sei $a_n := n^2 + 3n + 5$, dann ist $(a_n)_{n=1}^{\infty} \in o(n^3)$, denn $\lim_{n\to\infty} \frac{a_n}{n^3} = 0$.

Die o-Notation wird auch im Rahmen von Fehlerabschätzungen benutzt. Die Folge $(a_n)_{n=1}^{\infty}$ möge einen Fehler nach n Rechenschritten wiedergeben. Die Folge $(b_n)_{n=1}^{\infty}$ sei eine Nullfolge, mit der wir den Fehler nach oben abschätzen: $(a_n)_{n=1}^{\infty} \in \mathcal{O}(b_n)$. Jetzt stellt sich die Frage, ob die Abschätzung bestmöglich ist, oder ob der Fehler vielleicht schneller gegen null konvergiert als die Folge $(b_n)_{n=1}^{\infty}$. Schneller würde bedeuten, dass es eine Nullfolge $(c_n)_{n=1}^{\infty}$ gäbe mit $|a_n| \leq |c_n \cdot b_n|$, also $(a_n)_{n=1}^{\infty} \in o(b_n)$. Bestmöglich wäre die Abschätzung also, wenn $(a_n)_{n=1}^{\infty} \in \mathcal{O}(b_n)$ und gleichzeitig $(a_n)_{n=1}^{\infty} \notin o(b_n)$ gilt.

Häufig finden Sie in der Literatur eine Klein-oh-Definition, die auf den ersten Blick völlig anders aussieht als Definition 4.7. Das liegt daran, dass dann die Definition der Nullfolge aufgelöst ist:

Lemma 4.2 (Umformulierung der Klein-oh-Notation) *Äquivalent sind*

a) $(a_n)_{n=1}^{\infty} \in o(b_n)$

b) *Für jedes $\varepsilon > 0$ gibt es ein $n_0 \in \mathbb{N}$, so dass $|a_n| \leq \varepsilon \cdot |b_n|$ für alle $n > n_0$.*
Dies ist die Definition für die Folgenkonvergenz der Folge $(a_n/b_n)_{n=1}^{\infty}$ gegen den Grenzwert 0, sofern nicht durch null geteilt wird.

Beweis Wir zeigen, dass aus a) die Aussage b) folgt. Wir haben also eine Nullfolge $(c_n)_{n=1}^{\infty}$ mit $|a_n| \leq |c_n \cdot b_n|$ für alle $n > n_1$. Sei nun $\varepsilon > 0$ vorgegeben. Dann gibt es wegen $\lim_{n\to\infty} c_n = 0$ ein $n_2 \in \mathbb{N}$ mit $|c_n - 0| < \varepsilon$ für alle $n > n_2$. Für $n > n_0 := \max\{n_1, n_2\}$ ist $|a_n| \leq \varepsilon \cdot |b_n|$, und die Aussage b) ist gezeigt.

Umgekehrt gelte b). Wir müssen die in der Definition geforderte Nullfolge $(c_n)_{n=1}^{\infty}$ konstruieren. Dazu sei

$$c_n := \begin{cases} \frac{a_n}{b_n}, & \text{falls } b_n \neq 0 \\ 0, & \text{falls } b_n = 0. \end{cases}$$

Dies ist tatsächlich eine Nullfolge, da zu jedem $\varepsilon > 0$ laut b) (angewendet auf $\varepsilon/2$) eine Stelle n_0 existiert, so dass für alle $n > n_0$ gilt:

$$|c_n - 0| \begin{cases} = \left|\frac{a_n}{b_n}\right| \leq \frac{\varepsilon}{2} < \varepsilon, & \text{falls } b_n \neq 0 \\ = 0 < \varepsilon, & \text{falls } b_n = 0. \end{cases}$$

Ebenfalls laut b) gilt für $n > n_0$, dass $b_n = 0 \Longrightarrow a_n = 0$. Damit gilt a), denn für $n > n_0$ ist

$$|a_n| = \begin{cases} = |c_n \cdot b_n|, & \text{falls } b_n \neq 0 \\ = 0 = |c_n \cdot b_n|, & \text{falls } b_n = 0. \end{cases}$$

$\square$

Aufgabe 4.13 Zeigen oder widerlegen Sie (siehe Lösung A.75):

- $(n^{-4})_{n=1}^{\infty} \in o(n^{-2})$,
- $(a_n)_{n=1}^{\infty} \in o(b_n) \Longrightarrow (a_n)_{n=1}^{\infty} \in \mathcal{O}(b_n)$, $(a_n)_{n=1}^{\infty} \in o(b_n) \Longleftarrow (a_n)_{n=1}^{\infty} \in \mathcal{O}(b_n)$,
- $(a_n)_{n=1}^{\infty} \notin o(b_n) \Longrightarrow (a_n)_{n=1}^{\infty} \in \Omega(b_n)$, $(a_n)_{n=1}^{\infty} \notin o(b_n) \Longleftarrow (a_n)_{n=1}^{\infty} \in \Omega(b_n)$.

Aufgabe 4.14 Wir definieren eine Folge $(a_n)_{n=0}^{\infty}$ über

$$a_0 := 0, \quad a_1 := 1, \quad a_n := a_{n-1} + a_{n-2} \text{ für alle } n \geq 2.$$

Dies ist die Folge der **Fibonacci-Zahlen** $(0, 1, 1, 2, 3, 5, 8, 13, 21, \dots)$. Es lässt sich beweisen, dass der Grenzwert $\Phi := \lim_{n \to \infty} \frac{a_{n+1}}{a_n}$ existiert (siehe z. B. [Goebbels und Ritter (2018), S. 551]). Dieser Grenzwert heißt der **goldene Schnitt**. Die Zahl findet sich in Natur und Kunst oft als Verhältnis von Strecken. Berechnen Sie mit den Grenzwertsätzen den Zahlenwert

$$\Phi = \lim_{n \to \infty} \frac{a_{n+1}}{a_n} = \lim_{n \to \infty} \frac{a_n + a_{n-1}}{a_n},$$

wobei Sie benutzen können, dass $\lim_{n \to \infty} \frac{a_{n+1}}{a_n} = \lim_{n \to \infty} \frac{a_n}{a_{n-1}}$ existiert. (siehe Lösung A.76)

Lemma 4.3 (Linearkombination von Reihen) *Seien zwei konvergente Reihen $\sum_{k=1}^{\infty} a_k$ und $\sum_{k=1}^{\infty} b_k$ mit $\sum_{k=1}^{\infty} a_k = A$ und $\sum_{k=1}^{\infty} b_k = B$ sowie Zahlen $c_1, c_2 \in \mathbb{R}$ gegeben. Dann konvergiert $\sum_{k=1}^{\infty} (c_1 a_k + c_2 b_k)$ gegen $c_1 A + c_2 B$, d. h.*

$$\sum_{k=1}^{\infty} (c_1 a_k + c_2 b_k) = c_1 \sum_{k=1}^{\infty} a_k + c_2 \sum_{k=1}^{\infty} b_k.$$

Konvergente Reihen dürfen daher gliedweise addiert werden. Dieses Ergebnis folgt direkt aus den Konvergenzregeln für Folgen, da eine Reihe die Folge ihrer Partialsummen ist:

Beweis Bei endlichen Summen dürfen wir mit dem Kommutativgesetz die Summationsreihenfolge ändern und mit dem Distributivgesetz Faktoren ausklammern:

$$\sum_{k=1}^{\infty}(c_1 a_k + c_2 b_k) = \lim_{n \to \infty} \sum_{k=1}^{n}(c_1 a_k + c_2 b_k) = \lim_{n \to \infty}\left[c_1 \sum_{k=1}^{n} a_k + c_2 \sum_{k=1}^{n} b_k \right]$$

$$\overset{\text{Satz 4.2 c) i), ii)}}{=} c_1 \lim_{n \to \infty} \sum_{k=1}^{n} a_k + c_2 \lim_{n \to \infty} \sum_{k=1}^{n} b_k = c_1 \sum_{k=1}^{\infty} a_k + c_2 \sum_{k=1}^{\infty} b_k.$$

$\square$

In diesem Beweis haben wir lediglich die Definition des Symbols $\sum_{k=1}^{\infty}$ als Grenzwert der Partialsummen aufgelöst sowie die Rechenregeln für Folgen auf Partialsummen angewendet. Entsprechend kann man aus jedem Satz für Folgen einen entsprechenden Satz für Reihen ableiten.

Eine divergente Folge „strebt" nicht automatisch gegen $\pm\infty$. Das sehen wir an der Folge mit den abwechselnden Gliedern $+1$ und -1. Daher ist es sinnvoll, auch die Grenzwerte $\pm\infty$ einzuführen. Folgen, die gegen diese Werte streben, nennt man bestimmt divergent. Wie aber definiert man das Streben gegen ∞? Man kann schließlich keinen ε-Streifen um ∞ legen, $\infty - \varepsilon$ kann nur wieder ∞ sein. Stattdessen kann man aber einen Streifen $]M, \infty[$ betrachten, wobei das M beliebig groß werden darf:

Definition 4.8 (bestimmte Divergenz) Eine Folge $(a_n)_{n=1}^{\infty}$ heißt **bestimmt divergent** gegen ∞ genau dann, falls für jedes noch so große (positive) $M \in \mathbb{R}$ eine Stelle $n_0 \in \mathbb{N}$ (die von M abhängig sein darf) existiert, so dass für alle $n > n_0$, also für alle Folgenglieder nach dieser Stelle, gilt: $a_n > M$. Wir benutzen die Schreibweise $\lim_{n \to \infty} a_n = \infty$.

Entsprechend heißt die Folge **bestimmt divergent** gegen $-\infty$, falls für jedes noch so kleine (negative) $m \in \mathbb{R}$ eine Stelle $n_0 = n_0(m) \in \mathbb{N}$ existiert, so dass für alle $n > n_0$ gilt: $a_n < m$. Wir benutzen die Schreibweise $\lim_{n \to \infty} a_n = -\infty$.

Die unbeschränkte Folge $((-1)^n n)_{n=1}^{\infty}$ ist nicht bestimmt divergent. Bestimmte Divergenz ist also mehr als nur Unbeschränktheit.

Beispiel 4.4 Bildet man die Folgenglieder über Funktionen, bei denen im Zähler und im Nenner ein Polynom steht (**gebrochen-rationale Funktionen**), so haben wir bereits gesehen, dass sich der Grenzwert im Falle der Konvergenz an den Faktoren zu den größten Exponenten im Zähler und Nenner ablesen lässt. Dies gilt auch im Fall der bestimmten Divergenz. Wir erweitern wieder mit $1/n^m$, wobei m der größte Exponent des Nenners ist, z. B. $m = 2$:

$$\lim_{n \to \infty} \frac{4n^3 + 2n^2 + 1}{-2n^2 + 5} = \lim_{n \to \infty} \frac{4n + \overbrace{2 + n^{-2}}^{\to 2}}{\underbrace{-2 + 5n^{-2}}_{\to -2}} = -\infty.$$

Allgemein gilt für $b_m \neq 0$:

$$\lim_{n \to \infty} \frac{a_k n^k + a_{k-1} n^{k-1} + \cdots + a_1 n + a_0}{b_m n^m + b_{m-1} n^{m-1} + \cdots + b_1 n + b_0} = \begin{cases} \frac{a_k}{b_m} & \text{falls } k = m, \\ 0 & \text{falls } k < m, \\ +\infty & \text{falls } k > m, \frac{a_k}{b_m} > 0, \\ -\infty & \text{falls } k > m, \frac{a_k}{b_m} < 0. \end{cases}$$

Aufgabe 4.15 Berechnen Sie die Folgengrenzwerte, auch wenn sie $\pm\infty$ sind (siehe Lösung A.77):

a) $\lim_{n \to \infty} \frac{24n^4 + 3n^2 + 1}{-8n^3 + 2n^2 + n}$,

b) $\lim_{n \to \infty} \frac{24n^4 + 3n^2 + 1}{-8n^4 + 2n^3 + n}$,

c) $\lim_{n \to \infty} \frac{24n^3 + 3n^2 + 1}{-8n^4 + 2n^3 + n}$.

Solange wir keine undefinierten Operationen wie $\infty - \infty$, $\frac{\infty}{\infty}$ oder 1^∞ (wobei 1 ein Grenzwert ist) durchführen, gelten viele Aussagen für reelle Grenzwerte auch für die Grenzwerte $\pm\infty$. Haben wir beispielsweise zwei Folgen mit $\lim_{n \to \infty} a_n = a \in \mathbb{R}$ und $\lim_{n \to \infty} b_n = \infty$, so gilt $\lim_{n \to \infty} \frac{a_n}{b_n} = 0$. Denn während sich der Zähler immer mehr der Zahl a annähert, wird der Nenner immer größer, der Betrag des Quotienten wird damit immer kleiner. Unproblematisch sind auch $\infty + \infty = \infty$, $\infty^\infty = \infty$, $a \cdot \infty = \infty$ falls $a > 0$ und $a \cdot \infty = -\infty$ falls $a < 0$.

Wir kehren zur Konvergenz gegen einen reellen Grenzwert zurück und betrachten eine äquivalente Formulierung des Konvergenzbegriffs, bei dem man im Gegensatz zur Definition keinen Kandidaten für den Grenzwert kennen muss.

Satz 4.3 (Cauchy-Kriterium für Folgen) Eine Folge $(a_n)_{n=1}^\infty$ konvergiert genau dann, wenn sie eine **Cauchy-Folge** ist, d. h., wenn zu jedem (noch so kleinen) $\varepsilon > 0$ ein $n_0 = n_0(\varepsilon) \in \mathbb{N}$ existiert, so dass für alle $n, m > n_0$ gilt:

$$|a_n - a_m| < \varepsilon.$$

Die Wahl $n, m > n_0$ kann offensichtlich auch durch $n > m > n_0$ ersetzt werden. Eine Folge ist also genau dann konvergent, wenn es zu jeder vorgegebenen Genauigkeit eine Stelle gibt, ab der der Abstand zweier beliebiger Folgenglieder kleiner als die Genauigkeit ist. Wir werden das Cauchy-Kriterium vor Allem für Reihen einsetzen. Dazu formulieren wir das Kriterium im Anschluss an den Beweis für Reihen und folgern z. B. $\sum_{k=1}^\infty \frac{1}{k} = \infty$.

Im Satz ist eine Äquivalenz formuliert. Wir beweisen hier aber nur die einfachere Richtung „konvergente Folge $\Longrightarrow$ Cauchy-Folge". Bei der anderen Richtung muss man zunächst einen Grenzwert konstruieren. Das gelingt über eine Intervallschachtelung und die Vollständigkeit der reellen Zahlen (vgl. Abschn. 3.6.1). In der Tat kann man die Vollständigkeit der reellen Zahlen statt über Intervallschachtelungen auch darüber axiomatisch einführen, dass jede Cauchy-Folge konvergiert. Sie sehen, dass die hier ausgelassene Richtung eng mit dem Aufbau der reellen Zahlen verwoben ist.

Beweis Wir zeigen nur, dass aus der Konvergenz die Cauchy-Bedingung folgt. Das geschieht wieder mit einem für die Analysis ganz typischen Argument auf Basis der Dreiecksungleichung. Sei also die Folge $(a_n)_{n=1}^{\infty}$ konvergent gegen den Grenzwert a. Außerdem sei $\varepsilon > 0$ beliebig vorgegeben. Aufgrund der Konvergenz existiert insbesondere zu $\varepsilon/2$ ein $n_0 \in \mathbb{N}$, so dass für alle $n > n_0$ gilt: $|a_n - a| < \varepsilon/2$. Damit gilt für $n, m > n_0$ unter Verwendung der Dreiecksungleichung die Cauchy-Bedingung:

$$|a_n - a_m| = |a_n - a + a - a_m| \leq |a_n - a| + |a - a_m| < \frac{\varepsilon}{2} + \frac{\varepsilon}{2} = \varepsilon.$$

$\square$

Satz 4.4 (Cauchy-Kriterium für Reihen) Eine Reihe $\sum_{k=1}^{\infty} a_k$ konvergiert genau dann, wenn die folgende **Cauchy-Bedingung** erfüllt ist: Zu jedem noch so kleinen $\varepsilon > 0$ existiert eine Stelle $n_0 = n_0(\varepsilon) \in \mathbb{N}$, so dass für alle $n, m \in \mathbb{N}$ mit $m \geq n > n_0$ gilt:

$$\left| \sum_{k=n}^{m} a_k \right| < \varepsilon.$$

Das entspricht der Anschauung: Die Konvergenz einer Reihe ist damit äquivalent, dass die Restsummen hinreichend klein werden, genauer: Beliebige Abschnitte der Summe müssen kleiner als jeder vorgegebene Wert $\varepsilon > 0$ sein, wenn sie nur weit genug hinten in der Summe liegen.

Beweis Nach dem soeben gezeigten Cauchy-Kriterium für Folgen ist die Konvergenz der Reihe äquivalent mit der Cauchy-Bedingung für die Partialsummen, d. h., zu jedem $\varepsilon > 0$ existiert ein $n_1 = n_1(\varepsilon) \in \mathbb{N}$, so dass für alle $m \geq n$ und $n - 1 > n_1$

$$|s_m - s_{n-1}| < \varepsilon$$

gilt. Da $s_m - s_{n-1} = \sum_{k=n}^{m} a_k$ ist, sind damit die Cauchy-Bedingungen für $n_0 = n_1 + 1$ identisch, und der Beweis ist erbracht.

$\square$

Beispiel 4.5 Die **harmonische Reihe** $\sum_{k=1}^{\infty} \frac{1}{k}$ ist divergent, da die Cauchy-Bedingung nicht erfüllt ist: Wählen wir $m = 2n$, dann ist

$$\sum_{k=n}^{m} \frac{1}{k} = \sum_{k=n}^{2n} \frac{1}{k} > \underbrace{(n+1)}_{\text{Anzahl der Summanden}} \cdot \underbrace{\frac{1}{2n}}_{\text{kleinstes Glied}} > \frac{1}{2}$$

Tab. 4.2 Wichtige Reihen

Name	Bildungsgesetz	Grenzwert
Geometrische Reihe	$\sum_{k=0}^{\infty} q^k$	$\frac{1}{1-q}$, falls $-1 < q < 1$
		existiert nicht, falls $|q| \geq 1$
Harmonische Reihe	$\sum_{k=1}^{\infty} \frac{1}{k}$	existiert nicht
	$\sum_{k=1}^{\infty} \frac{1}{k^\alpha}$	existiert genau für $\alpha > 1$
Reihenentwicklung für e	$\sum_{k=0}^{\infty} \frac{1}{k!}$	e

unabhängig von n. Das heißt, zu $\varepsilon := 1/4$ existiert kein $n_0 \in \mathbb{N}$, so dass für alle $n, m > n_0$ gilt: $\left| \sum_{k=n}^{m} \frac{1}{k} \right| < \varepsilon$.

Die harmonische Reihe ist deshalb so wichtig, weil sie der Prototyp einer bestimmt divergenten Reihe ist. Mittels Integralrechnung werden wir im Anschluss an die Aufgabe 4.22 zeigen, dass

$$1 + \ln(n) \geq \sum_{k=1}^{n} \frac{1}{k} \geq \ln(n+1) > \ln(n) \tag{4.13}$$

ist. Da $1 + \ln(n) \leq \ln(n) + \ln(n) = 2\ln(n)$ für $n \geq 3$ gilt, haben wir damit

$$\left(\sum_{k=1}^{n} \frac{1}{k} \right)_{n=1}^{\infty} \in \Theta(\ln(n)).$$

Da der Logarithmus mit wachsendem n gegen unendlich strebt, folgt auch damit die Divergenz der Reihe.

Betrachten wir allgemeiner die Reihen $\sum_{k=1}^{\infty} \frac{1}{k^\alpha}$ zum Parameter $\alpha \in \mathbb{R}$. Für $\alpha = 1$ erhalten wir die harmonische Reihe. Aber bereits für $\alpha > 1$ sind die Reihen konvergent. Das kann man ebenfalls mittels Integralrechnung zeigen. In diesem Sinne ist die harmonische Reihe so gerade eben nicht konvergent.

Wir folgern jetzt zwei wichtige Aussagen aus dem Cauchy-Kriterium.

Satz 4.5 (absolute Konvergenz bedeutet Konvergenz) Ist die Reihe der Beträge $\sum_{k=1}^{\infty} |a_k|$ konvergent (wir nennen dann die Reihe $\sum_{k=1}^{\infty} a_k$ **absolut konvergent**), dann konvergiert auch die entsprechende Reihe $\sum_{k=1}^{\infty} a_k$ ohne Beträge.

Beweis Wegen der Konvergenz von $\sum_{k=1}^{\infty} |a_k|$ existiert nach Cauchy-Kriterium zu jedem $\varepsilon > 0$ ein $n_0 \in \mathbb{N}$, so dass für alle $m \geq n > n_0$ gilt:

$$\sum_{k=n}^{m} |a_k| = \left| \sum_{k=n}^{m} |a_k| \right| < \varepsilon.$$

Damit folgt aus der Dreiecksungleichung $\left|\sum_{k=n}^{m} a_k\right| \leq \sum_{k=n}^{m} |a_k| < \varepsilon$, so dass die Cauchy-Bedingung für die Reihe $\sum_{k=1}^{\infty} a_k$ erfüllt ist und sie wiederum aufgrund des Cauchy-Kriteriums konvergiert. $\quad\square$

!Vorsicht

Während bei endlichen Summen die Summationsreihenfolge beliebig geändert werden darf, führt das bei (unendlichen) Reihen zu überraschenden Effekten. So können sich völlig andere Grenzwerte ergeben. Ist eine Reihe konvergent aber nicht absolut konvergent, dann gibt es zu jeder Zahl eine Umordnung, so dass die Reihe gegen die vorgegebene Zahl konvergiert (Riemann'scher Umordnungssatz). Dazu kann man solange positive Summanden addieren, bis die Zahl überschritten wird, dann addiert man negative Summanden, bis die Zahl wieder unterschritten wird, usw. Anhand der nicht gegebenen absoluten Konvergenz kann man die Summanden entsprechend auswählen. ◄

Wir betrachten ein Beispiel: Man kann zeigen, dass $\sum_{k=1}^{\infty} \frac{(-1)^{k+1}}{k} = \ln(2)$ ist. Mittels Umsortierung erhalten wir aber einen anderen Wert. Dazu betrachten wir Summanden zu ungeraden Indizes $2k - 1$ (das sind die Terme $\frac{(-1)^{(2k-1)+1}}{2k-1} = \frac{1}{2k-1}$) und zu geraden Indizes $2k$, wobei wir diese noch einmal aufspalten in Terme, deren Indizes genau einen Primfaktor 2 haben (Indizes $2(2k-1)$, da $2k-1$ ungerade ist und so keinen Primfaktor 2 besitzt, also Terme $\frac{(-1)^{2(2k-1)+1}}{2(2k-1)} = \frac{-1}{2(2k-1)}$), und Terme, deren Indizes mindestens zwei Primfaktoren 2 haben (Indizes $4k$, Summanden $\frac{(-1)^{4k+1}}{4k} = \frac{-1}{4k}$). Wir summieren nun abweichend von $\sum_{k=1}^{\infty} \frac{(-1)^{k+1}}{k}$, indem wir die drei Typen von Summanden abwechselnd verwenden. Im Vergleich zur Startreihe addieren wir so den ersten, zweiten, vierten, dritten, sechsten, achten, fünften usw. Summanden:

$$\sum_{k=1}^{\infty} \left[\frac{1}{2k-1} - \frac{1}{2(2k-1)} - \frac{1}{4k} \right] = \sum_{k=1}^{\infty} \frac{4k - 2k - (2k-1)}{(2k-1)4k} = \sum_{k=1}^{\infty} \frac{1}{(2k-1)4k}$$

$$= \frac{1}{2} \sum_{k=1}^{\infty} \frac{2k - (2k-1)}{(2k-1)2k} = \frac{1}{2} \sum_{k=1}^{\infty} \left[\frac{1}{2k-1} - \frac{1}{2k} \right] = \frac{1}{2} \sum_{k=1}^{\infty} \frac{(-1)^{k+1}}{k} = \frac{\ln(2)}{2}.$$

Dabei haben wir beim vorletzten Gleichheitszeichen wieder Summanden zu geraden und ungeraden Indizes zusammengefasst. Die Änderung der Reihenfolge hat das zu $\ln(2)$ verschiedene Ergebnis $\frac{\ln(2)}{2}$ erbracht. Ist eine Reihe jedoch absolut konvergent, dann dürfen wir dagegen die Reihenfolge beliebig wählen, ohne dass sich der Grenzwert ändert.

Eine unendliche Summe kann nur dann einen endlichen Wert ergeben, wenn betragsmäßig immer weniger addiert wird. Bei nicht-negativen Summanden ist das völlig klar. Aber ist das auch nötig, wenn aufgrund von Vorzeichenwechseln bei den Summanden Auslöschungen entstehen? Ja, denn:

Satz 4.6 (notwendige Bedingung für Konvergenz einer Reihe) Ist eine Reihe $\sum_{k=1}^{\infty} a_k$ konvergent, dann ist $\lim_{k \to \infty} a_k = 0$.

Eine Reihe kann also nur konvergieren, wenn die Zahlen, die man aufsummiert, gegen null konvergieren. Ihre Vorzeichen spielen aber trotzdem eine Rolle, so kann man zeigen dass $\sum_{k=1}^{\infty} (-1)^k \frac{1}{k}$ konvergiert, wogegen aber die harmonische Reihe $\sum_{k=1}^{\infty} \frac{1}{k}$ divergiert. In beiden Fällen ist die notwendige Bedingung erfüllt, sie ist aber nicht hinreichend.

Beweis Die Aussage folgt direkt aus dem Cauchy-Kriterium, indem man dort $m = n$ wählt: Ist die Reihe konvergent, so existiert zu jedem $\varepsilon > 0$ eine Stelle $n_0 \in \mathbb{N}$, so dass für alle $n > n_0$ gilt: $\left| \sum_{k=n}^{n} a_k \right| = |a_n - 0| < \varepsilon$. Das ist aber genau die Definition einer Nullfolge.

$\square$

Die geometrische Reihe $\sum_{k=0}^{\infty} q^k$ divergiert für $|q| \geq 1$, da $\left(q^k \right)_{k=1}^{\infty}$ dann keine Nullfolge ist. Man sieht also einer Reihe nicht unbedingt direkt an, ob sie konvergiert. Daher benötigt man einfach zu benutzende Kriterien für Konvergenzuntersuchungen. Wir beschränken uns hier auf das Vergleichskriterium, das intuitiv sofort klar ist: Wenn eine unendliche Summe nicht negativer Zahlen konvergiert, dann auch eine Summe kleinerer nicht-negativer Zahlen:

Satz 4.7 (Vergleichs- oder Majoranten/Minoranten-Kriterium) Gegeben sei eine Reihe $\sum_{k=1}^{\infty} a_k$.

a) Falls es eine konvergente Reihe (Majorante) $\sum_{k=1}^{\infty} |c_k|$ gibt und

$$(a_k)_{k=1}^{\infty} \in \mathcal{O}(c_k)$$

gilt, dann ist auch die Reihe $\sum_{k=1}^{\infty} |a_k|$ und insbesondere $\sum_{k=1}^{\infty} a_k$ konvergent.

b) Falls es eine divergente Reihe (Minorante) $\sum_{k=1}^{\infty} |d_k|$ gibt, so dass

$$(d_k)_{k=1}^{\infty} \in \mathcal{O}(a_k) \text{ bzw. } (a_k)_{k=1}^{\infty} \in \Omega(d_k)$$

gilt, dann ist die Reihe $\sum_{k=1}^{\infty} |a_k|$ ebenfalls divergent.

Beweis

a) Der Beweis basiert auf der Cauchy-Bedingung und dem Vergleich mit der Majorante: Wir lösen $(a_k)_{k=1}^{\infty} \in \mathcal{O}(c_k)$ auf: Sei $n_0 \in \mathbb{N}$ und $C > 0$, so dass für alle $k \geq n_0$ gilt:

$$|a_k| \leq C |c_k|.$$

Da die Reihe $\sum_{k=1}^{\infty} |c_k|$ nach Voraussetzung konvergent ist, erfüllt sie die Cauchy-Bedingung, d. h., zu jedem $\frac{\varepsilon}{C} > 0$ existiert ein $n_1 = n_1\left(\frac{\varepsilon}{C}\right) \in \mathbb{N}$, so dass für alle $m \geq n > n_1$ gilt: $\left|\sum_{k=n}^{m} |c_k|\right| = \sum_{k=n}^{m} |c_k| < \frac{\varepsilon}{C}$. Für $m \geq n > \max\{n_0, n_1\}$ gilt damit:

$$\sum_{k=n}^{m} |a_k| \leq C \sum_{k=n}^{m} |c_k| < C\frac{\varepsilon}{C} = \varepsilon.$$

Damit ist aber die Cauchy-Bedingung auch für die Reihe $\sum_{k=1}^{\infty} |a_k|$ erfüllt, die damit konvergent ist. Alternativ hätten wir die Konvergenz auch darüber zeigen können, dass die Partialsummen $\sum_{k=1}^{n} |a_k|$ eine monoton wachsende, und aufgrund der Majorante nach oben beschränkte Folge bilden.

b) Nach Voraussetzung ist $|d_k| \leq C|a_k|$ für alle $k > n_0$ für eine Stelle $n_0 \in \mathbb{N}$. Wäre nun $\sum_{k=1}^{\infty} |a_k|$ konvergent, so wäre nach a) auch $\sum_{k=1}^{\infty} |d_k|$ konvergent – im Widerspruch zur Voraussetzung der Divergenz. Also muss $\sum_{k=1}^{\infty} |a_k|$ divergent sein.

$\square$

Um mit diesem Satz die Konvergenz oder Divergenz einer Reihe zu zeigen, benötigt man geeignete Reihen zum Vergleich (vgl. Tab. 4.2). Mit der harmonischen Reihe kann man gut Divergenz zeigen. Zum Nachweis von Konvergenz ist eine der prominentesten Reihen die geometrische Reihe. Hier nicht benutzte Konvergenzkriterien wie das Quotienten- oder Wurzelkriterium verpacken einen solchen Vergleich mit der geometrischen Reihe in eine einfach zu benutzende Bedingung.

Beispiel 4.6 (Euler'sche Zahl) Wir benötigen später in Aufgabe 5.11 bei der Abschätzung, wie aufwändig die Berechnung einer Determinante ist, dass die Reihe $\sum_{k=0}^{\infty} \frac{1}{k!}$ konvergiert. Dazu wenden wir das Vergleichskriterium für $k \geq 1$ an:

$$\left|\frac{1}{k!}\right| = \frac{1}{k!} = \frac{1}{k} \cdot \frac{1}{k-1} \cdot \ldots \cdot \frac{1}{6} \cdot \frac{1}{2} \cdot \frac{1}{1} \leq \frac{1}{2} \cdot \frac{1}{2} \cdot \ldots \cdot \frac{1}{2} \cdot 1 \leq \frac{1}{2^{k-1}} = 2\frac{1}{2^k}.$$

Da die geometrische Reihe $\sum_{k=0}^{\infty} \frac{1}{2^k} = 2$ konvergiert, konvergiert laut Vergleichskriterium auch $\sum_{k=0}^{\infty} \frac{1}{k!}$. Der Grenzwert dieser Reihe bekommt den Namen e und ist die **Euler'sche Zahl.**

Wir kommen noch einmal auf die Stellenwertdarstellung reeller Zahlen aus Satz 3.14 in Abschn. 3.6.3 zurück. Eine Zahl $x_0, x_{-1}x_{-2}x_{-3}\ldots$ haben wir dort mit einer reellen Zahl x identifiziert. Jetzt können wir x als Grenzwert schreiben:

$$x = \lim_{n \to \infty} \sum_{k=0}^{n} x_{-k} 10^{-k} = \sum_{k=0}^{\infty} x_{-k} 10^{-k}.$$

Diese Reihe ist konvergent, denn sie lässt sich mit einer konvergenten geometrischen Reihe $\sum_{k=0}^{\infty} 10^{-k} = \frac{1}{1-\frac{1}{10}} = \frac{10}{9}$ vergleichen: $\left| x_{-k} 10^{-k} \right| \leq 9 \cdot |10^{-k}|$. Außerdem lässt sich leicht nachrechnen, dass x die gleiche Zahl wie die aus Satz 3.14 ist, da sie in allen Intervallen der dortigen Intervallschachtelung liegt.

Aufgabe 4.16

a) Prüfen Sie mit dem Vergleichskriterium die Reihen auf Konvergenz:

$$\sum_{k=1}^{\infty} \frac{1}{\sqrt{k}} \quad \text{und} \quad \sum_{k=2}^{\infty} \frac{1}{k^2 \ln(k)}.$$

b) Nutzen Sie für $k \geq 1$ die Abschätzung $\frac{1}{k!} \leq \frac{1}{2^{k-1}}$, um $e \leq 3$ zu zeigen. (siehe Lösung A.78)

Nachdem wir uns in diesem Kapitel ständig mit sehr kleinen ε beschäftigt haben, wollen wir Ihnen den kürzesten Mathematiker-Witz nicht vorenthalten: „Sei $\varepsilon < 0$.“ Falls Sie den Witz nicht lustig finden, ist das in Ordnung. Falls Sie den Witz nicht verstehen, sollten Sie das Kapitel noch einmal durcharbeiten.

4.6   Analyse des randomisierten Quicksort

Wir kombinieren die Wahrscheinlichkeitsrechnung mit der Analysis und untersuchen den randomisierten Quicksort. Er entsteht aus dem Quicksort-Algorithmus, indem wir die Prozedur PARTITION aus Algorithmus 4.3 ersetzen durch die Variante in Algorithmus 4.6. Dabei wird zu Beginn einer der Werte $A[l], \ldots, A[r]$ zufällig gewählt und mit dem linken Element $A[l]$ getauscht, der Rest ist unverändert.

Algorithmus 4.6 Randomisiertes Aufteilen einer Liste in zwei Teillisten

---

```
 1: procedure PARTITION(l, r)
 2:     k sei ein zufälliger Wert aus {l, l + 1, l + 2, ..., r},
 3:                          ▷ Jedes Element wird mit der gleichen Wahrscheinlichkeit gewählt.
 4:     SWAP(l, k), p := A[l], s := l + 1, t := r
 5:     repeat
 6:         while (s < r) ∧ (A[s] ≤ p) do s := s + 1
 7:         while (t > l) ∧ (A[t] ≥ p) do t := t − 1
 8:         if s < t then SWAP(s, t)
 9:     until t ≤ s
10:     SWAP(l, t)
11:     return t
```

Zur Vereinfachung der Darstellung betrachten wir jetzt nur Eingaben, die aus den n verschiedenen Schlüsseln $1, 2, \ldots, n$ bestehen. Wir suchen den Erwartungswert der Zufallsvariablen X, die uns die Laufzeit im Sinne der Anzahl der Vergleiche für eine beliebige, fest vorgegebene Eingabe angeben soll. Dazu führen wir Zufallsvariablen $X_{i,j}$ ein, die nur die Werte null und eins annehmen. $X_{i,j}$ sei genau dann eins, wenn der Algorithmus irgendwann den Schlüsselwert i mit dem Wert j (und damit auch j mit i) vergleicht. Es reicht, den Fall $i < j$ zu betrachten, in dem der erste Index kleiner als der zweite ist. Denn sonst würden die beiden Zufallsvariablen $X_{i,j}$ und $X_{j,i}$ den gleichen Vergleich beschreiben. Wenn i mit j in Zeile 6 oder 7 des Algorithmus verglichen wird, dann ist einer der beiden Werte das Pivot-Element, z. B. der Wert j. Damit wird i (aber nicht j) in einer der beiden rekursiv zu sortierenden Teillisten gespeichert und daher nie wieder mit dem Wert j verglichen. Daher kann maximal ein solcher Vergleich stattfinden. Damit ist X die Summe über alle $X_{i,j}$ mit $i < j$ (vgl. auch Aufgabe 3.14):

$$X = \sum_{i=1}^{n-1} \sum_{j=i+1}^{n} X_{i,j}.$$

Wegen der Linearität (3.22) des Erwartungswerts gilt:

$$E(X) = \sum_{i=1}^{n-1} \sum_{j=i+1}^{n} E(X_{i,j}). \qquad (4.14)$$

Der Erwartungswert $E(X_{i,j})$ ist gleich der Wahrscheinlichkeit $p_{i,j}$, dass i mit j verglichen wird (vgl. (3.20)):

$$E(X_{i,j}) = \sum_{x \in W(X_{i,j}) = \{0,1\}} x \cdot P(X_{i,j} = x) = 0 \cdot (1 - p_{i,j}) + 1 \cdot p_{i,j} = p_{i,j}.$$

Wir berechnen jetzt diese Wahrscheinlichkeit: Verglichen wird immer mit einem Pivot-Element. Sei $i < j$.

Solange noch kein Schlüssel aus $S := \{i, i+1, i+2, \ldots, j\}$ als Pivot-Element ausgewählt wurde, liegen alle Schlüssel dieser Menge stets in einer gemeinsamen Teilliste. Irgendwann wird aber ein erster Schlüssel der Menge S als Pivot-Element ausgewählt:

- Handelt es sich beim ersten Pivot-Element um einen Schlüssel k mit $i < k < j$, so wandern i und j in unterschiedliche Teillisten und können in der Folge nicht mehr miteinander verglichen werden. Sie werden also nie miteinander verglichen.
- Wird zuerst i (oder j) als Pivot-Element verwendet, dann wird bei der Aufteilung das Pivot-Element i (oder j) mit j (oder i) verglichen.

Fassen wir beide Punkte zusammen, dann wissen wir, dass ein Vergleich von i und j genau dann geschieht (also $X_{i,j} = 1$), wenn i oder j vor den Schlüsseln $i+1, i+2$, $\ldots, j-1$ als Pivot-Element benutzt wird. Wenn nun jede Wahl von Pivot-Elementen gleich wahrscheinlich ist, dann ist $p_{i,j} = \frac{2}{j-i+1}$ die Wahrscheinlichkeit, dass einer der beiden Schlüssel i oder j als erster der $j - i + 1$ Schlüssel $\{i, i+1, \ldots, j\}$ zum Pivot-Element wird. Damit erhalten wir insgesamt für $n \geq 2$:

$$
\mathrm{E}(X) \overset{(4.14)}{=} \sum_{i=1}^{n-1} \sum_{j=i+1}^{n} \mathrm{E}(X_{i,j}) = \sum_{i=1}^{n-1} \sum_{j=i+1}^{n} p_{i,j} = \sum_{i=1}^{n-1} \sum_{j=i+1}^{n} \frac{2}{j-i+1}
$$

$$
\overset{k:=j-i+1}{=} \sum_{i=1}^{n-1} \sum_{k=2}^{n+1-i} \frac{2}{k} \overset{n+1-i \leq n}{\leq} \sum_{i=1}^{n-1} \sum_{k=2}^{n} \frac{2}{k} = 2(n-1) \sum_{k=2}^{n} \frac{1}{k}
$$

$$
= 2(n-1) \left[-1 + \sum_{k=1}^{n} \frac{1}{k} \right] \overset{(4.13)}{\leq} 2(n-1) \left[-1 + \ln(n) + 1 \right]
$$

$$
< 2n \ln(n) = 2n \frac{\log_2(n)}{\log_2(e)} \overset{\log_2(e) > 1}{<} 2n \log_2(n).
$$

Die Laufzeitabschätzung des randomisierten Quicksort ist eng verwandt mit der Analyse des Average-Case des Quicksort, bei dem stets das erste Element als Pivot-Element verwendet wird. Für die mittlere Laufzeit muss man die Laufzeiten für alle möglichen Schlüsselpermutationen berechnen und dann durch die Gesamtzahl der Permutationen teilen, es wird also ein arithmetisches Mittel berechnet. Dabei ist die Wahl der Pivot-Elemente fest und die Eingabedaten variieren. Beim randomisierten Algorithmus haben wir ein beliebiges zu sortierendes Tupel von Schlüsseln betrachtet und für dieses feste Tupel die Auswahl der Pivot-Elemente variiert. Da wir davon ausgegangen sind, dass jede Pivot-Wahl gleich wahrscheinlich ist, führen beide Betrachtungen letztlich auf das gleiche Ergebnis. Die durchschnittliche Laufzeit des nicht-randomisierten Quicksort ist somit ebenfalls in $\mathcal{O}(n \log_2(n))$. Der Vorteil der Randomisierung besteht darin, dass für jede Sortierung eine Laufzeit von $\mathcal{O}(n \log_2(n))$ zu erwarten ist. Beim nicht-randomisierten Algorithmus gibt es (wie beim Worst-Case betrachtet) Sortierungen, die stets eine schlechtere Laufzeit haben. Allerdings ist im Einzelfall beim randomisierten Quicksort für jede Sortierung auch eine schlechtere Laufzeit möglich, ohne dass dies vorhersagbar wäre.

4.7 Stetigkeit und Differenzierbarkeit

Wenn wir wissen wollen, ob ein Algorithmus mit Laufzeit in $\mathcal{O}(n)$ besser oder schlechter als ein Algorithmus mit Laufzeit in $\mathcal{O}(\log_2(n))$ ist, dann müssen wir uns das Wachstum der Funktionen $f(x) = x$ und $g(x) = \log_2(x)$ ansehen. Dieses Wachstum lässt sich über die Steigung bzw. Ableitung von f und g beschreiben. In diesem Abschnitt beschäftigen wir uns daher mit Ableitungen. Da wir mittels Ableitungen auch Flächeninhalte berechnen können, erklären wir anschließend auch kurz das Integral. Auch dieses erweist sich als praktisches Werkzeug für Laufzeitabschätzungen. Wir führen die Begriffe über Folgengrenzwerte ein. Damit haben wir sie schon gut vorbereitet. Umgekehrt werden wir neue Hilfsmittel zum Berechnen von Folgengrenzwerten erhalten. Die Ableitungen und Integrale sind von fundamentaler Bedeutung auch für die Numerische Analysis, bei der mittels Computer mathematische Probleme näherungsweise gelöst werden.

Im Folgenden betrachten wir reelle Funktionen f, die auf einem Intervall $D \subseteq \mathbb{R}$ definiert sind, also $f : D \to \mathbb{R}$. Dabei erlauben wir (einseitig) offene, abgeschlossene, aber auch unbeschränkte Intervalle wie $D =]-\infty, \infty[$ oder $[a, \infty[$.

Definition 4.9 (Stetigkeit) Eine Funktion $f : D \to \mathbb{R}$ heißt **stetig** an einer Stelle $x_0 \in D$ genau dann, wenn für **jede** Nullfolge $(h_n)_{n=1}^{\infty}$ mit $x_0 + h_n \in D$ und $h_n \neq 0$ für alle $n \in \mathbb{N}$ gilt:

$$\lim_{n \to \infty} f(x_0 + h_n) = f(x_0).$$

Die Funktion f heißt **stetig auf** D genau dann, wenn f stetig an jeder Stelle $x_0 \in D$ ist.

Eigentlich müsste $h_n = 0$ nicht ausgeschlossen werden, da $f(x_0 + 0) = f(x_0)$ offensichtlich erfüllt ist. Die hier gewählte Formulierung passt aber besser zur anschließenden Definition der Ableitung.

So, wie sich h_n der Null nähert, nähert sich $x_0 + h_n$ der Stelle x_0. Stetigkeit bedeutet also: Wenn wir uns der Stelle x_0 nähern, dann nähern sich die zugehörigen Funktionswerte dem Wert $f(x_0)$ an der Stelle x_0 an. In der Praxis bedeutet das, dass wir den Graph einer stetigen Funktion ohne Absetzen des Stiftes durchzeichnen können. Insbesondere werden von einer auf $[a, b]$ stetigen Funktion f alle Zahlen zwischen $f(a)$ und $f(b)$ angenommen. Diese Aussage heißt **Zwischenwertsatz,** und ein formaler Beweis ist zwar kurz aber gar nicht einfach, (siehe z. B. [Arens et al. (2022), S. 231]), da die Struktur der reellen Zahlen ausgenutzt werden muss.

Wenn wir wissen, dass eine Funktion an einer Stelle x_0 stetig ist und wir im Definitionsbereich der Funktion eine Folge $(x_n)_{n=1}^{\infty}$ mit $\lim_{n \to \infty} x_n = x_0$ haben, dann ist

$$\lim_{n \to \infty} f(x_n) = \lim_{n \to \infty} f(x_0 + \underbrace{(x_n - x_0)}_{\text{Glieder einer Nullfolge}}) \overset{\text{Stetigkeit}}{=} f(x_0) = f\left(\lim_{n \to \infty} x_n\right).$$

Dies ist ein weiterer Grenzwertsatz: Wir können einen Folgengrenzwert in das Argument einer stetigen Funktion ziehen, wir dürfen die Berechnung des Funktionswertes mit dem Grenzwert vertauschen. Beispielsweise gilt für die auf $\mathbb{R}$ stetige Funktion $\sin(x)$:

$$\lim_{n \to \infty} \sin\left(\frac{\pi n + 1}{2n}\right) = \sin\left(\lim_{n \to \infty} \frac{\pi n + 1}{2n}\right) \overset{\text{Beispiel 4.4}}{=} \sin\left(\frac{\pi}{2}\right) = 1.$$

Abb. 4.11 Stetigkeit in x_0: Zu jedem $\varepsilon > 0$ existiert ein $\delta > 0$, so dass auf dem Intervall $]x_0 - \delta, x_0 + \delta[$ alle Funktionswerte im ε-Streifen $]f(x_0) - \varepsilon, f(x_0) + \varepsilon[$ liegen

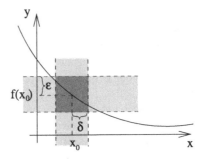

Alle elementaren Funktionen, die wir kennengelernt haben, sind auf ihrem Definitionsbereich stetig. Wir erhalten dieses Ergebnis später als Konsequenz ihrer Differenzierbarkeit (siehe Satz 4.9). Eine Unstetigkeit kann man aber bewusst durch eine Fallunterscheidung herbeiführen.

$$f(x) := \begin{cases} 1, \text{ falls } x < 0 \\ 2, \text{ falls } x \geq 0 \end{cases}$$

ist beispielsweise unstetig an der Stelle 0. Denn für die Nullfolgen $(\frac{1}{n})_{n=1}^{\infty}$ und $(-\frac{1}{n})_{n=1}^{\infty}$ erhalten wir unterschiedliche Grenzwerte:

$$\lim_{n \to \infty} f\left(0 + \frac{1}{n}\right) = 2 = f(0) \neq 1 = \lim_{n \to \infty} f\left(0 + \left(-\frac{1}{n}\right)\right).$$

Stetigkeit bedeutet auch, dass, wenn wir $f(x \pm \Delta x)$ für ein (genügend) kleines $\Delta x > 0$ berechnen, wir einen Wert nahe bei $f(x)$ erhalten. Eine kleine Ursache (Δx) hat somit auch nur eine kleine Wirkung (geringe Abweichung von $f(x)$). Wir formulieren das präziser:

Satz 4.8 (Äquivalente Formulierung der Stetigkeit) Für eine Funktion $f : D \to \mathbb{R}$ und eine Stelle $x_0 \in D$ sind äquivalent:

a) f ist stetig in x_0.
b) Zu jedem (kleinen) $\varepsilon > 0$ gibt es ein (kleines) $\delta > 0$, so dass für alle $x \in D$ mit $|x - x_0| < \delta$ gilt: $|f(x) - f(x_0)| < \varepsilon$ (siehe Abb. 4.11).

Beweis a) folgt aus b) durch Ineinanderschachteln der Definitionen: Sei $\varepsilon > 0$ beliebig vorgegeben und $(h_n)_{n=1}^{\infty}$ eine Nullfolge mit $x_0 + h_n \in D$. Zum δ aus b) existiert daher ein n_0, so dass für alle $n > n_0$ gilt: $|h_n - 0| < \delta$ und damit $|x_0 + h_n - x_0| < \delta$. Wegen b) ist damit $|f(x_0 + h_n) - f(x_0)| < \varepsilon$ für alle $n > n_0$. Damit haben wir aber $\lim_{n \to \infty} f(x_0 + h_n) = f(x_0)$ bewiesen, f ist stetig in x_0.

Um zu sehen, dass b) aus a) folgt, führen wir einen indirekten Beweis. Wir nehmen an, b) gelte nicht: Es gibt ein $\varepsilon > 0$, so dass für jedes $\delta > 0$ – also insbesondere für $\delta = \frac{1}{n}$ – ein $x_n \in D$ mit $|x_n - x_0| < \delta$ gibt, so dass $|f(x_n) - f(x_0)| \geq \varepsilon$ ist. Wenn wir das zu $\delta = \frac{1}{n}$ gefundene x_n schreiben als $x_n = x_0 + h_n$, dann ist $h_n \neq 0$ mit $x_0 + h_n \in D$, $|h_n| < 1/n$ und $|f(x_0 + h_n) - f(x_0)| \geq \varepsilon$. Die Folge $(h_n)_{n=1}^{\infty}$ konvergiert nach Konstruktion gegen 0, aber $(f(x_0 + h_n))_{n=1}^{\infty}$ konvergiert nicht gegen $f(x_0)$. Damit gilt a) nicht. Wenn also a) zutrifft, dann kann die Annahme nicht stimmen, und b) muss gelten.

$\square$

Da wir beispielsweise reelle Zahlen nur näherungsweise im Computer als Fließpunktzahlen darstellen, benötigen wir die Stetigkeit, um ohne zu große Fehler Funktionswerte berechnen zu können (vgl. Beispiel zur Berechnung des Sinus in der Einleitung des Kapitels). Stetigkeit wird im Umfeld der Numerik oder im Zusammenhang mit Algorithmen häufig auch als **Stabilität** bezeichnet: Ergebnisse sind dann robust gegen kleine Änderungen. Das zeigt sich auch am Vorzeichenverhalten:

Aufgabe 4.17 Die Funktion $f : D \to \mathbb{R}$ sei stetig an einer Stelle $x_0 \in D$ mit $f(x_0) > 0$. Zeigen Sie, dass f auch nah bei x_0 positive Funktionswerte hat, d. h., dass es ein $\delta > 0$ gibt, so dass $f(x) > 0$ für alle $x \in D$ mit $|x - x_0| < \delta$ gilt. Die entsprechende Aussage gilt natürlich auch für $f(x_0) < 0$. (siehe Lösung A.79)

Die Stetigkeit hat uns für die Analyse des Wachstums von Laufzeitfunktionen scheinbar noch nicht geholfen. Wir benötigen dazu den Begriff der Ableitung, der sich aber als Verschärfung des Begriffs der Stetigkeit erweisen wird. Die Ableitung wird über Differenzenquotienten definiert. Eine Gerade (Sekante), die durch die beiden Punkte $(x_0, f(x_0))$ und $(x_0 + h, f(x_0 + h))$ geht, hat die Steigung (Steigungsdreieck: Höhenzuwachs/Horizontaldifferenz)

$$\frac{f(x_0 + h) - f(x_0)}{(x_0 + h) - x_0} = \frac{f(x_0 + h) - f(x_0)}{h},$$

siehe Abb. 4.12. Wenn wir $|h|$ immer kleiner wählen, dann nähern wir uns mit $x_0 + h$ der Stelle x_0 und kommen der Steigung von f an der Stelle x_0 immer näher. Die Steigung ist die Ableitung, und die Gerade, die durch $(x_0, f(x_0))$ geht und die gleiche Steigung hat, ist die Tangente von f an der Stelle x_0.

Definition 4.10 (Ableitung) Eine Funktion $f : D \to \mathbb{R}$ heißt **differenzierbar** an einer Stelle $x_0 \in D$ genau dann, wenn für jede Nullfolge $(h_n)_{n=1}^{\infty}$ mit $x_0 + h_n \in D$ und $h_n \neq 0$ für alle $n \in \mathbb{N}$ der Grenzwert

$$\lim_{n \to \infty} \frac{f(x_0 + h_n) - f(x_0)}{h_n}$$

existiert. Der Grenzwert heißt dann die **Ableitung** von f an der Stelle x_0 und wird mit $f'(x_0)$ oder $\frac{df}{dx}(x_0)$ bezeichnet. Ist f an allen Stellen $x_0 \in D$ differenzierbar, so

Abb. 4.12 Die Steigung der
Sekante ist $\frac{f(x_0+h_n)-f(x_0)}{h_n}$.
Strebt h_n gegen null, dann
wird daraus die Steigung der
Tangente

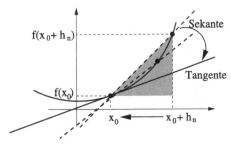

Abb. 4.13 Weg-Zeit-
Diagramm eines freien Falls:
Horizontal ist die Zeit in
Sekunden abgetragen,
vertikal die Beschleunigung
(in m / s^2, konstante
Funktion), die
Geschwindigkeit (in m / s,
Gerade mit Steigung 9,81)
und die Entfernung bzw. das
Weg-Zeit-Diagramm (in m)

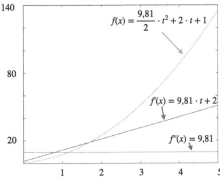

heißt f **differenzierbar auf D**. Die Funktion f', die jedem $x \in D$ dann die Ableitung $f'(x)$ zuordnet, heißt **Ableitungsfunktion** oder zur Verwirrung kurz ebenfalls
wieder **Ableitung**.

In der Definition sind auch (einseitig) abgeschlossene Intervalle D erlaubt. Falls
D ein Intervall mit Randpunkt $x_0 \in D$ ist, so spricht man eigentlich nicht von
Differenzierbarkeit, sondern von **einseitiger Differenzierbarkeit** in x_0.

In Anwendungen haben wir häufig nur einzelne abgetastete oder gemessene Funktionswerte, nicht aber die komplette Funktion zur Verfügung. Das ist z. B. so, wenn
wir die Grauwerte von Bildpixeln als Funktionswerte auffassen. Dann können wir
wegen der fehlenden Zwischenwerte keine Ableitung berechnen. Aber wir können
sie über den Differenzenquotienten annähern. Statt mit der Ableitung rechnet man
dann also mit einem Differenzenquotienten für einen festen Wert h_n.

Beschreibt die Funktion $f(t)$ eine Entfernung zu einem Startpunkt in Abhän-
gigkeit der Zeit (Weg-Zeit-Diagramm), dann gibt $f'(t)$ die Geschwindigkeit an.
Leitet man die Ableitungsfunktion noch einmal ab, hat man die zweite Ableitung
$f''(t) = \frac{d^2 f}{dt^2}(t) := [f']'(t)$. Im Beispiel erhalten wir so die Beschleunigung, siehe
Abb. 4.13. Entsprechend schreiben wir $f^{(n)}(t)$ bzw. $\frac{d^n}{dt} f(t)$, wenn wir n-mal hintereinander ableiten. Mit $f^{(0)}(t) := f(t)$ bezeichnen wir die Funktion als ihre „nullte
Ableitung". Mit dieser Schreibweise müssen wir später nicht zwischen der Funktion
und ihren Ableitungen unterscheiden. Vielleicht irritiert, dass wir hier als Variable
t und nicht x verwendet haben. Variablennamen können frei gewählt werden, und t

steht häufig für die Zeit. Allerdings muss dann auch die Schreibweise $\frac{d}{dx}$ angepasst werden zu $\frac{d}{dt}$.

Wir berechnen einige wichtige Ableitungen. Sei dazu $(h_n)_{n=1}^{\infty}$ eine beliebige Nullfolge mit $h_n \neq 0$ für alle $n \in \mathbb{N}$:

- Für $f(x) = 1$ ist $f'(x) = 0$, denn: $\lim_{n \to \infty} \frac{f(x+h_n)-f(x)}{h_n} = \lim_{n \to \infty} \frac{1-1}{h_n} = 0$.
  Allgemeiner gilt für jede Konstante $c \in \mathbb{R}$: $\frac{d}{dx} c = 0$. Machen Sie sich diesen Sachverhalt auch am Funktionsgraphen und der Tangentensteigung klar: Eine konstante Funktion hat die Steigung null.
- Für $f(x) = x$ ist $f'(x) = 1$, denn

$$\lim_{n \to \infty} \frac{f(x+h_n) - f(x)}{h_n} = \lim_{n \to \infty} \frac{x + h_n - x}{h_n} = 1.$$

- Für $f(x) = x^m$ mit $m \in \mathbb{N}$ gilt mit dem binomischen Satz (siehe Satz 3.7)

$$\begin{aligned}
f'(x) &= \lim_{n \to \infty} \frac{(x+h_n)^m - x^m}{h_n} = \lim_{n \to \infty} \frac{\left(\sum_{k=0}^{m} \binom{m}{k} x^{m-k} \cdot h_n^k\right) - x^m}{h_n} \\
&= \lim_{n \to \infty} \frac{\left(x^m + m x^{m-1} h_n + h_n^2(\dots)\right) - x^m}{h_n} \\
&= m x^{m-1} + \lim_{n \to \infty} h_n(\dots) = m x^{m-1},
\end{aligned} \tag{4.15}$$

da der Klammerterm konvergiert und h_n gegen null strebt. Diese Ableitungsregel gilt nicht nur für natürlichzahlige, sondern bei positivem x sogar für reelle Exponenten, wie wir noch mit (4.18) sehen werden.
- Für $f(x) = \frac{1}{x}$, $x \neq 0$, folgt

$$\begin{aligned}
f'(x) &= \lim_{n \to \infty} \frac{\frac{1}{x+h_n} - \frac{1}{x}}{h_n} = \lim_{n \to \infty} \frac{\frac{x-(x+h_n)}{(x+h_n)\cdot x}}{h_n} = \lim_{n \to \infty} \frac{x - (x+h_n)}{h_n(x+h_n)x} \\
&= \lim_{n \to \infty} \frac{-h_n}{h_n(x+h_n)x} = \lim_{n \to \infty} \frac{-1}{(x+h_n)x} = -\frac{1}{x^2}.
\end{aligned}$$

Eine ganz besondere Funktion hinsichtlich der Ableitung ist die Exponentialfunktion, da $\frac{d}{dx} \exp(x) = \exp(x)$ ist. Da das Ausrechnen von Potenzen mit reellen Exponenten über Grenzwerte von rationalen Potenzen definiert ist, ist das Nachrechnen etwas aufwändiger, so dass wir hier darauf verzichten.

Satz 4.9 (Differenzierbare Funktionen sind stetig) Ist $f : D \to \mathbb{R}$ differenzierbar in $x_0 \in D$, so ist f stetig in x_0.

Beweis Sei $(h_n)_{n=1}^{\infty}$ mit $h_n \neq 0$ und $x_0 + h_n \in D$ eine beliebige Nullfolge. Nach Definition der Stetigkeit müssen wir

$$\lim_{n\to\infty} f(x_0 + h_n) = f(x_0) \iff \left[\lim_{n\to\infty} f(x_0 + h_n)\right] - f(x_0) = 0$$

$$\overset{\text{Satz 4.2 c) i)}}{\iff} \lim_{n\to\infty} [f(x_0 + h_n) - f(x_0)] = 0$$

zeigen:

$$\lim_{n\to\infty} [f(x_0 + h_n) - f(x_0)] = \lim_{n\to\infty} h_n \cdot \frac{f(x_0 + h_n) - f(x_0)}{h_n}$$

$$= \left[\lim_{n\to\infty} h_n\right] \cdot \lim_{n\to\infty} \frac{f(x_0 + h_n) - f(x_0)}{h_n} = 0 \cdot f'(x_0) = 0.$$

Dabei konnten wir Satz 4.2 c) iii) benutzen, da beide Grenzwerte nach Voraussetzung existieren.

□

Damit sind alle Funktionen, deren Ableitung wir an einer Stelle x_0 berechnen, auch an der Stelle x_0 stetig: Die Funktionen aus Tab. 4.3 sind auf ihrem Definitionsbereich stetig. Die Umkehrung gilt aber nicht: Wenn es z. B. im Graphen zu einer stetigen Funktion einen Knick gibt, dann ist sie dort nicht differenzierbar. So existiert die Ableitung von $|x|$ nicht an der Stelle 0, da

$$\frac{|0 + h_n| - |0|}{h_n} = \frac{|h_n|}{h_n} = \pm 1,$$

je nachdem, ob h_n positiv oder negativ ist. Je nach Nullfolge $(h_n)_{n=1}^{\infty}$ ist der Grenzwert des Differenzenquotienten -1 oder 1, oder er existiert nicht.

Eine Funktion $f : D \to \mathbb{R}$ besitzt an einer Stelle x_0 genau dann ein **lokales Maximum**, wenn $f(x_0)$ größer oder gleich allen Funktionswerten $f(x)$ ist, sofern x nah genug bei x_0 liegt (daher: lokal), d. h., wenn diese Bedingung für alle $x \in]x_0 - \delta, x_0 + \delta[\cap D$ zu einem kleinen $\delta > 0$ erfüllt ist. Ein **lokales Minimum** liegt genau dann vor, wenn $f(x_0) \leq f(x)$ für alle $x \in]x_0 - \delta, x_0 + \delta[\cap D$ ist. An solchen Extremstellen ist man bei Optimierungsproblemen interessiert. Wir erhalten unmittelbar die bekannte notwendige Bedingung (vgl. Abschn. 1.3.4) für lokale Extremstellen (siehe Abb. 4.14):

Satz 4.10 (Notwendige Bedingung für lokale Extremstellen) Sei f auf $]a, b[$ differenzierbar. Besitzt f an einer Stelle $x_0 \in]a, b[$ ein lokales Maximum oder Minimum, dann gilt notwendigerweise $f'(x_0) = 0$.

Beweis Wir betrachten den Fall eines lokalen Maximums. Der Beweis für ein Minimum verläuft entsprechend. Sei $(h_n)_{n=1}^{\infty}$ eine Nullfolge mit positiven Gliedern h_n. Ist n genügend groß, dann gilt wegen des lokalen Maximums $f(x_0) \geq f(x_0 \pm h_n)$

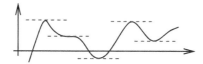

Abb. 4.14 Bei den lokalen Extrema hat der Graph horizontale Tangenten, allerdings liegt die zweite Tangente von links an keiner Extremstelle: $f'(x_0) = 0$ ist notwendig, aber nicht hinreichend für ein Extremum bei x_0

bzw. $f(x_0 \pm h_n) - f(x_0) \leq 0$. Unter Ausnutzung von „Minus durch Minus gleich Plus" und „Minus durch Plus gleich Minus" erhalten wir

$$0 \leq \lim_{n \to \infty} \frac{\overbrace{f(x_0 - h_n) - f(x_0)}^{\leq 0}}{\underbrace{-h_n}_{<0}} = f'(x_0) = \lim_{n \to \infty} \frac{\overbrace{f(x_0 + h_n) - f(x_0)}^{\leq 0}}{\underbrace{h_n}_{>0}} \leq 0.$$

Also ist $f'(x_0) = 0$.

$\square$

Beispielsweise erfüllen die Funktionen $f(x) = x^2$ und $g(x) = x^3$ mit $f'(x) = 2x$ und $g'(x) = 3x^2$ diese Bedingung an der Stelle $x_0 = 0$. Wenn Sie die Graphen skizzieren, dann sehen Sie, dass f tatsächlich ein lokales Minimum an der Stelle 0 hat. Dagegen hat g hier kein lokales Extremum, es handelt sich also tatsächlich nur um eine notwendige Bedingung.

Wir wollen nun auch verknüpfte Funktionen ableiten. Haben wir zwei Funktionen f und $g : D \to \mathbb{R}$, dann verstehen wir unter $f + g$ die Funktion, die jeden Wert $x \in D$ abbildet auf $f(x) + g(x)$. Beachten Sie, dass für eine feste Zahl x die Summe $f(x) + g(x)$ eine Summe zweier Zahlen ist. Jetzt haben wir darüber auch die Summe zweier Funktionen erklärt. Entsprechend ist $(f \cdot g)(x) := f(x) \cdot g(x)$ und $\left(\frac{f}{g}\right)(x) := \frac{f(x)}{g(x)}$.

Satz 4.11 (Ableitungsregeln) Seien die Funktionen f und $g : D \to \mathbb{R}$ differenzierbar in $x_0 \in D$:

- **Linearität der Ableitung** ($c \in \mathbb{R}$):

$$(f + g)'(x_0) = f'(x_0) + g'(x_0), \quad (c \cdot f)'(x_0) = c \cdot f'(x_0),$$

- **Produktregel**: $(f \cdot g)'(x_0) = f'(x_0) \cdot g(x_0) + f(x_0) \cdot g'(x_0)$,
- **Quotientenregel** (falls $g(x_0) \neq 0$):

$$\left(\frac{f}{g}\right)'(x_0) = \frac{f'(x_0) \cdot g(x_0) - f(x_0) \cdot g'(x_0)}{g(x_0)^2}.$$

Beweis Im Folgenden sei $(h_n)_{n=1}^{\infty}$ eine beliebige Nullfolge mit $x_0 + h_n \in D$. Die Linearität folgt aus den Eigenschaften des Folgengrenzwertes, z. B.:

$$\lim_{n \to \infty} \frac{f(x_0 + h_n) + g(x_0 + h_n) - (f(x_0) + g(x_0))}{h_n}$$

$$= \lim_{n \to \infty} \left[\frac{f(x_0 + h_n) - f(x_0)}{h_n} + \frac{g(x_0 + h_n) - g(x_0)}{h_n} \right]$$

$$= \lim_{n \to \infty} \frac{f(x_0 + h_n) - f(x_0)}{h_n} + \lim_{n \to \infty} \frac{g(x_0 + h_n) - g(x_0)}{h_n} = f'(x_0) + g'(x_0).$$

Die Produktregel gilt unter Ausnutzung der Stetigkeit von g:

$$\lim_{n \to \infty} \frac{f(x_0 + h_n)g(x_0 + h_n) - f(x_0)g(x_0)}{h_n}$$

$$= \lim_{n \to \infty} \frac{f(x_0+h_n)g(x_0+h_n) \overbrace{-f(x_0)g(x_0+h_n) + f(x_0)g(x_0+h_n)}^{=0} - f(x_0)g(x_0)}{h_n}$$

$$= \lim_{n \to \infty} \left(\frac{f(x_0 + h_n) - f(x_0)}{h_n} g(x_0 + h_n) + f(x_0) \frac{g(x_0 + h_n) - g(x_0)}{h_n} \right)$$

$$= f'(x_0)g(x_0) + f(x_0)g'(x_0).$$

Die Quotientenregel lässt sich ähnlich beweisen, wir zeigen sie aber später als Folgerung aus der Kettenregel. □

Wir berechnen weitere Beispiele:

- Die Ableitung eines Polynoms $p(x) = a_0 + a_1 x + a_2 x^2 + \cdots + a_n x^n$ ist wegen (4.15) und der Linearität $p'(x) = a_1 + 2a_2 x + 3a_3 x^2 + \cdots + na_n x^{n-1}$.
- Mittels Linearität und Quotientenregel erhalten wir:

$$\frac{\mathrm{d}}{\mathrm{d}x} \frac{x^2 + 2x + 3}{3x + 4} = \frac{(2x + 2) \cdot (3x + 4) - (x^2 + 2x + 3) \cdot 3}{(3x + 4)^2}.$$

- Für positives n kennen wir mit (4.15) bereits die Ableitung von x^n, nämlich nx^{n-1}. Mit der Quotientenregel können wir diese auch für negative Exponenten $-n$ berechnen:

$$\frac{\mathrm{d}}{\mathrm{d}x} x^{-n} = \frac{\mathrm{d}}{\mathrm{d}x} \frac{1}{x^n} = \frac{0 - 1 \cdot (nx^{n-1})}{x^{2n}} = (-n)x^{(-n)-1}.$$

Satz 4.12 (Kettenregel) Sei g eine reelle Funktion auf D und f eine reelle Funktion, die auf der Bildmenge von g definiert ist. Sei weiterhin g differenzierbar in $x_0 \in$

D und f differenzierbar in $g(x_0)$. Dann ist die Funktion $(f \circ g)(x) := f(g(x))$ differenzierbar in x_0, und es gilt:

$$[f \circ g]'(x_0) = f'(g(x_0))g'(x_0).$$

Man spricht $f \circ g$ als f **verkettet** mit g. Die Kettenregel lässt sich in der Form: „äußere mal innere Ableitung"merken.

Beweis Sei wieder $(h_n)_{n=1}^{\infty}$ eine beliebige Nullfolge mit $h_n \neq 0$.

$$\frac{f(g(x_0 + h_n)) - f(g(x_0))}{h_n}$$

$$= \frac{g(x_0 + h_n) - g(x_0)}{h_n} \cdot \begin{cases} \frac{f(g(x_0+h_n))-f(g(x_0))}{g(x_0+h_n)-g(x_0)}, & \text{falls } g(x_0 + h_n) \neq g(x_0) \\ f'(g(x_0)), & \text{falls } g(x_0 + h_n) = g(x_0). \end{cases}$$

Falls $g(x_0 + h_n) = g(x_0)$ ist, steht auf beiden Seiten der Gleichung eine Null, sonst erhalten wir durch Kürzen den Startterm. Aufgrund der Stetigkeit von g ist $\lim_{n\to\infty} g(x_0+h_n) = g(x_0)$. Mit $h_n \to 0$ strebt also auch $\tilde{h}_n := g(x_0+h_n) - g(x_0)$ gegen 0. Ist $\tilde{h}_n \neq 0$, so sind wir im oberen Fall, und der Ausdruck hinter der geschweiften Klammer ist nach Definition von $\tilde{h}_n$ gleich

$$\frac{f(g(x_0 + h_n)) - f(g(x_0))}{g(x_0 + h_n) - g(x_0)} = \frac{f(g(x_0) + \tilde{h}_n) - f(g(x_0))}{\tilde{h}_n}.$$

Ist $\tilde{h}_n = 0$ (unterer Fall), so lautet der Ausdruck $f'(g(x_0))$. Der gesamte Ausdruck hinter der geschweiften Klammer strebt damit für $n \to \infty$ und damit für $h_n \to 0$ und $\tilde{h}_n \to 0$ gegen $f'(g(x_0))$, und es ist

$$(f \circ g)'(x_0) = \lim_{n\to\infty} \frac{f(g(x_0 + h_n)) - f(g(x_0))}{h_n}$$

$$= \left(\lim_{n\to\infty} \frac{g(x_0 + h_n) - g(x_0)}{h_n} \right) f'(g(x_0)) = g'(x_0) f'(g(x_0)).$$

$\square$

Mit der Produktregel (A), der Kettenregel für die äußere Funktion $\frac{1}{x}$ mit der Ableitung $\frac{d}{dx} \frac{1}{x} = -\frac{1}{x^2}$ und die innere Funktion $g(x)$, so dass $\frac{d}{dx} \frac{1}{g(x)} = -\frac{1}{g(x)^2} \cdot g'(x)$ (B), und anschließender Bildung des Hauptnenners (C) erhalten wir sofort die Quotientenregel:

$$\frac{\mathrm{d}}{\mathrm{d}x}\frac{f(x)}{g(x)} = \frac{\mathrm{d}}{\mathrm{d}x}\left[f(x)\cdot\frac{1}{g(x)}\right] \overset{(A)}{=} f'(x)\cdot\frac{1}{g(x)} + f(x)\cdot\frac{\mathrm{d}}{\mathrm{d}x}\frac{1}{g(x)}$$

$$\overset{(B)}{=} \frac{f'(x)}{g(x)} + f(x)\cdot\frac{-1}{g(x)^2}\cdot g'(x) \overset{(C)}{=} \frac{f'(x)g(x)}{g(x)^2} - \frac{f(x)g'(x)}{g(x)^2}$$

$$= \frac{f'(x)g(x) - f(x)g'(x)}{g(x)^2}.$$

Die Ableitung des Sinus ist der Kosinus. Auf das etwas mühsame Nachrechnen verzichten wir hier. Wegen $\cos(x) = \sin(x + \pi/2)$ erhalten wir damit aber über die Kettenregel auch die Ableitung des Kosinus:

$$\frac{\mathrm{d}}{\mathrm{d}x}\cos(x) = \frac{\mathrm{d}}{\mathrm{d}x}\sin\left(x + \frac{\pi}{2}\right) = \cos\left(x + \frac{\pi}{2}\right)\overset{=1}{\overbrace{\frac{\mathrm{d}}{\mathrm{d}x}\left(x + \frac{\pi}{2}\right)}}$$

$$= \cos\left(x + \frac{\pi}{2}\right) = \sin(x + \pi) = -\sin(x).$$

Über die Quotientenregel ergeben sich daraus weiterhin die Ableitungen des Tangens und Kotangens:

$$\frac{\mathrm{d}}{\mathrm{d}x}\tan(x) = \frac{\mathrm{d}}{\mathrm{d}x}\frac{\sin(x)}{\cos(x)} = \frac{\cos^2(x) + \sin^2(x)}{\cos^2(x)} \overset{(3.38)}{=} \frac{1}{\cos^2(x)}, \quad x \neq (2k+1)\frac{\pi}{2},$$

$$\frac{\mathrm{d}}{\mathrm{d}x}\cot(x) = \frac{\mathrm{d}}{\mathrm{d}x}\frac{\cos(x)}{\sin(x)} = \frac{-\sin^2(x) - \cos^2(x)}{\sin^2(x)} \overset{(3.38)}{=} -\frac{1}{\sin^2(x)}, \quad x \neq k\pi.$$

Die Ableitung einer Umkehrfunktion können wir am Funktionsgraphen ablesen (siehe Abb. 4.15): Hat f an der Stelle x eine Tangente mit Steigung $f'(x)$, dann wird durch Vertauschung der Bezeichnungen von x- und y-Achse diese Tangente zur Tangente an den Graphen von f^{-1} an der Stelle $f(x)$. Dabei wird Höhenzuwachs und Horizontaldifferenz des Steigungsdreiecks der Tangente vertauscht, so dass $[f^{-1}]'(f(x)) = \frac{1}{f'(x)}$ ist. Dazu muss natürlich $f'(x) \neq 0$ sein. Diese Formel erhalten wir auch weniger anschaulich mittels Anwendung der Kettenregel. Allerdings ist die folgende Rechnung rein formal, da die Kettenregel die Differenzierbarkeit der Funktionen voraussetzt, wir aber nichts über die Differenzierbarkeit der Umkehrfunktion wissen:

$$1 = \frac{\mathrm{d}}{\mathrm{d}x}x = \frac{\mathrm{d}}{\mathrm{d}x}f^{-1}(f(x)) = \underbrace{\left[f^{-1}\right]'(f(x))}_{\substack{\text{äußere}\\\text{Ableitung}}} \cdot \underbrace{f'(x)}_{\substack{\text{innere}\\\text{Ableitung}}}$$

$$\implies \left[f^{-1}\right]'(f(x)) = \frac{1}{f'(x)}.$$

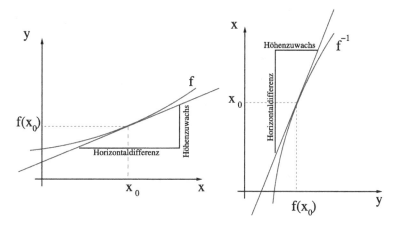

Abb. 4.15 Steigung der Umkehrfunktion an der Stelle $f(x_0)$

Mit $y = f(x)$, also $x = f^{-1}(y)$, erhalten wir die Darstellung

$$\left[f^{-1}\right]'(y) = \frac{1}{f'(f^{-1}(y))}$$

und haben damit eine weitere Ableitungsregel zur Verfügung. Tatsächlich lässt sich diese Regel „sauber" unter der Voraussetzung beweisen, dass f stetig und streng monoton auf einem Intervall $[a, b]$ sowie differenzierbar an der Stelle $x = f^{-1}(y)$ ist.

Wir wenden die Regel auf einige Beispiele an:

- Für $x > 0$ ist $f^{-1}(x) := x^{\frac{1}{n}} = \sqrt[n]{x}$ die Umkehrfunktion zu $f(x) = x^n$. In Ergänzung zu (4.15) erhalten wir

$$\frac{\mathrm{d}}{\mathrm{d}x} x^{\frac{1}{n}} = \frac{\mathrm{d}}{\mathrm{d}x} f^{-1}(x) = \frac{1}{f'(f^{-1}(x))} = \frac{1}{n[f^{-1}(x)]^{n-1}}$$

$$= \frac{1}{n[x^{\frac{1}{n}}]^{n-1}} = \frac{1}{n} \frac{1}{x^{\frac{n-1}{n}}} = \frac{1}{n} x^{-\frac{n-1}{n}} = \frac{1}{n} x^{-\left(1-\frac{1}{n}\right)} = \frac{1}{n} x^{\frac{1}{n}-1}. \quad (4.16)$$

Insbesondere ist $\frac{\mathrm{d}}{\mathrm{d}x} \sqrt{x} = \frac{\mathrm{d}}{\mathrm{d}x} x^{\frac{1}{2}} = \frac{1}{2} x^{-\frac{1}{2}} = \frac{1}{2\sqrt{x}}$.

- Die Ableitung des Arkustangens $f^{-1}(x) = \arctan(x)$ erhalten wir über die des Tangens $f(x) = \tan(x)$:

$$
\begin{aligned}
\frac{d}{dx}\arctan(x) &= \frac{d}{dx}f^{-1}(x) = \frac{1}{\tan'(\arctan(x))} = \frac{1}{\frac{1}{\cos^2(\arctan(x))}} \\
&\overset{(3.38)}{=} \frac{1}{\frac{\sin^2(\arctan(x))+\cos^2(\arctan(x))}{\cos^2(\arctan(x))}} = \frac{1}{\frac{\sin^2(\arctan(x))}{\cos^2(\arctan(x))}+1} \\
&= \frac{1}{\tan^2(\arctan(x))+1} = \frac{1}{1+x^2}.
\end{aligned}
$$

- Zum Logarithmus: $f^{-1}(x) = \ln(x)$ ist die Umkehrfunktion von $f(x) = \exp(x)$ und $\frac{d}{dx}\exp(x) = \exp(x)$:

$$
\frac{d}{dx}\ln(x) = \frac{d}{dx}f^{-1}(x) = \frac{1}{\exp'(\ln(x))} = \frac{1}{\exp(\ln(x))} = \frac{1}{x}, \quad x > 0.
$$

Mit den Ableitungen von Exponentialfunktion und Logarithmus können wir nun auch Ausdrücke ableiten, bei denen die Variable in einem Exponenten auftritt. Dabei müssen wir darauf achten, dass der Logarithmus nur für positive Zahlen definiert ist:

$$
\frac{d}{dx}a^x = \frac{d}{dx}\exp(x\ln(a)) \overset{\text{Kettenregel}}{=} \ln(a)\exp(x\ln(a)) = a^x\ln(a), \quad a > 0.
\tag{4.17}
$$

Mit der Ketten- und der Produktregel erhalten wir ebenso

$$
\frac{d}{dx}x^x = \frac{d}{dx}\exp(x\ln(x)) = \left(\ln(x)+\frac{x}{x}\right)\exp(x\ln(x)) = (\ln(x)+1)x^x
$$

für $x > 0$.

Wir können jetzt auch die Ableitungen (4.15) und (4.16) von Potenzfunktionen mit beliebigem Exponenten berechnen. Sei $a \in \mathbb{R}$, dann ist für $x > 0$

$$
\frac{d}{dx}x^a = \frac{d}{dx}\exp(a\cdot\ln(x)) = \frac{a}{x}\cdot\exp(a\cdot\ln(x)) = \frac{a}{x}\cdot x^a = a\cdot x^{a-1}.
\tag{4.18}
$$

Die im Laufe des Kapitels berechneten Ableitungen und weitere sind in Tab. 4.3 zusammengefasst. Unter Verwendung dieser Funktionen und der Ableitungsregeln können Sie oder ein Computer mit dem Algorithmus 4.7 vergleichsweise leicht die Ableitungen von sehr kompliziert aussehenden Funktionen berechnen.

Aufgabe 4.18 Berechnen Sie die Ableitungen der folgenden Funktionen (siehe Lösung A.80):
a) $f(x) = x^2 + 3x + 1$, b) $f(x) = \sin(x)\cos(x)$, c) $f(x) = \frac{x+1}{x^2+1}$,
d) $f(x) = \frac{e^x + \cos(x)}{x^2}$, e) $f(x) = \exp(\cos(x))$, f) $f(x) = \sin(3x^2 + x)$,
g) $f(x) = [\sin(3x)]^x$, h) $f(x) = (x^x)^x$, i) $f(x) = \sin(x)\ln(x)$,
j) $f(x) = e^x\arctan(x)$, k) $f(x) = \ln(x^6(x^3 + 2))$, l) $f(x) = \sum_{k=1}^{10}\sin(kx)$.

Algorithmus 4.7 Berechnung der Ableitung der Funktion $f(x)$

procedure ABLEITEN($f(x)$)
    if $f(x) = c, c \in \mathbb{R}$ **then return** 0
    if $f(x) = x$ **then return** 1
    if $f(x)$ ist in Tab. 4.3 **then return** Ableitung aus Tab. 4.3
    if $f(x) = g(x) + h(x)$ **then return** ABLEITEN($g(x)$) + ABLEITEN($h(x)$)
    if $f(x) = g(x) \cdot h(x)$ **then**
        return ABLEITEN($g(x)$) $\cdot h(x) + g(x) \cdot$ ABLEITEN($h(x)$)
    if $f(x) = g(x)/h(x)$ **then**
        return (ABLEITEN($g(x)$) $\cdot h(x) - g(x) \cdot$ ABLEITEN($h(x)$)) / $h(x)^2$
    if $f(x) = g(x)^{h(x)}$ **then return** ABLEITEN(exp(ln($g(x)$) $\cdot h(x)$))
    if $f(x) = g(h(x))$ **then**
        $g'(x) :=$ ABLEITEN($g(x)$)
        return $g'(h(x)) \cdot$ ABLEITEN($h(x)$)
else
    Fehler: Ableitung unbekannt.

Tab. 4.3 Wichtige Ableitungen

Funktion $f(x)$	Ableitung $f'(x)$
x^n, $x \in \mathbb{R}$, $n \in \mathbb{N}$	$n \cdot x^{n-1}$
x^a, $x > 0$, $a \in \mathbb{R}$	$a \cdot x^{a-1}$
a^x, $a > 0$, $x \in \mathbb{R}$	$a^x \cdot \ln(a)$
$\exp(x)$, $x \in \mathbb{R}$	$\exp(x)$
$\ln(x)$, $x \in\,]0, \infty[$	$\frac{1}{x}$
$\sin(x)$, $x \in \mathbb{R}$	$\cos(x)$
$\cos(x)$, $x \in \mathbb{R}$	$-\sin(x)$
$\tan(x)$, $x \in \mathbb{R}$, $x \neq \frac{\pi}{2}(2k+1)$	$\frac{1}{\cos^2(x)}$
$\cot(x)$, $x \in \mathbb{R}$, $x \neq k\pi$	$-\frac{1}{\sin^2(x)}$
$\arcsin(x)$, $x \in\,]-1, 1[$	$\frac{1}{\sqrt{1-x^2}}$
$\arccos(x)$, $x \in\,]-1, 1[$	$-\frac{1}{\sqrt{1-x^2}}$
$\arctan(x)$, $x \in \mathbb{R}$	$\frac{1}{1+x^2}$
$\text{arccot}(x)$, $x \in \mathbb{R}$	$-\frac{1}{1+x^2}$

Wir haben, z. B. beim Master-Theorem, sowohl gegen Polynome als auch gegen den Logarithmus $\log_2(n)$ abgeschätzt. Daher haben wir uns zu Beginn dieses Unterkapitels die Aufgabe gestellt herauszufinden, ob eine Laufzeit in $\mathcal{O}(n)$ besser oder schlechter als eine Laufzeit in $\mathcal{O}(\log_2(n))$ ist. Dazu betrachten wir die Funktionen $f(x) = x$ und $g(x) = \log_2(x) = \frac{\ln(x)}{\ln(2)}$ mit Ableitungen $f'(x) = 1 > g'(x) = \frac{1}{\ln(2) \cdot x}$ für $x > \frac{1}{\ln(2)}$, also z. B. für $x \geq 2$. Auf $[2, \infty[$ wächst f also schneller als g. Außerdem ist an der Stelle 2 der Funktionswert von f größer als der von g, denn $f(2) = 2 > 1 = g(2)$. Damit ist anschaulich klar, dass $g(x) \leq f(x)$ für $x \geq 2$ gilt. Wir werden das mittels Integration später auch noch formal nachrechnen. Setzen wir für x wieder n ein, dann erhalten wir $(\log_2(n))_{n=1}^{\infty} \in \mathcal{O}(n)$. Aber wir wissen jetzt noch nicht, wie viel schneller eine $\mathcal{O}(\log_2(n))$ Laufzeit gegenüber einer $\mathcal{O}(n)$-Laufzeit ist. Vielleicht unterscheiden sich die Laufzeiten nur durch eine Konstante? Eine stärkere Aussage wäre, wenn wir $(\log_2(n))_{n=1}^{\infty} \in o(n)$ zeigen könnten, also $\lim_{n \to \infty} \frac{\log_2(n)}{n} = 0$. Leider sind aber sowohl der Grenzwert des Zählers als auch der des Nenners ∞ – wir sprechen vom Typ $\frac{\infty}{\infty}$, und damit sind die Grenzwertsätze nicht anwendbar. An dieser Stelle hilft wieder die Ableitung. Das ist die Aussage des Satzes von L'Hospital, den wir, um es einfach zu halten, aber nicht für den Fall $\frac{\infty}{\infty}$, sondern für den Fall $\frac{0}{0}$ motivieren möchten. Ein Grenzwert vom Typ $\frac{\infty}{\infty}$ lässt sich durch Verwendung von Kehrwerten so umschreiben, dass Zähler und Nenner gegen 0 konvergieren, z. B.:

$$\underbrace{\lim_{n \to \infty} \frac{\log_2(n)}{n}}_{\text{Typ } \infty/\infty} = \underbrace{\lim_{n \to \infty} \frac{\frac{1}{n}}{\frac{1}{\log_2(n)}}}_{\text{Typ } 0/0}.$$

Wir wollen also $\lim_{n \to \infty} \frac{f(n)}{g(n)}$ mit Hilfe von Ableitungen berechnen, wobei $\lim_{n \to \infty} f(n) = \lim_{n \to \infty} g(n) = 0$ sei. Da es die Stelle ∞ in $\mathbb{R}$ nicht gibt, können wir dort auch nicht ableiten. Deshalb übertragen wir den Grenzwert im Unendlichen auf die Stelle null, indem wir für die folgende Überlegung die Funktionen f und g für $x \neq 0$ mit Hilfsfunktionen $\tilde{f}$ und $\tilde{g}$ mit

$$f(x) = \tilde{f}\left(\frac{1}{x}\right), \; g(x) = \tilde{g}\left(\frac{1}{x}\right) \text{ bzw. } \tilde{f}(x) := f\left(\frac{1}{x}\right), \tilde{g}(x) := g\left(\frac{1}{x}\right)$$

umschreiben. Dabei seien die Funktionen $\tilde{f}$ und $\tilde{g}$ auch für $x = 0$ mit $\tilde{f}(0) := \lim_{n \to \infty} \tilde{f}\left(\frac{1}{n}\right) = \lim_{n \to \infty} f(n) = 0$ und analog $\tilde{g}(0) := 0$ definiert. Für unsere Herleitung nehmen wir an, dass $\tilde{f}$ und $\tilde{g}$ in einem Intervall um Null differenzierbar (und damit stetig) sind und eine ebenfalls stetige Ableitung haben. Mit der Kettenregel erhalten wir

$$\tilde{f}'(x) = \frac{\mathrm{d}}{\mathrm{d}x} f\left(\frac{1}{x}\right) = f'\left(\frac{1}{x}\right) \cdot \frac{-1}{x^2} \text{ und } \tilde{g}'(x) = g'\left(\frac{1}{x}\right) \cdot \frac{-1}{x^2}. \quad (4.19)$$

Damit können wir den Grenzwert berechnen, indem wir Zähler und Nenner zu Differenzenquotienten ausbauen und die Existenz der Ableitung nutzen:

$$\lim_{n \to \infty} \frac{f(n)}{g(n)} = \lim_{n \to \infty} \frac{\tilde{f}\left(\frac{1}{n}\right)}{\tilde{g}\left(\frac{1}{n}\right)} = \lim_{n \to \infty} \frac{\tilde{f}\left(\frac{1}{n}\right) - \overbrace{\tilde{f}(0)}^{=0}}{\tilde{g}\left(\frac{1}{n}\right) - \underbrace{\tilde{g}(0)}_{=0}} = \lim_{n \to \infty} \frac{\frac{\tilde{f}\left(\frac{1}{n}\right) - \tilde{f}(0)}{\frac{1}{n}}}{\frac{\tilde{g}\left(\frac{1}{n}\right) - \tilde{g}(0)}{\frac{1}{n}}}$$

$$= \frac{\lim_{n \to \infty} \frac{\tilde{f}\left(\frac{1}{n}\right) - \tilde{f}(0)}{\frac{1}{n}}}{\lim_{n \to \infty} \frac{\tilde{g}\left(\frac{1}{n}\right) - \tilde{g}(0)}{\frac{1}{n}}} = \frac{\tilde{f}'(0)}{\tilde{g}'(0)} \overset{\tilde{f}', \tilde{g}' \text{ stetig}}{=} \frac{\lim_{n \to \infty} \tilde{f}'\left(\frac{1}{n}\right)}{\lim_{n \to \infty} \tilde{g}'\left(\frac{1}{n}\right)}$$

$$= \lim_{n \to \infty} \frac{\tilde{f}'\left(\frac{1}{n}\right)}{\tilde{g}'\left(\frac{1}{n}\right)} \overset{(4.19)}{=} \lim_{n \to \infty} \frac{f'(n) \cdot (-n^2)}{g'(n) \cdot (-n^2)} = \lim_{n \to \infty} \frac{f'(n)}{g'(n)}.$$

Die verwendeten Voraussetzungen lassen sich abschwächen zu:

Satz 4.13 (L'Hospital) Seien die Funktionen f und g auf einem Intervall $[a, \infty[$ differenzierbar. Weiterhin sei dort $g'(x) \neq 0$. Ist

a) $\lim_{n \to \infty} f(n) = 0$ und $\lim_{n \to \infty} g(n) = 0$ oder
b) $\lim_{n \to \infty} f(n) = \pm\infty$ und $\lim_{n \to \infty} g(n) = \pm\infty$

und existiert der Grenzwert $\lim_{n \to \infty} \frac{f'(n)}{g'(n)}$ als reelle Zahl oder uneigentlich ($\pm\infty$), so gilt:

$$\lim_{n \to \infty} \frac{f(n)}{g(n)} = \lim_{n \to \infty} \frac{f'(n)}{g'(n)}.$$

Obwohl wir die Grenzwerte von Folgen berechnen, benötigen wir für die Ableitung Funktionen, die auf $[a, \infty[$ und nicht nur auf $\mathbb{N}$ definiert sind.

Wir können jetzt ausrechnen, dass $(\log_2(n))_{n=1}^{\infty} \in o(n)$ ist:

$$\lim_{n \to \infty} \frac{\log_2(n)}{n} \overset{(3.37)}{=} \lim_{n \to \infty} \frac{\ln(n)}{\ln(2) \cdot n} \overset{\text{Typ } \infty/\infty}{=} \lim_{n \to \infty} \frac{\frac{1}{n}}{\ln(2)} = 0.$$

Wenn wir beispielsweise ein Sortierverfahren haben, dessen Laufzeit wie beim Heapsort in $\mathcal{O}(n \log_2(n))$ liegt, dann ist es für große Werte von n erheblich schneller als ein Verfahren, dessen Laufzeit in $\Theta(n^2)$ liegt.

Eine weitere, für die Einschätzung von Laufzeiten wichtige Beziehung ist, dass

$$(n^k)_{n=1}^{\infty} \in o\left(2^n\right) \text{ für alle } k \in \mathbb{N}, \text{ d. h. } \lim_{n \to \infty} \frac{n^k}{2^n} = 0$$

gilt. Damit ist 2^n für große Werte von n viel größer als jedes Polynom n^k (vgl. Bemerkung nach Satz 1.1). Probleme, die sich mit einem (polynomialen) Aufwand in $\mathcal{O}(n^k)$ lösen lassen, sind für große n viel angenehmer als Probleme, für die nur Algorithmen bekannt sind, die einen exponentiellen Aufwand in $\mathcal{O}(2^n)$ benötigen.

Mittels mehrfacher Anwendung dieses Satzes für den Fall ∞/∞ können wir jetzt unseren gesuchten Grenzwert ausrechnen. Dazu benutzen wir (4.17) für $a = 2$, also $\frac{\mathrm{d}}{\mathrm{d}x} 2^x = \ln(2) \cdot 2^x$, für die Ableitungen im Nenner:

$$\lim_{n \to \infty} \frac{n^k}{2^n} = \lim_{n \to \infty} \frac{k n^{k-1}}{\ln(2) \cdot 2^n} = \lim_{n \to \infty} \frac{k(k-1) n^{k-2}}{\ln(2)^2 \cdot 2^n} = \ldots$$

$$\ldots = \lim_{n \to \infty} \underbrace{\frac{k!}{\ln(2)^k}}_{\text{konstant}} \cdot \frac{1}{2^n} = 0.$$

Der Satz von L'Hospital ist nur anwendbar, wenn der Quotient der Ableitungen konvergiert oder bestimmt divergiert. Damit ergibt sich hier die Anwendbarkeit von rechts nach links: Da die letzte Anwendung gelingt, funktioniert auch die vorletzte, usw.

Wir wissen bereits, dass wir den Grenzwert $\lim_{n\to\infty}\frac{2n^2+3n+1}{4n^2+2}$ durch Ablesen der Faktoren zu den höchsten n-Potenzen als $\frac{2}{4}=\frac{1}{2}$ erhalten. Da Zähler und Nenner bestimmt divergent sind, können wir jetzt aber auch den Satz von L'Hospital für den Typ ∞/∞ anwenden:

$$\lim_{n\to\infty}\frac{2n^2+3n+1}{4n^2+2}=\lim_{n\to\infty}\frac{4n+3}{8n}=\lim_{n\to\infty}\frac{4}{8}=\frac{1}{2}.$$

Aufgabe 4.19 Zeigen Sie für $k\in\mathbb{N}$ mit dem Satz von L'Hospital, dass $\mathcal{O}(\ln^k(n))\subseteq o(\sqrt{n})$. (siehe Lösung A.81)

Wir kommen auf die Fehlerabschätzung (4.1) aus der Kapiteleinleitung zurück. Hier haben wir den Fehler betrachtet, den wir bei Berechnung eines Funktionswertes des Sinus mit einem Algorithmus SINUS machen. Wir können den Sinus programmieren, indem wir viele Funktionswerte in einer Tabelle speichern und die nicht gespeicherten Werte darüber annähern. Wir können aber auch den Sinus durch eine einfach auszuwertende Funktion wie ein Polynom ersetzen, die ungefähr die gleichen Funktionswerte hat.

Sei dazu f (z. B. der Sinus) n-mal differenzierbar an einer Stelle x_0. Das **Taylor-Polynom**

$$p_n(x):=f(x_0)+f'(x_0)(x-x_0)+\frac{f^{(2)}(x_0)}{2}(x-x_0)^2+\frac{f^{(3)}(x_0)}{6}(x-x_0)^3+$$

$$\cdots+\frac{f^{(n)}(x_0)}{n!}(x-x_0)^n=\sum_{k=0}^{n}\frac{f^{(k)}(x_0)}{k!}(x-x_0)^k \qquad (4.20)$$

hat an der Stelle x_0 den gleichen Funktionswert wie f. Das sehen wir sofort, indem wir $x=x_0$ einsetzen, weil alle Summanden außer dem ersten durch Multiplikation mit $(x_0-x_0)=0$ zu null werden. Wir rechnen jetzt aber auch nach, dass alle Ableitungen bis zur n-ten an der Stelle x_0 den gleichen Wert wie die entsprechende Ableitung von f haben, so dass sich das Taylor-Polynom an der Stelle x_0 sehr ähnlich wie f verhält. Mit den über die Kettenregel berechneten Ableitungen

$$\frac{\mathrm{d}^i}{\mathrm{d}x^i}(x-x_0)^k=\frac{\mathrm{d}^{i-1}}{\mathrm{d}x^{i-1}}k(x-x_0)^{k-1}=\frac{\mathrm{d}^{i-2}}{\mathrm{d}x^{i-2}}k(k-1)(x-x_0)^{k-2}=\cdots$$

$$=k(k-1)\cdots(k-i+1)(x-x_0)^{k-i}\text{ für }i\le k$$

und $\frac{d^i}{dx^i}(x - x_0)^k = 0$ für $i > k$ sowie den Konstanten $\frac{f^{(k)}(x_0)}{k!}$ erhalten wir:

$$p'_n(x) = \sum_{k=1}^{n} \frac{f^{(k)}(x_0)}{k!} k(x - x_0)^{k-1},$$

$$p''_n(x) = \sum_{k=2}^{n} \frac{f^{(k)}(x_0)}{k!} k(k-1)(x - x_0)^{k-2},$$

$$p_n^{(i)}(x) = \sum_{k=i}^{n} \frac{f^{(k)}(x_0)}{k!} k(k-1)\cdots(k-i+1)(x - x_0)^{k-i}$$

$$\overset{l:=k-i}{=} \sum_{l=0}^{n-i} \frac{f^{(l+i)}(x_0)}{(l+i)!} (l+i)(l+i-1)\cdots(l+1)(x - x_0)^l$$

$$= \sum_{l=0}^{n-i} \frac{f^{(l+i)}(x_0)}{l!} (x - x_0)^l.$$

Damit ist $p_n^{(i)}(x_0) = f^{(i)}(x_0)$ für $0 \leq i \leq n$. Denn das ist der Summand für $l = 0$, alle anderen Summanden sind null, da für $x = x_0$ und $l \geq 1$ alle Faktoren $(x - x_0)^l = 0$ sind. Durch das gleiche Ableitungsverhalten in x_0 sind die Funktionen f und p_n auch an Stellen x sehr ähnlich, die nicht allzu weit von x_0 entfernt sind. So beschreibt für $n = 1$ das Taylor-Polynom die Tangente an den Graphen von f an der Stelle x_0. Die Übereinstimmung wird um so besser, je größer n gewählt wird. Der Fehler, den man macht, wenn man f durch p_n ersetzt, lässt sich angeben:

Satz 4.14 (Taylor) Sei $x_0 \in\ ]a, b[$ und f auf $]a, b[$ $(n + 1)$-mal differenzierbar, so dass $f^{(n+1)}$ auf dem Intervall stetig ist. Weiterhin sei p_n das Taylor-Polynom (4.20). Die Aussage des **Satzes von Taylor** ist dann, dass es für jedes $x \in\ ]a, b[$ eine Stelle ξ (sprich „xi") zwischen (ξ klingt wie „zwischen") x und x_0 gibt, so dass

$$f(x) = p_n(x) + \frac{f^{(n+1)}(\xi)}{(n+1)!} (x - x_0)^{n+1}.$$

Die Abweichung zwischen $f(x)$ und dem Taylor-Polynom $p_n(x)$ lässt sich also mit dem Term $\frac{f^{(n+1)}(\xi)}{(n+1)!}(x - x_0)^{n+1}$ angeben, den man auch **Restglied** nennt. Wenn z. B. $f^{(n+1)}(\xi)$ unabhängig von n und ξ näherungsweise durch eine Konstante ersetzt werden kann, dann wird die Abweichung $|f(x) - p_n(x)|$ umso kleiner, je näher x bei x_0 liegt (so dass $(x - x_0)^{n+1}$ betragsmäßig klein ist) und je größer n ist, da der Faktor $(n + 1)!$ im Nenner im Vergleich zum Zähler sehr groß wird, siehe Abb. 4.16. Das sehen wir uns noch genauer an.

Die Lage der Stelle ξ zwischen x und x_0 hängt von allen Parametern (x, x_0, n, f) ab. Der Beweis des Satzes von Taylor ist zwar nicht schwierig, benötigt aber einige vorbereitende Aussagen, auf die wir hier nicht eingehen möchten. Zwei unterschiedliche Beweise finden Sie z. B. in [Goebbels und Ritter (2018), S. 384].

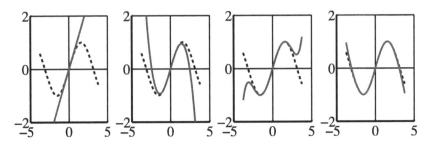

Abb. 4.16 Taylor-Polynome für $\sin(x)$ zu $x_0 = 0$ und $n = 1$ (identisch mit $n = 2$), $n = 3$ (identisch mit $n = 4$), $n = 5$ (identisch mit $n = 6$) und $n = 7$. Der Sinus ist zum Vergleich gestrichelt eingezeichnet

Wir können nun die Funktion SINUS mittels eines Taylor-Polynoms p_n zu $x_0 = 0$ implementieren. Der Satz von Taylor ermöglicht zudem eine Einschätzung der beiden Fehler in (4.1). Der erste Term $\left|\sin\left(\frac{\pi}{4}\right) - \sin(0{,}78125)\right|$ beschreibt die Abweichung der Sinus-Werte, wenn statt $\frac{\pi}{4}$ das Argument $0{,}78125$ eingesetzt wird. Mit dem Satz von Taylor für $n = 0$ können wir $\sin(x)$ als

$$\sin(x) = \sin\left(\frac{\pi}{4}\right) + \frac{x - \frac{\pi}{4}}{1!}\cos(\xi) \tag{4.21}$$

für ein ξ zwischen $\frac{\pi}{4}$ und x schreiben und erhalten

$$\left|\sin\left(\frac{\pi}{4}\right) - \sin(0{,}78125)\right| = \left|\frac{0{,}78125 - \frac{\pi}{4}}{1!}\right| \underbrace{|\cos(\xi)|}_{\leq 1} \leq \left|0{,}78125 - \frac{\pi}{4}\right|.$$

Was wir hier für konkrete Zahlen gerechnet haben, gilt allgemein: Die Funktionswerte des Sinus an Stellen x und $\tilde{x}$ unterscheiden sich höchstens um $|x - \tilde{x}|$. Der zweite Term $|\sin(0{,}78125) - \text{SINUS}(0{,}78125)|$ beschreibt den vom Algorithmus SINUS, der aus der Berechnung von p_n zu $x_0 = 0$ bestehen soll, verursachten Fehler. Für eine weitere Stelle ξ, die jetzt zwischen 0 und $0{,}78125$ liegt, gilt nach dem Satz von Taylor $\sin(0{,}78125) = p_n(0{,}78125) + \frac{\sin^{(n+1)}(\xi)}{(n+1)!}(0{,}78125 - 0)^{n+1}$:

$$|\sin(0{,}78125) - \text{SINUS}(0{,}78125)|$$
$$= \left|p_n(0{,}78125) + \frac{\sin^{(n+1)}(\xi)}{(n+1)!}(0{,}78125 - 0)^{n+1} - p_n(0{,}78125)\right|$$
$$= \left|\frac{\sin^{(n+1)}(\xi)}{(n+1)!}(0{,}78125 - 0)^{n+1}\right| \leq \frac{0{,}78125^{n+1}}{(n+1)!}.$$

Der Fehler, den SINUS für ein beliebiges Argument x macht, ist also höchstens $\frac{|x|^{n+1}}{(n+1)!}$, bei (nur) $n = 6$ und $x = 0{,}78125$ also maximal ca. $0{,}000035245 = 3{,}5245 \cdot 10^{-5}$. Dabei haben wir allerdings die Fehler nicht berücksichtigt, die beim Rechnen mit

Fließkommazahlen entstehen. Wenn wir diese ignorieren, dann kann der Fehler für $n \to \infty$ beliebig klein werden. Bei $x = 0{,}78125$ wirkt sich $|x| < 1$ günstig auf die Fehlerschranke aus. Aber selbst für ein beliebiges $x \in \mathbb{R}$ ist $\lim_{n\to\infty} \frac{|x|^{n+1}}{(n+1)!} = 0$, denn zu x gibt es ein $n_0 \in \mathbb{N}$ mit $n_0 > |x|$, so dass für $n > n_0$ gilt:

$$0 \leq \frac{|x|^{n+1}}{(n+1)!} \leq \underbrace{\frac{|x|^{n+1}}{n_0(n_0+1)\cdots(n+1)}}_{n+1-n_0+1 \text{ Faktoren } \geq n_0} \leq \frac{|x|^{n+1}}{n_0^{n+1-n_0+1}} = \left[\frac{|x|}{n_0}\right]^{n+1} \cdot \underbrace{\frac{1}{n_0^{1-n_0}}}_{\text{konstant}} .$$

Der Quotient aus $|x|$ und n_0 ist kleiner als 1, so dass der Term auf der rechten Seite tatsächlich für $n \to \infty$ gegen null strebt.

Damit liegt die Idee nahe, den Sinus mittels $n \to \infty$ exakt als Polynom mit unendlichem Grad zu schreiben, nämlich die Funktionswerte über eine Reihe auszurechnen. Für jedes $x \in \mathbb{R}$ ist bei Wahl von $x_0 = 0$ (in 0 sind die geradzahligen Ableitungen des Sinus alle null: $\sin'(0) = \cos(0) = 1$, $\sin^{(2)}(0) = -\sin(0) = 0$, $\sin^{(3)}(0) = -\cos(0) = -1$, $\sin^{(4)}(0) = \sin(0) = 0,\ldots$)

$$\sin(x) = \sum_{k=0}^{\infty} \frac{\sin^{(k)}(0)}{k!}(x-0)^k = \frac{1}{1!}x - \frac{1}{3!}x^3 + \frac{1}{5!}x^5 \pm \cdots = \sum_{k=0}^{\infty} (-1)^k \frac{x^{2k+1}}{(2k+1)!}.$$

Eine solche Darstellung einer Funktion über eine Reihe heißt **Potenzreihe**. Der Kosinus lässt sich genau wie der Sinus über die Ableitungen an der Stelle $x_0 = 0$ als Potenzreihe schreiben. Man sagt auch, dass die Potenzreihe um die Stelle x_0 **entwickelt** wird. Beim Kosinus sind die ungradzahligen Ableitungen $\pm\sin(x)$ an der Stelle 0 alle null. Daher ist für jedes $x \in \mathbb{R}$ (vgl. Abb. 4.17)

$$\cos(x) = \sum_{k=0}^{\infty} \frac{\cos^{(2k)}(0)}{(2k)!}(x-0)^{2k} = 1 - \frac{x^2}{2!} + \frac{x^4}{4!} - \frac{x^6}{6!} \pm \cdots = \sum_{k=0}^{\infty} (-1)^k \frac{x^{2k}}{(2k)!}.$$

Da alle Ableitungen der Exponentialfunktion an der Stelle $x_0 = 0$ gleich $\exp(0) = 1$ sind, entsteht die Potenzreihe ($x \in \mathbb{R}$)

$$\exp(x) = \sum_{k=0}^{\infty} \frac{\exp^{(k)}(0)}{k!}(x-0)^k = \sum_{k=0}^{\infty} \frac{x^k}{k!}. \tag{4.22}$$

In Beispiel 4.6 haben wir die Euler'sche Zahl e erhalten, indem wir in die Potenzreihe der Exponentialfunktion den Wert 1 eingesetzt haben:

$$e = \exp(1) = \sum_{k=0}^{\infty} \frac{1^k}{k!} = \sum_{k=0}^{\infty} \frac{1}{k!}. \tag{4.23}$$

Zum Abschluss des Abschnitts über die Ableitung möchten wir noch ganz kurz auf die Anwendung des Satzes von Taylor bei der **Kurvendiskussion** eingehen. In (4.21)

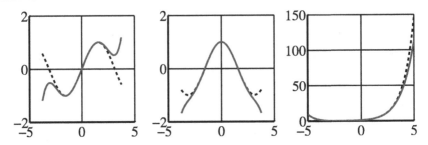

Abb. 4.17 Von links nach rechts: Taylor Polynome p_6 (durchgezeichnet) zu Sinus, Kosinus und zur Exponentialfunktion (zum Vergleich gestrichelt) für $x_0 = 0$

haben wir den Satz von Taylor für den Fall $n = 0$ benutzt. In diesem Fall nennt man ihn auch **Mittelwertsatz:**

$$f(x) = f(x_0) + \frac{f'(\xi)}{1!}(x - x_0)^1 \iff \frac{f(x) - f(x_0)}{x - x_0} = f'(\xi). \qquad (4.24)$$

Der Mittelwertsatz besagt also, dass die Steigung der Sekante durch die Punkte $(x, f(x))$ und $(x_0, f(x_0))$ auch als Steigung von f an einer Stelle ξ zwischen x und x_0 angenommen wird, siehe Abb. 4.18.

Anschaulich ist klar, wie sich die Ableitung auf das Wachstumsverhalten einer Funktion auswirkt. Mit dem Mittelwertsatz können wir das jetzt auch beweisen. Ist f auf dem Intervall $]a, b[$ differenzierbar mit $f'(x) \geq 0$ für alle $x \in]a, b[$, dann ist f auf dem Intervall **monoton wachsend** (vgl. Definition 4.3): Für $x_0, x_1 \in]a, b[$ mit $x_1 > x_0$ erhalten wir aus dem Mittelwertsatz

$$f(x_1) - f(x_0) = f'(\xi)(x_1 - x_0) \geq 0 \implies f(x_1) \geq f(x_0).$$

Entsprechend erhalten wir mit $f'(x) \leq 0$, dass f **monoton fallend** ist: $f(x_1) \leq f(x_0)$ für $x_1 > x_0$. Das war uns anschaulich völlig klar, da bei einer positiven Steigung die Funktion wächst und bei einer negativen die Funktion fällt.

Anschaulich haben wir links von einem lokalen Maximum eine positive, rechts davon eine negative Steigung, entsprechend umgekehrt bei einem lokalen Minimum – und nach Satz 4.10 ist die Steigung an der Extremstelle null. Mit dem Satz von Taylor können wir die notwendige Bedingung aus Satz 4.10 zu einer hinreichenden Bedingung erweitern:

Abb. 4.18 Mittelwertsatz: Die Steigung $\frac{f(b)-f(a)}{b-a}$ der Sekante wird an einem Zwischenpunkt ξ angenommen: $f'(\xi) = \frac{f(b)-f(a)}{b-a}$

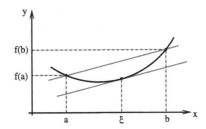

Satz 4.15 (Hinreichende Bedingung für ein lokales Extremum) Sei f zweimal differenzierbar auf $]a, b[$, so dass f'' auf $]a, b[$ stetig ist. Weiterhin sei $x_0 \in]a, b[$ und $f'(x_0) = 0$. Dann gilt:

- Ist $f''(x_0) > 0$, so hat f ein lokales Minimum in x_0.
- Ist $f''(x_0) < 0$, so hat f ein lokales Maximum in x_0.

Beweis Da $f'(x_0) = 0$ ist, ergibt sich aus dem Satz von Taylor für $n = 2$

$$f(x) = f(x_0) + 0 + \frac{f''(\xi)}{2}(x - x_0)^2 \tag{4.25}$$

mit ξ zwischen x und x_0. Sind wir mit x nah genug bei x_0, dann hat wegen der Stetigkeit von f'' der Funktionswert $f''(\xi)$ das gleiche Vorzeichen wie $f''(x_0)$, siehe Aufgabe 4.17. Außerdem ist $(x - x_0)^2 > 0$ für $x \neq x_0$. Bei $f''(x_0) > 0$ ist damit der rechte Term in (4.25) größer null, also $f(x) > f(x_0)$, bei x_0 liegt ein lokales Minimum. Gilt $f''(x_0) < 0$, so ist damit der rechte Term in (4.25) kleiner null, also $f(x) < f(x_0)$, bei x_0 liegt ein lokales Maximum. $\qquad\square$

Beispiel 4.7 (Hinreichende Bedingung) Wir diskutieren die Funktionen $f(x) = x^2 \geq 0$ und $g(x) = x^4 \geq 0$. Beide besitzen an der Stelle 0 ein lokales Minimum mit $f(0) = g(0) = 0$. Daher sind $f'(x) = 2x$ und $g'(x) = 4x^3$ hier null. Mit $f''(x) = 2$ ist $f''(0) = 2 > 0$, so dass wir das lokale Minimum von f mit der hinreichenden Bedingung finden. Allerdings ist $g''(x) = 12x^2$ und $g''(0) = 0$, so dass die Bedingung hier nicht greift, sie ist hinreichend, aber nicht notwendig.

4.8 Nullstellensuche

Bereits bei Polynomen ab dem Grad fünf lassen sich Nullstellen nicht mehr generell mit endlichen vielen algebraischen Operationen exakt bestimmen. Daher benötigt man Näherungsverfahren zur Nullstellensuche.

Nach dem Zwischenwertsatz nehmen auf einem Intervall $[a, b]$ stetige Funktionen zwischen a und b jeden Funktionswert zwischen $f(a)$ und $f(b)$ an, siehe Bemerkung zur Definition 4.9. Haben $f(a)$ und $f(b)$ ein unterschiedliches Vorzeichen, dann muss es zwischen a und b also mindestens eine Nullstelle geben. Diese lässt sich mit einer Intervallschachtelung finden: Wir teilen das Intervall in der Mitte an der Stelle $\frac{a+b}{2}$ und rechnen dort den Funktionswert aus. Ist er null, so sind wir fertig. Sonst haben $f(a)$ und $f\left(\frac{a+b}{2}\right)$ oder $f\left(\frac{a+b}{2}\right)$ und $f(b)$ ein unterschiedliches Vorzeichen. Wir wählen ein Teilintervall $[a, \frac{a+b}{2}]$ oder $[\frac{a+b}{2}, b]$, für das sich die Vorzeichen der Funktionswerte an den Rändern unterscheiden, und wiederholen für dieses Intervall den Algorithmus, usw. Damit nähern wir uns schon recht schnell einer Nullstelle. Dieses Verfahren entspricht der binären Suche in der Informatik mit einer Worst-Case-Laufzeit von $\mathcal{O}(\log_2(n))$, siehe Aufgabe 4.8. Wenn wir in einem

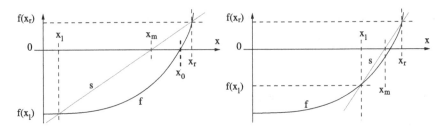

Abb. 4.19 Regula Falsi

gedruckten Telefonbuch (so etwas gibt es noch) zu einem Namen die dazu gehörige
Telefonnummer suchen, schlagen wir aber in der Regel das Buch nicht in der Mitte
auf und vergleichen den Namen mit dem gesuchten Namen. Vielmehr wissen wir,
dass Namen wie Aicken, Anger oder Brockmann weiter vorne im Buch stehen, und
Namen wie Zöller, Zimmermann oder Zumwinkel weiter hinten im Buch stehen und
schlagen das Buch entsprechend dieser Kenntnis auf. Ein solches Vorgehen wird
Interpolationssuche genannt. In der Mathematik entspricht dies einer Methode, die
als **Regula Falsi** bekannt ist, siehe Abb. 4.19.

Zunächst benötigen wir zwei Werte x_l und x_r, für die $f(x_l) \cdot f(x_r) < 0$ ist, also
der eine Funktionswert unter, der andere über der x-Achse liegt. Wenn die Funktion
$f(x)$ stetig ist, dann muss zwischen x_l und x_r mindestens eine Nullstelle liegen.
Wir wollen uns einer Nullstelle annähern, indem wir die Nullstelle der Sekante s
berechnen. Die Steigung der Sekante s erhalten wir über den Differenzenquotienten
zu

$$\frac{f(x_r) - f(x_l)}{x_r - x_l}.$$

Die Sekante erhalten wir mit der Zweipunkteform der Geradengleichung:

$$s(x) = f(x_l) + \frac{f(x_r) - f(x_l)}{x_r - x_l} \cdot (x - x_l).$$

Wir setzen $s(x) = 0$, da wir ja eine Nullstelle suchen, lösen nach x auf und nennen
das Ergebnis x_m:

$$f(x_l) + \frac{f(x_r) - f(x_l)}{x_r - x_l} \cdot (x_m - x_l) = 0$$

$$\Longleftrightarrow \frac{f(x_r) - f(x_l)}{x_r - x_l} \cdot (x_m - x_l) = -f(x_l)$$

$$\Longleftrightarrow (x_m - x_l) = -f(x_l) \cdot \frac{x_r - x_l}{f(x_r) - f(x_l)}$$

$$\Longleftrightarrow x_m = x_l - f(x_l) \cdot \frac{x_r - x_l}{f(x_r) - f(x_l)}.$$

Auch dieses Verfahren müssen wir iterativ anwenden. Falls $f(x_l) \cdot f(x_m) < 0$ ist,
dann setzen wir $r := m$ und bestimmen die Nullstelle im Intervall $[x_l, x_m]$, sonst

setzen wir $l := m$ und untersuchen das Intervall $[x_m, x_r]$. Im Gegensatz zur obigen Intervallschachtelung teilen wir das Intervall nicht in der Mitte auf.

Nun wollen wir dieses Verfahren auf die Suche in einem sortierten Array mit $n \geq 2$ verschiedenen Einträgen (Schlüsselwerte) anwenden. Nehmen wir an, dass ein Wert k gesucht wird, und dieser Wert k genau an Position j im Array a enthalten ist, also $a[j] = k$ gilt. Aus den obigen x-Werten werden Positionen im Array, also Indizes. Aus den Funktionswerten werden die Inhalte des Arrays an der entsprechenden Position. Wenn wir von allen Werten im Array den Wert k subtrahieren, dann gilt $a[i] - k < 0$ für alle Positionen $0 \leq i < j$, und es gilt $a[i] - k > 0$ für alle Positionen $j < i < n$, weil das Array sortiert ist. Sofern $j \notin \{0, n-1\}$ ist die Voraussetzung erfüllt, dass ein Wert unter und ein Wert über der x-Achse liegen muss. Unabhängig davon starten wir unseren Algorithmus mit $l = 0$ und $r = n - 1$ und berechnen

$$
\begin{aligned}
m &= \left\lfloor l - (a[l] - k) \cdot \frac{r-l}{(a[r]-k)-(a[l]-k)} \right\rfloor = \left\lfloor l - \frac{a[l]-k}{a[r]-a[l]} \cdot (r-l) \right\rfloor \\
&= \left\lfloor l + \frac{k-a[l]}{a[r]-a[l]} \cdot (r-l) \right\rfloor = l + \left\lfloor \frac{k-a[l]}{a[r]-a[l]} \cdot (r-l) \right\rfloor .
\end{aligned} \tag{4.26}
$$

Natürlich müssen wir dieses Verfahren iterativ immer wieder anwenden, um uns der Nullstelle zu nähern. Ist $a[m] = k$, so sind wir fertig. Wenn $a[m]$ größer als der gesuchte Wert ist, müssen wir den rechten Rand r für die nächste Iteration auf $m - 1$ setzen, da dann die Nullstelle links von m liegt. Insbesondere ist $a[m-1] \geq k$. Andernfalls setzen wir den linken Rand l auf $m + 1$. Insbesondere ist $a[m+1] \leq k$. Ist danach $l \geq r$, sind wir ebenfalls fertig. Sonst berechnen wir erneut m, usw.

Bei der binären Suche, siehe Algorithmus 4.5 in Abschn. 4.4, wird im Gegensatz zu (4.26) der Index m mit einem festen Faktor $\frac{1}{2}$ bestimmt:

$$
m = \left\lfloor \frac{r+l}{2} \right\rfloor = \left\lfloor l + \frac{1}{2}(r-l) \right\rfloor = l + \left\lfloor \frac{1}{2}(r-l) \right\rfloor .
$$

Wer hätte gedacht, dass man Mathematik in einem Programm wieder findet, wo gar nichts berechnet werden soll? Im Worst-Case (z. B. $k = 10$ und $a[] = [1, 2, 3, 4, 5, 6, 7, 8, 9, 10, 1000]$) ist die Interpolationssuche mit $\Theta(n)$ schlechter als die binäre Suche mit einer Laufzeit in $\mathcal{O}(\log_2(n))$. Im Mittel werden aber nur $\log_2(\log_2(n)) + 1$ Schlüsselvergleiche ausgeführt, siehe [Yao und Yao (1976)]. Im Best-Case mit äquidistant verteilten Array-Werten, z. B.

$$
a[] = [5, 10, 15, 20, 25, 30, 35, 40],
$$

wird jedes Element sofort gefunden, die Laufzeit ist in $\Theta(1)$.

Wir haben bislang nur die Stetigkeit einer Funktion f zur Nullstellensuche ausgenutzt. Wenn wir sogar wissen, dass eine Funktion auf einem relevanten Intervall differenzierbar ist, dann kann man die bei der Regula Falsi benutzte Sekante, für die man zwei Startpunkte mit Funktionswerten unterschiedlichen Vorzeichens benötigt, durch die Tangente an einem Startpunkt x_1 ersetzen. Der entsprechende Algorithmus

Abb. 4.20 Newton-Verfahren

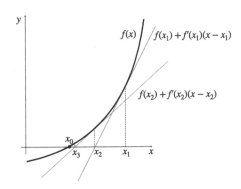

ist das **Newton-Verfahren**, siehe Abb. 4.20. Die Idee dabei ist, die Funktion mit dem Satz von Taylor an der Stelle x_1 durch ein Polynom vom Grad eins anzunähern, also durch eine Tangente $t(x) := f(x_1) + f'(x_1)(x - x_1)$ zu ersetzen. Diese Tangente beschreibt die Funktion in einer Umgebung des Punktes gut. Falls sie eine eindeutige Nullstelle hat (d. h. $f'(x_1) \neq 0$), dann lässt sich diese unmittelbar berechnen. Die Nullstelle $x = x_1 - \frac{f(x_1)}{f'(x_1)}$ der Tangente ist dann eine Näherung an eine Nullstelle von f und ist Ausgangspunkt für den nächsten Schritt des Verfahrens für $n \in \mathbb{N}$:

$$x_{n+1} = g(x_n) := x_n - \frac{f(x_n)}{f'(x_n)}.$$

Wird die Ableitung beim Newton-Verfahren durch einen Differenzenquotienten wie bei der Regula Falsi ersetzt, so spricht man von einem **Sekantennäherungsverfahren.** Der Unterschied zur Regula Falsi besteht darin, dass die Vorzeichen der Funktionswerte, mit denen der Differenzenquotient gebildet wird, nicht unterschiedlich sein müssen.

Um zu verstehen, wie im Computer komplizierte Funktionen realisiert werden können, wollen wir das Newton-Verfahren nutzen, um $\sqrt{a}$ für eine Zahl $a > 0$ zu berechnen. Gesucht ist also die positive Nullstelle $x_0 = \sqrt{a}$ der Funktion $f(x) = x^2 - a$ mit $f'(x) = 2x$: $f(\sqrt{a}) = (\sqrt{a})^2 - a = a - a = 0$. Damit erhalten wir die Iterationsformel (**Heron-Verfahren**)

$$x_{n+1} = x_n - \frac{x_n^2 - a}{2x_n} = x_n - \frac{x_n}{2} + \frac{a}{2x_n} = \frac{1}{2} \cdot \left(x_n + \frac{a}{x_n} \right),$$

bei dem für jeden beliebigen Startwert $x_1 > 0$ die Folge gegen $\sqrt{a}$ konvergiert. Besonders schnell konvergiert das Newton-Verfahren gegen den Wert der Wurzelfunktion, wenn wir statt f die Funktion $\tilde{f}(x) := 1 - \frac{a}{x^2}$ verwenden (siehe Aufgabe 4.20), für die ebenfalls $\tilde{f}(\sqrt{a}) = \frac{a}{(\sqrt{a})^2} = \frac{a}{a} = 0$ gilt:

$$x_{n+1} = x_n - \frac{1 - \frac{a}{x_n^2}}{\frac{2a}{x_n^3}} = x_n - \frac{x_n^3}{2a} + \frac{x_n}{2} = \frac{x_n}{2} \cdot \left(3 - \frac{x_n^2}{a} \right).$$

Tab. 4.4 Zehn Iterationen bei der Berechnung von $\sqrt{3}$

Intervallschachtelung			Regula-Falsi			Heron
links	rechts	Wert	links	rechts	Wert	Wert
0	9	4,5	0	9	1	4,5
0	4,5	2,25	1	9	1,8	3,25
2,25	4,5	3,375	1,8	9	2,333333	3,009615
2,25	3,375000	2,8125	2,333333	9	2,647059	3,000015
2,8125	3,375000	3,09375	2,647059	9	2,818182	3
2,8125	3,093750	2,953125	2,818182	9	2,907692	3
2,953125	3,093750	3,023438	2,907692	9	2,953488	3
2,953125	3,023438	2,988281	2,953488	9	2,976654	3
2,988281	3,023438	3,005859	2,976654	9	2,988304	3
2,988281	3,005859	2,997070	2,988304	9	2,994146	3

In Tab. 4.4 sind die Schritte bei der Berechnung von $\sqrt{9}$ mittels Intervallschachtelung, Regula Falsi und Heron-Verfahren dargestellt. Dabei wird beim Heron-Verfahren der Startwert $x_1 = 4{,}5$ gewählt, während Intervallschachtelung und Regula-Falsi mit dem Intervall $[0, 9]$ starten.

Der Nachteil des Newton-Verfahrens ist, dass die Konvergenz in Abhängigkeit von der untersuchten Funktion nur gegeben sein kann, wenn der Startwert x_1 bereits nahe am eigentlichen Wert liegt. Bei der im Heron-Verfahren, das ja ein Newton-Verfahren ist, verwendeten Funktion liegt aber Konvergenz für jeden Startwert vor.

Generell stellt sich die Frage, ob und wann das Newton-Verfahren funktioniert. Dazu sei f eine auf einem Intervall $]x_0 - \delta, x_0 + \delta[$ für ein $\delta > 0$ definierte Funktion, die dort eine stetige Ableitung ohne Nullstellen besitzt, so dass es Nullstellen der Tangenten gibt. Falls eine mit dem Newton-Verfahren berechnete Folge $(x_n)_{n=1}^{\infty}$ mit Gliedern $x_n \in]x_0 - \delta, x_0 + \delta[$ gegen eine Zahl $x_0 \in]x_0 - \delta, x_0 + \delta[$ konvergiert, dann ist $f(x_0) = 0$, wie wir uns jetzt überlegen. Falls es also ein Ergebnis gibt, dann stimmt es:

$$x_0 = \lim_{n\to\infty} x_{n+1} = \lim_{n\to\infty} g(x_n) = \lim_{n\to\infty}\left[x_n - \frac{f(x_n)}{f'(x_n)}\right]$$

$$= \left[\lim_{n\to\infty} x_n\right] - \frac{f(\lim_{n\to\infty} x_n)}{f'(\lim_{n\to\infty} x_n)} = x_0 + \frac{f(x_0)}{f'(x_0)}.$$

Damit ist $0 = \frac{f(x_0)}{f'(x_0)}$, also $f(x_0) = 0$. Bei der praktischen Anwendung können wir ein paar Iterationen des Newton-Verfahrens durchführen und abschätzen, ob Konvergenz vorliegen kann. Unter Verwendung der zweiten Ableitung können wir aber auch eine hinreichende Bedingung für Konvergenz formulieren:

Satz 4.16 Sei f eine zweimal differenzierbare Funktion mit stetiger zweiter Ableitung auf $]x_0 - \delta, x_0 + \delta[$, wobei $\delta > 0$ und x_0 eine (gesuchte) Nullstelle von f ist. Sei weiterhin $0 < \lambda < 1$ eine Zahl, so dass für alle $x \in]x_0 - \delta, x_0 + \delta[$ neben $f'(x) \neq 0$

auch die Bedingung

$$\frac{|f(x)| \cdot |f^{(2)}(x)|}{(f'(x))^2} < \lambda < 1 \tag{4.27}$$

gilt. Dann liegen alle Folgenglieder des Newton-Verfahrens mit Startglied $x_1 \in$ $]x_0 - \delta, x_0 + \delta[$ ebenfalls im Intervall $]x_0 - \delta, x_0 + \delta[$ und konvergieren gegen die Nullstelle x_0.

Beweis Die Ursache der Konvergenz ist, dass die Funktion $g(x) = x - \frac{f(x)}{f'(x)}$ eine **Kontraktion** ist: Für $a, b \in]x_0 - \delta, x_0 + \delta[$ existiert aufgrund des Satzes von Taylor bzw. des daraus folgenden Mittelwertsatzes (4.24) eine Stelle ξ zwischen a und b, so dass unter Verwendung der Quotientenregel (Satz 4.11)

$$|g(a) - g(b)| = |g'(\xi)||a - b| = \left| 1 - \frac{(f'(\xi))^2 - f(\xi) \cdot f^{(2)}(\xi)}{(f'(\xi))^2} \right| |a - b|$$

$$= \left| \frac{(f'(\xi))^2 - (f'(\xi))^2 + f(\xi) \cdot f^{(2)}(\xi)}{(f'(\xi))^2} \right| |a - b|$$

$$= \frac{|f(\xi)| \cdot |f^{(2)}(\xi)|}{(f'(\xi))^2} |a - b| < \lambda |a - b|$$

gilt, wobei wir im letzten Schritt (4.27) verwendet haben. Damit liegen die Funktionswerte $g(a)$ und $g(b)$ näher zusammen als a und b, daher heißt g eine Kontraktion. Startet das Newton-Verfahren mit einer Stelle x_1 im Intervall $]x_0 - \delta, x_0 + \delta[$ um die gesuchte Nullstelle x_0, also $|x_1 - x_0| < \delta$ (Induktionsanfang), dann liegen alle Folgenglieder in diesem Intervall. Denn da $x_0 = g(x_0)$ ist (x_0 ist **Fixpunkt** der Funktion g), gilt für $n \in \mathbb{N}$:

$$|x_{n+1} - x_0| = |g(x_n) - g(x_0)| < \lambda |x_n - x_0|.$$

Ist also $|x_n - x_0| < \delta$ (Induktionsannahme), dann gilt auch $|x_{n+1} - x_0| < \delta$ (Induktionsschluss). Also liegen alle Folgenglieder im Intervall. Da $\lambda < 1$ ist, liegen die Folgenglieder außerdem immer näher bei x_0:

$$0 \leq |x_n - x_0| < \lambda |x_{n-1} - x_0| < \lambda^2 |x_{n-2} - x_0| < \cdots < \lambda^{n-1} |x_1 - x_0|.$$

Da $\lim_{n \to \infty} \lambda^{n-1} = 0$ ist, folgt auch $\lim_{n \to \infty} |x_n - x_0| = 0$, also $\lim_{n \to \infty} x_n = x_0$, und damit die Konvergenz des Newton-Verfahrens. □

Im Beweis haben wir ausgenutzt, dass die Funktion g eine Kontraktion und die Nullstelle x_0 von f ein Fixpunkt dieser Funktion ist. Die Nullstellensuche wird zur Fixpunktsuche. Kontraktionen haben zwei wichtige Eigenschaften:

- Eine Kontraktion g hat höchstens einen Fixpunkt: Gäbe es zwei Fixpunkte, würden sie sich bei Anwendung der Funktion nicht annähern, und g wäre keine Kontraktion.
- Wenn die Funktion auf ein vom Fixpunkt verschiedenes Argument angewendet wird, muss ihr Funktionswert dem Fixpunkt näher kommen (weil sich der Fixpunkt nicht bewegt). Eine wiederholte Anwendung einer Kontraktion führt also zu einer gewissen Annäherung an den Fixpunkt.

Der Banach'sche Fixpunktsatz untersucht allgemein die Existenz und Eindeutigkeit von Fixpunkten sowie die Konvergenz von Folgen gegen Fixpunkte, siehe z. B. [Goebbels und Ritter (2018), S. 318f und S. 567]. Der Satz wird für viele numerische Verfahren eingesetzt. Beispielsweise lassen sich große lineare Gleichungssysteme (vgl. Abschn. 5.5.2) über Fixpunktiterationen lösen.

Wir wenden den Satz auf das Heron-Verfahren an, bei dem die Nullstelle $\sqrt{a}$ der Funktion $f(x) = x^2 - a$ mit $f'(x) = 2x$ und $f^{(2)}(x) = 2$ gesucht ist. Dazu wählen wir $\delta = \frac{\sqrt{a}}{3}$, womit wir keine $x \leq 0$ betrachten, und müssen für $x \in \,]\sqrt{a} - \delta, \sqrt{a} + \delta[\, =] \frac{2}{3}\sqrt{a}, \frac{4}{3}\sqrt{a}[$ die Bedingung (4.27) zeigen. Dabei vergrößern wir die Brüche, indem wir den positiven Zähler vergrößern und den positiven Nenner verkleinern.

$$\frac{|f(x)||f^{(2)}(x)|}{(f'(x))^2} = \frac{|x^2 - a| \cdot 2}{4x^2} = |x - \sqrt{a}| \cdot \frac{|x + \sqrt{a}|}{2x^2} < \delta \cdot \frac{|x + \sqrt{a}|}{2x^2}$$

$$\leq \delta \cdot \frac{|x| + \sqrt{a}}{2x^2} < \delta \cdot \frac{\sqrt{a} + \delta + \sqrt{a}}{2x^2} < \delta \frac{2\sqrt{a} + \delta}{2(\sqrt{a} - \delta)^2}$$

$$= \frac{\sqrt{a}}{3} \frac{\frac{7}{3}\sqrt{a}}{2\left(\sqrt{a} - \frac{\sqrt{a}}{3}\right)^2} = \frac{\frac{7}{9}a}{2 \cdot \frac{4}{9}a} = \lambda := \frac{7}{8} < 1.$$

Damit haben wir die Konvergenz des Verfahrens für jeden Startwert $x_1 \in \,]\frac{2}{3}\sqrt{a}, \frac{4}{3}\sqrt{a}[$ gezeigt. Mit anderen Mitteln lässt sich die Konvergenz sogar für jedes $x_1 > 0$ beweisen.

Aufgabe 4.20 Zeigen Sie analog zur vorangehenden Rechnung, dass das Newton-Verfahren für die Funktion $\tilde{f}(x) := 1 - \frac{a}{x^2}$ für jeden Startwert im Intervall $]\sqrt{a} - \delta, \sqrt{a} + \delta[$ mit $\delta := \frac{\sqrt{a}}{4}$ gegen $\sqrt{a}$ konvergiert. (siehe Lösung A.82)

Aufgabe 4.21 Mit dem Newton-Verfahren berechnet das **Newton-Raphson-Divisions-Verfahren** den Kehrwert einer Zahl $n \in \mathbb{N}$. Die Division durch n kann damit anschließend als Multiplikation berechnet werden. Dazu sucht man die Nullstelle der Funktion $f(x) := \frac{1}{x} - n$. Stellen Sie die Formel für die zugehörige Newton-Iteration auf und zeigen Sie mit Satz 4.16, dass das Verfahren für jeden Startwert aus einem Intervall $]\frac{1}{n} - \delta, \frac{1}{n} + \delta[$ um die gesuchte Nullstelle $\frac{1}{n}$ konvergiert. Wählen Sie dazu δ und λ geeignet. (siehe Lösung A.83)

Abb. 4.21 $\sum_{k=1}^{5} \frac{1}{k}$ als
Fläche

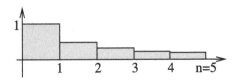

4.9   Integral

Beim randomisierten Quicksort hatten wir es mit der Summe $\sum_{k=1}^{n} \frac{1}{k}$ in der Ungleichung (4.13) zu tun. Wir können den Wert der Summe als Flächeninhalt auffassen: $\frac{1}{k}$ ist der Inhalt eines Rechtecks mit Breite 1 und Höhe $\frac{1}{k}$. Setzen wir diese Rechtecke für $k = 1, \ldots, n$ nebeneinander, dann erhalten wir die Fläche zwischen x-Achse und Graph der Funktion f mit $f(x) = \frac{1}{k}$ für $k-1 \le x < k$ auf dem Intervall $[0, n]$, siehe Abb. 4.21.

Bei der Integralrechnung berechnen wir die Größe der Fläche zwischen x-Achse und Funktionsgraph einer Funktion f auf einem Intervall $[a, b]$ und bezeichnen sie mit $\int_a^b f(x)\,\mathrm{d}x$. Beispielsweise ist $\int_2^8 5\,\mathrm{d}x = 30$ die Fläche des Rechtecks mit Kantenlängen $8 - 2 = 6$ und 5.

Definition 4.11 (Integral) Sei f eine auf $[a, b]$ stetige Funktion. Der Grenzwert

$$\lim_{n \to \infty} \sum_{k=0}^{n-1} \underbrace{\frac{b-a}{n}}_{\text{Breite } \Delta x} \cdot \underbrace{f\left(a + k \cdot \frac{b-a}{n}\right)}_{\text{Höhe eines Rechtecks}}$$

heißt das **Integral** von f auf $[a, b]$ und wird mit $\int_a^b f(x)\,\mathrm{d}x$ bezeichnet (s. o.). Die Funktion f heißt in diesem Zusammenhang der **Integrand.**

Wir erhalten also den Flächeninhalt als Grenzwert einer Folge. Das n-te Folgenglied ist die Summe der Größen von Rechteckflächen, wobei die n Rechtecke in unserer Definition alle die gleiche Breite $\Delta x = \frac{b-a}{n}$ haben, siehe Abb. 4.22. Das $\mathrm{d}x$ in der Schreibweise des Integrals deutet dieses Δx an. Als Höhe des k-ten Rechtecks wählen

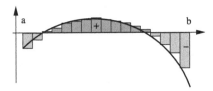

Abb. 4.22 Die linke Kante jeder Fläche ragt genau bis an den Funktionsgraphen. Die Flächeninhalte oberhalb der x-Achse gehören zu positiven Funktionswerten und werden addiert. Davon werden die Inhalte der Flächen unter der x-Achse, die zu negativen Funktionswerten gehören, subtrahiert. Für $n = 17$ entsteht damit die Summe $\sum_{k=0}^{n-1} \frac{b-a}{n} f\left(a + k \cdot \frac{b-a}{n}\right)$

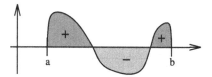

Abb. 4.23 Das Integral $\int_a^b f(x)\,dx$ ist die Summe der Inhalte der beiden Flächen oberhalb der x-Achse abzüglich des Inhalts der Fläche unterhalb der Achse

wir den Funktionswert $f\left(a + k \cdot \frac{b-a}{n}\right)$, dieses Rechteck hat also den Flächeninhalt $\frac{b-a}{n} \cdot f\left(a + k \cdot \frac{b-a}{n}\right)$. Damit ist anschaulich klar, dass mit fortschreitendem n die Fläche unter dem Funktionsgraphen immer besser angenähert wird. In der Definition wird davon ausgegangen, dass der Grenzwert tatsächlich existiert. Das kann man unter Ausnutzung der Stetigkeit nachrechnen. Es ist nicht schwierig, aber etwas technisch, so dass wir hier darauf verzichten. Die Voraussetzung lässt sich sogar noch abschwächen. Der Grenzwert und damit das Integral existieren auch dann noch, wenn f auf $[a, b]$ beschränkt und an allen bis auf maximal abzählbar unendlich vielen Stellen stetig ist (vgl. Abschn. 3.7).

Funktionswerte $f\left(a + k \cdot \frac{b-a}{n}\right)$ können negativ sein und gehören dann zur Berandung von Flächen unterhalb der x-Achse. Die Definition führt dazu, dass Flächenanteile oberhalb der x-Achse als positiv und Flächenanteile unterhalb der x-Achse als negativ angesehen werden, siehe Abb. 4.23. Die Summe dieser Flächeninhalte ergibt dann das Integral. Beispielsweise schließt der Sinus auf dem Periodenintervall $[0, 2\pi]$ mit der x-Achse den gleichen Flächeninhalt oberhalb wie unterhalb der x-Achse ein (siehe Abb. 3.14 in Abschn. 3.6.2.3), also ist $\int_0^{2\pi} \sin(x)\,dx = 0$. Da die Fläche bei $\int_1^4 -2\,dx = (4 - 1) \cdot (-2) = -6$ unterhalb der x-Achse liegt, ist das Ergebnis negativ.

Ist $f(x) \le g(x)$ für alle $x \in [a, b]$ (also $a \le b$), so ist $\sum_{k=0}^{n-1} \frac{b-a}{n} f\left(a + k \cdot \frac{b-a}{n}\right)$ $\le \sum_{k=0}^{n-1} \frac{b-a}{n} g\left(a + k \cdot \frac{b-a}{n}\right)$, so dass wir beim Übergang zum Grenzwert für $n \to \infty$ direkt die **Monotonie** des Integrals erhalten:

$$\int_a^b f(x)\,dx \le \int_a^b g(x)\,dx. \tag{4.28}$$

Ebenfalls direkt aus der Definition (und passend zur Anschauung des Flächeninhaltes) erhalten wir über die Grenzwertsätze (analog zur entsprechenden Aussage für die Ableitung) die **Linearität** des Integrals ($c \in \mathbb{R}$):

$$\int_a^b f(x)+g(x)\,dx = \int_a^b f(x)\,dx + \int_a^b g(x)\,dx, \quad \int_a^b c \cdot f(x)\,dx = c \cdot \int_a^b f(x)\,dx.$$

Damit können wir ein Integral in einfachere Bestandteile zerlegen. Mit der Linearität und der Monotonie erhalten wir aus $-|f(x)| \le f(x) \le |f(x)|$ für die Integration über $[a, b]$ die Abschätzung

$$-\int_a^b |f(x)|\,dx = \int_a^b -|f(x)|\,dx \le \int_a^b f(x)\,dx \le \int_a^b |f(x)|\,dx,$$

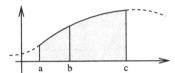

Abb. 4.24 Das Integral $\int_a^c f(x)\,\mathrm{d}x$ ist der Inhalt der markierten Fläche zwischen Funktionsgraph und x-Achse. Sie entsteht auch als Summe der Flächeninhalte $\int_a^b f(x)\,\mathrm{d}x$ und $\int_b^c f(x)\,\mathrm{d}x$. Andererseits ist $\int_a^b f(x)\,\mathrm{d}x$ die Differenz $\int_a^c f(x)\,\mathrm{d}x - \int_b^c f(x)\,\mathrm{d}x$

also

$$\int_a^b f(x)\,\mathrm{d}x \leq \int_a^b |f(x)|\,\mathrm{d}x \text{ und } \int_a^b f(x)\,\mathrm{d}x \geq -\int_a^b |f(x)|\,\mathrm{d}x,$$

d. h. $-\int_a^b f(x)\,\mathrm{d}x \leq \int_a^b |f(x)|\,\mathrm{d}x$, so dass wir die **Dreiecksungleichung** für die Integration erhalten:

$$\left| \int_a^b f(x)\,\mathrm{d}x \right| \leq \int_a^b |f(x)|\,\mathrm{d}x.$$

Wir dürfen auch das Integrationsintervall zerteilen: Der Inhalt der Fläche von a bis b plus der Inhalt der Fläche von b bis c ist gleich dem Flächeninhalt der Fläche von a bis c, siehe Abb. 4.24. Für $a \leq b \leq c$ gilt also:

$$\int_a^b f(x)\,\mathrm{d}x + \int_b^c f(x)\,\mathrm{d}x = \int_a^c f(x)\,\mathrm{d}x.$$

Diese Gleichung ist aber auch für $a \leq c \leq b$ richtig, wenn wir, wie es üblich ist,

$$\int_b^c f(x)\,\mathrm{d}x := -\int_c^b f(x)\,\mathrm{d}x$$

definieren. Vom Inhalt der von a bis b reichenden Fläche wird dann der Inhalt der von c bis b reichenden Fläche abgezogen. Übrig bleibt der Inhalt der Fläche von a bis c. Während wir in Definition 4.11 von einem Intervall $[a, b]$, also von $a \leq b$, ausgingen, dürfen wir jetzt auch eine untere Integrationsgrenze verwenden, die größer als die obere ist. Das benötigen wir später. Dabei müssen wir aber bei Abschätzungen wegen des Minuszeichens aufpassen. Ist $a \leq b$, so erhalten wir beispielsweise

$$\left| \int_b^a f(x)\,\mathrm{d}x \right| = \left| -\int_a^b f(x)\,\mathrm{d}x \right| = \left| \int_a^b f(x)\,\mathrm{d}x \right| \leq \underbrace{\int_a^b |f(x)|\,\mathrm{d}x}_{=\left|\int_a^b |f(x)|\,\mathrm{d}x\right|}$$

$$= \underbrace{-\int_b^a |f(x)|\,\mathrm{d}x}_{=\left|\int_b^a |f(x)|\,\mathrm{d}x\right|}.$$

Unabhängig von der Lage der Grenzen können wir also schreiben:

$$\left| \int_a^b f(x)\,dx \right| \le \left| \int_a^b |f(x)|\,dx \right|. \qquad (4.29)$$

Beispiel 4.8 (Einige Integrale auf [a, b], $0 \le a \le b$, siehe Abb. 4.25)

- Integrieren wir eine konstante Funktion $f(x) = 1$, so erhalten wir den Flächeninhalt eines Rechtecks mit Kantenlängen $b - a$ und 1:

$$\int_a^b 1\,dx = \lim_{n \to \infty} \sum_{k=0}^{n-1} \frac{b-a}{n} \cdot 1 = n \cdot \frac{b-a}{n} = b - a.$$

Mit der Linearität erhalten wir das im Folgenden häufig benutzte Integral über eine Konstante c:

$$\int_a^b c\,dx = c \cdot \int_a^b 1\,dx = c \cdot (b - a). \qquad (4.30)$$

- Wir berechnen das Integral $\int_a^b x\,dx = \int_a^0 x\,dx + \int_0^b x\,dx = \int_0^b x\,dx - \int_0^a x\,dx$, das die Differenz zweier Dreiecksflächen ist:

$$\int_0^b x\,dx = \lim_{n \to \infty} \left[\sum_{k=0}^{n-1} \frac{b-0}{n} \left[0 + k\frac{b-0}{n} \right] \right] = \lim_{n \to \infty} \sum_{k=1}^{n-1} k\frac{b^2}{n^2}$$

$$= b^2 \lim_{n \to \infty} \frac{1}{n^2} \left[\sum_{k=1}^{n-1} k \right] \overset{(1.9)}{=} b^2 \lim_{n \to \infty} \frac{1}{n^2} \cdot \frac{(n-1) \cdot n}{2} = b^2 \lim_{n \to \infty} \frac{n^2 - n}{2n^2} = \frac{b^2}{2}.$$

Entsprechend ist $\int_0^a x\,dx = \frac{a^2}{2}$, und wir erhalten

$$\int_a^b x\,dx = \int_0^b x\,dx - \int_0^a x\,dx = \frac{b^2}{2} - \frac{a^2}{2}.$$

- In analoger Weise berechnen wir $\int_a^b x^2\,dx$:

$$\int_0^b x^2\,dx = \lim_{n \to \infty} \left[\sum_{k=0}^{n-1} \frac{b}{n} \left(k\frac{b}{n} \right)^2 \right]$$

$$= \lim_{n \to \infty} \left[\frac{b^3}{n^3} \sum_{k=0}^{n-1} k^2 \right] \overset{\text{Aufgabe 1.10}}{=} \lim_{n \to \infty} \frac{b^3}{n^3} \frac{2n^3 - 3n^2 + n}{6} = \frac{2b^3}{6} = \frac{b^3}{3},$$

so dass wir wieder durch Differenzbildung erhalten:

$$\int_a^b x^2\,dx = \int_0^b x^2\,dx - \int_0^a x^2\,dx = \frac{b^3}{3} - \frac{a^3}{3}.$$

Abb. 4.25 Die drei Integrale
$\int_a^b 1 \, dx$, $\int_0^b x \, dx$ und
$\int_0^b x^2 \, dx$ aus Beispiel 4.8

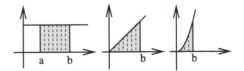

Berechnen wir nicht den Grenzwert, sondern wählen wir einen großen Wert für n, dann erhalten wir einen Näherungswert für das Integral. So können wir das Integral näherungsweise mit dem Computer berechnen, wobei zusätzliche Ungenauigkeiten durch die Zahlendarstellung entstehen. Sie sehen aber, dass die exakte Berechnung der einfachen Fläche im Beispiel mit der Definition bereits recht schwierig ist. Wenn wir aber genauer auf die Ergebnisse in Beispiel 4.8 schauen, dann erkennen wir einen fundamentalen Zusammenhang: Mit der abkürzenden Schreibweise $\left[f(x) \right]_a^b := f(b) - f(a)$ (üblich ist auch $f(x)\big|_a^b$) sehen wir

$$\int_a^b 1 \, dx = \left[x \right]_a^b = b - a, \quad \int_a^b x \, dx = \left[\frac{x^2}{2} \right]_a^b = \frac{b^2}{2} - \frac{a^2}{2},$$
$$\int_a^b x^2 \, dx = \left[\frac{x^3}{3} \right]_a^b = \frac{b^3}{3} - \frac{a^3}{3}.$$

Leiten wir die in eckigen Klammern angegebenen Funktionen jeweils ab, so erhalten wir den Integranden:

$$\frac{d}{dx} x = 1, \quad \frac{d}{dx} \frac{x^2}{2} = \frac{2x}{2} = x, \quad \frac{d}{dx} \frac{x^3}{3} = \frac{3x^2}{3} = x^2.$$

In diesen Beispielen können wir also das Integral durch Einsetzen in eine Funktion berechnen, deren Ableitung der Integrand ist. Eine solche Funktion F mit $F'(x) = f(x)$ heißt **Stammfunktion** von f. Im Folgenden erklären wir, warum

$$\int_a^b f(x) \, dx = F(b) - F(a) \tag{4.31}$$

ganz allgemein gilt. Zu einer auf $[a, b]$ stetigen Funktion f können wir für jede Stelle $x \in [a, b]$ das Integral $I(x) := \int_a^x f(t) \, dt$ bilden, so dass wir eine Funktion $I(x)$ der oberen Integrationsgrenze erhalten. Der Funktionswert dieser **Integralfunktion** an der Stelle x ist also der Flächeninhalt unter f auf dem Intervall $[a, x]$. Der Wert des Integrals $\int_a^b f(t) \, dt$ ist damit $I(b)$, und außerdem ist $I(a) = 0$. Kennen wir $I(x)$, so kennen wir auch den Wert des gesuchten Integrals: $\int_a^b f(t) \, dt = I(b) = I(b) - I(a)$. Glücklicher Weise handelt es sich bei I um eine Stammfunktion, also $I'(x) = f(x)$. Das beweisen wir anschließend. Eine beliebige Stammfunktion F muss zwar nicht mit I identisch sein, aber sie stimmt bis auf eine additive Konstante $c = F(a)$ mit I überein. Denn $[F(x) - I(x)]' = f(x) - f(x) = 0$, und wenn überall die Steigung null ist, dann ist der Graph der Funktion eine Parallele zur x-Achse, also ist $F(x) - I(x) = c$. Das folgt auch direkt aus dem Mittelwertsatz (4.24) für die Funktion $F - I$. Die Konstante ist aber für den Wert des Integrals nicht wichtig. Dieser ist

$$\int_a^b f(x)\,dx = I(b) - I(a) = [F(b) - c] - [F(a) - c] = F(b) - F(a).$$

Da sich Stammfunktionen F von f höchstens um eine Konstante von einer Integralfunktion unterscheiden, werden sie mit $\int f(x)\,dx := F(x)$ bezeichnet. Diese Schreibweise passt zur Ableitungsschreibweise mit $\frac{d}{dx}$, da sich beim Ableiten der Stammfunktion das dx „wegkürzt": $\frac{d}{dx} \int f(x)\,dx = f(x)$.

Wir berechnen einige Stammfunktionen und konkrete Integrale:

- $\sin(x) + c$ ist Stammfunktion zu $\cos(x)$: $\int_0^{\frac{\pi}{2}} \cos(x)\,dx = \sin\left(\frac{\pi}{2}\right) - \sin(0) = 1$.
- $\frac{1}{n+1} x^{n+1} + c$ ist eine Stammfunktion zu x^n,
- $\int_2^7 3\,dx = 3x\big|_2^7 = 21 - 6 = 15$, $\quad \int_0^4 x\,dx = \frac{x^2}{2}\big|_0^4 = 8$,
- $\int_4^0 2x\,dx = x^2\big|_4^0 = -16$. Beachten Sie, dass die Konvention $\int_a^b f(x)\,dx = -\int_b^a f(x)\,dx$ zum Einsetzen der Werte in die Stammfunktion passt:

$$F(b) - F(a) = \int_a^b f(x)\,dx = -\int_b^a f(x)\,dx = -(F(a) - F(b)).$$

- $\int \frac{1}{1+x^2}\,dx = \arctan(x) + c$.
- Die Ableitung von $-\cos(x)$ ist $\sin(x)$, also

$$\int_0^{2\pi} \sin(x)\,dx = -\cos(x)\big|_0^{2\pi} = -\cos(2\pi) - [-\cos(0)] = -1 - (-1) = 0.$$

Wir wissen jetzt, wie wir Integrale mittels Stammfunktionen berechnen können, müssen aber noch zeigen, dass die Integralfunktion tatsächlich eine Stammfunktion ist. Das ist die Aussage des Fundamentalsatzes der Differenzial- und Integralrechnung.

Satz 4.17 (Hauptsatz der Differenzial- und Integralrechnung) Sei f stetig, dann ist die Integralfunktion $I(x) = \int_a^x f(t)\,dt$ differenzierbar auf $[a, b]$, und es gilt für alle $x \in [a, b]$:

$$I'(x) = \frac{dI}{dx}(x) = \frac{d}{dx} \int_a^x f(t)\,dt = f(x).$$

Die Beweisidee besteht darin, dass sich die Funktion f wegen ihrer Stetigkeit lokal fast konstant verhält. Ist also $\Delta x > 0$ klein, dann ist

$$\int_{x_0}^{x_0 + \Delta x} f(t)\,dt \approx \int_{x_0}^{x_0 + \Delta x} f(x_0)\,dt \overset{(4.28)}{=} f(x_0)\Delta x.$$

Wenn wir nun die Ableitung von I an der Stelle x_0 durch einen Differenzenquotienten annähern, dann erhalten wir

$$I'(x_0) \approx \frac{I(x_0 + \Delta x) - I(x_0)}{\Delta x} = \frac{\int_a^{x_0 + \Delta x} f(t)\, dt - \int_a^{x_0} f(t)\, dt}{\Delta x}$$

$$= \frac{\int_{x_0}^{x_0 + \Delta x} f(t)\, dt}{\Delta x} \approx \frac{f(x_0)\Delta x}{\Delta x} = f(x_0).$$

Hier kürzt sich das Δx der Fläche $f(x_0)\Delta x$ mit dem Δx des Differenzenquotienten weg. Wir führen das Argument nun ohne „$\approx$" als Beweis durch:

Beweis Sei $a \leq x_0 \leq b$ gegeben. Zu einem beliebigen $\varepsilon > 0$ wählen wir wegen der Stetigkeit mit Satz 4.17 ein $\delta > 0$ so klein, dass die Funktionswerte von f auf $[x_0 - \delta, x_0 + \delta] \cap [a, b]$ bis auf eine maximale Abweichung von ε gleich der Konstante $f(x_0)$ sind, also $|f(t) - f(x_0)| < \varepsilon$. Ist h_n ein Folgenglied mit $x_0 + h_n \in [a, b]$ und $|h_n| < \delta$, dann erhalten wir

$$I(x_0 + h_n) = \int_a^{x_0 + h_n} f(t)\, dt = \int_a^{x_0} f(t)\, dt + \overbrace{\int_{x_0}^{x_0 + h_n} f(t)\, dt}^{R_n :=} = I(x_0) + R_n,$$

wobei für R_n gilt:

$$|R_n - h_n f(x_0)|$$

$$\overset{(4.28)}{=} \left| \int_{x_0}^{x_0 + h_n} f(t)\, dt - \int_{x_0}^{x_0 + h_n} f(x_0)\, dt \right| = \left| \int_{x_0}^{x_0 + h_n} f(t) - f(x_0)\, dt \right|$$

$$\overset{(4.27)}{\leq} \left| \int_{x_0}^{x_0 + h_n} |f(t) - f(x_0)|\, dt \right| \leq \left| \int_{x_0}^{x_0 + h_n} \varepsilon\, dt \right|$$

$$\overset{(4.28)}{=} |(x_0 + h_n - x_0)\varepsilon| = |h_n \varepsilon|.$$

Sei nun $(h_n)_{n=0}^{\infty}$ eine Nullfolge mit $h_n \neq 0$ und $x_0 + h_n \in [a, b]$. Dann gibt es ein $n_0 \in \mathbb{N}$, so das für $n > n_0$ wie zuvor benutzt $|h_n| < \delta$ ist, und wir erhalten

$$\left| \frac{I(x_0 + h_n) - I(x_0)}{h_n} - f(x_0) \right| = \left| \frac{I(x_0) + R_n - I(x_0)}{h_n} - f(x_0) \right|$$

$$= \left| \frac{R_n - h_n f(x_0)}{h_n} \right| \leq \frac{|h_n|\varepsilon}{|h_n|} = \varepsilon.$$

Damit haben wir aber $\lim_{n \to \infty} \frac{I(x_0 + h_n) - I(x_0)}{h_n} = f(x_0)$ gezeigt. Da die Nullfolge $(h_n)_{n=1}^{\infty}$ beliebig gewählt war, ist $I'(x_0) = f(x_0)$ bewiesen.   □

Beispiel 4.9 (Beschleunigung) Es gibt Läuferuhren, die die Laufstrecke nicht mittels GPS, sondern mit einem Beschleunigungssensor ermitteln. Wie erhalten wir aus der Beschleunigung $a(t)$ den zurückgelegten Weg? Die Beschleunigung ist die Ableitung der Geschwindigkeit: $a(t) = v'(t)$, und die Geschwindigkeit ist die Ableitung der Weg-Zeit-Funktion $s(t)$, also $v(t) = s'(t)$. Wenn der Läufer zum Zeitpunkt $t = 0$ am Start seiner Strecke steht, d. h. $s(0) = v(0) = 0$, dann erhalten wir aus der Beschleunigung die Geschwindigkeit über

$$\int_0^t a(x)\,dx = \int_0^t v'(x)\,dx = v(t) - v(0) = v(t),$$

und entsprechend erhalten wir aus der Geschwindigkeit die Weg-Zeit-Funktion:

$$\int_0^t v(x)\,dx = \int_0^t s'(x)\,dx = s(t) - s(0) = s(t).$$

Fügen wir beide Berechnungen zusammen, dann erhalten wir

$$s(t) = \int_0^t v(x)\,dx = \int_0^t \left(\int_0^x a(u)\,du \right) dx. \tag{4.32}$$

Die Klammern können wir auch weglassen, da das Integralsymbol zusammen mit du bereits eine Klammer bildet. Die beiden Integrationen werden von der Uhr nur näherungsweise über Summen wie in Definition 4.11 ausgerechnet.

Aus der Physik kennen Sie vielleicht das Weg-Zeit-Gesetz des freien Falls, siehe Abb. 4.13. Hier ist die Beschleunigung $a(t) = 9,81\,\mathrm{m\,/\,s^2}$ konstant. Setzen wir die Konstante in (4.32) ein, dann erhalten wir die Formel

$$s(t) = \int_0^t \int_0^x a\,du\,dx = \int_0^t \left[au \right]_0^x dx = \int_0^t ax\,dx = \left[a\frac{x^2}{2} \right]_0^t = \frac{at^2}{2}.$$

Aufgabe 4.22 Berechnen Sie mittels Stammfunktion (siehe Lösung A.84):

a) $\int_0^1 e^x\,dx$,

b) $\int_0^{2\pi} \sin(x) + \cos(x)\,dx$,

c) $\int_0^1 1 + 2x^2 + x^3\,dx$.

Nach Aufgabe 4.18 haben wir anschaulich über die Steigungen argumentiert, dass $\log_2(x) \leq x$ für $x \geq 2$ ist. Jetzt können wir das formal beweisen. Da mit (4.31) gilt:

$$\int_2^x \frac{d}{dt} \frac{\ln(t)}{\ln(2)}\,dt = \left[\frac{\ln(t)}{\ln(2)} \right]_2^x = \frac{\ln(x)}{\ln(2)} - \frac{\ln(2)}{\ln(2)},$$

erhalten wir

$$\log_2(x) = \frac{\ln(x)}{\ln(2)} = \int_2^x \frac{d}{dt} \frac{\ln(t)}{\ln(2)} \, dt + \frac{\ln(2)}{\ln(2)} = \int_2^x \frac{1}{\ln(2) \cdot t} \, dt + 1$$

$$\leq \int_2^x 1 \, dt + 1 = x - 2 + 1 \leq x.$$

Wir können nun auch die für die Analyse des randomisierten Quicksort benutzte Abschätzung (4.13), also $1 + \ln(n) \geq \sum_{k=1}^n \frac{1}{k} \geq \ln(n+1)$, beweisen. Für $x \in [k, k+1]$ ist $\frac{1}{k+1} \leq \frac{1}{x} \leq \frac{1}{k}$, und mit (4.28) erhalten wir einerseits

$$\sum_{k=1}^n \frac{1}{k} \overset{(4.28)}{=} \sum_{k=1}^n \int_k^{k+1} \frac{1}{k} \, dx \overset{(4.26)}{\geq} \sum_{k=1}^n \int_k^{k+1} \frac{1}{x} \, dx = \int_1^{n+1} \frac{1}{x} \, dx = \Big[\ln |x| \Big]_1^{n+1}$$

$$= \ln(n+1) - \ln(1) = \ln(n+1),$$

andererseits können wir entsprechend nach oben abschätzen:

$$\sum_{k=1}^n \frac{1}{k} = 1 + \sum_{k=2}^n \frac{1}{k} \overset{(4.28)}{=} 1 + \sum_{k=2}^n \int_{k-1}^k \frac{1}{k} \, dx \overset{(4.26)}{\leq} 1 + \sum_{k=2}^n \int_{k-1}^k \frac{1}{x} \, dx$$

$$= 1 + \int_1^n \frac{1}{x} \, dx = 1 + \ln(n) - \ln(1) = 1 + \ln(n).$$

Während das Ausrechnen von Summen (z. B. bei Aufwandsabschätzungen) in der Regel schwierig ist, haben wir durch den Übergang zu Integralen das Werkzeug der Stammfunktion zur Verfügung.

Es gibt elementare Funktionen wie $\frac{\sin(x)}{x}$, zu denen keine Stammfunktionen existieren, die wir als Verknüpfung elementarer Funktionen schreiben können. Dabei sind Polynome, Potenzfunktionen, trigonometrische Funktionen und deren Umkehrfunktionen elementare Funktionen. Daher gibt es im Gegensatz zur Differenziation keinen einfachen Algorithmus zum Berechnen von Integralen. Wenn Sie eine Stammfunktion nicht direkt sehen, dann helfen aber vielleicht die Produkt- oder die Kettenregel – nur umgekehrt angewendet. Man spricht dann von der partiellen Integration oder von der Substitutionsregel.

Unter Ausnutzung des Hauptsatzes erhalten wir mit der Produktregel

$$(f \cdot g)'(x) = f'(x)g(x) + f(x)g'(x) \iff f'(x)g(x) = (f \cdot g)'(x) - f(x)g'(x)$$

durch Integration beider Seiten die Regel zur **partiellen Integration:**

$$\int_a^b f'(x)g(x) \, dx = \int_a^b (f \cdot g)'(x) \, dx - \int_a^b f(x)g'(x) \, dx$$

$$\overset{(4.29)}{=} f(x)g(x) \Big|_a^b - \int_a^b f(x)g'(x) \, dx.$$

Wir lösen damit das auf der linken Seite gegebene Integral nicht vollständig, sondern erhalten auf der rechten Seite ein neues Integral. Wenn wir Glück haben, ist das aber einfacher zu lösen als das ursprünglich gegebene Integral. Als Beispiel wollen wir $\int_0^\pi x \cdot \sin(x)\,\mathrm{d}x$ berechnen. Wir setzen $f'(x) = \sin(x)$, da wir eine Stammfunktion $f(x) = -\cos(x)$ kennen und $g(x) = x$, da die Ableitung $g'(x) = 1$ ist und damit das neue Integral tatsächlich einfacher wird:

$$\int_0^\pi \sin(x) \cdot x\,\mathrm{d}x = -\cos(x) \cdot x\big|_0^\pi - \int_0^\pi -\cos(x) \cdot 1\,\mathrm{d}x$$
$$= -\cos(\pi) \cdot \pi - 0 - \big[-\sin(x)\big]_0^\pi = \pi.$$

Die **Substitutionsregel** entsteht, wenn wir die Kettenregel $\frac{\mathrm{d}}{\mathrm{d}x}h(g(x)) = h'(g(x))g'(x)$ mit dem Hauptsatz integrieren:

$$\int_a^b h'(g(x))g'(x)\,\mathrm{d}x = \int_a^b \frac{\mathrm{d}}{\mathrm{d}x}h(g(x))\,\mathrm{d}x \overset{(4.29)}{=} h(g(b)) - h(g(a))$$
$$\overset{(4.29)}{=} \int_{g(a)}^{g(b)} h'(t)\,\mathrm{d}t,$$

d. h., wenn wir $f(x) = h'(x)$ wählen, erhalten wir

$$\int_a^b f(g(x))g'(x)\,\mathrm{d}x = \int_{g(a)}^{g(b)} f(t)\,\mathrm{d}t.$$

Diese Regel lässt sich kalkülmäßig anwenden (siehe Algorithmus 4.8): $g(x)$ wird durch t ersetzt, also $t = g(x)$. Mit der formalen Merkregel $\mathrm{d}t = g'(x)\,\mathrm{d}x$ können wir $\mathrm{d}x$ durch $\mathrm{d}t$ ersetzen. Die Grenzen $x = a$ und $x = b$ werden zu $t = g(x) = g(a)$ und $t = g(x) = g(b)$. Mit diesen Zuordnungen kann man eine Substitution eventuell auch dann durchführen, wenn das Paar $g(x)$ und $g'(x)$ nicht sofort zu erkennen ist. Es ist lediglich darauf zu achten, dass beim Ersetzen an keiner Stelle die alte Variable übrig bleibt. Wenn das nicht gelingt, weil beispielsweise $t = g(x)$ nicht nach x umgeformt werden kann, dann ist die Regel nicht anwendbar.

Im folgenden Beispiel substituieren wir $t = g(x) := \sin(x)$. Formal ist daher $\mathrm{d}t = \cos(x)\,\mathrm{d}x$:

$$\int_0^{\frac{\pi}{2}} \exp(\sin(x))\cos(x)\,\mathrm{d}x = \int_{\sin(0)}^{\sin(\frac{\pi}{2})} \exp(t)\,\mathrm{d}t = \big[\exp(t)\big]_0^1 = e - 1.$$

Wenn wir uns den Ablauf im Algorithmus 4.8 ansehen, dann haben wir $\mathrm{d}x$ durch $\frac{1}{\cos(x)}\mathrm{d}t$ bzw. $\frac{1}{\frac{\mathrm{d}}{\mathrm{d}x}\sin(x)}\mathrm{d}t$ ersetzt und direkt gegen den vorhandenen $\cos(x)$-Term gekürzt. Übrig bleibt $\exp(\sin(x))$, wobei wir $\sin(x)$ durch t ersetzen. Damit tritt die Variable x nicht mehr auf, und es sind nur noch die Grenzen anzupassen.

Mit der Substitutionsregel können wir auch eine Stammfunktion berechnen:

$$\int f(g(x))g'(x)\,\mathrm{d}x = \int_a^x f(g(u))g'(u)\,\mathrm{d}u = \int_{g(a)}^{g(x)} f(t)\,\mathrm{d}t$$
$$= F(g(x)) - \underbrace{F(g(a))}_{\text{konstant}}.$$

Hier haben wir $t = g(u)$ mit $\mathrm{d}t = g'(u)\,\mathrm{d}u$ substituiert, und F sei eine Stammfunktion von f. Wir dürfen daher wie folgt ohne Grenzen rechnen, wenn wir am Ende rücksubstituieren: Mit $t = g(x)$ und $\mathrm{d}t = g'(x)\,\mathrm{d}x$ erhalten wir

$$\int f(g(x))g'(x)\,\mathrm{d}x = \int f(t)\,\mathrm{d}t = F(t) + c \stackrel{\text{Rücksubstitution}}{=} F(g(x)) + c,$$

also z. B.

$$\int \frac{2x}{(x^2+1)^2}\,\mathrm{d}x \stackrel{t=x^2+1,\ \mathrm{d}t=2x\,\mathrm{d}x}{=} \int \frac{1}{t^2}\,\mathrm{d}t = -\frac{1}{t} + c = -\frac{1}{x^2+1} + c.$$

Formal **falsch** ist aber die leider in Klausuren immer wieder anzutreffende Rechnung

$$\int_a^b f(g(x))g'(x)\,\mathrm{d}x = \int_a^b f(t)\,\mathrm{d}t = \left[F(t)\right]_a^b = \left[F(g(x))\right]_a^b$$
$$= F(g(b)) - F(g(a)).$$

Zwar ist das Ergebnis wegen der Rücksubstitution $t = g(x)$ richtig, aber bei den Zwischenschritten stimmen die Grenzen nicht. Schließlich ist $\left[F(t)\right]_a^b = F(b) - F(a)$ und nicht $F(g(b)) - F(g(a))$.

Algorithmus 4.8 Berechnen der Zahl $\int_a^b f(x)\,\mathrm{d}x$ oder der Stammfunktion $\int f(x)\,\mathrm{d}x$ mit der Substitution $t = g(x)$

Berechne $g'(x)$, ersetze $\mathrm{d}x$ durch $\frac{1}{g'(x)}\,\mathrm{d}t$ und kürze, falls möglich.
Ersetze jedes Auftreten von $g(x)$ durch t.
if Variable x tritt noch auf **then**
    if $t = g(x)$ lässt sich umformen zu $x = g^{-1}(t)$ **then**
        Ersetze jedes Auftreten von x durch $g^{-1}(t)$.
    else Fehler: Substitution $t = g(x)$ ist nicht durchführbar.
if Grenzen a und b vorhanden **then**
    Ersetze die Grenze a durch $g(a)$ und die Grenze b durch $g(b)$.
    Berechne den Zahlenwert des Integrals mit der Integrationsvariable t.
else
    Berechne die Stammfunktion zur Funktion mit der Variable t.
    Rücksubstitution: Ersetze t überall durch $g(x)$.

Aufgabe 4.23 Berechnen Sie mit partieller Integration:

$$\text{a)} \int_1^e x^{10} \cdot \ln(x)\,dx,\ \text{b)} \int_0^1 x \cdot e^{-3x}\,dx.$$

Berechnen Sie mittels Substitution:

$$\text{c)} \int_0^{\frac{\pi}{4}} \tan(x)\,dx = \int_0^{\frac{\pi}{4}} \frac{\sin(x)}{\cos(x)}\,dx\ (t = \cos(x)),$$

$$\text{d)} \int_0^2 \frac{-3}{3x+1}\,dx, \quad \text{e)} \int \frac{\sin(x)}{\cos^5(x)}\,dx.$$

(siehe Lösung A.85)

Literatur

Arens et al. (2022). Arens, T., Hettlich, F., Karpfinger C., Kockelkorn U., Lichtenegger K. und Stachel H. (2022) Mathematik. Springer-Spektrum, Berlin Heidelberg.

Goebbels und Ritter (2018). Goebbels St. und Ritter St. (2018) Mathematik verstehen und anwenden. Springer-Spektrum, Berlin Heidelberg.

Yao und Yao (1976). Yao A. C. und Yao F. F. (1976) The complexity of searching an ordered random table. In: Proceedings of the Symposium on Foundations of Computer Science. IEEE, Washington (DC).

Ausgewählte Kapitel der Linearen Algebra

5

Inhaltsverzeichnis

5.1 Einleitung

In diesem Kapitel behandeln wir einige wichtige Begriffe aus der Linearen Algebra (Vektorrechnung). Dazu sehen wir uns mit linearen Codes eine Klasse von gängigen Blockcodes aus der Codierungstheorie an, zu der beispielsweise Hamming-Codes und zyklische Codes gehören. Diese Codes werden verwendet, um Daten über fehlerbehaftete Kanäle zu übertragen, so dass Bitfehler erkannt und gegebenenfalls korrigiert werden können. Die Theorie der Linearen Algebra, die wir über die linearen Codes kennen lernen, hilft auch beim Lösen von Gleichungssystemen. Das Codieren und Decodieren von linearen Codes geschieht über lineare Abbildungen. Zum Abschluss des Kapitels nutzen wir diese darüber hinaus für die Vektorgrafik.

5.2 Blockcodes

Für die Darstellung von Daten haben wir bereits einige Codierungen kennengelernt: Buchstaben werden im ASCII oder UTF-Code abgespeichert (siehe Abschn. 1.4.3), ganze Zahlen als Zweier-Komplement (siehe Abschn. 3.2.2), reelle Zahlen mittels

© Springer-Verlag GmbH Deutschland, ein Teil von Springer Nature 2023
S. Goebbels und J. Rethmann, *Eine Einführung in die Mathematik an Beispielen aus der Informatik*, https://doi.org/10.1007/978-3-662-67675-2_5

IEEE-754 (Abschn. 3.6.4). All diesen Codierungen ist gemeinsam, dass sie redun-
danzfrei sind. Ändert sich auch nur ein einziges Bit, dann wird ein anderer Wert
repräsentiert. Wenn wir Daten über Leitungen oder per WLAN übertragen wollen,
müssen wir aufgrund von elektromagnetischen Störungen damit rechnen, dass einzelne Bits nicht korrekt beim Empfänger ankommen. Auch beim Lesen von CD
oder DVD kommt es zu Fehlern, da sich auf dem Medium Kratzer oder Staubkör-
ner befinden können. Wir benötigen also Codes, bei denen wir aufgetretene Fehler
erkennen oder auch korrigieren können. Ist ein Übertragungskanal nur sehr gering
gestört, dann reicht es oft aus, Fehler zu erkennen und einzelne Daten erneut zu sen-
den. Da Kratzer nicht von einer DVD verschwinden, benötigen wir hier zwingend
fehlerkorrigierende Codes.

Am Ende des Abschn. 3.3.2 haben wir die Binomialverteilung kennengelernt,
mit der wir die Wahrscheinlichkeit berechnen können, dass k von n Bits fehlerhaft
sind, falls jedes Bit mit gleicher Wahrscheinlichkeit p einen Fehler aufweist und
die Fehler sich gegenseitig nicht beeinflussen (also stochastisch unabhängige Ereignisse sind). In der Realität sind dagegen häufig mehrere hintereinander liegende Bits
durch einen Störimpuls oder einen Kratzer auf der DVD gestört. Das nennt man einen
Fehler-Burst. Wir ignorieren hier solche Bursts (die technisch durch das Verteilen
von zusammengehörenden Bits auf dem Speichermedium entschärft werden) und
erwarten bei n Bits durchschnittlich $n \cdot p$ Fehler. Das ist der Erwartungswert der
Binomialverteilung. Bei einem Code-Wort der Länge 32 Bit und einem Kanal mit
einer Fehlerwahrscheinlichkeit von $p = 0{,}05$ sind das $n \cdot p = 32 \cdot 0{,}05 = 1{,}60$. Wir
müssen also davon ausgehen, dass bei einem solchen Kanal in jedem empfangenen
32-Bit-Wort ein Fehler ist. Falls wir den Kanal durch elektromagnetische Abschir-
mung besser schützen können, sollten wir das tun. Falls das nicht möglich ist, müssen
wir Fehler erkennen und korrigieren.

Eine **Codierung** ist eine Abbildung zwischen zwei Wortmengen. Eine Wortmenge
besteht aus Wörtern, die durch Aneinanderreihung von endlich vielen Zeichen eines
Alphabets entstehen. Sei A^+ die Menge aller Wörter über einem Alphabet $A \neq \emptyset$ und
B^+ die Menge aller endlichen Wörter über dem Alphabet $B \neq \emptyset$. Dann heißt jede
Abbildung $f : A^+ \to B^+$ eine Codierung. Die Bildmenge $C \subseteq B^+$ der Abbildung
heißt der zugehörige **Code.**

Damit wir eine Codierung auch decodieren können, sollte die Umkehrabbildung
existieren. Wenn wir die Zielmenge der Codierung auf den Code C einschränken
und damit die Abbildung surjektiv machen, dann benötigen wir zusätzlich noch die
Injektivität (siehe Abschn. 1.4.3), d. h., zwei Wörter aus A^+ dürfen nicht mit dem
gleichen Wort aus C codiert werden.

Jedes einzelne Zeichen von A bildet bereits ein Wort aus A^+. Wenn die Codierung
schon durch die Bilder dieser einstelligen Wörter festgelegt ist, indem jedes längere
Wort in einzelne Zeichen zerlegt, diese Zeichen abgebildet und die Ergebnisse wieder zu einem Wort aus B^+ zusammengesetzt werden, dann heißt die Codierung
homomorph. Eine solche homomorphe Codierung wird beim Morsen verwendet:

'a' · –	'd' – · ·	'g' – – ·	'j' · – – –
'b' – · · ·	'e' ·	'h' · · · ·	'k' – · –
'c' – · – ·	'f' · · – ·	'i' · ·	'l' · – · ·

Schränken wir diese Codierung auf Buchstaben (Wörter der Länge eins) ein, dann ist sie injektiv, und eine Decodierung ist leicht möglich. Betrachten wir aber die Abbildung mit Definitionsbereich A^+, wobei A das Alphabet der Kleinbuchstaben ist, dann ist sie nicht injektiv:

$$f(\text{'ab'}) = \cdot - - \cdot \cdot \cdot = f(\text{'egi'}).$$

Daher wurde beim Morse-Code ein zusätzliches Zeichen in das Alphabet B eingeführt, die Pause. Es muss am Ende jedes Morsezeichens hinzugenommen werden. Damit wird die Codierung injektiv.

Aufgrund der zu erwartenden Übertragungsfehler genügt in der Regel aber eine injektive bzw. bijektive Codierung noch nicht. Wenn ein Wort empfangen wird, das nicht zum Code gehört, dann sollte es möglichst noch einem Codewort zugeordnet werden können. Das erreicht man beispielsweise dadurch, dass in C nur Worte sind, bei denen jedes Zeichen k-mal hintereinander wiederholt wird. Ist $k = 3$, dann darf ein Zeichen fehlerhaft sein, mit der Mehrheit der beiden anderen gleichen Zeichen kann das fehlerhafte Zeichen korrigiert werden. Solche Codes nennt man **Wiederholungs-Codes.**

Erstrebenswert sind aber Codes, die weniger Redundanz aufweisen. Das führt uns zu linearen Blockcodes, die wir mit der Linearen Algebra mathematisch analysieren werden. Zunächst betrachten wir allgemeinere Blockcodes, im nächsten Abschnitt geht es dann um das Adjektiv „linear".

Sei $n \in \mathbb{N}$ und $\mathbb{B} = \{0,1\}$ die Menge der binären Zeichen. Ein **n-Bit-Blockcode** oder kurz n-Bit-Code ist eine Teilmenge $C \subseteq \mathbb{B}^n$. Zuvor haben wir die Codewörter als Aneinanderreihung von Zeichen des Alphabets geschrieben. Da wir in diesem Kapitel aber mit den Wörtern rechnen werden, ist für unsere Zwecke die Darstellung als Tupel geeigneter. Aus dem Wort $x_1 \ldots x_n$ wird also $(x_1, \ldots, x_n) \in \mathbb{B}^n$. Mit einem Blockcode können höchstens 2^n Wörter codiert werden. In der Regel werden Blockcodes als Baustein zur Codierung von Zeichen eines Alphabets A verwendet, so dass damit ein homomorpher Code konstruiert werden kann.

Wir wollen eine hinreichende Bedingung (vgl. Abschn. 1.3.4) angeben, wann ein Blockcode k-Bit-fehlererkennend ist. Unter dem **Hamming-Abstand** $d(x, y)$ zweier Wörter $x, y \in \mathbb{B}^n$ versteht man die Anzahl der Bits, an denen sich x und y unterscheiden. Für $x = (1, 1, 1, 0, 1)$ und $y = (0, 0, 1, 0, 1)$ beträgt der Hamming-Abstand $d(x, y) = 2$, denn x und y unterscheiden sich im ersten und zweiten Bit.

Der **Hamming-Abstand** eines Codes $C \subseteq \mathbb{B}^n$ ist definiert als das Minimum aller Hamming-Abstände zwischen je zwei verschiedenen Codewörtern:

$$d(C) = \min_{x, y \in C} \{d(x, y) : x \neq y\}. \tag{5.1}$$

Der Hamming-Abstand eines Wiederholungs-Codes mit k-facher Wiederholung beträgt mindestens k. Die Idee bei fehlererkennenden Codes ist recht einfach: Alle

Code-Wörter sollten zu Nicht-Code-Wörtern werden, wenn sie durch einen Fehler verfälscht werden. Wie viele Bits ein solcher Fehler verfälschen darf, damit das gelingt, hängt vom Hamming-Abstand des Codes ab. Ein Fehler kann immer dann erkannt werden, wenn die Anzahl der betroffenen Bits kleiner als der Hamming-Abstand des Codes ist.

Betrachten wir den Code $C := \{(0, 0), (0, 1), (1, 0), (1, 1)\} = \mathbb{B}^2$, den wir so modifizieren, dass wir an jedes Code-Wort eine 0 oder eine 1 anhängen, so dass die Anzahl der Einsen in jedem Code-Wort gerade ist:

$$C' := \{(0, 0, 0), (0, 1, 1), (1, 0, 1), (1, 1, 0)\} \subset \mathbb{B}^3.$$

Man spricht bei dem zusätzlichen Bit vom **Paritäts-Bit.** Dieser Code hat den Hamming-Abstand zwei, wie Sie leicht überprüfen können. Wir erkennen alle Wörter, die durch das Ändern eines einzigen Bits entstehen, sicher als fehlerhaft:

$$(0, 0, 1), (0, 1, 0), (1, 0, 0), (1, 1, 1).$$

Ist nur ein Bit betroffen, dann muss das fehlerhafte Code-Wort eine ungerade Anzahl von Einsen haben. Allerdings können wir nicht feststellen, welches Bit fehlerhaft ist: Das Nicht-Code-Wort $(0, 0, 1)$ könnte aus $(0, 0, 0)$ entstanden sein, falls das letzte Bit verfälscht wurde, oder aus $(0, 1, 1)$, falls das zweite Bit verfälscht wurde.

Bei Verwendung mehrerer zusätzlicher Bits ist aber auch eine Lokalisierung des Fehler möglich. Wir betrachten ein Beispiel $C \subset \mathbb{B}^8$, bei dem vier Bits für die Fehlererkennung eingesetzt werden und ein einzelnes fehlerhaftes Bit erkannt werden kann. Wir schreiben ein Codewort

$$(a_{1,1}, a_{1,2}, a_{2,1}, a_{2,2}, b_1, b_2, c_1, c_2)$$

in der Form

$$
\begin{array}{cc|c}
a_{1,1} & a_{1,2} & b_1 \\
a_{2,1} & a_{2,2} & b_2 \\
\hline
c_1 & c_2 &
\end{array}
\quad \text{also z. B.} \quad
\begin{array}{cc|c}
0 & 0 & 0 \\
1 & 0 & 1 \\
\hline
1 & 0 &
\end{array},
\quad
\begin{array}{cc|c}
0 & 0 & 0 \\
1 & \mathbf{1} & \mathbf{1} \\
\hline
1 & \mathbf{0} &
\end{array},
\quad
\begin{array}{cc|c}
0 & 0 & \mathbf{1} \\
1 & 0 & 1 \\
\hline
1 & 0 &
\end{array}.
$$

Rechts sind jeweils Paritäts-Bits b_1, b_2 der Zeilen, unten Paritäts-Bits c_1, c_2 der Spalten eingetragen. Das linke Beispielwort ist in C, die beiden anderen nicht. Im mittleren Wort ist die Anzahl der Einsen in der zweiten Zeile und in der zweiten Spalte nicht gerade. Damit ist hier jeweils das Bildungsgesetz des Codes verletzt. Da nur maximal ein Bitfehler vorliegen soll, muss die Eins in $a_{2,2}$ falsch sein. Rechts ist dagegen die Anzahl der Einsen nur in der ersten Zeile ungerade. In der Zeile muss es einen Übertragungsfehler geben. Wenn er bei $a_{1,1}$ läge, dann müsste auch $a_{2,1}$ oder c_1 falsch sein. Entsprechend würde ein Fehler bei $a_{1,2}$ einen Fehler bei $a_{2,2}$ oder c_2 zur Konsequenz haben. Da nur ein Fehler vorliegen soll, ist damit das Paritätsbit b_1 falsch. Der gesamte Code lautet

$$C := \{ \tag{5.2}$$

$(0, 0, 0, 0, 0, 0, 0, 0), (0, 0, 0, 1, 0, 1, 0, 1), (0, 0, 1, 0, 0, 1, 1, 0), (0, 0, 1, 1, 0, 0, 1, 1),$
$(0, 1, 0, 0, 1, 0, 0, 1), (0, 1, 0, 1, 1, 1, 0, 0), (0, 1, 1, 0, 1, 1, 1, 1), (0, 1, 1, 1, 1, 0, 1, 0),$
$(1, 0, 0, 0, 1, 0, 1, 0), (1, 0, 0, 1, 1, 1, 1, 1), (1, 0, 1, 0, 1, 1, 0, 0), (1, 0, 1, 1, 1, 0, 0, 1),$
$(1, 1, 0, 0, 0, 0, 1, 1), (1, 1, 0, 1, 0, 1, 1, 0), (1, 1, 1, 0, 0, 1, 0, 1), (1, 1, 1, 1, 0, 0, 0, 0)$

$\}$

und hat den Hamming-Abstand drei, so dass zwei Fehler erkannt werden können. Korrigiert werden kann mit dem obigen Verfahren allerdings nur ein einzelner Bitfehler. Dieser Code ist ein linearer Code:

5.3 Lineare Codes und Vektorräume

Aus Aufgabe 3.17 in Abschn. 3.4 wissen wir bereits, dass $(\mathbb{B}, \oplus, \odot)$ ein Körper ist. Dabei ist die als Addition verwendete Verknüpfung $\oplus$ die Addition zweier Bits ohne Übertrag, also das exklusive Oder. Die Multiplikation $\odot$ ist die Multiplikation zweier Bits und entspricht dem logischen Und, zur Erinnerung:

$\oplus$	0	1
0	0	1
1	1	0

$\odot$	0	1
0	0	0
1	0	1.

Damit entspricht $\mathbb{B}$ im Übrigen dem Restklassenkörper $\mathbb{Z}_2$. Das additive Inverse der Restklasse $[1]$ in $\mathbb{Z}_2$ ist z. B. $-[1] = [-1] = [1]$. Genauso wird in $\mathbb{B}$ das additive Inverse zu 1 mit einem Minuszeichen geschrieben: $-1 = 1$.

Definition 5.1 (linearer Code) Ein Blockcode $\emptyset \neq C \subseteq \mathbb{B}^n$ heißt **linearer Code** genau dann, wenn die Summe $x \oplus y$ für alle Codewörter $x, y \in C$ ebenfalls ein Codewort ist, also $x \oplus y \in C$. Dabei ist für $x = (x_1, x_2, \ldots, x_n)$ und $y = (y_1, y_2, \ldots, y_n)$ die Addition $\oplus : \mathbb{B}^n \times \mathbb{B}^n \to \mathbb{B}^n$ komponentenweise (bitweise) über die Addition $\oplus$ im Körper $\mathbb{B}$ definiert:

$$(x_1, x_2, \ldots, x_n) \oplus (y_1, y_2, \ldots, y_n) = (x_1 \oplus y_1, x_2 \oplus y_2, \ldots, x_n \oplus y_n).$$

Überprüfen Sie, dass in (5.2) tatsächlich die Summen aller Codewörter enthalten sind, und es sich damit um einen linearen Code handelt. Da das Beispiel unhandlich groß ist, verfolgen wir hier ein kleineres:

Beispiel 5.1 (linearer 3-Bit-Binärcode mit Paritäts-Bit)

$$C := \{(0,0,0,0),\ (0,0,1,1),\ (0,1,0,1),\ (0,1,1,0),$$
$$(1,0,0,1),\ (1,0,1,0),\ (1,1,0,0),\ (1,1,1,1)\} \subset \mathbb{B}^4$$

ist ebenfalls ein linearer Code. Eine der vier Stellen lässt sich als Paritäts-Bit der übrigen drei Stellen interpretieren.

Die Menge C ist also abgeschlossen unter der komponentenweisen Addition. Wenn wir die Bit-Multiplikation $\odot : \mathbb{B} \times \mathbb{B} \to \mathbb{B}$ so erweitern, dass wir das Element aus $\mathbb{B}$ mit jedem Bit des Wortes aus $\mathbb{B}^n$ multiplizieren, d.h. $\odot : \mathbb{B} \times \mathbb{B}^n \to \mathbb{B}^n$ mit

$$s \odot (y_1, \dots, y_n) := (s \odot y_1, \dots, s \odot y_n)$$

für $s \in \mathbb{B}$ und $(y_1, \dots, y_n) \in \mathbb{B}^n$, dann führt auch diese Multiplikation nicht aus C hinaus: Die Multiplikation von 1 mit einem Wort ergibt das gleiche Wort, die Multiplikation mit 0 führt zum Wort, das nur aus Nullbits besteht. Das ist aber in C, da es als $x \oplus x$ für jedes $x \in C$ darstellbar ist.

Wir werden zeigen, dass die Menge C unter der Addition $\oplus$ und Multiplikation $\odot$ mit Elementen aus $\mathbb{B}$ einen Vektorraum bildet. In einem Körper sind eine Addition und eine Multiplikation definiert. Ein Vektorraum ist eine ähnliche Struktur, allerdings wird die Multiplikation nicht zwischen den Elementen des Vektorraums, sondern wie beim linearen Code mit Elementen aus einem Körper (den Skalaren) definiert. Es lohnt sich, Vektorräume axiomatisch einzuführen. Die Sätze, die wir dann für Vektorräume beweisen, gelten nicht nur für lineare Codes, sondern auch für ganz andere Objekte wie Pfeile in der Ebene und im Raum, Matrizen oder gewisse Mengen von Funktionen.

Definition 5.2 (Vektorraum) Eine Menge $V \neq \emptyset$ bildet einen **Vektorraum** $(V, +; K, \cdot)$ über einem Körper K, falls eine Vektoraddition „$+$" zwischen Elementen aus V und eine Multiplikation „$\cdot$" zwischen Elementen aus V und **Skalaren** aus K erklärt ist, so dass $(V, +)$ eine kommutative Gruppe mit neutralem Element $\vec{0}$ ist und die folgenden Regeln für $r, s \in K$ und $\vec{a}, \vec{b} \in V$ gelten:

a) Zu jedem $\vec{a} \in V$ und jedem $r \in K$ ist ein Produkt $r \cdot \vec{a} = \vec{a} \cdot r = \vec{b} \in V$ eindeutig erklärt (Produkt mit Skalar, Skalarmultiplikation).
b) Das Produkt mit einem Skalar ist **assoziativ**: $(rs) \cdot \vec{a} = r \cdot (s \cdot \vec{a})$.
c) $1 \cdot \vec{a} = \vec{a}$, wobei $1 \in K$ das Einselement des Körpers ist.
d) Addition in K, Vektoraddition und Multiplikation mit einem Skalar erfüllen die **Distributivgesetze**

$$r \cdot (\vec{a} + \vec{b}) = r \cdot \vec{a} + r \cdot \vec{b}, \quad (r + s) \cdot \vec{a} = r \cdot \vec{a} + s \cdot \vec{a}.$$

Die Elemente von V heißen **Vektoren**. Um sie von den Elementen des Körpers besser unterscheiden zu können, markieren wir sie durch einen Pfeil über der Variablen.

Die Schreibweise $(V, +; K, \cdot)$ ist etwas länglich. Häufig ist klar, was unter Vektoraddition und Skalarmultiplikation zu verstehen ist. Dann können wir auch, wie in der Literatur üblich, vom K-Vektorraum V oder Vektorraum V über K sprechen, wobei wir bisweilen auch K nicht explizit erwähnen. Wir verwenden hier im Wesentlichen die Körper $K = \mathbb{R}$ oder $K = \mathbb{B}$.

Wenn Sie möchten, können Sie sich mit den Axiomen etwas beschäftigen:

Aufgabe 5.1 Zeigen Sie mit der Definition, dass in einem Vektorraum $(V, +; K, \cdot)$ gilt:

$$0 \cdot \vec{a} = \vec{0} \text{ und } (-1) \cdot \vec{a} = -\vec{a},$$

wobei $-\vec{a}$ das additive Inverse zu $\vec{a}$ in der Gruppe $(V, +)$ ist, während -1 das additive Inverse zu 1 im Körper K ist. Da ein Vektorraum insbesondere eine Gruppe ist, schreiben wir wie zuvor $\vec{a} - \vec{b} := \vec{a} + (-\vec{b})$. (siehe Lösung A.86)

Wir betrachten das wichtige Beispiel des Vektorraums $(K^n, +; K, \cdot)$ der Zeilen- oder Spaltenvektoren mit n Komponenten über K, das wir für den speziellen Körper $K = \mathbb{B}$ schon kennen:

$$K^n = \{(x_1, \ldots, x_n) : x_1, \ldots, x_n \in K\} \text{ bzw.}$$

$$K^n = \left\{ \begin{pmatrix} x_1 \\ \vdots \\ x_n \end{pmatrix} : x_1, \ldots, x_n \in K \right\}.$$

Für die Multiplikation mit Matrizen wird es einen Unterschied machen, ob wir ein Element des $(K^n, +; K, \cdot)$ als Spalten oder Zeilenvektor hinschreiben, für alle anderen Zwecke spielt das keine Rolle. Spaltenvektoren mit zwei Komponenten sehen leider genau so aus wie Binomialkoeffizienten. Aus dem Zusammenhang ist aber stets klar, was gemeint ist.

Die Addition und die Skalarmultiplikation von Zeilen- bzw. Spaltenvektoren ist (wie für $\mathbb{B}^n$) komponentenweise definiert, also z. B. $(x_1, \ldots, x_n) + (y_1, \ldots, y_n) = (x_1 + y_1, \ldots, x_n + y_n)$ und $r \cdot (x_1, \ldots, x_n) = (r \cdot x_1, \ldots, r \cdot x_n)$. Die Vektorraumaxiome ergeben sich daher sofort aus den entsprechenden Axiomen des Körpers K. Von besonderem Interesse ist der Fall $K = \mathbb{R}$ für $n = 2$ oder $n = 3$, den wir im Folgenden betrachten.

Der Name Vektor entstammt der Physik: Physikalische Größen wie die Kraft $\vec{F}$ haben einen Betrag und eine Richtung, in der sie wirken. Aus der Schule kennen Sie vielleicht noch ihre Darstellung als Pfeile, deren Länge dem Betrag entspricht. Zwei Pfeile sind genau dann gleich, wenn sie den gleichen Betrag und die gleiche Richtung haben. Der konkrete Startpunkt eines Pfeils spielt dabei keine Rolle. Die gleiche Kraft kann an unterschiedlichen Punkten ansetzen und damit aber eine unterschiedliche Wirkung entfalten.

Die Menge der Pfeile bildet einen Vektorraum über $K = \mathbb{R}$, falls man Addition und Multiplikation so erklärt (siehe Abb. 5.1):

Abb. 5.1 Summe $\vec{a} + \vec{b}$ und skalares Vielfaches $c \cdot \vec{a}$ von Vektoren in Koordinatenschreibweise: $\vec{a} = (a_1, a_2)$, $\vec{b} = (b_1, b_2)$

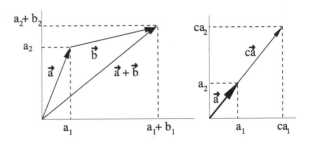

- Zwei Pfeile $\vec{a}$ und $\vec{b}$ werden addiert, indem man den Startpunkt von $\vec{b}$ an die Spitze von $\vec{a}$ ansetzt. Der neue Pfeil vom Startpunkt von $\vec{a}$ zur Spitze von $\vec{b}$ ist die Summe.

- Ein Pfeil wird mit einem Skalar $c \in \mathbb{R}$ multipliziert, indem seine Länge mit $|c|$ multipliziert wird. Ist c negativ, dann kehrt sich zusätzlich die Richtung des Vektors um.

Die Vektorräume $(\mathbb{R}^2, +; \mathbb{R}, \cdot)$ bzw. $(\mathbb{R}^3, +; \mathbb{R}, \cdot)$ beschreiben Zahlentupel, die als Punkte verstanden werden können. Jeder Punkt bestimmt eindeutig die Spitze eines Pfeils, der vom Nullpunkt ausgeht. Die Vektoren des $\mathbb{R}^2$ und $\mathbb{R}^3$ lassen sich also als Pfeile interpretieren. Die komponentenweisen Verknüpfungen der Tupel werden dabei zu den Verknüpfungen für Pfeile, siehe Abb. 5.1.

Der einfachste Vektorraum besteht nur aus dem Nullvektor: $V = \{\vec{0}\}$. Dafür gibt es aber wenig Anwendungen. Allerdings muss man beim Formulieren von Aussagen aufpassen, dass sie auch für diesen pathologischen Fall gelten oder ihn ausschließen.

Ein sinnvolleres Beispiel für einen Vektorraum über $K = \mathbb{R}$, auf das wir später zurück kommen werden, bildet die Menge der Polynome P mit der üblichen über Funktionswerte definierten Addition und Multiplikation (siehe Bemerkung vor Satz 4.11)

$$(p+q)(x) := p(x) + q(x), \quad (r \cdot p)(x) := r \cdot p(x) \text{ für alle } r \in \mathbb{R}, \, p, q \in P.$$

Ein linearer Code ist tatsächlich ein Vektorraum. Da $C \subseteq \mathbb{B}^n$ ist, müssen wir die meisten Vektorraumaxiome gar nicht überprüfen, denn sie gelten im Vektorraum $(\mathbb{B}^n, \oplus, \mathbb{B}, \cdot)$. Wir müssen lediglich noch zeigen, dass die Vektoraddition und die Skalarmultiplikation nicht aus C hinausführen, also nicht nur sinnvoll auf $\mathbb{B}^n$, sondern auch auf C erklärt sind. Hinsichtlich der Addition ist das die Definition eines linearen Codes, und hinsichtlich der Skalarmultiplikation haben wir uns das eingangs dieses Abschnitts bereits überlegt. Ein linearer Code ist also ein Vektorraum, der im Vektorraum $(\mathbb{B}^n, \oplus, \mathbb{B}, \odot)$ liegt. Dafür führen wir einen Begriff ein:

Definition 5.3 (Unterraum) Wir betrachten zwei Vektorräume $(V, +; K, \cdot)$ und $(U, +; K, \cdot)$ mit $U \subseteq V$, mit gleicher Vektoraddition und mit gleicher skalarer Multiplikation. Dann heißt $(U, +; K, \cdot)$ ein **Unterraum** des Vektorraums $(V, +; K, \cdot)$.

Man beachte, dass $(\mathbb{B}^2, \oplus, \mathbb{B}, \cdot)$ kein Unterraum von $(\mathbb{B}^3, \oplus, \mathbb{B}, \cdot)$ ist, da bereits formal Zweitupel keine Dreitupel sind: $\mathbb{B}^2 \not\subseteq \mathbb{B}^3$.

Es gibt also immer zwei triviale Unterräume: $U = \{\vec{0}\}$ und $U = V$. Wir haben bereits benutzt, dass die Rechenregeln automatisch auch für Teilmengen gelten und man lediglich zeigen muss, dass der mögliche Unterraum gegenüber Vektoraddition und skalarer Multiplikation abgeschlossen ist. Damit haben wir bereits das folgende Lemma bewiesen:

Lemma 5.1 (Unterraum-Kriterium) *Es seien $(V, +; K, \cdot)$ ein Vektorraum und $U \subseteq V$, $U \neq \emptyset$. $(U, +; K, \cdot)$ ist genau dann ein Unterraum von $(V, +; K, \cdot)$, wenn gilt:*

- *Für alle $\vec{a}, \vec{b} \in U$ ist $\vec{a} + \vec{b} \in U$, und*
- *für alle $\vec{a} \in U$ und alle $r \in K$ ist $r \cdot \vec{a} \in U$.*

Dass die Unterraum-Eigenschaft für die Konstruktion von linearen Codes hilfreich sein kann, sehen wir jetzt. Das **Hamming-Gewicht** $w(\vec{x})$ eines Wortes $\vec{x} = (x_1, \ldots, x_n) \in \mathbb{B}^n$ definieren wir als

$$w(\vec{x}) := \sum_{k=1}^{n} x_k,$$

wir zählen also die Anzahl der Einsen. Die Summe ist nicht bezüglich $\oplus$ zu bilden, sondern wir addieren die ganzen Zahlen null und eins. Beispielsweise ist $w((1, 1, 0, 1)) = 3$.

Zwei Bits sind unterschiedlich genau dann, wenn ihre Verknüpfung mit $\oplus$ eins ergibt. Daher lässt sich der Hamming-Abstand zweier Wörter (die Anzahl der unterschiedlichen Bits) über das Hamming-Gewicht berechnen:

$$d(\vec{x}, \vec{y}) = w(\vec{x} \oplus \vec{y}) \text{ für } \vec{x}, \vec{y} \in \mathbb{B}^n.$$

Satz 5.1 (Hamming-Abstand bei linearen Codes) Der Hamming-Abstand $d(C) = \min\{d(\vec{x}, \vec{y}) : \vec{x}, \vec{y} \in C, \vec{x} \neq \vec{y}\}$ eines linearen Codes $C \subseteq \mathbb{B}^n$, also die minimale Anzahl von Bits, in denen sich Code-Wörter unterscheiden (siehe (5.1)), ist gleich dem minimalen Hamming-Gewicht aller von $\vec{0}$ verschiedener Codewörter, also gleich der minimalen Anzahl der in den Wörtern verwendeten Einsen:

$$d(C) = \min\{w(\vec{x}) : \vec{x} \in C, \ \vec{x} \neq \vec{0}\}.$$

Bei der Konstruktion eines Codes, der bis zu k Bitfehler erkennen soll, müssen wir also nur darauf achten, dass mindestens $k + 1$ Einsen in allen von $\vec{0}$ verschiedenen Codewörtern vorkommen. Schauen Sie sich mit dieser Erkenntnis noch einmal den Code (5.2) an, und prüfen Sie, dass er den Hamming-Abstand drei hat.

Beweis Da $\vec{0} \in C$ ist, gilt für jedes $\vec{x} \in C$ mit $\vec{x} \neq \vec{0}$:

$$d(C) \leq d(\vec{x}, \vec{0}) = w(\vec{x}),$$

so dass wir bereits $d(C) \leq \min\{w(\vec{x}) : \vec{0} \neq \vec{x} \in C\}$ gezeigt haben. Wir müssen also nur noch die Gleichheit zeigen. Das machen wir mit einem indirekten Beweis. Dazu nehmen wir $d(C) < \min\{w(\vec{x}) : \vec{0} \neq \vec{x} \in C\}$ an. Dann gibt es nach Definition des Hamming-Abstands zwei Code-Wörter $\vec{x} \neq \vec{y} \in C$ mit $d(\vec{x}, \vec{y}) < \min\{w(\vec{z}) : \vec{0} \neq \vec{z} \in C\}$. Jetzt ist aber $d(\vec{x}, \vec{y}) = w(\vec{x} \oplus \vec{y})$, und da C ein Unterraum ist, ist auch $\vec{z} := \vec{x} \oplus \vec{y} \in C$. Damit kann aber nur „<" gelten, wenn $\vec{x} \oplus \vec{y} = \vec{0}$, also $\vec{x} = \vec{y}$ im Widerspruch zu $\vec{x} \neq \vec{y}$ ist.   □

Für Vektoren $\vec{a}_1, \ldots, \vec{a}_n \in V$ und Skalare $r_1, r_2, \ldots, r_n \in K$ nennen wir

$$r_1\vec{a}_1 + r_2\vec{a}_2 + \cdots + r_n\vec{a}_n \in V$$

eine **Linearkombination.** Vektorräume V sind gerade so definiert, dass wir beliebige Linearkombinationen bilden können, ohne die Menge V zu verlassen. Wir erhalten einen Unterraum z. B. dadurch, dass wir alle möglichen Linearkombinationen von n gegebenen Vektoren bilden, so dass die entstehende Menge abgeschlossen unter der Vektoraddition und Skalarmultiplikation ist (vgl. Lemma 5.1):

Lemma 5.2 (lineare Hülle) *Hat man einen Vektorraum* $(V, +; K, \cdot)$ *und Vektoren* $\vec{a}_1, \ldots, \vec{a}_n \in V$, *so ist die Menge*

$$\{\vec{x} = r_1\vec{a}_1 + \cdots + r_n\vec{a}_n : r_k \in K\}$$

zusammen mit der Addition in V *und Multiplikation mit Skalaren aus* K *ein Unterraum von* $(V, +; K, \cdot)$.

Das Lemma folgt direkt aus dem Unterraum-Kriterium Lemma 5.1.

Wir nennen den Unterraum die **lineare Hülle** der Vektoren $\vec{a}_1, \ldots, \vec{a}_n$ und sagen, dass die lineare Hülle von diesen Vektoren **aufgespannt** oder **erzeugt** wird. Umgekehrt können wir uns fragen, ob ein Vektorraum als lineare Hülle gewisser Vektoren geschrieben werden kann:

Definition 5.4 (Erzeugendensystem) Eine (endliche) Menge von Vektoren $\{\vec{a}_1, \ldots, \vec{a}_n\} \subseteq V$ heißt genau dann ein **Erzeugendensystem** für den Vektorraum V, wenn jeder Vektor $\vec{b} \in V$ als Linearkombination der Vektoren $\vec{a}_1, \ldots, \vec{a}_n$ geschrieben werden kann. Der Vektorraum ist dann also die lineare Hülle von $\vec{a}_1, \ldots, \vec{a}_n$.

Der Code C aus Beispiel 5.1 besitzt das Erzeugendensystem

$$\{(0, 1, 1, 0), (1, 0, 1, 0), (1, 1, 1, 1), (1, 1, 0, 0)\}, \tag{5.3}$$

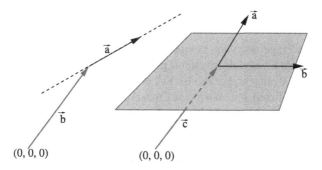

Abb. 5.2 Eine Gerade $\vec{b} + r \cdot \vec{a}$ und eine Ebene $\vec{c} + r \cdot \vec{a} + s \cdot \vec{b}, r, s \in \mathbb{R}$

denn wir erhalten die verbleibenden Vektoren als Linearkombination:

$$(0, 0, 0, 0) = 0 \odot (0, 1, 1, 0),$$
$$(0, 0, 1, 1) = 1 \odot (1, 1, 1, 1) \oplus 1 \odot (1, 1, 0, 0),$$
$$(0, 1, 0, 1) = 1 \odot (1, 0, 1, 0) \oplus 1 \odot (1, 1, 1, 1),$$
$$(1, 0, 0, 1) = 1 \odot (0, 1, 1, 0) \oplus 1 \odot (1, 1, 1, 1).$$

In der affinen Geometrie werden Unterräume des $(\mathbb{R}^3, +; \mathbb{R}, \cdot)$ benutzt, um Geraden und Ebenen zu beschreiben. Ein Vektor (x_1, x_2, x_3) ist ein Pfeil vom Nullpunkt zum Punkt (x_1, x_2, x_3). In diesem Sinne können wir Vektoren mit Punkten identifizieren. Durch einen von $\vec{0}$ verschiedenen Vektor $\vec{a}$ wird damit eine Gerade durch den Nullpunkt (Ursprungsgerade) beschrieben, die aus den Punkten besteht, die über $r \cdot \vec{a}, r \in \mathbb{R}$, vom Nullpunkt aus erreicht werden können. Diese Gerade ist also ein Unterraum des $\mathbb{R}^3$. Geraden, die nicht durch den Nullpunkt verlaufen, entsprechen keinem Unterraum, da in jedem Unterraum $\vec{0}$ enthalten sein muss. Sie entstehen aber durch Verschiebung einer Ursprungsgeraden und besitzen eine Darstellung $\vec{b} + r \cdot \vec{a}$, $r \in \mathbb{R}$, wobei $\vec{b}$ vom Nullpunkt zu irgend einem Punkt der Gerade führt, siehe Abb. 5.2. Entsprechend können wir eine Ebene durch den Nullpunkt über alle Linearkombinationen von zwei Vektoren $\vec{a}$ und $\vec{b}$ schreiben, deren zugehörige Punkte nicht gemeinsam mit dem Nullpunkt auf einer Gerade liegen. Beispielsweise erfüllen $\vec{a} = (1, 1, 0)$ und $\vec{b} = (0, 1, 1)$ diese Bedingung. Jede beliebige Ebene entspricht einer Ebene durch den Nullpunkt, die verschoben ist, und hat wie in Abb. 5.2 eine Darstellung $\vec{c} + r \cdot \vec{a} + s \cdot \vec{b}, r, s \in \mathbb{R}$, wobei $\vec{c}$ zu einem beliebigen Punkt der Ebene gehört.

Aufgabe 5.2 Zeigen Sie, dass die Menge $\{(2, 0, 0, 1), (0, 3, 0, 0), (0, 0, 4, 0), (1, 0, 0, 1), (1, 5, 2, 0)\}$ ein Erzeugendensystem des $(\mathbb{R}^4, +; \mathbb{R}, \cdot)$ ist. (siehe Lösung A.87)

5.4   Informationsbits und Dimension

Es stellt sich die Frage, wie viele Vektoren wir für ein Erzeugendensystem brauchen und ob es minimale Erzeugendensysteme gibt. Können wir beispielsweise das Erzeugendensystem (5.3) mit weniger als vier Vektoren schreiben? Die Frage wird wichtig, wenn wir später codieren, indem wir eine Linearkombination der Vektoren des Erzeugendensystems bilden, bei der die Faktoren genau die Bits der Information sind. Wie viele Informationsbits lassen sich verlustfrei auf diese Weise codieren? Wir werden sehen, dass diese Anzahl der Anzahl der Vektoren eines minimalen Erzeugendensystems entspricht. Um die Minimalität von Erzeugendensystemen auszudrücken, brauchen wir einen sehr wichtigen neuen Begriff, dessen Bedeutung für Erzeugendensysteme sich aus der Charakterisierung ergibt, die wir uns nach der Definition ansehen.

Definition 5.5 (lineare Unabhängigkeit und Abhängigkeit) Die Vektoren $\vec{a}_1, \ldots,$ $\vec{a}_n \in V$ heißen **linear unabhängig** genau dann, wenn die Gleichung

$$x_1 \vec{a}_1 + x_2 \vec{a}_2 + \cdots + x_n \vec{a}_n = \vec{0} \tag{5.4}$$

mit den Variablen $x_1, \ldots, x_n \in K$ nur die Lösung $x_1 = x_2 = \cdots = x_n = 0$ besitzt. Anderenfalls heißen sie **linear abhängig.**

Lineare Unabhängigkeit bedeutet, dass wir den Nullvektor aus den gegebenen Vektoren nur auf triviale Weise (mit Nullfaktoren) kombinieren können.

Beispiel 5.2 (lineare Unabhängigkeit)

- Die Vektoren $(1, 0, 0), (1, 1, 1), (0, 0, 1) \in \mathbb{R}^3$ sind linear unabhängig, denn

$$x_1 \begin{pmatrix} 1 \\ 0 \\ 0 \end{pmatrix} + x_2 \begin{pmatrix} 1 \\ 1 \\ 1 \end{pmatrix} + x_3 \begin{pmatrix} 0 \\ 0 \\ 1 \end{pmatrix} = \begin{pmatrix} 0 \\ 0 \\ 0 \end{pmatrix} \iff \begin{pmatrix} x_1 + x_2 \\ x_2 \\ x_2 + x_3 \end{pmatrix} = \begin{pmatrix} 0 \\ 0 \\ 0 \end{pmatrix}$$

  ist bei Betrachtung der drei Komponenten der auf beiden Seiten der Gleichung stehenden Spaltenvektoren äquivalent zu

$$x_1 + x_2 = 0 \quad \wedge \quad x_2 = 0 \quad \wedge \quad x_2 + x_3 = 0.$$

  Hier können wir die einzige Lösung $x_1 = x_2 = x_3 = 0$ ablesen.
- Dagegen sind die Vektoren $(1, 0, 0), (1, 0, 1), (0, 0, 1) \in \mathbb{R}^3$ linear abhängig, die aus den Komponenten resultierenden Gleichungen $x_1 + x_2 = 0 \wedge x_2 + x_3 = 0$ haben unendlich viele Lösungen, da z. B. ein beliebiger Wert für x_3 gewählt werden kann und sich für x_2 und x_1 damit eine Lösung findet.

Gehört der Nullvektor zu den zu untersuchenden Vektoren, dann sind diese immer linear abhängig, da der Faktor vor dem Nullvektor beliebig sein kann.

Lemma 5.3 (Charakterisierung der linearen Unabhängigkeit) *Äquivalent zur linearen Unabhängigkeit von n > 1 Vektoren ist:*

$$\text{„Keiner der Vektoren lässt sich als Linearkombination} \atop \text{der anderen } n-1 \text{ Vektoren schreiben.“}} \tag{5.5}$$

Bilden linear unabhängige Vektoren ein Erzeugendensystem, dann können wir keinen der Vektoren weglassen, ohne dass die Eigenschaft Erzeugendensystem verloren geht. Denn der weggelassene Vektor kann durch die anderen nicht linear kombiniert werden. Lässt sich umgekehrt ein Vektor als Linearkombination der anderen schreiben, die Vektoren sind also linear abhängig, dann ist dieser für die Eigenschaft Erzeugendensystem nicht nötig.

! Achtung

Es genügt **nicht** zu prüfen, ob ein Vektor Vielfaches **eines** anderen ist. Sie müssen Linearkombinationen mit **beliebig vielen** anderen Vektoren berücksichtigen, z. B. sind $(1, 1), (1, 0)$ und $(0, 1)$ im $\mathbb{R}^2$ linear abhängig (da $(1, 1) = 1 \cdot (1, 0) + 1 \cdot (0, 1)$), obwohl kein Vektor Vielfaches eines anderen ist. Auch genügt es **nicht** zu prüfen, ob **ein** Vektor nicht als Linearkombination der anderen geschrieben werden kann. So ist $(1, 0)$ nicht als Linearkombination von $(0, 1)$ und $(0, 2)$ darstellbar, aber die drei Vektoren zusammen sind linear abhängig. ◄

Beweis

a) Aus der Definition der linearen Unabhängigkeit folgt die Aussage (5.5), denn wenn ein Vektor als Linearkombination der anderen darstellbar wäre, z. B.

$$\vec{a}_1 = x_2 \vec{a}_2 + \cdots + x_n \vec{a}_n \Longrightarrow \vec{a}_1 - x_2 \vec{a}_2 - \cdots - x_n \vec{a}_n = \vec{0},$$

dann gäbe es im Widerspruch zur linearen Unabhängigkeit eine weitere Lösung von (5.4), denn vor $\vec{a}_1$ steht der Faktor $1 \neq 0$.

b) Aus (5.5) folgt die lineare Unabhängigkeit. Denn hätte (5.4) eine nicht-triviale Lösung, z. B. $x_1 \vec{a}_1 + x_2 \vec{a}_2 + \cdots + x_n \vec{a}_n = \vec{0}$ mit $x_1 \neq 0$, dann wäre

$$\vec{a}_1 = -\frac{x_2}{x_1} \vec{a}_2 - \cdots - \frac{x_n}{x_1} \vec{a}_n.$$

Dies ist ein Widerspruch zu (5.5). Daher ist $\vec{0}$ nur trivial linear kombinierbar, die Vektoren sind linear unabhängig. □

Die vier Vektoren des Erzeugendensystems (5.3) für einen linearen Code C sind linear abhängig in C, da z. B.

$$(1, 1, 0, 0) = 1 \odot (0, 1, 1, 0) \oplus 1 \odot (1, 0, 1, 0). \qquad (5.6)$$

Der Code lässt sich also auch ohne $(1, 1, 0, 0)$ vollständig aus den drei anderen Vektoren des Erzeugendensystems linear kombinieren.

Aufgabe 5.3 Sind die Vektoren $(1, 0, 0, 1)$, $(1, 1, 0, 1)$, $(1, 1, 1, 1)$ im Vektorraum $(\mathbb{R}^4, +; \mathbb{R}, \cdot)$ linear unabhängig? (siehe Lösung A.88)

Damit eine Menge von Vektoren ein Erzeugendensystem bilden kann, müssen genügend viele Vektoren in der Menge enthalten sein. Damit Vektoren linear unabhängig sein können, dürfen es dagegen nicht zu viele werden. Dass beide Bedingungen erfüllt sind, ist etwas Besonderes, so dass wir dafür einen neuen Begriff spendieren.

Definition 5.6 (Basis) Eine Menge von Vektoren $\{\vec{a}_1, \vec{a}_2, \ldots, \vec{a}_n\} \subseteq V$ heißt genau dann eine **Basis** von V, wenn die Vektoren linear unabhängig sind und die Menge ein Erzeugendensystem von V bildet.

Wir zeigen, dass der Code C aus Beispiel 5.1 die Basis

$$\{(0, 1, 1, 0), (1, 0, 1, 0), (1, 1, 1, 1)\} \qquad (5.7)$$

besitzt. Die Vektoren sind linear unabhängig, da das Gleichungssystem

$$x_1 \odot (0, 1, 1, 0) \oplus x_2 \odot (1, 0, 1, 0) \oplus x_3 \odot (1, 1, 1, 1) = (0, 0, 0, 0),$$

also $x_2 \oplus x_3 = 0 \wedge x_1 \oplus x_3 = 0 \wedge x_1 \oplus x_2 \oplus x_3 = 0 \wedge x_3 = 0$, nur die triviale Lösung $x_3 = 0 \wedge x_2 = 0 \wedge x_1 = 0$ besitzt.

Außerdem handelt es sich um ein Erzeugendensystem. Diese Eigenschaft kennen wir bereits von der Menge (5.3). Außerdem wissen wir wegen (5.6), dass wir den weggelassenen Vektor $(1, 1, 0, 0)$ linear aus den verbliebenen kombinieren können, so dass auch (5.7) ein Erzeugendensystem bildet.

Aufgabe 5.4 Verifizieren Sie, dass der Code (5.2) die folgende Basis besitzt (siehe Lösung A.89):

$$\{(1, 0, 0, 0, 1, 0, 1, 0), (0, 1, 0, 0, 1, 0, 0, 1),$$
$$(0, 0, 1, 0, 0, 1, 1, 0), (0, 0, 0, 1, 0, 1, 0, 1)\}.$$

Basen des $\mathbb{R}^3$ sind beispielsweise $\{(1, 0, 0), (0, 1, 0), (0, 0, 1)\}$ (man spricht hier von der **Standard-Basis**, ihre Vektoren werden wegen ihrer elementaren Form **Standard-Einheitsvektoren** genannt) oder $\{(1, 0, 0), (1, 1, 1), (0, 0, 1)\}$ oder

$\{(1, 2, 3), (4, 1, 0), (5, 0, 0)\}$. Die drei Basen haben gleich viele Elemente. Das legt nahe, dass alle Basen eines Vektorraums gleich viele Vektoren haben. Dieser Verdacht wird sich tatsächlich bestätigen.

Gibt es eine Basis mit n Vektoren, dann können wir jeden Vektor eindeutig mit einem Element aus K^n beschreiben (und umgekehrt):

Satz 5.2 (Basisdarstellung) Es sei $B = \{\vec{a}_1, \vec{a}_2, \ldots, \vec{a}_n\}$ eine Basis von V mit n Elementen. Dann hat jeder Vektor $\vec{x} \in V$ eine Darstellung als **Linearkombination**

$$\vec{x} = r_1 \cdot \vec{a}_1 + r_2 \cdot \vec{a}_2 + \cdots + r_n \cdot \vec{a}_n,$$

wobei die Skalare $r_1, \ldots, r_n \in K$ eindeutig bestimmt sind.

Beweis Da eine Basis insbesondere ein Erzeugendensystem ist, existiert eine Darstellung von $\vec{x}$ als Linearkombination $\vec{x} = r_1 \vec{a}_1 + \cdots + r_n \vec{a}_n$, und wir müssen nur noch die Eindeutigkeit zeigen. Sei also $\vec{x} = s_1 \vec{a}_1 + \cdots + s_n \vec{a}_n$ eine beliebige Darstellung, d. h.

$$(r_1 - s_1)\vec{a}_1 + \cdots + (r_n - s_n)\vec{a}_n = \vec{x} - \vec{x} = \vec{0}.$$

Jetzt sind aber die Vektoren zusätzlich linear unabhängig. Damit ist die Gleichung nur erfüllt, wenn $r_1 - s_1 = 0, \ldots, r_n - s_n = 0$. Also sind die Koeffizienten eindeutig bestimmt. $\quad\square$

Die Aussage ist sehr hilfreich. Denn wenn ein Vektorraum V über K eine Basis mit n Vektoren (jetzt in einer fest vorgegebenen Reihenfolge) hat, dann kann er über den vielleicht viel einfacher aussehenden Vektorraum K^n der n-Tupel über K wie folgt dargestellt werden:

Ein Vektor des K^n wird auf einen Vektor in V abgebildet, indem seine Komponenten als Faktoren einer Linearkombination der Basisvektoren (in der gegebenen Reihenfolge) verwendet werden, so dass ein eindeutiger Vektor aus V entsteht.

Umgekehrt wird ein Vektor aus V auf einen Vektor aus K^n über die eindeutige Linearkombination hinsichtlich der gegebenen Basis abgebildet. Die Skalare in der Linearkombination werden die Komponenten des Vektors in K^n (in der Reihenfolge der Basisvektoren).

In der Tat hat dann K^n die gleichen Eigenschaften wie der Vektorraum V. Allerdings kann V deutlich komplizierter als K^n erscheinen, z. B. wirkt der Umgang mit dem n-dimensionalen Vektorraum der Polynome vom Grad kleiner n über $K = \mathbb{R}$ erst einmal schwieriger als der Umgang mit $\mathbb{R}^n$. Rechnungen können nun statt in V in K^n stattfinden, das Ergebnis lässt sich dann wieder nach V abbilden. Für die Hin- und Rückabbildung (Transformation) können wir bijektive lineare Abbildungen einsetzen, die die Struktur von Linearkombinationen erhalten. Damit werden wir uns im Abschn. 5.7 beschäftigen.

Auch für die Analyse linearer Codes haben wir jetzt mehr Wissen. Hat ein Code $C \subseteq \mathbb{B}^n$ eine Basis mit k Codewörtern, dann können wir mit ihm den Raum $\mathbb{B}^k$

darstellen. Dafür würden eigentlich nur k Bits benötigt (Informationsbits). Die übrigen $n - k$ Bits der Codewörter dienen der Fehlererkennung und Fehlerkorrektur. Einen solchen Code mit k Informationsbits und $n - k$ Prüfbits bezeichnen wir als **(n, k)-Code.** Wegen der Basis (5.7) ist der Code C aus Beispiel 5.1 ein (4, 3)-Code, beim Code (5.2) handelt es sich um einen (8, 4)-Code.

Lemma 5.4 (Existenz einer Basis) *Gibt es in* $(V, +; K, \cdot)$ *mit* $V \neq \{\vec{0}\}$ *ein Erzeugendensystem mit* m *Vektoren, dann existiert eine Basis mit* $n \leq m$ *Vektoren.*

Beweis Da $V \neq \{\vec{0}\}$ ist, können wir einen eventuell im Erzeugendensystem enthaltenen Nullvektor weglassen und haben immer noch ein Erzeugendensystem mit mindestens einem Vektor. Falls die übrig gebliebenen Vektoren linear abhängig sind, müssen es mindestens zwei sein, und wir können einen als Linearkombination der anderen schreiben. Damit wird er aber im Erzeugendensystem nicht gebraucht, und wir lassen ihn weg. Das machen wir jetzt so oft, wie es geht, also höchstens $m - 1$-mal. Dadurch entsteht ein Erzeugendensystem mit (maximal m) linear unabhängigen Vektoren, also eine Basis. □

Ein Vektorraum mit einer Basis aus n Vektoren kann als K^n codiert werden. Anschaulich ist naheliegend, dass K^n und K^k für $n \neq k$ unterschiedliche Vektorräume sind. Beispielsweise entspricht $\mathbb{R}^2$ den Pfeilen in der Ebene, und $\mathbb{R}^3$ kann mit den Pfeilen im Raum identifiziert werden. Das ist ein weiteres Indiz dafür, dass jede Basis eines Vektorraums gleich viele Vektoren hat. Ein Beweis ist das aber nicht. Um ihn formal zu führen, benötigen wir den Austauschsatz.

Satz 5.3 (Austauschsatz) Gegeben sei eine Basis $\{\vec{a}_1, \dots, \vec{a}_n\}$ mit n Elementen in $(V, +; K, \cdot)$. Wenn wir einen Vektor $\vec{b} = c_1\vec{a}_1 + c_2\vec{a}_2 + \dots + c_n\vec{a}_n$ mit einem Skalar $c_k \neq 0$ haben ($1 \leq k \leq n$), dann können wir $\vec{b}$ an Stelle von $\vec{a}_k$ in die Basis tauschen: Auch $\{\vec{a}_1, \dots, \vec{a}_{k-1}, \vec{b}, \vec{a}_{k+1}, \dots \vec{a}_n\}$ ist eine Basis.

Beweis Um die Schreibweise einfach zu halten, sei $c_1 \neq 0$. Für jeden anderen von null verschiedenen Skalar funktioniert der Beweis genauso. Wir müssen nachrechnen, dass die Vektoren $\{\vec{b}, \vec{a}_2, \dots \vec{a}_n\}$ ein linear unabhängiges Erzeugendensystem bilden.

a) Wir zeigen die lineare Unabhängigkeit, indem wir beweisen, dass kein Vektor als Linearkombination der anderen geschrieben werden kann.

   – Falls $\vec{b}$ eine Linearkombination der anderen ohne $\vec{a}_1$ ist, also $\vec{b} = d_2\vec{a}_2 + \dots + d_n\vec{a}_n$, dann ist

$$\vec{0} = \vec{b} - \vec{b} = c_1\vec{a}_1 + (c_2 - d_2)\vec{a}_2 + \dots (c_n - d_n)\vec{a}_n$$

   wegen $c_1 \neq 0$ eine nicht-triviale Linearkombination von $\vec{0}$ – im Widerspruch zur linearen Unabhängigkeit der Basisvektoren.

– Falls ein $\vec{a}_i$ für $i \geq 2$ als Linearkombination der anderen geschrieben werden kann, dann muss wegen der linearen Unabhängigkeit der Vektoren $\vec{a}_2, \ldots, \vec{a}_n$ in der Linearkombination von $\vec{a}_i$ der Vektor $\vec{b}$ mit einem von null verschiedenen Faktor c vorkommen. Lösen wir $\vec{b}$ mit der im Satz angegebenen Linearkombination auf, dann gibt es Faktoren $d_2, \ldots, d_n$, so dass

$$\vec{a}_i = c[c_1\vec{a}_1 + \ldots + c_n\vec{a}_n] + d_2\vec{a}_2 + \ldots + d_{i-1}\vec{a}_{i-1} + d_{i+1}\vec{a}_{i+1} + \ldots + d_n\vec{a}_n$$
$$= c \cdot c_1\vec{a}_1 + (c \cdot c_2 + d_2)\vec{a}_2 + \cdots + (c \cdot c_i)\vec{a}_i + \cdots + (c \cdot c_n + d_n)\vec{a}_n.$$

Durch Subtraktion von $\vec{a}_i$ auf beiden Seiten erhalten wir auch hier eine nicht-triviale (da $c \cdot c_1 \neq 0$) Linearkombination von $\vec{0}$, also wie zuvor ein Widerspruch zur linearen Unabhängigkeit der Basisvektoren.

b) Wir haben durch den Austausch auch ein Erzeugendensystem geschaffen: Zunächst lässt sich $\vec{a}_1$ als Linearkombination schreiben zu

$$\vec{a}_1 = \frac{1}{c_1}[\vec{b} - c_2\vec{a}_2 - \cdots - c_n\vec{a}_n] = \frac{1}{c_1}\vec{b} - \frac{c_2}{c_1}\vec{a}_2 - \cdots - \frac{c_n}{c_1}\vec{a}_n.$$

Mit $\{\vec{b}, \vec{a}_2, \ldots, \vec{a}_n\}$ können wir daher alle Basisvektoren $\vec{a}_1, \ldots, \vec{a}_n$ linear kombinieren. Mit den Basisvektoren lassen sich wiederum alle Vektoren aus V linear kombinieren. Wenn wir in einer solchen Linearkombination die Basisvektoren wieder durch ihre Linearkombination aus $\{\vec{b}, \vec{a}_2, \ldots, \vec{a}_n\}$ ersetzen, dann sehen wir, dass diese Menge ein Erzeugendensystem ist. □

Wie wir schon erwartet haben, gilt:

Folgerung 5.1 (Anzahl der Vektoren einer Basis) Hat V eine Basis mit n Vektoren, dann haben alle Basen von V genau n Vektoren.

Beweis Wir nehmen an, es gäbe Basen mit unterschiedlich vielen Vektoren, also z. B. $\{\vec{a}_1, \vec{a}_2, \ldots, \vec{a}_l\}$ und $\{\vec{b}_1, \vec{b}_2, \ldots, \vec{b}_m\}$ mit $l < m$.
Zunächst lässt sich $\vec{b}_1$ als Linearkombination $\sum_{k=1}^{l} c_k\vec{a}_k$ schreiben. Wir verwenden also das Summensymbol auch für die Vektoraddition. Da $\vec{b}_1 \neq \vec{0}$ ist, muss mindestens ein $c_k \neq 0$ sein. Zur Vereinfachung der Darstellung sei $c_1 \neq 0$. Durch Anwendung des Austauschsatzes ist damit auch $\{\vec{b}_1, \vec{a}_2, \ldots, \vec{a}_l\}$ eine Basis. Mit dieser Basis kann $\vec{b}_2$ linear kombiniert werden: $\vec{b}_2 = d_1\vec{b}_1 + \sum_{k=2}^{l} d_k\vec{a}_k$. Da $\vec{b}_1$ und $\vec{b}_2$ linear unabhängig sind, d. h., $\vec{b}_2$ lässt sich nicht als Vielfaches von $\vec{b}_1$ schreiben, muss ein Koeffizient d_k für $k \geq 2$ ungleich null sein. Beachten Sie, dass k jetzt nicht 1 ist. Zur Vereinfachung der Darstellung sei jetzt $d_2 \neq 0$. Wieder hilft der Austauschsatz: $\{\vec{b}_1, \vec{b}_2, \vec{a}_3, \ldots, \vec{a}_l\}$ ist eine Basis. Dieses Vorgehen lässt sich fortsetzen, bis wir sehen, dass $\{\vec{b}_1, \vec{b}_2, \ldots, \vec{b}_l\}$ eine Basis ist. Jetzt kann $\vec{b}_m$ als Linearkombination der Vektoren $\vec{b}_1, \ldots, \vec{b}_l$ geschrieben werden (beachte: $m > l$) – im Widerspruch zur linearen Unabhängigkeit von $\vec{b}_1, \ldots, \vec{b}_m$. □

Die Standardbasis von $(\mathbb{R}^3, +; \mathbb{R}, \cdot)$, also $\{(1, 0, 0), (0, 1, 0), (0, 0, 1)\}$, hat drei Vektoren. Damit haben alle Basen des Vektorraums drei Vektoren. In der Umgangssprache spricht man vom dreidimensionalen Raum. In der Mathematik auch:

Definition 5.7 (Dimension) Ein Vektorraum mit einer Basis aus n Vektoren hat die **Dimension** n, Bezeichnung: $\dim V = n$. Ist $V = \{\vec{0}\}$, so legen wir $\dim V := 0$ fest.

Nach Definition 5.4 haben wir kurz beschrieben, wie in der affinen Geometrie Geraden und Ebenen über Unterräume des $(\mathbb{R}^3, +; \mathbb{R}, \cdot)$ beschrieben werden. Eine Ursprungsgerade entspricht dabei einem eindimensionalen Unterraum, eine Ebene durch den Ursprung einem zweidimensionalen. Denn sie wird von zwei Vektoren aufgespannt, die nicht gemeinsam auf einer Geraden durch den Ursprung liegen und damit linear unabhängig sind.

Beispiel 5.3 (Polynome vom Grad höchstens n) Wir zeigen, dass der Vektorraum der reellen Polynome vom Grad kleiner oder gleich n die Dimension $n + 1$ hat. Ein Erzeugendensystem ist durch die Monome gegeben: $\{1, x, x^2, x^3, \ldots, x^n\}$. Um zu zeigen, dass die Monome auch linear unabhängig sind, müssen wir beweisen, dass

$$a_0 \cdot 1 + a_1 \cdot x + a_2 \cdot x^2 + \cdots + a_n \cdot x^n = 0$$

für alle $x \in \mathbb{R}$ nur erfüllt ist, wenn $a_0 = a_1 = \cdots = a_n = 0$ ist. Setzen wir $x = 0$ ein, so sehen wir bereits, dass $a_0 = 0$ sein muss. Beide Seiten der Gleichung beschreiben die gleiche konstante Funktion, die überall null ist, so dass auch die Ableitungen beider Seiten übereinstimmen müssen und überall null sind. Durch Ableiten erhalten wir

$$a_1 + 2 \cdot a_2 \cdot x + \cdots + n \cdot a_n \cdot x^{n-1} = 0,$$

so dass wir für $x = 0$ auch $a_1 = 0$ schließen. Erneutes Ableiten zeigt $a_2 = 0$ usw. Wegen der Basis mit $n + 1$ Vektoren ist die Dimension $n + 1$.

Wir betrachten in diesem Buch nur Vektorräume mit einer endlichen Dimension $n \in \mathbb{N}_0$. Es gibt aber auch unendlich-dimensionale Vektorräume (wie beispielsweise der Vektorraum aller Polynome beliebigen Grades).

Ein (n, k)-Code (siehe Definition vor Lemma 5.4) besitzt eine Basis mit k Vektoren, die Dimension des Codes ist also k – unabhängig von der konkret gefundenen Basis.

Folgerung 5.2 (Bedeutung der Dimension) Sei V ein Vektorraum der Dimension $n > 0$, d. h., V besitzt eine Basis aus n Vektoren. Dann gilt:

a) Ein Erzeugendensystem hat mindestens n Vektoren.
b) Es sind maximal n Vektoren linear unabhängig.
c) Hat man n Vektoren, die linear unabhängig sind oder die ein Erzeugendensystem bilden, dann bilden sie auch eine Basis.

Beweis

a) Gäbe es ein Erzeugendensystem mit weniger als n Vektoren, dann hätten wir nach Lemma 5.4 auch eine Basis mit weniger als n Vektoren – im Widerspruch zur Dimension n.

b) Hätten wir $m > n$ linear unabhängige Vektoren $\vec{b}_1, \ldots, \vec{b}_m$, so können sie wegen $\dim V = n$ kein Erzeugendensystem bilden, da sie sonst bereits eine Basis mit zu vielen Vektoren wären. Sei $\{\vec{a}_1, \ldots, \vec{a}_n\}$ eine Basis. Wenn wir jeden Vektor dieser Basis mit den Vektoren $\vec{b}_1, \ldots, \vec{b}_m$ erzeugen könnten, dann könnten wir unter Verwendung der dazu benutzen Linearkombinationen auch alle Vektoren aus V erzeugen. Daher lässt sich mindestens ein Vektor $\vec{a}_k$ nicht als Linearkombination von $\vec{b}_1, \ldots, \vec{b}_m$ schreiben, d. h.,

$$c\vec{a}_k + \sum_{l=1}^{m} c_l \vec{b}_l = \vec{0}$$

kann nur für $c = 0$ gelten. Da aber die Vektoren $\vec{b}_l$ linear unabhängig sind, müssen jetzt auch alle übrigen Faktoren $c_l = 0$ sein. Damit haben wir schon $m + 1$ linear unabhängige Vektoren gefunden. Auf die gleiche Weise können wir unter Beibehaltung der linearen Unabhängigkeit weitere Vektoren der Basis hinzufügen, bis wir schließlich doch ein Erzeugendensystem und damit eine Basis mit mehr als $m > n$ Vektoren haben – Widerspruch.

c) Wir überlegen uns zuerst, dass n linear unabhängige Vektoren ein Erzeugendensystem und damit eine Basis bilden. Nach b) sind $n + 1$ Vektoren linear abhängig. Wenn wir also einen beliebigen Vektor $\vec{b} \in V$ zu den n linear unabhängigen Vektoren $\vec{b}_1, \ldots, \vec{b}_n$ hinzufügen, dann lässt sich damit der Nullvektor nicht-trivial als Linearkombination schreiben: $\vec{0} = c\vec{b} + \sum_{k=1}^{n} c_k \vec{b}_k$. Dabei muss der Faktor c vor $\vec{b}$ ungleich null sein, da sonst die gegebenen n Vektoren nicht linear unabhängig wären. Damit können wir aber die Darstellung des Nullvektors nach $\vec{b}$ auflösen und sehen, dass $\vec{b} = -\sum_{k=1}^{n} \frac{c_k}{c} \vec{b}_k$ als Linearkombination der n linear unabhängigen Vektoren geschrieben werden kann, die damit ein Erzeugendensystem bilden.

Jetzt müssen wir noch zeigen, dass die Vektoren eines Erzeugendensystems mit n Vektoren linear unabhängig sind und damit eine Basis ergeben. Nach a) benötigen wir für ein Erzeugendensystem mindestens n Vektoren. Ist $n = 1$, so ist der eine Vektor des Erzeugendensystems nicht der Nullvektor und damit linear unabhängig. Wären im Fall $n \geq 2$ die gegebenen n Vektoren des Erzeugendensystems nicht linear unabhängig, so könnte man einen als Linearkombination der anderen schreiben. Wenn wir ihn weglassen, haben wir noch immer ein Erzeugendensystem – aber mit $n - 1$ und damit zu wenigen Vektoren. Folglich müssen die Vektoren bereits linear unabhängig sein. □

Aufgabe 5.5

a) Der Code $C \subseteq \mathbb{B}^5$ werde als Unterraum des $(\mathbb{B}^5, \oplus, \mathbb{B}, \odot)$ durch die Vektoren $(1, 1, 0, 0, 1)$, $(1, 1, 1, 0, 1)$ und $(0, 0, 1, 0, 0)$ erzeugt. Welche Dimension hat der Code?

b) Welche Dimension hat der Vektorraum $(\mathbb{Z}_5^4, +, \mathbb{Z}_5, \cdot)$ über dem Körper $\mathbb{Z}_5$ (vgl. Ende Abschn. 3.4)?

c) Wir fassen die reellen Zahlen als Vektorraum $(\mathbb{R}, +; \mathbb{Q}, \cdot)$ über dem Körper der rationalen Zahlen auf, d. h., die Vektoren sind reelle Zahlen und die Skalare, mit denen wir multiplizieren dürfen, sind ausschließlich Brüche. Da das Produkt einer rationalen mit einer reellen Zahl wieder eine reelle Zahl ist, ergeben sich Vektorraumaxiome aus den Rechenregeln in $\mathbb{R}$.

   i) Sind die Vektoren 1 und 2 linear unabhängig? Beweisen Sie ihre Aussage.

   ii) Zeigen Sie, dass die Vektoren 4711 und π linear unabhängig sind.

   iii) Welche Dimension hat der von den Vektoren 1, 2, 4711 und π erzeugte Unterraum? (siehe Lösung A.90)

5.5   Matrizen und Gleichungssysteme

In diesem Abschnitt werden wir zum Codieren und Decodieren Matrizen verwenden und insbesondere zum Decodieren lineare Gleichungssysteme lösen. Bevor wir uns mit diesen Themen systematisch beschäftigen, betrachten wir zum Aufwärmen ein kleines Gleichungssystem:

$$2 \cdot x_1 + 3 \cdot x_2 = 8$$
$$\wedge \quad 4 \cdot x_1 - 2 \cdot x_2 = 0. \tag{5.8}$$

Das Gleichungssystem heißt linear, da jede Gleichung auf der linken Seite aus einer Linearkombination der Variablen besteht und rechts nur Konstante stehen. Linearkombination bedeutet insbesondere, dass die Variablen nicht mit einer Zahl ungleich eins potenziert oder als Argument komplizierterer Funktionen als $f(x) = x$ auftreten dürfen. So sind $x_1^2 + x_2^3 = 8$ und $\sin(x) + \exp(y) = 1$ keine linearen Gleichungen.

Wir suchen Lösungen $(x_1, x_2) \in \mathbb{R}^2$, die beide Gleichungen von (5.8) gemeinsam erfüllen. Jede einzelne Gleichung beschreibt eine Gerade in der Ebene. So ist die Lösungsmenge der ersten Gleichung die Menge der Punkte (x_1, x_2) mit $x_2 = \frac{8}{3} - \frac{2}{3} \cdot x_1$, $x_1 \in \mathbb{R}$, und die Lösungen der zweiten Gleichung erfüllen die Geradengleichung $x_2 = 2 \cdot x_1$, $x_1 \in \mathbb{R}$. Die gemeinsame Lösung beider Gleichungen ist der Schnittpunkt $(1, 2)$, siehe Abb. 5.3. Wir erhalten die Lösung z. B., indem wir die nach x_2 aufgelöste zweite Gleichung für x_2 in die erste Gleichung einsetzen:

$$\begin{matrix} 2x_1 + 3x_2 = 8 \\ \wedge \ x_2 = 2x_1 \end{matrix} \quad \Longleftrightarrow \quad \begin{matrix} 2x_1 + 3(2x_1) = 8 \\ \wedge \ x_2 = 2x_1 \end{matrix} \quad \Longleftrightarrow \quad \begin{matrix} x_1 = 1 \\ \wedge \ x_2 = 2. \end{matrix}$$

Abb. 5.3 Die Geraden zu
$x_2 = \frac{8}{3} - \frac{2}{3} \cdot x_1$ und
$x_2 = 2 \cdot x_1$ schneiden sich
im Punkt $(1, 2)$

Prinzipiell können die Geraden gleich sein, sich wie hier in genau einem Punkt schneiden oder parallel liegen und keinen gemeinsamen Punkt haben. Genau diese drei Fälle beobachtet man auch bei Lösungsmengen von linearen Gleichungssystemen.

Gleichungssysteme lassen sich mit der soeben praktizierten Einsetzungsmethode lösen. Allerdings wird diese unübersichtlich, wenn mehr als zwei Variablen vorkommen. Daher verwendet man das Gauß-Verfahren, bei dem Gleichungen mit Zahlen multipliziert und durch die Summe mit anderen Gleichungen ersetzt werden dürfen. Wie wir später sehen werden, lässt sich das Gauß-Verfahren algorithmisch einfach durchführen. Analog zur Einsetzungemethode erhalten wir das Ergebnis mit Gauß-Umformungen

$$
\begin{array}{ll}
(1) & 2 \cdot x_1 + 3 \cdot x_2 = 8 \\
(2) \wedge & 4 \cdot x_1 - 2 \cdot x_2 = 0
\end{array}
\quad
\overset{(1')=(1)+\frac{3}{2}(2)}{\Longleftrightarrow}
\quad
\begin{array}{ll}
(1') & 8 \cdot x_1 \qquad\; = 8 \\
(2') \wedge & 4 \cdot x_1 - 2 \cdot x_2 = 0
\end{array}
$$

$$
\overset{(1'')=\frac{1}{8}(1')}{\Longleftrightarrow}
\quad
\begin{array}{ll}
(1'') & x_1 \qquad\;\; = 1 \\
(2'') \wedge & 4 \cdot x_1 - 2 \cdot x_2 = 0
\end{array}
$$

$$
\overset{(2''')=(2'')-4(1'')}{\Longleftrightarrow}
\quad
\begin{array}{ll}
(1''') & x_1 \qquad\;\; = 1 \\
(2''') \wedge & \quad -2 \cdot x_2 = -4
\end{array}
$$

$$
\overset{(2'''')=-\frac{1}{2}(2''')}{\Longleftrightarrow}
\quad
\begin{array}{ll}
(1'''') & x_1 \; = 1 \\
(2'''') \wedge & x_2 = 2.
\end{array}
$$

Wir werden uns das Gauß-Verfahren wesentlich genauer ansehen und systematischer benutzen. Bevor wir damit beginnen, beschäftigen wir uns aber etwas intensiver mit Matrizen. Relevant für die Lösung des Beispielsystems sind nur die Koeffizienten 2, 3, 4 und -2, die wir über eine Matrix **A** schreiben werden, sowie die rechte Seite bestehend aus 8 und 0, die wir als Spaltenvektor $\vec{b}$ darstellen. Nur diese Daten müssen gespeichert und vom Gauß-Algorithmus verwendet werden:

$$
\mathbf{A} = \begin{bmatrix} 2 & 3 \\ 4 & -2 \end{bmatrix}, \quad \vec{b} = \begin{pmatrix} 8 \\ 0 \end{pmatrix}.
$$

5.5.1 Matrizen und Generatormatrix eines linearen Codes

Wir haben Matrizen schon kurz zum Speichern von Kanten eines Graphen benutzt (vgl. Tab. 2.1), beschäftigen uns jetzt aber etwas gründlicher mit ihnen. Ein rechteckiges Zahlenschema

$$\mathbf{A} := \begin{bmatrix} a_{1,1} & a_{1,2} & \cdots & a_{1,n} \\ a_{2,1} & a_{2,2} & \cdots & a_{2,n} \\ \vdots & \vdots & & \vdots \\ a_{m,1} & a_{m,2} & \cdots & a_{m,n} \end{bmatrix},$$

bei dem $m \cdot n$ Zahlen in m Zeilen und n Spalten angeordnet sind, heißt eine $(m \times n)$-**Matrix**. Jede **Komponente** $a_{i,k}$ der Matrix wird mit zwei Indizes adressiert, zunächst schreiben wir den **Zeilenindex** $i = 1, \ldots, m$ und dann den **Spaltenindex** $k = 1, \ldots, n$. Die **Zeilen** von $\mathbf{A}$ sind $\mathbf{A}_{i\bullet} = (a_{i,1}, a_{i,2}, \ldots, a_{i,n})$, $i = 1, \ldots, m$. Die **Spalten** von $\mathbf{A}$ sind

$$\mathbf{A}_{\bullet k} = \begin{pmatrix} a_{1,k} \\ \vdots \\ a_{m,k} \end{pmatrix}, \quad k = 1, \ldots, n.$$

Zeilenzahl m und Spaltenzahl n bilden das **Format** $(m \times n)$ von $\mathbf{A}$. Wenn die gleiche Zeilen- und Spaltenzahl vorliegt, nennen wir eine Matrix **quadratisch**. Die Menge aller $(m \times n)$-Matrizen mit Komponenten aus einem Körper K heißt $K^{m \times n}$. Wir betrachten hier Matrizen aus $\mathbb{R}^{m \times n}$ und $\mathbb{B}^{m \times n}$ und werden sie mit fett gedruckten Großbuchstaben benennen. Die **Hauptdiagonale** einer $(m \times n)$-Matrix $\mathbf{A}$ besteht aus den Komponenten $a_{1,1}, a_{2,2}, \ldots, a_{i,i}$, $i = \min\{m, n\}$, bei denen Zeilen- und Spaltenindex übereinstimmen.

Eine $(1 \times n)$-Matrix mit nur einer Zeile ist identisch mit einem **Zeilenvektor** aus $(K^n, +; K, \cdot)$. Eine $(m \times 1)$-Matrix hat nur eine Spalte, sie ist ein **Spaltenvektor** aus $(K^m, +; K, \cdot)$. Bei der Multiplikation von Matrizen und Vektoren wird es formal wichtig sein, ob wir einen Zeilen- oder Spaltenvektor haben.

Eine **Diagonalmatrix** $\mathbf{D}$ ist eine $(m \times n)$-Matrix, bei der nur die Hauptdiagonalkomponenten $d_1, \ldots, d_{\min\{m,n\}}$ von null verschieden sein dürfen:

$$\mathbf{D} = \begin{bmatrix} d_1 & 0 & \cdots & 0 & 0 & 0 \\ 0 & d_2 & \cdots & 0 & 0 & 0 \\ \vdots & \vdots & \ddots & \vdots & \vdots & \vdots \\ 0 & 0 & \cdots & d_m & 0 & 0 \end{bmatrix}, \quad \mathbf{E}_n := \begin{bmatrix} 1 & 0 & \cdots & 0 \\ 0 & 1 & \cdots & 0 \\ \vdots & \vdots & \ddots & \vdots \\ 0 & 0 & \cdots & 1 \end{bmatrix}.$$

Ein sehr wichtiger Spezialfall ist die $(n \times n)$-**Einheitsmatrix** $\mathbf{E}_n$ (oder kurz $\mathbf{E}$, wenn die übereinstimmende Anzahl der Zeilen- und Spalten aus dem Zusammenhang bekannt ist), bei der alle Diagonalkomponenten gleich eins sind.

Wir werden sehen, dass sich das Lösen vieler Gleichungssysteme auf das Umformen von $(m \times n)$-Matrizen zu Diagonalmatrizen zurückführen lässt. Dabei brauchen wir aber unter Umständen gar nicht die volle Diagonalstruktur, sondern uns reichen Nullen unterhalb (d.h. links) oder oberhalb (d.h. rechts) der Hauptdiagonalen und sprechen dann von einer oberen (rechten) oder unteren (linken) **Dreiecksmatrix**. Dabei erlauben wir aber auch weitere Nullen, z.B. auf der Hauptdiagonalen. Die

Bezeichnung ist also genau entgegengesetzt zum Auftreten der Nullen, da das Dreieck durch die Einträge gebildet wird, die nicht null sein müssen:

$$\begin{bmatrix} 1\,2\,3\,4 \\ 0\,5\,6\,7 \\ 0\,0\,8\,9 \end{bmatrix} \text{ ist obere rechte,} \quad \begin{bmatrix} 1\,0\,0 \\ 2\,3\,0 \\ 4\,5\,6 \end{bmatrix} \text{ ist untere linke Dreiecksmatrix.}$$

Für eine platzsparende Schreibweise sowie zur Anpassung des Formats für die weiter unten beschriebene Matrixmultiplikation benötigen wir auch noch den Begriff **transponierte Matrix.** Zur Matrix $\mathbf{A} \in K^{m \times n}$ entsteht die transponierte Matrix $\mathbf{A}^\top \in K^{n \times m}$, indem wir aus der ersten Zeile die erste Spalte, aus der zweiten Zeile die zweite Spalte usw. machen. Dadurch werden andererseits aus den Spalten von $\mathbf{A}$ die Zeilen von $\mathbf{A}^\top$. Beispielsweise ist

$$\begin{bmatrix} 1\,2 \\ 3\,4 \end{bmatrix}^\top = \begin{bmatrix} 1\,3 \\ 2\,4 \end{bmatrix}, \quad \begin{bmatrix} 1\,2\,3 \\ 4\,5\,6 \end{bmatrix}^\top = \begin{bmatrix} 1\,4 \\ 2\,5 \\ 3\,6 \end{bmatrix}, \quad (1,2,3)^\top = \begin{pmatrix} 1 \\ 2 \\ 3 \end{pmatrix}.$$

Damit können wir z. B. Spaltenvektoren platzsparend in eine Zeile schreiben.

Wir führen jetzt Rechenoperationen für Matrizen über einem Körper K ein: Es seien $\mathbf{A}$ und $\mathbf{B}$ zwei $(m \times n)$-Matrizen und $r \in K$ ein Skalar. Die **Summe** $\mathbf{A} + \mathbf{B}$ und das skalare Vielfache $r \cdot \mathbf{A}$ ist komponentenweise definiert. Die Matrizen $\mathbf{A}$ und $\mathbf{B}$ müssen daher bei der Addition ein übereinstimmendes Format haben. Beispielsweise ist für $K = \mathbb{R}$

$$\begin{bmatrix} 1 & 2 & 3 \\ 4 & 5 & 6 \end{bmatrix} + \begin{bmatrix} 7 & 8 & 9 \\ 10 & 11 & 12 \end{bmatrix} = \begin{bmatrix} 1+7 & 2+8 & 3+9 \\ 4+10 & 5+11 & 6+12 \end{bmatrix},$$

$$3 \cdot \begin{bmatrix} 1 & 2 \\ 3 & 4 \end{bmatrix} = \begin{bmatrix} 3 \cdot 1 & 3 \cdot 2 \\ 3 \cdot 3 & 3 \cdot 4 \end{bmatrix}.$$

Aufgabe 5.6 Zeigen Sie, dass die $(m \times n)$-Matrizen über K hinsichtlich der Addition eine kommutative Gruppe bilden und dass $(K^{m \times n}, +; K, \cdot)$ ein Vektorraum ist. (siehe Lösung A.91)

Matrizen können wir auch Multiplizieren, allerdings muss dabei die Anzahl der Spalten der ersten mit der Anzahl der Zeilen der zweiten Matrix übereinstimmen:

$$\begin{bmatrix} 1\,2\,3 \\ \mathbf{4\,5\,6} \\ 7\,8\,9 \end{bmatrix} \cdot \begin{bmatrix} \mathbf{10}\,11 \\ \mathbf{12}\,13 \\ \mathbf{14}\,15 \end{bmatrix} = \begin{bmatrix} 1 \cdot 10 + 2 \cdot 12 + 3 \cdot 14 & 1 \cdot 11 + 2 \cdot 13 + 3 \cdot 15 \\ \mathbf{4 \cdot 10 + 5 \cdot 12 + 6 \cdot 14} & 4 \cdot 11 + 5 \cdot 13 + 6 \cdot 15 \\ 7 \cdot 10 + 8 \cdot 12 + 9 \cdot 14 & 7 \cdot 11 + 8 \cdot 13 + 9 \cdot 15 \end{bmatrix}.$$

Wir betrachten eine $(l \times m)$-Matrix $\mathbf{A}$ und eine $(m \times n)$-Matrix $\mathbf{B}$. Das Produkt der Matrizen $\mathbf{A}$ und $\mathbf{B}$ ist eine $(l \times n)$-Matrix, die entsteht, wenn wir die Elemente der Zeilen von $\mathbf{A}$ mit den Elementen der Spalten von $\mathbf{B}$ multiplizieren und die Produkte aufaddieren (Merkregel: „Zeile · Spalte"). Bezeichnen wir die Ergebnismatrix mit **C**, dann berechnet sich ihre Komponente in der i-ten Zeile und j-ten Spalte zu

$$c_{i,j} = a_{i,1} \cdot b_{1,j} + a_{i,2} \cdot b_{2,j} + \cdots + a_{i,m} \cdot b_{m,j} = \sum_{k=1}^{m} a_{i,k} \cdot b_{k,j}.$$

Hier „multiplizieren" wir die i-te Zeile von **A** mit der j-ten Spalte von **B**, um die Komponente $c_{i,j}$ der Ergebnismatrix zu erhalten (siehe Algorithmus 5.1).

Algorithmus 5.1 Multiplikation der $(l \times m)$-Matrix **A** mit der $(m \times n)$-Matrix **B** zur $(l \times n)$-Matrix **C**

for $i := 1$ bis l **do**	▷ Zeilenindex von **A**
for $j := 1$ bis n **do**	▷ Spaltenindex von **B**
$c_{i,j} := 0$	
for $k := 1$ bis m **do**	▷ Skalarprodukt von Zeile i und Spalte j
$c_{i,j} := c_{i,j} + a_{i,k} \cdot b_{k,j}$	

Die Multiplikation eines Zeilen- mit einem Spaltenvektor nennt man übrigens **Skalarprodukt** – das ist trotz des ähnlichen Namens etwas Anderes als das Produkt mit einem Skalar. Skalarprodukte werden auch zur Winkelberechnung eingesetzt, darauf gehen wir detailliert in Abschn. 5.6 ein.

Die $(n \times n)$-Matrizen über einem Körper K bilden hinsichtlich der Addition und Matrixmultiplikation einen Ring. Das Einselement ist dabei die Einheitsmatrix $\mathbf{E}_n$, und die Matrixmultiplikation ist insbesondere assoziativ: $(\mathbf{A} \cdot \mathbf{B}) \cdot \mathbf{C} = \mathbf{A} \cdot (\mathbf{B} \cdot \mathbf{C})$. Aber nicht jede Matrix **A** hat hinsichtlich der Multiplikation eine Inverse $\mathbf{A}^{-1}$ mit $\mathbf{A} \cdot \mathbf{A}^{-1} = \mathbf{E}$, z. B.

$$\begin{bmatrix} 1 & 0 \\ 0 & 0 \end{bmatrix} \cdot \begin{bmatrix} a_{1,1} & a_{1,2} \\ a_{2,1} & a_{2,2} \end{bmatrix} = \begin{bmatrix} a_{1,1} & a_{1,2} \\ 0 & 0 \end{bmatrix} \neq \begin{bmatrix} 1 & 0 \\ 0 & 1 \end{bmatrix} \implies \begin{bmatrix} 1 & 0 \\ 0 & 0 \end{bmatrix}^{-1} \quad \text{existiert nicht.}$$

Außerdem ist das Matrixprodukt in der Regel auch nicht kommutativ:

$$\begin{bmatrix} 0 & 1 \\ 1 & 0 \end{bmatrix} \cdot \begin{bmatrix} 1 & 2 \\ 3 & 4 \end{bmatrix} = \begin{bmatrix} 3 & 4 \\ 1 & 2 \end{bmatrix}, \quad \begin{bmatrix} 1 & 2 \\ 3 & 4 \end{bmatrix} \cdot \begin{bmatrix} 0 & 1 \\ 1 & 0 \end{bmatrix} = \begin{bmatrix} 2 & 1 \\ 4 & 3 \end{bmatrix}.$$

Aufgabe 5.7 Zeigen Sie, dass für $\mathbf{A} \in K^{l \times m}$ und $\mathbf{B} \in K^{m \times n}$ gilt (siehe Lösung A.92):

$$(\mathbf{A} \cdot \mathbf{B})^{\top} = \mathbf{B}^{\top} \cdot \mathbf{A}^{\top} \in K^{n \times l}. \tag{5.9}$$

Definition 5.8 (Generatormatrix) Sei C ein linearer (n, k)-Code, d. h. ein linearer Code mit einer Basis $\{\vec{b}_1, \ldots, \vec{b}_k\} \subseteq \mathbb{B}^n$, die aus Zeilenvektoren bestehen möge.

Schreiben wir diese Zeilenvektoren als Zeilen in eine Matrix, dann heißt die entstehende Matrix $\mathbf{G}$ eine **Generatormatrix** von C:

$$\mathbf{G} = \begin{pmatrix} \vec{b}_1 \\ \vdots \\ \vec{b}_k \end{pmatrix} \in \mathbb{B}^{k,n}.$$

Die Generatormatrix des Codes C aus Beispiel 5.1 zur Basis (5.7) lautet

$$\mathbf{G} = \begin{bmatrix} 0 & 1 & 1 & 0 \\ 1 & 0 & 1 & 0 \\ 1 & 1 & 1 & 1 \end{bmatrix}. \tag{5.10}$$

Wir können nun Wörter aus $\mathbb{B}^k$ codieren, indem wir sie als Zeilenvektor von links mit einer Generatormatrix multiplizieren. Wir multiplizieren also den Zeilenvektor mit allen Spalten der Matrix. Dabei wird jeweils die erste Komponente einer Spalte mit der ersten Komponente des Zeilenvektors, die zweite mit der zweiten usw. multipliziert. Das können wir aber auch als Bilden einer Linearkombination der Zeilen der Matrix auffassen (im folgenden Beispiel in den Mengenklammern), wobei wir mittels Unterstreichung und Fettdruck andeuten, ob die Komponenten aus dem Zeilenvektor oder der Matrix stammen:

$$(\underline{1}, \underline{1}, \underline{0}) \cdot \begin{pmatrix} \mathbf{0\,1\,1\,0} \\ \mathbf{1\,0\,1\,0} \\ \mathbf{1\,1\,1\,1} \end{pmatrix} = \begin{pmatrix} \underline{1} \odot \mathbf{0} & \underline{1} \odot \mathbf{1} & \underline{1} \odot \mathbf{1} & \underline{1} \odot \mathbf{0} \\ \oplus \underline{1} \odot \mathbf{1}, & \oplus \underline{1} \odot \mathbf{0}, & \oplus \underline{1} \odot \mathbf{1}, & \oplus \underline{1} \odot \mathbf{0} \\ \oplus \underline{0} \odot \mathbf{1} & \oplus \underline{0} \odot \mathbf{1} & \oplus \underline{0} \odot \mathbf{1} & \oplus \underline{0} \odot \mathbf{1} \end{pmatrix}$$

$$= \left\{ \begin{matrix} \underline{1} \odot (\mathbf{0}, \mathbf{1}, \mathbf{1}, \mathbf{0}) \\ \oplus \underline{1} \odot (\mathbf{1}, \mathbf{0}, \mathbf{1}, \mathbf{0}) \\ \oplus \underline{0} \odot (\mathbf{1}, \mathbf{1}, \mathbf{1}, \mathbf{1}) \end{matrix} \right\} = (1, 1, 0, 0).$$

Wir verwenden Zeilenvektoren, da sie – wenn wir die Klammern und Kommata weglassen – an Worte erinnern, die über einem Alphabet gebildet sind. Da die Basis insbesondere ein Erzeugendensystem des Codes ist, gilt:

$$C = \{\vec{x} \cdot \mathbf{G} : \vec{x} \in \mathbb{B}^k\}.$$

Für jede Generatormatrix $\mathbf{G}$ ist die Codierung

$$f = f_{\mathbf{G}} : \mathbb{B}^k \to C, \quad f(\vec{x}) = \vec{x} \cdot \mathbf{G} \tag{5.11}$$

bijektiv, so dass aus der Codierung wieder das ursprüngliche Wort ermittelt werden kann. Um zu zeigen, dass f bijektiv ist, müssen wir die Injektivität und Surjektivität zeigen (siehe Abschn. 1.4.3). Die Surjektivität ist offensichtlich, da die Zeilen von $\mathbf{G}$ den Raum C erzeugen und wir beim Codieren Linearkombinationen der Zeilen bilden. Die Injektivität folgt aus der Eindeutigkeit der Basisdarstellung (Satz 5.2) oder unmittelbar: Wenn zwei Worte $\vec{x}, \vec{y} \in \mathbb{B}^k$ auf das gleiche Code-Wort $\vec{c} \in C$ abgebildet werden, dann gilt, dass

$$(\vec{x} - \vec{y}) \cdot \mathbf{G} = \vec{x} \cdot \mathbf{G} - \vec{y} \cdot \mathbf{G} = \vec{c} - \vec{c} = \vec{0}$$

ist, $\vec{x} - \vec{y}$ wird also als durch Multiplikation mit $\mathbf{G}$ als Nullvektor codiert. Die Multiplikation berechnet eine Linearkombination der Zeilen von $\mathbf{G}$. Der Nullvektor kann aber nur als triviale Linearkombination der linear unabhängigen Basisvektoren, die Zeilen von $\mathbf{G}$ sind, entstehen. Folglich muss $\vec{x} - \vec{y} = \vec{0}$ und damit $\vec{x} = \vec{y}$ sein.

Die Codierung f ist eine lineare Abbildung. Lineare Abbildungen erhalten Linearkombinationen. Darauf gehen wir in Abschn. 5.7 ausführlich ein.

5.5.2 Lineare Gleichungssysteme

Mittels der Matrix- bzw. Matrix-Vektor-Multiplikation können wir nun **lineare Gleichungssysteme** sehr übersichtlich schreiben als

$$\mathbf{A} \cdot \vec{x} = \vec{b}$$

für $\mathbf{A} \in K^{m \times n}$, die **Inhomogenität** $\vec{b} \in K^m$ und den Variablenvektor $\vec{x} \in K^n$. So lautet das Gleichungssystem (5.8) in Matrixschreibweise

$$\begin{bmatrix} 2 & 3 \\ 4 & -2 \end{bmatrix} \cdot \begin{pmatrix} x_1 \\ x_2 \end{pmatrix} = \begin{pmatrix} 8 \\ 0 \end{pmatrix}.$$

Die einzelnen Gleichungen entstehen durch einen komponentenweisen Vergleich der Vektoren auf beiden Seiten des Gleichheitszeichens.

Ist $\vec{b} = \vec{0}$, also $\mathbf{A} \cdot \vec{x} = \vec{0}$, so sprechen wir von einem **homogenen** linearen Gleichungssystem, anderenfalls von einem **inhomogenen**. Entsprechend nennen wir zugehörige Lösungen **homogene** oder **inhomogene** Lösungen.

Wenn wir mittels einer Generatormatrix $\mathbf{G}$ codieren, dann möchten wir die (nicht durch Übertragungsfehler gestörten) Codewörter auch wieder decodieren. Dass das gelingt, wissen wir, denn die Codierung ist bijektiv. Wenn wir nun konkret für $\mathbf{G}$ aus (5.10) zu einem Codewort $(0, 1, 0, 1)$ das Ursprungswort (x_1, x_2, x_3) aus $\mathbb{B}^3$ bestimmen wollen, müssen wir ein lineares Gleichungssystem lösen. Wie zuvor schreiben wir das Produkt eines Vektors mit einer Matrix mit „·", während die beim Ausrechnen dieses Produkts verwendeten Vektorraumverknüpfungen $\oplus$ und $\odot$ sind. Wegen $(\mathbf{A} \cdot \mathbf{B})^\top = \mathbf{B}^\top \cdot \mathbf{A}^\top$ aus (5.9) gilt:

$$(x_1, x_2, x_3) \cdot \begin{bmatrix} 0 & 1 & 1 & 0 \\ 1 & 0 & 1 & 0 \\ 1 & 1 & 1 & 1 \end{bmatrix} = (0, 1, 0, 1) \tag{5.12}$$

$$\overset{(5.9)}{\Longleftrightarrow} \begin{bmatrix} 0 & 1 & 1 \\ 1 & 0 & 1 \\ 1 & 1 & 1 \\ 0 & 0 & 1 \end{bmatrix} \cdot \begin{pmatrix} x_1 \\ x_2 \\ x_3 \end{pmatrix} = \begin{pmatrix} 0 \\ 1 \\ 0 \\ 1 \end{pmatrix} \iff \begin{array}{l} 0 \odot x_1 \oplus 1 \odot x_2 \oplus 1 \odot x_3 = 0 \\ \wedge \quad 1 \odot x_1 \oplus 0 \odot x_2 \oplus 1 \odot x_3 = 1 \\ \wedge \quad 1 \odot x_1 \oplus 1 \odot x_2 \oplus 1 \odot x_3 = 0 \\ \wedge \quad 0 \odot x_1 \oplus 0 \odot x_2 \oplus 1 \odot x_3 = 1. \end{array}$$

In der letzten Zeile sehen wir ein Gleichungssystem einmal in Matrix- und einmal in der klassischen Schreibweise über Gleichungen. Wie die erste Zeile dieses Beispiels zur Decodierung zeigt, könnten wir alternativ Gleichungssysteme $\mathbf{A} \cdot \vec{x} = \vec{b}$ auch in der Form $\vec{x}^{\top} \cdot \mathbf{A}^{\top} = \vec{b}^{\top}$ mit Zeilenvektoren für die Variablen und die Inhomogenität schreiben. Das ist aber nicht so verbreitet. Auch sehen wir, dass in den Anwendungen Gleichungssysteme auftreten, bei denen die Anzahl der Variablen (hier 3) nicht mit der Anzahl der Gleichungen (hier 4) übereinstimmt.

Wir werden (5.12) mit dem Gauß-Algorithmus lösen. Da allerdings sowohl das Eingangsbeispiel (5.8) mit nur zwei Variablen als auch der beim Decodierungsproblem verwendete Körper $\mathbb{B}$ mit nur zwei Zahlen den Algorithmus unterfordern, stellen wir ihn anhand des folgenden Gleichungssystems über $\mathbb{R}$ vor:

$$\begin{bmatrix} 3 & 6 & 9 \\ 1 & 4 & 5 \\ 2 & 5 & 7 \end{bmatrix} \cdot \begin{pmatrix} x_1 \\ x_2 \\ x_3 \end{pmatrix} = \begin{pmatrix} 9 \\ 3 \\ 6 \end{pmatrix} \iff \begin{array}{l} 3x_1 + 6x_2 + 9x_3 = 9 \\ \wedge \ x_1 + 4x_2 + 5x_3 = 3 \\ \wedge \ 2x_1 + 5x_2 + 7x_3 = 6. \end{array} \tag{5.13}$$

Die Lösungsmenge eines linearen Gleichungssystems ändert sich nicht, wenn wir zu einer Gleichung eine Linearkombination von anderen Gleichungen addieren (also eine Summe von Vielfachen anderer Gleichungen), denn wir addieren dann auf beide Seiten der Gleichung den gleichen Wert. Außerdem dürfen wir eine Gleichung mit einer Zahl $c \in K$, $c \neq 0$, multiplizieren. Hier müssen wir aber $c = 0$ ausschließen, denn das ließe sich nicht rückgängig machen – aus der Gleichung würde $0 = 0$. Durch den Wegfall der Gleichung könnte sich die Lösungsmenge vergrößern, da wir weniger Bedingungen erfüllen müssen. Schließlich ist völlig klar, dass die Reihenfolge der Gleichungen keine Rolle spielt. Sie darf also beliebig geändert werden.

Der **Gauß-Algorithmus** verwendet nun genau diese **elementaren Zeilenumformungen**

- Addition eines Vielfachen einer anderen Gleichung,
- Multiplikation einer Gleichung mit $c \neq 0$ und
- Vertauschen von zwei Gleichungen,

um damit die Matrix eines Gleichungssystems $\mathbf{A} \cdot \vec{x} = \vec{b}$ in eine sogenannte **normierte Zeilenstufenform** zu bringen.

Eine normierte Zeilenstufenform ist eine obere Dreiecksmatrix, bei der in jeder Zeile die erste von null verschiedene Komponente eine Eins ist. In der Spalte dieser Eins sind alle anderen Komponenten gleich null. Ein Beispiel für eine nichtquadratische Matrix in dieser Form ist

$$\mathbf{Z} = \begin{bmatrix} 1 & z_1 & 0 & 0 & z_2 & 0 & z_5 \\ 0 & 0 & 1 & 0 & z_3 & 0 & z_6 \\ 0 & 0 & 0 & 1 & z_4 & 0 & z_7 \\ 0 & 0 & 0 & 0 & 0 & 1 & z_8 \\ 0 & 0 & 0 & 0 & 0 & 0 & 0 \\ 0 & 0 & 0 & 0 & 0 & 0 & 0 \end{bmatrix}. \tag{5.14}$$

Wie wir mit dem Gauß-Algorithmus mittels Zeilenumformungen für jedes Gleichungssystem $A\vec{x} = \vec{b}$ ein äquivalentes Gleichungssystem $Z\vec{x} = \vec{c}$ mit einer Matrix $Z \in K^{m \times n}$ in normierter Zeilenstufenform berechnen können, sehen wir uns später an. Zunächst lesen wir an der Darstellung $Z\vec{x} = \vec{c}$ die Lösungsmenge ab:

- Hat $\vec{c}$ eine von null verschiedene Komponente zu einer Nullzeile von Z, dann gibt es keine Lösung. Im Beispiel ist das bei $\vec{c} = (c_1, \ldots, c_6)^\top$ der Fall, wenn $c_5 \neq 0$ oder $c_6 \neq 0$ ist, da wir Gleichungen $0 = c_5$ und $0 = c_6$ haben.
- Anderenfalls sind zwei Fälle zu unterscheiden:
  - Gibt es keine Spalten in Z mit den hier z_k genannten Einträgen, d. h., alle Spalten entsprechen unterschiedlichen Standard-Einheitsvektoren, dann ist die Lösung eindeutig. Insbesondere im Fall einer quadratischen Matrix $A \in K^{n \times n}$ (gleich viele Variablen und Gleichungen) ist das genau der Fall, in dem die Einheitsmatrix entsteht.
  - Gibt es dagegen eine Spalte mit z_k-Einträgen, dann gibt es mehrere Lösungen, da die Variablen zu den z_k-Spalten (im Beispiel sind dies x_2, x_5 und x_7) beliebig gewählt werden können. Die Gleichungen können nach Wahl dieser z_k-Variablen wie unten in (5.15) nach den verbleibenden Variablen (hier x_1, x_3, x_4 und x_6) umgestellt werden, so dass sich diese eindeutig aus den Werten der z_k-Variablen ergeben. Stehen für die Variablen unendliche viele Skalare wie bei $K = \mathbb{R}$ zur Verfügung, dann gibt es direkt unendlich viele Lösungen. Im Beispiel mit $Z \cdot \vec{x} = \vec{c}$ lesen wir die Lösungsmenge ab: Wir können die Werte der „freien" Variablen x_2, x_5 und x_7 zu den z_k-Spalten beliebig wählen und erhalten durch Auflösen der Gleichungen für die übrigen Variablen

$$
\begin{aligned}
x_1 + z_1 x_2 + z_2 x_5 + z_5 x_7 = c_1 &\Longleftrightarrow x_1 = c_1 - z_1 x_2 - z_2 x_5 - z_5 x_7 \\
x_3 + z_3 x_5 + z_6 x_7 = c_2 &\Longleftrightarrow x_3 = c_2 - z_3 x_5 - z_6 x_7 \\
x_4 + z_4 x_5 + z_7 x_7 = c_3 &\Longleftrightarrow x_4 = c_3 - z_4 x_5 - z_7 x_7 \\
x_6 + z_8 x_7 = c_4 &\Longleftrightarrow x_6 = c_4 - z_8 x_7.
\end{aligned}
\tag{5.15}
$$

Damit können wir alle Lösungen $\vec{x}$ als Linearkombinationen angeben, indem wir $x_2, x_5, x_7 \in \mathbb{R}$ beliebig wählen:

$$
\begin{pmatrix} x_1 \\ x_2 \\ x_3 \\ x_4 \\ x_5 \\ x_6 \\ x_7 \end{pmatrix} = \begin{pmatrix} c_1 \\ 0 \\ c_2 \\ c_3 \\ 0 \\ c_4 \\ 0 \end{pmatrix} + x_2 \begin{pmatrix} -z_1 \\ 1 \\ 0 \\ 0 \\ 0 \\ 0 \\ 0 \end{pmatrix} + x_5 \begin{pmatrix} -z_2 \\ 0 \\ -z_3 \\ -z_4 \\ 1 \\ 0 \\ 0 \end{pmatrix} + x_7 \begin{pmatrix} -z_5 \\ 0 \\ -z_6 \\ -z_7 \\ 0 \\ -z_8 \\ 1 \end{pmatrix}.
$$

Im Gegensatz zu ihrer Anzahl ist die Auswahl der freien Variablen nicht eindeutig.

Algorithmus 5.2 ist tatsächlich ein Verfahren, das die Matrix des Gleichungssystems in eine normierte Zeilenstufenform überführt, so dass wir alle Lösungen ablesen können. Jetzt machen wir uns am Beispiel (5.13) für den Fall $m = n = 3$ klar, dass er dies wirklich tut.

Algorithmus 5.2 Gauß-Algorithmus für lineare Gleichungssysteme mit $m \times n$-Matrix $\mathbf{A}$ über einem Körper K: Am Ende des Algorithmus ist $\mathbf{A}$ in normierter Zeilenstufenform und $\vec{b}$ die passende Inhomogenität

---

1: $z := 1, s := 1$ ▷ z ist Zeilen-, s ist Spaltenindex
2: **while** $(z \leq m) \wedge (s \leq n)$ **do**
3:    **if** $a_{z,s} = a_{z+1,s} = \cdots = a_{m,s} = 0$ **then**
4:      $s := s + 1$ ▷ gleiche Zeile, nächste Spalte
5:    **else**   ▷ In der Spalte gibt es ein $a_{j,s} \neq 0, j \geq z$:
6:      **if** $a_{z,s} = 0$ **then**
7:        Tausche Gleichung z gegen eine j-te, $z + 1 \leq j \leq m$, mit $a_{j,s} \neq 0$.
8:      **for** $j := s + 1$ bis n **do**   ▷ Dividiere Zeile durch $a_{z,s}$
9:        $a_{z,j} := a_{z,j}/a_{z,s}$
10:      $b_z := b_z/a_{z,s}, \ a_{z,s} := 1$
11:      **for** $l := 1$ bis $m, l \neq z$ **do**
12:            ▷ Subtrahiere Vielfache der neuen z-ten Zeile von den anderen
13:        **for** $j := s + 1$ bis n **do**
14:          $a_{l,j} := a_{l,j} - a_{l,s} \cdot a_{z,j}$
15:        $b_l := b_l - a_{l,s} \cdot b_z, \ a_{l,s} := 0$
16:    $z := z + 1, s := s + 1$ ▷ nächste Zeile und nächste Spalte

---

Da in Zeile 6 des Algorithmus $a_{1,1} = 3 \neq 0$ ist, wird die erste Zeile der Matrix und der Inhomogenität in den Algorithmuszeilen 8, 9 und 10 durch Multiplikation mit $\frac{1}{3}$ normiert. Die Normierung sorgt dafür, dass $a_{1,1} = 1$ wird, wie in der Definition der normierten Zeilenstufenform gefordert ist. Wir erhalten

$$\begin{bmatrix} 3 & 6 & 9 \\ 1 & 4 & 5 \\ 2 & 5 & 7 \end{bmatrix} \cdot \begin{pmatrix} x_1 \\ x_2 \\ x_3 \end{pmatrix} = \begin{pmatrix} 9 \\ 3 \\ 6 \end{pmatrix} \iff \begin{bmatrix} 1 & 2 & 3 \\ 1 & 4 & 5 \\ 2 & 5 & 7 \end{bmatrix} \cdot \begin{pmatrix} x_1 \\ x_2 \\ x_3 \end{pmatrix} = \begin{pmatrix} 3 \\ 3 \\ 6 \end{pmatrix}.$$

Mit der Schleife in Zeile 11 werden Vielfache der ersten Gleichung von den anderen abgezogen (nämlich einmal die erste von der zweiten und zweimal die erste Gleichung von der dritten), so dass in der ersten Spalte jeweils eine Null entsteht:

$$\begin{bmatrix} 1 & 2 & 3 \\ 0 & 2 & 2 \\ 0 & 1 & 1 \end{bmatrix} \cdot \begin{pmatrix} x_1 \\ x_2 \\ x_3 \end{pmatrix} = \begin{pmatrix} 3 \\ 0 \\ 0 \end{pmatrix}.$$

Jetzt ist die erste Spalte fertig, und wir wechseln zur zweiten. Dort finden wir $a_{2,2} = 2$ vor, so dass die zweite Zeile durch Multiplikation mit $\frac{1}{2}$ normiert wird. Anschließend subtrahieren wir wieder Vielfache dieser Zeile von den anderen, um Nullen zu erzeugen:

$$\begin{bmatrix} 1 & 2 & 3 \\ 0 & 1 & 1 \\ 0 & 1 & 1 \end{bmatrix} \cdot \begin{pmatrix} x_1 \\ x_2 \\ x_3 \end{pmatrix} = \begin{pmatrix} 3 \\ 0 \\ 0 \end{pmatrix} \iff \begin{bmatrix} 1 & 0 & 1 \\ 0 & 1 & 1 \\ 0 & 0 & 0 \end{bmatrix} \cdot \begin{pmatrix} x_1 \\ x_2 \\ x_3 \end{pmatrix} = \begin{pmatrix} 3 \\ 0 \\ 0 \end{pmatrix}.$$

Nach dem Wechsel zur dritten Spalte finden wir $a_{3,3} = 0$ vor. Gäbe es weitere Zeilen, dann würden wir mit einer Zeile tauschen, die in der dritten Spalte keine Null hat. So führt aber die Abfrage in Zeile 3 des Algorithmus dazu, dass wir zur nächsten Spalte wechseln, die es aber nicht mehr gibt. Wir sind damit fertig und haben tatsächlich eine normierte Zeilenstufenform erzeugt, bei der eine Gleichung zu $0 = 0$ weggefallen ist. Diese legt nahe, dass wir die Variable x_3 beliebig wählen (z_k-Spalte) und in Abhängigkeit davon die anderen bestimmen: Wir stellen also $x_1 + x_3 = 3 \wedge x_2 + x_3 = 0$ nach x_1 und x_2 um: $x_1 = 3 - x_3 \wedge x_2 = -x_3$. Die Lösungen lauten also

$$\begin{pmatrix} x_1 \\ x_2 \\ x_3 \end{pmatrix} = \begin{pmatrix} 3 \\ 0 \\ 0 \end{pmatrix} + x_3 \cdot \begin{pmatrix} -1 \\ -1 \\ 1 \end{pmatrix}, \quad x_3 \in \mathbb{R}.$$

Der Algorithmus tauscht in Zeile 7 gegebenenfalls gegen eine nachfolgende Zeile, die einen Eintrag ungleich null in der aktuellen Spalte hat. Wir machen das, weil wir einen Eintrag ungleich null benötigen, um damit Nullen in den nachfolgenden und vorangehenden Zeilen zu erzeugen. Im Beispiel war das nicht erforderlich. Wird mit reellen Zahlen gerechnet, dann sollte ein Austausch aber auch dann stattfinden, wenn $a_{z,s} \neq 0$ ist. Hinsichtlich der Rundungsfehler erweist es sich hier als günstig, wenn die aktuelle Zeile stets mit einer Zeile j ausgetauscht wird, für die $|a_{j,s}|$, $z \leq j \leq m$, maximal ist. Der maximale Wert heißt hier auch wieder **Pivot-Element**. Beim manuellen Rechnen sollte dagegen mit einer Zeile getauscht werden, für die möglichst einfache Zahlenwerte entstehen. Hier können wir dann auch auf eine Normierung verzichten.

Wir lösen nun auch das Gleichungssystem (5.12) mit dem Gauß-Algorithmus. Da wir schreibfaul sind, fällt uns aber zuvor etwas auf: Durch die Gauß-Umformungen wird der Variablenvektor nicht verändert. Wir können ihn also während der Berechnung weglassen. Dazu verwenden wir ein erweitertes Matrix-Schema, bei dem wir die Inhomogenität durch einen Strich von der Matrix abtrennen. Damit wird aus dem Gleichungssystem (5.12) in Kurzschreibweise das unten links dargestellte Schema, für das wir im ersten Schritt die ersten beiden Zeilen vertauschen (A) und dann die neue erste Zeile von der Dritten subtrahieren (B):

$$\begin{bmatrix} 0 & 1 & 1 & | & 0 \\ 1 & 0 & 1 & | & 1 \\ 1 & 1 & 1 & | & 0 \\ 0 & 0 & 1 & | & 1 \end{bmatrix} \overset{(A)}{\iff} \begin{bmatrix} 1 & 0 & 1 & | & 1 \\ 0 & 1 & 1 & | & 0 \\ 1 & 1 & 1 & | & 0 \\ 0 & 0 & 1 & | & 1 \end{bmatrix} \overset{(B)}{\iff} \begin{bmatrix} 1 & 0 & 1 & | & 1 \\ 0 & 1 & 1 & | & 0 \\ 0 & 1 & 0 & | & 1 \\ 0 & 0 & 1 & | & 1 \end{bmatrix}.$$

Da in $\mathbb{B}$ dass additive Inverse zu 1 ebenfalls 1 ist, also $-1 = 1$, sind Addition und Subtraktion identisch. Daher können wir Schritt (B) auch als Addition der ersten Zeile zur dritten auffassen. Auch müssen wir uns wegen $\mathbb{B}$ nicht um die im Algorithmus durchgeführte Normierung (Zeilen 8–10 in Algorithmus 5.2) kümmern.

Die jetzige zweite Zeile müssen wir mit keiner anderen tauschen. Im dritten Schritt können wir direkt diese Zeile von der dritten abziehen. Schließlich subtrahieren wir die dritte Zeile von allen anderen (C):

$$
\begin{bmatrix} 1 & 0 & 1 & | & 1 \\ 0 & 1 & 1 & | & 0 \\ 0 & 0 & 1 & | & 1 \\ 0 & 0 & 1 & | & 1 \end{bmatrix}
\overset{(C)}{\Longleftrightarrow}
\begin{bmatrix} 1 & 0 & 0 & | & 0 \\ 0 & 1 & 0 & | & 1 \\ 0 & 0 & 1 & | & 1 \\ 0 & 0 & 0 & | & 0 \end{bmatrix}
\overset{(D)}{\Longleftrightarrow}
\begin{bmatrix} 1 & 0 & 0 \\ 0 & 1 & 0 \\ 0 & 0 & 1 \\ 0 & 0 & 0 \end{bmatrix}
\cdot
\begin{pmatrix} x_1 \\ x_2 \\ x_3 \end{pmatrix}
=
\begin{pmatrix} 0 \\ 1 \\ 1 \\ 0 \end{pmatrix}.
$$

Jetzt haben wir eine Zeilenstufenform erreicht und lösen mit (D) die Kurzschreibweise auf. Nun können wir die hier eindeutige Lösung wieder über einen Vergleich des Matrix-Vektor-Produkts und der rechten Seite ablesen: $x_1 = 0 \wedge x_2 = x_3 = 1$. Der Vektor $(0, 1, 1) \in \mathbb{B}^3$ wird also über die Generatormatrix $\mathbf{G}$ aus (5.10) auf das gegebene Codewort $(0, 1, 0, 1)$ abgebildet. Dass wir richtig gerechnet haben, können Sie durch Multiplikation mit $\mathbf{G}$ nachprüfen.

Wir wiederholen schließlich noch das Gauß-Verfahren für (5.8) über $K = \mathbb{R}$. Zur Vermeidung von Brüchen verzichten wir auf eine Normierung und die Verwendung eines Pivot-Elements für die erste Spalte. Subtraktion des Doppelten der ersten von der zweiten Zeile und anschließende Multiplikation der zweiten Zeile mit $-1/8$ ergibt

$$
\begin{bmatrix} 2 & 3 & | & 8 \\ 4 & -2 & | & 0 \end{bmatrix}
\Longleftrightarrow
\begin{bmatrix} 2 & 3 & | & 8 \\ 0 & -8 & | & -16 \end{bmatrix}
\Longleftrightarrow
\begin{bmatrix} 2 & 3 & | & 8 \\ 0 & 1 & | & 2 \end{bmatrix}.
$$

Nun subtrahieren wir das Dreifache der zweiten von der ersten Zeile und multiplizieren diese anschließend mit $1/2$:

$$
\begin{bmatrix} 2 & 3 & | & 8 \\ 0 & 1 & | & 2 \end{bmatrix}
\Longleftrightarrow
\begin{bmatrix} 2 & 0 & | & 2 \\ 0 & 1 & | & 2 \end{bmatrix}
\Longleftrightarrow
\begin{bmatrix} 1 & 0 & | & 1 \\ 0 & 1 & | & 2 \end{bmatrix}.
$$

Jetzt können wir die bereits bekannte Lösung $x_1 = 1$ und $x_2 = 2$ ablesen.

Informatikerinnen und Informatiker sind immer an der Laufzeit von Algorithmen interessiert. Daher wollen wir auch den Gauß-Algorithmus analysieren. Wir zählen die Anzahl der benötigten Multiplikationen $M(m, n)$. Insbesondere bei $K = \mathbb{R}$ sind gegenüber den Multiplikationen die anderen Berechnungen hinsichtlich ihrer Rechenzeit zu vernachlässigen. Wir subtrahieren bei jedem Schritt Vielfache einer Zeile von den vorausgehenden und nachfolgenden, um zu einer Zeilenstufenform zu gelangen. Außerdem verändern wir die Inhomogenität. Daher normieren wir die k-te Zeile mit $n - k + 1$ Multiplikationen und subtrahieren Vielfache ($n - k + 1$-Multiplikationen) dieser Zeile von den $m - 1$ anderen Zeilen. Das ergibt insgesamt

$$
M(m, n) = \sum_{k=1}^{\min\{m,n\}} [n - k + 1 + (m - 1)(n - k + 1)] = m \sum_{k=1}^{\min\{m,n\}} [n - k + 1].
$$

Falls $n \leq m$ ist, ergibt sich mit der Index-Transformation $i = n - k + 1$ (vgl. Beispiel 1.3), mit der wir die Reihenfolge der Summanden von $n + (n-1) + \cdots + 1$ zu $1 + 2 + \cdots + n$ umkehren:

$$M(m, n) = m \sum_{k=1}^{n} [n - k + 1] = m \sum_{i=1}^{n} i \overset{(1.9)}{=} m \frac{n(n+1)}{2}.$$

Falls $n > m$ ist, erhalten wir ebenfalls mit einer Indextransformation, die die Summationsreihenfolge umkehrt:

$$M(m, n) = m \sum_{k=1}^{m} [n - k + 1] = m \sum_{i=n-m+1}^{n} i = m \left[\sum_{i=1}^{n} i - \sum_{i=1}^{n-m} i \right]$$

$$\overset{(1.9)}{=} m \left[\frac{n(n+1)}{2} - \frac{(n-m)(n-m+1)}{2} \right].$$

Insbesondere im quadratischen Fall $n = m$ ist damit $M(n, n) \in \Theta(n^3)$. Tatsächlich wird der Gauß-Algorithmus in der Praxis eingesetzt, so lange die Gleichungssysteme nicht zu groß werden. Hat man viele tausend Variablen, dann werden iterative Verfahren verwendet, die sich mit jeder Iteration einer Lösung annähern. Pro Variable werden dann also Folgenglieder einer gegen den Lösungswert konvergenten Folge berechnet. Allerdings erhält man so in der Regel keine exakte Lösung, sondern nur eine ungefähre.

Aufgabe 5.8 Ein Gleichungssystem $\mathbf{A} \cdot \vec{x} = \vec{b}$ mit $\mathbf{A} \in \mathbb{B}^{m \times n}$ und $\vec{b} \in \mathbb{B}^m$ lässt sich durch Ausprobieren lösen, denn es gibt „nur" 2^n verschiedene Möglichkeiten für den Lösungsvektor $\vec{x} \in \mathbb{B}^n$. Schreiben Sie einen Algorithmus, der durch Ausprobieren eine Lösung (oder alle Lösungen) findet, sofern das System lösbar ist. Vergleichen Sie die Worst-Case-Laufzeit mit dem Gauß-Verfahren im Fall $n = m$. (siehe Lösung A.93)

Der Fall der eindeutigen Lösung ist schön, aber nicht besonders spannend. Falls es gar keine Lösung gibt, können wir auch nichts mehr machen. Interessant ist aber der Fall, dass es mehrere bzw. unendlich viele Lösungen gibt. Wir untersuchen die Struktur der Lösungsmenge. Ist beispielsweise die Anzahl der frei wählbaren Variablen (Freiheitsgrade, im Beispiel (5.15) sind es 3) für ein Gleichungssystem eindeutig festgelegt, oder hängt diese Anzahl vielleicht von der Reihenfolge der Variablen ab?

Die Differenz zweier partikulärer Lösungen $\vec{x}$ und $\vec{y}$ (Lösungen des inhomogenen Systems $\mathbf{A} \cdot \vec{x} = \vec{b}$) ist eine homogene Lösung (Lösung des zugehörigen homogenen Systems $\mathbf{A} \cdot \vec{x} = \vec{0}$), denn

$$\mathbf{A} \cdot (\vec{x} - \vec{y}) = \mathbf{A} \cdot \vec{x} - \mathbf{A} \cdot \vec{y} = \vec{b} - \vec{b} = \vec{0}.$$

Wir wählen eine partikuläre Lösung $\vec{x}$. Damit können wir jede Lösung des Gleichungssystems schreiben als Summe dieser partikulären Lösung $\vec{x}$ und einer homogenen Lösung $\vec{z}$ und erhalten die Lösungsmenge des inhomogenen Systems

$$L = \{\vec{x} + \vec{z} : \vec{z} \text{ ist homogene Lösung}\}. \tag{5.16}$$

Gibt es eine eindeutige Lösung, dann gibt es nur die eine homogene Lösung $\vec{y} = \vec{0}$. Gibt es mehr als eine Lösung, dann gibt es entsprechend viele homogene Lösungen. Im Beispiel (5.15) lautet die Menge der homogenen Lösungen ($\vec{c} = \vec{0}$):

$$\begin{aligned} \big\{ x_2 \cdot (-z_1, 1, 0, 0, 0, 0, 0)^\top \quad &+ \quad x_5 \cdot (-z_2, 0, -z_3, -z_4, 1, 0, 0)^\top \\ + \quad x_7 \cdot (-z_5, 0, -z_6, -z_7, 0, -z_8, 1)^\top \quad &: \quad x_2, x_5, x_7 \in K \big\}. \end{aligned}$$

Die Lösungsmenge eines homogenen linearen Gleichungssystems $A\vec{x} = \vec{0}$ mit n Variablen ($A \in K^{m \times n}$) ist ein Unterraum des $(K^n, +; K, \cdot)$. Wir müssen zum Beweis wegen des Unterraum-Kriteriums Lemma 5.1 lediglich prüfen, dass Summe und skalares Vielfaches von Lösungen selbst wieder Lösungen sind und damit im Unterraum liegen. Sind $\vec{x}$ und $\vec{y}$ Lösungen, dann auch $\vec{x} + \vec{y}$ und $r \cdot \vec{x}, r \in K$, denn

$$A(\vec{x} + \vec{y}) = A\vec{x} + A\vec{y} = \vec{0} + \vec{0} = \vec{0}, \quad A \cdot (r\vec{x}) = r \cdot (A\vec{x}) = r \cdot \vec{0} = \vec{0}.$$

Aufgabe 5.9 Bestimmen Sie die Lösungsmengen der folgenden Gleichungssysteme (siehe Lösung A.94):

$$\text{a)} \begin{bmatrix} 2 & -5 & 1 \\ 1 & 2 & -1 \\ 3 & 0 & 2 \end{bmatrix} \begin{pmatrix} x_1 \\ x_2 \\ x_3 \end{pmatrix} = \begin{pmatrix} 1 \\ 1 \\ 1 \end{pmatrix}, \quad \text{b)} \begin{bmatrix} 1 & 2 & 4 & 7 \\ 2 & 4 & 6 & 8 \\ 1 & 2 & 0 & -5 \\ 1 & 2 & 2 & 1 \end{bmatrix} \begin{pmatrix} x_1 \\ x_2 \\ x_3 \\ x_4 \end{pmatrix} = \begin{pmatrix} 6 \\ 10 \\ 2 \\ 4 \end{pmatrix}.$$

Um die Lösungsmengen von Gleichungssystemen weiter zu untersuchen, führen wir neue Begriffe ein:

Definition 5.9 (Nullraum, Spaltenraum und Zeilenraum) Sei $A \in K^{m \times n}$, wobei $m \neq n$ erlaubt ist.

- Die Lösungsmenge des homogenen linearen Gleichungssystems $A\vec{x} = \vec{0}$ heißt der **Nullraum** von A, kurz $N(A)$. Wir wissen bereits, dass es sich um einen Unterraum des K^n handelt.
- Die lineare Hülle der Spaltenvektoren von A, also der Vektorraum aller Linearkombinationen von Spaltenvektoren, heißt der **Spaltenraum** von A, kurz $S(A)$.
- Als **Zeilenraum** von A bezeichnen wir die lineare Hülle der m Zeilenvektoren von A, kurz $Z(A)$.

Der Spaltenraum ist ein Unterraum des K^m, und der Zeilenraum ist ein Unterraum des K^n, siehe Lemma 5.2.

Da die Codewörter als Linearkombination der Zeilenvektoren der Generatormatrix $\mathbf{G}$ eines linearen Codes C entstehen, ist der Zeilenraum $Z(\mathbf{G})$ der Code: $Z(\mathbf{G}) = C$.

Ein Gleichungssystem $\mathbf{A}\vec{x} = \vec{b}$ hat genau dann mindestens eine Lösung, wenn $\vec{b} \in S(\mathbf{A})$. Denn genau dann lässt sich $\vec{b}$ aus den Spalten der Matrix linear kombinieren, und die Faktoren bilden eine Lösung $\vec{x}$.

Das Gleichungssystem hat genau dann höchstens eine Lösung, wenn das zugehörige homogene System $\mathbf{A}\vec{x} = \vec{0}$ nur die Lösung $\vec{x} = \vec{0}$ besitzt (da sich ja zwei inhomogene Lösungen um eine homogene unterscheiden). In diesem Fall ist $N(\mathbf{A}) = \{\vec{0}\}$, d. h., $\vec{0}$ kann nur als triviale Linearkombination der Spaltenvektoren der Matrix dargestellt werden. Das aber bedeutet, dass die Spaltenvektoren linear unabhängig sind.

Für den Fall einer quadratischen Matrix $\mathbf{A} \in K^{n \times n}$, bei der wir so viele Gleichungen wie Variablen haben, bedeutet die Existenz einer eindeutigen Lösung zu irgend einer Inhomogenität, dass die n Spalten linear unabhängig sind und eine Basis des K^n bilden, da $\dim(K^n) = n$ ist. Umgekehrt wissen wir, dass, wenn die Spalten der quadratischen Matrix eine Basis bilden, jeder Vektor $\vec{b}$ eindeutig als Linearkombination der Spalten geschrieben werden kann (siehe Satz 5.2). Dann hat also das Gleichungssystem für jede Inhomogenität eine eindeutige Lösung. Zusammengenommen gilt also für quadratische Matrizen $\mathbf{A} \in K^{n \times n}$ und $\vec{b} \in K^n$:

$$\mathbf{A}\vec{x} = \vec{b} \text{ hat eindeutige Lösung} \iff \text{Spalten von } \mathbf{A} \text{ sind Basis des } K^n.$$

Tatsächlich ist dies auch dazu äquivalent, dass die n Zeilen der Matrix linear unabhängig und damit eine Basis des K^n sind. Diesen Zusammenhang wollen wir uns nicht nur für quadratische Matrizen, sondern allgemein auch für nicht-quadratische Matrizen $\mathbf{A} \in K^{m \times n}$ ansehen.

Die elementaren Zeilenumformungen des Gauß-Verfahrens ändern die Lösungsmenge von $\mathbf{A} \cdot \vec{x} = \vec{0}$ nicht, also lassen sie den Nullraum $N(\mathbf{A})$ unverändert. Außerdem stellen sie umkehrbare Linearkombinationen der Zeilenvektoren von $\mathbf{A}$ dar, so dass sie auch den Zeilenraum $Z(\mathbf{A})$ nicht verändern. Damit haben wir bewiesen:

Lemma 5.5 (Nullraum und Zeilenraum bei Zeilenumformungen) *Entsteht die Matrix* $\mathbf{B}$ *aus der Matrix* $\mathbf{A}$ *durch elementare Zeilenumformungen, so gilt* $Z(\mathbf{A}) = Z(\mathbf{B})$ *und* $N(\mathbf{A}) = N(\mathbf{B})$.

Der Spaltenraum kann sich jedoch bei Zeilenumformungen verändern. Im Beispiel entsteht durch Subtraktion der ersten von der zweiten Zeile ein anderer Spaltenraum:

$$S\left(\begin{bmatrix} 1 & 1 \\ 1 & 1 \end{bmatrix}\right) = \left\{ r\begin{pmatrix} 1 \\ 1 \end{pmatrix} : r \in K \right\} \neq S\left(\begin{bmatrix} 1 & 1 \\ 0 & 0 \end{bmatrix}\right) = \left\{ r\begin{pmatrix} 1 \\ 0 \end{pmatrix} : r \in K \right\}.$$

Jedoch gilt:

Satz 5.4 (Spaltenvektoren von Matrizen) Sind die Spaltenvektoren zu k fest gewählten Spalten der Matrix $\mathbf{A} \in K^{m \times n}$ linear unabhängig und entsteht die Matrix $\mathbf{B}$ aus $\mathbf{A}$ durch elementare Zeilenumformungen, dann sind auch die k Spalten in $\mathbf{B}$ linear unabhängig. Völlig analog bleiben k linear abhängige Spalten unter den Zeilenumformungen linear abhängig.

Beweis Durch Auswahl der k Spalten aus $\mathbf{A}$ erstellen wir eine neue Matrix $\mathbf{A}' \in K^{m \times k}$. Unter den elementaren Zeilenumformungen, die im Gauß-Algorithmus verwendet werden, bleibt die Lösungsmenge von $\mathbf{A}'\vec{x} = \vec{0}$ erhalten – und damit die lineare Unabhängigkeit/Abhängigkeit der Spalten. $\qquad\qquad\square$

Als Konsequenz des Satzes bleibt die Dimension des Spaltenraums unter elementaren Zeilenumformungen unverändert.

Mit dem Algorithmus 5.2 können wir eine Matrix $\mathbf{A} \in K^{m \times n}$ mittels elementarer Zeilenumformungen in eine normierte Zeilenstufenform $\mathbf{Z} \in K^{m \times n}$ bringen (vgl. mit $\mathbf{Z}$ in (5.14)). Wir wissen nach den Vorüberlegungen:

$$Z(\mathbf{Z}) = Z(\mathbf{A}), \ N(\mathbf{Z}) = N(\mathbf{A}) \ \text{und} \ \dim S(\mathbf{Z}) = \dim S(\mathbf{A}).$$

An der Zeilenstufenform können wir jetzt zudem ablesen, dass

$$\dim S(\mathbf{Z}) = \dim Z(\mathbf{Z}) \ \text{und} \ \dim N(\mathbf{Z}) = n - \dim S(\mathbf{Z})$$

ist. Denn eine Basis von $Z(\mathbf{Z})$ erhält man aus denjenigen Zeilenvektoren von $\mathbf{Z}$, die ungleich dem Nullvektor sind. Zu jedem Zeilenvektor können wir einen Spaltenvektor wählen, der genau in der Zeile des Zeilenvektors eine 1 und sonst nur Nullen als Komponenten hat. Diese Spaltenvektoren bilden eine Basis des Spaltenraums. In $\mathbf{Z}$ aus (5.14) sind das die Spalten 1, 3, 4 und 6. Bei der Lösung des Gleichungssystems $\mathbf{Z}\vec{x} = \vec{0}$ können die Variablen zu den noch nicht berücksichtigten Spalten (Spalten 2, 5 und 7 in $\mathbf{Z}$ aus (5.14)) beliebig gewählt werden. Ihre Anzahl $n - \dim S(\mathbf{Z})$ bestimmt daher die Dimension des Nullraums.

Wir setzen unsere Ergebnisse zusammen und erhalten:

$$\dim Z(\mathbf{A}) = \dim Z(\mathbf{Z}) = \dim S(\mathbf{Z}) = \dim S(\mathbf{A}),$$
$$\dim N(\mathbf{A}) = \dim N(\mathbf{Z}) = n - \dim S(\mathbf{Z}) = n - \dim S(\mathbf{A}).$$

Satz 5.5 (Dimensionssatz für Matrizen) Für jede Matrix $\mathbf{A} \in K^{m \times n}$ ist

$$\dim Z(\mathbf{A}) = \dim S(\mathbf{A}) \ \text{und} \ n = \dim S(\mathbf{A}) + \dim N(\mathbf{A}).$$

Da Zeilen- und Spaltenraum einer Matrix die gleiche Dimension haben, ist diese Dimension eine charakteristische Größe der Matrix und heißt der **Rang** der Matrix $\mathbf{A}$:

$$\text{Rang}(\mathbf{A}) := \dim S(\mathbf{A}) = \dim Z(\mathbf{A}).$$

Eine Generatormatrix eines (n, k)-Codes hat damit den Rang k.

Jetzt ist neben der Struktur (siehe (5.16), wobei dort insbesondere gezeigt wird, dass die homogenen Lösungen einen Vektorraum bilden) auch die Größe von Lösungsmengen linearer Gleichungssysteme geklärt. Denn aus Satz 5.5 folgt direkt:

Satz 5.6 (Dimensionssatz für Gleichungssysteme) Die Dimension des Vektorraums der Lösungen eines homogenen linearen Gleichungssystems $\mathbf{A} \cdot \vec{x} = \vec{0}$ mit n Variablen ist $\dim N(\mathbf{A}) = n - \dim S(A) = n - \text{Rang}(\mathbf{A})$.

Aufgabe 5.10 Sei $\mathbf{A} \in \mathbb{R}^{3 \times 3}$ eine Matrix, über die ein homogenes lineares Gleichungssystem $\mathbf{A}\vec{x} = \vec{0}$ definiert ist. Die Lösungen bilden den Nullraum von $\mathbf{A}$.

a) Geben Sie alle möglichen Dimensionen dieses Vektorraums an.
b) Welche Dimension hat der Nullraum, wenn der Spaltenraum der Matrix die Dimension 2 hat?
c) Lösen Sie das Gleichungssystem für alle Matrizen $\mathbf{A}$, deren Zeilenraum die Dimension 3 hat. (siehe Lösung A.95)

Wir können Gauß'sche Zeilenumformungen, die den Zeilenraum unverändert lassen, auch nutzen, um eine Basis in eine einfacher zu benutzende andere Basis zu überführen.

Wenn wir also wie bei einer Generatormatrix Basisvektoren eines Unterraums des $(K^n, +; K, \cdot)$ in die Zeilen einer Matrix schreiben, dann erhalten wir nach Gauß'schen Zeilenumformungen wieder Zeilen einer Basis. So können wir mit der Generatormatrix $\mathbf{G}$ aus (5.10) verfahren. Aus

$$\begin{bmatrix} 0 & 1 & 1 & 0 \\ 1 & 0 & 1 & 0 \\ 1 & 1 & 1 & 1 \end{bmatrix} \text{ entsteht } \begin{bmatrix} 1 & 0 & 1 & 0 \\ 0 & 1 & 1 & 0 \\ 0 & 1 & 0 & 1 \end{bmatrix}$$

durch Vertauschen der ersten beiden Zeilen und anschließende Subtraktion der neuen ersten von der dritten Zeile. Jetzt subtrahieren wir die zweite von der dritten Zeile und ziehen dann die dritte von den beiden anderen ab:

$$\begin{bmatrix} 1 & 0 & 1 & 0 \\ 0 & 1 & 1 & 0 \\ 0 & 0 & 1 & 1 \end{bmatrix}, \quad \mathbf{G}' := \begin{bmatrix} 1 & 0 & 0 & 1 \\ 0 & 1 & 0 & 1 \\ 0 & 0 & 1 & 1 \end{bmatrix}.$$

Wenn wir nun diese Matrix $\mathbf{G}'$ als Generatormatrix für unseren $(4, 3)$-Code mit $k = 3$ Informations- und $n - k = 1$ Prüfbits verwenden und Vektoren aus $\mathbb{B}^3$ über die Multiplikation mit dieser Matrix codieren, dann sind die ersten drei Bits der Codewörter die Informationsbits, und das vierte ist das Prüfbit. Eine solche Generatormatrix eines (n, k)-Codes, bei der die linken Spalten der Einheitsmatrix $\mathbf{E}_k$ entsprechen, wird als **systematische Form** bezeichnet. Beachten Sie: Multiplikation mit $\mathbf{G}$ führt zu einer anderen Codierung als Multiplikation mit $\mathbf{G}'$. Der Code als

Vektorraum der gültigen Codewörter und Bildmenge der Codierung bleibt dagegen der gleiche, da die Gauß'schen Zeilenumformungen den von den Zeilen erzeugten Vektorraum nicht verändern.

Mittels Zeilenumformungen kann man nicht immer die systematische Form erreichen, da bei einer Zeilenstufenform die Einheitsvektoren als Spalten über die Matrix verteilt sein können, die sich bei der systematischen Form auf der linken Seite befinden. Um in eine systematische Form zu gelangen, sind dann auch noch Spaltenvertauschungen nötig. Die Spaltenumformungen können aber die Zeilenvektoren der Generatormatrix so verändern, dass sie einen anderen Vektorraum aufspannen, d. h., der Code kann sich verändern. Beispielsweise gehört $(0, 0, 1)$ zum Code der Generatormatrix $\mathbf{G}_1$, während der Vektor nicht von den Zeilen der aus $\mathbf{G}_1$ durch Vertauschung der zweiten und dritten Spalte entstandenen Matrix $\mathbf{G}_2$, die in systematischer Form ist, erzeugt werden kann:

$$\mathbf{G}_1 = \begin{bmatrix} 1\ 0\ 0 \\ 0\ 0\ 1 \end{bmatrix}, \quad \mathbf{G}_2 = \begin{bmatrix} 1\ 0\ 0 \\ 0\ 1\ 0 \end{bmatrix}.$$

Codieren wir mit einer systematischen Generatormatrix, dann fügen wir lediglich Prüfbits hinzu. Die Decodierung eines korrekten Codeworts (d. h. das Codewort ist Element des Codes, mit fehlerhaft übertragenen Codewörtern beschäftigen wir uns später) ist nun ganz einfach: Wir lassen die Prüfbits weg, das sind die letzten $n - k$ Bits der Codewörter. Ist die Generatormatrix nicht in einer systematischen Form, dann müssen wir uns bei der Decodierung mehr anstrengen. Das machen wir im folgenden Unterkapitel.

5.5.3 Inverse Matrix

Zum Decodieren haben wir ein Gleichungssystem gelöst. Das möchten wir aber nicht für jedes einzelne Codewort tun. Abhilfe schafft die inverse Matrix:

Definition 5.10 (inverse Matrix) Eine Matrix $\mathbf{A} \in K^{n \times n}$ heißt **invertierbar** mit **Inverser $\mathbf{A}^{-1} \in K^{n \times n}$** genau dann, wenn

$$\mathbf{A}^{-1} \cdot \mathbf{A} = \mathbf{E}$$

gilt. Hier ist $\mathbf{E}$ wieder die Einheitsmatrix, also eine Diagonalmatrix mit Einsen als Diagonalkomponenten.

In Abschn. 3.2.1 haben wir uns mit Gruppen und Ringen beschäftigt: $\mathbf{A}^{-1}$ ist die multiplikative Inverse zu $\mathbf{A}$ im Ring der $(n \times n)$-Matrizen über K und damit eindeutig bestimmt. Analog zum Satz 3.1 für Gruppen folgt aus $\mathbf{A}^{-1}\mathbf{A} = \mathbf{E}$ auch $\mathbf{A}\mathbf{A}^{-1} = \mathbf{E}$ und umgekehrt. Man hat also bereits eine Inverse, wenn eine der beiden Bedingungen erfüllt ist, d. h. wenn man eine „Linksinverse" oder eine „Rechtsinverse" gefunden hat.

Die Definition ist nur für quadratische Matrizen sinnvoll, da nur in diesem Fall die Inverse eindeutig ist und von links und rechts multipliziert werden kann. Damit beschäftigen wir uns später in Satz 5.7. Wir arbeiten also zunächst mit quadratischen Matrizen, bevor wir dann das Decodieren auch für nicht-quadratische Generatormatrizen mit einem ganz ähnlichen Ansatz bewerkstelligen.

Wenn die Inverse $\mathbf{A}^{-1}$ einer Matrix $\mathbf{A}$ existiert und bekannt ist, dann können wir das Gleichungssystem $\mathbf{A} \cdot \vec{x} = \vec{b}$ durch Multiplikation mit $\mathbf{A}^{-1}$ lösen:

$$\mathbf{A}\vec{x} = \vec{b} \iff \mathbf{A}^{-1}(\mathbf{A}\vec{x}) = \mathbf{A}^{-1}\vec{b} \iff (\mathbf{A}^{-1} \cdot \mathbf{A})\vec{x} = \mathbf{A}^{-1}\vec{b} \iff \mathbf{E}\vec{x} = \mathbf{A}^{-1}\vec{b}$$
$$\iff \vec{x} = \mathbf{A}^{-1}\vec{b}.$$

Der Ansatz ist dann vorteilhaft, wenn das System für verschiedene Inhomogenitäten, also für verschiedene Vektoren $\vec{b}$, gelöst werden soll. Dann muss nur einmal in die Berechnung von $\mathbf{A}^{-1}$ investiert werden – und wir haben dann mittels n^2 Multiplikationen mit den Komponenten des Vektors der rechten Seite sofort für jede Inhomogenität $\vec{b}$ eine Lösung. Ist eine invertierbare Generatormatrix gegeben (die Matrix ist quadratisch, und es gibt keine Prüfbits), so können wir jedes Codewort $\vec{b}$ mittels $\vec{b} \cdot \mathbf{G}^{-1}$ decodieren:

$$\vec{x} \cdot \mathbf{G} = \vec{b} \iff \vec{x} \cdot \mathbf{G} \cdot \mathbf{G}^{-1} = \vec{b} \cdot \mathbf{G}^{-1} \iff \vec{x} \cdot \mathbf{E} = \vec{b} \cdot \mathbf{G}^{-1} \iff \vec{x} = \vec{b} \cdot \mathbf{G}^{-1}.$$

Hier haben wir berücksichtigt, dass Generatormatrizen üblicherweise von links mit dem zu codierenden Vektor multipliziert werden, während bei der vorangehenden Rechnung der Lösungsvektor von rechts multipliziert wurde.

Wir werden jetzt eine Rechtsinverse mit $\mathbf{A}\mathbf{A}^{-1} = \mathbf{E}$ berechnen. Zur Bestimmung der k-ten Spalte $\vec{s}_k$ von $\mathbf{A}^{-1}$ müssen wir daher das Gleichungssystem

$$\mathbf{A}\vec{s}_k = k\text{-te Spalte der Einheitsmatrix}$$

lösen. Die Inverse erhalten wir damit über n Gleichungssysteme für die n Spalten von $\mathbf{A}^{-1}$. Mit dem Gauß-Verfahren können wir diese n Gleichungssysteme gleichzeitig lösen. Die Systeme unterscheiden sich nur durch die Inhomogenität. Wir arbeiten daher mit n Inhomogenitäten gleichzeitig, indem wir die Kurzschreibweise ohne Variablen um weitere Spalten auf der rechten Seite erweitern. Beispielsweise invertieren wir

$$A := \begin{bmatrix} -2 & 1 \\ 4 & -1 \end{bmatrix} \quad \text{zu} \quad A^{-1} = \begin{bmatrix} \frac{1}{2} & \frac{1}{2} \\ 2 & 1 \end{bmatrix},$$

indem wir zwei Inhomogenitäten ergänzen – damit steht rechts die Einheitsmatrix – und dann so lange umformen, bis links die Einheitsmatrix steht. Die Lösungen für die Spalten können nun abgelesen werden, es ergibt sich als Inverse die Matrix rechts vom Strich (gleiche Umformungen wie zuvor):

$$\left[\begin{array}{cc|cc} -2 & 1 & 1 & 0 \\ 4 & -1 & 0 & 1 \end{array}\right] \iff \left[\begin{array}{cc|cc} -2 & 1 & 1 & 0 \\ 0 & 1 & 2 & 1 \end{array}\right] \iff \left[\begin{array}{cc|cc} -2 & 0 & -1 & -1 \\ 0 & 1 & 2 & 1 \end{array}\right] \iff \left[\begin{array}{cc|cc} 1 & 0 & \frac{1}{2} & \frac{1}{2} \\ 0 & 1 & 2 & 1 \end{array}\right].$$

Die Matrix-Invertierung mit dem Gauß-Algorithmus liegt hinsichtlich der Anzahl der Multiplikationen in $\Theta(n^3)$. Wir lösen zwar n Gleichungssysteme, für die der Gauß-Algorithmus einzeln bereits einen Aufwand von $\Theta(n^3)$ hat, aber der Aufwand für die Matrix-Invertierung ist nicht in $\Theta(n^4)$, sondern ebenfalls in $\Theta(n^3)$. Das liegt daran, dass sich durch die $n-1$ zusätzlichen Inhomogenitäten lediglich die Längen der umzuformenden Zeilen von $n+1$ auf $2n$ Einträge erhöhen, damit aber immer noch in $\Theta(n)$ liegen.

Es gibt eine Kennzahl, die für eine Matrix $\mathbf{A} \in K^{n \times n}$ anzeigt, ob sie invertierbar ist. Diese Kennzahl ist die **Determinante** $\det(\mathbf{A})$, die z. B. wie in Algorithmus 5.3 berechnet werden kann. Es gilt:

$$\det(\mathbf{A}) \neq 0 \iff \mathbf{A}^{-1} \text{ existiert} \iff \mathbf{A}\vec{x} = \vec{0} \text{ ist eindeutig lösbar}$$
$$\iff \text{Die Zeilen (Spalten) von } \mathbf{A} \text{ sind linear unabhängig.}$$

Diese Zusammenhänge lassen sich elementar über das Verhalten der Determinante unter Gauß'schen Zeilen- (und Spalten-) Umformungen der Matrix beweisen. Da wir hier nur ganz kurz auf die Determinante eingehen wollen, scheuen wir den dazu erforderlichen, nicht unerheblichen Aufwand und verweisen z. B. auf [Goebbels und Ritter (2018, Kap. 1.8 und S. 186)]. Die Äquivalenz ist aber auch anschaulich zugänglich. Für eine Matrix $\mathbf{A} \in \mathbb{R}^{2 \times 2}$ ist beispielsweise der Betrag der Determinante $|\det(\mathbf{A})|$ der Flächeninhalt eines Parallelogramms mit zwei Seiten, die den Zeilenvektoren von $\mathbf{A}$ entsprechen. Die Fläche ist null genau dann, wenn die Zeilenvektoren auf einer Geraden liegen und damit linear abhängig sind. Entsprechend lässt sich der Betrag einer Determinante einer Matrix aus $\mathbb{R}^{3 \times 3}$ als Volumen eines Parallelepipeds („3D-Parallelogramm") auffassen, bei dem drei Kanten den Zeilen der Matrix entsprechen.

Algorithmus 5.3 Rekursive Determinantenberechnung der $(n \times n)$-Matrix $\mathbf{A}$

procedure DET($\mathbf{A}$)
  if $n = 1$ **then return** $a_{1,1}$
  det $:= 0$
  for $k := 1$ bis n **do**   ▷ Durchlaufe die erste Spalte von $\mathbf{A}$
    det $:=$ det $+ (-1)^{k+1} \cdot a_{k,1} \cdot$ DET$(A_{k,1})$
  return det

In Algorithmus 5.3 wird in der Schleife die erste Spalte der Matrix durchlaufen. Dabei ist $\mathbf{A}_{i,j} \in K^{(n-1) \times (n-1)}$ die Matrix, die aus $\mathbf{A}$ entsteht, wenn wir die i-te Zeile und j-te Spalte weglassen. Als Beispiel berechnen wir eine Determinante mit dem Algorithmus:

$$\det \begin{bmatrix} 1 & 2 & 3 \\ 4 & 5 & 0 \\ 6 & 0 & 0 \end{bmatrix} = 1 \cdot \det \begin{bmatrix} 5 & 0 \\ 0 & 0 \end{bmatrix} - 4 \cdot \det \begin{bmatrix} 2 & 3 \\ 0 & 0 \end{bmatrix} + 6 \cdot \det \begin{bmatrix} 2 & 3 \\ 5 & 0 \end{bmatrix}$$
$$= 1 \cdot (5 \cdot 0 - 0 \cdot 0) - 4 \cdot (2 \cdot 0 - 0 \cdot 3) + 6 \cdot (2 \cdot 0 - 5 \cdot 3) = -90.$$

Alternativ zur ersten Spalte kann die Determinante auch über jede andere Spalte j oder Zeile i gewählt werden, Unterschiede gibt es nur beim Vorzeichen der Summanden:

$$\det(\mathbf{A}) = \sum_{k=1}^{n}(-1)^{j+k}a_{k,j}\det(\mathbf{A}_{k,j}) = \sum_{k=1}^{n}(-1)^{i+k}a_{i,k}\det(\mathbf{A}_{i,k}).$$

Aufgabe 5.11

a) Berechnen Sie mit Algorithmus 5.3

$$\det\begin{pmatrix} 1\,2\,3\,4 \\ 0\,0\,3\,0 \\ 0\,1\,3\,0 \\ 0\,5\,6\,7 \end{pmatrix}.$$

b) Stellen Sie eine Rekursionsgleichung für die Anzahl der Multiplikationen $T(n)$ in Algorithmus 5.3 auf, und schätzen Sie den Aufwand $T(n)$ nach oben ab. Dabei können Sie mit (4.23) verwenden, dass $\sum_{k=0}^{\infty}\frac{1}{k!}$ konvergiert. (siehe Lösung A.96)

Wir sehen uns nun an, wie wir das Gleichungssystem (5.12) zum Decodieren durch eine Matrixmultiplikation ersetzen können und gehen dabei analog zur Matrixinvertierung vor. Voraussetzung ist, dass ein korrektes Codewort $\vec{b} \in C$ vorliegt. Vor dem Decodieren müssen eventuell vorhandene Übertragungsfehler korrigiert werden, indem z. B. Paritätsbits ausgewertet werden.

Wir suchen eine Rechtsinverse $\mathbf{I}$ der (3×4)-Matrix $\mathbf{G}$ des Gleichungssystems. Dabei ist $\mathbf{I} \in \mathbb{B}^{4\times3}$, und wir nennen die drei Spalten $\vec{b}_1, \vec{b}_2, \vec{b}_3 \in \mathbb{B}^4$:

$$\underbrace{\begin{bmatrix} 0\,1\,1\,0 \\ 1\,0\,1\,0 \\ 1\,1\,1\,1 \end{bmatrix}}_{=\mathbf{G}} \cdot \underbrace{(\vec{b}_1, \vec{b}_2, \vec{b}_3)}_{=\mathbf{I}} = \underbrace{\begin{bmatrix} 1\,0\,0 \\ 0\,1\,0 \\ 0\,0\,1 \end{bmatrix}}_{=\mathbf{E}_3}.$$

Wenn wir eine solche Matrix $\mathbf{I}$ kennen, dann können wir damit ein Codewort $\vec{b} \in C$ zu $\vec{x} \in \mathbb{B}^3$ decodieren:

$$\vec{x} \cdot \mathbf{G} = \vec{b} \implies \vec{x} \cdot \mathbf{G} \cdot \mathbf{I} = \vec{b} \cdot \mathbf{I} \implies \vec{x} \cdot \mathbf{E}_3 = \vec{b} \cdot \mathbf{I} \implies \vec{x} = \vec{b} \cdot \mathbf{I}.$$

Wir bestimmen nun eine solche Matrix I, indem wir zunächst die drei Gleichungssysteme für die drei Spalten von $\mathbf{I}$ gleichzeitig lösen. Wenn wir die gleichen Zeilenumformungen wie zu (5.12) anwenden, dann ergibt sich

$$\begin{bmatrix} 0\,1\,1\,0 & 1\,0\,0 \\ 1\,0\,1\,0 & 0\,1\,0 \\ 1\,1\,1\,1 & 0\,0\,1 \end{bmatrix} \iff \begin{bmatrix} 1\,0\,0\,1 & 1\,0\,1 \\ 0\,1\,0\,1 & 0\,1\,1 \\ 0\,0\,1\,1 & 1\,1\,1 \end{bmatrix}. \tag{5.17}$$

Aufgabe 5.12 Überprüfen Sie mittels Gauß'schen Zeilenumformungen dieses Ergebnis. (siehe Lösung A.97)

Jetzt müssen wir noch **I** ablesen. Unabhängig vom konkreten Beispiel sind die Zeilen jeder Generator-Matrix **G** als Basis eines k-dimensionalen Codes linear unabhängig, so dass sich stets links wie im Beispiel alle Spalten der Matrix $\mathbf{E}_k$ in einer Zeilenstufenform erzeugen lassen. Daher lassen sich stets Lösungen ablesen.

Die Lösungen $\vec{b}_1$, $\vec{b}_2$ und $\vec{b}_3$ der einzelnen Gleichungssysteme in (5.17), also

$$\begin{pmatrix} 1\,0\,0\,1 \\ 0\,1\,0\,1 \\ 0\,0\,1\,1 \end{pmatrix} \cdot \vec{b}_1 = \begin{pmatrix} \mathbf{1} \\ \mathbf{0} \\ \mathbf{1} \end{pmatrix}, \quad \begin{pmatrix} 1\,0\,0\,1 \\ 0\,1\,0\,1 \\ 0\,0\,1\,1 \end{pmatrix} \cdot \vec{b}_2 = \begin{pmatrix} \underline{0} \\ \underline{1} \\ \underline{1} \end{pmatrix}, \quad \begin{pmatrix} 1\,0\,0\,1 \\ 0\,1\,0\,1 \\ 0\,0\,1\,1 \end{pmatrix} \cdot \vec{b}_3 = \begin{pmatrix} 1 \\ 1 \\ 1 \end{pmatrix},$$

sind jetzt aber im Gegensatz zu quadratischen Matrizen nicht eindeutig. Es gibt also mehrere mögliche Rechtsinverse. Wenn wir die vierte Komponente der Lösungsvektoren $\vec{b}_1$, $\vec{b}_2$ und $\vec{b}_3$ jeweils zu null wählen, dann können wir aufgrund der Diagonalmatrix für die übrigen Komponenten den Wert direkt an der entsprechenden Inhomogenität ablesen und erhalten **I**. Damit können wir ein Codewort $\vec{b} \in C$ mit den Komponenten b_1, b_2, b_3 und b_4 zu $\vec{x} = \vec{b} \cdot \mathbf{I}$ decodieren, wobei wir die Komponenten der Inhomogenitäten unterschiedlich gesetzt haben (fett/unterstrichen/normal), damit wir sie in der Matrix **I** wiedererkennen:

$$I = \begin{pmatrix} \vec{b}_1 & \vec{b}_2 & \vec{b}_3 \end{pmatrix} = \begin{bmatrix} \mathbf{1}\,\underline{0}\,1 \\ \mathbf{0}\,\underline{1}\,1 \\ \mathbf{1}\,\underline{1}\,1 \\ 0\,0\,0 \end{bmatrix}, \quad (x_1, x_2, x_3) = (b_1, b_2, b_3, b_4) \cdot \begin{bmatrix} 1\,0\,1 \\ 0\,1\,1 \\ 1\,1\,1 \\ 0\,0\,0 \end{bmatrix}.$$

Beim Decodieren ignorieren wir bei dieser Wahl von **I** durch die Nullzeile das letzte Bit der Codewörter. Als Prüfbit hat es aber dennoch Bedeutung. Das sehen wir uns im nächsten Unterkapitel an.

Satz 5.7 (Existenz von Rechts- und Linksinversen) Für eine Matrix $\mathbf{A} \in K^{m \times n}$ gilt:

- Ist $\text{Rang}(\mathbf{A}) = m$, dann besitzt **A** eine Rechtsinverse $\mathbf{I} \in K^{n \times m}$ mit

$$\mathbf{A} \cdot \mathbf{I} = \mathbf{E}_m.$$

- Ist $\text{Rang}(\mathbf{A}) = n$, so hat **A** eine Linksinverse $\mathbf{I} \in K^{n \times m}$ mit $\mathbf{I} \cdot \mathbf{A} = \mathbf{E}_n$.

Rechts- oder Linksinverse sind nicht eindeutig, falls $n \neq m$ ist.

Von der Existenz der in der Regel nicht eindeutigen Rechtsinversen haben wir uns bereits überzeugt. Mittels Transponieren erhalten wir daraus auch die Aussage zur Linksinversen mit der Regel aus Aufgabe 5.7.

Abb. 5.4 Zum
Skalarprodukt von $\vec{a}$ und $\vec{b}$

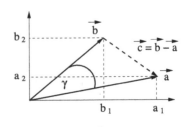

5.6   Orthogonalität, Fehlererkennung und Kompression

Um Fehler in linearen Codes zu finden, benutzen wir den Begriff der Orthogonalität. Zwei Vektoren sind orthogonal zueinander, wenn sie senkrecht zueinander stehen, also einen Winkel von $\frac{\pi}{2}$ (90°) einschließen. Steht ein Wort senkrecht zu gewissen Vektoren, dann ist es kein Codewort, ein Übertragungsfehler liegt vor. Um das zu verstehen, definieren wir zunächst einen Winkelbegriff für allgemeine Vektorräume, beginnen aber mit den anschaulichen Pfeilen in der Ebene, also mit dem Vektorraum $(\mathbb{R}^2, +; \mathbb{R}, \cdot)$.

Zu zwei Pfeilen $\vec{a} := (a_1, a_2)$ und $\vec{b} := (b_1, b_2)$ (die in der Ebene vom Nullpunkt zu den angegebenen Punkten führen) betrachten wir das Produkt

$$\vec{a} \bullet \vec{b} := \vec{a} \cdot \vec{b}^\top = (a_1, a_2) \cdot (b_1, b_2)^\top = a_1 \cdot b_1 + a_2 \cdot b_2$$

und nennen es **Skalarprodukt.** Das Skalarprodukt wird also als Matrixprodukt eines Zeilen- mit einem Spaltenvektor ausgerechnet. Das ist eine Zahl und trotz des ähnlichen Namens etwas Anderes als das Produkt mit einem Skalar, das wieder einen Vektor ergibt.

Die Vektoren $\vec{a} \neq \vec{0}$ und $\vec{b} \neq \vec{0}$ schließen einen Winkel $0 \leq \gamma \leq \pi$ ein (siehe Abb. 5.4). Geben wir die Seitenlängen über den Satz des Pythagoras an,

$$a = \sqrt{a_1^2 + a_2^2}, \ b = \sqrt{b_1^2 + b_2^2} \quad \text{und} \quad c = \sqrt{(a_1 - b_1)^2 + (a_2 - b_2)^2},$$

dann gilt nach dem Kosinussatz $a^2 + b^2 - 2ab\cos(\gamma) = c^2$ (siehe Satz 3.13):

$$(a_1^2 + a_2^2) + (b_1^2 + b_2^2) - 2\sqrt{a_1^2 + a_2^2}\sqrt{b_1^2 + b_2^2}\cos(\gamma) = \underbrace{(a_1 - b_1)^2 + (a_2 - b_2)^2}_{=a_1^2 - 2a_1 b_1 + b_1^2 + a_2^2 - 2a_2 b_2 + b_2^2}$$

$$\Longleftrightarrow \quad -2\sqrt{a_1^2 + a_2^2}\sqrt{b_1^2 + b_2^2}\cos(\gamma) = \underbrace{-2a_1 b_1 - 2a_2 b_2}_{-2\cdot(\vec{a}\bullet\vec{b})}$$

$$\Longleftrightarrow \quad \cos(\gamma) = \frac{\vec{a} \bullet \vec{b}}{\sqrt{a_1^2 + a_2^2}\sqrt{b_1^2 + b_2^2}}.$$

So werden wir allgemein auch den Winkel zwischen zwei Vektoren aus $\mathbb{R}^n$ bestimmen. Jetzt wollen wir die Winkelberechnung über ein Skalarprodukt zunächst für ganz allgemeine Vektorräume nutzen. Dazu definieren wir Skalarprodukte auf der Basis der Eigenschaften des Skalarprodukts im $\mathbb{R}^2$:

Definition 5.11 (**Skalarprodukt**) Eine für einen Vektorraum $(V, +; K, \cdot)$ definierte Abbildung

$$\text{„} \bullet \text{“} \ : \quad V \times V \to K$$

heißt ein **Skalarprodukt** genau dann, wenn für beliebige Vektoren $\vec{a}, \vec{b}, \vec{c} \in V$ und Skalare $s \in K$ die folgenden Regeln (Axiome) erfüllt sind:

a) **Symmetrie:** Es gilt das Kommutativgesetz $\vec{a} \bullet \vec{b} = \vec{b} \bullet \vec{a}$.
b) **Homogenität:** $(s\vec{a}) \bullet \vec{b} = s(\vec{a} \bullet \vec{b})$.
c) **Additivität** (Distributivgesetz): $(\vec{a} + \vec{b}) \bullet \vec{c} = \vec{a} \bullet \vec{c} + \vec{b} \bullet \vec{c}$.

Ist $K = \mathbb{R}$, und gilt zusätzlich die **positive Definitheit**

$$\vec{a} \bullet \vec{a} \geq 0 \text{ und aus } \vec{a} \bullet \vec{a} = 0 \text{ folgt bereits } \vec{a} = \vec{0},$$

dann heißt der Vektorraum mit Skalarprodukt ein **Euklid'scher Raum.**

Formal müssten wir eigentlich einen Vektorraum mit Skalarprodukt als Paar $(V, \bullet)$ bzw. $((V, +; K, \cdot), \bullet)$ angeben. Denn zu einem Vektorraum kann es viele verschiedene Skalarprodukte geben. Ist beispielsweise V ein Vektorraum über $\mathbb{R}$ mit dem Skalarprodukt $\bullet$, dann ist für jede Konstante $c \in \mathbb{R}$ auch

$$* \ : \ V \times V \to \mathbb{R}, \quad \vec{a} * \vec{b} := c \cdot (\vec{a} \bullet \vec{b})$$

ein Skalarprodukt, wie Sie direkt mit der Definition überprüfen können. Für $c = 0$ erhalten wir insbesondere ein Skalarprodukt, das immer null und damit nicht positiv definit ist. Ein reeller Vektorraum kann unter einem Skalarprodukt ein Euklid'scher Raum sein, unter einem anderen ist er es vielleicht nicht. Euklid'sche Räume sind besonders, da man in ihnen Längen und Winkel mit dem Skalarprodukt definieren kann, wie wir im Folgenden sehen werden.

Die Homogenität und die Additivität führen dazu, dass ein Skalarprodukt im ersten Argument linear ist:

$$(r\vec{a} + s\vec{b}) \bullet \vec{c} = r(\vec{a} \bullet \vec{c}) + s(\vec{b} \bullet \vec{c}).$$

Wegen der Symmetrie gilt das aber auch für das zweite Argument. Man beachte aber, dass $(r\vec{a}) \bullet (r\vec{b}) = r^2(\vec{a} \bullet \vec{b})$ ist.

Wegen $0 \cdot \vec{0} = \vec{0}$ für $0 \in K$ und $\vec{0} \in V$ folgt aus der Definition des allgemeinen Skalarprodukts:

$$\vec{a} \bullet \vec{0} = \vec{0} \bullet \vec{a} = (0 \cdot \vec{0}) \bullet \vec{a} = 0 \cdot (\vec{0} \bullet \vec{a}) = 0, \tag{5.18}$$

d. h., die zweite Regel zur positiven Definitheit in einem Euklid'schen Raum kann als Äquivalenz geschrieben werden: $\vec{a} \bullet \vec{a} = 0 \iff \vec{a} = \vec{0}$. Die Folgerung von links nach rechts ist die positive Definitheit, die von rechts nach links ist (5.18).

Auf dem Vektorraum $(K^n, +; K, \cdot)$ können wir das **Standardskalarprodukt**

$$\vec{a} \bullet \vec{b} := \sum_{k=1}^{n} a_k \cdot b_k$$

definieren. Bei der Multiplikation zweier Matrizen entstehen die Komponenten des Ergebnisses als Standardskalarprodukt einer Zeile der linken Matrix mit einer Spalte der rechten. Außerdem haben wir soeben gesehen, wie wir mit dem Standardskalarprodukt in $(\mathbb{R}^2, +; \mathbb{R}, \cdot)$ Winkel bestimmen können. Aufgrund dieser Eigenschaften ist dieses Skalarprodukt ausgezeichnet und bekommt den Zusatz „Standard".

Die Axiome des Skalarprodukts sind leicht zu verifizieren:

$$\vec{a} \bullet \vec{b} = \sum_{k=1}^{n} a_k \cdot b_k = \sum_{k=1}^{n} b_k \cdot a_k = \vec{b} \bullet \vec{a},$$

$$(r \cdot \vec{a}) \bullet \vec{b} = \sum_{k=1}^{n} r \cdot a_k \cdot b_k = r \cdot \sum_{k=1}^{n} a_k \cdot b_k = r \cdot (\vec{a} \bullet \vec{b}),$$

$$(\vec{a} + \vec{b}) \bullet \vec{c} = \sum_{k=1}^{n} (a_k + b_k) \cdot c_k = \sum_{k=1}^{n} a_k \cdot c_k + \sum_{k=1}^{n} b_k \cdot c_k = \vec{a} \bullet \vec{c} + \vec{b} \bullet \vec{c}.$$

Auf $(\mathbb{B}^n, \oplus; \mathbb{B}, \odot)$ lautet das Standardskalarprodukt

$$\vec{a} \bullet \vec{b} := (a_1 \odot b_1) \oplus (a_2 \odot b_2) \oplus \cdots \oplus (a_n \odot b_n),$$

z. B. ist $(0, 1, 0, 1) \bullet (1, 1, 0, 1) = 0 \oplus 1 \oplus 0 \oplus 1 = 0$. Damit berechnen wir ein Paritäts-Bit:

$$\vec{a} \bullet \vec{a} = \begin{cases} 0 & \text{bei einer geraden Anzahl Einsen in } \vec{a} \\ 1 & \text{bei einer ungeraden Anzahl Einsen in } \vec{a}. \end{cases}$$

Betrachten wir speziell den Raum $(\mathbb{R}^n, +; \mathbb{R}, \cdot)$, dann wird er unter dem Standardskalarprodukt sogar zu einem Euklid'schen Raum, da zusätzlich gilt:

$$\vec{a} \bullet \vec{a} = \sum_{k=1}^{n} a_k^2 \geq 0 \text{ und } \vec{a} \bullet \vec{a} > 0 \text{ genau dann, wenn mindestens ein } a_k \neq 0 \text{ ist.}$$

Beispielsweise erhalten wir für $\vec{a} = (1, 2, 3, 4) \in \mathbb{R}^4$ und $\vec{b} = (5, 6, 7, 8) \in \mathbb{R}^4$

$$\vec{a} \bullet \vec{b} = \sum_{k=1}^{4} a_k \cdot b_k = 5 + 12 + 21 + 32 = 70.$$

Für die Standard-Einheitsvektoren $\vec{e}_i$ aus $(\mathbb{R}^n, +; \mathbb{R}, \cdot)$, deren i-te Komponente 1 ist und deren andere Komponenten 0 sind, gilt

$$\vec{e}_i \bullet \vec{e}_k = \delta_{i,k} := \begin{cases} 1, \text{ falls } i = k, \\ 0, \text{ falls } i \neq k, \end{cases} \quad i, k = 1, \ldots, n.$$

Das Symbol $\delta_{i,k}$ heißt das **Kronecker-Delta**, ist die Komponente in Zeile i und Spalte k der Einheitsmatrix $\mathbf{E}_n$ und dient als abkürzende Schreibweise.

Der Vektorraum $(\mathbb{B}^n, \oplus; \mathbb{B}, \odot)$ ist kein Euklid'scher Raum, da als Körper $\mathbb{B}$ und nicht $\mathbb{R}$ verwendet wird. Es gilt darüber hinaus $\vec{b} \cdot \vec{b} = 0$ z. B. für $\vec{b} = (1, 1, 0, \ldots, 0)$, obwohl $\vec{b} \neq \vec{0}$ ist.

Während wir rechte Winkel bereits mit einem Skalarprodukt erklären können, benötigen wir einen Euklid'schen Raum, um beliebige Winkel zwischen Vektoren zu definieren und zu berechnen. Als Vorbereitung dient:

Definition 5.12 (Betrag, Norm, Länge eines Vektors) Es sei V ein Euklid'scher Raum. Der **Betrag** (die **Euklid'sche Norm** oder die **Länge**) von $\vec{a} \in V$ ist $|\vec{a}| := \sqrt{\vec{a} \bullet \vec{a}}$. Ist $|\vec{a}| = 1$, so heißt $\vec{a}$ ein **Einheitsvektor.**

Für Vektoren in $\mathbb{R}^n$ erhalten wir über das Standardskalarprodukt den Betrag $|\vec{a}| = \sqrt{\sum_{k=1}^n a_k^2}$. Beispielsweise ist $|(1, 2, 3, 4)| = \sqrt{1 + 4 + 9 + 16} = \sqrt{30}$. Im $\mathbb{R}^1$ erhält man die bekannte Betragsfunktion $|x| = \sqrt{x^2}$.

Satz 5.8 (Eigenschaften des Skalarprodukts und des Betrags) Für Vektoren $\vec{a}$ und $\vec{b}$ eines Euklid'schen Raums V gilt

a) $|\vec{a}| = 0 \Longleftrightarrow \vec{a} = \vec{0}$,

b) $|r \cdot \vec{a}| = |r| \cdot |\vec{a}|$ für alle $r \in \mathbb{R}$,

c) $|\vec{a} \bullet \vec{b}| \leq |\vec{a}| \cdot |\vec{b}|$ **(Cauchy-Schwarz'sche Ungleichung)**,

d) $|\vec{a} + \vec{b}| \leq |\vec{a}| + |\vec{b}|$ **(Dreiecksungleichung)**.

Beweis

a) Dies ist eine Umformulierung der positiven Definitheit des Skalarprodukts (Definition 5.11), d. h. $|\vec{a}| = 0 \Longrightarrow \vec{a} \bullet \vec{a} = 0 \Longrightarrow \vec{a} = \vec{0}$, zusammen mit (5.18), d. h. $|\vec{0}| = \sqrt{\vec{0} \bullet \vec{0}} = 0$.

b) $|r \cdot \vec{a}| = \sqrt{(r \cdot \vec{a}) \bullet (r \cdot \vec{a})} = \sqrt{r^2 (\vec{a} \bullet \vec{a})} = |r| \cdot |\vec{a}|$.

c) Für $\vec{b} = \vec{0}$ ist $|\vec{b}| = 0$, und wegen (5.18) gilt $\vec{a} \bullet \vec{b} = 0$, und die Ungleichung ist erfüllt: $|\vec{a} \bullet \vec{b}| = 0 \leq 0 = |\vec{a}| \cdot |\vec{b}|$. Wir müssen zum Beweis der Ungleichung also nur noch $\vec{b} \neq \vec{0}$ betrachten, d. h. $|\vec{b}| > 0$. Für jedes $r \in \mathbb{R}$ gilt wegen der Definition 5.12 des Betrags:

$$0 \leq (\vec{a} - r\vec{b}) \bullet (\vec{a} - r\vec{b}) = \vec{a} \bullet \vec{a} - r(\vec{b} \bullet \vec{a}) - \vec{a} \bullet (r\vec{b}) + r^2(\vec{b} \bullet \vec{b})$$
$$= |\vec{a}|^2 - 2r(\vec{a} \bullet \vec{b}) + r^2 |\vec{b}|^2.$$

Da die Ungleichung für alle $r \in \mathbb{R}$ gilt, ist sie insbesondere für die Zahl $r := \frac{\vec{a} \bullet \vec{b}}{|\vec{b}|^2}$ richtig, und wir erhalten damit

$$0 \leq |\vec{a}|^2 - 2 \frac{(\vec{a} \bullet \vec{b})^2}{|\vec{b}|^2} + \frac{(\vec{a} \bullet \vec{b})^2}{|\vec{b}|^2} = |\vec{a}|^2 - \frac{(\vec{a} \bullet \vec{b})^2}{|\vec{b}|^2},$$

also $(\vec{a} \bullet \vec{b})^2/|\vec{b}|^2 \leq |\vec{a}|^2$ und damit $|\vec{a} \bullet \vec{b}|^2 = (\vec{a} \bullet \vec{b})^2 \leq |\vec{a}|^2 |\vec{b}|^2$. Jetzt muss nur noch auf beiden Seiten die streng monoton wachsende Wurzelfunktion angewendet werden, die die Ungleichung erhält: $0 \leq x_1 \leq x_2 \Longleftrightarrow \sqrt{x_1} \leq \sqrt{x_2}$.

d) Mit den Eigenschaften des Skalarprodukts und der Cauchy-Schwarz'schen Ungleichung erhalten wir:

$$|\vec{a} + \vec{b}|^2 = \left(\sqrt{(\vec{a} + \vec{b}) \bullet (\vec{a} + \vec{b})} \right)^2$$

$$= \vec{a} \bullet \vec{a} + 2\vec{a} \bullet \vec{b} + \vec{b} \bullet \vec{b} = |\vec{a}|^2 + 2\vec{a} \bullet \vec{b} + |\vec{b}|^2$$

$$\leq |\vec{a}|^2 + 2|\vec{a} \bullet \vec{b}| + |\vec{b}|^2 \overset{c)}{\leq} |\vec{a}|^2 + 2|\vec{a}||\vec{b}| + |\vec{b}|^2 = (|\vec{a}| + |\vec{b}|)^2,$$

so dass nach Anwendung der Wurzel wieder $|\vec{a} + \vec{b}| \leq |\vec{a}| + |\vec{b}|$ ist. $\square$

Jetzt können wir einen (abstrakten) Winkelbegriff einführen. Aus der Cauchy-Schwarz'schen Ungleichung $|\vec{a} \bullet \vec{b}| \leq |\vec{a}| \cdot |\vec{b}|$ folgt für alle $\vec{a}, \vec{b} \in V \setminus \{\vec{0}\}$, dass

$$\frac{|\vec{a} \bullet \vec{b}|}{|\vec{a}| \cdot |\vec{b}|} \leq 1, \text{ also } -1 \leq \frac{\vec{a} \bullet \vec{b}}{|\vec{a}| \cdot |\vec{b}|} \leq 1.$$

Die Zahl $\frac{\vec{a} \bullet \vec{b}}{|\vec{a}| \cdot |\vec{b}|}$ wird als Kosinus eines Winkel $\varphi \in [0, \pi]$ interpretiert:

Definition 5.13 (Winkel und Orthogonalität) Es sei $(V, +; K, \cdot)$ ein Vektorraum mit Skalarprodukt „$\bullet$".

- Zwei Vektoren $\vec{a}, \vec{b} \in V$ heißen **orthogonal** ($\vec{a} \perp \vec{b}$) genau dann, wenn $\vec{a} \bullet \vec{b} = 0$ ist. In diesem Fall ist $\varphi(\vec{a}, \vec{b}) = \frac{\pi}{2}$.
- Ist zusätzlich V ein Euklid'scher Raum (also insbesondere $K = \mathbb{R}$), dann heißt für $\vec{a}, \vec{b} \neq \vec{0}$ die Zahl $\varphi = \varphi(\vec{a}, \vec{b}) \in [0, \pi]$ mit

$$\cos(\varphi) = \frac{\vec{a} \bullet \vec{b}}{|\vec{a}| \cdot |\vec{b}|} \quad \text{bzw.} \quad \varphi = \arccos\left(\frac{\vec{a} \bullet \vec{b}}{|\vec{a}| \cdot |\vec{b}|} \right)$$

der **Winkel** zwischen $\vec{a}$ und $\vec{b}$.

Wir haben bereits eingangs des Abschnitts gesehen, dass dieser Winkelbegriff in der Ebene $\mathbb{R}^2$ nichts Neues ist. Im $\mathbb{R}^3$ mit Standardskalarprodukt lautet der Winkel zwischen den Vektoren $(1, 1, 0)$ und $(1, 0, 1)$ (vgl. Tab. 3.9 in Abschn. 3.6.2.3):

$$\varphi = \arccos\left(\frac{(1,1,0) \bullet (1,0,1)}{|(1,1,0)| \cdot |(1,0,1)|}\right) = \arccos\left(\frac{1}{2}\right) = \frac{\pi}{3}.$$

Aber auch im $\mathbb{R}^1$ bekommt man so Winkel zwischen Zahlen $x \neq 0$ und $y \neq 0$: $\arccos\left(\frac{x \cdot y}{|x| \cdot |y|}\right)$ kann hier nur die Werte $\arccos(1) = 0$ (x und y haben gleiches Vorzeichen) und $\arccos(-1) = \pi$ (x und y haben unterschiedliches Vorzeichen) annehmen.

Beispiel 5.4 (Korrelationskoeffizient) Die Winkelberechnung im $\mathbb{R}^n$ mit dem Standardskalarprodukt für $n \geq 2$ ermöglicht uns einen neuen Blick auf die empirische Kovarianz

$$s_{xy} := \frac{1}{n-1} \vec{x} \bullet \vec{y} \text{ mit } \vec{x} := (x_1 - \overline{x}, \ldots, x_n - \overline{x}) \text{ und } \vec{y} := (y_1 - \overline{y}, \ldots, y_n - \overline{y})$$

aus Definition 3.13 in Abschn. 3.3.1, wobei $\vec{x} \neq \vec{0}$ und $\vec{y} \neq \vec{0}$ seien. Die beiden hier verwendeten Vektoren $\vec{x}$ und $\vec{y}$ der Abweichungen der Merkmalswerte vom arithmetischen Mittel schließen damit den Winkel

$$\arccos\left(\frac{(n-1) \cdot s_{xy}}{|\vec{x}| \cdot |\vec{y}|}\right) = \arccos\left(\frac{(n-1) \cdot s_{xy}}{\sqrt{n-1} \cdot s_x \cdot \sqrt{n-1} \cdot s_y}\right)$$
$$= \arccos\left(\frac{s_{xy}}{s_x \cdot s_y}\right)$$

ein, wobei $s_x = \sqrt{\frac{1}{n-1} \sum_{k=1}^n (x_k - \overline{x})^2}$ die empirische Standardabweichung der Werte $x_1, \ldots, x_n$ und s_y die empirische Standardabweichung der Werte $y_1, \ldots, y_n$ ist. Der Quotient $\frac{s_{xy}}{s_x \cdot s_y}$ heißt **Pearson'scher Korrelationskoeffizient** und liegt als Kosinus eines Winkels zwischen -1 und 1. Ist er null, dann ist $\vec{x} \perp \vec{y}$, und die zugehörigen Merkmale sind unkorreliert, d. h., es wird keine Abhängigkeit zwischen den Merkmalen erkannt. Nimmt der Koeffizient den maximalen oder minimalen Wert ± 1 an, so zeigen beide Vektoren in die gleiche oder in die entgegengesetzte Richtung, d. h., es gibt einen Faktor $r \in \mathbb{R}$ mit $\vec{y} = r\vec{x}$, also für $1 \leq k \leq n$:

$$y_k - \overline{y} = rx_k - r\overline{x} \iff y_k = rx_k + \overline{y} - r\overline{x}.$$

Damit kann man durch die Punkte (x_k, y_k) aber exakt eine Gerade mit der Steigung r legen. In diesem Sinne ist der Pearson'sche Korrelationskoeffizient ein Maß für einen linearen Zusammenhang. Nichtlineare Abhängigkeiten der y_k von den x_k können damit aber nicht allgemein erkannt werden. Das Beispiel 3.5 für die stochastische Kovarianz lässt sich direkt auf die empirische Kovarianz übertragen: Die beiden Merkmale mit den Ausprägungen $1, -1, 0, 1, -1$ sowie $1, 1, 0, -1, -1$ sind unkorreliert, da die arithmetischen Mittel null sind und daher

$$s_{xy} = \frac{1}{4} \cdot (1, -1, 0, 1, -1) \bullet (1, 1, 0, -1, -1) = 1 - 1 + 0 - 1 + 1 = 0$$

ist. Aber wenn das erste Merkmal die Ausprägung 0 annimmt, dann weiß man, dass das auch für das zweite Merkmal gilt (und umgekehrt). Es gibt also eine gewisse Abhängigkeit. Allerdings liegen die Paare der Ausprägungen nicht auf einem Funktionsgraphen, da z. B. $(1, 1)$ und $(1, -1)$ vorkommen und damit die Linkseindeutigkeit der Funktion verletzt wäre.

Beispiel 5.5 (Suchmaschine) Suchmaschinen können den Winkelbegriff im $\mathbb{R}^n$ nutzen, um die Ähnlichkeit zweier Dokumente zu bestimmen. Dabei wird für jedes Dokument ein Vektor gebildet, dessen Komponenten für signifikante Wörter der jeweiligen Sprache stehen. Die Anzahl des Auftretens jedes dieser Wörter wird gezählt und die Zahl ergibt den Wert der entsprechenden Komponente. Dokumente sind sehr ähnlich, wenn die wesentlichen Wörter im gleichen Verhältnis vorkommen, d. h. wenn die Vektoren in die gleiche Richtung zeigen und der eingeschlossene Winkel klein ist.

Sind $\vec{a}$ und $\vec{b}$ zueinander orthogonale Vektoren in einem Euklid'schen Raum, so gilt wegen $\vec{a} \bullet \vec{b} = 0$:

$$|\vec{a} + \vec{b}|^2 = (\vec{a} + \vec{b}) \bullet (\vec{a} + \vec{b}) = |\vec{a}|^2 + 2\vec{a} \bullet \vec{b} + |\vec{b}|^2 = |\vec{a}|^2 + |\vec{b}|^2.$$

Der Satz des Pythagoras ist in allgemeinen Euklid'schen Räumen bewiesen.

Beispiel 5.6 (Ausrichtung von Strommasten) Wir wollen eine Hochspannungstrasse zeichnen, die vom Punkt (x_0, y_0) über den Punkt (x_1, y_1) zum Punkt (x_2, y_2) verläuft. Sie besteht aus mehreren parallel laufenden Leitungen im jeweiligen Abstand von einem Meter, siehe Abb. 5.5. Zwischen (x_0, y_0) und (x_1, y_1) beschreibt der Einheitsvektor

$$\vec{a} := (y_0 - y_1, x_1 - x_0)/\sqrt{(y_0 - y_1)^2 + (x_1 - x_0)^2},$$

der senkrecht zu den Leitungen steht, diesen Abstand. Entsprechend beschreibt der Einheitsvektor

$$\vec{b} := (y_1 - y_2, x_2 - x_1)/\sqrt{(y_1 - y_2)^2 + (x_2 - x_1)^2}$$

den Abstand zwischen den Leitungen im Sektor von (x_1, y_1) bis (x_2, y_2). Daraus resultiert am Mast die Richtung $\vec{a} + \vec{b}$ für den Träger, an dem die Leitungen zu befestigen sind. Entlang dieses Vektors sei r der Abstand benachbarter Leitungen. Damit ist $r = 1/\cos(\alpha)$, wobei α der Winkel zwischen dem Einheitsvektor $\vec{a}$ und $\vec{a} +$

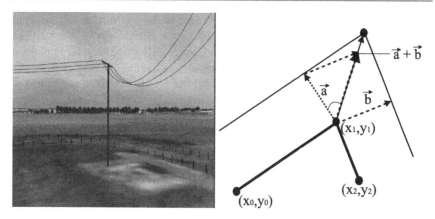

Abb. 5.5 Ausrichtung von Strommasten

Abb. 5.6 Plot der
Funktionswerte von
$f(x, y) := \sin(x) \cdot \sin(y) - 4$
als Höhen - hier unterhalb
der x-y-Ebene

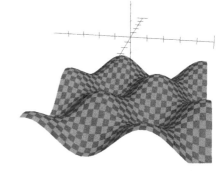

$\vec{b}$ bzw. zwischen $\vec{a} + \vec{b}$ und dem Einheitsvektor $\vec{b}$ ist. Über das Standardskalarprodukt erhalten wir $\cos(\alpha)$:

$$\cos(\alpha) = \frac{\vec{a} \bullet (\vec{a} + \vec{b})}{|\vec{a} + \vec{b}|} = \frac{(\vec{a} + \vec{b}) \bullet \vec{b}}{|\vec{a} + \vec{b}|}.$$

Der Vektor, der den Mastträger zwischen benachbarten Leitungen beschreibt, ist damit das r-fache des zur Länge 1 normierten Vektors $\vec{a} + \vec{b}$:

$$r \cdot \frac{\vec{a} + \vec{b}}{|\vec{a} + \vec{b}|} = \frac{|\vec{a} + \vec{b}|}{\vec{a} \bullet (\vec{a} + \vec{b})} \frac{\vec{a} + \vec{b}}{|\vec{a} + \vec{b}|} = \frac{1}{\vec{a} \bullet (\vec{a} + \vec{b})} (\vec{a} + \vec{b}).$$

Dieses Vorgehen kann immer dann verwendet werden, wenn um einen mittleren Polygonzug weitere Linien gezeichnet werden sollen, so wurden beispielsweise in Abb. 3.18 auch die Gleise gezeichnet.

Beispiel 5.7 (Steilster Anstieg) Die Werte einer Funktion $f : \mathbb{R}^2 \to \mathbb{R}$, $(x, y) \mapsto$ $f(x, y)$ können wir als Höhen über der x-y-Ebene auffassen. In diesem Sinne beschreibt f ein Gebirgsprofil, siehe Abb. 5.6. Wenn wir uns an einem Punkt $(x, y, f(x, y))$ auf dem Gebirge befinden, dann stellt sich die Frage, wie steil es in welcher Richtung weitergeht. Die folgenden Überlegungen sind auch für Funktionen mit mehr als zwei Variablen richtig, aber dann können wir uns den Funktionsgraphen nicht mehr vorstellen. Die Steigung in Richtung der x-Achse erhalten wir, indem wir $y = y_0$ fest wählen und dann die Ableitung der Funktion $g(x) := f(x, y_0)$ an der Stelle $x = x_0$ berechnen. Entsprechend bekommen wir die Steigung in y-Richtung als Ableitung von $h(y) := f(x_0, y)$. Dies sind **partielle Ableitungen,** bei denen die klassische Ableitung nach einer Variable berechnet wird, während alle übrigen Variablen als Konstanten angesehen werden. Bei partiellen Ableitungen benutzt man statt $\frac{d}{dx}$ die Schreibweise $\frac{\partial}{\partial x}$, die signalisiert, dass es weitere Variablen gibt:

$$\frac{\partial f}{\partial x}(x_0, y_0) := g'(x_0), \quad \frac{\partial f}{\partial y}(x_0, y_0) := h'(y_0).$$

Schreiben wir an einer Stelle (x_0, y_0) alle Steigungen in Richtung der Koordinatenachsen in einen Vektor, so heißt dieser der **Gradient** von f an der Stelle (x_0, y_0) und wird mit

$$\text{grad } f(x_0, y_0) := \left(\frac{\partial f}{\partial x}(x_0, y_0), \frac{\partial f}{\partial y}(x_0, y_0) \right)$$

bezeichnet. Beispielsweise ist für $f(x, y) := \sin(x^2 \cdot y) + 2x + y$

$$\frac{\partial f}{\partial x}(x, y) = \cos(x^2 y) 2xy + 2 \quad \text{und} \quad \frac{\partial f}{\partial y}(x, y) = \cos(x^2 y) x^2 + 1,$$

so dass z. B. grad $f(1, \pi) = (-2\pi + 2, 0)$ ist. Bei Funktionen mit n Variablen ist der Gradient entsprechend ein Vektor aus $\mathbb{R}^n$.

Eine Funktion mit einer Variable ist genau dann differenzierbar an einer Stelle, wenn es eine Tangente gibt (deren Steigung die Ableitung ist, siehe Definition 4.10 und die zugehörigen Bemerkungen). Dies lässt sich auf Funktionen mit mehreren Variablen übertragen. Eine Funktion mit zwei Variablen heißt differenzierbar in (x_0, y_0), wenn es eine Tangentialebene gibt, bei $n > 2$ Variablen muss es eine entsprechende Hyperebene geben, wobei eine Hyperebene eine Menge von Punkten im $\mathbb{R}^n$ ist, die sich paarweise nur durch Linearkombinationen von $n - 1$ fest gewählten, linear unabhängigen Vektoren des $\mathbb{R}^n$ unterscheiden. Abb. 5.7 zeigt die Ebene, die durch die Steigungen in x- und y-Richtung definiert ist. Die Steigungen in allen Richtungen stimmen dann mit den entsprechenden Steigungen der Ebene überein. Dann lässt sich die Steigung in Richtung $\vec{e}$ mit $|\vec{e}| = 1$ ($\vec{e}$ ist aufgrund der Länge ein Einheitsvektor, muss aber kein Standard-Einheitsvektor sein, sondern darf in irgendeine Richtung zeigen) aus dem Gradienten über das Standardskalarprodukt berechnen, bei zwei Variablen z. B. zu [grad $f(x_0, y_0)] \bullet \vec{e}$. Um das zu verstehen, betrachten wir Abb. 5.7 und berechnen wir die Steigung der Tangentialebene in Richtung $\vec{e} = (e_1, e_2)$: Ausgehend von (x_0, y_0) gehen wir um e_1 in Richtung der positiven x-Achse. Dabei legen wir auf der Ebene den Höhenzuwachs h_1 mit $\frac{h_1}{e_1} = \frac{\partial}{\partial x} f(x_0, y_0)$ zurück, also $h_1 = \left[\frac{\partial}{\partial x} f(x_0, y_0) \right] \cdot e_1$. (Die Ableitung gibt den Höhenzuwachs h_1

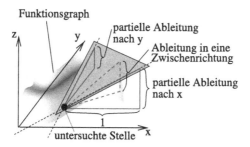

Abb. 5.7 In der Tangentialebene zur eingezeichneten Stelle – hier durch das Dreieck angedeutet – liegen die Tangenten in x- und y-Richtung. Dadurch ist die Ebene festgelegt, und über die Ebene kann die Steigung in jeder Richtung bestimmt werden – hier über ein gestricheltes Steigungsdreieck angedeutet

durch die Horizontaldifferenz e_1 an.) Legen wir e_2 in Richtung der positiven y-Achse zurück, erhalten wir den Höhenzuwachs $h_2 = \left[\frac{\partial}{\partial x} f(x_0, y_0)\right] \cdot e_2$. Kombinieren wir beides, indem wir in der Ebene die zu $\vec{e}$ gehörende Strecke gehen, so ist die gesamte Höhendifferenz $h_1 + h_2 = [\text{grad } f(x_0, y_0)] \bullet \vec{e}$. Da die Länge von $\vec{e}$ eins ist, ist dies zugleich die Steigung in Richtung von $\vec{e}$. Wir erhalten die Steigung also über das Skalarprodukt des Richtungsvektors mit dem Gradienten.

In welcher Richtung liegt nun die größte (bzw. die kleinste) Steigung? Ist φ der Winkel zwischen grad $f(x_0, y_0)$ und $\vec{e}$, dann wissen wir

$$(\text{grad } f(x_0, y_0)) \bullet \vec{e} = |\text{grad } f(x_0, y_0)| \cdot |\vec{e}| \cdot \cos(\varphi) = |\text{grad } f(x_0, y_0)| \cdot \cos(\varphi).$$

Wir erhalten also die größte Steigung $|\text{grad } f(x_0, y_0)|$, wenn $\cos(\varphi) = 1$ ist, also bei $\varphi = 0$. Die kleinste Steigung liegt bei $\cos(\varphi) = -1$, also in Gegenrichtung bei $\varphi = \pi$, vor. Damit zeigt der Vektor grad $f(x_0, y_0)$ in Richtung des steilsten Anstiegs, während $-\text{grad } f(x_0, y_0)$ in Richtung des steilsten Abstiegs zeigt. Diese Eigenschaft des Gradienten nutzt man bei Optimierungsproblemen aus, um sich schrittweise einem lokalen Maximum oder Minimum zu nähern (**Gradientenverfahren**). Ein solches Optimierungsproblem ergibt sich beispielsweise beim Backpropagation-Lernalgorithmus eines mehrschichtigen, vorwärtsgerichteten neuronalen Netzes, bei dem Gewichte so eingestellt werden müssen, dass der bei einer Berechnung durch das Netz gemachte Fehler minimal wird.

Zur Fehlererkennung für einen linearen Code werden wir eine Kontrollmatrix erstellen, deren Zeilen orthogonal zu den Zeilen der Generatormatrix sind. Damit sind alle zulässigen Codewörter (Linearkombinationen der Zeilen der Generatormatrix) ebenfalls orthogonal zu den Zeilen der Kontrollmatrix. Ist ein Wort zu einer Zeile nicht orthogonal, dann liegt ein Fehler vor. Zum Aufbau der Kontrollmatrix hilft der erste Teil des folgenden Satzes, bei dem es um Orthogonalräume geht: Haben wir im $\mathbb{R}^3$ eine Ebene U durch den Nullpunkt, dann ist klar, dass es zu dieser Ebene senkrecht stehende Vektoren gibt. Diese bilden den Orthogonalraum $U^\perp$ zu U. Allgemein gilt:

Satz 5.9 (**Orthogonalraum**) Sei $(K^n, +; K, \cdot)$ ein n-dimensionaler Vektorraum mit Standardskalarprodukt und $U \subseteq K^n$ ein k-dimensionaler Unterraum, $k \leq n$.

a) Die Menge W aller Vektoren aus K^n, die orthogonal zu allen Vektoren aus U stehen, ist ein $n - k$-dimensionaler Unterraum von K^n, der **Orthogonalraum** von U. Dieser wird mit $U^\perp := W$ bezeichnet.

b) Umgekehrt ist $(U^\perp)^\perp = U$.

Beweis Die k Vektoren

$$\vec{a}_1 = (a_{1,1}, a_{1,2}, \ldots, a_{1,n}), \ldots, \vec{a}_k = (a_{k,1}, a_{k,2}, \ldots, a_{k,n}) \in K^n$$

mögen eine Basis des Unterraums U bilden.

a) $W = U^\perp$ ist die Menge aller Vektoren $\vec{x} = (x_1, x_2, \ldots, x_n)$, die hinsichtlich des Standardskalarprodukts orthogonal zu diesen Basisvektoren und damit zu allen Vektoren aus U sind, d. h., die die k Gleichungen

$$a_{1,1} \cdot x_1 + a_{1,2} \cdot x_2 + \cdots + a_{1,n} \cdot x_n = 0$$
$$\wedge \quad a_{2,1} \cdot x_1 + a_{2,2} \cdot x_2 + \cdots + a_{2,n} \cdot x_n = 0$$
$$\vdots$$
$$\wedge \quad a_{k,1} \cdot x_1 + a_{k,2} \cdot x_2 + \cdots + a_{k,n} \cdot x_n = 0$$

erfüllen. Die Lösungsmenge W dieses Gleichungssystems $\mathbf{A}\vec{x} = \vec{0}$, wobei $\mathbf{A} \in K^{k \times n}$ die Matrix aus den k Basisvektoren ist, ist nach dem Dimensionssatz (Satz 5.6) ein Unterraum der Dimension $n - \dim Z(\mathbf{A}) = n - \dim U = n - k$.

b) $(U^\perp)^\perp$ ist wie zuvor der Lösungsraum eines linearen Gleichungssystems $\mathbf{B}\vec{x} = \vec{0}$, wobei jetzt die Zeilen von $\mathbf{B}$ Basisvektoren $\vec{b}_1, \ldots, \vec{b}_{n-k}$ von $U^\perp$ sind. Die Dimension des Lösungsraums ist nun $\dim(U^\perp)^\perp = n - \dim U^\perp = n - (n-k) = k$. Damit hat $(U^\perp)^\perp$ die gleiche Dimension wie U. Da die Zeilen von $\mathbf{B}$ orthogonal zu den Vektoren von U sind, ist $U \subseteq (U^\perp)^\perp$. Eine Basis von U ist also wegen der gleichen Dimension auch Basis von $(U^\perp)^\perp$, daher sind beide Vektorräume gleich. $\square$

Ohne die positive Definitheit eines Skalarproduktes können vom Nullvektor verschiedene Vektoren senkrecht zu sich selbst stehen. So ist das beispielsweise bei Codes, $(1, 1) \bullet (1, 1) = 1 \oplus 1 = 0$. Damit ist ohne positive Definitheit nicht sichergestellt, dass $U \cap U^\perp = \{\vec{0}\}$ ist, die Räume U und $U^\perp$ können sich weitergehend überlappen. Im Euklid'schen Raum $(\mathbb{R}^n, +; \mathbb{R}, \cdot)$ gilt dagegen $U \cap U^\perp = \{\vec{0}\}$, denn für $\vec{a} \in U \cap U^\perp$ gilt $\vec{a} \cdot \vec{a} = 0$, und das ist wegen der positiven Definitheit nur für $\vec{a} = \vec{0}$ erlaubt. Damit lässt sich zeigen, dass sich jeder Vektor $\vec{v} \in \mathbb{R}^n$ als Summe $\vec{v} = \vec{u} + \vec{w}$ mit $\vec{u} \in U$ und $\vec{w} \in U^\perp$ schreiben lässt, wobei $\vec{u}$ und $\vec{w}$ eindeutig bestimmt sind. Das ist nicht schwierig, aber wir verzichten hier auf einen Beweis. Als Konsequenz ergeben eine Basis von U und eine Basis von $U^\perp$ zusammen eine

Basis von $\mathbb{R}^n$. Ohne die positive Definitheit kann man Basen von U und von $U^\perp$ so nicht direkt zu einer gemeinsamen Basis zusammenfügen.

Aus dem Beweis ergibt sich, wie wir aus einer Basis von U durch Lösen eines linearen Gleichungssystems eine Basis von $U^\perp$ erhalten. Gegeben sei beispielsweise eine Basis mit den drei Vektoren $(1, 0, 0, a, d)$, $(0, 1, 0, b, e)$ und $(0, 0, 1, c, f)$ eines dreidimensionalen Unterraums U des fünfdimensionalen Vektorraums $V = (K^5, +; K, \cdot)$, deren Vektoren wir als Zeilen in die Matrix $\mathbf{G}$,

$$\mathbf{G} := \begin{bmatrix} 1\ 0\ 0\ a\ d \\ 0\ 1\ 0\ b\ e \\ 0\ 0\ 1\ c\ f \end{bmatrix} = (\mathbf{E}_3 \mathbf{P}) \text{ mit } \mathbf{P} = \begin{bmatrix} a\ d \\ b\ e \\ c\ f \end{bmatrix},$$

eingetragen haben. Den Unterraum $U^\perp$ erhalten wir als Lösungsraum des Gleichungssystems $\mathbf{G} \cdot (x_1, x_2, x_3, x_4, x_5)^\top = (0, 0, 0)^\top$ bzw.

$$x_1 = -ax_4 - dx_5 \quad \wedge \quad x_2 = -bx_4 - ex_5 \quad \wedge \quad x_3 = -cx_4 - fx_5.$$

Da wir x_4 und x_5 beliebig wählen können, besteht die Lösungsmenge aus den Vektoren

$$(x_1, x_2, x_3, x_4, x_5) = x_4 \cdot (-a, -b, -c, 1, 0) + x_5 \cdot (-d, -e, -f, 0, 1), \quad x_4, x_5 \in K.$$

Daran können wir eine Basis von $U^\perp$ ablesen und als Zeilen in eine Matrix schreiben:

$$\mathbf{H} = \begin{bmatrix} -a\ -b\ -c\ 1\ 0 \\ -d\ -e\ -f\ 0\ 1 \end{bmatrix} = (-\mathbf{P}^\top \mathbf{E}_2) = (-\mathbf{P}^\top \mathbf{E}_{\dim V - \dim U}).$$

Mit Gauß-Umformungen können wir jede Basis von U so in eine andere Basis umformen, dass beim Eintragen der Vektoren als Zeilen in eine Matrix diese eine Zeilenstufenform hat (siehe das Ende von Abschn. 5.5.2). Die Beispielmatrix $\mathbf{G}$ hat eine systematische Form, bei der die Spalten, die Standard-Einheitsvektoren entsprechen, alle links stehen. Im allgemeinen Fall könnten sie über die Matrix verteilt sein. Dann kann man aber ebenfalls wie beschrieben eine Basis von $U^\perp$ finden, die Matrix $\mathbf{H}$ lässt sich lediglich nicht so schön einfach über die Transponierte von $\mathbf{P}$ schreiben.

Ist ein linearer Code C als Unterraum des $(\mathbb{B}^n, \oplus, \mathbb{B}, \odot)$ gegeben, für den eine Basis als Zeilen der Generatormatrix $\mathbf{G}$ vorliegt, dann heißt eine dazu konstruierte Matrix, deren Zeilen eine Basis von $C^\perp$ sind, eine **Kontrollmatrix, Paritätsmatrix** oder **Prüfmatrix**. Hat $\mathbf{G}$ die systematische Form $\mathbf{G} = (\mathbf{E}_n \mathbf{P})$, dann liegt mit

$$\mathbf{H} = (-\mathbf{P}^\top \mathbf{E}_{n - \dim C}) = (\mathbf{P}^\top \mathbf{E}_{n - \dim C})$$

eine Kontrollmatrix vor. Hier haben wir benutzt, dass in $\mathbb{B}$ gilt: $-1 = 1$.

Wir betrachten den 3-Bit Binärcode C mit einem zusätzlichen Paritäts-Bit aus Beispiel 5.1, der insbesondere die mittels Gauß-Umformungen in Abschn. 5.5.2 gewonnene Basis mit den Vektoren $(1, 0, 0, 1)$, $(0, 1, 0, 1)$ und $(0, 0, 1, 1)$ hat. Damit erhalten wir eine Generator- und eine Kontrollmatrix:

$$\mathbf{G} = (\mathbf{E}_3\mathbf{P}) = \begin{bmatrix} 1\,0\,0\,1 \\ 0\,1\,0\,1 \\ 0\,0\,1\,1 \end{bmatrix}, \quad \mathbf{H} = (\mathbf{P}^\top\mathbf{E}_1) = (1\,1\,1\,1), \quad \mathbf{H}^\top = \begin{pmatrix} 1 \\ 1 \\ 1 \\ 1 \end{pmatrix}.$$

Mit einer Kontrollmatrix können wir nun leicht überprüfen, ob ein als Zeilenvektor geschriebenes Codewort $\vec{a}$ zulässig ist.

Satz 5.10 (Fehlererkennung mittels Kontrollmatrix) Für einen linearen Code C mit Kontrollmatrix $\mathbf{H}$ gilt (mit einer Schreibweise über Zeilenvektoren):

$$\vec{a} \in C \iff \vec{a} \cdot \mathbf{H}^\top = (0, 0, \ldots, 0) \iff \mathbf{H} \cdot \vec{a}^\top = (0, \ldots, 0)^\top.$$

Der Code ist also der Nullraum der Matrix $\mathbf{H}$.

Beweis Die Zeilen von $\mathbf{H}$ und damit die Spalten von $\mathbf{H}^\top$ sind orthogonal zu allen Vektoren aus C. Damit gilt also

$$\vec{a} \in C \implies \vec{a} \cdot \mathbf{H}^\top = \vec{0}.$$

Gilt andererseits $\vec{a} \cdot \mathbf{H}^\top = \vec{0}$, dann ist $\vec{a}$ orthogonal zu allen Vektoren aus $C^\perp$, d. h. $\vec{a} \in (C^\perp)^\perp = C$ (siehe Satz 5.9 b)). □

Damit können wir Übertragungsfehler, die zu unzulässigen Codewörtern führen, ganz leicht über das Produkt $\vec{a} \cdot \mathbf{H}^\top$ erkennen, das **Syndrom** vom $\vec{a}$ heißt. Ist das Syndrom nicht der Nullvektor, dann liegt ein Fehler vor.

Im Beispiel wäre $(1, 0, 1, 1)$ kein zulässiges Codewort, da eine gerade Parität vorliegt, aber das Paritäts-Bit in der vierten Komponente eine ungerade Parität anzeigt:

$$(1, 0, 1, 1) \cdot \mathbf{H}^\top = (1, 0, 1, 1) \cdot (1, 1, 1, 1)^\top = (1 \oplus 0 \oplus 1 \oplus 1) = (1) \neq \vec{0}.$$

Für den linearen Code (5.2) entsteht zur Basis aus Aufgabe 5.4 die folgende Generator- und Kontrollmatrix:

$$\mathbf{G} = \begin{pmatrix} \mathbf{E}_4 \begin{matrix} 1\,0\,1\,0 \\ 1\,0\,0\,1 \\ 0\,1\,1\,0 \\ 0\,1\,0\,1 \end{matrix} \end{pmatrix} =: (\mathbf{E}_4\,\mathbf{P}), \quad \mathbf{H} = (\mathbf{P}^\top\mathbf{E}_4) = \begin{pmatrix} 1\,1\,0\,0 \\ 0\,0\,1\,1 \\ 1\,0\,1\,0 \\ 0\,1\,0\,1 \end{matrix}\,\mathbf{E}_4 \end{pmatrix}.$$

Durch Multiplikation eines Vektors $\vec{a} \in \mathbb{B}^8$ mit $\mathbf{H}^\top$ kann hier nicht nur geprüft werden, ob $\vec{a} \in C$ ist. Falls nicht der Nullvektor entsteht, dann erhält man ein

Syndrom, in dem die Paritäts-Bits, die nicht zur Parität der Zeile bzw. Spalte passen, in der Reihenfolge b_1, b_2, c_1, c_2 (siehe Abschn. 5.2) durch eine eins angegeben sind. Damit kann bei maximal einem Bitfehler direkt das fehlerhafte Bit identifiziert und korrigiert werden.

Ein korrektes Codewort $\vec{a}$ lässt sich aufgrund der systematischen Form von **G** wieder ganz einfach decodieren: Wir lassen die letzten vier Bit weg. Das können wir durch Multiplikation mit einer Rechtsinversen $\mathbf{I} \in \mathbb{B}^{8 \times 4}$ zu **G** tun, deren obere Hälfte in diesem Beispiel gleich der Einheitsmatrix $\mathbf{E}_4$ und deren untere Hälfte gleich der (4×4)-Nullmatrix ist: $\vec{a} \cdot \mathbf{I}$.

Bei einem mit einem Bitfehler übertragenen Codewort $\vec{a} \in \mathbb{B}^8$ können wir in Abhängigkeit vom Syndrom eine Korrektur vornehmen, indem wir entsprechend zur oben beschriebenen Reihenfolge der Paritätsbits die folgenden Vektoren zu $\vec{a}$ addieren:

Syndrom	zu addierender Vektor	Syndrom	zu addierender Vektor	
$(1, 0, 1, 0)$	$(1, 0, 0, 0, 0, 0, 0, 0)$	$(1, 0, 0, 0)$	$(0, 0, 0, 0, 1, 0, 0, 0)$	
$(1, 0, 0, 1)$	$(0, 1, 0, 0, 0, 0, 0, 0)$	$(0, 1, 0, 0)$	$(0, 0, 0, 0, 0, 1, 0, 0)$	(5.19)
$(0, 1, 1, 0)$	$(0, 0, 1, 0, 0, 0, 0, 0)$	$(0, 0, 1, 0)$	$(0, 0, 0, 0, 0, 0, 1, 0)$	
$(0, 1, 0, 1)$	$(0, 0, 0, 1, 0, 0, 0, 0)$	$(0, 0, 0, 1)$	$(0, 0, 0, 0, 0, 0, 0, 1)$.	

Liegt ein anderes vom Nullvektor verschiedenes Syndrom vor, dann ist mehr als ein Bit falsch, und ein Übertragungsfehler kann nicht korrigiert werden.

Wir haben bislang Unterräume betrachtet, die orthogonal zueinander sind. Jetzt betrachten wir Mengen von Vektoren, bei denen die Vektoren untereinander alle orthogonal sind. Solch eine Menge benötigt man z. B. für die Fourier-Reihen, die bei JPEG und MP3 zur Codierung eingesetzt werden. Darauf kommen wir im Anschluss zu sprechen.

Definition 5.14 (Orthonormalsystem und Orthonormalbasis) Sei V zusammen mit einem Skalarprodukt ein Euklid'scher Raum.

- Sei $O \subset V$ eine Menge von Einheitsvektoren (d. h. Vektoren mit Betrag eins, für $\vec{e} \in O$ gilt: $\vec{e} \bullet \vec{e} = |\vec{e}|^2 = 1$), die paarweise orthogonal sind, so heißt O ein **Orthonormalsystem.**
- Ein Orthonormalsystem O, das zugleich Basis von V ist, heißt **Orthonormalbasis.**

Für ein Orthonormalsystem $O = \{\vec{c}_1, \ldots, \vec{c}_n\}$ gilt also für $i, k = 1, \ldots, n$:

$$\vec{c}_i \bullet \vec{c}_k = \delta_{i,k} := \begin{cases} 1, \text{ falls } i = k, \text{ da } \vec{c}_i \text{ ein Einheitsvektor ist,} \\ 0, \text{ falls } i \neq k, \text{ da } \vec{c}_i, \vec{c}_k \text{ orthogonal zueinander sind.} \end{cases}$$

Im Euklid'schen Raum $(\mathbb{R}^3, +; \mathbb{R}, \cdot)$ mit dem Standardskalarprodukt bilden die Standard-Einheitsvektoren $(1, 0, 0)$, $(0, 1, 0)$ und $(0, 0, 1)$ eine Orthonormalbasis: Alle Vektoren sind Einheitsvektoren, und sie sind paarweise orthogonal, z. B. ist $(1, 0, 0) \bullet (0, 1, 0) = 1 \cdot 0 + 0 \cdot 1 + 0 \cdot 0 = 0$.

Die Vektoren eines Orthonormalsystems $O = \{\vec{c}_1, \ldots, \vec{c}_n\}$ sind automatisch linear unabhängig, denn wenn wir das Skalarprodukt beider Seiten von

$$x_1\vec{c}_1 + x_2\vec{c}_2 + \cdots + x_n\vec{c}_n = \vec{0}$$

mit $\vec{c}_k$ für $1 \le k \le n$ bilden, dann erhalten wir $0 + \cdots + 0 + x_k \cdot 1 + 0 + \cdots + 0 = 0$. Der Nullvektor lässt sich also nur als triviale Linearkombination der Vektoren aus O schreiben – und das ist die Definition der linearen Unabhängigkeit.

Den großen Vorteil einer Orthonormalbasis $\{\vec{c}_1, \ldots, \vec{c}_n\}$ erkennen wir, wenn wir einen Vektor $\vec{a}$ als Linearkombination $\vec{a} = x_1\vec{c}_1 + \cdots + x_n\vec{c}_n$ der Basisvektoren schreiben. Denn die Faktoren x_k erhalten wir direkt über das Skalarprodukt. Für $1 \le k \le n$ ist nämlich

$$\vec{a} \bullet \vec{c}_k = \left(\sum_{i=1}^n x_i\vec{c}_i\right) \bullet \vec{c}_k = \sum_{i=1}^n x_i\,(\vec{c}_i \bullet \vec{c}_k) = \sum_{i=1}^n x_i\delta_{i,k} = x_k.$$

Jeder Vektor $\vec{a}$ hat also die (im Sinne von Satz 5.2 eindeutige) Basisdarstellung

$$\vec{a} = \sum_{k=1}^n (\vec{a} \bullet \vec{c}_k)\,\vec{c}_k. \tag{5.20}$$

Wenn wir nur eine Orthonormalbasis für einen Unterraum U haben, dann können wir diese Summe auch für Vektoren bilden, die nicht in U liegen:

Definition 5.15 (Orthogonalprojektion) Sei $U \subseteq V$ ein Unterraum mit Orthonormalbasis $\{\vec{c}_1, \ldots, \vec{c}_n\}$. Für jeden Vektor $\vec{a} \in V$ heißt

$$\vec{p} := \sum_{k=1}^n (\vec{a} \bullet \vec{c}_k)\,\vec{c}_k \in U$$

die **orthogonale Projektion** von $\vec{a}$ in den Unterraum U.

Ist $\vec{p}$ die orthogonale Projektion von $\vec{a}$ in den Unterraum U, so steht $\vec{a} - \vec{p}$ senkrecht zu allen Vektoren $\vec{u}$ aus U, siehe Abb. 5.8, denn jedes $\vec{u}$ besitzt eine Basisdarstellung $\vec{u} = \sum_{i=1}^n u_i \cdot \vec{c}_i$. Wegen der Eigenschaften des Skalarprodukts dürfen wir ausmultiplizieren:

$$(\vec{a} - \vec{p}) \bullet \vec{u} = \left(\vec{a} - \sum_{k=1}^n (\vec{a} \bullet \vec{c}_k)\,\vec{c}_k\right) \bullet \left(\sum_{i=1}^n u_i \cdot \vec{c}_i\right)$$

$$= \sum_{i=1}^n u_i(\vec{a} \bullet \vec{c}_i) - \sum_{k=1}^n \sum_{i=1}^n (\vec{a} \bullet \vec{c}_k)\,u_i\,\underbrace{(\vec{c}_k \bullet \vec{c}_i)}_{\delta_{i,k}}$$

$$= \sum_{i=1}^n u_i(\vec{a} \bullet \vec{c}_i) - \sum_{i=1}^n (\vec{a} \bullet \vec{c}_i)\,u_i = 0.$$

Abb. 5.8 Orthogonale
Projektion: Senkrecht von
oben (und zur Ebene U)
einfallendes Licht lässt $\vec{a}$ den
Schatten $\vec{p}$ in der Ebene
werfen

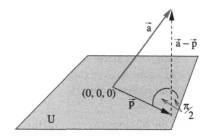

Damit können wir $\vec{a}$ zerlegen in einen Vektor $\vec{a} - \vec{p}$, der senkrecht zu U steht, und in die orthogonale Projektion $\vec{p} \in U$:

$$\vec{a} = \underbrace{\vec{a} - \vec{p}}_{\text{senkrecht zu } U} + \underbrace{\vec{p}}_{\in U} . \qquad (5.21)$$

Wenn U eine Ebene durch den Nullpunkt im $\mathbb{R}^3$ beschreibt, dann erhalten wir die orthogonale Projektion $\vec{p}$ eines Vektors $\vec{a}$ auf U als Schatten von $\vec{a}$, wenn Sonnenstrahlen senkrecht zur Ebene einfallen, vgl. Abb. 5.8. Als Anwendung zeigt Abb. 5.9 die Projektion von eingefärbten Laserscanpunkten auf die Fassadenflächen eines 3D-Stadtmodells. Fassaden sind in der Realität nicht völlig eben, Fenster sind beispielsweise etwas zurückgesetzt. Im verwendeten Stadtmodell liegt jede Fassade aber in einer Ebene U. Daher müssen zur Texturierung auch Messpunkte verwendet werden, die einen kleinen Abstand zur Ebene haben. Laserscanpunkte $\vec{a}$, die nicht weiter als einen Meter vor oder hinter der Fassade liegen, werden orthogonal in die Ebene projiziert. Die über die Projektion $\vec{p}$ gefundene Stelle der Fassade kann nun eingefärbt werden.

Für die vorangehenden Überlegungen haben wir ausgenutzt, dass für U eine Orthonormalbasis bekannt ist. Diese können wir aber genau mit der hergeleiteten Zerlegung (5.21) konstruieren. Beim **Gram-Schmidt'schen Orthonormie-**

Abb. 5.9 Texturierung von Wandflächen in einem 3D-Stadtmodell durch Orthogonalprojektion eingefärbter Laserscanning-Punkte

rungsverfahren wird aus einer Basis $\vec{a}_1, \ldots, \vec{a}_n$ schrittweise eine Orthonormal-basis $\{\vec{c}_1, \ldots, \vec{c}_n\}$ erstellt. Wir erklären das Verfahren und berechnen gleichzeitig eine Orthonormalbasis des $(\mathbb{R}^3, +; \mathbb{R}, \cdot)$ aus $(1, 1, 0), (0, 1, 1), (1, 0, 1)$ bezüglich des Standardskalarprodukts. Das Verfahren funktioniert für beliebige Euklid'sche Räume. Insbesondere folgt, dass jeder endlich-dimensionale Euklid'sche Raum eine Orthonormalbasis besitzt.

- Da die Vektoren $\vec{a}_1, \ldots, \vec{a}_n$ linear unabhängig sind, sind sie vom Nullvektor verschieden und haben einen Betrag größer null. Damit können wir den ersten Vektor $\vec{a}_1$ zu einem Einheitsvektor normieren: $\vec{c}_1 := \frac{\vec{a}_1}{|\vec{a}_1|}$. Im Beispiel erhalten wir so den Vektor $\vec{c}_1 = \left(\frac{1}{\sqrt{2}}, \frac{1}{\sqrt{2}}, 0 \right)$.

- Wir projizieren $\vec{a}_2$ auf den von $\vec{c}_1$ erzeugten Unterraum und erhalten $(\vec{a}_2 \bullet \vec{c}_1)\, \vec{c}_1$. Damit steht $\vec{d}_2 := \vec{a}_2 - (\vec{a}_2 \bullet \vec{c}_1)\, \vec{c}_1$ senkrecht zu $\vec{c}_1$. Wir wählen den zweiten Vektor der Orthonormalbasis nicht unmittelbar als $\vec{d}_2$, sondern wir müssen ihn noch auf die Länge eins normieren: $\vec{c}_2 := \vec{d}_2 / |\vec{d}_2|$. Da wir mit einer Basis gestartet sind, kann $\vec{d}_2$ als nicht-triviale Linearkombination

$$\vec{d}_2 = \vec{a}_2 - (\vec{a}_2 \bullet \vec{c}_1)\, \vec{c}_1 = \underbrace{1}_{\neq 0}\, \vec{a}_2 - \frac{(\vec{a}_2 \bullet \vec{c}_1)}{|\vec{a}_1|}\, \vec{a}_1$$

der linear unabhängigen Basisvektoren $\vec{a}_1$ und $\vec{a}_2$ nicht gleich $\vec{0}$ sein, so dass wir bei der Normierung nicht durch null teilen. Entsprechend gelingt die Normierung auch in den folgenden Schritten. Im Beispiel gilt:

$$\vec{d}_2 = (0, 1, 1) - \underbrace{\left[(0, 1, 1) \bullet \left(\frac{1}{\sqrt{2}}, \frac{1}{\sqrt{2}}, 0 \right) \right]}_{=1/\sqrt{2}} \left(\frac{1}{\sqrt{2}}, \frac{1}{\sqrt{2}}, 0 \right) = \left(-\frac{1}{2}, \frac{1}{2}, 1 \right),$$

$$\vec{c}_2 = \sqrt{\frac{2}{3}} \cdot \vec{d}_2 = \left(-\frac{1}{\sqrt{6}}, \frac{1}{\sqrt{6}}, \frac{2}{\sqrt{6}} \right).$$

- Wenn die Vektoren $\vec{c}_1, \ldots, \vec{c}_l$ bereits berechnet wurden, dann erhalten wir den nächsten Vektor $\vec{c}_{l+1}$ der Orthonormalbasis wieder als normierte Differenz zur orthogonalen Projektion in den von den Vektoren $\vec{c}_1, \ldots, \vec{c}_l$ erzeugten Unterraum:

$$\vec{d}_{l+1} := \vec{a}_{l+1} - \sum_{k=1}^{l} (\vec{a}_{l+1} \bullet \vec{c}_k)\, \vec{c}_k, \qquad \vec{c}_{l+1} := \frac{\vec{d}_{l+1}}{|\vec{d}_{l+1}|}, \quad l = 1, \ldots, m - 1.$$

Damit steht $\vec{d}_{l+1}$ und auch $\vec{c}_{l+1}$ senkrecht zu allen zuvor konstruierten Vektoren. Im Beispiel erhalten wir

$$\vec{d}_3 = (1, 0, 1) - \left[(1, 0, 1) \bullet \left(\frac{1}{\sqrt{2}}, \frac{1}{\sqrt{2}}, 0\right)\right] \left(\frac{1}{\sqrt{2}}, \frac{1}{\sqrt{2}}, 0\right)$$
$$- \underbrace{\left[(1, 0, 1) \bullet \left(-\frac{1}{\sqrt{6}}, \frac{1}{\sqrt{6}}, \frac{2}{\sqrt{6}}\right)\right]}_{=\frac{1}{\sqrt{6}}} \left(-\frac{1}{\sqrt{6}}, \frac{1}{\sqrt{6}}, \frac{2}{\sqrt{6}}\right)$$
$$= (1, 0, 1) - \left(\frac{1}{2}, \frac{1}{2}, 0\right) - \left(-\frac{1}{6}, \frac{1}{6}, \frac{1}{3}\right) = \left(\frac{2}{3}, -\frac{2}{3}, \frac{2}{3}\right),$$
$$\vec{c}_3 = \frac{1}{\sqrt{3}}(1, -1, 1).$$

Orthonormalsysteme werden für verlustbehaftete Kompressionsalgorithmen wie JPEG und MP3 eingesetzt. Dabei versucht man, umfangreiche Daten möglichst gut durch deutlich weniger Parameter zu beschreiben. Die Grundidee dabei ist, dass die orthogonale Projektion $\vec{p}$ die beste Approximation (beste Annäherung) eines Vektors $\vec{a}$ durch Vektoren $\vec{u}$ des Unterraums darstellt, d. h.:

Lemma 5.6 (Orthogonale Projektion ist beste Approximation) *Zum Vektor $\vec{a}$ des Euklid'schen Raums V sei $\vec{p}$ die orthogonale Projektion in den Unterraum U wie in Definition 5.15. Dann gilt:*

$$|\vec{a} - \vec{p}\,| < |\vec{a} - \vec{u}| \text{ für alle } \vec{u} \in U \setminus \{\vec{p}\,\}.$$

Beweis Für alle $\vec{u} \in U$ gilt:

$$|\vec{a} - \vec{u}|^2 = |(\vec{a} - \vec{p}\,) + (\vec{p} - \vec{u})|^2 = [(\vec{a} - \vec{p}\,) + (\vec{p} - \vec{u})] \bullet [(\vec{a} - \vec{p}\,) + (\vec{p} - \vec{u})]$$
$$= (\vec{a} - \vec{p}\,) \bullet (\vec{a} - \vec{p}\,) + (\vec{p} - \vec{u}) \bullet (\vec{p} - \vec{u}) + 2(\vec{a} - \vec{p}\,)(\vec{p} - \vec{u})$$
$$= |\vec{a} - \vec{p}\,|^2 + |\vec{p} - \vec{u}|^2 + 2(\vec{a} - \vec{p}\,)(\vec{p} - \vec{u}).$$

Da $\vec{a} - \vec{p}$ senkrecht zu allen Vektoren aus U steht, also insbesondere zu $\vec{p} - \vec{u} \in U$, ist der letzte Summand null:

$$|\vec{a} - \vec{u}|^2 = |\vec{a} - \vec{p}\,|^2 + \underbrace{|\vec{p} - \vec{u}|^2}_{>0 \text{ für } \vec{u} \neq \vec{p}} \implies |\vec{a} - \vec{p}\,| < |\vec{a} - \vec{u}| \text{ für } \vec{u} \neq \vec{p}.$$

$\square$

Die Menge der 2π-periodischen, auf $\mathbb{R}$ stetigen Funktionen ist ein Vektorraum $C_{2\pi}$ über $\mathbb{R}$. Die Bezeichnung $C_{2\pi}$ soll nun nicht an Code erinnern, sondern das C steht für „continuous" wie stetig.

Addition und Skalarmultiplikation sind dabei wie im Vektorraum der Polynome über die Funktionswerte erklärt. $C_{2\pi}$ wird zum Euklid'schen Raum unter dem Skalarprodukt $f \bullet g := \int_0^{2\pi} f(x) \cdot g(x)\, dx$.

Aufgabe 5.13 Zeigen Sie, dass $\bullet$ ein positiv definites Skalarprodukt auf $C_{2\pi}$ ist. (siehe Lösung A.98)

Die Teilmenge

$$O_n := \left\{ \frac{1}{\sqrt{2\pi}}, \frac{1}{\sqrt{\pi}} \cos(k \cdot x), \frac{1}{\sqrt{\pi}} \sin(k \cdot x) : k \in \mathbb{N}, 1 \le k \le n \right\} \subset C_{2\pi}$$

besteht tatsächlich aus 2π-periodischen Funktionen. Insbesondere hat die konstante Funktion $\frac{1}{\sqrt{2\pi}}$ jede beliebige Periode, und $\cos(kx)$ und $\cos(kx)$ haben die (kleinste) Periode $\frac{2\pi}{k}$, also insbesondere auch die Periode 2π.

Die Menge O_n ist für jedes $n \in \mathbb{N}$ eine Orthonormalbasis des von den Vektoren aus O_n erzeugten $2n + 1$-dimensionalen Unterraums U_n von $C_{2\pi}$. Um das zu zeigen, müssen wir „nur" nachrechnen, dass O_n ein Orthonormalsystem ist. Wie nach Definition 5.14 gezeigt, folgt daraus die lineare Unabhängigkeit des Erzeugendensystems, so dass O_n eine Basis ist.

Aufgabe 5.14 Berechnen Sie exemplarisch die Skalarprodukte der Funktionen aus O_n mit $\frac{1}{\sqrt{2\pi}}$. In der Lösung der Aufgabe wird auch gezeigt, wie wir mittels Additionstheoremen die übrigen Skalarprodukte berechnen können. (siehe Lösung A.99)

Als die beste Approximation an eine Funktion $f \in C_{2\pi}$ durch eine Funktion aus U_n erhalten wir die **Fourier-Partialsumme** (siehe Abb. 5.10) als orthogonale Projektion

$$p_n(x) := a_0 + \sum_{k=1}^{n} (a_k \cos(kx) + b_k \sin(kx)) \tag{5.22}$$

mit den **Fourier-Koeffizienten**

$$a_0 := \frac{1}{\sqrt{2\pi}} \left[f \bullet \frac{1}{\sqrt{2\pi}} \right] = \frac{1}{\sqrt{2\pi}} \int_0^{2\pi} f(t) \cdot \frac{1}{\sqrt{2\pi}}\, dt = \frac{1}{2\pi} \int_0^{2\pi} f(t)\, dt,$$

$$a_k := \frac{1}{\sqrt{\pi}} \left[\int_0^{2\pi} f(t) \cdot \frac{1}{\sqrt{\pi}} \cos(kt)\, dt \right] = \frac{1}{\pi} \int_0^{2\pi} f(t) \cdot \cos(kt)\, dt, \quad k \in \mathbb{N},$$

$$b_k := \frac{1}{\sqrt{\pi}} \left[\int_0^{2\pi} f(t) \cdot \frac{1}{\sqrt{\pi}} \sin(kt)\, dt \right] = \frac{1}{\pi} \int_0^{2\pi} f(t) \cdot \sin(kt)\, dt, \quad k \in \mathbb{N}.$$

In (5.22) sind die Faktoren $\frac{1}{\sqrt{2\pi}}$ bzw. $\frac{1}{\sqrt{\pi}}$ der Funktionen aus O_n nicht zu sehen. Diese Faktoren haben wir in die Fourier-Koeffizienten verschoben, die abgesehen davon den Skalarprodukten von f mit den Funktionen aus O_n entsprechen.

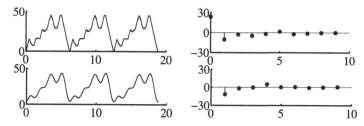

Abb. 5.10 Die links oben dargestellte 2π-periodische Funktion hat die rechts oben aufgetragenen Fourier-Koeffizienten a_k und die rechts unten angegebenen Fourier-Koeffizienten b_k. Links unten ist $p_4(x) = a_0 + \sum_{k=1}^{4} a_k \cos(kx) + b_k \sin(kx)$ gezeichnet. Mit nur 9 Fourier-Koeffizienten können wir also die gegebene Funktion bereits recht gut beschreiben

Durch Lösen eines Gleichungssystems kann man zeigen, dass eine Funktion aus U_n durch $2n + 1$ Funktionswerte an den Stellen $k \cdot \frac{2\pi}{2n+1}$, $0 \leq k \leq 2n$, eindeutig festgelegt ist. Diese Funktion können wir in der Orthonormalbasis des U_n als Fourier-Partialsumme schreiben und damit eindeutig über die Fourier-Koeffizienten codieren. Ein Vektor mit $2n + 1$ Zahlen, z. B. Grauwerte der Pixel eines Bildes, die wir als Funktionswerte einer Funktion aus U_n interpretieren, lässt sich also mit $2n + 1$ Fourier-Koeffizienten verlustfrei codieren. Zur Berechnung der Koeffizienten müssen keine Integrale gelöst werden, sondern sie können durch Multiplikation einer speziellen Matrix mit dem Vektor aus den $2n + 1$ Zahlen gewonnen werden. Dafür gibt es einen effizienten Algorithmus: die **schnelle Fourier-Transformation** (**FFT** – Fast Fourier Transform). Für die spezielle Matrix lassen sich damit die i. Allg. bei der Matrix-Vektor-Multiplikation erforderlichen $\Theta(n^2)$ Multiplikationen von Zahlen auf $\Theta(n \log_2(n))$ reduzieren.

Dass $2n + 1$ Zahlen über $2n + 1$ Fourier-Koeffizienten codiert werden können, haut einen erst einmal nicht vom Hocker. Interessant wird es, wenn wir mehr Zahlen (z. B. $2m + 1$ mit $m > n$) mit $2n + 1$ Fourier-Koeffizienten codieren möchten. Durch diese Zahlen ist eine Funktion aus U_m vorgegeben. Die beste Approximation an diese Funktion durch Funktionen aus U_n ist die Orthogonalprojektion und damit die Fourier-Partialsumme p_n. Die $2n + 1$ Koeffizienten sind also dergestalt, dass mit ihnen die Funktion aus U_m bestmöglich beschrieben werden kann. Damit lassen sich mit diesen $2n + 1$ Werten auch die $2m + 1$ gegebenen Zahlen näherungsweise angeben.

Es gibt einen weiteren Hinweis darauf, dass wir mit den Fourier-Koeffizienten Daten (verlustbehaftet) komprimieren können. Dazu betrachten wir zu einer beliebigen stetigen Funktion $f \in C_{2\pi}$ die Fourier-Koeffizienten für $k \to \infty$. Es lässt sich beweisen, dass $\lim_{k\to\infty} a_k = \lim_{k\to\infty} b_k = 0$ gilt. Fourier-Koeffizienten werden also beliebig klein – und die Funktion f lässt sich bereits recht gut durch wenige Fourier-Koeffizienten zu kleinen Indizes darstellen (vgl. Abb. 5.10).

JPEG und MP3 komprimieren Daten, indem sie eine durch die Daten beschriebene Funktion mittels Fourier-Koeffizienten codieren. Über die Genauigkeit, mit der man die Koeffizienten als Zahlen speichert, ergibt sich die Qualität des JPEG-Bildes oder MP3-Musikstücks. Bei MP3 wird die Genauigkeit vom psychoakustischen Modell bestimmt, das unser Hörvermögen berücksichtigt.

5.7   Lineare Abbildungen und Vektorgrafik

Wir haben mit Vektorräumen jetzt eine Struktur, die wir für vielfältige Aufgaben nutzen können. Eine der schönsten ist vielleicht das Erstellen von Vektorgrafik, um 3D-Ansichten zu erzeugen. Die Punkte im Raum sind Elemente des Vektorraums $(\mathbb{R}^3, +; \mathbb{R}, \cdot)$. Diese Punkte können unter Verwendung von etwas Geometrie auf eine zweidimensionale Betrachtungsebene wie einen Bildschirm abgebildet werden. Hier wollen wir uns überlegen, wie man Punkte im $\mathbb{R}^3$ um eine Achse dreht. Mittels solcher Rotationen und zusätzlicher Verschiebungen können wir uns durch 3D-Szenarien beliebig bewegen. Das braucht man nicht nur bei Computerspielen, sondern z. B. auch bei Simulatoren und in der medizinischen Bildverarbeitung. In diesem Abschnitt behandeln wir die entsprechenden Abbildungen, die Vektoren auf Vektoren abbilden, und beginnen mit der Abbildung

$$L : \mathbb{R}^3 \to \mathbb{R}^3, \quad \begin{pmatrix} x \\ y \\ z \end{pmatrix} \mapsto \begin{pmatrix} \cos(\varphi) \cdot x - \sin(\varphi) \cdot y \\ \sin(\varphi) \cdot x + \cos(\varphi) \cdot y \\ z \end{pmatrix}. \tag{5.23}$$

Die Abbildung ordnet jedem Vektor in $\mathbb{R}^3$ den um den Winkel φ in der x-y-Ebene gedrehten Vektor zu. Diese Drehung können wir über die Matrix

$$\mathbf{A} = \mathbf{A}(\varphi) = \begin{bmatrix} \cos(\varphi) & -\sin(\varphi) & 0 \\ \sin(\varphi) & \cos(\varphi) & 0 \\ 0 & 0 & 1 \end{bmatrix}$$

als Matrix-Vektorprodukt darstellen: $L\left((x, y, z)^\top\right) = \mathbf{A}(\varphi) \cdot (x, y, z)^\top$.

Wir überlegen uns kurz, dass die Matrix tatsächlich um den Winkel φ in mathematisch positiver Richtung, also entgegen des Uhrzeigersinns, dreht: Sei dazu (x, y) ein Punkt der x-y-Ebene (auf die sich nicht ändernden z-Koordinaten verzichten wir hier), der um φ auf den Zielpunkt $(\tilde{x}, \tilde{y})$ gedreht wird, siehe Abb. 5.11. Ist $(x, y) = (0, 0)$, dann ist auch $(\tilde{x}, \tilde{y}) = (0, 0)$, und es ist nichts zu zeigen. Sei also der Abstand $\sqrt{x^2 + y^2}$ zum Nullpunkt ungleich null. Zu (x, y) gehört ein Winkel φ_0 zwischen der x-Achse und der Strecke von $(0, 0)$ zum Punkt mit

$$\cos(\varphi_0) = \frac{x}{\sqrt{x^2 + y^2}} \quad \text{und} \quad \sin(\varphi_0) = \frac{y}{\sqrt{x^2 + y^2}}.$$

Entsprechend hat $(\tilde{x}, \tilde{y})$ den Winkel $\varphi_0 + \varphi$ und den gleichen Abstand $\sqrt{x^2 + y^2}$ zum Nullpunkt, so dass

$$\cos(\varphi_0 + \varphi) = \frac{\tilde{x}}{\sqrt{x^2 + y^2}} \quad \text{und} \quad \sin(\varphi_0 + \varphi) = \frac{\tilde{y}}{\sqrt{x^2 + y^2}}.$$

Abb. 5.11 Drehung von
(x, y) um φ zum Punkt
$(\tilde{x}, \tilde{y})$ in der Ebene

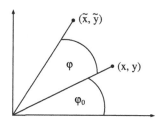

Jetzt wenden wir die Additionstheoreme (3.40) und (3.41) an:

$$\frac{\tilde{x}}{\sqrt{x^2 + y^2}} = \cos(\varphi_0 + \varphi) \stackrel{(3.40)}{=} \cos(\varphi)\cos(\varphi_0) - \sin(\varphi)\sin(\varphi_0)$$

$$= \cos(\varphi)\frac{x}{\sqrt{x^2 + y^2}} - \sin(\varphi)\frac{y}{\sqrt{x^2 + y^2}},$$

$$\frac{\tilde{y}}{\sqrt{x^2 + y^2}} = \sin(\varphi_0 + \varphi) \stackrel{(3.41)}{=} \sin(\varphi)\cos(\varphi_0) + \cos(\varphi)\sin(\varphi_0)$$

$$= \sin(\varphi)\frac{x}{\sqrt{x^2 + y^2}} + \cos(\varphi)\frac{y}{\sqrt{x^2 + y^2}}.$$

Multiplikation mit $\sqrt{x^2 + y^2}$ liefert die beiden ersten Komponenten in (5.23) und damit die Darstellung der Drehmatrix.

Völlig analog beschreiben wir mittels Multiplikation mit **B** eine Drehung in der x-z-Ebene und mittels Multiplikation mit **C** eine Drehung in der y-z-Ebene:

$$\mathbf{B}(\varphi) = \begin{bmatrix} \cos(\varphi) & 0 & -\sin(\varphi) \\ 0 & 1 & 0 \\ \sin(\varphi) & 0 & \cos(\varphi) \end{bmatrix}, \quad \mathbf{C}(\varphi) = \begin{bmatrix} 1 & 0 & 0 \\ 0 & \cos(\varphi) & -\sin(\varphi) \\ 0 & \sin(\varphi) & \cos(\varphi) \end{bmatrix}.$$

Diese Abbildungen haben eine ganz wichtige Eigenschaft, die sich direkt aus ihrer Definition über das Produkt einer Matrix mit einem Vektor ergibt:

Definition 5.16 (lineare Abbildung) Es seien $(V, +; K, \cdot)$ und $(W, +; K, \cdot)$ Vektorräume, deren Additionen und skalare Multiplikationen jeweils durchaus unterschiedlich definiert sein dürfen (aber oft nicht sind). Eine Abbildung $L : V \to W$, $\vec{a} \mapsto L(\vec{a})$ heißt **linear** genau dann, wenn das Bild einer Linearkombination von Vektoren gleich der Linearkombination der Bildvektoren ist:

$$L(r \cdot \vec{a} + s \cdot \vec{b}) = r \cdot L(\vec{a}) + s \cdot L(\vec{b}) \quad \text{für alle } \vec{a}, \vec{b} \in V \text{ und } r, s \in K.$$

Auf der linken Seite der Gleichung wird die Addition und Skalarmultiplikation des Vektorraums V verwendet, während auf der rechten Seite die davon vielleicht abweichenden Verknüpfungen in W gemeint sind.

Lineare Abbildungen erhalten also die für Vektorräume typischen Linearkombinationen und passen damit in besonders guter Weise zu den Vektorräumen. Insbesondere wird der Nullvektor aus V auf den Nullvektor aus W abgebildet:

$$L(\vec{0}) = L(0 \cdot \vec{a}) = 0 \cdot L(\vec{a}) = \vec{0}.$$

Wir können direkt mit den Rechenregeln für Matrizen nachrechnen, dass die über $\mathbf{A} \in K^{m \times n}$ definierte Abbildung für Spaltenvektoren $L : K^n \to K^m, \vec{a} \mapsto L(\vec{a}) :=$ $\mathbf{A} \cdot \vec{a}$ linear ist. Das gleiche gilt für die Abbildung $L : K^m \to K^n, \vec{a} \mapsto L(\vec{a}) := \vec{a} \cdot \mathbf{A}$, die Zeilenvektoren abbildet.

Die Drehmatrizen sind eine solche Abbildung für Spaltenvektoren. Beim Codieren haben wir in der Rechnung nach Definition 5.8 die Generatormatrix $\mathbf{G}$ von links mit einem zu codierenden Zeilenvektor multipliziert. Die darüber definierte Codierung $f_\mathbf{G}$ ist also ebenfalls linear. Auch für die Berechnung des Syndroms bei einem linearen Code wird ein Zeilenvektor mit der Transponierten der Kontrollmatrix multipliziert, das Syndrom wird daher über eine lineare Abbildung berechnet. Wir betrachten einige weitere Beispiele für lineare Abbildungen:

a) Besonders einfach ist die **identische Abbildung** $L : \mathbb{R}^n \to \mathbb{R}^n$ mit $\vec{a} \mapsto L(\vec{a}) :=$ $\vec{a}$, die anscheinend gar nichts tut. Offensichtlich bleibt eine Linearkombination unter dieser Abbildung erhalten, sie ist linear. Wir können sie etwas aufwändiger schreiben als Multiplikation mit der $n \times n$-Einheitsmatrix $\mathbf{E}_n$.

b) Mathematiker denken oft zuerst an Extremfälle. Sie machen das, um ihre Voraussetzungen zu prüfen. Das kann durchaus auch beim Softwaretest sinnvoll sein. Einen Extremfall, nämlich eine Abbildung, die nichts tut, hatten wir bereits. Der nächste Extremfall ist die ebenfalls lineare **Nullabbildung** $L : \mathbb{R}^n \to \mathbb{R}^n$, $\vec{x} \mapsto L(\vec{x}) := \vec{0}$, die wir durch Multiplikation mit einer Matrix, deren Elemente alle 0 sind, beschreiben.

c) $L : \mathbb{R}^3 \to \mathbb{R}^3, \vec{a} \mapsto L(\vec{a}) := -\vec{a}$ ist eine Spiegelung im Ursprung, die wir auch durch Multiplikation mit $(-1) \cdot \mathbf{E}_3$ erhalten.

d) Eine dreidimensionale Szene lässt sich leicht (nicht-perspektivisch, d. h. ohne Fluchtpunkt) auf die x-y-Ebene projizieren, indem wir die z-Koordinaten weglassen (Parallelprojektion).

$$P : \mathbb{R}^3 \to \mathbb{R}^2, \quad \begin{pmatrix} x \\ y \\ z \end{pmatrix} \mapsto \begin{pmatrix} x \\ y \end{pmatrix}$$

ist eine lineare Abbildung, die das beschreibt. Wieder können wir das Verhalten mit einer Matrix darstellen:

$$P\left(\begin{pmatrix} x \\ y \\ z \end{pmatrix}\right) = \begin{bmatrix} 1 & 0 & 0 \\ 0 & 1 & 0 \end{bmatrix} \cdot \begin{pmatrix} x \\ y \\ z \end{pmatrix}.$$

Die Beispiele sollen nicht suggerieren, dass jede Abbildung linear ist. Beispielsweise ist die Menge der linearen Abbildungen von $(\mathbb{R}, +; \mathbb{R}, \cdot)$ nach $(\mathbb{R}, +; \mathbb{R}, \cdot)$ sehr übersichtlich. Jede hat eine Abbildungsvorschrift der Form $f(x) = c \cdot x$ für ein $c \in \mathbb{R}$. Ihr Graph ist also eine Gerade durch den Koordinatenursprung. Bereits die Funktion $g(x) = x + 1$, deren Graph nicht durch den Koordinatenursprung geht, ist nicht linear:

$$g(x_1 + x_2) = x_1 + x_2 + 1 \neq g(x_1) + g(x_2) = x_1 + x_2 + 2. \tag{5.24}$$

Aufgabe 5.15 Zeigen Sie, dass die in (5.19) vorgenommene Zuordnung von Syndromen zu Korrekturvektoren keine lineare Abbildung sein kann. (siehe Lösung A.100)

Die Beispiele zeigen aber, dass sich lineare Abbildungen zwischen endlich dimensionalen Vektorräumen $(K^n, +; K, \cdot)$ und $(K^m, +; K, \cdot)$ durch Matrizen übersichtlich schreiben lassen. Wir wissen bereits, dass eine über ein Produkt mit einer Matrix definierte Abbildung linear ist. Umgekehrt können wir aber auch zeigen, dass jede lineare Abbildung $L : K^n \to K^m$ durch eine Matrix $\mathbf{A} \in K^{m \times n}$ mit $L(\vec{x}) = \mathbf{A} \cdot \vec{x}$ darstellbar ist. Dazu schreiben wir die Vektoren $\vec{x}$ des K^n als Linearkombination der Standard-Basis $\vec{e}_1 = (1, 0, 0, \dots)^\top, \vec{e}_2 = (0, 1, 0, \dots)^\top, \dots, \vec{e}_n = (0, 0, \dots, 1)^\top$:

$$\vec{x} = (x_1, \dots, x_n)^\top = x_1 \cdot \vec{e}_1 + x_2 \cdot \vec{e}_2 + \cdots + x_n \cdot \vec{e}_n.$$

Wenden wir nun die lineare Abbildung L auf diese Darstellung an, dann erhalten wir

$$L(\vec{x}) = x_1 \cdot L(\vec{e}_1) + x_2 \cdot L(\vec{e}_2) + \cdots + x_n \cdot L(\vec{e}_n) = \mathbf{A} \cdot \vec{x},$$

wobei die n Spalten der Matrix $\mathbf{A} \in K^{m \times n}$ die Bilder $L(\vec{e}_1), \dots, L(\vec{e}_n)$ der Basisvektoren sind.

Die Multiplikation einer $(n \times n)$-Matrix mit einem Vektor führt allgemein zur Multiplikation von n^2 Zahlen. Bei speziellen Matrizen (z. B. schwach besetzte Matrizen mit vielen Nullen oder Matrizen, die bei der Fourier-Transformation eingesetzt werden, kann die Anzahl der Multiplikationen aber reduziert werden.

Mit der Basisdarstellung aus Satz 5.2 haben wir bereits gesehen, dass wir jeden n-dimensionalen Vektorraum über einem Körper K als K^n codieren können. Diese Abbildung auf K^n ist sogar ebenfalls linear. Damit können wir auch lineare Abbildungen zwischen endlich-dimensionalen Vektorräumen auf lineare Abbildungen zwischen K^n und K^m überführen und mit Matrizen schreiben.

Satz 5.11 (Hintereinanderausführung linearer Abbildungen) Es sei $L : K^l \to K^n$ eine lineare Abbildung mit $(n \times l)$-Matrix $\mathbf{A}$, d.h. $L(\vec{a}) = \mathbf{A} \cdot \vec{a}$, und $S : K^n \to K^m$ eine lineare Abbildung mit $(m \times n)$-Matrix $\mathbf{B}$. Dann entsteht durch Hintereinanderausführen der Abbildungen (Verkettung) eine neue Abbildung $S \circ L : K^l \to K^m$ mit $(S \circ L)(\vec{a}) = S(L(\vec{a}))$. Diese ist linear, und die zugehörige $(m \times l)$-Matrix lautet $\mathbf{C} = \mathbf{B} \cdot \mathbf{A}$.

Beweis Die Linearität von L und S überträgt sich auf $S \circ L$. Denn für $\vec{a}, \vec{b} \in K^l$ und $r, s \in K$ ist

$$(S \circ L)(r\vec{a} + s\vec{b}) = S(L(r\vec{a} + s\vec{b})) = S(rL(\vec{a}) + sL(\vec{b}))$$
$$= rS(L(\vec{a})) + sS(L(\vec{b})) = r(S \circ L)(\vec{a}) + s(S \circ L)(\vec{b}).$$

Dass sich die Matrix für $S \circ L$ als Produkt der einzelnen ergibt, ist fast trivial: $(S \circ L)(\vec{a}) = S(\mathbf{A} \cdot \vec{a}) = \mathbf{B} \cdot \mathbf{A} \cdot \vec{a}$. Aus dieser Darstellung ergibt sich auch sofort wieder die Linearität.   □

Beim Nachrechnen der Linearität haben wir nicht ausgenutzt, dass die Vektor-räume speziell K^l und K^n und die linearen Abbildungen über Matrizen darstellbar sind. Die Hintereinanderausführung linearer Abbildungen zwischen beliebigen (auch unendlich-dimensionalen) Vektorräumen ist linear.

Wenn wir zunächst eine Punktmenge im $\mathbb{R}^3$ in der x-y-Ebene um den Winkel α und dann das Ergebnis in der y-z-Ebene um den Winkel γ jeweils um den Nullpunkt drehen möchten, dann können wir zuerst die Vektoren der Menge mit der zu Beginn des Abschnitts definierten Matrix $\mathbf{A}(\alpha)$ und dann das Ergebnis mit der Matrix $\mathbf{C}(\gamma)$ multiplizieren. Das entspricht insgesamt der Multiplikation mit

$$\mathbf{C}(\gamma) \cdot \mathbf{A}(\alpha) = \begin{bmatrix} \cos(\alpha) & -\sin(\alpha) & 0 \\ \cos(\gamma)\sin(\alpha) & \cos(\gamma)\cos(\alpha) & -\sin(\gamma) \\ \sin(\gamma)\sin(\alpha) & \sin(\gamma)\cos(\alpha) & \cos(\gamma) \end{bmatrix}.$$

Wenn wir um einen anderen Punkt $\vec{d} \neq \vec{0} \in \mathbb{R}^3$ drehen möchten, dann führen wir das auf eine Drehung um den Nullpunkt zurück, siehe auch Abb. 5.12. Dazu müssen wir zunächst $-\vec{d}$ zu allen Punkten addieren, so dass wir den Drehpunkt in den Nullpunkt verschieben, können dann um den Nullpunkt drehen und müssen anschließend wieder $\vec{d}$ addieren. Diese Verschiebungen sind aber keine linearen Abbildungen von $\mathbb{R}^3$ nach $\mathbb{R}^3$ (vgl. (5.24)). Damit wir sie aber dennoch als lineare Abbildung auffassen und über eine Matrix darstellen können, wenden wir einen Trick an: der Übergang zu **homogenen Koordinaten**. Dazu erweitern wir die Punkte aus dem $\mathbb{R}^3$ um eine vierte Komponente, die wir konstant als 1 wählen. Wir rechnen jetzt also im $\mathbb{R}^4$. Die Drehmatrizen müssen jetzt um eine Zeile und Spalte erweitert werden, deren Komponenten null bis auf die Diagonalkomponente sind, die eins ist. Die Drehung um α und anschließend um γ sieht jetzt also so aus:

$$\mathbf{R}(\alpha, \gamma) := \begin{bmatrix} \cos(\alpha) & -\sin(\alpha) & 0 & 0 \\ \cos(\gamma)\sin(\alpha) & \cos(\gamma)\cos(\alpha) & -\sin(\gamma) & 0 \\ \sin(\gamma)\sin(\alpha) & \sin(\gamma)\cos(\alpha) & \cos(\gamma) & 0 \\ 0 & 0 & 0 & 1 \end{bmatrix}.$$

Mit der zusätzlichen Komponente können wir aber nun auch Verschiebungen (Translationen) realisieren:

$$\mathbf{T}(d_1, d_2, d_3) := \begin{bmatrix} 1 & 0 & 0 & d_1 \\ 0 & 1 & 0 & d_2 \\ 0 & 0 & 1 & d_3 \\ 0 & 0 & 0 & 1 \end{bmatrix}, \quad \mathbf{T}(d_1, d_2, d_3) \cdot \begin{pmatrix} x \\ y \\ z \\ 1 \end{pmatrix} = \begin{pmatrix} x + d_1 \\ y + d_2 \\ z + d_3 \\ 1 \end{pmatrix}.$$

Im Grafik-Framework OpenGL (http://www.opengl.org/) kann man diese Matrizen in der Reihenfolge, wie sie im Produkt von links nach rechts stehen, angeben. In Listing 5.1 wird das Produkt $\mathbf{E}_4 \cdot \mathbf{T}(d_1, d_2, d_3) \cdot \mathbf{R}(\alpha, \gamma) \cdot \mathbf{T}(-d_1, -d_2, -d_3) \in \mathbb{R}^{4 \times 4}$ berechnet. Der Start mit der Einheitsmatrix $\mathbf{E}_4$ dient der Initialisierung und ist nötig, da die übrigen Befehle Matrizen hinzu multiplizieren. Würden wir nach den Anweisungen aus Listing 5.1 Punkte zeichnen, dann würden diese automatisch mit dem Produkt der Matrizen multipliziert. Diese Berechnungen werden in der Regel sehr effizient von der Grafikkarte durchgeführt (siehe Abb. 5.12).

Abb. 5.12 Aus Geodaten berechnetes 3D-Modell unserer Hochschule (im Vordergrund): Das Koordinatensystem ist so gewählt, dass die x-Achse nach rechts, die y-Achse in den Raum und die z-Achse nach oben zeigt. Die Szene wird um einen Punkt zwischen Hochschule und Kirche um ca. $\alpha = 24°$ in der x-y-Ebene (Ebene des Bodens) und dann um ca. $16°$ in der y-z-Ebene gedreht. Dazu wird zunächst der Drehpunkt in den Nullpunkt verschoben, und nach der Drehung wird die Verschiebung umgekehrt. Das erste Bild zeigt die Ausgangssituation, das zweite die Verschiebung zum Drehpunkt, das dritte das Ergebnis der beiden Drehungen und das letzte die Rückverschiebung

```
1  glLoadIdentity();
2  glTranslatef(d1, d2, d3);
3  glRotatef(gamma, 1.0, 0.0, 0.0);
4  glRotatef(alpha, 0.0, 0.0, 1.0);
5  glTranslatef(-d1, -d2, -d3);
```

Listing 5.1 Lineare Abbildungen in OpenGL: In Zeile 1 wird die Einheitsmatrix geladen. Diese wird in Zeile 2 mit einer Translationsmatrix zur Verschiebung um (d_1, d_2, d_3) multipliziert. Es folgen zwei Drehmatrizen. In Zeile 3 wird mit einer Matrix zur Drehachse $(1, 0, 0)$ multipliziert, die eine Drehung in der y-z-Ebene beschreibt. Die in Zeile 4 verwendete Matrix hat die Drehachse $(0, 0, 1)$ und führt eine Drehung in der x-y-Ebene aus. In der letzten Zeile wird schließlich noch mit einer Matrix multipliziert, die eine Verschiebung um $(-d_1, -d_2, -d_3)$ beschreibt

Ist eine lineare Abbildung $L : V \to W$ bijektiv, so ist auch die Umkehrabbildung $L^{-1} : W \to V$ linear. Um das nachzurechnen, seien $\vec{c}, \vec{d} \in W$ und $r, s \in K$. Da L bijektiv ist, gibt es zu $\vec{c}$ und $\vec{d}$ Vektoren $\vec{a}, \vec{b} \in V$ mit $\vec{c} = L(\vec{a})$ und $\vec{d} = L(\vec{b})$. Wegen der Linearität von L ist $r\vec{c} + s\vec{d} = L(r\vec{a} + s\vec{b})$. Damit können wir die Linearität von L^{-1} zeigen:

$$L^{-1}(r\vec{c} + s\vec{d}) = L^{-1}(L(r\vec{a} + s\vec{b})) = r\vec{a} + s\vec{b} = rL^{-1}(\vec{c}) + sL^{-1}(\vec{d}).$$

Ist $L : K^n \to K^n$ mit $L(\vec{a}) = \mathbf{A} \cdot \vec{a}$, wobei die Matrix $\mathbf{A}$ invertierbar ist, dann ist L umkehrbar zu $L^{-1} : K^n \to K^n$ mit $L^{-1}(\vec{a}) = \mathbf{A}^{-1} \cdot \vec{a}$. Das ergibt sich durch Hintereinanderausführen der Abbildungen, also durch Multiplikation der Matrizen: $L^{-1}(L(\vec{a})) = \mathbf{A}^{-1} \cdot \mathbf{A} \cdot \vec{a} = \vec{a}$.

Aufgabe 5.16 Zeigen Sie, dass umgekehrt jede bijektive lineare Abbildung $L : K^n \to K^n$ auch über eine invertierbare Matrix darstellbar ist. (siehe Lösung A.101)

Die in diesem Abschnitt verwendeten Drehmatrizen $\mathbf{A}$, $\mathbf{B}$ und $\mathbf{C}$ haben eine besonders einfache Inverse: ihre Transponierte. Das rechnen wir für $\mathbf{A}$ nach:

$$\mathbf{A}^\top \cdot \mathbf{A} = \begin{pmatrix} \cos(\varphi) & \sin(\varphi) & 0 \\ -\sin(\varphi) & \cos(\varphi) & 0 \\ 0 & 0 & 1 \end{pmatrix} \cdot \begin{pmatrix} \cos(\varphi) & -\sin(\varphi) & 0 \\ \sin(\varphi) & \cos(\varphi) & 0 \\ 0 & 0 & 1 \end{pmatrix}$$

$$= \begin{pmatrix} \cos^2(\varphi) + \sin^2(\varphi) & 0 & 0 \\ 0 & \sin^2(\varphi) + \cos^2(\varphi) & 0 \\ 0 & 0 & 1 \end{pmatrix} \overset{(3.38)}{=} \begin{pmatrix} 1 & 0 & 0 \\ 0 & 1 & 0 \\ 0 & 0 & 1 \end{pmatrix}.$$

Damit stehen für jeden Wert von φ die Spalten (und auch die Zeilen) von $\mathbf{A}$ im Euklid'schen Raum $\mathbb{R}^3$ mit Standardskalarprodukt senkrecht zueinander und haben den Betrag eins. Matrizen $\mathbf{A}$, für die $\mathbf{A}^{-1} = \mathbf{A}^\top$ gilt, nennt man daher **orthogonale Matrizen**.

Wir haben in Abschn. 5.5.3 gesehen, wie wir eine Codierung $f : \mathbb{B}^k \to C \subseteq \mathbb{B}^n$, $f(\vec{x}) = \vec{x} \cdot \mathbf{G}$ zu einer Generatormatrix $\mathbf{G} \in K^{k,n}$ mit Rang k mittels einer Rechtsinversen $\mathbf{I} \in \mathbb{B}^{n,k}$ umkehren können. Die Decodierung ist dann die inverse lineare Abbildung

$$f^{-1} : C \to \mathbb{B}^k \text{ mit } f^{-1}(\vec{u}) = \vec{u} \cdot \mathbf{I}. \tag{5.25}$$

Die von den Matrizen bekannten Begriffe Nullraum und Spaltenraum heißen bei linearen Abbildungen Kern und Bild.

Definition 5.17 (Kern und Bild) Sei $L : V \to W$ eine lineare Abbildung. $\text{Kern}(L) := \left\{ \vec{x} \in V : L(\vec{x}) = \vec{0} \right\}$ heißt der **Kern** von L. Das **Bild** von L ist die Menge

$$\text{Bild}(L) := \{ L(\vec{x}) \in W : \vec{x} \in V \}.$$

Handelt es sich um eine lineare Abbildung von $V = K^n$ nach $W = K^m$, die über eine Matrix $\mathbf{A} \in K^{m \times n}$ definiert ist mit $L(\vec{a}) = \mathbf{A} \cdot \vec{a}$, dann ist $N(\mathbf{A}) = \text{Kern}(L)$ und $S(\mathbf{A}) = \text{Bild}(L)$. Der Dimensionssatz für Matrizen (siehe Satz 5.5) liest sich dann so für lineare Abbildungen:

$$\dim V = \dim \text{Bild}(L) + \dim \text{Kern}(L).$$

Bei einer injektiven linearen Abbildung $L : V \to W$ besteht der Kern nur aus dem Nullvektor, da ja nur ein Vektor auf $\vec{0}$ abgebildet werden darf. Also ist $\dim \text{Kern}(L) = 0$. Ist L surjektiv, dann muss $\dim \text{Bild}(L) = \dim W$ gelten. Damit eine lineare Abbildung bijektiv sein kann, muss also notwendigerweise $\dim V = \dim W$ gelten. Lineare Abbildungen $L : K^n \to K^m$ können also nur dann bijektiv und damit invertierbar sein, wenn $n = m$ gilt. Eine Projektion von $\mathbb{R}^3$ auf $\mathbb{R}^2$ besitzt also keine Umkehrabbildung. In Abb. 5.8 kann man zu dem Schatten $\vec{p}$ von $\vec{a}$ unendlich viele Vektoren $\vec{a}'$ mit dem gleichen Schatten angeben.

Die Abbildungsvorschrift der Decodierung f^{-1} aus (5.25) ist nicht nur auf C, sondern auf ganz $\mathbb{B}^n$ anwendbar. Sei also $\tilde{f}^{-1} : \mathbb{B}^n \to \mathbb{B}^k$ mit $\tilde{f}^{-1}(\vec{u}) = \vec{u} \cdot \mathbf{I}$. Wir überprüfen an dieser Abbildung den Dimensionssatz:

$$n = \dim \mathbb{B}^n = \dim \text{Bild}(\tilde{f}^{-1}) + \dim \text{Kern}(\tilde{f}^{-1})$$
$$= \dim \mathbb{B}^k + \dim N(\mathbf{I}^\top) = k + (n - k).$$

Naturgemäß konnten wir in dieser Einführung nur einen kleinen Ausschnitt der Mathematik wiedergeben. Wir hoffen aber, dass wir die Themenauswahl so gestaltet haben, dass Sie für die Anwendung der Mathematik in der Informatik gut gerüstet sind.

Literatur

Goebbels und Ritter (2018). Goebbels St. und Ritter St. (2018) Mathematik verstehen und anwenden. Springer-Spektrum, Berlin Heidelberg.

Lösungen der Aufgaben

A

A.1   Aufgaben aus Kap. 1

Lösung A.1 (Aufgabe 1.1)

a) Die Teilmengen sind $\emptyset$, $\{1\}$, $\{3\}$, $\{5\}$, $\{1,3\}$, $\{1,5\}$, $\{3,5\}$, U.

b) $U \cup V = \{1,2,3,4,5,7,8,9,10\}$, $U \cap V = \{1,5\}$, $U \setminus V = \{3\}$,
$V \setminus U = \{2,4,7,8,9,10\}$, $\mathcal{C}_G(U \cap V) = \{2,3,4,6,7,8,9,10\}$,
$(\mathcal{C}_G U) \setminus V = \{2,4,6,7,8,9,10\} \setminus V = \{6\}$,

$$\mathcal{C}_G[(\mathcal{C}_G U) \cap V] \cup U = [\mathcal{C}_G\{2,4,7,8,9,10\}] \cup U$$
$$= \{1,3,5,6\} \cup \{1,3,5\} = \{1,3,5,6\}.$$

Lösung A.2 (Aufgabe 1.2)

A	B	$A \oplus B$	$(A \oplus B) \oplus B$
0	0	0	0
0	1	1	0
1	0	1	1
1	1	0	1

Damit ist $(A \oplus B) \oplus B = A$.

Lösung A.3 (Aufgabe 1.3) Wir erhalten die disjunktiven Normalformen mittels Termumformungen. Alternativ könnten wir sie auch wie in Aufgabe 1.4 an Wertetabellen ablesen.

$$\neg(A \vee B \wedge C) = \neg(A \vee [B \wedge C]) = \neg A \wedge \neg[B \wedge C]$$
$$= \neg A \wedge (\neg B \vee \neg C) = (\neg A \wedge \neg B) \vee (\neg A \wedge \neg C),$$

© Springer-Verlag GmbH Deutschland, ein Teil von Springer Nature 2023
S. Goebbels und J. Rethmann, *Eine Einführung in die Mathematik an Beispielen aus der Informatik*, https://doi.org/10.1007/978-3-662-67675-2_A

$$(\neg A \lor B \lor \neg C) \land (A \lor C)$$
$$= \underbrace{(\neg A \land A)}_{=0} \lor (\neg A \land C) \lor (B \land A) \lor (B \land C) \lor (\neg C \land A) \lor \underbrace{(\neg C \land C)}_{=0}$$
$$= (\neg A \land C) \lor (B \land A) \lor (B \land C) \lor (\neg C \land A)$$
$$= (\neg A \land C) \lor (B \land A) \lor (\neg C \land A).$$

Denn wenn $B \land C = 0$ ist, kann der Term aus der Formel gestrichen werden. Wenn $B \land C = 1$ ist, dann ist entweder $\neg A \land C = 1$ oder $A \land B = 1$. Auch in diesem Fall kann $B \land C$ gestrichen werden, da durch die Oder-Verknüpfungen eine einzige wahre Klausel reicht, um die gesamte Formel zu erfüllen.

Lösung A.4 (Aufgabe 1.4) Wir betrachten in der Wertetabelle 1.3 die Spalten, in denen die Summe bzw. der Übertrag null wird. Zu jeder Spalte bauen wir einen Term wie bei der disjunktiven Normalform und negieren ihn anschließend. Damit erzeugt er in dieser Spalte eine Null und sonst nur Einsen. Werden alle entsprechenden Terme und-verknüpft, dann entsteht die gewünschte Formel, da sich die Nullen durchsetzen.

Zum Beispiel erzeugt der Term $\neg A \land B \land \neg C$ nur bei der Belegung $A = 0$, $B = 1$ und $C = 0$ eine Eins. Also erzeugt der negierte Term $\neg(\neg A \land B \land \neg C)$ nur bei genau dieser Belegung eine Null, z. B. für C_{out}. Werden mehrere Terme und-verknüpft, dann wird immer dann eine Null erzeugt, wenn irgendein Term null erzeugt. Nur wenn alle Terme eins erzeugen, ist auch die gesamte Formel erfüllt. Eine Null setzt sich also in das Ergebnis durch.

Im konkreten Beispiel erhalten wir:

$$S = \neg(\neg A \land \neg B \land \neg C_{\mathrm{in}}) \land \neg(\neg A \land B \land C_{\mathrm{in}}) \land \neg(A \land \neg B \land C_{\mathrm{in}})$$
$$\land \neg(A \land B \land \neg C_{\mathrm{in}})$$
$$= (A \lor B \lor C_{\mathrm{in}}) \land (A \lor \neg B \lor \neg C_{\mathrm{in}}) \land (\neg A \lor B \lor \neg C_{\mathrm{in}})$$
$$\land (\neg A \lor \neg B \lor C_{\mathrm{in}}),$$
$$C_{\mathrm{out}} = \neg(\neg A \land \neg B \land \neg C_{\mathrm{in}}) \land \neg(\neg A \land \neg B \land C_{\mathrm{in}}) \land \neg(\neg A \land B \land \neg C_{\mathrm{in}})$$
$$\land \neg(A \land \neg B \land \neg C_{\mathrm{in}})$$
$$= (A \lor B \lor C_{\mathrm{in}}) \land (A \lor B \lor \neg C_{\mathrm{in}}) \land (A \lor \neg B \lor C_{\mathrm{in}}) \land (\neg A \lor B \lor C_{\mathrm{in}}).$$

Lösung A.5 (Aufgabe 1.5) Eine der Aussagen ist wahr, wenn aus der Wahrheit der einen Seite die Wahrheit der anderen folgt und umgekehrt.

- Bei der ersten Aussage ist nicht viel zu zeigen. Wenn die linke Seite gilt, dann gibt es ein $x \in M$ für das $A(x)$ gilt, oder es gibt ein $y \in M$, so dass $B(y)$ wahr ist. Für $u = x$ oder $u = y$ gilt dann aber $A(u) \lor B(u)$. Gilt umgekehrt $A(u) \lor B(u)$ für ein $u \in M$, dann kann auf der linken Seite $x = u$ gewählt werden, und einer der beiden oder-verknüpften Terme ist wahr.

- Bei der zweiten wäre die Folgerung $\longleftarrow$ wahr, aber die Umkehrung muss nicht unbedingt gelten, denn beide Bedingungen der linken Seite könnten für unterschiedliche x erfüllt sein, auf der rechten Seite wird aber ein gemeinsames Element gefordert. Wir betrachten dazu ein Gegenbeispiel: $A(x) := $ „x teilt 8" und $B(x) := $ „x teilt 9". Sei $M := \{2, 3\}$. Dann ist die linke Seite erfüllt, da $A(2)$ und $B(3)$ erfüllt sind. Aber weder 2 noch 3 teilen sowohl 8 also auch 9. Damit ist die rechte Seite falsch.

- Hier ist $\longrightarrow$ offensichtlich wahr, aber $\longleftarrow$ bereitet Schwierigkeiten: Wenn für ein x nun $A(x)$ wahr und $B(x)$ falsch ist und für ein anderes Element $A(x)$ falsch und $B(x)$ wahr ist, dann ist das kompatibel mit der rechten aber nicht mit der linken Seite. Wählen wir beispielsweise M, $B(x)$ und $A(x)$ wir zuvor. Dann ist die rechte Seite wahr, aber die linke ist falsch.

- Wie die erste Aussage ist auch diese wahr, da beide Seiten genau dann wahr sind, wenn sowohl A als auch B für alle Elemente von M gelten.

Algorithmus A.1 Die Prozedur GEGENBEISPIEL erhält als Parameter eine Prozedur C und benutzt den Algorithmus HALT, der das Halteproblem lösen soll

---

procedure GEGENBEISPIEL(C)
   ergebnis := HALT(C, C)
                          ▷ Rufe HALT für die Prozedur C mit Eingabe C auf.

   if ergebnis = „hält" **then**
      Gehe in eine Endlosschleife, die unendlich lange ausgeführt wird.

Lösung A.6 (Aufgabe 1.6) Wir nehmen an, dass es eine Prozedur

$$\text{HALT}(P, E)$$

gibt, die in endlicher Zeit feststellt, ob ein ihr übergebenes Programm P mit einer ihr ebenfalls übergebenen Eingabe E nach endlicher Zeit hält. Damit erstellen wir Algorithmus A.1. Der Aufruf GEGENBEISPIEL(GEGENBEISPIEL) führt zum Widerspruch. Denn das Programm verhält sich genau anders als von HALT berechnet.

Lösung A.7 (Aufgabe 1.7) Die Idee in Listing A.1 ist, das eigentliche Programm als Zeichenkette (string) in einer Variable namens „text" zu speichern. Die einzige Aufgabe besteht dann darin, den String auszugeben. Dazu müssen Steuerzeichen berücksichtigt werden.

```
1  #include <stdio.h>
2  char text[]="int main()\n{    char *z=text;\n    printf
       (\"#include <stdio.h>\n\");\n    printf(\"char text
       []=\\\"\");\n    while(*z) {\n        switch(*z) {\n
           case '\\\"' : printf(\"\\\\\"\"); break;\n
           case '\\n' : printf(\"\\\\n\"); break;\n
```

```
           case '\\\\' : printf(\"\\\\\\\\\");  break;\n
            case '%%'  : printf(\"%%%%\");  break;\n
           default    : printf(\"%%c\",*z);\n        }\n
        z++;\n       }\n      printf(\"\\\";\\n\");\n
     printf(text);\n     return(0);\n}";
3  int main()
4  {    char *z=text;
5       printf("#include <stdio.h>\n");
6       printf("char text[]=\"");
7       while(*z) {
8          switch(*z) {
9             case '\"' : printf("\\\"");  break;
10            case '\n' : printf("\\n");  break;
11            case '\\' : printf("\\\\");  break;
12            case '%'  : printf("%%");  break;
13            default   : printf("%c",*z);
14         }
15         z++;
16      }
17      printf("\";\n");
18      printf(text);
19      return(0);
20 }
```

Listing A.1 Selbstausgebendes Programm

In C sind zusätzlich die Steuerzeichen innerhalb von Zeichenketten zu berücksichtigen. Daher können wir nicht einfach

```
printf("#include <stdio.h>\n"); printf("char text[]=\"");
printf(text); printf("\";\n"); printf(text);
```

für eine geeignete Zeichenkette text schreiben, sondern müssen die Steuerzeichen bei der ersten Ausgabe von text wieder hinzufügen. Dazu dient die while-Schleife.

Lösung A.8 (Aufgabe 1.8) Da $A = A_1 \cup A_2$ ist, muss entweder $A_2 \in A_1$ oder $A_2 \in A_2$ gelten.

- Falls $A_2 \in A_1$ ist, dann enthält nach Definition von A_1 die Menge A_2 sich selbst als Element. Damit ist aber $A_2 \in A_2$ im Widerspruch zu $A_2 \in A_1$, da A_1 und A_2 disjunkt sind.
- Falls $A_2 \in A_2$ ist, dann enthält nach Definition von A_2 die Menge A_2 sich nicht als Element, $A_2 \notin A_2$. Das ist aber auch ein Widerspruch zum diskutierten Fall.

In jedem Fall gelangen wir zu einem Widerspruch. Damit kann es die Menge A, die Ausgangspunkt der Überlegungen war, nicht geben.

Lösung A.9 (Aufgabe 1.9) Annahme: A ist kein Mörder und sagt die Wahrheit. Dann ist er aber gemäß seiner Aussage ein Mörder – Widerspruch.

Wir wissen jetzt also, dass A ein Mörder ist und er daher lügt. Damit wissen wir auch, dass es mindestens einen Unschuldigen gibt.

Annahme: B ist ein Mörder. Da auch A schuldig ist, es wegen der Lüge von B aber nicht genau zwei Mörder geben kann, muss in diesem Fall auch C schuldig sein. Das widerspricht aber der Erkenntnis, dass B oder C unschuldig ist. Folglich sagt B die Wahrheit.

Da B die Wahrheit sagt, gibt es zwei Mörder und B kann keiner sein. Also sind A und C schuldig.

Lösung A.10 (Aufgabe 1.10)

- Wir zeigen, dass für alle $n \geq 1$ gilt:

$$\sum_{k=1}^{n-1} k^2 = \frac{2n^3 - 3n^2 + n}{6}.$$

  a) **Induktionsanfang** für $n = 1$: Die leere Summe wird üblicherweise als null gewertet, damit sind beide Seiten gleich null. Wem das nicht geheuer ist: Wir können den Induktionsanfang auch für $n = 2$ machen: $\sum_{k=1}^{1} k^2 = 1 = \frac{16-12+2}{6}$.

  b) **Induktionsannahme:** Die Formel gelte für ein beliebiges, festes $n \in \mathbb{N}$.

  c) **Induktionsschluss:**

  $$\sum_{k=1}^{n+1-1} k^2 = n^2 + \sum_{k=1}^{n-1} k^2 \overset{\text{Induktionsannahme}}{=} n^2 + \frac{2n^3 - 3n^2 + n}{6}$$
  $$= \frac{2n^3 + 3n^2 + n}{6}.$$

  Andererseits gilt unter Verwendung des binomischen Satzes (Satz 3.7)

  $$\frac{2(n + 1)^3 - 3(n + 1)^2 + (n + 1)}{6}$$
  $$= \frac{2(n^3 + 3n^2 + 3n + 1) - 3(n^2 + 2n + 1) + (n + 1)}{6} = \frac{2n^3 + 3n^2 + n}{6}.$$

- Wir beweisen für alle $n \in \mathbb{N}$:

$$\sum_{k=1}^{n} \frac{k}{2^k} = 2 - \frac{n + 2}{2^n}.$$

  a) **Induktionsanfang** für $n = 1$: $\sum_{k=1}^{1} \frac{k}{2^k} = \frac{1}{2} = 2 - \frac{3}{2}$.

  b) **Induktionsannahme:** Die Formel gelte für ein beliebiges, festes $n \in \mathbb{N}$.

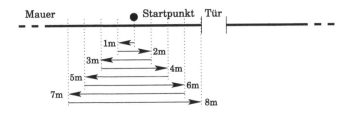

Abb. A.1 Vorgehen bei Aufgabe 1.11

c) **Induktionsschluss:**

$$\sum_{k=1}^{n+1} \frac{k}{2^k} = \frac{n+1}{2^{n+1}} + \sum_{k=1}^{n} \frac{k}{2^k} \overset{\text{Induktionsannahme}}{=} \frac{n+1}{2^{n+1}} + 2 - \frac{n+2}{2^n}$$

$$= 2 + \frac{n+1-2(n+2)}{2^{n+1}} = 2 + \frac{-n-3}{2^{n+1}} = 2 - \frac{(n+1)+2}{2^{n+1}}.$$

- Wir zeigen, dass für alle $n \in \mathbb{N}$ gilt:

$$\sum_{k=1}^{n} k^3 = \left[\sum_{k=1}^{n} k\right]^2.$$

a) **Induktionsanfang** für $n = 1$: $\sum_{k=1}^{1} k^3 = 1 = \left[\sum_{k=1}^{1} k\right]^2$.

b) **Induktionsannahme:** Die Formel gelte für ein beliebiges, festes $n \in \mathbb{N}$.

c) **Induktionsschluss:** Wir schreiben den $n + 1$-ten Summanden wieder separat und benutzen die binomische Formel:

$$\left[\sum_{k=1}^{n+1} k\right]^2 = \left[(n+1) + \sum_{k=1}^{n} k\right]^2 = (n+1)^2 + 2(n+1)\sum_{k=1}^{n} k + \left[\sum_{k=1}^{n} k\right]^2$$

$$\overset{\text{Induktionsannahme}}{=} (n+1)^2 + 2(n+1)\sum_{k=1}^{n} k + \sum_{k=1}^{n} k^3$$

$$\overset{(1.9)}{=} (n+1)^2 + 2(n+1)\frac{n(n+1)}{2} + \sum_{k=1}^{n} k^3$$

$$= (n+1)[n+1+n^2+n] + \sum_{k=1}^{n} k^3 = (n+1)^3 + \sum_{k=1}^{n} k^3$$

$$= \sum_{k=1}^{n+1} k^3.$$

Lösung A.11 (Aufgabe 1.11) Nur in eine Richtung zu gehen, führt in vielen Fällen nicht zum Ziel. Wir müssen also hin und her laufen und gehen hier zunächst nach links. Bei jedem Richtungswechsel laufen wir z. B. einen Meter mehr in die nächste Richtung als zuvor, siehe Abb. A.1. Wir wollen im Weiteren das Zurücklegen der Strecke zwischen zwei Richtungswechseln als Schritt bezeichnen. Dann können wir in Abb. A.1 entnehmen, dass der längste Schritt dort 8 m lang ist, wenn die Tür 4 m entfernt und rechts ist, oder allgemein: Der längste Schritt ist $2l$ Meter lang, wenn die Tür l Meter rechts vom Startpunkt entfernt liegt. Ist sie links vom Startpunkt, dann ist der längste Schritt einen Meter kürzer. Der insgesamt zurückgelegte Weg ist also

$$\sum_{i=1}^{2l} i = \frac{2\,l \cdot (2\,l + 1)}{2} = 2\,l^2 + l \text{ oder } \sum_{i=1}^{2l-1} i = \frac{2\,l \cdot (2\,l - 1)}{2} = 2\,l^2 - l.$$

Dieser Weg ist vergleichsweise lang, da l quadriert wird. Besser ist es, nach jedem Richtungswechsel die doppelte Strecke als vorher zu gehen, siehe Abb. A.2. Dann erhalten wir als Wegstrecke nach n Schritten mit der geometrischen Summe (1.10)

$$\sum_{i=0}^{n-1} 2^i = \frac{1 - 2^n}{1 - 2} = 2^n - 1. \tag{A.1}$$

Messen wir die Entfernung nach links negativ und die nach rechts positiv (so dass bei Richtungswechseln der Betrag der Entfernung zum Startpunkt kleiner werden kann) und gehen wir zuerst nach links, dann haben wir nach n Schritten die Entfernung $\sum_{i=0}^{n-1}(-1)^{i+1}2^i$ vom Ausgangspunkt erreicht. Ist die Tür rechts vom Startpunkt, dann benötigen wir ein gerades n, um die Tür erstmalig zu erreichen. Ist die Tür links, dann benötigen wir entsprechend ein ungerades n.

- Falls die Schrittanzahl n gerade ist, können wir je zwei aufeinander folgende Schritte, deren Richtung unterschiedlich ist, wie in Abb. A.2 zusammenfassen. Nehmen wir an, wir haben im letzten Schritt eine Strecke von -2^i (also nach links, i ist ungerade) zurückgelegt. Dann laufen wir im nächsten Schritt eine Strecke von 2^{i+1} nach rechts. Beide Schritte zusammen ergeben $-2^i + 2^{i+1} = 2^i(-1 + 2) = +2^i$. Fassen wir also einen ungeraden Schritt i mit dem folgenden geraden zusammen, dann gehen wir um 2^i nach rechts. Stellen wir die ungeraden Zahlen über $2i - 1$, $i \in \mathbb{N}$, dar, dann erhalten wir wieder mit der Formel für die geometrische Reihe

Abb. A.2 Optimiertes
Vorgehen bei Aufgabe 1.11

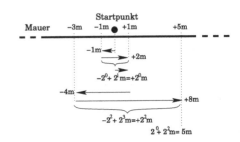

$$\sum_{i=0}^{n-1}(-1)^{i+1}2^i = \sum_{i=1}^{n}(-1)^i 2^{i-1}$$

$$= (-2^0 + 2^1) + (-2^2 + 2^3) + (-2^4 + 2^5) + \cdots + (-2^{n-2} + 2^{n-1})$$

$$= 2^0 + 2^2 + \cdots + 2^{n-2} = \sum_{i=0}^{n/2-1}(2^2)^i = \frac{1 - 4^{n/2}}{1-4} = \frac{1}{3}2^n - \frac{1}{3}.$$

- Ist die Anzahl der Schritte n ungerade, so können wir obige Berechnung für $n-1$ nutzen, und wir erhalten eine negative Entfernung:

$$\sum_{i=0}^{n-1}(-1)^{i+1}2^i \;=\; (-1)^{n-1+1}2^{n-1} + \sum_{i=0}^{n-1-1}(-1)^{i+1}2^i$$

$$\overset{n\ \text{ungerade}}{=}\; -2^{n-1} + \frac{1}{3}2^{n-1} - \frac{1}{3}$$

$$=\; -\frac{2}{3}2^{n-1} - \frac{1}{3} = -\frac{1}{3}2^n - \frac{1}{3}.$$

Nun müssen wir uns aber noch überlegen, wie groß die Schrittanzahl n in der Gleichung werden muss, damit wir die Entfernung $-l$ bzw. $+l$ erreichen.

$$\frac{1}{3}2^n - \frac{1}{3} \geq l \iff 2^n \geq 3l+1, \text{ bzw. } -\frac{1}{3}2^n - \frac{1}{3} \leq -l \iff 2^n \geq 3l-1.$$

Wir können also ein gerades n_0 mit $2^{n_0} \geq 3l+1$ und $2^{n_0-2} < 3l+1$, also $4(3l+1) > 2^{n_0} \geq 3l+1$, wählen, um die erste Bedingung zu erfüllen oder ein ungerades n_0 mit $2^{n_0} \geq 3l-1$ und $2^{n_0-2} < 3l-1$, also $4(3l-1) > 2^{n_0} \geq 3l-1$, für die zweite Bedingung. Dabei ist mit n_0 auch $n_0 - 2$ gerade oder ungerade. Berechnen wir mit (A.1) die zu einem solchen n_0 zurückgelegte Wegstrecke $2^{n_0} - 1$, dann erhalten wir eine gemeinsame Obergrenze für diese zurückgelegte Strecke:

$$2^{n_0} - 1 < 4(3l+1) - 1 = 12l + 3.$$

Abb. A.3 Automat zu
Aufgabe 1.13

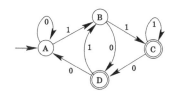

Bei dieser Abschätzung ist die Potenz von l nur noch eins. Dadurch wird die Strecke bei großem l ganz erheblich kleiner.

Lösung A.12 (Aufgabe 1.12) Da es nur endlich viele Variablen gibt, z. B. m, können auch nur endlich viele Klauseln gebildet werden. Da jede Variable gar nicht, negiert, nicht negiert oder negiert und nicht-negiert vorkommen kann, gibt es pro Variable vier Möglichkeiten. Diese lassen sich mit den Möglichkeiten für die anderen Variablen multiplizieren: Für jede der vier Möglichkeiten für die erste Variable gibt es wieder vier Möglichkeiten für die zweite Variable (also 16), dafür gibt es wieder vier für die dritte (also 4^3) usw. Insgesamt gibt es also höchstens 4^m verschiedene Klauseln. Spätestens $\text{Res}^{4^m}(\mathbb{K})$ kann sich also nicht weiter verändern.

Lösung A.13 (Aufgabe 1.13) siehe Abb. A.3: Bei mindestens zwei gelesenen Zeichen repräsentieren die Zustände die beiden letzten: $A = (00)$, $B = (01)$, $C = (11)$, $D = (10)$ (vorletztes, letztes Zeichen).

Lösung A.14 (Aufgabe 1.14) Die Redundanz in Tab. 1.9 besteht darin, dass sowohl die Nummer des Fachbereichs als auch sein Name angegeben sind. Der Name ist aber funktional von der Nummer abhängig. Der Name Chemie wird hier doppelt gespeichert. Wenn sich der Fachbereich in Chemietechnik umbenennen würde, dann müssten beide Einträge geändert werden – oder wir hätten eine Inkonsistenz. Das Problem lässt sich durch Trennung der Tabelle in zwei beheben, siehe Tab. A.1.

Tab. A.1 Tabellen in dritter Normalform

Matrikelnummer	Name	Vorname	Fachbereich	Einschreibedatum
1234567	Meier	Erika	01	01.08.2022
2345678	Müller	Walter	02	03.09.2021
3456789	Schulze	Anja	01	17.08.2022

Fachbereich	Fachbereichsname
01	Chemie
02	Design

Lösung A.15 (Aufgabe 1.15)

- Da zu jedem $x \in M = \{1, 2, 3\}$ das Paar (x, x) in

$$R := \{(1, 2), (2, 1), (2, 3), (2, 2), (1, 1), (3, 3), (1, 3)\}$$

  liegt, ist R reflexiv.
- Die Relation ist nicht symmetrisch, da $(2, 3) \in R$ und $(3, 2) \notin R$.
- Die Relation ist transitiv. In der Relation fehlen nur die Paare $(3, 1)$ und $(3, 2)$.
  Wir müssen also nur noch Paare untersuchen, deren erste Komponente 3 ist. Aber
  nur $(3, 3) \in R$, so dass wir keine weiteren Paare auf Enthaltensein in der Relation
  prüfen müssen.
- Die Relation ist nicht antisymmetrisch, da $(1, 2), (2, 1) \in R$, aber $1 \neq 2$ gilt.
  Dies ist also ein weiteres Beispiel dafür, dass Antisymmetrie **nicht** das Gegenteil
  von Symmetrie ist, siehe Bemerkung zu Definition 1.11.

Lösung A.16 (Aufgabe 1.16)

a) Die Relation

$$R = \{(n, m) : n \text{ und } m \text{ sind beide ungerade oder beide gerade}\}$$

   ist eine Äquivalenzrelation, denn:

   – R ist reflexiv, da $(n, n) \in R$ für alle geraden und ungeraden Zahlen n ist.
   – R ist symmetrisch: $(n, m) \in R$ bedeutet, dass sowohl n als auch m beide
     gerade oder ungerade sind. Das gilt aber auch für (m, n).
   – R ist transitiv: Aus $(n, m) \in R$ und $(m, p) \in R$ folgt: Ist n gerade, so auch m
     und damit p. Ist n ungerade, so auch m und p. Also ist auch $(m, p) \in R$.

   Es gibt zwei Äquivalenzklassen: die Menge der geraden und die Mengen der
   ungeraden Zahlen.
b) Offensichtlich ist die Relation reflexiv und symmetrisch. Aber die Relation ist
   nicht unbedingt transitiv, wenn es mehrere Mannschaften gibt: Ist Sportler 1 in
   Mannschaft A, Sportler 2 in Mannschaft A und B mit $B \neq A$ und Sportler 3 in
   Mannschaft B, dann stehen Sportler 1 und 2 sowie Sportler 2 und 3 in Relation
   zueinander. Aber Sportler 1 und 3 sind nicht in der gleichen Mannschaft und
   stehen damit nicht in Relation zueinander.
c) Hier handelt es sich um die Gleichheit von Mengen, die eine Äquivalenzrelation
   ist.

Lösung A.17 (Aufgabe 1.17)

a) Das Bild jedes Elements wird nur einmal angenommen, also ist die Abbildung
   injektiv. Sie ist aber nicht surjektiv, da z. B. 3 als Bildwert nicht angenommen
   wird.

b) Da z. B. $f(-2) = 5 = f(2)$ ist, ist f nicht injektiv. Da aber alle Werte 1, 2 und 5 angenommen werden, ist f surjektiv.

c) Die Abbildung ist injektiv und surjektiv.

A.2   Aufgaben aus Kap. 2

Lösung A.18 (Aufgabe 2.1) Den ungerichteten Graphen können wir wie folgt im Rechner darstellen:

M	a b c d e f
a	0 1 0 0 0 1
b	1 0 0 0 1 0
c	0 0 0 1 0 1
d	0 0 1 0 0 1
e	0 1 0 0 0 1
f	1 0 1 1 1 0

Adj[a]: b, f
Adj[b]: a, e
Adj[c]: d, f
Adj[d]: c, f
Adj[e]: b, f
Adj[f]: a, c, d, e

Entsprechend erhalten wir für den gerichteten Graphen:

M	a b c d e f
a	0 1 0 0 0 1
b	0 0 1 0 1 0
c	1 0 0 0 0 0
d	0 1 1 0 0 0
e	1 0 0 1 0 1
f	0 0 1 0 0 0

Adj[a]: b, f
Adj[b]: c, e
Adj[c]: a
Adj[d]: b, c
Adj[e]: a, d, f
Adj[f]: c

Lösung A.19 (Aufgabe 2.2)

- Die sieben Knoten werden mit den Nummern 0, 1, ..., 6 versehen. Von Knoten A des Graphen aus Abb. 2.11 aus sind alle anderen Knoten erreichbar, er muss die höchste Nummer 6 erhalten. G ist von allen anderen aus erreichbar, er erhält die Nummer 0. Von B aus sind alle weiteren Knoten erreichbar, B bekommt die Nummer 5. Jetzt sind alle restlichen Knoten von C aus erreichbar: 4. Die Nummer von F muss kleiner sein als die von D und E, es bleibt nur die 1. Die Nummern 2 und 3 sind beliebig auf D und E verteilbar: Es gibt genau zwei topologische Sortierungen.

- Zum Graphen aus Abb. 2.12: Die beiden linken Knoten erhalten zwangsläufig die Nummern 6 und 5, die beiden rechten sind 1 und 0. Die Nummern 4, 3 und 2 können beliebig auf die drei mittleren Knoten verteilt werden. Für die Nummer 4 gibt es damit drei Möglichkeiten, für jede dieser Möglichkeiten gibt es für die Nummer 3 noch zwei Möglichkeiten, und Nummer 2 ist festgelegt. Daher gibt es $3 \cdot 2 \cdot 1 = 6$ verschiedene Möglichkeiten.

Abb. A.4 Lösung zu
Aufgabe 2.3: Angegeben ist
die kürzeste Entfernung und
ein Vorgängerknoten auf
einem kürzesten Weg

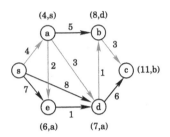

- Die höchsten Nummern vergeben wir für die Knoten mit Eingangsgrad null.
  Diese entfernen wir. Dann aktualisieren wir die Eingangsgrade und vergeben die
  nächsten Nummern an die Knoten, die nun den Eingangsgrad null besitzen usw.
  Eine topologische Sortierung kann es nur geben, wenn in jedem Schritt mindestens
  ein Knoten den Eingangsgrad null hat, denn ein Knoten muss jeweils die höchste
  Nummer erhalten. Das gelingt aber nur, wenn er keinen Vorgänger hat.

Lösung A.20 (Aufgabe 2.3) siehe Abb. A.4.

Lösung A.21 (Aufgabe 2.4) Wir zeigen, dass jeder erreichbare Knoten durch den
Algorithmus von Dijkstra früher oder später in S aufgenommen wird. Damit gleichbedeutend ist, dass jeder erreichbare Knoten irgendwann in Q aufgenommen wird,
da es nur endlich viele Knoten gibt und letztlich alle jemals in Q vorhandenen Knoten nach S wandern. Dies beweisen wir indirekt. Sei v ein Knoten, der von s aus
erreichbar ist, aber nie in Q und damit auch nie in S aufgenommen wird. Auf einem
Weg von s nach v sei dazu y der erste Knoten der nie in Q aufgenommen wird.
Auf dem Weg gibt es einen direkten Vorgänger x, der daher in Q und später auch
in S eingefügt wird. Wenn dieser zu S gelangt, dann werden aber alle nicht in Q
enthaltenen, direkt über eine Kante von x aus erreichbaren Knoten, die nicht in $S \cup Q$
sind, in Q aufgenommen – im Widerspruch zu y.

Lösung A.22 (Aufgabe 2.5) Wir wenden den Algorithmus von Dijkstra ausgehend
vom Startknoten s und vom Zielknoten z an, siehe Algorithmus A.2. Sobald ein
kürzester Weg von s und von z zu einem gemeinsamen Knoten gefunden ist (dieser findet sich in S_1 und in S_2), ist ein kürzester Weg von s zu z berechnet. Die
Suche darf tatsächlich erst dann abgebrochen werden, wenn ein Knoten bei beiden
Suchen abschließend bearbeitet wurde, also in die Mengen S_1 und S_2 aufgenommen
wurde. Es reicht nicht, dass der Knoten von beiden Suchen erreicht wurde, also in Q
aufgenommen wurde. Denn dann kann es ja noch kürzere Wege zu diesem Knoten
geben. Das ist in Abb. A.5 dargestellt. An den Knoten v sind die Werte $d_1[v]/d_2[v]$
eingetragen. Ein kürzester Weg führt aber nicht über den Knoten mit den aktuellen
Entfernungen 7/7, obwohl dieser als erster von beiden Suchen erreicht wurde.

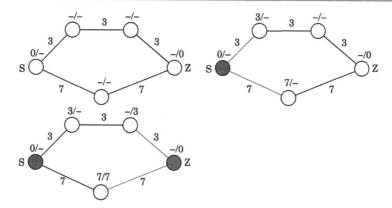

Abb. A.5 Die Suchpfade treffen sich zwar in dem unteren Knoten, d. h., der untere Knoten ist in Q_1 und Q_2 enthalten, aber der kürzeste Weg wurde noch nicht gefunden. Die Suche wird also fortgesetzt

---

Algorithmus A.2 Dijkstras Algorithmus zur beidseitigen Wegsuche

---

$S_1 := \emptyset, Q_1 := \{s\}, d_1[s] := 0, E_1 := E$
$S_2 := \emptyset, Q_2 := \{z\}, d_2[z] := 0, E_2 := E^R$
while $(S_1 \cap S_2 = \emptyset) \wedge ((Q_1 \neq \emptyset) \vee (Q_2 \neq \emptyset))$ **do**
    for all $k \in \{1, 2\}$ mit $Q_k \neq \emptyset$ **do**
        $u \in Q_k$ sei ein Knoten mit $d_k[u] \leq d_k[v]$ für alle $v \in Q_k$
        $Q_k := Q_k \setminus \{u\}, S_k := S_k \cup \{u\}$
        for all $e = (u, v) \in E_k$ mit $v \notin S_k$ **do**
            if $v \in Q_k$ **then**
                if $d_k[v] > d_k[u] + c(e)$ **then**
                    $d_k[v] := d_k[u] + c(e), \pi_k[v] := u$
            else
                $Q_k := Q_k \cup \{v\}$
                $d_k[v] := d_k[u] + c(e), \pi_k[v] := u$
if $S_1 \cap S_2 \neq \emptyset$ **then**
    Zu einem Knoten aus $S_1 \cap S_2$ ergibt sich jetzt ein kürzester Weg
        über π_1 in Richtung s und π_2 in Richtung z.
else
    Es gibt keinen Weg von s zu z.

Lösung A.23 (Aufgabe 2.6) Wir überlegen uns, dass die letzte Schleife im Algorithmus 2.7 (Bellman/Ford) überprüft, ob von s aus erreichbare Kreise negativer Länge existieren.

- Unter der Annahme, dass es keine erreichbaren Kreise negativer Länge gibt, haben wir gezeigt, dass nach $|V| - 1$ Durchläufen $d[v] = \mathrm{dist}(s, v)$ für alle von s aus erreichbaren $v \in V$ gilt. Kürzere Wege von s nach v gibt es dann also nicht. Wird jetzt in der letzten Schleife eine mögliche Verkleinerung eines Wertes $d[v]$ beobachtet, dann gibt es im Widerspruch dazu einen kürzeren Weg von s nach v. Die Voraussetzung, dass es keine erreichbaren Kreise negativer Länge gibt, kann dann nicht erfüllt sein. Die Ausgabe des Algorithmus ist also korrekt.

- Der Algorithmus erkennt darüber hinaus jeden erreichbaren Kreis negativer Länge: Bevor die letzte Schleife ausgeführt wird, gibt es für jeden erreichbaren Knoten u einen endlichen Wert $d[u]$. Sei nun u ein erreichbarer Knoten in einem Kreis negativer Länge mit k Kanten. Dann muss sein $d[u]$-Wert nach spätestens k weiteren Schritten des Algorithmus (über die $|V| - 1$ Durchläufe hinaus), in denen alle Kanten berücksichtigt werden, kleiner sein. Jetzt werden am Ende des Algorithmus aber nur einmal alle Kanten betrachtet. Würde aber dabei kein einziges Mal die if-Bedingung zutreffen, dann würde sich bei einem $|V|$-ten Durchlauf auch kein $d[v]$-Wert ändern. Daher würde sich auch bei $k-1$ weiteren Durchläufen nichts ändern, da jeweils alle Vergleichswerte identisch sind. Aufgrund des Widerspruchs muss also die if-Bedingung mindestens einmal zutreffen, und die Existenz von Kreisen negativer Länge wird erkannt.

Lösung A.24 (Aufgabe 2.7) Der Algorithmus A.3 geht wie folgt vor: Zunächst wird eine topologische Sortierung $t : V \mapsto \mathbb{N}$ für den Graphen $G = (V, E)$ berechnet, so dass für alle Kanten $e = (u, v) \in E$ gilt: $t(u) > t(v)$. Dies gelingt z. B. mittels Tiefensuche über die dfe-Nummern.

Dann werden ausgehend von s die Knoten in der absteigenden Reihenfolge dieser Sortierung durchlaufen. Dabei wird zu jedem Knoten u für jede ausgehende Kante $e = (u, v) \in E$ geprüft, ob $d[v] > d[u] + c(e)$ gilt. Dabei ist $d[v]$ die bisher ermittelte kürzeste Distanz von s zu v. Falls ja, wird die Distanz bei v entsprechend korrigiert. In $\pi[v]$ wird der Vorgängerknoten auf einem kürzesten Weg zu v gespeichert, so dass darüber die kürzesten Wege zurückverfolgt werden können.

Eventuell sind einige Knoten von s aus nicht erreichbar und behalten daher die Distanz unendlich.

Korrektheit: In Zeile 5 gilt, dass alle kürzesten Wege zum Knoten u bereits berechnet sind, da die topologische Nummer von u größer als die von v ist. Also wird auch die Distanz zum Knoten v in der Schleife aus Zeile 5 korrekt berechnet.

Algorithmus A.3 Berechnung kürzester Wege bei kreisfreien Graphen

1: berechne topologische Sortierung t der Knoten
2: **for all** $v \in V$ **do** $d[v] := \infty$ ▷ Entfernungen sind zunächst sehr groß
3: $d[s] := 0$
4: **for all** $u \in V$ in absteigender Reihenfolge gemäß t beginnend mit $t(s)$ bis 1 **do**
5:     **for all** $e = (u, v) \in E$ **do**
6:         **if** $d[v] > d[u] + c(e)$ **then**
7:             $d[v] := d[u] + c(e)$
8:             $\pi[v] := u$

Lösung A.25 (Aufgabe 2.8) Da $G = (V, E)$ nicht zusammenhängend ist, haben wir zwei oder mehr Zusammenhangskomponenten (ZHK). Da kein Knoten einer

ZHK mit Knoten anderer ZHK über eine Kante verbunden ist, sind alle diese Kanten
Teil des komplementären Graphen

$$\overline{G} := (V, \{\{u, v\} : u, v \in V, u \neq v, \{u, v\} \notin E\}.$$

In diesem Graphen sind alle Knoten einer beliebigen ZHK von G mit allen Knoten
aller anderen ZHK von G durch eine Kante verbunden. Über zwei Kanten zu einem
Knoten einer anderen ZHK von G sind nun aber auch in $\overline{G}$ alle Knoten innerhalb
einer ZHK von G verbunden, der komplementäre Graph ist zusammenhängend.

Lösung A.26 (Aufgabe 2.9) Ein ungerichteter Baum, bei dem alle Knoten höchstens den Grad drei haben, besitzt mindestens einen Knoten vom Grad kleiner drei:
Da im Baum $|E| = |V| - 1$ gilt, kann nicht jeder Knoten vom Grad 3 sein. Dann
hätten wir nämlich $3|V|/2$ Kanten, also

$$\frac{3}{2}|V| = |V| - 1 \iff |V| = -2,$$

was natürlich nicht sein kann. Wenn wir den Knoten mit Grad < 3 als Wurzel
auswählen, können wir den Baum als Binärbaum darstellen.

Lösung A.27 (Aufgabe 2.10) Wir wählen einen Knoten als Wurzel aus und führen
ausgehend von diesem Knoten eine Tiefensuche durch. Der Weg, auf dem bei der
Tiefensuche die Knoten besucht werden (wobei dabei aber auch die Rückkehr zu
Knoten der jeweils höheren Rekursionsebene berücksichtigt wird), ist der gesuchte
Kreis. Insbesondere ist zu beachten, dass jede Kante nur genau einmal benötigt wird.

Lösung A.28 (Aufgabe 2.11) Wir nehmen an, dass es zwei längste Wege ohne
gemeinsame Knoten gibt. Da der Graph zusammenhängend ist, gibt es einen Verbindungsweg von einem Knoten u_1 des einen längsten Wegs zu einem Knoten u_2 des
anderen längsten Wegs, ohne Kanten der beiden längsten Wege zu verwenden. Der
eine längste Weg besteht aus einem Weg bis u_1 und einem Weg ab u_1. Wir nehmen
den längeren oder bei gleicher Länge einen dieser Teilwege. Entsprechend wählen
wir einen nicht-kürzeren Teilweg des anderen längsten Wegs ab oder bis u_2. Diese
beiden Teilwege zusammen mit dem Verbindungsweg bilden einen Weg, der länger
als beide längsten Wege ist. Denn er besteht aus zwei Teilwegen, die mindestens
halb so lang wie die längsten Wege sind. Hinzu kommt aber die positive Länge des
Verbindungswegs. Aufgrund dieses Widerspruchs kann die Annahme nicht stimmen,
und die Aussage der Aufgabe ist gezeigt.

Lösung A.29 (Aufgabe 2.12) Dass der Algorithmus von Kruskal terminiert, also
zum Ende kommt, ist offensichtlich, da nur einmal über alle Kanten iteriert wird.
Wir müssen also nur prüfen, ob am Ende tatsächlich ein Spannbaum gefunden ist.
  Wir beweisen zunächst mit vollständiger Induktion, dass nach jedem Schleifendurchlauf zu jeder noch vorhandenen Knotenmenge R ein Spannbaum berechnet

Abb. A.6 Austausch der
Kanten in Aufgabe 2.13

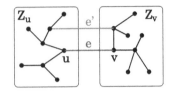

ist, dass also der von R induzierte Teilgraph von (V, A) ein Spannbaum des von R induzierten Teilgraphen von (V, E) ist.

- **Induktionsanfang:** Zu Beginn (also nach dem nullten Schleifendurchlauf) hat jede Menge ein Element. Die Spannbäume bestehen jeweils aus diesem Knoten und haben keine Kanten.
- **Induktionsannahme:** Nach n Schleifendurchläufen liegt zu jeder Menge ein Spannbaum vor.
- **Induktionsschluss:** Beim $n + 1$-ten Durchlauf bleiben entweder die Mengen unverändert (dann liegen weiterhin Spannbäume vor) oder zwei Mengen werden durch ihre Vereinigung R ersetzt. Das geschieht nur, wenn es zwischen den Knoten der Mengen noch keine Kante gab und die aktuelle Kante die erste ist, die Knoten aus beiden Mengen verbindet. Diese wird zu A hinzu genommen. Da die beiden Ausgangsmengen bereits nach Induktionsannahme einen Spannbaum haben, verbindet die neue Kante beide Spannbäume (ohne dass ein Kreis entsteht). Damit ist auch ein Spannbaum zu R gefunden. Die unverändert gelassenen Mengen behalten natürlich ihre Spannbäume.

Da am Ende des Algorithmus bei einem zusammenhängenden Graphen nur noch eine Menge $R = V$ übrig bleibt, ist für diese ein Spannbaum mit den dann in A enthaltenen Kanten gefunden.

Lösung A.30 (Aufgabe 2.13) Sei $T = (V, E_T)$ ein minimaler Spannbaum hinsichtlich cost. Annahme: Es existiert ein Spannbaum $T' = (V, E_{T'})$ mit $c_{max}(T') < c_{max}(T)$. Dann gibt es eine Kante $e = \{u, v\} \in E_T$ mit $c(e) = c_{max}(T)$. Nun gilt für alle Kanten $e' \in E_{T'} : c(e') < c(e)$, weil $c(e') \leq c_{max}(T') < c_{max}(T) = c(e)$ ist.

Entfernen wir die Kante e aus dem Baum T, dann zerfällt T in zwei Zusammenhangskomponenten Z_u und Z_v, siehe Abb. A.6.

Sei $e' \in E(T')$ eine Kante aus T', die die Knotenmengen Z_u und Z_v verbindet, also deren einer Endknoten in Z_u und deren anderer Endknoten in Z_v liegt. Dann entsteht in $T \cup \{e'\}$ ein Kreis. Entfernen wir e aus $T \cup \{e'\}$, dann entsteht ein Baum mit kleinerem Gewicht bezüglich cost als vorher. Dies ist ein Widerspruch, da T minimal bezüglich cost war.

Anmerkung: Die umgekehrte Richtung gilt nicht. Wenn T minimal ist bezüglich c_{max}, dann ist nicht notwendigerweise T auch minimal bezüglich cost. Wir können uns das an einem einfachen Beispiel klar machen. Der Spannbaum T, der aus den mit einer Strichlänge gestrichelt gezeichneten Kanten in Abb. A.7 besteht, hat bezüglich c_{max} minimales Gewicht, nämlich $c_{max}(T) = \max\{1, 2, 2\} = 2$. Da

Abb. A.7 Gegenbeispiel zu
Aufgabe 2.13

jeder Spannbaum mindestens eine der zwei Kanten mit Gewicht 2 enthalten muss,
ist T minimal. Allerdings gilt $\text{cost}(T) = 1 + 2 + 2 = 5$, was bezüglich cost nicht
minimal ist. Der andere im Bild eingezeichnete gestrichelte Spannbaum T' hat das
Gewicht $\text{cost}(T') = 1 + 1 + 2 = 4$.

Lösung A.31 (Aufgabe 2.14) Wir markieren Knoten neben der Kennung „unbesucht" mit zwei Wertigkeiten für „besucht", nämlich 0 und 1. Der Graph ist bipartit,
wenn am Ende die Knoten jeder Kante unterschiedliche Wertigkeiten haben, siehe
Algorithmus A.4. Alle erreichbaren Knoten werden besucht, zu jedem Knoten werden alle inzidenten Kanten besucht und entweder die Endknoten unterschiedlich
markiert oder die korrekte Markierung geprüft. Dies ist auch ein Algorithmus zur
2-Färbung.

Algorithmus A.4 Erkennen bipartiter Graphen mittels Tiefensuche

---
markiere alle Knoten als „unbesucht"
erg := wahr
while (ein unbesuchter Knoten v existiert) $\wedge$ (erg $=$ wahr) **do**
   markiere v mit 0.
   erg := DFS(v)
if erg $=$ wahr **then**
   Ausgabe: Graph ist bipartit.
else
   Ausgabe: Graph ist nicht bipartit.
procedure DFS(u)
   for all Kanten $\{u, v\} \in E$ **do**
      if Knoten v ist als „unbesucht" markiert **then**
         if u ist mit 0 markiert **then**
            markiere v mit 1
         else
            markiere v mit 0
         erg := DFS(v)
         if erg $=$ falsch **then**
            return falsch
      else
         if Markierungen von u und v sind gleich **then**
            return falsch
   return wahr

Lösung A.32 (Aufgabe 2.15) Wir zeigen, dass für einen bipartiten, planaren Graphen $G = (V, E)$ mit mindestens drei Knoten gilt: $|E| \leq 2 \cdot |V| - 4$. Die rechte Seite ist mindestens 2, so dass die Formel für ein oder zwei Kanten gilt. Bei drei Kanten muss es mindestens vier Knoten geben, sonst kann der Graph nicht bipartit sein, also gilt auch in diesem Fall die Formel. Wir müssen die Formel also nur noch für vier oder mehr Kanten zeigen. Dafür gilt wie angemerkt in einem bipartiten Graphen $4 \cdot f \leq 2 \cdot |E|$. Denn jede eingeschlossene Fläche und auch die umgebende Fläche wird von mindestens vier Kanten berandet, und jede Kante trennt höchstens zwei Flächen.

Im Beweis zu Satz 2.8 können wir daher statt der Formel (2.3) nun $4 \cdot f \leq 2 \cdot |E|$ verwenden. Zusammen mit der Euler'schen Polyederformel, die mit 4 multipliziert wird, ergibt sich:

$$8 - 4 \cdot |V| + 4 \cdot |E| = 4 \cdot f \leq 2 \cdot |E|,$$

also $2 \cdot |E| \leq 4 \cdot |V| - 8$. Division durch 2 liefert die gewünschte Aussage.

Lösung A.33 (Aufgabe 2.16) Als bipartiter Graph gilt für $K_{3,3}$: $|E| = 9$, $V = 6$. Da $9 > 2 \cdot 6 - 4 = 8$ ist, muss eine Bedingung der Aufgabe 2.15 verletzt sein. Der Graph ist also nicht planar.

Lösung A.34 (Aufgabe 2.17)

a) Wir zeigen, dass jeder außenplanare Graph einen Knoten mit Grad höchstens zwei hat. Bei weniger als drei Knoten ist das klar. Sonst benutzen wir $|E| \leq 2|V| - 3$. Jeder außenplanare Graph kann durch Hinzufügen von Kanten zu einem maximalen außenplanaren Graphen erweitert werden. Ein maximaler außenplanarer Graph ist ein außenplanarer Graph, bei dem jede weitere hinzugefügte Kante diese Eigenschaft verletzen würde. Für einen maximalen außenplanaren Graphen gilt, dass genau $|V|$ Kanten die äußere Fläche begrenzen. Damit bleiben höchstens $|V| - 3$ Kanten, die im Inneren des Graphen verlaufen. Mit k Kanten können maximal $k + 1$ Knoten miteinander verbunden werden. Also müssen mindestens zwei Knoten existieren, die einen Knotengrad von höchstens zwei haben. Für den gegebenen, eventuell nicht maximalen, außenplanaren Graphen ist dann der Knotengrad dieser beiden Knoten nicht größer.

b) Daher kann rekursiv eine 3-Färbung gefunden werden:
   - **Induktionsanfang:** Jeder außenplanare Graph mit maximal drei Knoten ist mit drei Farben färbbar.
   - **Induktionsannahme:** Sei $n \geq 3$ beliebig, aber im Folgenden fest gewählt. Jeder außenplanarer Graph mit n Knoten sei mit drei Farben färbbar.
   - **Induktionsschluss:** Entfernen wir in einem außenplanaren Graphen mit $n + 1$ Knoten einen Knoten v mit Grad kleiner gleich 2 aus dem Graphen, dann ist der resultierende Graph $G - \{v\}$ wieder außenplanar und kann nach Induktionsannahme mit drei Farben gefärbt werden. Da Knoten v nur maximal zwei Nachbarn hat, kann v mit der verbleibenden Farbe gefärbt werden.

Die Induktion lässt sich direkt in einen rekursiven Algorithmus überführen.

Lösung A.35 (Aufgabe 2.18)

a) Jeder Knoten muss eine gerade Kantenzahl haben. Alle vier Knoten haben aber eine ungerade Kantenzahl. Wir benötigen also mindestens $4/2 = 2$ weitere Kanten und damit in diesem Fall zwei Brücken. Ausgehend von einem Knoten gibt es drei Möglichkeiten für Brücken. Durch die erste neue Brücke ist automatisch der Ort der zweiten neuen Brücke zwischen den verbleibenden Knoten bestimmt. Es gibt also drei Möglichkeiten, die beiden neuen Brücken zu platzieren.

b) Der Graph zum „Haus des Nikolaus" besitzt einen Knoten mit Knotengrad 2, zwei Knoten mit Knotengrad 4 und zwei mit Knotengrad 3. Aufgrund dieses ungeraden Knotengrades ist eine Euler-Tour nicht möglich.

A.3 Aufgaben aus Kap. 3

Lösung A.36 (Aufgabe 3.1) Wir zeigen, dass in einer Gruppe $(a^{-1})^{-1} = a$ gilt. Zunächst ist nach Satz 3.1 das Inverse von a^{-1} eindeutig, und wir müssen nach Definition der Gruppe zeigen, dass unser Kandidat a für das Inverse von a^{-1} die Bedingung $a \circ a^{-1} = e$ erfüllt. Das gilt aber nach Satz 3.1, da a^{-1} invers zu a ist.

Lösung A.37 (Aufgabe 3.2) Betrachten wir die bisher (von links) gelesene Eingabe als Binärzahl x, dann bedeutet

- das Lesen einer 0, dass die neue Zahl x' den Wert $2 \cdot x$ darstellt,
- das Lesen einer 1, dass die neue Zahl x' den Wert $2 \cdot x + 1$ darstellt.

Wir erhalten die Zustandsübergangstabelle

	0	1
$x \in [0]$	$x' = 2x \in [0]$	$x' = 2x + 1 \in [1]$
$x \in [1]$	$x' = 2x \in [2]$	$x' = 2x + 1 \in [0]$
$x \in [2]$	$x' = 2x \in [1]$	$x' = 2x + 1 \in [2]$

und den Automaten aus Abb. A.8.

Lösung A.38 (Aufgabe 3.3) Der Beweis der Korrektheit geschieht völlig analog zum Korrektheitsbeweis des Euklid'schen Divisionsalgorithmus. Durch die fortgesetzte Subtraktion werden die Zahlen immer kleiner, so dass der Algorithmus terminiert. Für den Divisionsalgorithmus haben wir die Schleifeninvariante $ggT(n, m) = ggT(n_0, m_0)$ mit Lemma 3.1 c) gezeigt. Jetzt ergibt sich die Invariante analog aus

Abb. A.8 Automat zu
Aufgabe 3.2

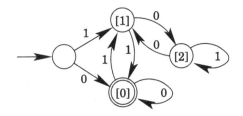

Teil b). Die Invariante ist erfüllt, bis $r = 0$ wird. In diesem Fall sind aber n und m gleich, so dass $\mathrm{ggT}(n_0, m_0) = m$ ist.

Der Divisionsalgorithmus benötigt im Allgemeinen weniger Schleifendurchläufe, da die Berechnung des Rests der Division einer iterierten Subtraktion im Subtraktionsalgorithmus mit zusätzlichen Schleifendurchläufen entspricht.

Lösung A.39 (Aufgabe 3.4) Eine Null am Ende der Zahl wird durch die Primfaktoren $2 \cdot 5 = 10$ erzeugt. Der Primfaktor 2 ist in jeder geraden Zahl der Faktoren

$$80! = 1 \cdot 2 \cdot 3 \cdot 4 \cdot 5 \cdot \ldots \cdot 79 \cdot 80$$

mindestens einmal enthalten. Der Primfaktor 5 ist nur in den durch fünf teilbaren Faktoren enthalten, also in den 16 Zahlen 5, 10, 15, …, 75, 80. Allerdings ist der Primfaktor 5 in den Zahlen 25, 50, 75 sogar zweimal enthalten. Also gibt es 19-mal den Primfaktor 5, und mindestens ebenso viele Primfaktoren 2, also hat die Zahl 80! am Ende genau 19 Nullen.

Falls Sie einen Rechner haben, der auch sehr große Zahlen handhaben kann, können Sie nachrechnen, dass

$$80! = 71\,569\,457\,046\,263\,802\,294\,811\,533\,723\,186\,532\,165\,584\,657\,342\,365$$
$$752\,577\,109\,445\,058\,227\,039\,255\,480\,148\,842\,668\,944\,867\,280\,814\,080$$
$$000\,000\,000\,000\,000\,000$$

tatsächlich 19 Nullen am Ende hat. Zwischendurch kommen auch Nullen in der Zahl vor, diese interessieren uns aber in der Aufgabenstellung nicht.

Lösung A.40 (Aufgabe 3.5) Für die Berechnung von $\binom{4}{2}$ verfolgen wir einige Funktionsaufrufe und sehen, dass häufig identische Aufrufe entstehen:

$$\binom{4}{2} = \binom{3}{1} + \binom{3}{2}$$
$$= \binom{2}{0} + \binom{2}{1} + \binom{2}{1} + \binom{2}{2}$$
$$= \underbrace{\binom{1}{-1}}_{=0} + \binom{1}{0} + \binom{1}{0} + \binom{1}{1} + \binom{1}{0} + \binom{1}{1} + \binom{1}{1} + \binom{1}{2}.$$

Abb. A.9 Deterministische Automaten mit einem Zustand

Hier haben wir bereits dreimal $\binom{1}{0}$ und dreimal $\binom{1}{1}$ zu berechnen, bei der weiteren Rechnung wird sich diese Anzahl noch erhöhen. Um solch redundante Berechnungen zu vermeiden, können wir das Pascal'sche Dreieck zeilenweise aufbauen und dabei mindestens die Werte der Binomialkoeffizienten der jeweiligen Vorgängerzeile speichern, siehe Algorithmus A.5.

Algorithmus A.5 Iterative Berechnung der Binomialkoeffizienten

---

procedure BINOM(n, m)
  if $(m > n) \lor (n < 0) \lor (m < 0)$ **then return** 0
  for $i := 0$ to n **do**
    for $j := 0$ to i **do**
      if $(i = 0) \lor (j = 0) \lor (i = j)$ **then**
        $b[i][j] := 1$
      else
        $b[i][j] := b[i-1][j] + b[i-1][j-1]$
  return $b[n][m]$

Lösung A.41 (Aufgabe 3.6) Wir fügen sukzessive eine Gerade hinzu und beginnen mit einer, die noch keinen Schnittpunkt hat. Die zweite Gerade schneidet die erste in einem Punkt. Die dritte Gerade schneidet die ersten beiden in jeweils einem anderen Punkt, usw. Die Anzahl der Schnittpunkte bei n Geraden ist daher

$$1 + 2 + 3 + \cdots + n - 1 = \sum_{k=1}^{n-1} k \overset{(1.9)}{=} \frac{(n-1)n}{2} = \frac{n!}{(n-2)!2!} = \binom{n}{2}.$$

Lösung A.42 (Aufgabe 3.7) Schauen wir uns zunächst einen Automaten an, der nur einen einzigen Zustand q_0 hat. Dann gibt es nur zwei mögliche Automaten, wie in Abb. A.9 zu sehen ist. Die δ-Tabelle ist eindeutig:

δ	0	1	2
q_0	q_0	q_0	q_0.

Der einzige Zustand kann entweder akzeptierend oder nicht-akzeptierend sein, also gibt es nur zwei mögliche Automaten mit genau einem Zustand.

Hat der Automat zwei Zustände q_0 und q_1, dann gibt es pro Zeile der δ-Tabelle 2^3 mögliche Zustandsübergänge:

δ	0	1	2
q_0	q_0/q_1	q_0/q_1	q_0/q_1
q_1	q_0/q_1	q_0/q_1	q_0/q_1.

Insgesamt gibt es also $[2^3]^2 = 2^6$ verschiedene δ-Tabellen. Außerdem gibt es $2^2 = 4$ Möglichkeiten, die Menge F der akzeptierenden Endzustände zu wählen, nämlich alle Elemente der Potenzmenge der Menge der Zustände:

$$F = \emptyset, \quad F = \{q_0\}, \quad F = \{q_1\}, \quad F = \{q_0, q_1\}.$$

Also gibt es $4 \cdot 2^6 = 2^8 = 256$ mögliche verschiedene Automaten mit genau zwei Zuständen.

Auf die gleiche Weise ergibt sich die Anzahl der möglichen Automaten mit genau n Zuständen: Es gibt $[n^3]^n = n^{3n}$ verschiedene Funktionen δ und 2^n unterschiedliche Mengen von Endzuständen. Zusammen sind das $n^{3n} \cdot 2^n$ Automaten.

a) Es gibt $4^{12} \cdot 2^4 = 2^{28} = 268\,435\,456$ Automaten mit genau vier Zuständen.
b) Es gibt $\sum_{k=1}^{4} k^{3k} \cdot 2^k = 2 + 256 + 157.464 + 268.435.456 = 268.593.178$ Automaten mit mindestens einem und höchstens vier Zuständen.

Lösung A.43 (Aufgabe 3.8)

a) Der erste Buchstabe des Wortes kann aus 26 möglichen ausgewählt werden, ebenso jeder weitere Buchstabe. Also kann es

$$26 \cdot 26 \cdot 26 \cdot 26 \cdot 26 = 26^5 = 11\,881\,376$$

verschiedene Wörter der Länge fünf geben. Hier handelt es sich um Variationen mit Wiederholung: n^m mit $n = 26$ und $m = 5$.
b) Es gibt 26 verschiedene Wörter der Länge eins, es gibt $26^2 = 676$ verschiedene Wörter der Länge zwei, weiterhin gibt es $26^3 = 17\,576$ verschiedene Wörter der Länge drei, und es gibt $26^4 = 456\,976$ viele verschiedene Wörter der Länge vier. Zusammen mit den Wörtern aus Teil a) gibt es also

$$26 + 676 + 17\,576 + 456\,976 + 11\,881\,376 = 12\,356\,630$$

verschiedene Wörter, die höchstens die Länge fünf haben. Wenn Sie auch das leere Wort mitzählen wollen, müssen Sie den obigen Wert noch um eins erhöhen.
c) Wenn Buchstaben nicht mehrfach in dem Wort vorkommen dürfen, dann gibt es 26 Möglichkeiten, den ersten Buchstaben zu wählen. Für den zweiten Buchstaben stehen dann nur noch 25 Buchstaben zur Verfügung, da einer ja bereits als erster Buchstabe des Wortes gewählt wurde. Für den dritten Buchstaben stehen dann nur noch 24 Buchstaben zur Auswahl, da bereits zwei Buchstaben gewählt wurden. Also gibt es

$$26 \cdot 25 \cdot 24 \cdot 23 \cdot 22 = 7\,893\,600$$

Wörter der Länge fünf, bei denen kein Buchstabe mehrfach vorkommt. Hier handelt es sich um Variationen ohne Wiederholung: $\frac{n!}{(n-m)!}$ mit $n = 26$ und $m = 5$.

Lösung A.44 (Aufgabe 3.9) Wir stellen uns den Ring an einer Stelle aufgeschnitten vor und nummerieren von dort ausgehend im Gegenuhrzeigersinn die Plätze für die Ringstücke. Es gibt $\binom{6}{3}$ Möglichkeiten, drei Positionen für die roten Stücke auszuwählen. Zu jeder dieser Möglichkeiten gibt es $\binom{3}{2}$ Möglichkeiten, Positionen für die blauen Stücke auszuwählen. Dadurch ist die Position des grünen Stücks festgelegt. Insgesamt erhalten wir so $\binom{6}{3} \cdot \binom{3}{2} = 60$ verschiedene aufgeschnittene Ringe. Wenn wir nun die Lücke schließen, gibt es weniger Möglichkeiten, da man Muster durch Drehung ineinander überführen kann. Da es nur ein grünes Stück gibt, lassen sich durch Drehung sechs verschiedene Muster ineinander überführen, die wir zuvor einzeln gezählt haben. Danach gibt es $\frac{60}{6} = 10$ verschiedene Ringe.

Lösung A.45 (Aufgabe 3.10) Mit der binomischen Formel für $(1 + 1)^n$ erhalten wir

$$\sum_{k=0}^{n} \binom{n}{k} = \sum_{k=0}^{n} \binom{n}{k} 1^{n-k} 1^k = (1 + 1)^n = 2^n.$$

Lösung A.46 (Aufgabe 3.11) Wir verwenden als Modell

$$\Omega = \{(x_1, x_2, \ldots, x_n) : x_k \in \{1, \ldots, 365\}, 1 \le k \le n\}$$

mit den Elementarwahrscheinlichkeiten $P(\{\omega\}) = 1/|\Omega|$ eines Laplace-Experiments. Die Anzahl der Elementarereignisse ergibt sich mit der Formel für Variationen mit Wiederholung: $|\Omega| = 365^n$ (siehe Tab. 3.4). Nun betrachten wir das Ereignis

$$\mathcal{C}_\Omega E = \{(x_1, x_2, \ldots, x_n) : x_k \in \{1, \ldots, 365\}, x_k \ne x_l \text{ für } k \ne l\},$$

dass alle Geburtstage verschieden sind. Dieses ist komplementär zum Ereignis E, dass zwei oder mehr Personen den gleichen Geburtstag haben, also $P(E) = 1 - P(\mathcal{C}_\Omega E)$. Die Anzahl der Elemente von $\mathcal{C}_\Omega E$ erhalten wir nun direkt mit der Anzahlformel für Variationen ohne Wiederholung: $|\mathcal{C}_\Omega E| = \frac{365!}{(365-n)!}$. Damit erhalten wir

$$P(E) = 1 - \frac{|\mathcal{C}_\Omega E|}{|\Omega|} = 1 - \frac{\frac{365!}{(365-n)!}}{365^n}.$$

Setzt man für n Zahlenwerte ein, so sieht man, dass bereits bei $n = 23$ Personen $P(E) > 0{,}5$ ist. Das ist überraschend und passt nicht unbedingt zur Anschauung!

Lösung A.47 (Aufgabe 3.12) Der Fehler besteht darin, dass die Definition von E nicht äquivalent zur Nebenbedingung ist, dass zufällig ein Junge gesehen wird. Denn die Wahrscheinlichkeit dafür sollte $\frac{1}{2}$ und nicht $\frac{3}{4}$ sein. E modelliert das Ereignis, dass mindestens ein Kind ein Junge ist. Das ist aber davon verschieden, dass auch ein Junge gesehen wird, denn wenn z. B. ein Mädchen und ein Junge zur Familie gehören, kann die Münze auf das Mädchen fallen.

Mit unserem Modell können wir also die Situation nicht richtig abbilden. Daher wählen wir ein anderes Modell mit

$$\Omega := \{JJ1, MM1, JM1, MJ1, JJ2, MM2, JM2, MJ2\},$$

wobei der erste Buchstabe der Elementarereignisse das Geschlecht des Erstgeborenen angibt und die dritte Stelle bestimmt, ob der Erstgeborene (1) oder der Zweitgeborene (2) in den Raum kommt. Dann ist das Ereignis, dass ein Junge in den Raum kommt $E := \{JJ1, JJ2, JM1, MJ2\}$ und

$$P(\{JJ1, JJ2\}|E) = \frac{P(\{JJ1, JJ2\} \cap E)}{P(E)} = \frac{P(\{JJ1, JJ2\})}{P(E)} = \frac{\frac{2}{8}}{\frac{4}{8}} = \frac{1}{2}.$$

Lösung A.48 (Aufgabe 3.13)

$$E(X) = -2 \cdot P(X = -2) - 1 \cdot P(X = -1) + 0 \cdot P(X = 0) + 2 \cdot P(X = 2)$$
$$+8 \cdot P(X = 8) = -\frac{2}{10} - \frac{2}{10} + 0 + \frac{6}{10} + \frac{8}{10} = \frac{10}{10} = 1.$$
$$\text{Var}(X) = E([X - E(X)]^2)$$
$$= P(X = -2)[-2 - 1]^2 + P(X = -1)[-1 - 1]^2 + P(X = 0)[0 - 1]^2$$
$$+P(X = 2)[2 - 1]^2 + P(X = 8)[8 - 1]^2$$
$$= \frac{9}{10} + \frac{8}{10} + \frac{3}{10} + \frac{3}{10} + \frac{49}{10} = \frac{72}{10} = 7{,}2.$$

Lösung A.49 (Aufgabe 3.14) Wir können $X = \sum_{i=1}^{n} X_i$ schreiben. Dabei ist $E(X_i) = p \cdot 1 + (1 - p) \cdot 0 = p$. Damit erhalten wir mit der Linearität des Erwartungswerts

$$E(X) = E\left(\sum_{i=1}^{n} X_i\right) = \sum_{i=1}^{n} E(X_i) = \sum_{i=1}^{n} p = n \cdot p.$$

Lösung A.50 (Aufgabe 3.15)

a) Es gibt $\binom{n}{k}$ Möglichkeiten, k Kreuze anzuordnen. Damit ist die Wahrscheinlichkeit beim Raten $1/\binom{n}{k}$.

b) Wir addieren die Möglichkeiten für $k = 1, \ldots, \frac{n-1}{2}$. Die gesuchte Wahrscheinlichkeit ist dann wieder der Kehrwert:

$$p = \frac{1}{\sum_{k=1}^{\frac{n-1}{2}} \binom{n}{k}}.$$

Wir wollen diesen Ausdruck vereinfachen. Unter Verwendung von $\binom{n}{k} = \binom{n}{n-k}$ und $\sum_{k=0}^{n} \binom{n}{k} = 2^n$ (siehe Aufgabe 3.10) erhalten wir

$$\sum_{k=1}^{\frac{n-1}{2}} \binom{n}{k} = \frac{1}{2} \sum_{k=1}^{\frac{n-1}{2}} \left[\binom{n}{k} + \binom{n}{n-k}\right] = \frac{1}{2} \sum_{k=1}^{n-1} \binom{n}{k}$$

$$= \frac{1}{2}\left[-2 + \sum_{k=0}^{n} \binom{n}{k}\right] = \frac{1}{2}\left[-2 + 2^n\right] = 2^{n-1} - 1.$$

Damit ist die Wahrscheinlichkeit $p = \frac{1}{2^{n-1}-1}$. Wir können auch so argumentieren: Insgesamt gibt es 2^n Möglichkeiten anzukreuzen. Wenn wir auch null Kreuze zulassen würden, dann hätten wir bei bis zu $\frac{n-1}{2}$ Kreuzen genau die Hälfte der 2^n Möglichkeiten, also 2^{n-1}. Die eine Möglichkeit für die Null muss jetzt noch abgezogen werden.

c) Ist X eine Zufallsvariable, die die Anzahl der richtigen Aufgaben angibt, dann ist sie binomialverteilt. Das Ereignis, dass höchstens eine Aufgabe falsch beantwortet ist, ist gleich dem Ereignis, dass m oder $m-1$ Aufgaben richtig beantwortet sind.

$$P(X \geq m - 1) = P(X = m - 1) + P(X = m)$$

$$= \binom{m}{m-1} p^{m-1}(1-p) + \binom{m}{m} p^m = mp^{m-1}(1-p) + p^m$$

$$= m \frac{1}{(2^{n-1} - 1)^{m-1}} \frac{2^{n-1} - 2}{2^{n-1} - 1} + \frac{1}{(2^{n-1} - 1)^m}$$

$$= \frac{m[2^{n-1} - 2] + 1}{(2^{n-1} - 1)^m}.$$

Lösung A.51 (Aufgabe 3.16) Mit der binomischen Formel erhalten wir

$$(a + b)^n = \sum_{k=0}^{n} \binom{n}{k} a^{n-k} b^k = a^n + b^n + \sum_{k=1}^{n-1} \frac{n!}{(n-k)!k!} a^{n-k} b^k.$$

Nach Lemma 3.5 teilt n jeden der verbleibenden Binomialkoeffizienten, also $(a + b)^n = a^n + b^n + c \cdot n$ für ein $c \in \mathbb{N}$. Damit ist $(a + b)^n \equiv a^n + b^n \bmod n$. Diese Aussage ist didaktisch gefährlich, denn ein häufig gemachter Rechenfehler besteht darin, bei der binomischen Formel die gemischten Terme zu vergessen. Die hier nachgerechnete Aussage gilt ausschließlich unter Verwendung der Modulo-Rechnung. Am besten vergessen Sie also den Inhalt der Aussage sofort wieder.

Lösung A.52 (Aufgabe 3.17) Das exklusive Oder entspricht einer Bit-Addition ohne Übertrag, das Und entspricht der Multiplikation zweier Bits. Damit lassen sich alle Regeln eines Körpers direkt nachrechnen. 0 ist die Null der Addition, 1 die Eins der Multiplikation, $1^{-1} = 1$, usw.

Lösung A.53 (Aufgabe 3.18) Mit den Daten $p = 3$, $q = 5$, $n = 15$ und $b = 7$ verschlüsseln wir $x = 8$:

$$\left(x^b \right) \bmod n = 8^7 \bmod 15 = 2.097.152 \bmod 15 = 2.$$

Das verschlüsselte Dokument ist also $y = 2$. Zum Entschlüsseln müssen wir in $\mathbb{Z}_{(p-1)(q-1)} = \mathbb{Z}_8$ die Inverse zu $b = 7$ berechnen. Das können Sie mit dem erweiterten Euklid'schen Algorithmus tun. Hier ist ebenfalls $a = b^{-1} = 7$, da $7 \cdot 7 \bmod 8 = 49 \bmod 8 = 1$. Damit ist in diesem Fall der öffentliche und private Schlüssel identisch. Das kann also theoretisch auch passieren.

$$\left(y^a \right) \bmod n = 2^7 \bmod 15 = 128 \bmod 15 = 8 = x.$$

In Tab. A.2 ist die hier verwendete Verschlüsselungsabbildung vollständig beschrieben. Offensichtlich sind die Daten ungünstig und insbesondere viel zu klein gewählt, da viele Dokumente auf sich selbst verschlüsselt werden.

Lösung A.54 (Aufgabe 3.19) Seien $a > 1$ und $n \in \mathbb{N}$. Wir nehmen an, dass $a^{\frac{1}{n}} \leq 1$ ist. Wenn wir Zahlen kleiner oder gleich eins multiplizieren, ist auch das Produkt kleiner oder gleich eins. Also ist $\left[a^{\frac{1}{n}} \right]^n \leq 1$, d. h. $a \leq 1$ im Widerspruch zur Voraussetzung. Für $n, m \in \mathbb{N}$ ist jetzt auch $a^{\frac{m}{n}} > 1$, da $b := a^{\frac{1}{n}} > 1$ und damit auch $b^m > 1$ ist. Allgemein gilt auch für $x \in \mathbb{R}$ mit $x > 0$, dass $a^x > 1$ ist. Das kann man zeigen, indem man die Potenz mittels Brüchen im Exponenten annähert.

Lösung A.55 (Aufgabe 3.20) Das gesuchte Polynom $p(x)$ lautet

$$p(x) = 2 \cdot \frac{(x-2)(x-3)(x-4)}{(1-2)(1-3)(1-4)} + 1 \cdot \frac{(x-1)(x-3)(x-4)}{(2-1)(2-3)(2-4)}$$
$$+ 2 \cdot \frac{(x-1)(x-2)(x-4)}{(3-1)(3-2)(3-4)} + 1 \cdot \frac{(x-1)(x-2)(x-3)}{(4-1)(4-2)(4-3)}.$$

Wir haben hier die vier vorgegebenen Funktionswerte mit Polynomen multipliziert, die für das jeweils zugehörige Argument eins (da Zähler gleich Nenner) und für die anderen drei Argumente jeweils null ist.

Tab. A.2 Verschlüsselung mittels RSA für $p = 3$, $q = 5$ und $b = 7$

x	0	1	2	3	4	5	6	7	8	9	10	11	12	13	14
y	0	1	8	12	4	5	6	13	2	9	10	11	3	7	14

Lösung A.56 (Aufgabe 3.21)

$$\prod_{k=1}^{n} \exp(k) = \exp\left(\sum_{k=1}^{n} k\right) = \exp\left(\frac{n \cdot (n+1)}{2}\right) = \sqrt{\exp(n^2 + n)}$$

$$= \sqrt{\exp(n^2) \cdot \exp(n)},$$

$$\sum_{k=1}^{n} \ln\left(\frac{k}{k+1}\right) = \ln\left(\prod_{k=1}^{n} \frac{k}{k+1}\right) = \ln\left(\frac{1}{2} \cdot \frac{2}{3} \cdot \frac{3}{4} \cdots \frac{n}{n+1}\right)$$

$$= \ln\left(\frac{1}{n+1}\right) = -\ln(n+1).$$

Lösung A.57 (Aufgabe 3.22)

a) Für zwei gerade Funktionen f und g ist

$$(f \cdot g)(-x) = f(-x)g(-x) = f(x)g(x) = (f \cdot g)(x),$$

d. h., $f \cdot g$ ist gerade.

b) Für das Produkt zweier ungerader Funktionen f und g ist

$$(f \cdot g)(-x) = f(-x)g(-x) = [-f(x)] \cdot [-g(x)] = (f \cdot g)(x),$$

d. h., $f \cdot g$ ist gerade.

c) Das Produkt einer geraden Funktion f und einer ungeraden Funktion g ist ungerade, da

$$(f \cdot g)(-x) = f(-x)g(-x) = f(x)[-g(x)] = -(f \cdot g)(x).$$

Lösung A.58 (Aufgabe 3.23) Die Ergebnisse stehen in Tab. A.3.

Lösung A.59 (Aufgabe 3.24) Wir berechnen $p(-2)$ für das Polynom $p(x) = x^4 + 2x^3 + 0x^2 + 3x + 4$ mit dem Horner-Schema, bei dem in der ersten Zeile die Koeffizienten des Polynoms (beginnend bei der höchsten Potenz) inklusive der Nullkoeffizienten eingetragen werden:

Tab. A.3 Ergebnisse von Aufgabe 3.23

a	b	c	α	β
2	$\sqrt{c^2 - a^2} = \sqrt{12}$	$\frac{a}{\sin\alpha} = \frac{2}{\frac{1}{2}} = 4$	$\frac{\pi}{6}$	$\pi - \frac{\pi}{2} - \frac{\pi}{6} = \frac{\pi}{3}$
3	3	$\sqrt{18}$	$\frac{\pi}{4}$	$\frac{\pi}{4}$
$5\sin\left(\frac{\pi}{6}\right) = \frac{5}{2}$	$5\cos\left(\frac{\pi}{6}\right) = \frac{5}{2}\sqrt{3}$	5	$\frac{\pi}{6}$	$\frac{\pi}{3}$
3	4	$\sqrt{9+16} = 5$	$\arcsin\left(\frac{3}{5}\right)$	$\arcsin\left(\frac{4}{5}\right)$

$$\begin{array}{r}
1 \quad 2\,0\,3 \quad 4 \\
+\,0 \;-2\,0\,0 \;-6\,, \\
\hline
1 \quad 0\,0\,3 \;-2
\end{array}$$

also $p(-2) = -2$ und

$$p(x)/(x+2) = 1 \cdot x^3 + 0 \cdot x^2 + 0 \cdot x + 3 - \frac{2}{x+2} = x^3 + 3 - \frac{2}{x+2}.$$

Lösung A.60 (Aufgabe 3.25) In dem Programm werden sukzessive die Dualzahlen $(10)_2$, $(1,1)_2$, $(1,01)_2$, $(1,001)_2$ usw. mit 1 verglichen. Die (ab $(1,1)_2$ bereits normalisierten) Zahlen unterscheiden sich so lange von 1, wie sie exakt mit der gegebenen Stellenzahl der Mantisse darstellbar sind. Wenn die führende 1 nicht gespeichert wird, dann ist die letzte Zahl, die bei einer Mantisse mit 23 Stellen exakt dargestellt wird, $1 + 2^{-23}$. Die nächste Zahl $1 + 2^{-24}$ wird als 1 gespeichert. Die Maschinengenauigkeit ist hier 2^{-24}. Bei doppelter Genauigkeit und einer Mantisse mit 52 Stellen ist eps$= 2^{-53}$. Offensichtlich hängt die Maschinengenauigkeit nur von der Stellenzahl der Mantisse und nicht von der Darstellung des Exponenten ab.

Lösung A.61 (Aufgabe 3.26) Bereits für den Wert $x = 14$ verlassen wir bei der Berechnung den über float darstellbaren Zahlenbereich. Dies liegt daran, dass Zähler und Nenner getrennt berechnet werden und sehr schnell sehr groß werden. Schreiben wir das Programm nur geringfügig um (siehe Listing A.2), erhalten wir ein brauchbares Ergebnis sogar noch für $x = 88$. Außerdem bekommen wir für $x = 13$ aufgrund geringerer Rundungsfehler auch einen genaueren Wert 442413,406250 im Vergleich zu 442413,281250 für Listing 3.7 bei einem exakten Wert von 442413,3920...

```
1   #include <stdio.h>
2   #include <math.h>
3
4   void main(void) {
5       float x, eHochX, term;
6
7       printf("Berechnen der Exponentialfunktion\n");
8       printf("Exponent: ");
9       scanf("%f", &x);
10
11      eHochX = 0.0; term = 1.0;
12      for (int i = 1; fabs(term) >= 0.00001; i++) {
13          eHochX += term;
14          term *= x/(float) i;
15      }
16      printf("exp(%f) = %f\n", x, eHochX);
17  }
```

Listing A.2 Geschicktere Berechnung der Exponentialfunktion

Lösung A.62 (Aufgabe 3.27) Die entstehende Zahl hätte unendlich viele Dezimalstellen und wäre damit kein Element von $\mathbb{N}$. Jede natürliche Zahl hat endlich viele Stellen.

A.4 Aufgaben aus Kap. 4

Lösung A.63 (Aufgabe 4.1) Jeder Sekunde können wir eine eingehende Auftragszahl zuordnen. Die entsprechende Folge $(a_n)_{n=1}^{\infty}$ hat das Bildungsgesetz $a_n = 5 \cdot n$. In der zehnten Sekunde kommen also 50 Aufträge zum Server, die noch abgearbeitet werden können. Ab der elften Sekunde entsteht dann ein Backlog (Auftragsrückstand). In der Sekunde $n \geq 11$ bleiben

$$b_n := 5 \cdot 11 - 50 + 5 \cdot 12 - 50 + \cdots + 5 \cdot n - 50$$

$$= (n - 10) \cdot (-50) + 5 \cdot \sum_{k=11}^{n} k$$

$$= -(n - 10) \cdot 50 + 5 \cdot \sum_{k=1}^{n-10} (10 + k)$$

$$= -(n - 10) \cdot 50 + 5 \cdot \left[(n - 10) \cdot 10 + \sum_{k=1}^{n-10} k \right]$$

$$= 5 \cdot \sum_{k=1}^{n-10} k \overset{(1.9)}{=} 5 \cdot \frac{(n - 10)(n - 9)}{2}$$

Aufträge unbearbeitet. Setzen wir $b_n := 0$ für $n < 11$, dann erhalten wir die gesuchte Folge $(b_n)_{n=1}^{\infty}$.

Lösung A.64 (Aufgabe 4.2)

a) $(c \cdot a_n)_{n=1}^{\infty} \in \mathcal{O}(a_n)$, denn $|c \cdot a_n| \leq |c| |a_n|$.
b) $(a_n + b_n)_{n=1}^{\infty} \in \mathcal{O}(\max\{|a_n|, |b_n|\})$, denn mit der Dreiecksungleichung erhalten wir

$$|a_n + b_n| \leq |a_n| + |b_n| \leq 2 \max\{|a_n|, |b_n|\}.$$

c) $(\log_c(n))_{n=1}^{\infty} \in \mathcal{O}(\log_2 n)$, denn wir können die Logarithmen zu verschiedenen Basen ineinander umrechnen:

$$|\log_c(n)| = \left| \frac{\log_2(n)}{\log_2(c)} \right| = \left| \frac{1}{\log_2(c)} \right| \cdot \log_2(n).$$

Lösung A.65 (Aufgabe 4.3) Wird der Graph mit n Knoten mittels einer Adjazenz-Matrix dargestellt, ergibt sich die Anzahl der Ausführungen des innersten Schleifenblocks zu $\Theta(n^2)$, wie man an dem modifizierten Algorithmus A.6 erkennen kann.

Wird der Graph mittels einer Adjazenz-Liste dargestellt, ergibt sich eine Laufzeit (Anzahl der Ausführungen des innersten Blocks) von $\Theta(m)$, wie man an dem modifizierten Algorithmus A.7 sieht. Dabei ist m die Zahl der Kanten. Jede Kante führt zu je einem Eintrag in zwei Adjazenz-Listen, so dass der Rumpf der inneren Schleife insgesamt $2m$-mal ausgeführt wird. Zählen wir darüber hinaus alle Zuweisungen für deg[ ], so kommen n weitere für die Initialisierung hinzu, d. h., es sind $n + 2m$.

Algorithmus A.6 Berechnung der Knotengrade eines Graphen mit Adjazenz-Matrix
$\mathbf{A} = [a_{i,j}]_{i,j=1,\dots,n}$

1: **for** $i := 1$ **to** n **do**   ▷ durchlaufe alle Knoten v_i
2:      deg[i] := 0
3:      **for** $j := 1$ **to** n **do**
4:         **if** $i \neq j$ und $a_{i,j} > 0$ **then**
5:            deg[i] := deg[i] + 1

Algorithmus A.7 Berechnung der Knotengrade eines Graphen mit Adjazenz-Liste

---
for $i := 1$ **to** n **do**
    deg[i] := 0
    for all $j \in$ Adjazenz-Liste von Knoten mit Nummer i **do**
       deg[i] := deg[i] + 1

Lösung A.66 (Aufgabe 4.4) Ist das Array bereits aufsteigend sortiert, so ist das erste Element das Minimum und das letzte das Maximum. Die Anzahl der Vergleiche ist null und liegt in $\mathcal{O}(1)$, aber aufgrund der formalen Definition von $\Omega(1)$ nicht in $\Theta(1)$, da $0 \geq c \cdot 1$ für ein $c > 0$ nicht gilt. Ist das Array unsortiert, dann benötigt der Algorithmus A.8 zwischen $n - 1$ und $2(n - 1)$ Vergleiche, die Anzahl liegt also in $\Theta(n)$. Diese Ordnung ist natürlich bestmöglich, da alle Zahlen angefasst werden müssen. Allerdings lässt sich die Konstante bei der gleichzeitigen Berechnung von Minimum und Maximum von 2 auf $\frac{3}{2}$ verbessern. Wir nehmen dazu an, dass n gerade ist und bilden Paare von Zahlen an aufeinander folgenden ungeraden und geraden Positionen. In den $\frac{n}{2}$ Paaren bringen wir mit $\frac{n}{2}$ Vergleichen die kleinere Zahl nach links. Dann müssen wir für die Berechnung des Minimums nur noch die $\frac{n}{2}$ linken Einträge und für die Berechnung des Maximums die $\frac{n}{2}$ rechten Einträge berücksichtigen, so dass wir für $n \geq 2$ mit

$$\frac{n}{2} + \left[\frac{n}{2} - 1\right] + \left[\frac{n}{2} - 1\right] = \frac{3}{2}n - 2$$

Vergleichen auskommen.

Algorithmus A.8 Bestimmung von Minimum und Maximum in einem Array der Länge n

minimum := $a[1]$, maximum := $a[1]$
for $i := 2$ to n **do**
   if $a[i] >$ maximum **then** maximum := $a[i]$
   else
      if $a[i] <$ minimum **then** minimum := $a[i]$

Lösung A.67 (Aufgabe 4.5) Der größte Schlüssel im noch zu sortierenden Teil des Heaps steht immer an Position 0. Er wird gegen den letzten Schlüssel des noch zu sortierenden Teils getauscht. Anschließend muss der neue Wert an Position 0 im Rest-Heap versickert werden. Für das Versickern sind maximal „Höhe des Restbaums" Vertauschungen erforderlich. Ein Heap mit m Schlüsseln hat eine Höhe kleiner oder gleich $\log_2(m)$. Damit ergibt sich eine Abschätzung nach oben für die Anzahl der Vertauschungen, indem wir die Höhen grob durch $\log_2(n-1)$ abschätzen und dann für $n-1$ Schlüssel die Abschätzung der Vertauschungen addieren:

$$(n-1)[1 + \log_2(n-1)] \leq 2n\log_2(n).$$

Wenn wir genauer rechnen, erhalten wir auch keine bessere Ordnung als $\mathcal{O}(n\log_2(n))$. Mit $\log_2(a) + \log_2(b) = \log_2(a \cdot b)$ (vgl. Lösung zu Aufgabe 3.21) erhalten wir

$$1 + \log_2(n-1) + 1 + \log_2(n-2) + \cdots + 1 + \log_2(3) + 1 + \log_2(2)$$

$$= \sum_{k=2}^{n-1}[1 + \log_2(k)] = n - 2 + \sum_{k=2}^{n-1} \log_2(k)$$

$$= n - 2 + \log_2\left(\prod_{k=2}^{n-1} k\right) = n - 2 + \log_2((n-1)!)$$

$$\leq n - 2 + \log_2\left((n-1)^{n-1}\right) = (n-2) + (n-1)\log_2(n-1)$$

$$< (n-1)[1 + \log_2(n-1)],$$

wobei wir mit $n! = 1 \cdot 2 \cdots n \leq n \cdot n \cdots n = n^n$ die Fakultät zwar ganz grob nach oben abgeschätzt haben, unter Verwendung der Stirling-Formel aber eine ähnliche Abschätzung erhalten würden.

Lösung A.68 (Aufgabe 4.6) Hier ist

$$\sum_{k=1}^{n} \frac{1}{k(k+1)} = 1 - \frac{1}{n+1}$$

zu zeigen. Der Trick besteht darin, dass es sich hier um eine sogenannte Teleskop-Summe handelt, bei der sich benachbarte Summanden wegheben.

$$\sum_{k=1}^{n} \frac{1}{k(k+1)} = \sum_{k=1}^{n} \left(\frac{1}{k} - \frac{1}{k+1} \right)$$

$$= 1 - \frac{1}{2} + \frac{1}{2} - \frac{1}{3} + \cdots - \frac{1}{n+1} = 1 - \frac{1}{n+1}.$$

Lösung A.69 (Aufgabe 4.7)

- Wir rechnen zunächst nach, dass für zwei Zahlen $x \in \mathbb{R}$ mit $x > 0$ und $b \in \mathbb{N}$ gilt:

$$\left\lceil \frac{\lceil x \rceil}{b} \right\rceil = \left\lceil \frac{x}{b} \right\rceil.$$

Um das zu zeigen, schreiben wir $\lceil x \rceil = x + \varepsilon$ für eine Zahl $0 \le \varepsilon < 1$. Es gilt also $\lceil 2,7 \rceil = 3 = 2,7 + \varepsilon$ mit $\varepsilon = 0,3$ oder $\lceil 5,2 \rceil = 6 = 5,2 + \varepsilon$ mit $\varepsilon = 0,8$. Außerdem lässt sich ein $q \in \mathbb{N}_0$ finden, so dass $\lceil x \rceil = q \cdot b + r$ für einen Rest $r \in \mathbb{N}_0$ mit $0 \le r < b$, also $r = \lceil x \rceil \bmod b$. Damit erhalten wir:

$$\left\lceil \frac{\lceil x \rceil}{b} \right\rceil = \left\lceil \frac{q \cdot b + r}{b} \right\rceil = \left\lceil q + \frac{r}{b} \right\rceil = q + \left\lceil \frac{r}{b} \right\rceil = \begin{cases} q : & r = 0 \\ q+1 : & r \ge 1. \end{cases}$$

Andererseits ist

$$\left\lceil \frac{x}{b} \right\rceil = \left\lceil \frac{\lceil x \rceil - \varepsilon}{b} \right\rceil = \left\lceil \frac{q \cdot b + r - \varepsilon}{b} \right\rceil = \left\lceil q + \frac{r - \varepsilon}{b} \right\rceil = \begin{cases} q : & r = 0 \\ q+1 : & r \ge 1. \end{cases}$$

Jetzt können wir Gauß-Klammern im ersten Schritt des Beweises des Master-Theorems ergänzen: Wir wählen $l \in \mathbb{N}$ mit $b^{l-1} \le n < b^l$. Damit ist $l - 1 \le \log_b(n) < l$. Jetzt setzen wir die Abschätzung $(l-1)$-mal in sich selbst ein:

$$T(n) \le a \cdot T\left(\left\lceil \frac{n}{b} \right\rceil \right) + Cn^k \le a \cdot \left[a \cdot T\left(\left\lceil \frac{\lceil \frac{n}{b} \rceil}{b} \right\rceil \right) + C \left\lceil \frac{n}{b} \right\rceil^k \right] + Cn^k$$

$$= a \cdot \left[a \cdot T\left(\left\lceil \frac{n}{b^2} \right\rceil \right) + C \left\lceil \frac{n}{b} \right\rceil^k \right] + Cn^k$$

$$\vdots$$

$$\le a^l \cdot T\left(\left\lceil \frac{n}{b^l} \right\rceil \right) + C \sum_{m=0}^{l-1} a^m \left\lceil \frac{n}{b^m} \right\rceil^k = a^l T(1) + C \sum_{m=0}^{l-1} a^m \left\lceil \frac{n}{b^m} \right\rceil^k,$$

da $0 < n/b^l < 1$ ist, d.h. $\lceil n/b^l \rceil = 1$. Wegen $\lceil x \rceil \leq 2x$ für $x \geq 1$ und $n/b^m \geq n/b^{l-1} \geq 1$ ist

$$T(n) \leq a^l \cdot T(1) + C \sum_{m=0}^{l-1} a^m \left(2\frac{n}{b^m}\right)^k = T(1)a^l + n^k C 2^k \sum_{m=0}^{l-1} \left(\frac{a}{b^k}\right)^m. \quad \text{(A.2)}$$

- Wir benutzen für den Beweis des Master-Theorems im Fall $a > b^k$ die Gleichung

$$a^{\log_b(n)} = b^{\log_b(a)\log_b(n)} = n^{\log_b(a)}. \quad \text{(A.3)}$$

Außerdem verwenden wir jetzt die Gl. (A.2), bei der die Gauß-Klammern berücksichtigt sind. Auch in diesem Fall folgt mit der Formel für die geometrische Summe

$$T(n) \overset{(1.10)}{\leq} T(1) \cdot a^l + n^k C 2^k \frac{1 - \left(\frac{a}{b^k}\right)^l}{1 - \frac{a}{b^k}} \overset{\cdot \frac{-1}{-1}}{=} T(1) \cdot a^l + n^k C 2^k \frac{\overbrace{\left(\frac{a}{b^k}\right)^l - 1}^{>0}}{\underbrace{\frac{a}{b^k} - 1}_{>0}}$$

$$\overset{l \leq \log_b(n)+1}{\leq} T(1) \cdot a^{\log_b(n)+1} + n^k C 2^k \frac{\left(\frac{a}{b^k}\right)^{\log_b(n)+1} - 1}{\frac{a}{b^k} - 1}$$

$$\overset{+1 \text{ im Zähler}}{\leq} T(1) \cdot a \cdot a^{\log_b(n)} + n^k C 2^k \frac{\frac{a}{b^k} \frac{a^{\log_b(n)}}{(b^k)^{\log_b(n)}}}{\frac{a}{b^k} - 1}$$

$$\overset{(A.3)}{=} T(1) \cdot a \cdot n^{\log_b(a)} + n^k C 2^k \frac{\frac{a}{b^k} \frac{n^{\log_b(a)}}{n^{\log_b(b^k)}}}{\frac{a}{b^k} - 1}$$

$$\overset{n^{\log_b(b^k)} = n^k}{=} T(1) \cdot a \cdot n^{\log_b(a)} + C 2^k \frac{\frac{a}{b^k}}{\frac{a}{b^k} - 1} n^{\log_b(a)},$$

so dass wir $(T(n))_{n=1}^{\infty} \in \mathcal{O}(n^{\log_b(a)})$ gezeigt haben.

Lösung A.70 (Aufgabe 4.8) Sei $V(n)$ die Anzahl der Vergleiche von Array-Einträgen mit s bei n Elementen. Dann ist $V(0) = 0$ und für $n \geq 1$

$$V(n) = 2 + V(\lceil n/2 \rceil - 1).$$

Das Master-Theorem kann mit $a = 1$, $b = 2$, $k = 0$ und $C = 2$ angewendet werden (Fall $a = b^k$) und liefert: $(V(n))_{n=1}^{\infty} \in \mathcal{O}(\log_2(n))$.

Lösung A.71 (Aufgabe 4.9) Für den Beweis, dass $\lim_{m \to \infty} 2 - \frac{m+2}{2^m} = 2$ ist, sei $\varepsilon > 0$ beliebig, fest vorgegeben. Wir müssen eine Stelle $m_0 \in \mathbb{N}$ finden, so dass für alle $m > m_0$

$$\left| 2 - \frac{m+2}{2^m} - 2 \right| < \varepsilon \iff \left| -\frac{m+2}{2^m} \right| < \varepsilon \iff \frac{m+2}{2^m} < \varepsilon$$

gilt. Nun haben wir leider ein kleines Problem: Wir können die Ungleichung nicht nach m auflösen. Das wäre aber hilfreich, damit wir eine Stelle m_0 angeben können, ab der die Ungleichung erfüllt ist. Wenn wir im Zähler von $\frac{m+2}{2^m}$ auch eine Zweierpotenz stehen hätten, etwa in der Art $\frac{2^{m/2}}{2^m}$, dann könnten wir den Bruch kürzen und anschließend die Ungleichung nach m auflösen:

$$\frac{2^{m/2}}{2^m} = \frac{1}{2^{m/2}} < \varepsilon \iff 2^{m/2} > \frac{1}{\varepsilon} \iff m/2 > \log_2\left(\frac{1}{\varepsilon}\right) = -\log_2(\varepsilon)$$
$$\iff m > -2\log_2(\varepsilon).$$

Damit könnten wir ein $m_0 > -2\log_2(\varepsilon)$ wählen, so dass die Ungleichung für alle $m > m_0$ erfüllt ist.

So einfach ist das hier aber nicht. Daher zeigen wir zunächst mittels vollständiger Induktion, dass $m + 2 \leq 2^{m/2}$ für $m \in \mathbb{N}$ mit $m \geq 6$ ist. Der Induktionsanfang für $m = 6$ ist erfüllt: $8 \leq 2^3$. Wir nehmen also an, dass die Abschätzung für ein beliebiges $m \geq 6$ gilt und zeigen damit im Induktionsschluss, dass die Abschätzung auch für $m + 1$ richtig ist:

$$(m+1) + 2 = (m+2) + 1 \leq 2^{m/2} + 1 \leq 2^{m/2} + \underbrace{(\sqrt{2}-1)2^{m/2}}_{\geq (\sqrt{2}-1)\cdot 8 > 1} = 2^{(m+1)/2}.$$

Damit erhalten wir für $m \geq 6$ mit den zuvor gemachten Überlegungen:

$$\frac{m+2}{2^m} \leq \frac{2^{m/2}}{2^m} < \varepsilon,$$

falls $m > -2\log_2(\varepsilon)$ ist. Damit wählen wir $m_0 \geq \max\{6, -2\log_2(\varepsilon)\}$, und die Konvergenz ist mit der Definition bewiesen.

Lösung A.72 (Aufgabe 4.10) Die Folgenglieder sind $a_n = q^n$. Die Folge konvergiert für $|q| < 1$ und für $q = 1$. Sonst divergiert sie.

Für $q = 1$ ist die Konvergenz gegen eins offensichtlich, da alle Folgenglieder gleich eins sind.

Für $q = -1$ lautet die Folge $(-1, 1, -1, 1, \dots)$ – und diese ist divergent. Denn wenn wir annehmen, dass es einen Grenzwert a gibt, dann können wir $\varepsilon = 1$ wählen, und in keinem ε-Streifen von a können sowohl die Folgenglieder mit Wert 1 als auch die Folgenglieder mit Wert -1 liegen - im Widerspruch zur Konvergenz gegen a, nach der alle bis auf endliche viele Folgenglieder in diesem Streifen liegen müssten, vgl Satz 4.2 a).

Ist $|q| > 1$, so ist $|q|^n$ streng monoton wachsend und unbeschränkt. Damit kann die gegebene Folge nicht konvergent sein, da sonst alle bis auf endlich viele Folgenglieder in einem ϵ-Streifen um den Grenzwert liegen müssten, so dass die Folge beschränkt wäre, siehe Satz 4.2 b).

Für $|q| < 1$ gilt $\lim_{n\to\infty} q^n = 0$. Das folgt entweder aus der Konvergenz der geometrischen Reihe oder direkt mit der Definition. Zunächst betrachten wir den Fall $q = 0$. Hier sind alle Folgenglieder null, so dass der Grenzwert tatsächlich auch null ist. Sei jetzt $0 \neq |q| < 1$. Für ein beliebig vorgegebenes $\varepsilon > 0$ müssen wir eine Stelle n_0 finden, ab der gilt:

$$|q^n - 0| < \varepsilon \iff |q|^n < \varepsilon \iff \ln(|q|^n) < \ln(\varepsilon) \iff n\ln(|q|) < \ln(\varepsilon)$$
$$\iff n > \frac{\ln(\varepsilon)}{\ln(|q|)} = \log_{|q|}(\varepsilon).$$

Hier ist zu beachten, dass wegen $0 < |q| < 1$ die Zahl $\ln(|q|)$ negativ ist, so dass sich das Kleiner- zu einem Größer-Zeichen umdreht. Damit können wir ein $n_0 > \log_{|q|}(\varepsilon)$ wählen, so dass für alle $n > n_0$ gilt: $|q^n - 0| < \varepsilon$, und die Konvergenz ist gezeigt.

Lösung A.73 (Aufgabe 4.11) Die Zeitspannen und Strecken, die vergehen, bis der Läufer die letzte Position der Schildkröte erreicht, werden immer kürzer. Die Summe über die Zeitspannen und Strecken ist endlich. Wenn man glaubt, dass der Läufer die Schildkröte nie erreicht, dann glaubt man auch, dass eine unendliche Reihe nie einen endlichen Wert annehmen kann. Das stimmt aber nicht. Sei konkret v die Geschwindigkeit der Schildkröte (in Meter pro Sekunde). Der Läufer ist zehnmal schneller, und die Schildkröte hat 100 m Vorsprung. Dann erreicht der Läufer die Schildkröte nach t Sekunden:

$$10 \cdot v \cdot t = 100 + v \cdot t \iff 9 \cdot v \cdot t = 100 \iff t = \frac{100}{9v}.$$

Nach dieser Zeit hat der Läufer $10 \cdot v \cdot t = \frac{1000}{9}$ Meter zurück gelegt. Wir können auch mit einer Reihe rechnen: Der Läufer benötigt 100 m bis zum Startpunkt der Schildkröte. In dieser Zeit hat diese weitere 10 m zurückgelegt. Bis der Läufer dort ist, hat sie einen weiteren Meter geschafft, dann 0, 1 m usw. Insgesamt berechnet sich die Distanz mit der geometrischen Reihe zu

$$\sum_{k=0}^{\infty} 10^{2-k} = 100 \cdot \sum_{k=0}^{\infty} 10^{-k} = 100 \cdot \frac{1}{1 - \frac{1}{10}} = 100 \cdot \frac{10}{9} = \frac{1000}{9}.$$

Lösung A.74 (Aufgabe 4.12)

c) ii) Wir zeigen $\lim_{n\to\infty}(c \cdot a_n) = c \cdot a$ für jede konvergente Folge $(a_n)_{n=1}^{\infty}$ mit $\lim_{n\to\infty} a_n = a$. Ist $c = 0$, dann ist nichts zu beweisen, da die Folge $(0)_{n=1}^{\infty}$

gegen der Grenzwert 0 konvergiert. Damit müssen wir „nur" noch den Fall $c \neq 0$ betrachten. Sei $\varepsilon > 0$ beliebig gewählt. Wegen der Konvergenz von $(a_n)_{n=1}^{\infty}$ existiert zu $\frac{\varepsilon}{|c|}$ eine Stelle $n_0 \in \mathbb{N}$, so dass $|a_n - a| < \frac{\varepsilon}{|c|}$ für $n > n_0$ gilt. Damit erhalten wir für $n > n_0$ aber auch

$$|c \cdot a_n - c \cdot a| = |c||a_n - a| < |c|\frac{\varepsilon}{|c|} = \varepsilon.$$

c) iii)   Wir zeigen $\lim_{n \to \infty}(a_n \cdot b_n) = a \cdot b$, wobei a der Grenzwert der Folge $(a_n)_{n=1}^{\infty}$ und b der Grenzwert der Folge $(b_n)_{n=1}^{\infty}$ ist.
Da die Folge $(a_n)_{n=1}^{\infty}$ konvergent ist, ist sie beschränkt: Es gibt ein $M > 0$ mit $|a_n| \leq M$ für alle $n \in \mathbb{N}$. Sei wieder $\varepsilon > 0$ beliebig gewählt. Jetzt betrachten wir Streifen mit Radius $\frac{\varepsilon}{M+|b|}$ um a und b. Wegen der Konvergenz der Folgen gibt es dazu Stellen $n_1, n_2 \in \mathbb{N}$, so dass $|a_n - a| < \frac{\varepsilon}{M+|b|}$ für $n > n_1$ und $|b_n - b| < \frac{\varepsilon}{M+|b|}$ für $n > n_2$ ist. Für $n > n_0 := \max\{n_1, n_2\}$ führt erneut die Dreiecksungleichung zum Ziel:

$$|a_n b_n - ab| = |a_n b_n - a_n b + a_n b - ab| \leq |a_n(b_n - b)| + |(a_n - a)b|$$
$$\leq M|b_n - b| + |b||a_n - a| < (M + |b|)\frac{\varepsilon}{M + |b|} = \varepsilon.$$

c) iv)   Die Regel $\lim_{n \to \infty} \frac{a_n}{b_n} = \frac{a}{b}$ folgt aus c) iii). Dazu müssen wir zeigen, dass $\lim_{n \to \infty} \frac{1}{b_n} = \frac{1}{b}$ gilt. Die Folgenglieder $\frac{1}{b_n}$ sind nur sinnvoll definiert, wenn $b_n \neq 0$ ist. Da aber $\lim_{n \to \infty} b_n = b \neq 0$ ist, sind alle bis auf endlich viele Folgenglieder in einem Streifen um b mit Radius $|b|/2$. Diese Folgenglieder sind ungleich null. Wir betrachten daher die Folge erst ab einem n_0, so dass $|b_n| > |b|/2 > 0$ für alle $n \geq n_0$ gilt. Hier ist der Quotient $\frac{1}{b_n}$ wohldefiniert. Wegen der Konvergenz $\lim_{n \to \infty} b_n = b$ existiert zu jedem $\varepsilon > 0$ eine Stelle n_1, so dass für alle $n > n_1$ gilt:

$$|b_n - b| < \frac{|b|^2}{2}\varepsilon. \tag{A.4}$$

Damit erhalten wir für alle $n > n_2 := \max\{n_0, n_1\}$:

$$\left|\frac{1}{b_n} - \frac{1}{b}\right| = \left|\frac{b - b_n}{b_n b}\right| \overset{|b_n| > |b|/2}{\leq} \frac{|b - b_n|}{\frac{|b|^2}{2}} \overset{\text{(A.4)}}{<} \varepsilon.$$

d) Wir müssen für eine gegen a konvergente Folge $(a_n)_{n=1}^{\infty}$ mit der Zusatzbedingung $a_n \geq c$ zeigen, dass auch der Grenzwert $a \geq c$ ist. Das machen wir indirekt, indem wir $a < c$ annehmen. Damit können wir $\varepsilon := \frac{c-a}{2} > 0$ wählen. Aufgrund der Folgenkonvergenz müssen alle bis auf endlich viele Folgenglieder in einem Streifen mit Radius ε um a liegen, aber:

$$a_n - a = \underbrace{a_n - c}_{\geq 0} + c - a \geq c - a > \frac{c-a}{2} = \varepsilon,$$

Widerspruch.

Lösung A.75 (Aufgabe 4.13)

- Da $\lim_{n\to\infty} \frac{n^{-4}}{n^{-2}} = \lim_{n\to\infty} \frac{n^2}{n^4} = \lim_{n\to\infty} \frac{1}{n^2} = 0$, ist $(n^{-4})_{n=1}^{\infty} \in o(n^{-2})$.
- Sei $(a_n)_{n=1}^{\infty} \in o(b_n)$. Mit Lemma 4.2 folgt sofort für jedes $C > 0$, dass es eine Stelle n_0 gibt, so dass für $n > n_0$ gilt: $|a_n| \leq C|b_n|$. Ein einziges $C > 0$ genügt aber bereits für $(a_n)_{n=1}^{\infty} \in \mathcal{O}(b_n)$. Wir haben also gezeigt:

$$(a_n)_{n=1}^{\infty} \in o(b_n) \implies (a_n)_{n=1}^{\infty} \in \mathcal{O}(b_n).$$

Die Umkehrung gilt aber im Allgemeinen nicht. Wählen wir beispielsweise $a_n = b_n \neq 0$, so ist $(a_n)_{n=1}^{\infty} \in \mathcal{O}(b_n)$, aber es passt keine Nullfolge mehr dazwischen, $(a_n)_{n=1}^{\infty} \in o(b_n)$ gilt nicht.

- Ist $(a_n)_{n=1}^{\infty} \in \Omega(b_n)$, dann gibt es eine Konstante $c > 0$ mit $|a_n| \geq c|b_n|$ für alle $n > n_0$. Damit kann es aber keine Nullfolge $(c_n)_{n=1}^{\infty}$ geben, so dass $|a_n| \leq |c_n \cdot b_n|$ für alle bis auf endlich viele $n \in \mathbb{N}$ ist, es gilt also:

$$(a_n)_{n=1}^{\infty} \in \Omega(b_n) \implies (a_n)_{n=1}^{\infty} \notin o(b_n).$$

Die Umkehrung gilt aber wieder im Allgemeinen nicht. Wenn wir $(a_n)_{n=1}^{\infty} = (1, 0, 1, 0, 1, \dots)$ und $(b_n)_{n=1}^{\infty} = (0, 1, 0, 1, 0, \dots)$ wählen, dann ist $(a_n)_{n=1}^{\infty}$ nicht in $\mathcal{O}(b_n)$ und erst recht ist $(a_n)_{n=1}^{\infty} \notin o(b_n)$. Es gibt aber ebenfalls keine Konstante $c > 0$ mit $|a_n| \geq c|b_n|$ für alle $n > n_0$, also liegt $(a_n)_{n=1}^{\infty}$ nicht in $\Omega(b_n)$.

Lösung A.76 (Aufgabe 4.14) Berücksichtigen wir die rekursive Definition

$$a_0 := 0, \quad a_1 := 1, \quad a_n := a_{n-1} + a_{n-2} \text{ für } n \geq 2$$

der Fibonacci-Zahlen, gewinnen wir eine Bestimmungsgleichung für den existierenden Grenzwert $\Phi := \lim_{n\to\infty} \frac{a_{n+1}}{a_n} = \lim_{n\to\infty} \frac{a_n}{a_{n-1}}$ mit den Grenzwertsätzen:

$$\Phi = \lim_{n\to\infty} \frac{a_{n+1}}{a_n} = \lim_{n\to\infty} \frac{a_n + a_{n-1}}{a_n}$$

$$= 1 + \lim_{n\to\infty} \frac{a_{n-1}}{a_n} = 1 + \frac{1}{\lim_{n\to\infty} \frac{a_n}{a_{n-1}}} = 1 + \frac{1}{\Phi}.$$

Damit ist der Grenzwert die positive Lösung der **Fixpunktgleichung**

$$\Phi = 1 + \frac{1}{\Phi}.$$

Wir erhalten $\Phi^2 - \Phi - 1 = 0$ und damit über die p-q-Formel die positive Lösung $\Phi = \frac{1}{2} + \sqrt{\frac{1}{4} + 1} = \frac{1+\sqrt{5}}{2}$. Der Name Fixpunktgleichung stammt daher, dass wir die Gleichung als $\Phi = f(\Phi)$ mit $f(x) = 1 + \frac{1}{x}$ schreiben können. Gesucht ist also ein **Fixpunkt** Φ, also eine Stelle, die durch f auf sich selbst abgebildet (fixiert) wird. Fixpunktgleichungen spielen in der Numerik eine wichtige Rolle. Mit ihrer Hilfe lassen sich beispielsweise sehr große lineare Gleichungssysteme näherungsweise mittels Iterationen lösen.

Lösung A.77 (Aufgabe 4.15)

a) Der größte Exponent ist im Zähler. Die Vorfaktoren der Monome mit den größten Exponenten in Zähler und Nenner sind $24 > 0$ und $-8 < 0$. Damit ist die Folge bestimmt divergent gegen $-\infty$.

b) Im Zähler und Nenner ist der größte auftretende Exponent 4. Damit konvergiert die Folge gegen $\frac{24}{-8} = -3$.

c) Der größte Exponent tritt im Nenner auf, damit ist der Grenzwert null: $(24n^3 + 3n^2 + 1)_{n=1}^{\infty} \in o(-8n^4 + 2n^3 + n)$.

Lösung A.78 (Aufgabe 4.16)

a)

$$\left| \frac{1}{\sqrt{k}} \right| = \frac{1}{\sqrt{k}} \geq \frac{1}{k}.$$

Damit ist die divergente harmonische Reihe eine Minorante für $\sum_{k=1}^{\infty} \frac{1}{\sqrt{k}}$, so dass die Reihe divergiert. Da für $k \geq 2$

$$\left| \frac{1}{k^2 \ln(k)} \right| \leq \frac{1}{\ln(2)} \frac{1}{k^2}$$

und $\sum_{k=1}^{\infty} \frac{1}{k^2}$ konvergiert, ist die gegebene Reihe ebenfalls (absolut) konvergent.

b) Wir verwenden den Grenzwert der geometrischen Reihe und $k! \geq 2^{k-1}$:

$$e = \sum_{k=0}^{\infty} \frac{1}{k!} = 1 + \sum_{k=1}^{\infty} \frac{1}{k!} \leq 1 + \sum_{k=1}^{\infty} \frac{1}{2^{k-1}} = 1 + \sum_{k=0}^{\infty} \frac{1}{2^k} = 1 + \frac{1}{1 - \frac{1}{2}} = 3.$$

Lösung A.79 (Aufgabe 4.17) Nach Satz 4.8 existiert zu $\varepsilon := \frac{f(x_0)}{2}$ ein $\delta > 0$, so dass für alle $x \in D$ mit $|x - x_0| < \delta$ wegen $a \leq |a|$ gilt:

$$f(x_0) - f(x) \leq |f(x_0) - f(x)| = |f(x) - f(x_0)| < \varepsilon = \frac{f(x_0)}{2}.$$

Damit muss für diese x aber $f(x) > f(x_0) - \frac{f(x_0)}{2} = \frac{f(x_0)}{2} > 0$ sein.

Lösung A.80 (Aufgabe 4.18)

a) Wegen der Linearität der Ableitung erhalten wir: $f'(x) = \frac{d}{dx}[x^2 + 3x + 1] = 2x + 3$.

b) Mit der Produktregel ist: $f'(x) = \frac{d}{dx}[\sin(x)\cos(x)] = \cos^2(x) - \sin^2(x)$.

c) Über die Quotientenregel ergibt sich

$$f'(x) = \frac{d}{dx}\frac{x+1}{x^2+1} = \frac{x^2 + 1 - (x+1)2x}{(x^2+1)^2} = \frac{-x^2 - 2x + 1}{x^4 + 2x^2 + 1}.$$

d) Wieder wenden wir die Quotientenregel an ($x \neq 0$):

$$f'(x) = \frac{d}{dx}\frac{e^x + \cos(x)}{x^2} = \frac{(e^x - \sin(x))x^2 - (e^x + \cos(x))2x}{x^4}$$
$$= \frac{(x-2)e^x - x\sin(x) - 2\cos(x)}{x^3}.$$

e) Wir verwenden die Kettenregel:

$$f'(x) = \frac{d}{dx}\exp(\cos(x)) = -[\sin(x)]\exp(\cos(x)).$$

f) Wegen Kettenregel und Linearität ist

$$f'(x) = \frac{d}{dx}\sin(3x^2 + x) = \cos(3x^2 + x)(6x + 1).$$

g) Mit Ketten- und Produktregel erhalten wir (sofern $\sin(3x) > 0$ ist)

$$f'(x) = \frac{d}{dx}[\sin(3x)]^x = \frac{d}{dx}\exp\left(x\ln(\sin(3x))\right)$$
$$= \exp\left(x\ln(\sin(3x))\right)\frac{d}{dx}\left(x\ln(\sin(3x))\right)$$
$$= \exp\left(x\ln(\sin(3x))\right)\left(\ln(\sin(3x)) + x \cdot \frac{d}{dx}(\ln(\sin(3x)))\right)$$
$$= \exp\left(x\ln(\sin(3x))\right)\left(\ln(\sin(3x)) + x \cdot \frac{1}{\sin(3x)}\frac{d}{dx}\sin(3x)\right)$$
$$= \exp\left(x\ln(\sin(3x))\right)\left(\ln(\sin(3x)) + x \cdot \frac{1}{\sin(3x)}\cos(3x)\frac{d}{dx}3x\right)$$
$$= \exp\left(x\ln(\sin(3x))\right)\left[\ln(\sin(3x)) + x\frac{1}{\sin(3x)}3\cos(3x)\right]$$
$$= [\sin(3x)]^x\left[\ln(\sin(3x)) + \frac{3x\cos(3x)}{\sin(3x)}\right].$$

h) Wieder helfen Ketten- und Produktregel (für $x > 0$):

$$f'(x) = \frac{d}{dx}\left(x^x\right)^x = \frac{d}{dx}\exp\left(x\ln\left(x^x\right)\right) = \frac{d}{dx}\exp\left(x^2\ln(x)\right)$$

$$= \exp\left(x^2\ln(x)\right)\left[2x\ln(x) + x^2\frac{1}{x}\right] = x^{(x^2+1)}[2\ln(x) + 1].$$

i) Für $x > 0$ ist $f'(x) = \cos(x)\ln(x) + \frac{\sin(x)}{x}$.

j) $f'(x) = e^x \arctan(x) + \frac{e^x}{1+x^2}$

k) $f'(x) = \frac{1}{x^6(x^3+2)}(9x^8 + 12x^5)$

l) $f'(x) = \sum_{k=1}^{10} k\cos(kx)$

Lösung A.81 (Aufgabe 4.19) Wir müssen zeigen, dass jede Folge

$$(a_n)_{n=1}^{\infty} \in \mathcal{O}(\ln(n)^k)$$

auch in $o(\sqrt{n})$ ist, dass also $\lim_{n\to\infty}\frac{|a_n|}{\sqrt{n}} = 0$ ist. Da es ein $n_0 \in \mathbb{N}$ und eine Konstante $C > 0$ gibt, so dass $|a_n| \leq C\ln(n)^k$ für alle $n > n_0$ ist, genügt es, wenn wir $\lim_{n\to\infty}\frac{\ln(n)^k}{\sqrt{n}} = 0$ zeigen. Dieser Grenzwert ist vom Typ ∞/∞:

$$\lim_{n\to\infty}\frac{\ln(n)^k}{\sqrt{n}} \overset{\text{L'Hospital}}{=} \lim_{n\to\infty}\frac{k\cdot\ln(n)^{k-1}\cdot\frac{1}{n}}{\frac{1}{2\sqrt{n}}} = \lim_{n\to\infty}2\cdot\frac{k\cdot\ln(n)^{k-1}}{\sqrt{n}}$$

$$= \overset{k-1\text{-mal L'Hospital}}{\underset{\cdots}{=}} \lim_{n\to\infty}2^k k!\frac{1}{\sqrt{n}} = 0.$$

Lösung A.82 (Aufgabe 4.20) Die Nullstelle $\sqrt{a}$ der Funktion $\tilde{f}(x) := 1 - \frac{a}{x^2}$ soll auf dem Intervall $]\sqrt{a} - \frac{\sqrt{a}}{4}, \sqrt{a} + \frac{\sqrt{a}}{4}[$ mit dem Newton-Verfahren gefunden werden. Zum Nachweis der Konvergenz wenden wir den Satz 4.16 an. Zunächst ist $\tilde{f}'(x) = \frac{2a}{x^3}$, $\tilde{f}^{(2)}(x) = -\frac{6a}{x^4}$. Damit ist auf dem gegebenen Intervall die Bedingung (4.27) mit $\lambda = \frac{27}{32}$ erfüllt:

$$\frac{|\tilde{f}(x)||\tilde{f}^{(2)}(x)|}{(\tilde{f}'(x))^2} = \frac{\left|1 - \frac{a}{x^2}\right|\left|\frac{6a}{x^4}\right|}{\frac{4a^2}{x^6}} = \frac{3}{2}\frac{x^2}{a}\left|1 - \frac{a}{x^2}\right| = \frac{3}{2a}|x^2 - a|$$

$$= \frac{3}{2a}|(x - \sqrt{a})(x + \sqrt{a})| = \frac{3}{2a}|x - \sqrt{a}|\cdot|x + \sqrt{a}|$$

$$< \frac{3}{2a}\frac{\sqrt{a}}{4}\left(2\sqrt{a} + \frac{\sqrt{a}}{4}\right) = \frac{27}{32} =: \lambda < 1,$$

wobei wir bei der Abschätzung für x einen Randwert des Intervalls eingesetzt haben. Damit konvergiert das Verfahren für jeden Startwert aus dem angegebenen Intervall.

Lösung A.83 (Aufgabe 4.21) Für die gegebene Funktion $f(x) := \frac{1}{x} - n$ ist $f'(x) = -\frac{1}{x^2}$ und $f^{(2)}(x) = 2\frac{1}{x^3}$. Die Iterationsvorschrift des Verfahrens ist damit

$$x_{n+1} = x_n - \frac{f(x_n)}{f'(x_n)} = x_n - \frac{\frac{1}{x_n} - n}{-\frac{1}{x_n^2}} = 2x_n - nx_n^2.$$

Für die Konvergenzuntersuchung wählen wir $\delta > 0$ so, dass auf dem Intervall $]\frac{1}{n} - \delta, \frac{1}{n} + \delta[$ die Bedingungen $f'(x) \neq 0$ und (4.27) erfüllt sind. Zunächst haben wir

$$\frac{|f(x)||f^{(2)}(x)|}{(f'(x))^2} = \frac{\left|\frac{1}{x} - n\right| \cdot \left|\frac{2}{x^3}\right|}{\frac{1}{x^4}} = 2|1 - nx| = 2n\left|\frac{1}{n} - x\right|.$$

Wählen wir beispielsweise $\lambda := \frac{1}{2}$ und $\delta := \frac{\lambda}{2n} = \frac{1}{4n}$, dann ist

$$2n\left|\frac{1}{n} - x\right| < 2n\delta = \frac{2n}{4n} = \frac{1}{2} < 1.$$

Damit gilt (4.27), und das Verfahren konvergiert für jeden Startwert $x_1 \in]\frac{1}{n} - \delta, \frac{1}{n} + \delta[=]\frac{3}{4} \cdot \frac{1}{n}, \frac{5}{4} \cdot \frac{1}{n}[$.

Lösung A.84 (Aufgabe 4.22)

a) $\int_0^1 e^x\, dx = e^x\big|_0^1 = e - 1$.

b) $\int_0^{2\pi} \sin(x) + \cos(x)\, dx = \int_0^{2\pi} \sin(x)\, dx + \int_0^{2\pi} \cos(x)\, dx = -\cos(x)\big|_0^{2\pi} + \sin(x)\big|_0^{2\pi} = -1 + 1 + 0 - 0 = 0$.

c) $\int_0^1 1 + 2x^2 + x^3\, dx = x + \frac{2}{3}x^3 + \frac{1}{4}x^4\big|_0^1 = 1 + \frac{2}{3} + \frac{1}{4} = \frac{23}{12}$.

Lösung A.85 (Aufgabe 4.23)

a) In der Regel zur partielle Integration setzen wir: $f'(x) = x^{10}$ und $g(x) = \ln(x)$. Damit erhalten wir $g'(x) = \frac{1}{x}$ und $f(x) = \frac{1}{11}x^{11} + c$:

$$\int x^{10} \cdot \ln(x)\, dx = \frac{\ln(x)}{11} \cdot x^{11} - \frac{1}{11}\int x^{10}\, dx = \frac{\ln(x)}{11} \cdot x^{11} - \frac{1}{121}x^{11} + C.$$

Somit: $\int_1^e x^{10} \cdot \ln(x)\, dx = \frac{e^{11}}{11} - \frac{e^{11}}{121} + \frac{1}{121} = \frac{10}{121}e^{11} + \frac{1}{121}$.

b) Mit $g(x) = x$, $f'(x) = e^{-3x}$ ergibt sich $g'(x) = 1$ und $f(x) = -\frac{1}{3}e^{-3x} + c$ und:

$$\int_0^1 xe^{-3x}\, dx = \left[-\frac{x}{3}e^{-3x}\right]_0^1 + \int_0^1 \frac{1}{3}e^{-3x}\, dx = \left[-\frac{x}{3}e^{-3x} - \frac{1}{3^2}e^{-3x}\right]_0^1$$

$$= \left[\frac{1}{3}e^{-3x}\left[-x - \frac{1}{3}\right]\right]_0^1 = -\frac{4}{9}e^{-3} + \frac{1}{9}.$$

c) Wir setzen $t = \cos(x)$, $dt = -\sin(x)\,dx$ und erhalten

$$\int_0^{\frac{\pi}{4}} \frac{1}{\cos(x)} \sin(x)\,dx = \int_{\cos(0)}^{\cos(\pi/4)} -\frac{1}{t}\,dt = [-\ln(t)]_1^{1/\sqrt{2}}$$
$$= \ln(1) - \ln(1/\sqrt{2}) = -\ln(1/\sqrt{2}) = \ln(\sqrt{2}).$$

d) Wir substituieren $u = 3x + 1$, $du = 3dx$. Aus $x = 0$ wird $u = 1$, und aus $x = 2$ wird $u = 7$:

$$\int_0^2 \frac{-3}{3x+1}\,dx = -\int_1^7 \frac{1}{u}\,du = -[\ln(|u|) + C]_1^7 = -\ln(7).$$

e) Die Substitution $u = \cos(x)$, $du = -\sin(x)\,dx$ ergibt:

$$\int \frac{\sin(x)}{\cos^5(x)}\,dx = -\int \frac{1}{u^5}\,du = \frac{1}{4}u^{-4} + c = \frac{1}{4}[\cos(x)]^{-4} + c.$$

A.5   Aufgaben aus Kap. 5

Lösung A.86 (Aufgabe 5.1)

- Multipliziert man den Skalar Null mit einem beliebigen Vektor $\vec{a} \in V$, so entsteht der Nullvektor: $0 \cdot \vec{a} = \vec{0}$, denn

$$0 \cdot \vec{a} = (0 + 0) \cdot \vec{a} \overset{\text{Distributivgesetz}}{=} 0 \cdot \vec{a} + 0 \cdot \vec{a}.$$

Addiert man auf beide Seiten das Inverse $-(0 \cdot \vec{a})$ und nutzt das Assoziativgesetz, dann folgt $\vec{0} = 0 \cdot \vec{a} + \vec{0} = 0 \cdot \vec{a}$.

- Wir erhalten das zu $\vec{a} \in V$ bezüglich der Vektoraddition inverse Element $-\vec{a}$, indem wir $\vec{a}$ mit dem Skalar -1 multiplizieren: $-\vec{a} = (-1) \cdot \vec{a}$. Denn aus den Vektorraumaxiomen folgt für jeden Vektor $\vec{a}$:

$$\vec{a} + (-1) \cdot \vec{a} \overset{\text{Def. 5.2c)}}{=} 1 \cdot \vec{a} + (-1) \cdot \vec{a} \overset{\text{Distributivgesetz}}{=} (1-1) \cdot \vec{a} = 0 \cdot \vec{a} \overset{\text{s. o.}}{=} \vec{0}.$$

Damit ist aber $(-1) \cdot \vec{a}$ genau das inverse Element zu $\vec{a}$.

Lösung A.87 (Aufgabe 5.2) Ein Erzeugendensystem liegt vor, wenn das Gleichungssystem

$$2 \cdot x_1 + 0 \cdot x_2 + 0 \cdot x_3 + 1 \cdot x_4 + 1 \cdot x_5 = y_1$$
$$\wedge \quad 0 \cdot x_1 + 3 \cdot x_2 + 0 \cdot x_3 + 0 \cdot x_4 + 5 \cdot x_5 = y_2$$
$$\wedge \quad 0 \cdot x_1 + 0 \cdot x_2 + 4 \cdot x_3 + 0 \cdot x_4 + 2 \cdot x_5 = y_3$$
$$\wedge \quad 1 \cdot x_1 + 0 \cdot x_2 + 0 \cdot x_3 + 1 \cdot x_4 + 0 \cdot x_5 = y_4$$

für jeden Vektor $\vec{y}$ eine Lösung $\vec{x} \in \mathbb{R}^5$ besitzt. Dazu vertauschen wir die erste und letzte Gleichung und ziehen dann von der letzten zweimal die erste ab (zum Lösen linearer Gleichungssysteme siehe Abschn. 5.5.2):

$$
\begin{aligned}
1 \cdot x_1 + 0 \cdot x_2 + 0 \cdot x_3 + 1 \cdot x_4 + 0 \cdot x_5 &= y_4 \\
\wedge \qquad +3 \cdot x_2 + 0 \cdot x_3 + 0 \cdot x_4 + 5 \cdot x_5 &= y_2 \\
\wedge \qquad\qquad + 4 \cdot x_3 + 0 \cdot x_4 + 2 \cdot x_5 &= y_3 \\
\wedge \qquad\qquad\qquad\quad -1 \cdot x_4 + 1 \cdot x_5 &= y_1 - 2y_4
\end{aligned}
$$

In dieser Diagonalform sieht man, dass man stets (aber nicht eindeutig) Werte für $\vec{x}$ findet. Denn legt man x_5 fest, ergeben sich in Abhängigkeit davon eindeutige Werte für die anderen Variablen. Die Vektoren bilden also ein Erzeugendensystem.

Lösung A.88 (Aufgabe 5.3) Die Vektoren sind linear unabhängig: Das Gleichungssystem (mit Koeffizienten, die spaltenweise die Vektoren der Aufgabenstellung sind)

$$
\begin{aligned}
1 \cdot x_1 + 1 \cdot x_2 + 1 \cdot x_3 &= 0 \\
\wedge \quad 0 \cdot x_1 + 1 \cdot x_2 + 1 \cdot x_3 &= 0 \\
\wedge \quad 0 \cdot x_1 + 0 \cdot x_2 + 1 \cdot x_3 &= 0 \\
\wedge \quad 1 \cdot x_1 + 1 \cdot x_2 + 1 \cdot x_3 &= 0
\end{aligned}
$$

hat nur die Lösung $\vec{x} = \vec{0}$, denn wegen Gleichung 3 ist $x_3 = 0$. Aus Gleichung 2 folgt damit $x_2 = 0$, so dass mit Gleichung 1 oder 4 auch $x_1 = 0$ sein muss.

Lösung A.89 (Aufgabe 5.4) Betrachten wir nur die ersten vier Komponenten, dann sehen wir sofort, dass wir damit jeden Vektor mit vier Komponenten erzeugen können und dass die (gesamten) Vektoren linear unabhängig sind. Mit den ersten vier Komponenten können wir sofort auch alle 16 Konstellationen der ersten vier Datenbits erzeugen. Die vier Prüfbits ergeben sich automatisch in Linearkombinationen über die Paritäten, so dass sich alle Codewörter erzeugen lassen. Es handelt sich um eine Basis.

Lösung A.90 (Aufgabe 5.5)

a) Wir sehen zunächst, dass der dritte Vektor die Summe der ersten beiden ist. Die Dimension des Codes ist also eins oder zwei. Da keiner der beiden verbleibenden Vektoren als Vielfaches des anderen geschrieben werden kann, ist die Dimension gleich zwei.

b) Der Vektorraum wird von den linear unabhängigen Vektoren

$$([1], [0], [0], [0]), \quad ([0], [1], [0], [0]), \quad ([0], [0], [1], [0]), \quad ([0], [0], [0], [1])$$

erzeugt, d. h., die Dimension ist vier. Die Komponenten der Vektoren sind Restklassen, daher die eckigen Klammern.

c) i) Da $2 = 2 \cdot 1$ ist, lässt sich ein Vektor als Linearkombination des anderen schreiben, die Vektoren sind linear abhängig.

ii) Die Vektoren sind linear unabhängig. Wir nehmen zum Beweis an, es gäbe neben der trivialen Lösung $q_1 = q_2 = 0$ der Gleichung $q_1 \cdot 4711 + q_2 \pi = 0$ mindestens eine weitere Lösung. In dieser Lösung kann dann weder $q_1 = 0$ noch $q_2 = 0$ sein. Wir können also durch q_2 teilen und erhalten $-\frac{q_1 \cdot 4711}{q_2} = \pi$. Die linke Seite ist aber eine rationale, die rechte eine irrationale Zahl. Aufgrund dieses Widerspruchs kann es neben der trivialen keine weiteren Lösungen geben, die Vektoren sind linear unabhängig.

iii) Die Dimension ist 2, da 4711 und π linear unabhängig sind, die anderen Vektoren sich aber als rationales Vielfaches von 4711 schreiben lassen.

Lösung A.91 (Aufgabe 5.6) Bezüglich der Addition verhalten sich die Elemente des $K^{m \times n}$ genau wie die Elemente von $K^{m \cdot n}$, da die Addition komponentenweise definiert ist. Für jede Komponente gelten die Rechenregeln des Körpers und damit insbesondere das Assoziativ- und das Kommutativgesetz. Damit sind aber auch die entsprechenden Gruppenaxiome erfüllt. Das neutrale Element ist die Nullmatrix. Die zu einer Matrix $\mathbf{A}$ „inverse Matrix im Sinne der additiven Gruppe" ist $-\mathbf{A}$ (und nicht $\mathbf{A}^{-1}$). Da auch die Multiplikation mit Skalaren in $(K^{m \times n}, +; K, \cdot)$ komponentenweise definiert ist, folgen die Vektorraumaxiome ebenfalls aus den Eigenschaften des Körpers K.

Lösung A.92 (Aufgabe 5.7) Das Produkt der Matrizen $\mathbf{A} \in K^{l \times m}$ und $\mathbf{B} \in K^{m \times n}$ ist eine Matrix $\mathbf{C} = \mathbf{A} \cdot \mathbf{B} \in K^{l \times n}$, d. h. $\mathbf{C}^\top \in K^{n \times l}$. Wir zeigen, dass $\mathbf{C}^\top = \mathbf{B}^\top \cdot \mathbf{A}^\top \in K^{n \times l}$ ist. In Zeile i und Spalte j hat dieses Produkt die Komponente

$$(\mathbf{B}^\top \mathbf{A}^\top)_{i,j} = \sum_{k=1}^{m} b_{k,i} a_{j,k}.$$

Die Matrix $\mathbf{C}^\top$ hat an der Position (i, j) den Wert

$$c_{j,i} = \sum_{k=1}^{m} a_{j,k} b_{k,i}.$$

Beide Zahlen und das Format stimmen überein, also ist die Rechenregel bewiesen.

Lösung A.93 (Aufgabe 5.8) Der rekursive Algorithmus A.9 gibt alle Lösungen des Gleichungssystems aus. Dagegen bricht der Algorithmus A.10 ab, wenn die erste Lösung gefunden wurde. Beim Algorithmus A.9 und beim Worst-Case von Algorithmus A.10 (keine Lösung oder erst die letzte Variation ist die Lösung) müssen alle Variationen (mit Wiederholung) der n Komponenten von $\vec{x} \in \mathbb{B}^n$ probiert werden. Das sind 2^n viele. Für jede Variation müssen alle m Gleichungen überprüft werden. Zählen wir die Bit-Multiplikationen $\odot$ (die natürlich nicht so aufwändig sind wie Multiplikationen von Fließpunktzahlen), dann benötigen wir für jede Variation

$m \cdot n$ Multiplikationen, also insgesamt $2^n \cdot n \cdot m$. Für $n = m$ liegt die Anzahl der Multiplikationen also in $\Theta(2^n \cdot n^2)$. Beim Gauß-Verfahren benötigen wir dagegen $\Theta(n^3)$ Multiplikationen im Worst-Case. Wir haben mehrfach darauf hingewiesen, wie schnell 2^n wächst. Insbesondere ist $\lim_{n \to \infty} \frac{n^3}{2^n} = 0$, also ist $(n^3)_{n=1}^{\infty} \in o(2^n)$. Es verblüfft nicht, dass der Gauß-Algorithmus selbst bei Körpern mit endlich vielen Elementen in der Regel sehr viel besser ist als ein Ansatz, bei dem Lösungen durch systematisches Probieren gefunden werden.

Lösung A.94 (Aufgabe 5.9) Wir Lösen die beiden Gleichungssysteme mit dem Gauß-Verfahren.

a) Wir vertauschen die ersten beiden Gleichungen und erhalten

$$\begin{bmatrix} 1 & 2 & -1 & | & 1 \\ 2 & -5 & 1 & | & 1 \\ 3 & 0 & 2 & | & 1 \end{bmatrix} \iff \begin{bmatrix} 1 & 2 & -1 & | & 1 \\ 0 & -9 & 3 & | & -1 \\ 0 & -6 & 5 & | & -2 \end{bmatrix}.$$

Bei der zweiten Umformung haben wir zweimal die erste Gleichung von der zweiten und dreimal von der dritten subtrahiert. Nun multiplizieren wir die zweite Gleichung mit $-\frac{1}{9}$ und addieren sie dann sechsmal zur dritten:

$$\begin{bmatrix} 1 & 2 & -1 & | & 1 \\ 0 & 1 & -\frac{1}{3} & | & \frac{1}{9} \\ 0 & 0 & 3 & | & -\frac{4}{3} \end{bmatrix}.$$

Wir bringen die Matrix noch in die Gestalt der Einheitsmatrix, indem wir die dritte Gleichung mit $\frac{1}{3}$ multiplizieren und damit die dritte Spalte bereinigen. Im zweiten Schritt ziehen wir die zweite Gleichung zweimal von der ersten ab:

$$\begin{bmatrix} 1 & 2 & 0 & | & \frac{5}{9} \\ 0 & 1 & 0 & | & -\frac{1}{27} \\ 0 & 0 & 1 & | & -\frac{4}{9} \end{bmatrix} \iff \begin{bmatrix} 1 & 0 & 0 & | & \frac{17}{27} \\ 0 & 1 & 0 & | & -\frac{1}{27} \\ 0 & 0 & 1 & | & -\frac{4}{9} \end{bmatrix}.$$

Die Lösung lautet also $x_1 = \frac{17}{27}$, $x_2 = -\frac{1}{27}$, $x_3 = -\frac{4}{9}$.

b) Wir subtrahieren die erste Gleichung zweimal von der zweiten sowie von der dritten und vierten:

$$\begin{bmatrix} 1 & 2 & 4 & 7 & | & 6 \\ 2 & 4 & 6 & 8 & | & 10 \\ 1 & 2 & 0 & -5 & | & 2 \\ 1 & 2 & 2 & 1 & | & 4 \end{bmatrix} \iff \begin{bmatrix} 1 & 2 & 4 & 7 & | & 6 \\ 0 & 0 & -2 & -6 & | & -2 \\ 0 & 0 & -4 & -12 & | & -4 \\ 0 & 0 & -2 & -6 & | & -2 \end{bmatrix}.$$

Jetzt sehen wir, dass das System **unterbestimmt** ist, d. h., dass es keine eindeutige Lösung gibt. Wir subtrahieren die zweite Gleichung zweimal von der dritten und einmal von der vierten, anschließend multiplizieren wir sie mit $-\frac{1}{2}$:

$$
\begin{bmatrix}
1 & 2 & 4 & 7 & | & 6 \\
0 & 0 & 1 & 3 & | & 1 \\
0 & 0 & 0 & 0 & | & 0 \\
0 & 0 & 0 & 0 & | & 0
\end{bmatrix}
\Longleftrightarrow
\begin{bmatrix}
1 & 2 & 0 & -5 & | & 2 \\
0 & 0 & 1 & 3 & | & 1 \\
0 & 0 & 0 & 0 & | & 0 \\
0 & 0 & 0 & 0 & | & 0
\end{bmatrix}.
$$

Im letzten Schritt haben wir noch die zweite Gleichung viermal von der ersten abgezogen. Die Lösungsmenge des Gleichungssystems ist

$$\{(x_1, x_2, x_3, x_4) \in \mathbb{R}^4 : x_2, x_4 \in \mathbb{R}, \ x_1 = 2 - 2x_2 + 5x_4, \ x_3 = 1 - 3x_4\}.$$

Mittels Linearkombinationen von Vektoren können wir die Lösungsmenge auch so hinschreiben:

$$\{\vec{x} \in \mathbb{R}^4 : \vec{x} = (2, 0, 1, 0) + r_1(-2, 1, 0, 0) + r_2(5, 0, -3, 1), \ r_1, r_2 \in \mathbb{R}\}.$$

Die homogenen Lösungen bilden einen Vektorraum der Dimension 2, der von den Vektoren $(-2, 1, 0, 0)$ und $(5, 0, -3, 1)$ erzeugt wird.

Algorithmus A.9 Finden aller Lösungen $\vec{x}$ eines Gleichungssystems mit m Gleichungen und n Variablen über dem Körper $\mathbb{B}$ durch Ausprobieren, Aufruf mit PRO-BIERE(1)

---

procedure PROBIERE(k)
   if $k = n + 1$ **then**
      Prüfe, ob alle m Gleichungen für die aktuellen
      Werte der Variablen $x_1, \ldots, x_n$ erfüllt sind.
      if Gleichungssystem erfüllt **then**
         Ausgabe der Variablen $x_1, \ldots, x_n$
   else
      $x_k := 0$
      PROBIERE($k + 1$)
      $x_k := 1$
      PROBIERE($k + 1$)

Lösung A.95 (Aufgabe 5.10)

a) Aufgrund des Dimensionssatzes (Satz 5.6) für $n = 3$ sind 0, 1, 2 und 3 mögliche Dimensionen. Dabei sagen wir, dass $\{\vec{0}\}$ die Dimension null hat.

b) Der Lösungsraum hat nach dem Dimensionssatz die Dimension $3 - 2 = 1$.

c) Diese Matrizen sind invertierbar, vgl. Abschn. 5.5.3. Die eindeutige Lösung ist $\vec{x} = \vec{0}$.

Algorithmus A.10 Finden maximal einer Lösung $\vec{x}$ eines Gleichungssystems mit m Gleichungen und n Variablen über dem Körper $\mathbb{B}$ durch Ausprobieren, Aufruf mit PROBIERE(1)

---

procedure PROBIERE(k)
  if $k = n + 1$ **then**
    Prüfe, ob alle m Gleichungen für die aktuellen
      Werte der Variablen $x_1, \ldots, x_n$ erfüllt sind.
    if Gleichungssystem erfüllt **then**
      Ausgabe der Variablen $x_1, \ldots, x_n$
      return wahr
    return falsch
  $x_k := 0$
  if PROBIERE($k + 1$)=falsch **then**
    $x_k := 1$
    return PROBIERE($k + 1$)
  return wahr

Lösung A.96 (Aufgabe 5.11)

a) Auf jeder Rekursionsebene wird nach der ersten Spalte entwickelt:

$$\det \begin{pmatrix} 1\,2\,3\,4 \\ 0\,0\,3\,0 \\ 0\,1\,3\,0 \\ 0\,5\,6\,7 \end{pmatrix} = +1 \cdot \det \begin{pmatrix} 0\,3\,0 \\ 1\,3\,0 \\ 5\,6\,7 \end{pmatrix} + 0$$

$$= -1 \cdot \begin{pmatrix} 3\,0 \\ 6\,7 \end{pmatrix} + 5 \cdot \begin{pmatrix} 3\,0 \\ 3\,0 \end{pmatrix} = -(3 \cdot 7 - 6 \cdot 0) + 5(3 \cdot 0 - 3 \cdot 0) = -21.$$

Da die Determinante ungleich null ist, ist die Matrix invertierbar.

b) Die Rekursionsgleichung für die Anzahl der Multiplikationen ist

$$T(n) = n \cdot T(n - 1) + n.$$

Diese Formel basiert auf einer Rekursionsstufe der Determinantenentwicklung: Eine Zeile (oder Spalte) mit n Einträgen wird durchlaufen. Zu jedem Eintrag ist eine Unterdeterminante, also eine Determinante für eine $(n - 1) \times (n - 1)$-Matrix mit $T(n - 1)$ Multiplikationen auszurechnen. Das Ergebnis wird dann mit dem jeweiligen Eintrag der Zeile (Spalte) multipliziert. Daher sind n weitere Multiplikationen zu zählen. Die Ergebnisse werden schließlich noch addiert bzw. subtrahiert, diese $n - 1$ Operationen zählen wir nicht extra, weil es keine Multiplikationen sind.

Zur Berechnung der Determinante einer 1×1-Matrix muss nichts getan werden, also ist $T(1) = 0$. Damit erhalten wir durch Einsetzen der Rekursionsgleichung in sich selbst:

$$\begin{aligned}
T(n) &= n \cdot T(n-1) + n \\
&= n[(n-1) \cdot T(n-2) + (n-1)] + n \\
&= n(n-1) \cdot \big[(n-2) \cdot T(n-3) + (n-2)\big] + n(n-1) + n \\
&= n(n-1)(n-2) \cdot T(n-3) + n(n-1)(n-2) + n(n-1) + n \\
&= \ldots = n! \cdot \underbrace{T(1)}_{=0} + \underbrace{n(n-1)\cdots 2}_{=n!} + n(n-1)\cdots 3 + \cdots + n.
\end{aligned}$$

Damit ist die Anzahl der Multiplikationen zur Berechnung einer $n \times n$ großen Determinante mindestens in $\Omega(n!)$. Das liegt daran, dass so viele Unterdeterminanten auszurechnen sind. Um die weiteren Terme abschätzen zu können, benutzen wir, dass

$$n \cdot (n-1) \cdot \ldots \cdot k = n \cdot (n-1) \cdot \ldots \cdot k \cdot \frac{(k-1) \cdot (k-2) \cdot \ldots \cdot 1}{(k-1) \cdot (k-2) \cdot \ldots \cdot 1} = \frac{n!}{(k-1)!}$$

ist:

$$T(n) = \sum_{k=2}^{n} \frac{n!}{(k-1)!} = \sum_{k=1}^{n-1} \frac{n!}{k!} = n! \sum_{k=1}^{n-1} \frac{1}{k!} \le n! \left[-1 + \sum_{k=0}^{\infty} \frac{1}{k!} \right] = n! \cdot (e-1),$$

denn diese unendliche Reihe konvergiert gegen eine reelle Zahl, siehe (4.23). Bei dieser Reihe lässt sich der Grenzwert sogar ausrechnen – er ist gleich e. Wir haben also auch eine obere Schranke von $\mathcal{O}(n!)$ bewiesen. Dabei spielt der konkrete Grenzwert der Reihe keine Rolle.

Lösung A.97 (Aufgabe 5.12) Wir vertauschen die erste und zweite Zeile und addieren die neue erste (alte zweite) Zeile zur dritten:

$$\begin{bmatrix} 0 & 1 & 1 & 0 & | & 1 & 0 & 0 \\ 1 & 0 & 1 & 0 & | & 0 & 1 & 0 \\ 1 & 1 & 1 & 1 & | & 0 & 0 & 1 \end{bmatrix} \Longleftrightarrow \begin{bmatrix} 1 & 0 & 1 & 0 & | & 0 & 1 & 0 \\ 0 & 1 & 1 & 0 & | & 1 & 0 & 0 \\ 0 & 1 & 0 & 1 & | & 0 & 1 & 1 \end{bmatrix}.$$

Wir addieren die zweite zur dritten Zeile. Im zweiten Schritt addieren wir die dritte zu den beiden anderen Zeilen, und wir erhalten das Ergebnis:

$$\begin{bmatrix} 1 & 0 & 1 & 0 & | & 0 & 1 & 0 \\ 0 & 1 & 1 & 0 & | & 1 & 0 & 0 \\ 0 & 0 & 1 & 1 & | & 1 & 1 & 1 \end{bmatrix} \Longleftrightarrow \begin{bmatrix} 1 & 0 & 0 & 1 & | & 1 & 0 & 1 \\ 0 & 1 & 0 & 1 & | & 0 & 1 & 1 \\ 0 & 0 & 1 & 1 & | & 1 & 1 & 1 \end{bmatrix}.$$

Lösung A.98 (Aufgabe 5.13) Wir rechnen die Regeln eines Skalarproduktes nach. Dazu seien f, g und h stetige, 2π-periodischen Funktionen auf $\mathbb{R}$ und $s \in \mathbb{R}$ ein Skalar.

a) Symmetrie: $f \bullet g = \int_0^{2\pi} f(x)g(x)\,dx = \int_0^{2\pi} g(x)f(x)\,dx = g \bullet f$

b) Homogenität: $(sf) \bullet g = \int_0^{2\pi} sf(x)g(x)\,dx = s\int_0^{2\pi} f(x)g(x)\,dx = s(f \bullet g)$

c) Additivität:

$$(f+g) \bullet h = \int_0^{2\pi} (f(x) + g(x))h(x)\,dx$$
$$= \int_0^{2\pi} f(x)h(x)\,dx + \int_0^{2\pi} g(x)h(x)\,dx = f \bullet h + g \bullet h$$

d) Positive Definitheit:

$$f \bullet f = \int_0^{2\pi} \underbrace{f^2(x)}_{\geq 0}\,dx \geq \int_0^{2\pi} 0\,dx \geq 0$$

Falls $0 = f \bullet f = \int_0^{2\pi} f^2(x)\,dx$ ist, müssen wir zeigen, dass $f(x) = 0$ für alle $x \in \mathbb{R}$ ist. Jetzt nutzen wir aus, dass f^2 stetig ist und nehmen an, dass es eine Stelle x_0 mit $f^2(x_0) \neq 0$ gibt. Aufgrund der Lösung zu Aufgabe 4.17 wissen wir, dass es ein $\delta > 0$ gibt, so dass für alle $x \in]x_0 - \delta, x_0 + \delta[$ gilt: $f^2(x) > \frac{f^2(x_0)}{2} > 0$. Damit erhalten wir

$$\int_0^{2\pi} \underbrace{f^2(x)}_{\geq 0}\,dx \geq \int_{\max\{0,x_0-\delta\}}^{\min\{2\pi,x_0+\delta\}} f^2(x)\,dx \geq \int_{\max\{0,x_0-\delta\}}^{\min\{2\pi,x_0+\delta\}} \frac{f^2(x_0)}{2}\,dx$$

$$\geq \min\{\delta, 2\pi\}\frac{f^2(x_0)}{2} > 0,$$

im Widerspruch zu $f \bullet f = 0$. Also ist tatsächlich $f(x) = 0$ für jedes $x \in \mathbb{R}$.

Lösung A.99 (Aufgabe 5.14) Wir berechnen die Skalarprodukte der Vektoren aus O_n mit $\frac{1}{\sqrt{2\pi}}$ für $k \in \mathbb{N}$ (also $k > 0$)

$$\frac{1}{\sqrt{2\pi}} \bullet \frac{1}{\sqrt{2\pi}} = \int_0^{2\pi} \frac{1}{2\pi}\,dx = \frac{2\pi}{2\pi} = 1,$$

$$\frac{1}{\sqrt{2\pi}} \bullet \frac{1}{\sqrt{\pi}}\cos(kx) = \frac{1}{\sqrt{2\pi}}\int_0^{2\pi} \cos(kx)\,dx = \frac{1}{\sqrt{2\pi}}\left[\frac{\sin(kx)}{k}\right]_0^{2\pi} = 0,$$

$$\frac{1}{\sqrt{2\pi}} \bullet \frac{1}{\sqrt{\pi}}\sin(kx) = \frac{1}{\sqrt{2\pi}}\int_0^{2\pi} \sin(kx)\,dx = \frac{1}{\sqrt{2\pi}}\left[\frac{-\cos(kx)}{k}\right]_0^{2\pi} = 0.$$

In der Aufgabe war nicht gefordert, die übrigen Skalarprodukte auszurechnen. Der Vollständigkeit halber zeigen wir hier aber dennoch, wie dies gelingt. Der Trick besteht in der Anwendung von Additionstheoremen für Sinus und Kosinus. Es gilt:

$$\cos(x)\sin(y) = \frac{1}{2}[\sin(x+y) - \sin(x-y)], \tag{A.5}$$

$$\cos(x)\cos(y) = \frac{1}{2}[\cos(x+y) + \cos(x-y)], \tag{A.6}$$

$$\sin(x)\sin(y) = \frac{1}{2}[-\cos(x+y) + \cos(x-y)]. \tag{A.7}$$

Zum Beispiel ergibt sich aus (A.6) die Gl. (A.7) so:

$$\sin(x)\sin(y) = \cos\left(x - \frac{\pi}{2}\right)\cos\left(y - \frac{\pi}{2}\right) \overset{(A.6)}{=} \frac{1}{2}\left[\cos(x+y-\pi) + \cos(x-y)\right]$$

$$= \frac{1}{2}[-\cos(x+y) + \cos(x-y)].$$

Die beiden anderen Additionstheoreme (A.5) und (A.6) finden Sie in Formelsammlungen oder in (Goebbels und Ritter, 2018, S. 121), wenn Sie dort in den Formeln (1.30) und (1.31) den Term $\frac{x-y}{2}$ durch das hier verwendete x und den Term $\frac{x+y}{2}$ durch das hier benutzte y ersetzen.

Jetzt können wir die verbliebenen Skalarprodukte ausrechnen. Wenn wir $\sin(kx)$ oder $\cos(kx)$ über das Intervall $[0, 2\pi]$ für $k \neq 0$ integrieren, dann heben sich die Flächen oberhalb und unterhalb der x-Achse weg, die Integrale sind null. Das haben wir oben bereits ausgerechnet. Zusammen mit den Additionstheoremen erhalten wir:

$$\frac{1}{\sqrt{\pi}}\cos(kx) \bullet \frac{1}{\sqrt{\pi}}\cos(kx) \overset{(A.6)}{=} \frac{1}{\pi}\int_0^{2\pi}\frac{1}{2}[\cos(2kx) + \cos(0)]\,\mathrm{d}x$$

$$= \frac{1}{2\pi}\int_0^{2\pi}\cos(2kx)\,\mathrm{d}x + \frac{1}{2\pi}\int_0^{2\pi}1\,\mathrm{d}x = 0 + 1 = 1,$$

$$\frac{1}{\sqrt{\pi}}\sin(kx) \bullet \frac{1}{\sqrt{\pi}}\sin(kx) \overset{(A.7)}{=} \frac{1}{\pi}\int_0^{2\pi}\frac{1}{2}[-\cos(2kx) + \cos(0)]\,\mathrm{d}x$$

$$= -\frac{1}{2\pi}\int_0^{2\pi}\cos(2kx)\,\mathrm{d}x + \frac{1}{2\pi}\int_0^{2\pi}1\,\mathrm{d}x = -0 + 1 = 1.$$

Für $k \neq l$ erhalten wir

$$\frac{1}{\sqrt{\pi}}\cos(kx) \bullet \frac{1}{\sqrt{\pi}}\cos(lx) \overset{(A.6)}{=} \frac{1}{\pi}\int_0^{2\pi}\frac{1}{2}[\cos((k+l)x) + \cos((k-l)x)]\,\mathrm{d}x = 0,$$

$$\frac{1}{\sqrt{\pi}}\sin(kx) \bullet \frac{1}{\sqrt{\pi}}\sin(lx) \overset{(A.7)}{=} \frac{1}{\pi}\int_0^{2\pi}\frac{1}{2}[-\cos((k+l)x) + \cos((k-l)x)]\,\mathrm{d}x$$

$$= 0.$$

Schließlich gilt noch für $k, l \in \mathbb{N}$:

$$\frac{1}{\sqrt{\pi}}\cos(kx) \bullet \frac{1}{\sqrt{\pi}}\sin(lx) \overset{(A.5)}{=} \frac{1}{\pi}\int_0^{2\pi}\frac{1}{2}[\sin((k+l)x) - \sin((k-l)x)]\,\mathrm{d}x = 0.$$

Lösung A.100 (Aufgabe 5.15) Wir nehmen an, es gäbe eine lineare Abbildung f : $\mathbb{B}^4 \to \mathbb{B}^8$ mit

$$f((1,0,1,0)) = (1,0,0,0,0,0,0,0), \quad f((1,0,0,1)) = (0,1,0,0,0,0,0,0),$$
$$f((0,1,1,0)) = (0,0,1,0,0,0,0,0), \quad f((0,1,0,1)) = (0,0,0,1,0,0,0,0).$$

Nun ist $(1,0,1,0) = (1,0,0,1) \oplus (0,1,1,0) \oplus (0,1,0,1)$. Da f als linear angenommen ist, gilt:

$$\begin{aligned}
(1,0,0,0,0,0,0) &= f((1,0,1,0)) \\
&= f((1,0,0,1) \oplus (0,1,1,0) \oplus (0,1,0,1)) \\
&= f((1,0,0,1)) \oplus f((0,1,1,0)) \oplus f((0,1,0,1)) \\
&= (0,1,0,0,0,0,0,0) \oplus (0,0,1,0,0,0,0,0) \oplus (0,0,0,1,0,0,0,0) \\
&= (0,1,1,1,0,0,0,0).
\end{aligned}$$

Aufgrund des Widerspruchs kann f nicht linear sein.

Lösung A.101 (Aufgabe 5.16) Eine lineare Abbildung $L : K^n \to K^n$ ist über eine Matrix $\mathbf{A} \in K^{n \times n}$ darstellbar: $L(\vec{x}) = \mathbf{A} \cdot \vec{x}$. Außerdem wissen wir, dass L invertierbar ist, da die Abbildung bijektiv ist. Zu jedem $\vec{y} \in K^n$ gibt es also genau ein $\vec{x}$ mit $\mathbf{A} \cdot \vec{x} = \vec{y}$. Dieses Gleichungssystem ist also eindeutig lösbar, und $\mathbf{A}$ ist beispielsweise mit dem Gauß-Verfahren invertierbar: $\vec{x} = \mathbf{A}^{-1}\vec{y} = L^{-1}(\vec{y})$.

Literatur

Goebbels und Ritter (2018). Goebbels St. und Ritter St. (2018) Mathematik verstehen und anwenden. Springer-Spektrum, Berlin Heidelberg.

Stichwortverzeichnis

Printed in the United States
by Baker & Taylor Publisher Services